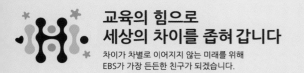

교육의 힘으로
세상의 차이를 좁혀 갑니다

차이가 차별로 이어지지 않는 미래를 위해
EBS가 가장 든든한 친구가 되겠습니다.

모든 교재 정보와 다양한 이벤트가 가득!
EBS 교재사이트 book.ebs.co.kr

본 교재는 EBS 교재사이트에서
eBook으로도 구입하실 수 있습니다.

2025학년도
수능 연계교재
수능완성

★ ★ ★

수학영역
수학Ⅰ · 수학Ⅱ · 미적분

KB214228

기획 및 개발

권태완
정윤원
최희선
송지숙(개발총괄위원)

감수

한국교육과정평가원

책임 편집

임혜원
정혜선
최은아

본 교재의 강의는 TV와 모바일 APP, EBSi 사이트(www.ebsi.co.kr)에서 무료로 제공됩니다.

발행일 2024. 5. 20. 3쇄 인쇄일 2024. 8. 16. 신고번호 제2017-000193호 펴낸곳 한국교육방송공사 경기도 고양시 일산동구 한류월드로 281
표지디자인 ㈜무닉 내지디자인 다우 내지조판 ㈜글사랑 인쇄 팩컴코리아㈜

인쇄 과정 중 잘못된 교재는 구입하신 곳에서 교환하여 드립니다. 신규 사업 및 교재 광고 문의 pub@ebs.co.kr

정답과 풀이 PDF 파일은 EBSi 사이트(www.ebsi.co.kr)에서 내려받으실 수 있습니다.

교재 내용 문의
교재 및 강의 내용 문의는
EBSi 사이트(www.ebsi.co.kr)의 학습 Q&A 서비스를
활용하시기 바랍니다.

교재 정오표 공지
발행 이후 발견된 정오 사항을
EBSi 사이트 정오표 코너에서 알려 드립니다.
교재 → 교재 자료실 → 교재 정오표

교재 정정 신청
공지된 정오 내용 외에 발견된 정오 사항이 있다면
EBSi 사이트를 통해 알려 주세요.
교재 → 교재 정정 신청

INHA for the TALENT
TALENT for the FUTURE

인하대학교 입학팀
Tel. 032-860-7221~

한눈에 보는 인하대학교 2025학년도 대학입학전형

수시모집

	전형명	모집인원 (명)	전형 방법	수능 최저	비고
학생부 종합	인하미래인재	961	• 1단계 : 서류종합평가 100 • 2단계 : 1단계 70, 면접평가 30 ※1단계: 3.5배수 내외 (단, 의예과 3배수 내외)	X	정원내
	고른기회	137			
	평생학습자	11			
	특성화고 등을 졸업한 재직자	187	• 서류종합평가 100		
	농어촌학생	135			정원외
	서해5도지역출신자	3			
학생부종합 소계		1,434			
학생부 교과	지역균형	613	• 학생부교과 100	○	정원내
논술	논술우수자	458	• 논술 70, 학생부교과 30 (단, 의예과는 수능최저 적용)	X	정원내
실기/ 실적	실기 우수 자	조형예술학과(인물수채화)	15	• 실기 70, 학생부교과 30	X	정원내
		디자인융합학과	23			
		의류디자인학과(실기)	10			
		연극영화학과(연기)	9			
	체육특기자	26	• 특기실적 80, 학생부 20 (교과 10, 출결 10)		
실기 소계		83			
수시 합계		2,588			

정시모집

	전형명	모집인원 (명)	전형 방법	비고
수능	일반	1,058	• 수능 100	정원내
	스포츠과학과	26	• 수능 60, 실기 40	
	체육교육과	12	• 수능 70, 실기 30	
	디자인테크놀로지학과	20	• 수능 70, 실기 30	
	특성화고교졸업자	51	• 수능 100	정원외
수능 소계		1,167		
실기/ 실적	조형예술학과(자유소묘)	12	• 실기 70, 수능 30	정원내
	디자인융합학과	12		
	의류디자인학과(실기)	10		
	연극영화학과(연기)	9		
	연극영화학과(연출)	9		
실기 소계		52		
정시 합계		1,219		

※ 본 대학입학전형 시행계획의 모집인원은 관계 법령 제·개정, 학과 개편 및 정원 조정 등에 따라 변경될 수 있으므로 최종 모집요강을 반드시 확인하시기 바랍니다.
· 본 교재 광고의 수익금은 콘텐츠 품질 개선과 공익사업에 사용됩니다. · 모두의 요강(mdipsi.com)을 통해 인하대학교의 입시정보를 확인할 수 있습니다.

인하대학교
INHA UNIVERSITY

www.adiga.kr | m.adiga.kr

adiga
ADmission Information Guide for All

차세대 대입정보포털의 새로운 기준,
어디가(adiga)를 통해
대학 입시의 모든것을 빠르고 정확하게 찾아보세요!
어디가(adiga)와 함께할 대입 네컷 준비 되셨나요?

#모바일에서도 이용가능 #대학어디가 #성적분석 #대입상담 #대교협 #합격

💻 대학/학과/전형정보
• 대학별 경쟁률 및 전년도 입시결과 제공
• 교육목표, 교육과정, 대학정보공시 자료 등 다양한 대학 관련 정보 제공

🔍 진로정보
• 커리어넷 및 워크넷 연계를 통한 다양한 직업정보 제공
• 커리어넷 및 워크넷에서 제공하는 직업 심리검사를 통해 적성에 맞는 진로탐색

📈 성적분석
• 대학별 수시 및 정시 성적분석 서비스 제공
• 학생부 및 수능/모의고사 성적분석을 통한 대입전략 수립 용이
• 간편해진 성적입력으로 편리한 성적분석 서비스 제공

👩‍💼 대입상담
• 진학지도 경력 10년 이상의 현직 진로진학 교사로 구성된 '대입상담교사단'의 상담전문위원이 1:1 무료 상담 진행
• 온라인 대입 및 전공상담 게시판을 통한 실시간 전문상담 제공
• 전화상담(1600-1615)을 통한 유선상담 동시 제공

학생
선생님
학부모
합격

[대입네컷]   [대입네컷]

미래를 움직이는
국립금오공과대학교

지금오라

2025학년도 국립금오공과대학교 신입생 모집

I수시모집I 2024. 9. 9.(월) ~ 13.(금) 19:00

I정시모집I 2024. 12. 31.(화) ~ 2025. 1. 3.(금) 19:00

I입학상담I 054-478-7900, 카카오톡 국립금오공과대, ipsi@kumoh.ac.kr

kit 국립금오공과대학교
Kumoh National Institute of Technology

미래를 먼저
만날 SU 있다
삼육대학교.

사람중심의 창의융합으로
지속가능한 미래를 열어갑니다

모든 학생이 자신의 전공 분야에서
AI,SW 기술을 능동적으로 받아들이고
혁신의 주체가 될 수 있습니다.

거대한 변화의 흐름에서 누구도 소외되지 않고
모두가 4차 산업혁명의 주인공이 되는 세상.

사람과 기술이 공존하는 미래,
삼육대학교에서 먼저 만날 SU 있습니다.

2025학년도 교과형(약술) 논술 EBS 연계 80% 이상

2025학년도
신입생 모집

원서접수처 : 진학어플라이(www.jinhakapply.com)
수시모집일 : 2024년 9월 9일(월) ~ 9월 13일(금) / 정시모집일 : 2024년 12월 31일(화) ~ 2025년 1월 3일(금)
입학처 전화 : 02-3399-3377~3379 기타 사항은 입학처 홈페이지(ipsi.syu.ac.kr)로 문의 바랍니다.

정주영 현대그룹 창업자의 도전과 개척정신을 잇는 대학
울산대학교가 글로컬대학으로 새롭게 시작합니다

수시 2024. 9. 9.(월) ~ 9. 13.(금) | **정시** 2024. 12. 31.(화) ~ 2025. 1. 3.(금)
입학 상담 052) 259-2058~9 | **입학 홈페이지** https://iphak.ulsan.ac.k

2025학년도
수능 연계교재
수능완성

✦ ✦ ✦

수학영역
수학Ⅰ · 수학Ⅱ · 미적분

이 책의 **구성과 특징** STRUCTURE

이 책의 구성

❶ 유형편
유형에 제시된 필수유형 문제와 문항들로 유형별 학습을 할 수 있도록 하였다.

❷ 실전편
실전 모의고사 5회 구성으로 수능에 대비할 수 있도록 하였다.

2025학년도 대학수학능력시험 수학영역

❶ 출제원칙
수학 교과의 특성을 고려하여 개념과 원리를 바탕으로 한 사고력 중심의 문항을 출제한다.

❷ 출제방향
- 단순 암기에 의해 해결할 수 있는 문항이나 지나치게 복잡한 계산 위주의 문항 출제를 지양하고 계산, 이해, 추론, 문제해결 능력을 평가할 수 있는 문항을 출제한다.
- 2015 개정 수학과 교육과정에 따라 이수한 수학 과목의 개념과 원리 등은 출제범위에 속하는 내용과 통합하여 출제할 수 있다.
- 수학영역은 교육과정에 제시된 수학 교과의 수학Ⅰ, 수학Ⅱ, 확률과 통계, 미적분, 기하 과목을 바탕으로 출제한다.

❸ 출제범위
- '공통과목 + 선택과목' 구조에 따라 공통과목(수학Ⅰ, 수학Ⅱ)은 공통 응시하고 선택과목(확률과 통계, 미적분, 기하) 중 1개 과목을 선택한다.

구분 영역	문항수	문항유형	배점		시험 시간	출제범위(선택과목)
			문항	전체		
수학	30	5지 선다형, 단답형	2점 3점 4점	100점	100분	• 공통과목: 수학Ⅰ, 수학Ⅱ • 선택과목(택1): 확률과 통계, 미적분, 기하 • 공통 75%, 선택 25% 내외 • 단답형 30% 포함

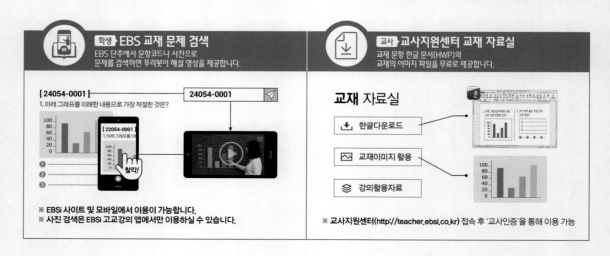

학생 EBS 교재 문제 검색
EBS 단추에서 문항코드나 사진으로 문제를 검색하면 뿌리봇이 해설 영상을 제공합니다.

[24054-0001]
1. 아래 그래프를 이해한 내용으로 가장 적절한 것은?

24054-0001

※ EBSi 사이트 및 모바일에서 이용이 가능합니다.
※ 사진 검색은 EBSi 고교강의 앱에서만 이용하실 수 있습니다.

교사 교사지원센터 교재 자료실
교재 문항 한글 문서(HWP)와 교재의 이미지 파일을 무료로 제공합니다.

교재 자료실
- ⬇ 한글다운로드
- 🖼 교재이미지 활용
- ≋ 강의활용자료

※ 교사지원센터(http://teacher.ebsi.co.kr) 접속 후 '교사인증'을 통해 이용 가능

이 책의 차례 CONTENTS

유형편

과목	단원	단원명	페이지
수학 I	01	지수함수와 로그함수	4
	02	삼각함수	14
	03	수열	23
수학 II	04	함수의 극한과 연속	37
	05	다항함수의 미분법	46
	06	다항함수의 적분법	59
미적분	07	수열의 극한	70
	08	미분법	80
	09	적분법	94

01 지수함수와 로그함수

① 거듭제곱근의 성질

(1) 실수 a와 2 이상의 자연수 n에 대하여 a의 n제곱근 중 실수인 것은 다음과 같다.

	$a>0$	$a=0$	$a<0$
n이 짝수	$\sqrt[n]{a}$, $-\sqrt[n]{a}$	0	없다.
n이 홀수	$\sqrt[n]{a}$	0	$\sqrt[n]{a}$

(2) $a>0$, $b>0$이고 m, n이 2 이상의 자연수일 때

① $(\sqrt[n]{a})^n=a$

② $\sqrt[n]{a}\sqrt[n]{b}=\sqrt[n]{ab}$

③ $\dfrac{\sqrt[n]{a}}{\sqrt[n]{b}}=\sqrt[n]{\dfrac{a}{b}}$

④ $(\sqrt[n]{a})^m=\sqrt[n]{a^m}$

⑤ $\sqrt[m]{\sqrt[n]{a}}=\sqrt[mn]{a}=\sqrt[n]{\sqrt[m]{a}}$

⑥ $\sqrt[np]{a^{mp}}=\sqrt[n]{a^m}$ (단, p는 자연수)

② 지수의 확장(1) – 정수

(1) $a\neq0$이고 n이 양의 정수일 때

① $a^0=1$

② $a^{-n}=\dfrac{1}{a^n}$

(2) $a\neq0$, $b\neq0$이고 m, n이 정수일 때

① $a^m a^n=a^{m+n}$　　② $a^m\div a^n=a^{m-n}$　　③ $(a^m)^n=a^{mn}$　　④ $(ab)^n=a^n b^n$

③ 지수의 확장(2) – 유리수와 실수

(1) $a>0$이고 m이 정수, n이 2 이상의 자연수일 때

① $a^{\frac{1}{n}}=\sqrt[n]{a}$

② $a^{\frac{m}{n}}=\sqrt[n]{a^m}$

(2) $a>0$, $b>0$이고 r, s가 유리수일 때

① $a^r a^s=a^{r+s}$　　② $a^r\div a^s=a^{r-s}$　　③ $(a^r)^s=a^{rs}$　　④ $(ab)^r=a^r b^r$

(3) $a>0$, $b>0$이고 x, y가 실수일 때

① $a^x a^y=a^{x+y}$　　② $a^x\div a^y=a^{x-y}$　　③ $(a^x)^y=a^{xy}$　　④ $(ab)^x=a^x b^x$

④ 로그의 뜻과 조건

(1) 로그의 뜻 : $a>0$, $a\neq1$, $N>0$일 때, $a^x=N \iff x=\log_a N$

(2) 로그의 밑과 진수의 조건 : $\log_a N$이 정의되려면 밑 a는 $a>0$, $a\neq1$이고 진수 N은 $N>0$이어야 한다.

⑤ 로그의 성질

$a>0$, $a\neq1$이고 $M>0$, $N>0$일 때

(1) $\log_a 1=0$, $\log_a a=1$

(2) $\log_a MN=\log_a M+\log_a N$

(3) $\log_a \dfrac{M}{N}=\log_a M-\log_a N$

(4) $\log_a M^k=k\log_a M$ (단, k는 실수)

⑥ 로그의 밑의 변환

(1) $a>0$, $a\neq1$, $b>0$, $c>0$, $c\neq1$일 때, $\log_a b=\dfrac{\log_c b}{\log_c a}$

(2) 로그의 밑의 변환의 활용 : $a>0$, $a\neq1$, $b>0$, $c>0$일 때

① $\log_a b=\dfrac{1}{\log_b a}$ (단, $b\neq1$)

② $\log_a b\times\log_b c=\log_a c$ (단, $b\neq1$)

③ $\log_{a^m} b^n=\dfrac{n}{m}\log_a b$ (단, m, n은 실수이고 $m\neq0$)

④ $a^{\log_b c}=c^{\log_b a}$ (단, $b\neq1$)

7 지수함수의 뜻과 그래프

(1) $y=a^x$ $(a>0,\ a\neq1)$을 a를 밑으로 하는 지수함수라고 한다.

(2) 지수함수 $y=a^x$ $(a>0,\ a\neq1)$의 그래프는 다음 그림과 같다.

① $a>1$일 때   ② $0<a<1$일 때

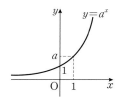   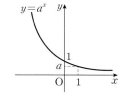

8 지수함수 $y=a^x$ $(a>0,\ a\neq1)$의 성질

(1) $a>1$일 때, x의 값이 증가하면 y의 값도 증가한다.

    $0<a<1$일 때, x의 값이 증가하면 y의 값은 감소한다.

(2) a의 값에 관계없이 그래프는 점 $(0,\ 1)$을 지나고, 점근선은 x축(직선 $y=0$)이다.

(3) 함수 $y=a^x$의 그래프와 함수 $y=\left(\dfrac{1}{a}\right)^x$의 그래프는 서로 y축에 대하여 대칭이다.

(4) 함수 $y=a^{x-m}+n$의 그래프는 함수 $y=a^x$의 그래프를 x축의 방향으로 m만큼, y축의 방향으로 n만큼 평행이동한 것이다.

9 지수함수의 활용

(1) $a>0,\ a\neq1$일 때, $a^{f(x)}=a^{g(x)} \Longleftrightarrow f(x)=g(x)$

(2) $a>1$일 때, $a^{f(x)}<a^{g(x)} \Longleftrightarrow f(x)<g(x)$

    $0<a<1$일 때, $a^{f(x)}<a^{g(x)} \Longleftrightarrow f(x)>g(x)$

10 로그함수의 뜻과 그래프

(1) $y=\log_a x$ $(a>0,\ a\neq1)$을 a를 밑으로 하는 로그함수라고 한다.

(2) 로그함수 $y=\log_a x$ $(a>0,\ a\neq1)$의 그래프는 다음 그림과 같다.

① $a>1$일 때   ② $0<a<1$일 때

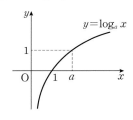   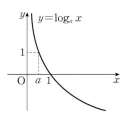

11 로그함수 $y=\log_a x$ $(a>0,\ a\neq1)$의 성질

(1) $a>1$일 때, x의 값이 증가하면 y의 값도 증가한다.

    $0<a<1$일 때, x의 값이 증가하면 y의 값은 감소한다.

(2) a의 값에 관계없이 그래프는 점 $(1,\ 0)$을 지나고, 점근선은 y축(직선 $x=0$)이다.

(3) 함수 $y=\log_a x$의 그래프와 함수 $y=\log_{\frac{1}{a}} x$의 그래프는 서로 x축에 대하여 대칭이다.

(4) 함수 $y=\log_a (x-m)+n$의 그래프는 함수 $y=\log_a x$의 그래프를 x축의 방향으로 m만큼, y축의 방향으로 n만큼 평행이동한 것이다.

(5) 지수함수 $y=a^x$ $(a>0,\ a\neq1)$의 역함수는 로그함수 $y=\log_a x$ $(a>0,\ a\neq1)$이다.

12 로그함수의 활용

(1) $a>0,\ a\neq1$일 때, $\log_a f(x)=\log_a g(x) \Longleftrightarrow f(x)=g(x),\ f(x)>0,\ g(x)>0$

(2) $a>1$일 때, $\log_a f(x)<\log_a g(x) \Longleftrightarrow 0<f(x)<g(x)$

    $0<a<1$일 때, $\log_a f(x)<\log_a g(x) \Longleftrightarrow f(x)>g(x)>0$

수학 I

지수함수와 로그함수

유형 1 거듭제곱근의 뜻과 성질

출제경향 | 거듭제곱근의 뜻과 성질을 이용하는 문제가 출제된다.

출제유형잡기 | 거듭제곱근의 뜻과 성질을 이용하여 문제를 해결한다.

(1) 실수 a와 2 이상의 자연수 n에 대하여 a의 n제곱근 중 실수인 것은 다음과 같다.

	$a>0$	$a=0$	$a<0$
n이 짝수	$\sqrt[n]{a},\ -\sqrt[n]{a}$	0	없다.
n이 홀수	$\sqrt[n]{a}$	0	$\sqrt[n]{a}$

(2) $a>0$, $b>0$이고 m, n이 2 이상의 자연수일 때

① $(\sqrt[n]{a})^n=a$

② $\sqrt[n]{a}\sqrt[n]{b}=\sqrt[n]{ab}$

③ $\dfrac{\sqrt[n]{a}}{\sqrt[n]{b}}=\sqrt[n]{\dfrac{a}{b}}$

④ $(\sqrt[n]{a})^m=\sqrt[n]{a^m}$

⑤ $\sqrt[m]{\sqrt[n]{a}}=\sqrt[mn]{a}=\sqrt[n]{\sqrt[m]{a}}$

⑥ $\sqrt[np]{a^{mp}}=\sqrt[n]{a^m}$ (단, p는 자연수)

필수유형 1
| 2021학년도 수능 6월 모의평가 |

자연수 n이 $2\le n\le 11$일 때, $-n^2+9n-18$의 n제곱근 중에서 음의 실수가 존재하도록 하는 모든 n의 값의 합은? [3점]

① 31   ② 33   ③ 35

④ 37   ⑤ 39

01
▶ 24054-0001

$\sqrt[8]{2}\times\sqrt[4]{2}\times\sqrt[8]{32}+\sqrt[3]{3}\times\sqrt[3]{9}$의 값은?

① 4   ② 5   ③ 6

④ 7   ⑤ 8

02
▶ 24054-0002

양수 k에 대하여 k의 세제곱근 중 실수인 것과 $2k$의 네제곱근 중 양의 실수인 것이 서로 같을 때, k의 값은?

① 5   ② 6   ③ 7

④ 8   ⑤ 9

03
▶ 24054-0003

모든 자연수 n에 대하여
$$\sqrt[2n+1]{a^2+3}+\sqrt[2n+1]{7(1-a)}=0$$
이 되도록 하는 모든 실수 a의 값의 합은?

① 3   ② 4   ③ 5

④ 6   ⑤ 7

04
▶ 24054-0004

자연수 n $(n\ge 2)$와 양수 a에 대하여 $(n-a)(n-a-4)$의 n제곱근 중 실수인 것의 개수를 $f(n)$이라 하자. $f(2)+f(3)+f(4)=4$일 때, a의 값은?

① 3   ② $\dfrac{7}{2}$ ③ 4

④ $\dfrac{9}{2}$ ⑤ 5

유형 2 지수의 확장과 지수법칙

출제경향 | 거듭제곱근을 지수가 유리수인 꼴로 나타내는 문제, 지수법칙을 이용하여 식의 값을 구하는 문제가 출제된다.

출제유형잡기 | 지수법칙을 이용하여 문제를 해결한다.

(1) 0 또는 음의 정수인 지수

$a \neq 0$이고 n이 양의 정수일 때

① $a^0 = 1$ ② $a^{-n} = \dfrac{1}{a^n}$

(2) 유리수인 지수

$a > 0$이고 m이 정수, n이 2 이상의 자연수일 때

① $a^{\frac{1}{n}} = \sqrt[n]{a}$ ② $a^{\frac{m}{n}} = \sqrt[n]{a^m}$

(3) 지수법칙

$a > 0$, $b > 0$이고 x, y가 실수일 때

① $a^x a^y = a^{x+y}$ ② $a^x \div a^y = a^{x-y}$

③ $(a^x)^y = a^{xy}$ ④ $(ab)^x = a^x b^x$

필수유형 2 | 2024학년도 수능 |

$\sqrt[3]{24} \times 3^{\frac{2}{3}}$의 값은? [2점]

① 6   ② 7   ③ 8

④ 9   ⑤ 10

05

▶ 24054-0005

$\left(\dfrac{1}{5}\right)^{\frac{1}{3}} \times 5^{-\sqrt{3}} \times \left(5^{\frac{4}{9} + \frac{\sqrt{3}}{3}}\right)^3$의 값은?

① $\dfrac{1}{25}$ ② $\dfrac{1}{5}$ ③ 1

④ 5   ⑤ 25

06

▶ 24054-0006

두 양수 a, b에 대하여

$$a^{b^2 + \frac{a}{b}} = 2^{\frac{1}{b}}, \quad a^{\frac{1}{b}} = 4^{b^3 - \frac{a}{b}}$$

일 때, $b^6 - a^2$의 값은? (단, $a \neq 1$)

① $\dfrac{1}{2}$ ② 1   ③ $\dfrac{3}{2}$

④ 2   ⑤ $\dfrac{5}{2}$

07

▶ 24054-0007

자연수 k에 대하여 $\sqrt[n]{(2^k)^5}$의 값이 자연수가 되도록 하는 2 이상의 자연수 n의 개수를 $f(k)$라 할 때, $f(k) = 3$을 만족시키는 25 이하의 모든 k의 값의 합을 구하시오.

유형 3 로그의 뜻과 기본 성질

출제경향 | 로그의 뜻과 로그의 성질을 이용하여 주어진 식의 값을 구하는 문제가 출제된다.

출제유형잡기 | 로그의 뜻과 로그의 성질을 이용하여 문제를 해결한다.

(1) $a>0$, $a\neq1$, $N>0$일 때, $a^x=N \Longleftrightarrow x=\log_a N$

(2) $\log_a N$이 정의되려면 밑 a는 $a>0$, $a\neq1$이고 진수 N은 $N>0$이어야 한다.

(3) 로그의 성질

$a>0$, $a\neq1$이고 $M>0$, $N>0$일 때

① $\log_a 1=0$, $\log_a a=1$

② $\log_a MN=\log_a M+\log_a N$

③ $\log_a \dfrac{M}{N}=\log_a M-\log_a N$

④ $\log_a M^k=k\log_a M$ (단, k는 실수)

필수유형 3

| 2024학년도 수능 |

수직선 위의 두 점 $\mathrm{P}(\log_5 3)$, $\mathrm{Q}(\log_5 12)$에 대하여 선분 PQ를 $m:(1-m)$으로 내분하는 점의 좌표가 1일 때, 4^m의 값은? (단, m은 $0<m<1$인 상수이다.) [4점]

① $\dfrac{7}{6}$ ② $\dfrac{4}{3}$ ③ $\dfrac{3}{2}$

④ $\dfrac{5}{3}$ ⑤ $\dfrac{11}{6}$

08

▶ 24054-0008

$\log_3 \dfrac{5}{8}+\log_3 \dfrac{36}{5}-\log_3 \dfrac{1}{2}$의 값은?

① 1   ② $\dfrac{3}{2}$ ③ 2

④ $\dfrac{5}{2}$ ⑤ 3

09

▶ 24054-0009

자연수 n에 대하여 집합 A_n을

$A_n=\{(a,\,b)\,|\,\log_2 a+\log_2 b=n,\ a,\,b는\ 자연수\}$

라 하자. 집합 A_n의 모든 원소 $(a,\,b)$에 대하여 $a+b>2\sqrt{2^n}$이 성립하도록 하는 10 이하의 모든 자연수 n의 개수는?

① 2   ② 3   ③ 4

④ 5   ⑤ 6

10

▶ 24054-0010

자연수 a에 대하여 $\log_{|x-a|}\{-|x-a^2+1|+2\}$가 정의되도록 하는 모든 정수 x의 개수를 $f(a)$라 할 때, $f(a)=3$을 만족시키는 a의 최솟값을 구하시오.

11

▶ 24054-0011

다음 조건을 만족시키는 정수 m에 대하여 2^m의 최댓값과 최솟값의 합이 k일 때, $8k$의 값을 구하시오.

$\log_2 a-\log_2 b+\log_2 c-\log_2 d=m$을 만족시키는 2 이상 8 이하의 서로 다른 네 자연수 a, b, c, d가 존재한다.

유형 4 로그의 여러 가지 성질

출제경향 | 로그의 여러 가지 성질을 이용하여 주어진 식의 값을 구하는 문제가 출제된다.

출제유형잡기 | 로그의 여러 가지 성질을 이용하여 문제를 해결한다.

(1) 로그의 밑의 변환

$a>0$, $a \ne 1$, $b>0$, $c>0$, $c \ne 1$일 때

$$\log_a b = \frac{\log_c b}{\log_c a}$$

(2) 로그의 밑의 변환의 활용

$a>0$, $a \ne 1$, $b>0$, $c>0$일 때

① $\log_a b = \dfrac{1}{\log_b a}$ (단, $b \ne 1$)

② $\log_a b \times \log_b c = \log_a c$ (단, $b \ne 1$)

③ $\log_{a^m} b^n = \dfrac{n}{m} \log_a b$ (단, m, n은 실수이고, $m \ne 0$)

④ $a^{\log_b c} = c^{\log_b a}$ (단, $b \ne 1$)

필수유형 4
| 2024학년도 수능 9월 모의평가 |

두 실수 a, b가

$$3a + 2b = \log_3 32, \quad ab = \log_9 2$$

를 만족시킬 때, $\dfrac{1}{3a} + \dfrac{1}{2b}$의 값은? [3점]

① $\dfrac{5}{12}$ ② $\dfrac{5}{6}$ ③ $\dfrac{5}{4}$

④ $\dfrac{5}{3}$ ⑤ $\dfrac{25}{12}$

12
▶ 24054-0012

$\log_4 27 \times \log_9 8 \times \left(2^{\log_3 5}\right)^{\log_5 9}$의 값은?

① 9   ② 10   ③ 11

④ 12   ⑤ 13

13
▶ 24054-0013

$a>0$, $a \ne 1$인 실수 a에 대하여

$$2^{\log_a 9} = 3^{\log_5 8}$$

일 때, $\log_a 5$의 값은?

① 1   ② $\dfrac{3}{2}$ ③ 2

④ $\dfrac{5}{2}$ ⑤ 3

14
▶ 24054-0014

실수 a에 대하여 두 집합 A, B를

$$A = \{x \mid x^2 + ax - 9 = 0, \ x는 \ 양의 \ 실수\},$$
$$B = \{y \mid \log_5 y \times \log_y 7 = \log_5 7, \ y는 \ 실수\}$$

라 하자. 집합 A가 집합 B의 부분집합이 아닐 때, a의 값을 구하시오.

출제경향 | 지수함수와 로그함수의 성질과 그 그래프의 특징을 이해하고 있는지를 묻는 문제가 출제된다.

출제유형잡기 | 지수함수와 로그함수의 밑의 범위에 따른 증가와 감소, 그래프의 점근선, 평행이동과 대칭이동을 이해하여 문제를 해결한다.

필수유형 **5** | 2024학년도 수능 6월 모의평가 |

상수 $a \, (a>2)$에 대하여 함수 $y=\log_2(x-a)$의 그래프의 점근선이 두 곡선 $y=\log_2 \dfrac{x}{4}$, $y=\log_{\frac{1}{2}} x$와 만나는 점을 각각 A, B라 하자. $\overline{AB}=4$일 때, a의 값은? [3점]

① 4   ② 6   ③ 8

④ 10   ⑤ 12

15
▶ 24054-0015

함수 $y=\log_2(kx+2k^2+1)$의 그래프가 x축과 만나는 점의 x좌표가 -6일 때, 양수 k의 값은?

① 1   ② $\dfrac{3}{2}$ ③ 2

④ $\dfrac{5}{2}$ ⑤ 3

16
▶ 24054-0016

곡선 $y=2^{x+5}$을 x축의 방향으로 a만큼 평행이동한 곡선을 나타내는 함수를 $y=f(x)$라 하고, 곡선 $y=\left(\dfrac{1}{2}\right)^{x+7}$을 x축의 방향으로 a^2만큼 평행이동한 후 y축에 대하여 대칭이동한 곡선을 나타내는 함수를 $y=g(x)$라 하자. 모든 실수 x에 대하여 $f(x)=g(x)$일 때, 양수 a의 값은?

① 2   ② $\dfrac{5}{2}$ ③ 3

④ $\dfrac{7}{2}$ ⑤ 4

17
▶ 24054-0017

두 상수 $a \, (a>1)$, $b \, (0<b<1)$에 대하여 곡선 $y=a^x-\dfrac{1}{2}$이 x축, y축과 만나는 점을 각각 A, B라 하고, 곡선 $y=b^x-\dfrac{1}{2}$이 x축과 만나는 점을 C라 하자. 삼각형 ACB가 정삼각형일 때, $a^{\frac{2\sqrt{3}}{3}} \times b^{\frac{\sqrt{3}}{3}}$의 값은?

① 2   ② $\dfrac{5}{2}$ ③ 3

④ $\dfrac{7}{2}$ ⑤ 4

18
▶ 24054-0018

그림과 같이 $k>1$인 상수 k에 대하여 두 함수 $f(x)=\log_4 x$, $g(x)=\log_k(-x)$가 있다.

두 곡선 $y=f(x)$, $y=g(x)$가 x축과 만나는 점을 각각 A, B라 하자. 곡선 $y=f(x)$ 위의 점 P에 대하여 직선 AP의 기울기를 m_1, 직선 BP의 기울기를 m_2, 직선 AP가 곡선 $y=g(x)$와 만나는 점을 Q(a, b)라 하자.

$\dfrac{m_2}{m_1}=\dfrac{3}{5}$, $k^b=-\dfrac{9}{7}b$일 때, a의 값은?

(단, 점 P는 제1사분면 위의 점이고, a, b는 상수이다.)

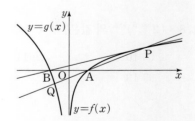

① $-\dfrac{7}{8}$ ② $-\dfrac{13}{16}$ ③ $-\dfrac{3}{4}$

④ $-\dfrac{11}{16}$ ⑤ $-\dfrac{5}{8}$

유형 6 지수함수와 로그함수의 활용

출제경향 | 지수 또는 진수에 미지수가 포함된 방정식, 지수 또는 진수에 미지수가 포함된 부등식의 해를 구하는 문제가 출제된다.

출제유형잡기 | 지수 또는 진수에 미지수가 포함된 방정식, 지수 또는 진수에 미지수가 포함된 부등식의 해를 구할 때는 다음 성질을 이용하여 문제를 해결한다.

(1) $a>0$, $a\neq1$일 때, $a^{f(x)}=a^{g(x)} \Longleftrightarrow f(x)=g(x)$

(2) $a>1$일 때, $a^{f(x)}<a^{g(x)} \Longleftrightarrow f(x)<g(x)$

　　$0<a<1$일 때, $a^{f(x)}<a^{g(x)} \Longleftrightarrow f(x)>g(x)$

(3) $a>0$, $a\neq1$일 때, $\log_a f(x)=\log_a g(x)$

　　$\Longleftrightarrow f(x)=g(x)$, $f(x)>0$, $g(x)>0$

(4) $a>1$일 때, $\log_a f(x)<\log_a g(x) \Longleftrightarrow 0<f(x)<g(x)$

　　$0<a<1$일 때, $\log_a f(x)<\log_a g(x) \Longleftrightarrow f(x)>g(x)>0$

필수유형 6　　　　　　　| 2024학년도 수능 6월 모의평가 |

부등식 $2^{x-6}\leq\left(\dfrac{1}{4}\right)^x$을 만족시키는 모든 자연수 x의 값의 합을 구하시오. [3점]

19
▶ 24054-0019

방정식

$$2^{x^2-7}=4^{x+4}$$

을 만족시키는 모든 실수 x의 값의 합은?

① -2　　　　　② -1　　　　　③ 0

④ 1　　　　　⑤ 2

20
▶ 24054-0020

부등식

$$\log_2(2x+a)\leq\log_2(-x^2+4)$$

의 해가 $x=b$일 때, $a+b$의 값은?

(단, a, b는 상수이고, $a>-4$이다.)

① 1　　　　　② 2　　　　　③ 3

④ 4　　　　　⑤ 5

21
▶ 24054-0021

최고차항의 계수가 1인 이차함수 $f(x)$에 대하여
방정식 $3^{\{f(x)\}^2-5}=3^{f(x)+1}$의 서로 다른 실근의 개수는 3이고,
방정식 $\log_3[\{f(x)\}^2-5]=\log_3\{f(x)+1\}$의 서로 다른 모든 실근의 합은 6일 때, $f(5)$의 값은?

① 1　　　　　② 2　　　　　③ 3

④ 4　　　　　⑤ 5

유형 7 지수함수와 로그함수의 관계

출제경향 | 지수함수의 그래프와 로그함수의 그래프를 활용하는 문제가 출제된다.

출제유형잡기 | 지수함수의 그래프와 로그함수의 그래프, 지수의 성질과 로그의 성질을 이용하여 문제를 해결한다.

필수유형 7

| 2022학년도 수능 9월 모의평가 |

$a>1$인 실수 a에 대하여 직선 $y=-x+4$가 두 곡선 $y=a^{x-1}$, $y=\log_a(x-1)$과 만나는 점을 각각 A, B라 하고, 곡선 $y=a^{x-1}$이 y축과 만나는 점을 C라 하자. $\overline{AB}=2\sqrt{2}$일 때, 삼각형 ABC의 넓이는 S이다. $50 \times S$의 값을 구하시오. [4점]

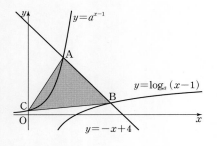

22

▶ 24054-0022

함수 $f(x)=2^{x-5}+a$의 역함수가 $g(x)=\log_2(x-7)+b$일 때, $a+b$의 값은? (단, a, b는 상수이다.)

① 10   ② 11   ③ 12

④ 13   ⑤ 14

23

▶ 24054-0023

함수 $f(x)=\begin{cases} \left(\dfrac{1}{2}\right)^{x-3} & (x\le 2) \\ -\log_2 x+3 & (x>2) \end{cases}$에 대하여

$\displaystyle\sum_{n=1}^{6} f\left(f\left(\dfrac{n}{2}\right)\right)$의 값은?

① 10   ② $\dfrac{21}{2}$ ③ 11

④ $\dfrac{23}{2}$ ⑤ 12

24

▶ 24054-0024

그림과 같이 $a>1$인 상수 a와 $k>a+1$인 상수 k에 대하여 직선 $y=-x+k$가 곡선 $y=\log_a x$와 만나는 점을 A라 하고, 직선 $y=-x+\dfrac{10}{3}k$가 두 곡선 $y=a^{x+1}+1$, $y=\log_a x$와 만나는 점을 각각 B, C라 하자.

직선 $y=x$가 두 직선 $y=-x+k$, $y=-x+\dfrac{10}{3}k$와 만나는 점을 각각 D, E라 할 때, $\overline{AD}=\dfrac{\sqrt{2}}{6}k$, $\overline{CE}=\sqrt{2}k$이다. $a\times\overline{BE}$의 값은? (단, 곡선 $y=\log_a x$와 직선 $y=x$는 만나지 않는다.)

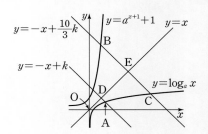

① $11\sqrt{2}$ ② $12\sqrt{2}$ ③ $13\sqrt{2}$

④ $14\sqrt{2}$ ⑤ $15\sqrt{2}$

유형 8 지수함수와 로그함수의 최댓값과 최솟값

출제경향 | 주어진 범위에서 지수함수와 로그함수의 증가와 감소를 이용하여 최댓값과 최솟값을 구하는 문제가 출제된다.

출제유형잡기 | 밑의 범위에 따른 지수함수와 로그함수의 증가와 감소를 이해하여 주어진 구간에서 지수함수 또는 로그함수의 최댓값과 최솟값을 구하는 문제를 해결한다.

필수유형 8 | 2021학년도 수능 6월 모의평가 |

함수

$$f(x) = 2\log_{\frac{1}{2}}(x+k)$$

가 닫힌구간 $[0, 12]$에서 최댓값 -4, 최솟값 m을 갖는다. $k+m$의 값은? (단, k는 상수이다.) [3점]

① -1 ② -2 ③ -3

④ -4 ⑤ -5

25

▶ 24054-0025

$2 \le x \le 4$에서 함수 $f(x) = 3^x \times \log_2 x$의 최댓값과 최솟값의 합은?

① 171   ② 172   ③ 173

④ 174   ⑤ 175

26

▶ 24054-0026

닫힌구간 $[1, 3]$에서 정의된 두 함수

$$f(x) = \left(\frac{a}{10} + \frac{3}{20}\right)^x, \quad g(x) = \left(\frac{2a+4}{9}\right)^x$$

에 대하여 두 함수 $f(x)$, $g(x)$의 최솟값이 각각 $f(3)$, $g(1)$이 되도록 하는 모든 자연수 a의 개수를 구하시오.

27

▶ 24054-0027

두 실수 a, b $(a < b)$와 두 함수 $f(x) = x^2 - 4x + k$, $g(x) = \log_2 x$가 있다. $a \le x \le b$에서 함수 $(g \circ f)(x)$의 최댓값과 최솟값의 합이 0이 되는 a, b가 존재하도록 하는 정수 k의 최댓값은? (단, $a \le x \le b$에서 $f(x) > 0$이다.)

① -4 ② -2 ③ 0

④ 2   ⑤ 4

02 삼각함수

① 일반각과 호도법

(1) **일반각** : 시초선 OX와 동경 OP가 나타내는 ∠XOP의 크기 중에서 하나를 $\alpha°$라 할 때, 동경 OP가 나타내는 각의 크기를 $360°×n+\alpha°$ (n은 정수)로 나타내고, 이것을 동경 OP가 나타내는 일반각이라고 한다.

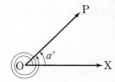

(2) **육십분법과 호도법의 관계**

① 1라디안$=\dfrac{180°}{\pi}$ ② $1°=\dfrac{\pi}{180}$ 라디안

(3) **부채꼴의 호의 길이와 넓이**

반지름의 길이가 r, 중심각의 크기가 θ(라디안)인 부채꼴에서 호의 길이를 l, 넓이를 S라 하면

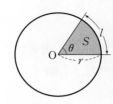

① $l=r\theta$ ② $S=\dfrac{1}{2}r^2\theta=\dfrac{1}{2}rl$

② 삼각함수의 정의와 삼각함수 사이의 관계

(1) **삼각함수의 정의**

좌표평면에서 중심이 원점 O이고 반지름의 길이가 r인 원 위의 한 점을 $P(x, y)$라 하고, x축의 양의 방향을 시초선으로 하는 동경 OP가 나타내는 각의 크기를 θ라 할 때, θ에 대한 삼각함수를 다음과 같이 정의한다.

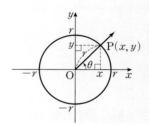

$$\sin\theta=\frac{y}{r}, \cos\theta=\frac{x}{r}, \tan\theta=\frac{y}{x} (x\neq 0)$$

(2) **삼각함수 사이의 관계**

① $\tan\theta=\dfrac{\sin\theta}{\cos\theta}$ ② $\sin^2\theta+\cos^2\theta=1$

③ 삼각함수의 그래프

(1) 함수 $y=\sin x$의 그래프와 그 성질

① 정의역은 실수 전체의 집합이고, 치역은 $\{y|-1\leq y\leq 1\}$ 이다.

② 그래프는 원점에 대하여 대칭이다.

③ 주기가 2π인 주기함수이다. 즉, 모든 실수 x에 대하여 $\sin(2n\pi+x)=\sin x$ (n은 정수)이다.

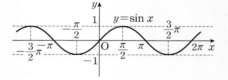

(2) 함수 $y=\cos x$의 그래프와 그 성질

① 정의역은 실수 전체의 집합이고, 치역은 $\{y|-1\leq y\leq 1\}$ 이다.

② 그래프는 y축에 대하여 대칭이다.

③ 주기가 2π인 주기함수이다. 즉, 모든 실수 x에 대하여 $\cos(2n\pi+x)=\cos x$ (n은 정수)이다.

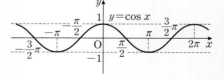

(3) 함수 $y=\tan x$의 그래프와 그 성질

① 정의역은 $x\neq n\pi+\dfrac{\pi}{2}$ (n은 정수)인 실수 전체의 집합이고, 치역은 실수 전체의 집합이다.

② 그래프는 원점에 대하여 대칭이다.

③ 주기가 π인 주기함수이다. 즉, 모든 실수 x에 대하여 $\tan(n\pi+x)=\tan x$ (n은 정수)이다.

④ 그래프의 점근선은 직선 $x=n\pi+\dfrac{\pi}{2}$ (n은 정수)이다.

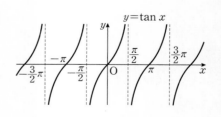

Note

④ 삼각함수의 성질

(1) $2n\pi+x$의 삼각함수 (단, n은 정수)

  ① $\sin(2n\pi+x)=\sin x$ ② $\cos(2n\pi+x)=\cos x$ ③ $\tan(2n\pi+x)=\tan x$

(2) $-x$의 삼각함수

  ① $\sin(-x)=-\sin x$ ② $\cos(-x)=\cos x$ ③ $\tan(-x)=-\tan x$

(3) $\pi+x$의 삼각함수

  ① $\sin(\pi+x)=-\sin x$ ② $\cos(\pi+x)=-\cos x$ ③ $\tan(\pi+x)=\tan x$

(4) $\frac{\pi}{2}+x$의 삼각함수

  ① $\sin\left(\frac{\pi}{2}+x\right)=\cos x$ ② $\cos\left(\frac{\pi}{2}+x\right)=-\sin x$ ③ $\tan\left(\frac{\pi}{2}+x\right)=-\frac{1}{\tan x}$

⑤ 삼각함수의 활용

(1) 방정식에의 활용 : 방정식 $2\sin x-1=0$, $\sqrt{2}\cos x+1=0$, $\tan x-\sqrt{3}=0$과 같이 각의 크기가 미지수인 삼각함수를 포함한 방정식은 삼각함수의 그래프를 이용하여 다음과 같이 풀 수 있다.

  ① 주어진 방정식을 $\sin x=k$ ($\cos x=k$, $\tan x=k$)의 꼴로 변형한다.

  ② 주어진 범위에서 함수 $y=\sin x$ ($y=\cos x$, $y=\tan x$)의 그래프와 직선 $y=k$를 그린 후 두 그래프의 교점의 x좌표를 찾아서 해를 구한다.

(2) 부등식에의 활용 : 부등식 $2\sin x+1>0$, $2\cos x-\sqrt{3}<0$, $\tan x-1<0$과 같이 각의 크기가 미지수인 삼각함수를 포함한 부등식은 삼각함수의 그래프를 이용하여 다음과 같이 풀 수 있다.

  ① 주어진 부등식을 $\sin x>k$ ($\cos x<k$, $\tan x<k$)의 꼴로 변형한다.

  ② 주어진 범위에서 함수 $y=\sin x$ ($y=\cos x$, $y=\tan x$)의 그래프와 직선 $y=k$를 그린 후 두 그래프의 교점의 x좌표를 찾는다.

  ③ 함수 $y=\sin x$ ($y=\cos x$, $y=\tan x$)의 그래프가 직선 $y=k$보다 위쪽(또는 아래쪽)에 있는 x의 값의 범위를 찾아서 해를 구한다.

⑥ 사인법칙

삼각형 ABC의 외접원의 반지름의 길이를 R이라 하면

$$\frac{a}{\sin A}=\frac{b}{\sin B}=\frac{c}{\sin C}=2R$$

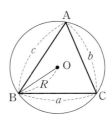

⑦ 코사인법칙

삼각형 ABC에서

(1) $a^2=b^2+c^2-2bc\cos A$ (2) $b^2=c^2+a^2-2ca\cos B$

(3) $c^2=a^2+b^2-2ab\cos C$

참고 코사인법칙을 변형하면 다음과 같은 식을 얻을 수 있다.

(1) $\cos A=\frac{b^2+c^2-a^2}{2bc}$ (2) $\cos B=\frac{c^2+a^2-b^2}{2ca}$

(3) $\cos C=\frac{a^2+b^2-c^2}{2ab}$

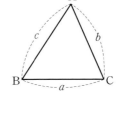

⑧ 삼각형의 넓이

삼각형 ABC의 넓이를 S라 하면

$$S=\frac{1}{2}ab\sin C=\frac{1}{2}bc\sin A=\frac{1}{2}ca\sin B$$

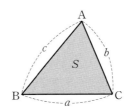

▶ 24054-0029

유형 1 부채꼴의 호의 길이와 넓이

출제경향 | 호도법을 이용하여 부채꼴의 호의 길이와 넓이를 구하는 문제가 출제된다.

출제유형잡기 | 부채꼴의 반지름의 길이 r과 중심각의 크기 θ가 주어질 때, 부채꼴의 호의 길이 l과 넓이 S는 다음을 이용하여 구한다.

(1) $l = r\theta$

(2) $S = \dfrac{1}{2}r^2\theta = \dfrac{1}{2}rl$

필수유형 1

중심각의 크기가 $\sqrt{3}$인 부채꼴의 넓이가 $12\sqrt{3}$일 때, 이 부채꼴의 반지름의 길이는?

① $\sqrt{22}$ ② $2\sqrt{6}$ ③ $\sqrt{26}$

④ $2\sqrt{7}$ ⑤ $\sqrt{30}$

02

그림과 같이 $\overline{AB} = \overline{AD} = \overline{DC} = \dfrac{1}{2}\overline{BC}$이고 $\overline{AD} /\!/ \overline{BC}$인 사다리꼴 ABCD의 내부와 선분 AB, CD를 각각 지름으로 하는 두 원의 외부의 공통부분의 넓이가 $15\sqrt{3} - 4\pi$일 때, 사다리꼴 ABCD의 넓이는?

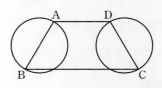

① $12\sqrt{3}$ ② $14\sqrt{3}$ ③ $16\sqrt{3}$

④ $18\sqrt{3}$ ⑤ $20\sqrt{3}$

01

▶ 24054-0028

그림과 같이 길이가 2인 선분 AB를 지름으로 하는 반원을 C_1이라 하고, 직선 AB와 점 B에서 접하고 반지름의 길이가 $\dfrac{1}{2}$인 원을 C_2라 할 때, 반원 C_1의 호 AB와 원 C_2가 만나는 점 중 B가 아닌 점을 P라 하자. 선분 AB의 중점을 O_1, 원 C_2의 중심을 O_2라 하자. 부채꼴 O_1BP의 호의 길이를 l_1, 부채꼴 O_2BP의 호의 길이를 l_2라 할 때, $l_1 + 2l_2$의 값은? (단, 부채꼴 O_1BP와 부채꼴 O_2BP의 중심각의 크기는 모두 π보다 작다.)

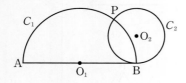

① $\dfrac{5}{8}\pi$ ② $\dfrac{3}{4}\pi$ ③ $\dfrac{7}{8}\pi$

④ π ⑤ $\dfrac{9}{8}\pi$

03

▶ 24054-0030

그림과 같이 길이가 4인 선분 AB를 지름으로 하는 원 위의 점 P와 중심이 B이고 점 P를 지나는 원이 선분 AB와 만나는 점 Q에 대하여 호 AP의 길이를 l, 중심이 B인 부채꼴 BPQ의 넓이를 S라 하자. $\dfrac{S}{l} = \dfrac{2}{9}$일 때, 삼각형 ABP의 넓이는?

$\left(\text{단, } l < 2\pi \text{이고, 중심이 B인 부채꼴 BPQ의 중심각의 크기는 } \dfrac{\pi}{2}\text{보다 작다.}\right)$

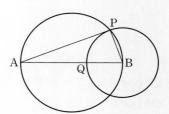

① $\dfrac{5\sqrt{2}}{3}$ ② $\dfrac{16\sqrt{2}}{9}$ ③ $\dfrac{17\sqrt{2}}{9}$

④ $2\sqrt{2}$ ⑤ $\dfrac{19\sqrt{2}}{9}$

유형 2 삼각함수의 정의와 삼각함수 사이의 관계

출제경향 | 삼각함수의 정의와 삼각함수 사이의 관계를 이용하여 식의 값을 구하는 문제가 출제된다.

출제유형잡기 | 삼각함수의 정의와 삼각함수 사이의 관계를 이용하여 문제를 해결한다.

(1) 각 θ를 나타내는 동경과 중심이 원점이고 반지름의 길이가 r인 원이 만나는 점의 좌표를 (x, y)라 하면

$$\sin \theta = \frac{y}{r}, \cos \theta = \frac{x}{r}, \tan \theta = \frac{y}{x} \ (x \neq 0)$$

(2) 삼각함수 사이의 관계

  ① $\tan \theta = \dfrac{\sin \theta}{\cos \theta}$

  ② $\sin^2 \theta + \cos^2 \theta = 1$

필수유형 2   **| 2023학년도 수능 6월 모의평가 |**

$\dfrac{\pi}{2} < \theta < \pi$인 θ에 대하여 $\cos^2 \theta = \dfrac{4}{9}$일 때, $\sin^2 \theta + \cos \theta$의 값은? [3점]

① $-\dfrac{4}{9}$ ② $-\dfrac{1}{3}$ ③ $-\dfrac{2}{9}$

④ $-\dfrac{1}{9}$ ⑤ 0

04

▶ 24054-0031

이차방정식 $x^2 - 4x - 2 = 0$의 두 근을 α, β $(\alpha > \beta)$라 할 때, $\sin \theta - \cos \theta = \dfrac{\alpha - \beta}{\alpha + \beta}$를 만족시키는 θ에 대하여 $\sin \theta \cos \theta$의 값은?

① $-\dfrac{7}{12}$ ② $-\dfrac{1}{2}$ ③ $-\dfrac{5}{12}$

④ $-\dfrac{1}{3}$ ⑤ $-\dfrac{1}{4}$

05

▶ 24054-0032

좌표평면에서 제2사분면에 있는 점 P를 y축에 대하여 대칭이동한 점을 Q라 하고, 점 P를 직선 $y = x$에 대하여 대칭이동한 점을 R이라 하자. 세 동경 OP, OQ, OR이 나타내는 각의 크기를 각각 α, β, γ라 하자.

$$\sin \alpha \cos \beta = \frac{2}{5}, \ \cos(\angle PQR) < 0$$

일 때, $\tan \gamma$의 값은? (단, O는 원점이고, $\angle PQR < \pi$이다.)

① $-\dfrac{5}{2}$ ② -2 ③ $-\dfrac{3}{2}$

④ -1 ⑤ $-\dfrac{1}{2}$

06

▶ 24054-0033

그림과 같이 원 $C : x^2 + y^2 = 4$ 위의 제2사분면에 있는 점 P를 지나고 원 C에 접하는 직선이 y축과 만나는 점을 Q라 하고, 점 Q를 지나고 원 C와 P가 아닌 점에서 접하는 직선이 x축과 만나는 점을 R이라 하자. 동경 OP가 나타내는 각의 크기를 $\theta \left(\dfrac{\pi}{2} < \theta < \pi \right)$라 할 때, 사각형 ORQP의 넓이와 항상 같은 것은? (단, O는 원점이다.)

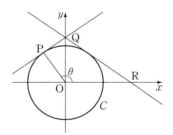

① $-\dfrac{2}{\sin \theta \cos \theta}$

② $-\dfrac{2}{\sin \theta} \left(\cos \theta + \dfrac{1}{\cos \theta} \right)$

③ $-\dfrac{1}{\sin \theta} \left(\cos \theta + \dfrac{1}{\cos \theta} \right)$

④ $-\dfrac{1}{\sin \theta \cos \theta}$

⑤ $\dfrac{1}{\sin \theta}$

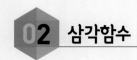
유형 **3** 삼각함수의 그래프와 그 성질

출제경향 | 삼각함수의 성질과 그래프를 이용하여 삼각함수의 값을 구하거나 미지수의 값을 구하는 문제가 출제된다.

출제유형잡기 | 삼각함수의 그래프에서 주기, 최댓값, 최솟값 등을 이용하여 문제를 해결하거나 삼각함수의 성질을 이용하여 삼각함수의 값을 구하는 문제를 해결한다.

(1) 삼각함수의 그래프의 주기

0이 아닌 두 상수 a, b에 대하여 세 함수

$$y=a \sin bx, \ y=a \cos bx, \ y=a \tan bx$$

의 주기는 각각

$$\frac{2\pi}{|b|}, \ \frac{2\pi}{|b|}, \ \frac{\pi}{|b|}$$

이다.

(2) 여러 가지 각에 대한 삼각함수의 성질

① $\pi+\theta$의 삼각함수

　㉠ $\sin(\pi+\theta)=-\sin\theta$　　㉡ $\cos(\pi+\theta)=-\cos\theta$

　㉢ $\tan(\pi+\theta)=\tan\theta$

② $\pi-\theta$의 삼각함수

　㉠ $\sin(\pi-\theta)=\sin\theta$　　㉡ $\cos(\pi-\theta)=-\cos\theta$

　㉢ $\tan(\pi-\theta)=-\tan\theta$

③ $\dfrac{\pi}{2}+\theta$의 삼각함수

　㉠ $\sin\left(\dfrac{\pi}{2}+\theta\right)=\cos\theta$　　㉡ $\cos\left(\dfrac{\pi}{2}+\theta\right)=-\sin\theta$

　㉢ $\tan\left(\dfrac{\pi}{2}+\theta\right)=-\dfrac{1}{\tan\theta}$

④ $\dfrac{\pi}{2}-\theta$의 삼각함수

　㉠ $\sin\left(\dfrac{\pi}{2}-\theta\right)=\cos\theta$　　㉡ $\cos\left(\dfrac{\pi}{2}-\theta\right)=\sin\theta$

　㉢ $\tan\left(\dfrac{\pi}{2}-\theta\right)=\dfrac{1}{\tan\theta}$

필수유형 **3**

| 2024학년도 수능 6월 모의평가 |

$\cos\theta<0$이고 $\sin(-\theta)=\dfrac{1}{7}\cos\theta$일 때, $\sin\theta$의 값은?

[3점]

① $-\dfrac{3\sqrt{2}}{10}$　　　② $-\dfrac{\sqrt{2}}{10}$　　　③ 0

④ $\dfrac{\sqrt{2}}{10}$　　　⑤ $\dfrac{3\sqrt{2}}{10}$

07
▶ 24054-0034

$\sin\left(\dfrac{5}{2}\pi+\theta\right)=\dfrac{\sqrt{6}}{3}$이고 $\sin\theta<0$일 때, $\tan\theta$의 값은?

① $-\dfrac{\sqrt{2}}{2}$　　　② $-\dfrac{1}{2}$　　　③ $\dfrac{1}{2}$

④ $\dfrac{\sqrt{2}}{2}$　　　⑤ $\dfrac{\sqrt{3}}{2}$

08
▶ 24054-0035

$\dfrac{3}{2}\pi<\theta<2\pi$일 때,

$$\sin(\pi+\theta)+\frac{\sqrt{\cos^2\left(\dfrac{\pi}{2}-\theta\right)}}{|\tan\theta|}-|\sin\theta-\cos\theta|$$

를 간단히 한 것은?

① $-\cos\theta$　　　② $-\sin\theta$　　　③ 0

④ $\sin\theta$　　　⑤ $\cos\theta$

09
▶ 24054-0036

직선 $y=\dfrac{1}{(2n-1)\pi}x-1$과 함수 $y=\sin x$의 그래프의 교점의 개수가 n^2이 되도록 하는 모든 자연수 n의 값의 합은?

① 1　　　② 2　　　③ 3

④ 4　　　⑤ 5

10

▶ 24054-0037

그림은 함수 $f(x) = a \sin b\left(x + \dfrac{\pi}{3}\right) + c$의 그래프이다.

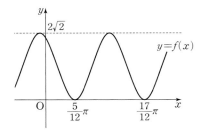

$a^2 + b^2 + c^2$의 값을 구하시오. (단, a, b, c는 상수이다.)

11

▶ 24054-0038

그림과 같이 양수 a에 대하여 함수

$f(x) = \left| \tan \dfrac{\pi x}{2a} \right|$ $(-a < x < a)$의 그래프 위의 제1사분면에 있는 점 P를 지나고 x축에 평행한 직선이 함수 $y = f(x)$의 그래프와 만나는 점 중에서 P가 아닌 점을 Q라 하자. 삼각형 OPQ가 한 변의 길이가 $\dfrac{4}{3}a$인 정삼각형일 때, $a \times f\left(-\dfrac{1}{2}\right)$의 값은?

(단, O는 원점이다.)

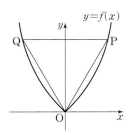

① $\dfrac{1}{3}$ ② $\dfrac{\sqrt{3}}{3}$ ③ $\dfrac{\sqrt{3}}{2}$

④ 1   ⑤ $\sqrt{3}$

유형 4 삼각함수의 최댓값과 최솟값

출제경향 | 삼각함수 또는 삼각함수가 포함된 함수의 최댓값 또는 최솟값을 구하는 문제가 출제된다.

출제유형잡기 | 삼각함수 사이의 관계, 삼각함수의 성질 및 삼각함수의 그래프의 성질을 이용하여 삼각함수 또는 삼각함수가 포함된 함수의 최댓값 또는 최솟값을 구하는 문제를 해결한다.

세 상수 a $(a \neq 0)$, b $(b \neq 0)$, c에 대하여

(1) 함수 $y = a \sin bx + c$의 최댓값은 $|a| + c$, 최솟값은 $-|a| + c$ 이다.

(2) 함수 $y = a \cos bx + c$의 최댓값은 $|a| + c$, 최솟값은 $-|a| + c$ 이다.

필수유형 4

| 2023학년도 수능 |

함수

$$f(x) = a - \sqrt{3} \tan 2x$$

가 닫힌구간 $\left[-\dfrac{\pi}{6}, b\right]$에서 최댓값 7, 최솟값 3을 가질 때, $a \times b$의 값은? (단, a, b는 상수이다.) [4점]

① $\dfrac{\pi}{2}$ ② $\dfrac{5\pi}{12}$ ③ $\dfrac{\pi}{3}$

④ $\dfrac{\pi}{4}$ ⑤ $\dfrac{\pi}{6}$

12

▶ 24054-0039

다음은 $0 < \theta < 2\pi$에서 함수

$$f(\theta) = \dfrac{3}{4 - 3\sin^2 \theta} - 4\sin^2 \theta$$

의 최솟값을 구하는 과정이다.

$4 - 3\sin^2 \theta = t$로 놓으면

$f(\theta) = \boxed{}$ (가)

이때 $t > 0$이므로

$\boxed{}$ (가) $\geq$ $\boxed{}$ (나) $\qquad$ …… ㉠

이때 부등식 ㉠에서 등호는 $\sin^2 \theta = \boxed{}$ (다) 일 때 성립한다.

따라서 함수 $f(\theta)$는 $\sin^2 \theta = \boxed{}$ (다) 일 때, 최솟값 $\boxed{}$ (나) 를 갖는다.

위의 (가)에 알맞은 식을 $g(t)$, (나)와 (다)에 알맞은 수를 각각 p, q라 할 때, $g\left(-\dfrac{1}{p+q}\right)$의 값은?

① $-\dfrac{2}{3}$ ② $-\dfrac{5}{6}$ ③ -1

④ $-\dfrac{7}{6}$ ⑤ $-\dfrac{4}{3}$

13

▶ 24054-0040

함수

$$f(x) = \sin^2\left(\frac{3}{2}\pi - x\right) + k\cos\left(x + \frac{\pi}{2}\right) + k + 1$$

의 최댓값이 3이 되도록 하는 실수 k의 값은?

① $2(\sqrt{2}-1)$ ② $2(\sqrt{3}-1)$ ③ 2

④ $2(\sqrt{5}-1)$ ⑤ $2(\sqrt{6}-1)$

14

▶ 24054-0041

$0 < t < 2\pi$인 실수 t에 대하여 함수

$$f(x) = \begin{cases} \cos x - \cos t & (0 \le x \le t) \\ \cos t - \cos x & (t < x \le 2\pi) \end{cases}$$

의 최댓값을 $M(t)$, 최솟값을 $m(t)$라 하자. **보기**에서 옳은 것만을 있는 대로 고른 것은?

보기

ㄱ. $M\left(\frac{\pi}{2}\right) - m\left(\frac{\pi}{2}\right) = 2$

ㄴ. $M(t) - m(t) = 2$를 만족시키는 실수 t의 값의 범위는 $\frac{\pi}{2} \le t \le \frac{3}{2}\pi$이다.

ㄷ. $M(t) + m(t) = 0$을 만족시키는 실수 t의 최댓값과 최솟값의 합은 2π이다.

① ㄱ   ② ㄴ   ③ ㄷ

④ ㄱ, ㄴ   ⑤ ㄱ, ㄷ

유형 5 삼각함수를 포함한 방정식과 부등식

출제경향 | 삼각함수의 그래프와 삼각함수의 성질을 이용하여 삼각함수를 포함한 방정식과 부등식을 푸는 문제가 출제된다.

출제유형잡기 | 삼각함수의 그래프와 직선의 교점 또는 위치 관계를 이용하거나 삼각함수의 성질을 이용하여 각의 크기가 미지수인 삼각함수를 포함한 방정식 또는 부등식의 해를 구하는 문제를 해결한다.

필수유형 5 | 2024학년도 수능 6월 모의평가 |

두 자연수 a, b에 대하여 함수

$$f(x) = a\sin bx + 8 - a$$

가 다음 조건을 만족시킬 때, $a+b$의 값을 구하시오. [3점]

(가) 모든 실수 x에 대하여 $f(x) \ge 0$이다.

(나) $0 \le x < 2\pi$일 때, x에 대한 방정식 $f(x) = 0$의 서로 다른 실근의 개수는 4이다.

15

▶ 24054-0042

두 부등식

$$0 < \log_{|\sin\theta|} \tan\theta < 1, \quad \left(\frac{\cos\theta}{\sin\theta}\right)^{\cos\theta+1} < \left(\frac{\sin\theta}{\cos\theta}\right)^{\cos\theta}$$

을 모두 만족시키는 θ의 값의 범위는? (단, $0 \le \theta \le 2\pi$)

① $0 < \theta < \frac{\pi}{4}$ ② $\frac{\pi}{3} < \theta < \frac{2}{3}\pi$ ③ $\pi < \theta < \frac{5}{4}\pi$

④ $\frac{4}{3}\pi < \theta < \frac{3}{2}\pi$ ⑤ $\frac{3}{2}\pi < \theta < \frac{7}{4}\pi$

16

▶ 24054-0043

x에 대한 이차함수

$$y=x^2-4x \sin \frac{n\pi}{6}+3-2 \cos^2 \frac{n\pi}{6}$$

의 그래프의 꼭짓점과 직선 $y=\frac{1}{2}x+\frac{3}{2}$ 사이의 거리가 $\frac{3\sqrt{5}}{5}$ 보다 작도록 하는 12 이하의 자연수 n의 개수는?

① 4   ② 5   ③ 6

④ 7   ⑤ 8

17

▶ 24054-0044

$0 \leq t \leq 2$인 실수 t에 대하여 x에 대한 이차방정식

$$(x-\sin \pi t)(x+\cos \pi t)=0$$

의 두 실근 중에서 작지 않은 것을 $\alpha(t)$, 크지 않은 것을 $\beta(t)$라 하자. **보기**에서 옳은 것만을 있는 대로 고른 것은?

보기

ㄱ. $\alpha\left(\frac{1}{2}\right)>\frac{1}{2}$

ㄴ. $\alpha(t)=\beta(t)$인 서로 다른 실수 t의 개수는 2이다.

ㄷ. $\alpha(s)=\beta\left(s+\frac{1}{2}\right)$을 만족시키는 실수 $s\left(0 \leq s \leq \frac{3}{2}\right)$의 최댓값은 $\frac{5}{4}$이다.

① ㄱ   ② ㄴ   ③ ㄱ, ㄴ

④ ㄱ, ㄷ   ⑤ ㄱ, ㄴ, ㄷ

유형 6 사인법칙과 코사인법칙의 활용

출제경향 | 삼각함수의 성질과 사인법칙, 코사인법칙을 이용하여 삼각형의 변의 길이, 각의 크기, 외접원의 반지름의 길이 등을 구하는 문제가 출제된다.

출제유형잡기 | 외접원의 반지름의 길이가 R인 삼각형 ABC에서 $\overline{AB}=c$, $\overline{BC}=a$, $\overline{CA}=b$일 때, 다음이 성립한다.

(1) 사인법칙

$$\frac{a}{\sin A}=\frac{b}{\sin B}=\frac{c}{\sin C}=2R$$

(2) 코사인법칙

① $a^2=b^2+c^2-2bc \cos A$

② $b^2=c^2+a^2-2ca \cos B$

③ $c^2=a^2+b^2-2ab \cos C$

필수유형 6

| 2023학년도 수능 |

그림과 같이 사각형 ABCD가 한 원에 내접하고

$$\overline{AB}=5, \quad \overline{AC}=3\sqrt{5}, \quad \overline{AD}=7, \quad \angle BAC = \angle CAD$$

일 때, 이 원의 반지름의 길이는? [4점]

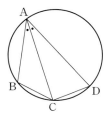

① $\frac{5\sqrt{2}}{2}$ ② $\frac{8\sqrt{5}}{5}$ ③ $\frac{5\sqrt{5}}{3}$

④ $\frac{8\sqrt{2}}{3}$ ⑤ $\frac{9\sqrt{3}}{4}$

18

▶ 24054-0045

삼각형 ABC에서

$$\sin A=\sin C, \quad \sin A : \sin B=2:3$$

일 때, $\dfrac{\cos A+\cos B}{\cos C}$의 값은?

① $\frac{1}{6}$ ② $\frac{1}{3}$ ③ $\frac{1}{2}$

④ $\frac{2}{3}$ ⑤ $\frac{5}{6}$

19
▶ 24054-0046

그림과 같이 지름의 길이가 6인 원에 내접하고 $\overline{BC}=5$인 삼각형 ABC가 있다. $\overline{AB}=\overline{DE}$, $\overline{AB}/\!/\overline{DE}$를 만족시키는 원 위의 두 점 D, E에 대하여 $\cos(\angle ACB)>0$, $\cos(\angle EBD)=\dfrac{1}{3}$일 때, $\overline{AC}=p+q\sqrt{22}$이다. $9pq$의 값을 구하시오. (단, 두 직선 AD, BE는 한 점에서 만나고, p와 q는 유리수이다.)

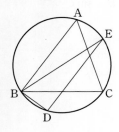

20
▶ 24054-0047

그림과 같이 반지름의 길이가 4이고, 중심각의 크기가 $\dfrac{\pi}{6}$인 부채꼴 OAB가 있다. 선분 OA 위의 점 P를 중심으로 하고 직선 OB와 점 H에서 접하는 원이 부채꼴 OAB의 호 AB와 만나는 점을 Q라 하고, 이 원이 직선 OA와 만나는 점 중 A에 가까운 점을 R이라 하자. 점 Q가 부채꼴 PRH의 호 RH를 이등분할 때, 부채꼴 PRH의 넓이는? $\left(\text{단, } \dfrac{8}{3}<\overline{OP}<4\right)$

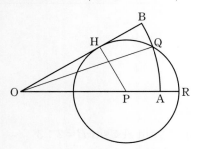

① $\dfrac{2}{3}\pi$ ② $\dfrac{5}{7}\pi$ ③ $\dfrac{16}{21}\pi$

④ $\dfrac{17}{21}\pi$ ⑤ $\dfrac{6}{7}\pi$

21
▶ 24054-0048

그림과 같이 길이가 3인 선분 AB에 대하여 중심이 A이고 반지름의 길이가 2인 원 O_1과 중심이 B이고 반지름의 길이가 1인 원 O_2가 만나는 점을 C라 하자. 원 O_1 위의 점 P를 중심으로 하고 두 점 A, C를 지나는 원 O_3이 원 O_1과 만나는 점 중 C가 아닌 점을 D라 하고, 원 O_3이 원 O_2와 만나는 점 중 C가 아닌 점을 E라 할 때, 삼각형 EDC에서 $\sin(\angle EDC)$의 값은?

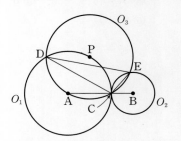

① $\dfrac{\sqrt{17}}{14}$ ② $\dfrac{\sqrt{19}}{14}$ ③ $\dfrac{\sqrt{21}}{14}$

④ $\dfrac{\sqrt{23}}{14}$ ⑤ $\dfrac{5}{14}$

22
▶ 24054-0049

그림과 같이 $\overline{AB}:\overline{AC}=2:3$인 삼각형 ABC에서 선분 BC를 $3:2$로 내분하는 점을 D라 하자.
$\dfrac{\cos(\angle ABD)}{\cos(\angle ACD)}=\dfrac{1}{2}$일 때, $\dfrac{\overline{AD}}{\overline{AB}}$의 값은?

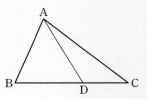

① $\dfrac{\sqrt{95}}{10}$ ② 1 ③ $\dfrac{\sqrt{105}}{10}$

④ $\dfrac{\sqrt{110}}{10}$ ⑤ $\dfrac{\sqrt{115}}{10}$

03 수열

① 등차수열

(1) 첫째항이 a, 공차가 d인 등차수열 $\{a_n\}$의 일반항 a_n은
$$a_n=a+(n-1)d \ (단,\ n=1,\ 2,\ 3,\ \cdots)$$

(2) 세 수 a, b, c가 이 순서대로 등차수열을 이룰 때, b를 a와 c의 등차중항이라고 한다.

이때 $b-a=c-b$이므로 $b=\dfrac{a+c}{2}$이다. 역으로 $b=\dfrac{a+c}{2}$이면 세 수 a, b, c는 이 순서대로 등차수열을 이룬다.

참고 일반항 a_n이 n에 대한 일차식 $a_n=pn+q$ (p, q는 상수, $n=1$, 2, 3, $\cdots$)인 수열 $\{a_n\}$은 첫째항이 $p+q$, 공차가 p인 등차수열이다.

② 등차수열의 합

등차수열의 첫째항부터 제 n항까지의 합 S_n은 다음과 같다.

(1) 첫째항이 a, 제 n항이 l일 때, $S_n=\dfrac{n(a+l)}{2}$

(2) 첫째항이 a, 공차가 d일 때, $S_n=\dfrac{n\{2a+(n-1)d\}}{2}$

참고 첫째항부터 제 n항까지의 합 S_n이 n에 대한 이차식 $S_n=pn^2+qn$ (p, q는 상수, $n=1$, 2, 3, $\cdots$)인 수열 $\{a_n\}$은 첫째항이 $p+q$이고 공차가 $2p$인 등차수열이다.

③ 등비수열

(1) 첫째항이 a, 공비가 r ($r\neq0$)인 등비수열 $\{a_n\}$의 일반항 a_n은
$$a_n=ar^{n-1} \ (단,\ n=1,\ 2,\ 3,\ \cdots)$$

(2) 0이 아닌 세 수 a, b, c가 이 순서대로 등비수열을 이룰 때, b를 a와 c의 등비중항이라고 한다.

이때 $\dfrac{b}{a}=\dfrac{c}{b}$이므로 $b^2=ac$이다. 역으로 $b^2=ac$이면 세 수 a, b, c는 이 순서대로 등비수열을 이룬다.

④ 등비수열의 합

첫째항이 a, 공비가 r ($r\neq0$)인 등비수열의 첫째항부터 제 n항까지의 합 S_n은 다음과 같다.

(1) $r=1$일 때, $S_n=na$

(2) $r\neq1$일 때, $S_n=\dfrac{a(r^n-1)}{r-1}=\dfrac{a(1-r^n)}{1-r}$

⑤ 수열의 합과 일반항 사이의 관계

수열 $\{a_n\}$의 첫째항부터 제 n항까지의 합을 S_n이라 하면
$$a_1=S_1,\ a_n=S_n-S_{n-1} \ (단,\ n=2,\ 3,\ 4,\ \cdots)$$

⑥ 합의 기호 $\sum$의 뜻

수열 $\{a_n\}$의 첫째항부터 제 n항까지의 합 $a_1+a_2+a_3+\cdots+a_n$을 기호 $\sum$를 사용하여 다음과 같이 나타낸다.

$$a_1+a_2+a_3+\cdots+a_n=\sum_{k=1}^{n} a_k$$

제 n항까지 / 일반항 / 첫째항부터

[7] 합의 기호 $\sum$의 성질

두 수열 $\{a_n\}$, $\{b_n\}$에 대하여

(1) $\displaystyle\sum_{k=1}^{n}(a_k+b_k)=\sum_{k=1}^{n}a_k+\sum_{k=1}^{n}b_k$

(2) $\displaystyle\sum_{k=1}^{n}(a_k-b_k)=\sum_{k=1}^{n}a_k-\sum_{k=1}^{n}b_k$

(3) $\displaystyle\sum_{k=1}^{n}ca_k=c\sum_{k=1}^{n}a_k$ (단, c는 상수)

(4) $\displaystyle\sum_{k=1}^{n}c=cn$ (단, c는 상수)

[8] 자연수의 거듭제곱의 합

(1) $\displaystyle\sum_{k=1}^{n}k=1+2+3+\cdots+n=\dfrac{n(n+1)}{2}$

(2) $\displaystyle\sum_{k=1}^{n}k^2=1^2+2^2+3^2+\cdots+n^2=\dfrac{n(n+1)(2n+1)}{6}$

(3) $\displaystyle\sum_{k=1}^{n}k^3=1^3+2^3+3^3+\cdots+n^3=\left\{\dfrac{n(n+1)}{2}\right\}^2=\left(\sum_{k=1}^{n}k\right)^2$

[9] 여러 가지 수열의 합

(1) 일반항이 분수 꼴이고 분모가 서로 다른 두 일차식의 곱으로 나타내어져 있을 때, 두 개의 분수로 분해하는 방법, 즉

$$\frac{1}{AB}=\frac{1}{B-A}\left(\frac{1}{A}-\frac{1}{B}\right)\ (A\neq B)$$

를 이용하여 계산한다.

① $\displaystyle\sum_{k=1}^{n}\frac{1}{k(k+a)}=\frac{1}{a}\sum_{k=1}^{n}\left(\frac{1}{k}-\frac{1}{k+a}\right)$ (단, $a\neq0$)

② $\displaystyle\sum_{k=1}^{n}\frac{1}{(k+a)(k+b)}=\frac{1}{b-a}\sum_{k=1}^{n}\left(\frac{1}{k+a}-\frac{1}{k+b}\right)$ (단, $a\neq b$)

(2) 일반항의 분모가 근호가 있는 두 식의 합으로 나타내어져 있을 때, 분모를 유리화하는 방법을 이용하여 계산한다.

① $\displaystyle\sum_{k=1}^{n}\frac{1}{\sqrt{k+a}+\sqrt{k}}=\frac{1}{a}\sum_{k=1}^{n}(\sqrt{k+a}-\sqrt{k})$ (단, $a\neq0$)

② $\displaystyle\sum_{k=1}^{n}\frac{1}{\sqrt{k+a}+\sqrt{k+b}}=\frac{1}{a-b}\sum_{k=1}^{n}(\sqrt{k+a}-\sqrt{k+b})$ (단, $a\neq b$)

[10] 수열의 귀납적 정의

처음 몇 개의 항의 값과 이웃하는 항들 사이의 관계식으로 수열 $\{a_n\}$을 정의하는 것을 수열의 귀납적 정의라고 한다. 귀납적으로 정의된 수열 $\{a_n\}$의 항의 값을 구할 때에는 n에 1, 2, 3, …을 차례로 대입한다.

예를 들면 $a_1=1$, $a_{n+1}=a_n+2$ $(n=1,\ 2,\ 3,\ \cdots)$과 같이 귀납적으로 정의된 수열 $\{a_n\}$에서

$$a_2=a_1+2=1+2=3,\ a_3=a_2+2=3+2=5,\ a_4=a_3+2=5+2=7,\ \cdots$$

이므로 수열 $\{a_n\}$은 1, 3, 5, 7, …이다.

[11] 수학적 귀납법

자연수 n에 대한 명제 $p(n)$이 모든 자연수 n에 대하여 성립함을 증명하려면 다음 두 가지를 보이면 된다.

(i) $n=1$일 때, 명제 $p(n)$이 성립한다. 즉, $p(1)$이 성립한다.

(ii) $n=k$일 때, 명제 $p(n)$이 성립한다고 가정하면 $n=k+1$일 때도 명제 $p(n)$이 성립한다.

이와 같은 방법으로 모든 자연수 n에 대하여 명제 $p(n)$이 성립함을 증명하는 것을 수학적 귀납법이라고 한다.

유형 1 등차수열의 뜻과 일반항

출제경향 | 등차수열의 일반항을 이용하여 공차 또는 특정한 항의 값을 구하는 문제가 출제된다.

출제유형잡기 | 주어진 조건을 만족시키는 등차수열 $\{a_n\}$의 첫째항 a와 공차 d를 구한 후 등차수열의 일반항
$$a_n=a+(n-1)d \ (n=1,\ 2,\ 3,\ \cdots)$$
을 이용하여 문제를 해결한다.
특히 서로 다른 두 항 a_m과 a_n 사이에
$$a_m-a_n=(m-n)d$$
가 성립함을 이용하면 편리할 수 있다.

필수유형 1
| 2023학년도 수능 9월 모의평가 |

등차수열 $\{a_n\}$에 대하여
$$a_1=2a_5,\ a_8+a_{12}=-6$$
일 때, a_2의 값은? [3점]

① 17   ② 19   ③ 21

④ 23   ⑤ 25

01
▶ 24054-0050

등차수열 $\{a_n\}$에 대하여
$$a_1+a_3=0,\ a_3+2a_4+3a_5=14$$
일 때, a_{10}의 값은?

① 4   ② 5   ③ 6

④ 7   ⑤ 8

02
▶ 24054-0051

다음 조건을 만족시키는 모든 등차수열 $\{a_n\}$에 대하여 a_2의 최솟값은?

(가) 수열 $\{a_n\}$의 모든 항은 정수이다.
(나) $a_{10}<0,\ |a_4|-a_3=0$

① -1 ② 0   ③ 1

④ 2   ⑤ 3

03
▶ 24054-0052

공차가 양수인 등차수열 $\{a_n\}$에 대하여
$$(a_5)^2-(a_3)^2=4,\ (a_9)^2-(a_7)^2=20$$
일 때, a_4의 값은?

① $\dfrac{1}{2}$ ② 1   ③ 2

④ 4   ⑤ 8

유형 2 등차수열의 합

출제경향 | 주어진 조건으로부터 등차수열의 합을 구하거나 등차수열의 합을 이용하여 첫째항, 공차, 특정한 항의 값을 구하는 문제가 출제된다.

출제유형잡기 | 주어진 조건에서 첫째항과 공차를 구하고 등차수열의 합의 공식을 이용하여 문제를 해결한다.

등차수열 $\{a_n\}$의 첫째항부터 제n항까지의 합을 S_n이라 할 때, 다음을 이용하여 S_n을 구한다.

(1) 첫째항이 a, 제n항(끝항)이 l일 때

$$S_n = \frac{n(a+l)}{2}$$

(2) 첫째항이 a, 공차가 d일 때

$$S_n = \frac{n\{2a+(n-1)d\}}{2}$$

필수유형 2

| 2021학년도 수능 6월 모의평가 |

공차가 2인 등차수열 $\{a_n\}$의 첫째항부터 제n항까지의 합을 S_n이라 하자. $S_k = -16$, $S_{k+2} = -12$를 만족시키는 자연수 k에 대하여 a_{2k}의 값을 구하시오. [4점]

04

▶ 24054-0053

등차수열 $\{a_n\}$에 대하여

$$a_1 + a_2 + a_3 + \cdots + a_{10} = 100,$$
$$a_1 + a_2 + a_3 + a_4 + a_5 = 2(a_6 + a_7 + a_8 + a_9 + a_{10})$$

일 때, a_4의 값을 구하시오.

05

▶ 24054-0054

공차가 0이 아닌 실수인 등차수열 $\{a_n\}$에 대하여

$$b_n = a_1 - a_2 + a_3 - a_4 + \cdots + (-1)^{n-1} a_n \ (n=1, 2, 3, \cdots)$$

이라 하자. $b_4 = 4$일 때, 수열 $\{b_{2n}\}$의 첫째항부터 제10항까지의 합은?

① 108   ② 110   ③ 112

④ 114   ⑤ 116

06

▶ 24054-0055

자연수 n에 대하여 곡선 $y = \dfrac{x}{x-1}$와 직선 $y = nx$가 만나는 점 중 원점 O가 아닌 점을 P_n이라 하자. 점 A$(1, 0)$에 대하여 선분 AP_n 위의 점 중 점 A와의 거리가 자연수인 점의 개수를 a_n이라 하자. 수열 $\{a_n\}$의 첫째항부터 제8항까지의 합은?

① 41   ② 42   ③ 43

④ 44   ⑤ 45

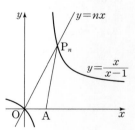

유형 3 등비수열의 뜻과 일반항

출제경향 | 등비수열의 일반항을 이용하여 공비 또는 특정한 항의 값을 구하는 문제가 출제된다.

출제유형잡기 | 주어진 조건을 만족시키는 등비수열 $\{a_n\}$의 첫째항 a와 공비 r을 구한 후 등비수열의 일반항

$$a_n=ar^{n-1} \ (n=1,\ 2,\ 3,\ \cdots)$$

을 이용하여 문제를 해결한다.
특히 서로 다른 두 항 a_m과 a_n 사이에

$$\frac{a_m}{a_n}=r^{m-n} \ (a_1\neq0,\ r\neq0)$$

이 성립함을 이용하면 편리할 수 있다.

필수유형 3

| 2023학년도 수능 |

공비가 양수인 등비수열 $\{a_n\}$이

$$a_2+a_4=30,\ a_4+a_6=\frac{15}{2}$$

를 만족시킬 때, a_1의 값은? [3점]

① 48   ② 56   ③ 64
④ 72   ⑤ 80

07

▶ 24054-0056

첫째항과 공비가 모두 자연수 p인 등비수열 $\{a_n\}$이

$$\frac{a_6}{a_4}-\frac{a_3}{a_2}<6$$

을 만족시키도록 하는 모든 p의 값의 합은?

① 1   ② 2   ③ 3
④ 4   ⑤ 5

08

▶ 24054-0057

모든 항이 양수인 수열 $\{a_n\}$이 다음 조건을 만족시킨다.

(가) 모든 자연수 n에 대하여
$$\log_2 a_{n+1}-\log_2 a_n=1$$
이다.
(나) $a_1a_3a_5a_7=2^{10}$

a_1+a_3의 값은?

① $\frac{3\sqrt{2}}{2}$ ② $2\sqrt{2}$ ③ $\frac{5\sqrt{2}}{2}$
④ $3\sqrt{2}$ ⑤ $\frac{7\sqrt{2}}{2}$

09

▶ 24054-0058

공차가 d인 등차수열 $\{a_n\}$과 공비가 r인 등비수열 $\{b_n\}$이 다음 조건을 만족시킨다.

(가) d와 r은 모두 0이 아닌 정수이고, $r^2<100$이다.
(나) $a_9=b_9=12$
(다) $a_5+a_6=b_{11}$

a_8+b_8의 최댓값과 최솟값의 합은?

① 56   ② 57   ③ 58
④ 59   ⑤ 60

유형 4 등비수열의 합

출제경향 | 주어진 조건으로부터 등비수열의 합을 구하거나 등비수열의 합을 이용하여 공비 또는 특정한 항의 값을 구하는 문제가 출제된다.

출제유형잡기 | 주어진 조건에서 첫째항과 공비를 구하고 등비수열의 합의 공식을 이용하여 문제를 해결한다.

첫째항이 a, 공비가 r $(r \neq 0)$인 등비수열 $\{a_n\}$의 첫째항부터 제n항까지의 합을 S_n이라 할 때, 다음을 이용하여 S_n을 구한다.

(1) $r = 1$일 때, $S_n = na$

(2) $r \neq 1$일 때, $S_n = \dfrac{a(r^n - 1)}{r - 1} = \dfrac{a(1 - r^n)}{1 - r}$

필수유형 4 | 2021학년도 수능 6월 모의평가 |

등비수열 $\{a_n\}$의 첫째항부터 제n항까지의 합을 S_n이라 하자.

$$a_1 = 1, \quad \frac{S_6}{S_3} = 2a_4 - 7$$

일 때, a_7의 값을 구하시오. [3점]

10
▶ 24054-0059

다항식 $x^{10} + x^9 + \cdots + x^2 + x + 1$을 $2x - 1$로 나눈 몫을 $Q(x)$라 할 때, $Q(x)$를 $x - 1$로 나눈 나머지는?

① $9 + 2^{-10}$ ② $9 + 2^{-9}$ ③ $10 + 2^{-9}$

④ $11 + 2^{-10}$ ⑤ $11 + 2^{-9}$

11
▶ 24054-0060

공비가 r인 등비수열 $\{a_n\}$의 첫째항부터 제n항까지의 합을 S_n이라 하자.

$$\frac{a_8 - a_6}{S_8 - S_6} = 4$$

일 때, r의 값은? (단, $a_1 \neq 0$, $r \neq 0$, $r^2 \neq 1$)

① $-\dfrac{1}{3}$ ② $-\dfrac{1}{4}$ ③ $-\dfrac{1}{5}$

④ $-\dfrac{1}{6}$ ⑤ $-\dfrac{1}{7}$

12
▶ 24054-0061

첫째항이 양수이고 공비가 1이 아닌 실수인 등비수열 $\{a_n\}$의 첫째항부터 제n항까지의 합을 S_n이라 하자.

$$|2S_3| = |S_6|$$

일 때, $a_4 + a_7 = ka_1$이다. 상수 k의 값을 구하시오.

유형 5 등차중항과 등비중항

출제경향 | 3개 이상의 수가 등차수열 또는 등비수열을 이루는 조건이
주어지는 문제가 출제된다.

출제유형잡기 | 3개 이상의 수가 등차수열 또는 등비수열을 이루는 조
건이 주어진 문제에서는 다음의 등차중항 또는 등비중항의 성질을 이
용하여 문제를 해결한다.

(1) 세 수 a, b, c가 이 순서대로 등차수열을 이루면 $2b=a+c$가 성립
한다.

(2) 0이 아닌 세 수 a, b, c가 이 순서대로 등비수열을 이루면 $b^2=ac$가
성립한다.

필수유형 5 | 2020학년도 수능 6월 모의평가 |

자연수 n에 대하여 x에 대한 이차방정식

$$x^2-nx+4(n-4)=0$$

이 서로 다른 두 실근 α, β $(\alpha<\beta)$를 갖고, 세 수 1, α, β가
이 순서대로 등차수열을 이룰 때, n의 값은? [3점]

① 5 　　　　② 8 　　　　③ 11
④ 14 　　　　⑤ 17

13 ▶ 24054-0062

함수 $f(x)=2^x$에 대하여 세 실수 $f(\log_2 3)$, $f(\log_2 3+2)$,
$f(\log_2(t^2+4t))$가 이 순서대로 등차수열을 이룰 때, 양수 t의
값은?

① 1 　　　　② 2 　　　　③ 3
④ 4 　　　　⑤ 5

14 ▶ 24054-0063

세 실수 $a-1$, b, $c+1$이 이 순서대로 등차수열을 이루고, 세
실수 c, $a+c$, $4a$가 이 순서대로 등비수열을 이룰 때, $\dfrac{ab}{c^2}$의 값
은? (단, $c\neq 0$)

① $\dfrac{1}{2}$ 　　　　② 1 　　　　③ $\dfrac{3}{2}$
④ 2 　　　　⑤ $\dfrac{5}{2}$

15 ▶ 24054-0064

그림과 같이 $0<k<\dfrac{25}{4}$인 실수 k에 대하여 함수
$y=|x^2-6x+k|$의 그래프가 직선 $y=x$와 만나는 서로 다른
네 점의 x좌표를 작은 수부터 크기 순서대로 a_1, a_2, a_3, a_4라 하
자. 네 수 0, a_1, a_2, a_3이 이 순서대로 등차수열을 이룰 때,
a_4+k의 값을 구하시오.

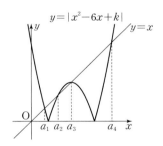

유형 6 수열의 합과 일반항 사이의 관계

출제경향 | 수열의 합과 일반항 사이의 관계를 이용하여 일반항을 구하거나 특정한 항의 값을 구하는 문제가 출제된다.

출제유형잡기 | 수열 $\{a_n\}$의 첫째항부터 제 n항까지의 합을 S_n이라 할 때, 다음과 같은 수열의 합과 일반항 사이의 관계를 이용하여 문제를 해결한다.

$$a_1 = S_1$$
$$a_n = S_n - S_{n-1} \ (\text{단}, \ n = 2, 3, 4, \cdots)$$

필수유형 6

| 2022학년도 수능 6월 모의평가 |

첫째항이 2인 등차수열 $\{a_n\}$의 첫째항부터 제 n항까지의 합을 S_n이라 하자.

$$a_6 = 2(S_3 - S_2)$$

일 때, S_{10}의 값은? [3점]

① 100   ② 110   ③ 120

④ 130   ⑤ 140

16

▶ 24054-0065

수열 $\{a_n\}$의 첫째항부터 제 n항까지의 합을 S_n이라 하자. 수열 $\{a_n\}$이 모든 자연수 n에 대하여

$$a_n = n^2 + 3n$$

을 만족시킬 때, $S_5 - S_3$의 값을 구하시오.

17

▶ 24054-0066

$a_2 = 21$인 수열 $\{a_n\}$의 첫째항부터 제 n항까지의 합을 S_n이라 하자. $b_n = S_n + 4$라 할 때, 수열 $\{b_n\}$은 공비가 4인 등비수열이다. $a_1 + a_3$의 값은?

① 87   ② 90   ③ 93

④ 96   ⑤ 99

18

▶ 24054-0067

모든 항이 양수인 수열 $\{a_n\}$의 첫째항부터 제 n항까지의 합을 S_n이라 하자. 상수 p에 대하여 두 수열 $\{a_n\}$, $\{S_n\}$이 다음 조건을 만족시킬 때, a_{20}의 값을 구하시오.

(가) $a_2 = 4$
(나) 모든 자연수 n에 대하여
$$S_{n+1} - S_n = (a_{n+1})^2 - pn\,a_{n+1}$$
이다.

유형 7 합의 기호 $\sum$의 뜻과 성질

출제경향 | 합의 기호 $\sum$의 뜻과 성질을 이용하여 수열의 합을 구하거나 특정한 항의 값을 구하는 문제가 출제된다.

출제유형잡기 | 수열 $\{a_n\}$에서 합의 기호 $\sum$가 포함된 문제는 다음을 이용하여 해결한다.

(1) $\sum$의 뜻

① $a_1 + a_2 + a_3 + \cdots + a_n = \sum_{k=1}^{n} a_k$

② $\sum_{k=m}^{n} a_k = \sum_{k=1}^{n} a_k - \sum_{k=1}^{m-1} a_k$ (단, $2 \le m \le n$)

(2) $\sum$의 성질

두 수열 $\{a_n\}$, $\{b_n\}$에 대하여

① $\sum_{k=1}^{n} (a_k + b_k) = \sum_{k=1}^{n} a_k + \sum_{k=1}^{n} b_k$

② $\sum_{k=1}^{n} (a_k - b_k) = \sum_{k=1}^{n} a_k - \sum_{k=1}^{n} b_k$

③ $\sum_{k=1}^{n} ca_k = c \sum_{k=1}^{n} a_k$ (단, c는 상수)

④ $\sum_{k=1}^{n} c = cn$ (단, c는 상수)

필수유형 7

| 2024학년도 수능 9월 모의평가 |

두 수열 $\{a_n\}$, $\{b_n\}$에 대하여

$$\sum_{k=1}^{10} (2a_k - b_k) = 34, \ \sum_{k=1}^{10} a_k = 10$$

일 때, $\sum_{k=1}^{10} (a_k - b_k)$의 값을 구하시오. [3점]

19

▶ 24054-0068

두 수열 $\{a_n\}$, $\{b_n\}$이 모든 자연수 n에 대하여

$$a_n + \frac{5}{2} b_n = \frac{3}{2}$$

을 만족시킬 때, $4\sum_{n=1}^{5} a_n + 10 \sum_{n=1}^{5} b_n$의 값은?

① 26   ② 27   ③ 28
④ 29   ⑤ 30

20

▶ 24054-0069

두 수열 $\{a_n\}$, $\{b_n\}$이 다음 조건을 만족시킨다.

(가) 모든 자연수 n에 대하여 $a_{n+4} = a_n$, $b_{n+2} = b_n$이다.

(나) $\sum_{n=1}^{4} a_n = \frac{7}{2}$, $\sum_{n=1}^{2} b_n = \frac{3}{4}$

$\sum_{n=1}^{8} (a_n + b_n)$의 값은?

① 9   ② $\frac{19}{2}$ ③ 10

④ $\frac{21}{2}$ ⑤ 11

21

▶ 24054-0070

수열 $\{a_n\}$이 모든 자연수 m에 대하여 $\sum_{k=1}^{m} a_k = m^2$을 만족시킨다. $\sum_{k=p}^{q} a_k = 27$일 때, $p \times q$의 값을 구하시오.

(단, p, q는 $2 \le p < q$인 자연수이다.)

유형8 자연수의 거듭제곱의 합

출제경향 | 자연수의 거듭제곱의 합을 나타내는 $\sum$의 공식을 이용하여 식의 값을 구하는 문제가 출제된다.

출제유형잡기 | 자연수의 거듭제곱의 합을 나타내는 $\sum$의 공식을 이용하여 문제를 해결한다.

(1) $\displaystyle\sum_{k=1}^{n} k = \frac{n(n+1)}{2}$

(2) $\displaystyle\sum_{k=1}^{n} k^2 = \frac{n(n+1)(2n+1)}{6}$

(3) $\displaystyle\sum_{k=1}^{n} k^3 = \left\{\frac{n(n+1)}{2}\right\}^2$

필수유형8

| 2020학년도 수능 |

자연수 n에 대하여 다항식 $2x^2-3x+1$을 $x-n$으로 나누었을 때의 나머지를 a_n이라 할 때, $\displaystyle\sum_{n=1}^{7}(a_n-n^2+n)$의 값을 구하시오. [3점]

22

▶ 24054-0071

자연수 n에 대하여 점 $(-1, 0)$과 직선 $3x+4y-n=0$ 사이의 거리를 a_n이라 할 때, $\displaystyle\sum_{n=1}^{10} a_n$의 값은?

① 16　　　　② 17　　　　③ 18

④ 19　　　　⑤ 20

23

▶ 24054-0072

수열 $\{a_n\}$의 일반항이 $a_n = \displaystyle\sum_{k=1}^{2n}|k-n|$일 때, $\displaystyle\sum_{n=1}^{5} a_n$의 값은?

① 49　　　　② 51　　　　③ 53

④ 55　　　　⑤ 57

24

▶ 24054-0073

$\displaystyle\sum_{k=1}^{p}(k^3-nk) = \sum_{k=1}^{q}(k^3-nk)$인 두 자연수 p, q $(p<q)$의 모든 순서쌍 (p, q)의 개수가 2가 되도록 하는 20 이하의 자연수 n의 값을 구하시오.

유형 9 여러 가지 수열의 합

출제경향 | 수열의 일반항을 소거되는 꼴로 변형하여 수열의 합을 구하는 문제가 출제된다.

출제유형잡기 | 수열의 일반항을 소거되는 꼴로 변형할 때에는 다음을 이용하여 해결한다.

(1) 일반항이 분수 꼴이고 분모가 서로 다른 두 일차식의 곱이면 다음과 같이 변형하여 문제를 해결한다.

① $\displaystyle\sum_{k=1}^{n}\frac{1}{k(k+a)}=\frac{1}{a}\sum_{k=1}^{n}\left(\frac{1}{k}-\frac{1}{k+a}\right)$ (단, $a\neq0$)

② $\displaystyle\sum_{k=1}^{n}\frac{1}{(k+a)(k+b)}=\frac{1}{b-a}\sum_{k=1}^{n}\left(\frac{1}{k+a}-\frac{1}{k+b}\right)$ (단, $a\neq b$)

(2) 일반항의 분모가 근호가 있는 두 식의 합이면 다음과 같이 변형하여 문제를 해결한다.

① $\displaystyle\sum_{k=1}^{n}\frac{1}{\sqrt{k+a}+\sqrt{k}}=\frac{1}{a}\sum_{k=1}^{n}(\sqrt{k+a}-\sqrt{k})$ (단, $a\neq0$)

② $\displaystyle\sum_{k=1}^{n}\frac{1}{\sqrt{k+a}+\sqrt{k+b}}=\frac{1}{a-b}\sum_{k=1}^{n}(\sqrt{k+a}-\sqrt{k+b})$ (단, $a\neq b$)

필수유형 9 | 2023학년도 수능 9월 모의평가 |

수열 $\{a_n\}$의 첫째항부터 제n항까지의 합을 S_n이라 하자.

$S_n=\dfrac{1}{n(n+1)}$일 때, $\displaystyle\sum_{k=1}^{10}(S_k-a_k)$의 값은? [3점]

① $\dfrac{1}{2}$　② $\dfrac{3}{5}$　③ $\dfrac{7}{10}$

④ $\dfrac{4}{5}$　⑤ $\dfrac{9}{10}$

25 ▶ 24054-0074

자연수 n에 대하여 x에 대한 이차방정식 $n^2x^2-nx+\dfrac{1}{4}=0$의 실근을 a_n이라 할 때, $\displaystyle\sum_{n=1}^{6}a_na_{n+1}$의 값은?

① $\dfrac{1}{7}$　② $\dfrac{3}{14}$　③ $\dfrac{2}{7}$

④ $\dfrac{5}{14}$　⑤ $\dfrac{3}{7}$

26 ▶ 24054-0075

11 이하의 자연수 n에 대하여 x에 대한 다항식 $\displaystyle\sum_{k=1}^{10}\left(\frac{1}{k+1}x^k-\frac{1}{k}x^{k+1}\right)$에서 x^n의 계수를 a_n이라 할 때, $\displaystyle\sum_{n=1}^{11}a_n$의 값은?

① $-\dfrac{47}{55}$　② $-\dfrac{48}{55}$　③ $-\dfrac{49}{55}$

④ $-\dfrac{10}{11}$　⑤ $-\dfrac{51}{55}$

27 ▶ 24054-0076

첫째항이 1이고 공차가 d인 등차수열 $\{a_n\}$에 대하여 $\displaystyle\sum_{n=1}^{12}\frac{d}{\sqrt{a_n}+\sqrt{a_{n+1}}}$의 값이 10 이하의 자연수가 되도록 하는 모든 자연수 d의 값의 합을 구하시오.

유형 10 수열의 귀납적 정의

출제경향 | 처음 몇 개의 항의 값과 이웃하는 항들 사이의 관계식으로 정의된 수열 $\{a_n\}$에서 특정한 항의 값을 구하는 문제. 귀납적으로 정의된 등차수열 또는 등비수열에 대한 문제가 출제된다.

출제유형잡기 | 첫째항 a_1의 값과 이웃하는 항들 사이의 관계식에서 n 대신 1, 2, 3, …을 차례로 대입하거나 귀납적으로 정의된 등차수열 또는 등비수열에 대한 문제를 해결한다.

(1) 등차수열과 수열의 귀납적 정의
   모든 자연수 n에 대하여
   ① $a_{n+1}-a_n=d$ (d는 상수)를 만족시키는 수열 $\{a_n\}$은 공차가 d인 등차수열이다.
   ② $2a_{n+1}=a_n+a_{n+2}$를 만족시키는 수열 $\{a_n\}$은 등차수열이다.

(2) 등비수열과 수열의 귀납적 정의
   모든 자연수 n에 대하여
   ① $a_{n+1}=ra_n$ (r은 상수)를 만족시키는 수열 $\{a_n\}$은 공비가 r인 등비수열이다. (단, $a_n \neq 0$)
   ② $(a_{n+1})^2=a_n a_{n+2}$를 만족시키는 수열 $\{a_n\}$은 등비수열이다.
   (단, $a_n \neq 0$)

필수유형 10

| 2021학년도 수능 9월 모의평가 |

수열 $\{a_n\}$은 $a_1=12$이고, 모든 자연수 n에 대하여

$$a_{n+1}+a_n=(-1)^{n+1}\times n$$

을 만족시킨다. $a_k>a_1$인 자연수 k의 최솟값은? [3점]

① 2   ② 4   ③ 6
④ 8   ⑤ 10

28

▶ 24054-0077

수열 $\{a_n\}$은 $a_1=2$이고, 모든 자연수 n에 대하여

$$a_{n+1}=\frac{5}{6a_n+3}$$

를 만족시킬 때, a_3의 값은?

① 1   ② $\frac{3}{2}$ ③ 2
④ $\frac{5}{2}$ ⑤ 3

29

▶ 24054-0078

모든 항이 양수인 수열 $\{a_n\}$이 모든 자연수 n에 대하여

$$a_n a_{n+1}=2^n$$

을 만족시킬 때, $\sum_{n=1}^{10} \log_2 a_n$의 값을 구하시오.

30

▶ 24054-0079

다음 조건을 만족시키는 모든 수열 $\{a_n\}$에 대하여 a_7의 최댓값과 최솟값을 각각 M, m이라 할 때, $M+m$의 값은?

(가) $a_1=4$이고, 모든 자연수 n에 대하여
   $(a_{n+1}-a_n-2)(a_{n+1}-2a_n)=0$이다.
(나) $2 \leq k \leq 7$인 모든 자연수 k에 대하여 a_k는 3의 배수가 아니다.
(다) a_7은 5의 배수이다.

① 200   ② 210   ③ 220
④ 230   ⑤ 240

유형 11 다양한 수열의 규칙 찾기

출제경향 | 주어진 조건을 만족시키는 몇 개의 항을 나열하여 수열의 규칙을 찾는 문제가 출제된다.

출제유형잡기 | 주어진 조건을 만족시키는 몇 개의 항을 구하여 규칙을 찾아 문제를 해결한다.

필수유형 11
| 2022학년도 수능 |

첫째항이 1인 수열 $\{a_n\}$이 모든 자연수 n에 대하여

$$a_{n+1}=\begin{cases} 2a_n & (a_n<7) \\ a_n-7 & (a_n\geq7) \end{cases}$$

일 때, $\sum_{k=1}^{8} a_k$의 값은? [3점]

① 30   ② 32   ③ 34
④ 36   ⑤ 38

31
▶ 24054-0080

수열 $\{a_n\}$은 모든 자연수 n에 대하여

$$a_n=\begin{cases} 1 & (n\text{이 3의 배수가 아닌 경우}) \\ -1 & (n\text{이 3의 배수인 경우}) \end{cases}$$

이다. 수열 $\{a_n\}$의 첫째항부터 제n항까지의 합을 S_n이라 할 때, $S_m=3$을 만족시키는 모든 자연수 m의 값의 합은?

① 20   ② 21   ③ 22
④ 23   ⑤ 24

32
▶ 24054-0081

다음 조건을 만족시키는 모든 수열 $\{a_n\}$에 대하여 $\sum_{n=1}^{30} a_n$의 최솟값이 90일 때, 양수 k의 값은?

(가) $a_1>0$
(나) 모든 자연수 n에 대하여 $a_n a_{n+1}=k$이다.

① 8   ② $\dfrac{17}{2}$ ③ 9
④ $\dfrac{19}{2}$ ⑤ 10

33
▶ 24054-0082

자연수 k에 대하여 수열 $\{a_n\}$은 $a_1=4k-2$이고, 모든 자연수 n에 대하여

$$a_{n+1}=\begin{cases} |a_n-4| & \left(n\leq \dfrac{a_1}{4}+1\right) \\ a_n+4 & \left(n>\dfrac{a_1}{4}+1\right) \end{cases}$$

을 만족시킨다. $a_1=a_{20}$일 때, k의 값은?

① 6   ② 7   ③ 8
④ 9   ⑤ 10

유형 12 수학적 귀납법

출제경향 | 수학적 귀납법을 이용하여 명제를 증명하는 과정에서 빈칸에 알맞은 식이나 수를 구하는 문제가 출제된다.

출제유형잡기 | 주어진 명제를 수학적 귀납법으로 증명하는 과정의 앞뒤 관계를 파악하여 빈칸에 알맞은 식이나 수를 구한다.

필수유형 12

| 2021학년도 수능 6월 모의평가 |

수열 $\{a_n\}$의 일반항은

$$a_n=(2^{2n}-1)\times 2^{n(n-1)}+(n-1)\times 2^{-n}$$

이다. 다음은 모든 자연수 n에 대하여

$$\sum_{k=1}^{n} a_k=2^{n(n+1)}-(n+1)\times 2^{-n} \quad \cdots\cdots (*)$$

임을 수학적 귀납법을 이용하여 증명한 것이다.

(i) $n=1$일 때, (좌변)$=3$, (우변)$=3$이므로 $(*)$이 성립한다.

(ii) $n=m$일 때, $(*)$이 성립한다고 가정하면

$$\sum_{k=1}^{m} a_k=2^{m(m+1)}-(m+1)\times 2^{-m}$$

이다. $n=m+1$일 때,

$$\sum_{k=1}^{m+1} a_k=2^{m(m+1)}-(m+1)\times 2^{-m}$$
$$+(2^{2m+2}-1)\times \boxed{(가)}+m\times 2^{-m-1}$$
$$=\boxed{(가)}\times\boxed{(나)}-\frac{m+2}{2}\times 2^{-m}$$
$$=2^{(m+1)(m+2)}-(m+2)\times 2^{-(m+1)}$$

이다. 따라서 $n=m+1$일 때도 $(*)$이 성립한다.

(i), (ii)에 의하여 모든 자연수 n에 대하여

$$\sum_{k=1}^{n} a_k=2^{n(n+1)}-(n+1)\times 2^{-n}$$

이다.

위의 (가), (나)에 알맞은 식을 각각 $f(m)$, $g(m)$이라 할 때, $\dfrac{g(7)}{f(3)}$의 값은? [4점]

① 2   ② 4   ③ 8

④ 16   ⑤ 32

34

▶ 24054-0083

다음은 모든 자연수 n에 대하여

$$\sum_{k=1}^{n} k^2 2^{n-k+1}=3\times 2^{n+2}-2n^2-8n-12 \quad \cdots\cdots (*)$$

임을 수학적 귀납법을 이용하여 증명한 것이다.

(i) $n=1$일 때, (좌변)$=2$, (우변)$=2$이므로 $(*)$이 성립한다.

(ii) $n=m$일 때, $(*)$이 성립한다고 가정하면

$$\sum_{k=1}^{m} k^2 2^{m-k+1}=3\times 2^{m+2}-2m^2-8m-12$$

이다. $n=m+1$일 때,

$$\sum_{k=1}^{m+1} k^2 2^{(m+1)-k+1}$$
$$=\sum_{k=1}^{m} k^2 2^{m-k+2}+\boxed{(가)}$$
$$=\boxed{(나)}\times(3\times 2^{m+2}-2m^2-8m-12)+\boxed{(가)}$$
$$=3\times 2^{m+3}-2(m+1)^2-8(m+1)-12$$

이다. 따라서 $n=m+1$일 때도 $(*)$이 성립한다.

(i), (ii)에 의하여 모든 자연수 n에 대하여

$$\sum_{k=1}^{n} k^2 2^{n-k+1}=3\times 2^{n+2}-2n^2-8n-12$$

이다.

위의 (가)에 알맞은 식을 $f(m)$, (나)에 알맞은 수를 p라 할 때, $f(p)$의 값은?

① 18   ② 20   ③ 22

④ 24   ⑤ 26

04 함수의 극한과 연속

① 함수의 수렴과 발산

(1) 함수의 수렴

① 함수 $f(x)$에서 x의 값이 a가 아니면서 a에 한없이 가까워질 때, $f(x)$의 값이 일정한 값 L에 한없이 가까워지면 함수 $f(x)$는 L에 수렴한다고 한다. 이때 L을 함수 $f(x)$의 $x=a$에서의 극한값 또는 극한이라 하고, 이것을 기호로 다음과 같이 나타낸다.

$$\lim_{x \to a} f(x) = L \text{ 또는 } x \to a \text{일 때 } f(x) \to L$$

② 함수 $f(x)$에서 x의 값이 한없이 커질 때, $f(x)$의 값이 일정한 값 L에 한없이 가까워지면 함수 $f(x)$는 L에 수렴한다고 하고, 이것을 기호로 다음과 같이 나타낸다.

$$\lim_{x \to \infty} f(x) = L \text{ 또는 } x \to \infty \text{일 때 } f(x) \to L$$

③ 함수 $f(x)$에서 x의 값이 음수이면서 그 절댓값이 한없이 커질 때, $f(x)$의 값이 일정한 값 L에 한없이 가까워지면 함수 $f(x)$는 L에 수렴한다고 하고, 이것을 기호로 다음과 같이 나타낸다.

$$\lim_{x \to -\infty} f(x) = L \text{ 또는 } x \to -\infty \text{일 때 } f(x) \to L$$

(2) 함수의 발산

① 함수 $f(x)$에서 x의 값이 a가 아니면서 a에 한없이 가까워질 때, $f(x)$의 값이 한없이 커지면 함수 $f(x)$는 양의 무한대로 발산한다고 하고, 이것을 기호로 다음과 같이 나타낸다.

$$\lim_{x \to a} f(x) = \infty \text{ 또는 } x \to a \text{일 때 } f(x) \to \infty$$

② 함수 $f(x)$에서 x의 값이 a가 아니면서 a에 한없이 가까워질 때, $f(x)$의 값이 음수이면서 그 절댓값이 한없이 커지면 함수 $f(x)$는 음의 무한대로 발산한다고 하고, 이것을 기호로 다음과 같이 나타낸다.

$$\lim_{x \to a} f(x) = -\infty \text{ 또는 } x \to a \text{일 때 } f(x) \to -\infty$$

③ 함수 $f(x)$에서 x의 값이 한없이 커지거나 x의 값이 음수이면서 그 절댓값이 한없이 커질 때, 함수 $f(x)$가 양의 무한대 또는 음의 무한대로 발산하면 이것을 각각 기호로 다음과 같이 나타낸다.

$$\lim_{x \to \infty} f(x) = \infty, \ \lim_{x \to \infty} f(x) = -\infty, \ \lim_{x \to -\infty} f(x) = \infty, \ \lim_{x \to -\infty} f(x) = -\infty$$

② 함수의 좌극한과 우극한

(1) 함수 $f(x)$에서 x의 값이 a보다 크면서 a에 한없이 가까워질 때, $f(x)$의 값이 일정한 값 L에 한없이 가까워지면 L을 함수 $f(x)$의 $x=a$에서의 우극한이라고 하며, 이것을 기호로 다음과 같이 나타낸다.

$$\lim_{x \to a+} f(x) = L \text{ 또는 } x \to a+ \text{일 때 } f(x) \to L$$

또한 함수 $f(x)$에서 x의 값이 a보다 작으면서 a에 한없이 가까워질 때, $f(x)$의 값이 일정한 값 L에 한없이 가까워지면 L을 함수 $f(x)$의 $x=a$에서의 좌극한이라고 하며, 이것을 기호로 다음과 같이 나타낸다.

$$\lim_{x \to a-} f(x) = L \text{ 또는 } x \to a- \text{일 때 } f(x) \to L$$

(2) 함수 $f(x)$가 $x=a$에서의 우극한 $\lim_{x \to a+} f(x)$와 좌극한 $\lim_{x \to a-} f(x)$가 모두 존재하고 그 값이 서로 같으면 극한값 $\lim_{x \to a} f(x)$가 존재한다. 또한 그 역도 성립한다.

즉, $\lim_{x \to a+} f(x) = \lim_{x \to a-} f(x) = L \iff \lim_{x \to a} f(x) = L$ (단, L은 실수)

③ 함수의 극한에 대한 성질

두 함수 $f(x)$, $g(x)$에 대하여 $\lim_{x \to a} f(x) = \alpha$, $\lim_{x \to a} g(x) = \beta$ (α, β는 실수)일 때

(1) $\lim_{x \to a} \{cf(x)\} = c \lim_{x \to a} f(x) = c\alpha$ (단, c는 상수)

(2) $\lim_{x \to a} \{f(x) + g(x)\} = \lim_{x \to a} f(x) + \lim_{x \to a} g(x) = \alpha + \beta$

(3) $\lim_{x \to a} \{f(x) - g(x)\} = \lim_{x \to a} f(x) - \lim_{x \to a} g(x) = \alpha - \beta$

(4) $\lim_{x \to a}\{f(x)g(x)\}=\lim_{x \to a}f(x)\times\lim_{x \to a}g(x)=\alpha\beta$

(5) $\lim_{x \to a}\dfrac{f(x)}{g(x)}=\dfrac{\lim_{x \to a}f(x)}{\lim_{x \to a}g(x)}=\dfrac{\alpha}{\beta}$ (단, $\beta\neq0$)

④ 미정계수의 결정
두 함수 $f(x)$, $g(x)$에 대하여 다음 성질을 이용하여 미정계수를 결정할 수 있다.

(1) $\lim_{x \to a}\dfrac{f(x)}{g(x)}=\alpha$ (α는 실수)이고 $\lim_{x \to a}g(x)=0$이면 $\lim_{x \to a}f(x)=0$이다.

(2) $\lim_{x \to a}\dfrac{f(x)}{g(x)}=\alpha$ (α는 0이 아닌 실수)이고 $\lim_{x \to a}f(x)=0$이면 $\lim_{x \to a}g(x)=0$이다.

⑤ 함수의 극한의 대소 관계
두 함수 $f(x)$, $g(x)$에 대하여 $\lim_{x \to a}f(x)=\alpha$, $\lim_{x \to a}g(x)=\beta$ (α, β는 실수)일 때, a에 가까운 모든 실수 x에 대하여

(1) $f(x)\leq g(x)$이면 $\alpha\leq\beta$이다.

(2) 함수 $h(x)$에 대하여 $f(x)\leq h(x)\leq g(x)$이고 $\alpha=\beta$이면 $\lim_{x \to a}h(x)=\alpha$이다.

⑥ 함수의 연속
(1) 함수 $f(x)$가 실수 a에 대하여 다음 세 조건을 만족시킬 때, 함수 $f(x)$는 $x=a$에서 연속이라고 한다.
　(ⅰ) 함수 $f(x)$가 $x=a$에서 정의되어 있다.
　(ⅱ) $\lim_{x \to a}f(x)$가 존재한다. 　　　　　　(ⅲ) $\lim_{x \to a}f(x)=f(a)$

(2) 함수 $f(x)$가 $x=a$에서 연속이 아닐 때, 함수 $f(x)$는 $x=a$에서 불연속이라고 한다.

(3) 함수 $f(x)$가 열린구간 (a, b)에 속하는 모든 실수에서 연속일 때, 함수 $f(x)$는 열린구간 (a, b)에서 연속 또는 연속함수라고 한다. 한편, 함수 $f(x)$가 다음 두 조건을 모두 만족시킬 때, 함수 $f(x)$는 닫힌구간 $[a, b]$에서 연속이라고 한다.
　(ⅰ) 함수 $f(x)$가 열린구간 (a, b)에서 연속이다.
　(ⅱ) $\lim_{x \to a+}f(x)=f(a)$, $\lim_{x \to b-}f(x)=f(b)$

⑦ 연속함수의 성질
두 함수 $f(x)$, $g(x)$가 $x=a$에서 연속이면 다음 함수도 $x=a$에서 연속이다.

(1) $cf(x)$ (단, c는 상수)　(2) $f(x)+g(x)$, $f(x)-g(x)$　(3) $f(x)g(x)$　(4) $\dfrac{f(x)}{g(x)}$ (단, $g(a)\neq0$)

⑧ 최대 · 최소 정리
함수 $f(x)$가 닫힌구간 $[a, b]$에서 연속이면 함수 $f(x)$는 이 구간에서 반드시 최댓값과 최솟값을 갖는다.

⑨ 사잇값의 정리
함수 $f(x)$가 닫힌구간 $[a, b]$에서 연속이고 $f(a)\neq f(b)$이면 $f(a)$와 $f(b)$ 사이에 있는 임의의 값 k에 대하여
　　$f(c)=k$
인 c가 열린구간 (a, b)에 적어도 하나 존재한다.

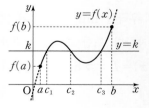

참고 사잇값의 정리에 의하여 함수 $f(x)$가 닫힌구간 $[a, b]$에서 연속이고 $f(a)$와 $f(b)$의 부호가 서로 다르면 $f(c)=0$인 c가 열린구간 (a, b)에 적어도 하나 존재한다. 즉, 방정식 $f(x)=0$은 열린구간 (a, b)에서 적어도 하나의 실근을 갖는다.

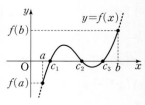

유형 1 함수의 좌극한과 우극한

출제경향 | 함수의 식과 그래프에서 좌극한과 우극한, 극한값을 구하는 문제가 출제된다.

출제유형잡기 | 구간에 따라 다르게 정의된 함수 또는 그 그래프에서 좌극한과 우극한, 극한값을 구하는 과정을 이해하여 해결한다.

필수유형 1

| 2023학년도 수능 6월 모의평가 |

함수 $y=f(x)$의 그래프가 그림과 같다.

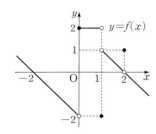

$\lim\limits_{x\to 0-} f(x) + \lim\limits_{x\to 1+} f(x)$의 값은? [3점]

① -2 ② -1 ③ 0
④ 1 ⑤ 2

01

▶ 24054-0084

함수 $y=f(x)$의 그래프가 그림과 같다.

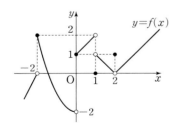

$\lim\limits_{x\to -2+} f(x) + \lim\limits_{x\to 1-} f(x)$의 값은?

① -4 ② -2 ③ 0
④ 2 ⑤ 4

02

▶ 24054-0085

함수

$$f(x)=\begin{cases} ax-1 & (x\le 1) \\ x^2+ax+4 & (x>1) \end{cases}$$

에 대하여 $\left\{\lim\limits_{x\to 1-} f(x)\right\}^2 = \lim\limits_{x\to 1+} f(x)$를 만족시키는 양수 a의 값은?

① 1 ② 2 ③ 3
④ 4 ⑤ 5

03

▶ 24054-0086

함수 $y=f(x)$의 그래프가 그림과 같다.

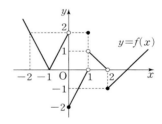

$\lim\limits_{x\to 1-} f(x-1) + \lim\limits_{x\to 1+} f(x+1) = \lim\limits_{x\to k+} f(x)$를 만족시키는 정수 k의 값은? (단, $-2\le k\le 2$)

① -2 ② -1 ③ 0
④ 1 ⑤ 2

출제경향 | $\dfrac{0}{0}$ 꼴, $\dfrac{\infty}{\infty}$ 꼴, $\infty-\infty$ 꼴의 함수의 극한값을 구하는 문제가 출제된다.

출제유형잡기 | (1) $\dfrac{0}{0}$ 꼴의 유리식은 분모, 분자를 각각 인수분해하고 약분한 다음 극한값을 구한다.

(2) $\dfrac{\infty}{\infty}$ 꼴은 분모의 최고차항으로 분모, 분자를 각각 나눈 다음 극한값을 구한다.

(3) $\infty-\infty$ 꼴의 무리식은 분모 또는 분자의 무리식을 유리화한 다음 극한값을 구한다.

필수유형 2

| 2023학년도 수능 |

$\displaystyle\lim_{x\to\infty}\dfrac{\sqrt{x^2-2}+3x}{x+5}$의 값은? [2점]

① 1   ② 2   ③ 3

④ 4   ⑤ 5

04

▶ 24054-0087

$\displaystyle\lim_{x\to\infty}\dfrac{(1-2x)(1+2x)}{(x+2)^2}$의 값은?

① -4 ② -2 ③ 0

④ 2   ⑤ 4

05

▶ 24054-0088

$\displaystyle\lim_{x\to1}\dfrac{x^2-1}{\sqrt{x^2+3}-\sqrt{x+3}}$의 값은?

① 2   ② 4   ③ 6

④ 8   ⑤ 10

06

▶ 24054-0089

두 양수 a, b에 대하여

$$\lim_{x\to\infty}\{\sqrt{x^2+ax+b}-(ax+b)\}=-2$$

일 때, $a+b$의 값은?

① 3   ② $\dfrac{7}{2}$ ③ 4

④ $\dfrac{9}{2}$ ⑤ 5

유형 3 함수의 극한에 대한 성질

출제경향 | 함수의 극한에 대한 성질을 이용하여 함수의 극한값을 구하는 문제가 출제된다.

출제유형잡기 | 함수의 극한에 대한 성질을 이용하여 문제를 해결한다.

두 함수 $f(x)$, $g(x)$에 대하여

$\lim\limits_{x \to a} f(x) = \alpha$, $\lim\limits_{x \to a} g(x) = \beta$ (α, β는 실수)일 때

(1) $\lim\limits_{x \to a} \{cf(x)\} = c \lim\limits_{x \to a} f(x) = c\alpha$ (단, c는 상수)

(2) $\lim\limits_{x \to a} \{f(x) + g(x)\} = \lim\limits_{x \to a} f(x) + \lim\limits_{x \to a} g(x) = \alpha + \beta$

(3) $\lim\limits_{x \to a} \{f(x) - g(x)\} = \lim\limits_{x \to a} f(x) - \lim\limits_{x \to a} g(x) = \alpha - \beta$

(4) $\lim\limits_{x \to a} \{f(x)g(x)\} = \lim\limits_{x \to a} f(x) \times \lim\limits_{x \to a} g(x) = \alpha\beta$

(5) $\lim\limits_{x \to a} \dfrac{f(x)}{g(x)} = \dfrac{\lim\limits_{x \to a} f(x)}{\lim\limits_{x \to a} g(x)} = \dfrac{\alpha}{\beta}$ (단, $\beta \ne 0$)

필수유형 3

| 2018학년도 수능 |

함수 $f(x)$가 $\lim\limits_{x \to 1} (x+1)f(x) = 1$을 만족시킬 때, $\lim\limits_{x \to 1} (2x^2 + 1)f(x) = a$이다. $20a$의 값을 구하시오. [3점]

07

▶ 24054-0090

함수 $f(x)$가

$$\lim_{x \to 1} \frac{f(x)}{x+1} = 3$$

을 만족시킬 때, $\lim\limits_{x \to 1} \dfrac{x^2 + 3}{(x+1)f(x)}$의 값은?

① $\dfrac{1}{12}$
② $\dfrac{1}{6}$
③ $\dfrac{1}{4}$
④ $\dfrac{1}{3}$
⑤ $\dfrac{5}{12}$

08

▶ 24054-0091

다항함수 $f(x)$가

$$\lim_{x \to 0} \frac{f(x) - 3}{x} = 4$$

를 만족시킬 때, $\lim\limits_{x \to 0} \dfrac{\{f(x)\}^2 - 4f(x) + 3}{x}$의 값은?

① 6
② 7
③ 8
④ 9
⑤ 10

09

▶ 24054-0092

두 다항함수 $f(x)$, $g(x)$가 모든 실수 x에 대하여

$$-2x^2 + 5 \le f(x) + g(x) \le -4x + 7$$

을 만족시키고, $\lim\limits_{x \to 1} \dfrac{2f(x) + g(x)}{f(x) + 2g(x)} = 8$일 때,

$\lim\limits_{x \to 1} \{f(x) - g(x)\}$의 값은?

① 6
② 7
③ 8
④ 9
⑤ 10

10

▶ 24054-0093

두 다항함수 $f(x)$, $g(x)$가 다음 조건을 만족시킨다.

(가) $\lim\limits_{x \to 0} \dfrac{f(x) + g(x) - 2}{x} = 5$

(나) 모든 실수 x에 대하여
$\{f(x) + x\}\{g(x) - 2\} = x^2\{f(x) + 9\}$이다.

$\lim\limits_{x \to 0} \dfrac{f(x)g(x)\{g(x) - 2\}}{x^2}$의 값은?

① 4
② 6
③ 8
④ 10
⑤ 12

유형 4 극한을 이용한 미정계수 또는 함수의 결정

출제경향 | 함수의 극한에 대한 조건이 주어졌을 때, 미정계수를 구하거나 다항함수 또는 함숫값을 구하는 문제가 출제된다.

출제유형잡기 | 두 함수 $f(x)$, $g(x)$에 대하여

$$\lim_{x \to a} \frac{f(x)}{g(x)} = \alpha \ (\alpha는 \ 실수)일 \ 때$$

(1) $\lim_{x \to a} g(x) = 0$이면 $\lim_{x \to a} f(x) = 0$

(2) $\alpha \neq 0$이고 $\lim_{x \to a} f(x) = 0$이면 $\lim_{x \to a} g(x) = 0$

필수유형 4 | 2022학년도 수능 9월 모의평가 |

삼차함수 $f(x)$가

$$\lim_{x \to 0} \frac{f(x)}{x} = \lim_{x \to 1} \frac{f(x)}{x-1} = 1$$

을 만족시킬 때, $f(2)$의 값은? [3점]

① 4   ② 6   ③ 8

④ 10   ⑤ 12

11
▶ 24054-0094

두 상수 a, b에 대하여

$$\lim_{x \to 2} \frac{2 - \sqrt{ax+b}}{x^2 - 2x} = 1$$

일 때, $a+b$의 값은?

① 12   ② 14   ③ 16

④ 18   ⑤ 20

12
▶ 24054-0095

이차함수 $f(x)$에 대하여

$$\lim_{x \to 2} \frac{f(x) + x^2}{x-2} = 10$$

이고 $f(3) = 3$일 때, $f(4)$의 값은?

① 8   ② 10   ③ 12

④ 14   ⑤ 16

13
▶ 24054-0096

삼차함수 $f(x)$가

$$\lim_{x \to 1} \frac{f(x) - f(-1)}{x-1} = 3, \ \lim_{x \to 0} \frac{f(x+1)}{f(x-1)} = -3$$

을 만족시킬 때, $f(3)$의 값은?

① 4   ② 8   ③ 12

④ 16   ⑤ 20

14
▶ 24054-0097

최고차항의 계수가 1인 두 이차함수 $f(x)$, $g(x)$가 다음 조건을 만족시킨다.

> (가) $\lim_{x \to 1} \frac{f(x)g(x)}{x-1} = 0$
>
> (나) $\lim_{x \to 1} \frac{f(x) - g(x)}{x-1} = 5$

$f(2) = g(3)$일 때, $f(0) + g(0)$의 값은?

① -9 ② -7 ③ -5

④ -3 ⑤ -1

유형 5 함수의 극한의 활용

출제경향 | 주어진 조건을 활용하여 좌표평면에서 선분의 길이, 도형의 넓이, 교점의 개수 등을 함수로 나타내고 그 극한값을 구하는 문제가 출제된다.

출제유형잡기 | 함수의 그래프의 개형이나 도형의 성질 등을 활용하여 교점의 개수, 선분의 길이, 도형의 넓이 등을 한 문자에 대한 함수로 나타내고, 함수의 극한의 뜻, 좌극한과 우극한의 뜻, 함수의 극한에 대한 기본 성질을 이용하여 극한값을 구한다.

필수유형 5 | 2024학년도 수능 6월 모의평가 |

그림과 같이 실수 $t\,(0<t<1)$에 대하여 곡선 $y=x^2$ 위의 점 중에서 직선 $y=2tx-1$과의 거리가 최소인 점을 P라 하고, 직선 OP가 직선 $y=2tx-1$과 만나는 점을 Q라 할 때, $\lim\limits_{t\to 1-}\dfrac{\overline{\mathrm{PQ}}}{1-t}$의 값은? (단, O는 원점이다.) [4점]

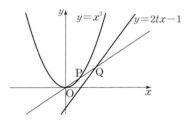

① $\sqrt{6}$ ② $\sqrt{7}$ ③ $2\sqrt{2}$

④ 3   ⑤ $\sqrt{10}$

15 ▶ 24054-0098

그림과 같이 양의 실수 t에 대하여 직선 $x=t$가 두 함수 $y=3x$, $y=\sqrt{x^2+3x+4}-2$의 그래프와 만나는 점을 각각 P, Q라 하자. 삼각형 OPQ의 넓이를 $S(t)$라 할 때, $\lim\limits_{t\to 0+}\dfrac{S(t)}{t^2}$의 값은?
(단, O는 원점이다.)

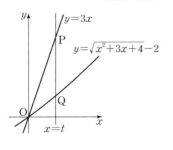

① $\dfrac{3}{4}$ ② $\dfrac{7}{8}$ ③ 1

④ $\dfrac{9}{8}$ ⑤ $\dfrac{5}{4}$

16 ▶ 24054-0099

그림과 같이 양의 실수 t에 대하여 점 $\mathrm{P}(t,\,0)$을 꼭짓점으로 하고 점 $\mathrm{A}(0,\,1)$을 지나는 이차함수 $y=f(x)$의 그래프가 직선 $y=3x+1$과 만나는 점 중 A가 아닌 점을 Q라 하고, 점 Q를 지나고 x축과 평행한 직선이 이차함수 $y=f(x)$의 그래프와 만나는 점 중 Q가 아닌 점을 R이라 하자. 삼각형 AQR의 넓이를 $S(t)$라 할 때, $\lim\limits_{t\to 0+}\dfrac{S(t)}{t^2}$의 값을 구하시오.

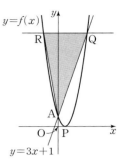

17 ▶ 24054-0100

함수
$$f(x)=\begin{cases}\dfrac{-2x-1}{x} & (x<0)\\ x^2-8x+a & (x\geq 0)\end{cases}$$
에 대하여 함수 $y=|f(x)|$의 그래프와 직선 $y=t$가 만나는 서로 다른 점의 개수를 $g(t)$라 하자.
$$\lim\limits_{t\to k-}g(t)-\lim\limits_{t\to k+}g(t)>2$$
를 만족시키는 상수 k가 존재하도록 하는 모든 양수 a의 값의 합을 구하시오.

유형 6 함수의 연속

출제경향 | 함수 $f(x)$가 연속이기 위한 조건을 이용하여 함수 또는 미정계수를 구하는 문제가 출제된다.

출제유형잡기 | 함수 $f(x)$가 실수 a에 대하여 다음 세 조건을 만족시키면 함수 $f(x)$는 $x=a$에서 연속임을 활용하여 문제를 해결한다.
(i) 함수 $f(x)$가 $x=a$에서 정의되어 있다. 즉, $f(a)$의 값이 존재한다.
(ii) $\lim\limits_{x \to a} f(x)$의 값이 존재한다.
   즉, $\lim\limits_{x \to a-} f(x) = \lim\limits_{x \to a+} f(x)$이다.
(iii) $\lim\limits_{x \to a} f(x) = f(a)$

필수유형 6　　　　| 2023학년도 수능 6월 모의평가 |

두 양수 a, b에 대하여 함수 $f(x)$가

$$f(x) = \begin{cases} x+a & (x<-1) \\ x & (-1 \le x < 3) \\ bx-2 & (x \ge 3) \end{cases}$$

이다. 함수 $|f(x)|$가 실수 전체의 집합에서 연속일 때, $a+b$의 값은? [3점]

① $\dfrac{7}{3}$　　　　② $\dfrac{8}{3}$　　　　③ 3

④ $\dfrac{10}{3}$　　　　⑤ $\dfrac{11}{3}$

18　　　　▶ 24054-0101

함수

$$f(x) = \begin{cases} \dfrac{x-a}{\sqrt{x+2}-\sqrt{a+2}} & (x \ne a) \\ 6 & (x=a) \end{cases}$$

가 구간 $[-2, \infty)$에서 연속일 때, 상수 a의 값은?

(단, $a>-2$)

① 3　　　　② 4　　　　③ 5

④ 6　　　　⑤ 7

19　　　　▶ 24054-0102

최고차항의 계수가 1인 이차함수 $f(x)$에 대하여 두 함수 $g(x)$, $h(x)$를

$$g(x) = \begin{cases} f(x) & (x<1) \\ 4 & (x \ge 1) \end{cases}, \quad h(x) = \begin{cases} f(x-2) & (x<1) \\ 4 & (x \ge 1) \end{cases}$$

이라 하자. 함수 $g(x)$는 $x=1$에서 불연속이고, 함수 $|g(x)|$와 함수 $h(x)$는 실수 전체의 집합에서 연속일 때, $f(-2)$의 값은?

① 11　　　　② 12　　　　③ 13

④ 14　　　　⑤ 15

20　　　　▶ 24054-0103

좌표평면 위의 점 $\mathrm{P}(3, 4)$를 중심으로 하고 반지름의 길이가 r $(r>0)$인 원 C와 실수 m에 대하여 원 C와 직선 $y=mx$가 만나는 점의 개수를 $f(m)$이라 하자. **보기**에서 옳은 것만을 있는 대로 고른 것은?

보기

ㄱ. $f(1)=1$이면 $r=\dfrac{\sqrt{2}}{2}$이다.

ㄴ. $r>5$이면 모든 실수 m에 대하여 $f(m)=2$이다.

ㄷ. 함수 $f(m)$이 $m=k$에서 불연속인 실수 k의 개수가 1이 되도록 하는 모든 r의 값의 합은 8이다.

① ㄱ　　　　② ㄷ　　　　③ ㄱ, ㄴ

④ ㄴ, ㄷ　　　　⑤ ㄱ, ㄴ, ㄷ

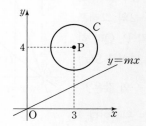

수학 Ⅱ

유형 7 연속함수의 성질과 사잇값의 정리

출제경향 | 연속 또는 불연속인 함수들의 합, 차, 곱, 몫으로 만들어진 함수의 연속성을 묻는 문제와 연속함수에서 사잇값의 정리를 이용하는 문제가 출제된다.

출제유형잡기 | (1) 두 함수 $f(x)$, $g(x)$가 $x=a$에서 연속이면 함수 $cf(x)$, $f(x)+g(x)$, $f(x)-g(x)$, $f(x)g(x)$, $\dfrac{f(x)}{g(x)}$ $(g(a)\neq0)$도 $x=a$에서 연속임을 이용한다. (단, c는 상수)

(2) 사잇값의 정리에 의하여 함수 $f(x)$가 닫힌구간 $[a, b]$에서 연속이고 $f(a)f(b)<0$이면 방정식 $f(x)=0$은 열린구간 (a, b)에서 적어도 하나의 실근을 갖는다는 것을 이용한다.

필수유형 7

| 2022학년도 수능 6월 모의평가 |

함수
$$f(x)=\begin{cases} -2x+6 & (x<a) \\ 2x-a & (x\geq a) \end{cases}$$
에 대하여 함수 $\{f(x)\}^2$이 실수 전체의 집합에서 연속이 되도록 하는 모든 상수 a의 값의 합은? [3점]

① 2　　　　　② 4　　　　　③ 6
④ 8　　　　　⑤ 10

21

▶ 24054-0104

두 함수
$$f(x)=\begin{cases} x+3 & (x<a) \\ 3x-4 & (x\geq a) \end{cases}, \quad g(x)=x^2+ax+a-1$$
에 대하여 함수 $f(x)g(x)$가 실수 전체의 집합에서 연속이 되도록 하는 모든 실수 a의 값의 합은?

① 3　　　　　② $\dfrac{7}{2}$　　　　　③ 4
④ $\dfrac{9}{2}$　　　　　⑤ 5

22

▶ 24054-0105

두 함수 $f(x)=x^3+x^2$, $g(x)=x-2$와 10 이하의 자연수 n에 대하여 x에 대한 방정식 $f(x)=ng(x)$가 n의 값에 관계없이 오직 하나의 실근을 갖는다. 이 실근이 열린구간 $(-3, -2)$에 속하도록 하는 10 이하의 모든 자연수 n의 값의 합을 구하시오.

23

▶ 24054-0106

최고차항의 계수가 1인 이차함수 $f(x)$와 세 실수 a, b, c가 다음 조건을 만족시킨다.

(가) 함수 $g(x)=\dfrac{x}{f(x^2+4)}$는 $x=a$에서만 불연속이다.

(나) 함수 $h(x)=\dfrac{f(x-4)}{f(x^2)}$는 $x=b$, $x=c$ $(b<c)$에서만 불연속이다.

$\displaystyle\lim_{x\to b}h(x)$의 값이 존재할 때, $f(c)\times\displaystyle\lim_{x\to b}h(x)$의 값은?

① -5　　　　　② -4　　　　　③ -3
④ -2　　　　　⑤ -1

① 평균변화율

(1) 함수 $y=f(x)$에서 x의 값이 a에서 b까지 변할 때, 함수 $y=f(x)$의 평균변화율은

$$\frac{\Delta y}{\Delta x}=\frac{f(b)-f(a)}{b-a}=\frac{f(a+\Delta x)-f(a)}{\Delta x}\ (\text{단},\ \Delta x=b-a)$$

(2) 함수 $y=f(x)$에서 x의 값이 a에서 b까지 변할 때의 함수 $y=f(x)$의 평균변화율은 곡선 $y=f(x)$ 위의 두 점 $\text{P}(a,\ f(a))$, $\text{Q}(b,\ f(b))$를 지나는 직선 PQ의 기울기를 나타낸다.

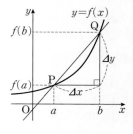

② 미분계수

(1) 함수 $y=f(x)$의 $x=a$에서의 미분계수 $f'(a)$는

$$f'(a)=\lim_{\Delta x \to 0}\frac{\Delta y}{\Delta x}=\lim_{\Delta x \to 0}\frac{f(a+\Delta x)-f(a)}{\Delta x}=\lim_{x \to a}\frac{f(x)-f(a)}{x-a}$$

(2) 함수 $y=f(x)$의 $x=a$에서의 미분계수 $f'(a)$는 곡선 $y=f(x)$ 위의 점 $\text{P}(a,\ f(a))$에서의 접선의 기울기를 나타낸다.

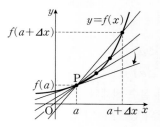

③ 미분가능과 연속

(1) 함수 $f(x)$에 대하여 $x=a$에서 미분계수 $f'(a)$가 존재할 때, 함수 $f(x)$는 $x=a$에서 미분가능하다고 한다.

(2) 함수 $f(x)$가 어떤 열린구간에 속하는 모든 x에서 미분가능할 때, 함수 $f(x)$는 그 구간에서 미분가능하다고 한다. 또한 함수 $f(x)$를 그 구간에서 미분가능한 함수라고 한다.

(3) 함수 $f(x)$가 $x=a$에서 미분가능하면 함수 $f(x)$는 $x=a$에서 연속이다. 그러나 일반적으로 그 역은 성립하지 않는다.

④ 도함수

(1) 미분가능한 함수 $y=f(x)$의 정의역에 속하는 모든 x에 대하여 각각의 미분계수 $f'(x)$를 대응시키는 함수를 함수 $y=f(x)$의 도함수라 하고, 이것을 기호로 $f'(x)$, y', $\dfrac{dy}{dx}$, $\dfrac{d}{dx}f(x)$와 같이 나타낸다.

$$f'(x)=\lim_{\Delta x \to 0}\frac{f(x+\Delta x)-f(x)}{\Delta x}=\lim_{h \to 0}\frac{f(x+h)-f(x)}{h}$$

(2) 함수 $f(x)$의 도함수 $f'(x)$를 구하는 것을 함수 $f(x)$를 x에 대하여 미분한다고 하고, 그 계산법을 미분법이라고 한다.

⑤ 미분법의 공식

(1) 함수 $y=x^n$ (n은 양의 정수)와 상수함수의 도함수
  ① $y=x^n$ (n은 양의 정수)이면 $y'=nx^{n-1}$
  ② $y=c$ (c는 상수)이면 $y'=0$

(2) 두 함수 $f(x)$, $g(x)$가 미분가능할 때
  ① $\{cf(x)\}'=cf'(x)$ (단, c는 상수)
  ② $\{f(x)+g(x)\}'=f'(x)+g'(x)$
  ③ $\{f(x)-g(x)\}'=f'(x)-g'(x)$
  ④ $\{f(x)g(x)\}'=f'(x)g(x)+f(x)g'(x)$

⑥ 접선의 방정식

함수 $f(x)$가 $x=a$에서 미분가능할 때, 곡선 $y=f(x)$ 위의 점 $\text{P}(a,\ f(a))$에서의 접선의 방정식은
$$y-f(a)=f'(a)(x-a)$$

⑦ 평균값 정리

(1) **롤의 정리**

함수 $f(x)$가 닫힌구간 $[a, b]$에서 연속이고 열린구간 (a, b)에서 미분가능할 때, $f(a)=f(b)$이면 $f'(c)=0$인 c가 a와 b 사이에 적어도 하나 존재한다.

(2) **평균값 정리**

함수 $f(x)$가 닫힌구간 $[a, b]$에서 연속이고 열린구간 (a, b)에서 미분가능하면 $\dfrac{f(b)-f(a)}{b-a}=f'(c)$인 c가 a와 b 사이에 적어도 하나 존재한다.

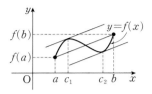

⑧ 함수의 증가와 감소

(1) 함수 $f(x)$가 어떤 구간에 속하는 임의의 두 실수 x_1, x_2에 대하여

　① $x_1<x_2$일 때 $f(x_1)<f(x_2)$이면 함수 $f(x)$는 그 구간에서 증가한다고 한다.

　② $x_1<x_2$일 때 $f(x_1)>f(x_2)$이면 함수 $f(x)$는 그 구간에서 감소한다고 한다.

(2) 함수 $f(x)$가 어떤 열린구간에서 미분가능할 때, 그 구간에 속하는 모든 x에 대하여

　① $f'(x)>0$이면 함수 $f(x)$는 그 구간에서 증가한다.

　② $f'(x)<0$이면 함수 $f(x)$는 그 구간에서 감소한다.

⑨ 함수의 극대와 극소

(1) **함수의 극대와 극소**

　① 함수 $f(x)$가 $x=a$를 포함하는 어떤 열린구간에 속하는 모든 x에 대하여 $f(x)\leq f(a)$를 만족시키면 함수 $f(x)$는 $x=a$에서 극대라고 하며, 함숫값 $f(a)$를 극댓값이라고 한다.

　② 함수 $f(x)$가 $x=b$를 포함하는 어떤 열린구간에 속하는 모든 x에 대하여 $f(x)\geq f(b)$를 만족시키면 함수 $f(x)$는 $x=b$에서 극소라고 하며, 함숫값 $f(b)$를 극솟값이라고 한다.

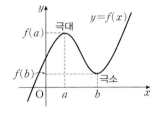

(2) 미분가능한 함수 $f(x)$에 대하여 $f'(a)=0$일 때, $x=a$의 좌우에서 $f'(x)$의 부호가

　① 양에서 음으로 바뀌면 함수 $f(x)$는 $x=a$에서 극대이다.

　② 음에서 양으로 바뀌면 함수 $f(x)$는 $x=a$에서 극소이다.

⑩ 함수의 최대와 최소

함수 $f(x)$가 닫힌구간 $[a, b]$에서 연속이고 이 구간에서 극값을 가지면 함수 $f(x)$의 극댓값과 극솟값, $f(a)$, $f(b)$ 중에서 가장 큰 값이 함수 $f(x)$의 최댓값이고, 가장 작은 값이 함수 $f(x)$의 최솟값이다.

⑪ 방정식에의 활용

방정식 $f(x)=0$의 실근은 함수 $y=f(x)$의 그래프와 x축이 만나는 점의 x좌표와 같다. 따라서 방정식 $f(x)=0$의 서로 다른 실근의 개수는 함수 $y=f(x)$의 그래프와 x축이 만나는 점의 개수와 같다.

⑫ 부등식에의 활용

어떤 구간에서 부등식 $f(x)\geq 0$이 성립함을 보이려면 주어진 구간에서 함수 $f(x)$의 최솟값을 구하여 $(f(x)$의 최솟값$)\geq 0$임을 보인다.

⑬ 속도와 가속도

수직선 위를 움직이는 점 P의 시각 t에서의 위치가 $x=f(t)$일 때, 점 P의 시각 t에서의 속도 v와 가속도 a는

(1) $v=\displaystyle\lim_{\Delta t \to 0}\dfrac{\Delta x}{\Delta t}=\dfrac{dx}{dt}=f'(t)$　　　　　(2) $a=\displaystyle\lim_{\Delta t \to 0}\dfrac{\Delta v}{\Delta t}=\dfrac{dv}{dt}$

유형 1 평균변화율과 미분계수

출제경향 | 평균변화율과 미분계수의 뜻을 이해하고 이를 이용하여 해결하는 문제가 출제된다.

출제유형잡기 | (1) 함수 $y=f(x)$에서 x의 값이 a에서 b까지 변할 때,

함수 $y=f(x)$의 평균변화율은

$$\frac{\Delta y}{\Delta x}=\frac{f(b)-f(a)}{b-a}=\frac{f(a+\Delta x)-f(a)}{\Delta x}$$

(단, $\Delta x=b-a$)

(2) 함수 $y=f(x)$의 $x=a$에서의 미분계수는

$$f'(a)=\lim_{h \to 0}\frac{f(a+h)-f(a)}{h}=\lim_{x \to a}\frac{f(x)-f(a)}{x-a}$$

필수유형 1

| 2022학년도 수능 9월 모의평가 |

함수 $f(x)=x^3-6x^2+5x$에서 x의 값이 0에서 4까지 변할 때의 평균변화율과 $f'(a)$의 값이 같게 되도록 하는 $0<a<4$인 모든 실수 a의 값의 곱은 $\frac{q}{p}$이다. $p+q$의 값을 구하시오.

(단, p와 q는 서로소인 자연수이다.) [3점]

01

▶ 24054-0107

다항함수 $f(x)$에 대하여

$$\lim_{h \to 0}\frac{f(1+2h)-f(1)}{h}=4$$

일 때, $\lim_{h \to 0}\dfrac{f\left(1+\dfrac{h}{2}\right)-f\left(1-\dfrac{h}{3}\right)}{h}$의 값은?

① 1　　　　② $\dfrac{7}{6}$　　　　③ $\dfrac{4}{3}$

④ $\dfrac{3}{2}$　　　　⑤ $\dfrac{5}{3}$

02

▶ 24054-0108

$f(2) \neq 0$인 이차함수 $f(x)$가 다음 조건을 만족시킨다.

> (가) 함수 $y=f(x)$의 그래프는 y축에 대하여 대칭이다.
>
> (나) $\lim\limits_{x \to 2}\dfrac{f(x)+af(-2)}{x-2}$의 값이 존재한다.

함수 $f(x)$에서 x의 값이 -2에서 a까지 변할 때의 평균변화율을 p, a에서 2까지 변할 때의 평균변화율을 q라 할 때, $\dfrac{q}{p}$의 값은? (단, a는 상수이다.)

① $-\dfrac{1}{3}$　　　　② $-\dfrac{2}{3}$　　　　③ -1

④ $-\dfrac{4}{3}$　　　　⑤ $-\dfrac{5}{3}$

03

▶ 24054-0109

두 다항함수 $f(x)$, $g(x)$에 대하여 곡선 $y=f(x)$ 위의 점 $(1, f(1))$에서의 접선과 곡선 $y=g(x)$ 위의 점 $(1, g(1))$에서의 접선이 서로 수직이다.

$$\lim_{x \to 1}\frac{f(x)-2}{g(1)-g(x)}=4,\ f'(1)+g'(1)>0$$

일 때, $f(1) \times \{f'(1)+g'(1)\}$의 값은?

① 1　　　　② 2　　　　③ 3

④ 4　　　　⑤ 5

⑦ 평균값 정리

(1) 롤의 정리

함수 $f(x)$가 닫힌구간 $[a, b]$에서 연속이고 열린구간 (a, b)에서 미분가능할 때, $f(a)=f(b)$이면 $f'(c)=0$인 c가 a와 b 사이에 적어도 하나 존재한다.

(2) 평균값 정리

함수 $f(x)$가 닫힌구간 $[a, b]$에서 연속이고 열린구간 (a, b)에서 미분가능하면 $\dfrac{f(b)-f(a)}{b-a}=f'(c)$인 c가 a와 b 사이에 적어도 하나 존재한다.

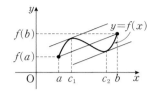

⑧ 함수의 증가와 감소

(1) 함수 $f(x)$가 어떤 구간에 속하는 임의의 두 실수 x_1, x_2에 대하여

① $x_1 < x_2$일 때 $f(x_1) < f(x_2)$이면 함수 $f(x)$는 그 구간에서 증가한다고 한다.

② $x_1 < x_2$일 때 $f(x_1) > f(x_2)$이면 함수 $f(x)$는 그 구간에서 감소한다고 한다.

(2) 함수 $f(x)$가 어떤 열린구간에서 미분가능할 때, 그 구간에 속하는 모든 x에 대하여

① $f'(x) > 0$이면 함수 $f(x)$는 그 구간에서 증가한다.

② $f'(x) < 0$이면 함수 $f(x)$는 그 구간에서 감소한다.

⑨ 함수의 극대와 극소

(1) 함수의 극대와 극소

① 함수 $f(x)$가 $x=a$를 포함하는 어떤 열린구간에 속하는 모든 x에 대하여 $f(x) \leq f(a)$를 만족시키면 함수 $f(x)$는 $x=a$에서 극대라고 하며, 함숫값 $f(a)$를 극댓값이라고 한다.

② 함수 $f(x)$가 $x=b$를 포함하는 어떤 열린구간에 속하는 모든 x에 대하여 $f(x) \geq f(b)$를 만족시키면 함수 $f(x)$는 $x=b$에서 극소라고 하며, 함숫값 $f(b)$를 극솟값이라고 한다.

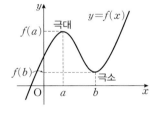

(2) 미분가능한 함수 $f(x)$에 대하여 $f'(a)=0$일 때, $x=a$의 좌우에서 $f'(x)$의 부호가

① 양에서 음으로 바뀌면 함수 $f(x)$는 $x=a$에서 극대이다.

② 음에서 양으로 바뀌면 함수 $f(x)$는 $x=a$에서 극소이다.

⑩ 함수의 최대와 최소

함수 $f(x)$가 닫힌구간 $[a, b]$에서 연속이고 이 구간에서 극값을 가지면 함수 $f(x)$의 극댓값과 극솟값, $f(a)$, $f(b)$ 중에서 가장 큰 값이 함수 $f(x)$의 최댓값이고, 가장 작은 값이 함수 $f(x)$의 최솟값이다.

⑪ 방정식에의 활용

방정식 $f(x)=0$의 실근은 함수 $y=f(x)$의 그래프와 x축이 만나는 점의 x좌표와 같다. 따라서 방정식 $f(x)=0$의 서로 다른 실근의 개수는 함수 $y=f(x)$의 그래프와 x축이 만나는 점의 개수와 같다.

⑫ 부등식에의 활용

어떤 구간에서 부등식 $f(x) \geq 0$이 성립함을 보이려면 주어진 구간에서 함수 $f(x)$의 최솟값을 구하여 $(f(x)$의 최솟값$) \geq 0$임을 보인다.

⑬ 속도와 가속도

수직선 위를 움직이는 점 P의 시각 t에서의 위치가 $x=f(t)$일 때, 점 P의 시각 t에서의 속도 v와 가속도 a는

(1) $v = \lim\limits_{\Delta t \to 0} \dfrac{\Delta x}{\Delta t} = \dfrac{dx}{dt} = f'(t)$

(2) $a = \lim\limits_{\Delta t \to 0} \dfrac{\Delta v}{\Delta t} = \dfrac{dv}{dt}$

▶ 24054-0108

유형1 평균변화율과 미분계수

출제경향 | 평균변화율과 미분계수의 뜻을 이해하고 이를 이용하여 해결하는 문제가 출제된다.

출제유형잡기 | (1) 함수 $y=f(x)$에서 x의 값이 a에서 b까지 변할 때, 함수 $y=f(x)$의 평균변화율은

$$\frac{\Delta y}{\Delta x}=\frac{f(b)-f(a)}{b-a}=\frac{f(a+\Delta x)-f(a)}{\Delta x}$$

$$(단, \Delta x=b-a)$$

(2) 함수 $y=f(x)$의 $x=a$에서의 미분계수는

$$f'(a)=\lim_{h\to 0}\frac{f(a+h)-f(a)}{h}=\lim_{x\to a}\frac{f(x)-f(a)}{x-a}$$

필수유형1

| 2022학년도 수능 9월 모의평가 |

함수 $f(x)=x^3-6x^2+5x$에서 x의 값이 0에서 4까지 변할 때의 평균변화율과 $f'(a)$의 값이 같게 되도록 하는 $0<a<4$인 모든 실수 a의 값의 곱은 $\frac{q}{p}$이다. $p+q$의 값을 구하시오. (단, p와 q는 서로소인 자연수이다.) [3점]

01

▶ 24054-0107

다항함수 $f(x)$에 대하여

$$\lim_{h\to 0}\frac{f(1+2h)-f(1)}{h}=4$$

일 때, $\lim_{h\to 0}\dfrac{f\left(1+\dfrac{h}{2}\right)-f\left(1-\dfrac{h}{3}\right)}{h}$의 값은?

① 1　　　　② $\dfrac{7}{6}$　　　　③ $\dfrac{4}{3}$

④ $\dfrac{3}{2}$　　　　⑤ $\dfrac{5}{3}$

02

$f(2)\neq 0$인 이차함수 $f(x)$가 다음 조건을 만족시킨다.

(가) 함수 $y=f(x)$의 그래프는 y축에 대하여 대칭이다.
(나) $\lim_{x\to 2}\dfrac{f(x)+af(-2)}{x-2}$의 값이 존재한다.

함수 $f(x)$에서 x의 값이 -2에서 a까지 변할 때의 평균변화율을 p, a에서 2까지 변할 때의 평균변화율을 q라 할 때, $\dfrac{q}{p}$의 값은? (단, a는 상수이다.)

① $-\dfrac{1}{3}$　　　　② $-\dfrac{2}{3}$　　　　③ -1

④ $-\dfrac{4}{3}$　　　　⑤ $-\dfrac{5}{3}$

03

▶ 24054-0109

두 다항함수 $f(x)$, $g(x)$에 대하여 곡선 $y=f(x)$ 위의 점 $(1, f(1))$에서의 접선과 곡선 $y=g(x)$ 위의 점 $(1, g(1))$에서의 접선이 서로 수직이다.

$$\lim_{x\to 1}\frac{f(x)-2}{g(1)-g(x)}=4, \quad f'(1)+g'(1)>0$$

일 때, $f(1)\times\{f'(1)+g'(1)\}$의 값은?

① 1　　　　② 2　　　　③ 3

④ 4　　　　⑤ 5

유형 2 미분가능과 연속

출제경향 | 함수 $f(x)$의 $x=a$에서의 미분가능성과 연속의 관계를 이용하여 해결하는 문제가 출제된다.

출제유형잡기 | 함수 $f(x)$가 $x=a$에서 미분가능할 때,

$$\lim_{x \to a-} f(x) = \lim_{x \to a+} f(x) = f(a)$$

$$\lim_{h \to 0-} \frac{f(a+h)-f(a)}{h} = \lim_{h \to 0+} \frac{f(a+h)-f(a)}{h}$$

가 성립함을 이용한다.

필수유형 2
| 2021학년도 수능 9월 모의평가 |

함수

$$f(x) = \begin{cases} x^3 + ax + b & (x < 1) \\ bx + 4 & (x \geq 1) \end{cases}$$

이 실수 전체의 집합에서 미분가능할 때, $a+b$의 값은?
(단, a, b는 상수이다.) [3점]

① 6   ② 7   ③ 8

④ 9   ⑤ 10

04
▶ 24054-0110

함수

$$f(x) = \begin{cases} 2x - 4 & (x < a) \\ x^2 - 4x + b & (x \geq a) \end{cases}$$

가 실수 전체의 집합에서 미분가능할 때, $f(b-a)$의 값은?
(단, a, b는 상수이다.)

① -2 ② -1 ③ 0

④ 1 ⑤ 2

05
▶ 24054-0111

함수 $f(x) = (x-2)|(x-a)(x-b)^2|$이 실수 전체의 집합에서 미분가능하도록 하는 한 자리의 자연수 a, b의 모든 순서쌍 (a, b)의 개수는?

① 11   ② 13   ③ 15

④ 17   ⑤ 19

06
▶ 24054-0112

실수 전체의 집합에서 연속이고 다음 조건을 만족시키는 모든 함수 $f(x)$에 대하여 $f(0)+f(2)$의 최댓값과 최솟값을 각각 M, m이라 할 때, $M+m$의 값을 구하시오.

> (가) 모든 실수 x에 대하여
> $$\{f(x)-x^2+3x-4\}\{f(x)+x^2-5x+2\}=0$$
> 이다.
> (나) $\lim_{x \to a-} \dfrac{f(x)-f(a)}{x-a} \neq \lim_{x \to a+} \dfrac{f(x)-f(a)}{x-a}$ 를 만족시키는 실수 a의 값이 오직 1개뿐이다.

유형 3 미분법의 공식

출제경향 | 미분법을 이용하여 미분계수 또는 함수의 미정계수를 구하거나 함수를 추론하는 문제가 출제된다.

출제유형잡기 | 두 함수 $f(x)$, $g(x)$가 미분가능할 때
(1) $y=x^n$ (n은 양의 정수)이면 $y'=nx^{n-1}$
(2) $y=c$ (c는 상수)이면 $y'=0$
(3) $\{cf(x)\}'=cf'(x)$ (단, c는 상수)
(4) $\{f(x)+g(x)\}'=f'(x)+g'(x)$
(5) $\{f(x)-g(x)\}'=f'(x)-g'(x)$
(6) $\{f(x)g(x)\}'=f'(x)g(x)+f(x)g'(x)$

필수유형 3

| 2023학년도 수능 |

다항함수 $f(x)$에 대하여 함수 $g(x)$를
$$g(x)=x^2f(x)$$
라 하자. $f(2)=1$, $f'(2)=3$일 때, $g'(2)$의 값은? [3점]

① 12   ② 14   ③ 16
④ 18   ⑤ 20

07

▶ 24054-0113

다항함수 $f(x)$와 양수 a에 대하여 함수 $g(x)$를
$$g(x)=(x^2+a)f(x)$$
라 하자. $f'(1)=g(1)$, $g'(1)=11f(1)$일 때, $\dfrac{f'(1)}{f(1)}$의 값은?
(단, $f(1)\neq0$)

① 2   ② 3   ③ 4
④ 5   ⑤ 6

08

▶ 24054-0114

최고차항의 계수가 1인 이차함수 $f(x)$에 대하여 함수 $y=f(x)$의 그래프와 직선 $y=f(2)$가 서로 다른 두 점 A, B에서 만난다. 두 점 A, B의 x좌표의 합이 6일 때, $\sum\limits_{n=1}^{10} f'(n)$의 값은?

① 50   ② 60   ③ 70
④ 80   ⑤ 90

09

▶ 24054-0115

최고차항의 계수가 양수인 다항함수 $f(x)$가 다음 조건을 만족시킬 때, $\lim\limits_{x\to\infty} x\left\{ f\left(2+\dfrac{2}{x}\right)-f(2)\right\}$의 값은?

(가) $\lim\limits_{x\to\infty} \dfrac{\{f(x)\}^2+x^2f(x)}{x^4}=6$

(나) $\lim\limits_{x\to1} \dfrac{f(x^2)-f(1)}{x-1}=2$

① 2   ② 4   ③ 6
④ 8   ⑤ 10

유형 4 접선의 방정식

출제경향 | 곡선 위의 점에서의 접선의 방정식, 기울기가 주어진 접선의 방정식, 곡선 밖의 점에서 곡선에 그은 접선의 방정식을 구하는 문제가 출제된다.

출제유형잡기 | 함수 $f(x)$가 $x=a$에서 미분가능할 때, 곡선 $y=f(x)$ 위의 점 $P(a, f(a))$에서의 접선의 방정식은
$$y-f(a)=f'(a)(x-a)$$

필수유형 4
| 2022학년도 수능 |

삼차함수 $f(x)$에 대하여 곡선 $y=f(x)$ 위의 점 $(0, 0)$에서의 접선과 곡선 $y=xf(x)$ 위의 점 $(1, 2)$에서의 접선이 일치할 때, $f'(2)$의 값은? [4점]

① -18
② -17
③ -16
④ -15
⑤ -14

10
▶ 24054-0116

두 함수 $f(x)=x^3-3x^2+2x+a$, $g(x)=x^2+bx+c$가 다음 조건을 만족시킬 때, $|abc|$의 값은? (단, a, b, c는 상수이다.)

(가) 두 곡선 $y=f(x)$, $y=g(x)$가 점 $A(1, 2)$에서 만난다.
(나) 곡선 $y=f(x)$ 위의 점 A에서의 접선과 곡선 $y=g(x)$ 위의 점 A에서의 접선이 서로 수직이다.

① $\dfrac{5}{2}$
② 3
③ $\dfrac{7}{2}$
④ 4
⑤ $\dfrac{9}{2}$

11
▶ 24054-0117

곡선 $y=x^3-3x^2-8x+5$에 접하고 기울기가 1인 서로 다른 두 직선을 l_1, l_2라 할 때, 두 직선 l_1, l_2 사이의 거리는?

① $10\sqrt{2}$
② $12\sqrt{2}$
③ $14\sqrt{2}$
④ $16\sqrt{2}$
⑤ $18\sqrt{2}$

12
▶ 24054-0118

두 함수
$$f(x)=(x-3)^2+1$$
$$g(x)=(x-3)^3+a(x-3)^2+b(x-3)+1$$

에 대하여 기울기가 2인 직선 l이 두 곡선 $y=f(x)$, $y=g(x)$와 모두 점 A에서 접한다. 직선 l이 곡선 $y=g(x)$와 만나는 점 중 A가 아닌 점을 B라 할 때, 선분 AB의 길이는?

(단, a, b는 상수이다.)

① $\sqrt{5}$
② $\dfrac{5\sqrt{5}}{4}$
③ $\dfrac{3\sqrt{5}}{2}$
④ $\dfrac{7\sqrt{5}}{4}$
⑤ $2\sqrt{5}$

출제경향 | 도함수를 이용하여 함수가 증가 또는 감소하는 구간을 찾거나, 증가 또는 감소할 조건을 이용하여 미정계수를 구하는 문제가 출제된다.

출제유형잡기 | (1) 함수 $f(x)$가 어떤 구간에 속하는 임의의 두 실수 x_1, x_2에 대하여
① $x_1 < x_2$일 때 $f(x_1) < f(x_2)$이면 함수 $f(x)$는 그 구간에서 증가한다고 한다.
② $x_1 < x_2$일 때 $f(x_1) > f(x_2)$이면 함수 $f(x)$는 그 구간에서 감소한다고 한다.
(2) 함수 $f(x)$가 어떤 열린구간에서 미분가능할 때, 그 구간에 속하는 모든 x에 대하여
① $f'(x) > 0$이면 함수 $f(x)$는 그 구간에서 증가한다.
② $f'(x) < 0$이면 함수 $f(x)$는 그 구간에서 감소한다.

필수유형 5 | 2022학년도 수능 |

함수 $f(x) = x^3 + ax^2 - (a^2 - 8a)x + 3$이 실수 전체의 집합에서 증가하도록 하는 실수 a의 최댓값을 구하시오. [3점]

13

▶ 24054-0119

함수 $f(x) = -x^3 + 6x^2 + ax + 5$가 역함수를 갖도록 하는 실수 a의 최댓값은?

① -10 ② -11 ③ -12
④ -13 ⑤ -14

14

▶ 24054-0120

다음 조건을 만족시키는 모든 함수 $f(x)$에 대하여 $f(3) - f(2)$의 최솟값은?

(가) 함수 $f(x)$는 최고차항의 계수가 1이고, 모든 항의 계수가 정수인 삼차함수이다.
(나) 함수 $f(x)$는 열린구간 $(-2, 1)$에서 감소한다.
(다) 함수 $f(x)$는 열린구간 $(1, 2)$에서 증가한다.

① 22   ② 24   ③ 26
④ 28   ⑤ 30

15

▶ 24054-0121

삼차함수 $f(x)$의 도함수 $f'(x)$가 다음 조건을 만족시킬 때, **보기**에서 옳은 것만을 있는 대로 고른 것은?

(가) 함수 $f'(x)$는 최댓값을 갖는다.
(나) $f'(a) = f'(a+2) = 0$을 만족시키는 실수 a가 존재한다.

보기

ㄱ. 함수 $f(x)$는 열린구간 $(a, a+2)$에서 증가한다.
ㄴ. 함수 $f(x) - f'(a+1)x$는 열린구간 $(a, a+1)$에서 감소한다.
ㄷ. 다항함수 $g(x)$의 도함수가 $f'(x) + f'(x+1)$이면 함수 $g(x)$는 열린구간 $\left(a - \dfrac{1}{4}, a + \dfrac{5}{4}\right)$에서 증가한다.

① ㄱ   ② ㄷ   ③ ㄱ, ㄴ
④ ㄴ, ㄷ   ⑤ ㄱ, ㄴ, ㄷ

유형 6 함수의 극대와 극소

출제경향 | 주어진 조건을 이용하여 함수의 극값을 구하거나 극값을 가질 조건을 이용하는 등 극대, 극소에 관련된 다양한 문제가 출제된다.

출제유형잡기 | 미분가능한 함수 $f(x)$에 대하여 $f'(a)=0$일 때, $x=a$의 좌우에서 $f'(x)$의 부호가

① 양에서 음으로 바뀌면 함수 $f(x)$는 $x=a$에서 극대이다.
② 음에서 양으로 바뀌면 함수 $f(x)$는 $x=a$에서 극소이다.

필수유형 6
| 2024학년도 수능 6월 모의평가 |

두 상수 a, b에 대하여 삼차함수 $f(x)=ax^3+bx+a$는 $x=1$에서 극소이다. 함수 $f(x)$의 극솟값이 -2일 때, 함수 $f(x)$의 극댓값을 구하시오. [3점]

16
▶ 24054-0122

최고차항의 계수가 1인 사차함수 $f(x)$가 모든 실수 x에 대하여 $f(-x)=f(x)$를 만족시키고, 함수 $f(x)$가 $x=1$에서 극솟값 3을 가질 때, 함수 $f(x)$의 극댓값은?

① $\dfrac{7}{2}$ ② 4 ③ $\dfrac{9}{2}$

④ 5 ⑤ $\dfrac{11}{2}$

17
▶ 24054-0123

100보다 작은 두 자연수 a, b에 대하여 함수 $f(x)=\dfrac{1}{a}(x^3-2bx^2+b^2x+1)$의 극댓값과 극솟값의 차가 4일 때, $a+b$의 최댓값과 최솟값을 각각 M, m이라 하자. $M+m$의 값을 구하시오.

18
▶ 24054-0124

실수 전체의 집합에서 연속인 함수

$$f(x)=\begin{cases} a(x^3-3x+1) & (x<0) \\ x^2+2ax+b & (x\geq0) \end{cases}$$

이 다음 조건을 만족시킬 때, $ab+f(c)$의 값은?

(단, $a\neq0$이고, a, b, c는 상수이다.)

> (가) 함수 $f(x)$의 극댓값은 -1이다.
> (나) 함수 $f(x)$는 $x=c$에서 극솟값을 갖는 양수 c가 존재한다.

① -2 ② -1 ③ 0

④ 1 ⑤ 2

▶ 24054-0125
▶ 24054-0126
▶ 24054-0127

유형 7 함수의 그래프

출제경향 | 함수의 그래프를 그려서 주어진 조건을 만족시키는 상수를 구하거나 함수 $y=f'(x)$의 그래프 또는 도함수 $f'(x)$의 여러 가지 성질을 이용하여 함수 $y=f(x)$의 그래프의 개형을 추론하는 문제가 출제된다.

출제유형잡기 | 함수 $f(x)$의 도함수 $f'(x)$의 부호를 조사하여 함수 $f(x)$의 증가와 감소를 파악하고, 극대와 극소를 찾아 함수 $y=f(x)$의 그래프의 개형을 그려서 문제를 해결한다.

필수유형 7

| 2022학년도 수능 6월 모의평가 |

두 양수 p, q와 함수 $f(x)=x^3-3x^2-9x-12$에 대하여 실수 전체의 집합에서 연속인 함수 $g(x)$가 다음 조건을 만족시킬 때, $p+q$의 값은? [4점]

(가) 모든 실수 x에 대하여 $xg(x)=|xf(x-p)+qx|$이다.
(나) 함수 $g(x)$가 $x=a$에서 미분가능하지 않은 실수 a의 개수는 1이다.

① 6 ② 7 ③ 8
④ 9 ⑤ 10

20

최고차항의 계수가 1인 삼차함수 $f(x)$가 다음 조건을 만족시킨다.

(가) 함수 $|f(x)+kx|$는 실수 전체의 집합에서 미분가능하다.
(나) $\lim_{x \to 1}\dfrac{f(x)+kx}{x-1}$의 값이 존재한다.

$f(2)+f'(2)=0$일 때, 상수 k의 값은?

① 1 ② $\dfrac{4}{3}$ ③ $\dfrac{5}{3}$
④ 2 ⑤ $\dfrac{7}{3}$

19

양수 a와 함수 $f(x)=a(x+2)^2(x-2)^2$에 대하여 함수 $y=f(x)$의 그래프와 직선 $y=4$가 만나는 서로 다른 점의 개수가 3일 때, $f(4a)$의 값은?

① 2 ② $\dfrac{9}{4}$ ③ $\dfrac{5}{2}$
④ $\dfrac{11}{4}$ ⑤ 3

21

함수 $f(x)=3x^4-4x^3-12x^2+k$에 대하여 함수 $y=f(x)$의 그래프와 x축이 서로 다른 세 점 $A(a, 0)$, $B(b, 0)$, $C(c, 0)$ $(a<b<c)$에서만 만난다. $abc<0$일 때, $f\left(\dfrac{k}{abc}\right)$의 값은? (단, k는 상수이다.)

① 242 ② 244 ③ 246
④ 248 ⑤ 250

유형 8 함수의 최대와 최소

출제경향 | 주어진 구간에서 연속함수의 최댓값과 최솟값을 구하는 문제, 도형의 길이, 넓이, 부피의 최댓값과 최솟값을 구하는 문제가 출제된다.

출제유형잡기 | 함수 $f(x)$가 닫힌구간 $[a, b]$에서 연속이고 이 구간에서 극값을 가지면 함수 $f(x)$의 극댓값과 극솟값, $f(a)$, $f(b)$ 중에서 가장 큰 값이 함수 $f(x)$의 최댓값이고, 가장 작은 값이 함수 $f(x)$의 최솟값이다.

필수유형 8
| 2020학년도 수능 6월 모의평가 |

최고차항의 계수가 1인 삼차함수 $f(x)$에 대하여 함수 $g(x)$는

$$g(x) = \begin{cases} \dfrac{1}{2} & (x < 0) \\ f(x) & (x \geq 0) \end{cases}$$

이다. $g(x)$가 실수 전체의 집합에서 미분가능하고 $g(x)$의 최솟값이 $\dfrac{1}{2}$보다 작을 때, **보기**에서 옳은 것만을 있는 대로 고른 것은? [4점]

보기

ㄱ. $g(0) + g'(0) = \dfrac{1}{2}$

ㄴ. $g(1) < \dfrac{3}{2}$

ㄷ. 함수 $g(x)$의 최솟값이 0일 때, $g(2) = \dfrac{5}{2}$이다.

① ㄱ   ② ㄱ, ㄴ   ③ ㄱ, ㄷ

④ ㄴ, ㄷ   ⑤ ㄱ, ㄴ, ㄷ

22
▶ 24054-0128

닫힌구간 $[-2, 2]$에서 함수 $f(x) = \dfrac{1}{3}x^3 + x^2 - 3x + 1$의 최댓값과 최솟값을 각각 M, m이라 할 때, $M - m$의 값은?

① 6   ② 7   ③ 8

④ 9   ⑤ 10

23
▶ 24054-0129

닫힌구간 $[a, -1]$에서 함수 $f(x) = x^4 - 14x^2 - 24x$의 최댓값이 11, 최솟값이 8이 되도록 하는 실수 a의 최댓값과 최솟값을 각각 M, m이라 하자. $M + m$의 값은? (단, $a < -1$)

① $-2\sqrt{3}$ ② $-1 - 2\sqrt{3}$ ③ $-2 - 2\sqrt{3}$

④ $-3 - 2\sqrt{3}$ ⑤ $-4 - 2\sqrt{3}$

24
▶ 24054-0130

최고차항의 계수가 1인 삼차함수 $f(x)$가 다음 조건을 만족시킨다.

(가) $f(0) > 0$
(나) 곡선 $y = f(x)$가 x축과 두 점 $(-2, 0)$, $(1, 0)$에서만 만난다.

$-2 < a < -\dfrac{1}{2}$인 실수 a에 대하여 곡선 $y = f(x)$ 위의 점 $\mathrm{A}(a, f(a))$에서의 접선이 곡선 $y = f(x)$와 만나는 점 중 A가 아닌 점을 B라 하자. 두 점 A, B에서 x축에 내린 수선의 발을 각각 C, D라 할 때, $\overline{\mathrm{AC}} - \overline{\mathrm{BD}}$는 $a = a_1$일 때 최댓값을 갖는다. 상수 a_1의 값은?

① $-\dfrac{\sqrt{3}}{3}$ ② $-\dfrac{\sqrt{2}}{2}$ ③ -1

④ $-\sqrt{2}$ ⑤ $-\sqrt{3}$

수학 II

유형 9 방정식의 실근의 개수

출제경향 | 함수의 그래프의 개형을 이용하여 방정식의 실근의 개수를 구하거나 실근의 개수가 주어졌을 때 미정계수의 값 또는 범위를 구하는 문제가 출제된다.

출제유형잡기 | 방정식 $f(x)=g(x)$의 서로 다른 실근의 개수는 함수 $y=f(x)$의 그래프와 함수 $y=g(x)$의 그래프의 교점의 개수와 같음을 이용하거나 함수 $y=f(x)-g(x)$의 그래프와 x축의 교점의 개수와 같음을 이용한다.

필수유형 9 | 2023학년도 수능 |

방정식 $2x^3-6x^2+k=0$의 서로 다른 양의 실근의 개수가 2가 되도록 하는 정수 k의 개수를 구하시오. [3점]

25
▶ 24054-0131

두 함수 $f(x)=x^3-8x$, $g(x)=-3x^2+x+a$에 대하여 방정식 $f(x)=g(x)$의 서로 다른 실근의 개수가 3이 되도록 하는 정수 a의 최댓값은?

① 22   ② 24   ③ 26
④ 28   ⑤ 30

26
▶ 24054-0132

방정식 $2x^3+3x^2-12x-k=0$의 서로 다른 양의 실근의 개수를 a, 서로 다른 음의 실근의 개수를 b라 할 때, $ab=2$가 되도록 하는 정수 k의 개수는?

① 21   ② 22   ③ 23
④ 24   ⑤ 25

27
▶ 24054-0133

최고차항의 계수가 1인 삼차함수 $f(x)$가 두 실수 α, β $(\alpha<\beta)$에 대하여 다음 조건을 만족시킨다.

(가) $f'(\alpha)=f'(\beta)=0$
(나) $f(\alpha)f(\beta)<0$, $f(\alpha)+f(\beta)>0$

방정식 $|f(x)|=|f(k)|$의 서로 다른 실근의 개수가 3이 되도록 하는 모든 실수 k의 개수는 m이고, 이러한 m개의 실수 k의 값을 작은 수부터 차례로 k_1, k_2, k_3, $\cdots$, k_m이라 하자.
$\sum_{i=1}^{m} f(k_i)=nf(\alpha)$일 때, $m+n$의 값을 구하시오.

(단, m, n은 자연수이다.)

유형 **10** 부등식에의 활용

출제경향 | 주어진 범위에서 부등식이 항상 성립하기 위한 조건을 구하는 문제가 출제된다.

출제유형잡기 | 어떤 구간에서 부등식 $f(x) \geq 0$이 성립함을 보이려면 주어진 구간에서 함수 $f(x)$의 최솟값을 구하여 ($f(x)$의 최솟값)≥ 0임을 보이면 된다.

필수유형 10 | 2023학년도 수능 6월 모의평가 |

두 함수

$$f(x) = x^3 - x + 6, \ g(x) = x^2 + a$$

가 있다. $x \geq 0$인 모든 실수 x에 대하여 부등식

$$f(x) \geq g(x)$$

가 성립할 때, 실수 a의 최댓값은? [4점]

① 1   ② 2   ③ 3

④ 4   ⑤ 5

28   ▶ 24054-0134

모든 자연수 x에 대하여 부등식

$$\frac{1}{3}x^3 + \frac{1}{4}x^2 - 3x + a \geq 0$$

이 성립하도록 하는 실수 a의 최솟값이 $\dfrac{q}{p}$일 때, $p+q$의 값을 구하시오. (단, p와 q는 서로소인 자연수이다.)

29   ▶ 24054-0135

함수 $f(x) = x^4 - 3x^3 + x^2$에 대하여 함수 $y = f(x)$의 그래프를 x축에 대하여 대칭이동한 후, y축의 방향으로 k만큼 평행이동한 그래프를 나타내는 함수를 $y = g(x)$라 하자. 모든 실수 x에 대하여 부등식

$$f(x) \geq g(x)$$

가 성립할 때, 실수 k의 최댓값은?

① -10 ② -8 ③ -6

④ -4 ⑤ -2

30   ▶ 24054-0136

$x \geq 0$인 모든 실수 x에 대하여 부등식

$$x^3 + ax^2 - a^2x + 5 \geq 0$$

이 성립하도록 하는 모든 정수 a의 개수는?

① 1   ② 3   ③ 5

④ 7   ⑤ 9

유형 11 속도와 가속도

출제경향 | 수직선 위를 움직이는 점의 시각 t에서의 위치가 주어졌을 때, 속도나 가속도를 구하는 문제가 출제된다.

출제유형잡기 | 수직선 위를 움직이는 점 P의 시각 t에서의 위치가 $x=f(t)$일 때

(1) 점 P의 시각 t에서의 속도 v는 $v=\dfrac{dx}{dt}=f'(t)$

(2) 점 P의 시각 t에서의 가속도 a는 $a=\dfrac{dv}{dt}$

필수유형 11　｜ 2019학년도 수능 6월 모의평가 ｜

수직선 위를 움직이는 점 P의 시각 t $(t \geq 0)$에서의 위치 x가
$$x=t^3+at^2+bt \ (a, b는 상수)$$
이다. 시각 $t=1$에서 점 P가 운동 방향을 바꾸고, 시각 $t=2$에서 점 P의 가속도는 0이다. $a+b$의 값은? [4점]

① 3　　　② 4　　　③ 5
④ 6　　　⑤ 7

31 ▶ 24054-0137

수직선 위를 움직이는 점 P의 시각 t $(t \geq 0)$에서의 위치 x가
$$x=t^3-4t^2+kt+1$$
이다. 시각 $t=1$에서의 점 P의 속도와 시각 $t=a$ $(a>1)$에서의 점 P의 속도가 모두 5일 때, 시각 $t=\dfrac{k}{a}$에서의 점 P의 가속도는? (단, a, k는 상수이다.)

① 28　　　② 29　　　③ 30
④ 31　　　⑤ 32

32 ▶ 24054-0138

수직선 위를 움직이는 두 점 P, Q의 시각 t $(t \geq 0)$에서의 위치 x_1, x_2가
$$x_1=t^3-6t^2+9t-1$$
$$x_2=-\frac{1}{4}t^4+mt^2+nt+2$$
이다. $t \geq 0$인 모든 시각 t에 대하여 점 P가 양의 방향으로 움직이면 점 Q는 음의 방향으로 움직이고, 점 P가 음의 방향으로 움직이면 점 Q는 양의 방향으로 움직일 때, 시각 $t=|m+n|$에서의 점 P의 가속도는? (단, m, n은 상수이다.)

① 21　　　② 22　　　③ 23
④ 24　　　⑤ 25

33 ▶ 24054-0139

수직선 위를 움직이는 점 P의 시각 t $(t \geq 0)$에서의 위치 x가
$$x=-\frac{1}{3}t^3+kt^2+(28-11k)t+3$$
이고, 점 P가 다음 조건을 만족시킨다.

(가) 점 P는 시각 $t=a$와 시각 $t=\beta$에서 움직이는 방향이 바뀐다. (단, $a \neq \beta$)
(나) 시각 $t=4$일 때 점 P는 양의 방향으로 움직인다.

$\beta-a=4$일 때, 시각 $t=k$에서의 점 P의 속도는?
(단, a, β, k는 상수이다.)

① 1　　　② 2　　　③ 3
④ 4　　　⑤ 5

06 다항함수의 적분법

① 부정적분

(1) 함수 $f(x)$에 대하여 $F'(x)=f(x)$를 만족시키는 함수 $F(x)$를 $f(x)$의 부정적분이라 하고, $f(x)$의 부정적분을 구하는 것을 $f(x)$를 적분한다고 한다.

(2) 함수 $f(x)$의 한 부정적분을 $F(x)$라 하면

$$\int f(x)dx=F(x)+C \text{ (C는 상수)}$$

로 나타내며, C를 적분상수라고 한다.

설명 두 함수 $F(x)$, $G(x)$가 모두 함수 $f(x)$의 부정적분이면 $F'(x)=G'(x)=f(x)$이므로

$$\{G(x)-F(x)\}'=f(x)-f(x)=0$$

이다. 그런데 평균값 정리에 의하여 도함수가 0인 함수는 상수함수이므로 그 상수를 C라 하면

$$G(x)-F(x)=C, \text{ 즉 } G(x)=F(x)+C$$

따라서 함수 $f(x)$의 임의의 부정적분은 $F(x)+C$의 꼴로 나타낼 수 있다.

참고 미분가능한 함수 $f(x)$에 대하여

① $\dfrac{d}{dx}\left\{\displaystyle\int f(x)\,dx\right\}=f(x)$ ② $\displaystyle\int\left\{\dfrac{d}{dx}f(x)\right\}dx=f(x)+C$ (단, C는 적분상수)

② 함수 $y=x^n$ (n은 양의 정수)와 함수 $y=1$의 부정적분

(1) n이 양의 정수일 때,

$$\int x^n dx=\frac{1}{n+1}x^{n+1}+C \text{ (단, C는 적분상수)}$$

(2) $\displaystyle\int 1\,dx=x+C$ (단, C는 적분상수)

③ 함수의 실수배, 합, 차의 부정적분

두 함수 $f(x)$, $g(x)$의 부정적분이 각각 존재할 때

(1) $\displaystyle\int kf(x)dx=k\int f(x)dx$ (단, k는 0이 아닌 상수)

(2) $\displaystyle\int \{f(x)+g(x)\}dx=\int f(x)dx+\int g(x)dx$

(3) $\displaystyle\int \{f(x)-g(x)\}dx=\int f(x)dx-\int g(x)dx$

④ 정적분

함수 $f(x)$가 두 실수 a, b를 포함하는 구간에서 연속일 때, $f(x)$의 한 부정적분을 $F(x)$라 하면 $f(x)$의 a에서 b까지의 정적분은

$$\int_a^b f(x)dx=\left[F(x)\right]_a^b=F(b)-F(a)$$

이때 정적분 $\displaystyle\int_a^b f(x)dx$의 값을 구하는 것을 함수 $f(x)$를 a에서 b까지 적분한다고 한다.

참고 함수 $f(x)$가 닫힌구간 $[a, b]$에서 연속일 때

① $\displaystyle\int_a^a f(x)dx=0$ ② $\displaystyle\int_a^b f(x)dx=-\int_b^a f(x)dx$

⑤ 정적분과 미분의 관계

함수 $f(t)$가 닫힌구간 $[a, b]$에서 연속일 때,

$$\frac{d}{dx}\int_a^x f(t)dt=f(x) \text{ (단, $a<x<b$)}$$

⑥ 정적분의 성질

(1) 두 함수 $f(x)$, $g(x)$가 닫힌구간 $[a, b]$에서 연속일 때

① $\displaystyle\int_a^b kf(x)dx = k\int_a^b f(x)dx$ (단, k는 상수)

② $\displaystyle\int_a^b \{f(x)+g(x)\}dx = \int_a^b f(x)dx + \int_a^b g(x)dx$

③ $\displaystyle\int_a^b \{f(x)-g(x)\}dx = \int_a^b f(x)dx - \int_a^b g(x)dx$

(2) 함수 $f(x)$가 임의의 세 실수 a, b, c를 포함하는 닫힌구간에서 연속일 때,

$$\int_a^c f(x)dx + \int_c^b f(x)dx = \int_a^b f(x)dx$$

설명 $\displaystyle\int_a^c f(x)dx + \int_c^b f(x)dx = \Big[F(x)\Big]_a^c + \Big[F(x)\Big]_c^b$

$\qquad\qquad\qquad\qquad\qquad\quad = \{F(c)-F(a)\} + \{F(b)-F(c)\} = F(b)-F(a)$

$\qquad\qquad\qquad\qquad\qquad\quad = \displaystyle\int_a^b f(x)dx$

참고 함수의 성질을 이용한 정적분

　　　① 연속함수 $f(x)$가 모든 실수 x에 대하여 $f(-x)=f(x)$를 만족시킬 때,

$$\int_{-a}^a f(x)dx = 2\int_0^a f(x)dx$$

　　　② 연속함수 $f(x)$가 모든 실수 x에 대하여 $f(-x)=-f(x)$를 만족시킬 때,

$$\int_{-a}^a f(x)dx = 0$$

⑦ 정적분으로 나타내어진 함수의 극한

함수 $f(x)$가 실수 a를 포함하는 구간에서 연속일 때

(1) $\displaystyle\lim_{h\to 0}\frac{1}{h}\int_a^{a+h} f(t)dt = f(a)$ 　　　 (2) $\displaystyle\lim_{x\to a}\frac{1}{x-a}\int_a^x f(t)dt = f(a)$

⑧ 곡선과 x축 사이의 넓이

함수 $f(x)$가 닫힌구간 $[a, b]$에서 연속일 때, 곡선 $y=f(x)$와 x축 및 두 직선 $x=a$, $x=b$로 둘러싸인 부분의 넓이 S는

$$S = \int_a^b |f(x)|dx$$

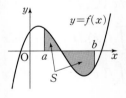

⑨ 두 곡선 사이의 넓이

두 함수 $f(x)$, $g(x)$가 닫힌구간 $[a, b]$에서 연속일 때, 두 곡선 $y=f(x)$, $y=g(x)$와 두 직선 $x=a$, $x=b$로 둘러싸인 부분의 넓이 S는

$$S = \int_a^b |f(x)-g(x)|dx$$

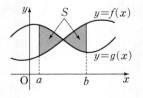

⑩ 수직선 위를 움직이는 점의 위치와 거리

수직선 위를 움직이는 점 P의 시각 t에서의 속도를 $v(t)$, 시각 $t=a$에서의 위치를 $x(a)$라 하자.

(1) 시각 t에서의 점 P의 위치를 $x=x(t)$라 하면 $x(t)=x(a)+\displaystyle\int_a^t v(t)dt$

(2) 시각 $t=a$에서 $t=b$까지 점 P의 위치의 변화량은 $\displaystyle\int_a^b v(t)dt$

(3) 시각 $t=a$에서 $t=b$까지 점 P가 움직인 거리 s는 $s=\displaystyle\int_a^b |v(t)|dt$

유형 1 부정적분의 뜻과 성질

출제경향 | 부정적분의 뜻과 성질 및 함수 $y=x^n$ (n은 양의 정수)의 부정적분을 이용하여 부정적분을 구하거나 함숫값을 구하는 문제가 출제된다.

출제유형잡기 | (1) n이 양의 정수일 때,

$$\int x^n dx = \frac{1}{n+1}x^{n+1}+C \text{ (단, } C\text{는 적분상수)}$$

(2) 두 함수 $f(x)$, $g(x)$의 부정적분이 각각 존재할 때

① $\int kf(x)dx=k\int f(x)dx$ (단, k는 0이 아닌 상수)

② $\int \{f(x)+g(x)\}dx=\int f(x)dx+\int g(x)dx$

③ $\int \{f(x)-g(x)\}dx=\int f(x)dx-\int g(x)dx$

[참고]

(1) $\frac{d}{dx}\left\{\int f(x)dx\right\}=f(x)$

(2) $\int \left\{\frac{d}{dx}f(x)\right\}dx=f(x)+C$ (단, C는 적분상수)

필수유형 1

| 2023학년도 수능 |

함수 $f(x)$에 대하여 $f'(x)=4x^3-2x$이고 $f(0)=3$일 때, $f(2)$의 값을 구하시오. [3점]

01

▶ 24054-0140

함수 $f(x)$에 대하여 $f'(x)=4x^3-8x+7$이고, 곡선 $y=f(x)$ 위의 점 $(1, f(1))$에서의 접선의 y절편이 3일 때, $f(2)$의 값은?

① 10　　　　② 12　　　　③ 14

④ 16　　　　⑤ 18

02

▶ 24054-0141

다항함수 $f(x)$가

$$\int \{f(x)-3\}\,dx+\int xf'(x)\,dx=x^3-2x^2$$

을 만족시킨다. 함수 $f(x)$가 $x=a$에서 극값을 가질 때, $f(a)$의 값은? (단, a는 상수이다.)

① 1　　　　② $\frac{3}{2}$　　　　③ 2

④ $\frac{5}{2}$　　　　⑤ 3

03

▶ 24054-0142

실수 전체의 집합에서 미분가능한 함수 $f(x)$의 도함수 $f'(x)$가

$$f'(x)=\begin{cases} x^2-4x & (|x|<1) \\ -4x^3+x^2 & (|x|\geq 1) \end{cases}$$

일 때, $\dfrac{f(0)-f(-2)}{f(0)-f(2)}$의 값은?

① $\dfrac{7}{5}$　　　　② $\dfrac{57}{41}$　　　　③ $\dfrac{29}{21}$

④ $\dfrac{59}{43}$　　　　⑤ $\dfrac{15}{11}$

출제경향 | 정적분의 뜻과 성질을 이용하여 정적분의 값을 구하거나 정적분을 활용하는 문제가 출제된다.

출제유형잡기 | (1) 두 함수 $f(x)$, $g(x)$가 닫힌구간 $[a, b]$에서 연속일 때

① $\int_a^b kf(x)dx = k\int_a^b f(x)dx$ (단, k는 상수)

② $\int_a^b \{f(x)+g(x)\}dx = \int_a^b f(x)dx + \int_a^b g(x)dx$

③ $\int_a^b \{f(x)-g(x)\}dx = \int_a^b f(x)dx - \int_a^b g(x)dx$

(2) 함수 $f(x)$가 임의의 세 실수 a, b, c를 포함하는 닫힌구간에서 연속일 때,

$$\int_a^c f(x)dx + \int_c^b f(x)dx = \int_a^b f(x)dx$$

필수 유형 2 | 2022학년도 수능 6월 모의평가 |

닫힌구간 $[0, 1]$에서 연속인 함수 $f(x)$가

$$f(0)=0,\ f(1)=1,\ \int_0^1 f(x)\,dx = \frac{1}{6}$$

을 만족시킨다. 실수 전체의 집합에서 정의된 함수 $g(x)$가 다음 조건을 만족시킬 때, $\int_{-3}^2 g(x)\,dx$의 값은? [4점]

(가) $g(x) = \begin{cases} -f(x+1)+1 & (-1<x<0) \\ f(x) & (0\le x\le 1) \end{cases}$

(나) 모든 실수 x에 대하여 $g(x+2)=g(x)$이다.

① $\dfrac{5}{2}$ ② $\dfrac{17}{6}$ ③ $\dfrac{19}{6}$

④ $\dfrac{7}{2}$ ⑤ $\dfrac{23}{6}$

04

▶ 24054-0143

$\int_{-1}^k (4x-k)\,dx = -\dfrac{9}{4}$일 때, 상수 k의 값은?

① $\dfrac{1}{4}$ ② $\dfrac{1}{2}$ ③ $\dfrac{3}{4}$

④ 1 ⑤ $\dfrac{5}{4}$

05

▶ 24054-0144

함수 $f(x)=6x^2-6x-5$에 대하여

$$\int_{-1}^0 f(x)\,dx = \int_{-1}^a f(x)\,dx$$

를 만족시키는 양수 a의 값은?

① 2 ② $\dfrac{5}{2}$ ③ 3

④ $\dfrac{7}{2}$ ⑤ 4

06

▶ 24054-0145

$0<a<3$인 실수 a에 대하여 함수 $f(x)$를 $f(x)=x(x-a)$라 하자.

$$\int_0^3 |f(x)|\,dx = \int_0^3 f(x)\,dx + 2$$

일 때, $af(-a)$의 값은?

① 4 ② 6 ③ 8

④ 10 ⑤ 12

유형 3 함수의 성질을 이용한 정적분

출제경향 | 함수의 그래프가 원점 또는 y축에 대하여 대칭임을 이용하거나 함수의 그래프를 평행이동하여 정적분의 값을 구하는 문제가 출제된다.

출제유형잡기 | (1) 연속함수 $y=f(x)$의 그래프가 원점에 대하여 대칭일 때, 즉 모든 실수 x에 대하여 $f(-x)=-f(x)$이면

$$\int_{-a}^{a} f(x)dx=0$$

(2) 연속함수 $y=f(x)$의 그래프가 y축에 대하여 대칭일 때, 즉 모든 실수 x에 대하여 $f(-x)=f(x)$이면

$$\int_{-a}^{a} f(x)dx=2\int_{0}^{a} f(x)dx$$

필수유형 3

두 실수 $a\ (a\neq0)$, b에 대하여 $f(x)=x^2+ax+b$라 하자.

$$\int_{-1}^{1} f(x)f'(x)\,dx=0,\quad \int_{-3}^{3} \{f(x)+f'(x)\}\,dx=0$$

일 때, $f(3)$의 값은?

① 1   ② 2   ③ 3
④ 4   ⑤ 5

07

▶ 24054-0146

$\int_{-a}^{a} (3x^2+2ax-a)\,dx=2a+4$를 만족시키는 실수 a의 값은?

① 1   ② 2   ③ 3
④ 4   ⑤ 5

08

▶ 24054-0147

최고차항의 계수가 1인 삼차함수 $f(x)$가 $x=-1$, $x=2$에서 극값을 갖고, $\int_{-2}^{2} f(x)\,dx=0$일 때, $f(4)$의 값은?

① 15   ② 16   ③ 17
④ 18   ⑤ 19

09

▶ 24054-0148

실수 전체의 집합에서 정의된 함수 $f(x)$와 양수 a가 다음 조건을 만족시킬 때, **보기**에서 옳은 것만을 있는 대로 고른 것은?

(가) $-2\leq x<2$일 때, $f(x)=a(x+2)(x-2)$이다.
(나) 모든 실수 x에 대하여 $f(x+4)=-2f(x)$이다.

보기

ㄱ. $f(4)=8a$

ㄴ. $\int_{2}^{8} f(x)\,dx=a$

ㄷ. $\int_{-2}^{12} f(x)\,dx=4$이면 $a=\dfrac{3}{8}$이다.

① ㄱ   ② ㄱ, ㄴ   ③ ㄱ, ㄷ
④ ㄴ, ㄷ   ⑤ ㄱ, ㄴ, ㄷ

► 24054-0150

유형 4 정적분으로 나타내어진 함수

출제경향 | 정적분으로 나타내어진 함수를 이용하여 함수 또는 함숫값을 구하는 문제가 출제된다.

출제유형잡기 | (1) 함수 $f(x)$가 두 상수 a, b에 대하여

$$f(x)=g(x)+\int_a^b f(t)\,dt$$로 주어지면

$$\int_a^b f(t)\,dt=k\ (k는\ 상수)$$라 하고, $\int_a^b \{g(t)+k\}\,dt=k$로부터 구한 k의 값을 이용하여 $f(x)$를 구한다.

(2) 함수 $f(x)$에 대하여 함수 $g(x)$가 $g(x)=\int_a^x f(t)\,dt$ (a는 상수)로 주어질 때

(i) 양변에 $x=a$를 대입하면 $g(a)=0$

(ii) 양변을 x에 대하여 미분하면 $g'(x)=f(x)$

임을 이용하여 문제를 해결한다.

필수유형 4

| 2022학년도 수능 9월 모의평가 |

다항함수 $f(x)$가 모든 실수 x에 대하여

$$xf(x)=2x^3+ax^2+3a+\int_1^x f(t)\,dt$$

를 만족시킨다. $f(1)=\int_0^1 f(t)\,dt$일 때, $a+f(3)$의 값은?

(단, a는 상수이다.) [4점]

① 5   ② 6   ③ 7

④ 8   ⑤ 9

10

► 24054-0149

다항함수 $f(x)$가 모든 실수 x에 대하여

$$f(x)=x^2+x\int_0^2 f(t)\,dt+\int_{-1}^1 f(t)\,dt$$

를 만족시킬 때, $f(4)$의 값은?

① 6   ② 7   ③ 8

④ 9   ⑤ 10

11

► 24054-0150

다항함수 $f(x)$가 모든 실수 x에 대하여

$$(1-x)f(x)=x^3-6x^2+9x-\int_{-1}^x f(t)\,dt$$

를 만족시킬 때, $f(1)$의 값은?

① 6   ② 7   ③ 8

④ 9   ⑤ 10

12

► 24054-0151

다항함수 $f(x)$가 모든 실수 x에 대하여

$$f'(x)=3x^2+x\int_0^2 f(t)\,dt$$

를 만족시키고 $f(2)=f'(2)$일 때, $f(1)$의 값은?

① -22 ② -19 ③ -16

④ -13 ⑤ -10

13

► 24054-0152

다음 조건을 만족시키는 모든 다항함수 $f(x)$에 대하여 모든 $f(0)$의 값의 합은?

> 모든 실수 x에 대하여 $f(x)=-2x+3\left|\int_0^1 f(t)\,dt\right|$이다.

① 2   ② $\dfrac{9}{4}$ ③ $\dfrac{5}{2}$

④ $\dfrac{11}{4}$ ⑤ 3

유형 5 정적분으로 나타내어진 함수의 활용

출제경향 | 정적분으로 나타내어진 함수를 이용하여 함수의 극값을 구하거나 함수의 그래프의 개형을 파악하는 등 미분법을 활용하는 문제가 출제된다.

출제유형잡기 | 함수 $f(x)$에 대하여 함수 $g(x)$가

$g(x)=\int_a^x f(t)\,dt$ (a는 상수)로 주어지면 양변을 x에 대하여 미분하여 방정식 $g'(x)=0$, 즉 $f(x)=0$을 만족시키는 x의 값을 구한 후 함수 $y=g(x)$의 그래프의 개형을 파악한다.

필수유형 5 | 2024학년도 수능 6월 모의평가 |

최고차항의 계수가 1인 이차함수 $f(x)$에 대하여 함수

$$g(x)=\int_0^x f(t)\,dt$$

가 다음 조건을 만족시킬 때, $f(9)$의 값을 구하시오. [4점]

> $x \geq 1$인 모든 실수 x에 대하여
> $g(x) \geq g(4)$이고 $|g(x)| \geq |g(3)|$이다.

14
▶ 24054-0153

실수 t에 대하여 함수 $f(t)$를

$$f(t)=\int_{-t}^t (x^2+tx-2t)\,dx$$

라 하자. 함수 $f(t)$의 극솟값은?

① $-\dfrac{64}{3}$ ② $-\dfrac{56}{3}$ ③ -16

④ $-\dfrac{40}{3}$ ⑤ $-\dfrac{32}{3}$

15
▶ 24054-0154

모든 실수 x에 대하여 $f(-x)=-f(x)$이고 최고차항의 계수가 양수인 삼차함수 $f(x)$에 대하여 함수 $g(x)$를

$$g(x)=\int_{-4}^x f(t)\,dt$$

라 하자. $g(2)=0$이고 함수 $g(x)$의 극댓값이 8일 때, $f(4)$의 값을 구하시오.

16
▶ 24054-0155

다항함수 $f(x)$가 다음 조건을 만족시킬 때, $f(2)$의 값은?

> (가) 모든 실수 x에 대하여
> $$f(x)=x^3+4x\int_0^2 f(t)\,dt-\left\{\int_0^2 f(t)\,dt\right\}^2$$
> 을 만족시킨다.
> (나) 임의의 두 실수 x_1, x_2에 대하여 $x_1<x_2$이면 $f(x_1)<f(x_2)$이다.

① 22 ② 24 ③ 26

④ 28 ⑤ 30

출제경향 | 곡선과 x축 사이의 넓이, 두 곡선으로 둘러싸인 부분의 넓이를 정적분을 이용하여 구하는 문제가 출제된다.

출제유형잡기 | (1) 함수 $f(x)$가 닫힌구간 $[a, b]$에서 연속일 때, 곡선 $y=f(x)$와 x축 및 두 직선 $x=a$, $x=b$로 둘러싸인 부분의 넓이 S는

$$S=\int_a^b |f(x)|\,dx$$

(2) 두 함수 $f(x)$, $g(x)$가 닫힌구간 $[a, b]$에서 연속일 때, 두 곡선 $y=f(x)$, $y=g(x)$와 두 직선 $x=a$, $x=b$로 둘러싸인 부분의 넓이 S는

$$S=\int_a^b |f(x)-g(x)|\,dx$$

필수유형 6

| 2024학년도 수능 6월 모의평가 |

양수 k에 대하여 함수 $f(x)$는
$$f(x)=kx(x-2)(x-3)$$
이다. 곡선 $y=f(x)$와 x축이 원점 O와 두 점 P, Q ($\overline{OP}<\overline{OQ}$)에서 만난다. 곡선 $y=f(x)$와 선분 OP로 둘러싸인 영역을 A, 곡선 $y=f(x)$와 선분 PQ로 둘러싸인 영역을 B라 하자.
$$(A의 넓이)-(B의 넓이)=3$$
일 때, k의 값은? [4점]

① $\dfrac{7}{6}$　　　　② $\dfrac{4}{3}$　　　　③ $\dfrac{3}{2}$

④ $\dfrac{5}{3}$　　　　⑤ $\dfrac{11}{6}$

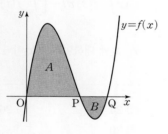

17　　　► 24054-0156

양수 a에 대하여 곡선 $y=x^2-ax$와 x축으로 둘러싸인 부분의 넓이를 A, 곡선 $y=-x^3+ax^2$과 x축으로 둘러싸인 부분의 넓이를 B라 하자. $A=B$일 때, a의 값은?

① 2　　　　② $\dfrac{9}{4}$　　　　③ $\dfrac{5}{2}$

④ $\dfrac{11}{4}$　　　　⑤ 3

18　　　► 24054-0157

직선 $y=x+2$가 곡선 $y=x^2-3x+k$에 접할 때, 곡선 $y=x^2-3x+k$와 두 직선 $y=x+2$, $x=k$로 둘러싸인 부분의 넓이는? (단, k는 상수이다.)

① 16　　　　② $\dfrac{52}{3}$　　　　③ $\dfrac{56}{3}$

④ 20　　　　⑤ $\dfrac{64}{3}$

19　　　► 24054-0158

양수 k에 대하여 함수 $f(x)$를
$$f(x)=x(x+2)(x-k)$$
라 하고, 함수 $g(x)$를
$$g(x)=f(x)+|f(x)|$$
라 하자. 함수 $y=g(x)$의 그래프와 x축으로 둘러싸인 부분의 넓이가 6이 되도록 하는 k의 값은?

① 1　　　　② $\dfrac{5}{4}$　　　　③ $\dfrac{3}{2}$

④ $\dfrac{7}{4}$　　　　⑤ 2

20

▶ 24054-0159

그림과 같이 $a>3$인 상수 a에 대하여 직선 $y=ax$, 곡선 $y=\dfrac{1}{a}x^2$과 세 점 $A(3, 0)$, $B(3, 3)$, $C(0, 3)$이 있다. 직선 $y=ax$와 y축 및 선분 BC로 둘러싸인 부분의 넓이를 S_1, 곡선 $y=\dfrac{1}{a}x^2$과 x축 및 선분 AB로 둘러싸인 부분의 넓이를 S_2, 직선 $y=ax$, 곡선 $y=\dfrac{1}{a}x^2$ 및 두 선분 AB, BC로 둘러싸인 부분의 넓이를 S_3이라 하자. S_1, S_2, S_3이 이 순서대로 등비수열을 이룰 때, $12a$의 값을 구하시오.

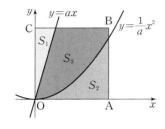

21

▶ 24054-0160

최고차항의 계수가 음수인 이차함수 $f(x)$에 대하여 함수
$$g(x)=\begin{cases} x & (x<1 \text{ 또는 } x>3) \\ f(x) & (1\le x\le 3) \end{cases}$$
이 실수 전체의 집합에서 연속이고, 함수 $y=g(x)$의 그래프와 x축 및 직선 $x=4$로 둘러싸인 부분의 넓이가 $\dfrac{34}{3}$이다. 함수 $f(x)$의 최댓값이 $\dfrac{q}{p}$일 때, $p+q$의 값을 구하시오.

(단, p와 q는 서로소인 자연수이다.)

유형 7 정적분과 넓이의 활용

출제경향 | 주기를 갖는 함수의 성질, 대칭인 함수의 성질, 함수의 그래프의 개형 등의 여러 가지 조건이 포함된 정적분과 넓이를 활용하는 문제가 출제된다.

출제유형잡기 | 함수의 여러 가지 성질을 이해하거나 함수의 그래프의 개형을 이해하고 정적분의 뜻과 넓이의 관계로부터 정적분의 값 또는 넓이를 구한다.

필수유형 7

| 2019학년도 수능 |

실수 전체의 집합에서 증가하는 연속함수 $f(x)$가 다음 조건을 만족시킨다.

> (가) 모든 실수 x에 대하여 $f(x)=f(x-3)+4$이다.
> (나) $\displaystyle\int_0^6 f(x)\,dx=0$

함수 $y=f(x)$의 그래프와 x축 및 두 직선 $x=6$, $x=9$로 둘러싸인 부분의 넓이는? [4점]

① 9　　　　② 12　　　　③ 15
④ 18　　　　⑤ 21

22

▶ 24054-0161

실수 전체의 집합에서 연속이고 역함수가 존재하는 함수 $f(x)$에 대하여 $f(2)=2$, $f(4)=8$이다. 곡선 $y=f(x)$와 두 직선 $y=2$, $y=8$ 및 y축으로 둘러싸인 부분의 넓이가 16일 때, $\displaystyle\int_2^4 f(x)\,dx$의 값은?

① 10　　　　② 11　　　　③ 12
④ 13　　　　⑤ 14

23

▶ 24054-0162

최고차항의 계수가 1인 삼차함수 $f(x)$가 다음 조건을 만족시킬 때, $f(6)$의 값은?

> (가) 방정식 $f(x)=0$은 서로 다른 세 실근 a, 1, b $(a<1<b)$ 를 갖고, a, 1, b는 이 순서대로 등차수열을 이룬다.
> (나) 곡선 $y=f(x)$와 x축으로 둘러싸인 부분의 넓이는 128 이다.

① 42   ② 45   ③ 48
④ 51   ⑤ 54

24

▶ 24054-0163

$0\le x\le 8$에서 연속인 두 함수 $f(x)$, $g(x)$가 다음 조건을 만족시킨다.

> (가) $f(0)=0$, $f(6)=6$, $f(8)=8$이고, 열린구간 $(0, 8)$에서 함수 $f(x)$는 증가한다.
> (나) $0<x<6$인 모든 실수 x에 대하여 $f(x)<x$이고, $6<x<8$인 모든 실수 x에 대하여 $f(x)>x$이다.
> (다) $g(0)=8$, $g(6)=6$, $g(8)=0$이고, 곡선 $y=g(x)$는 직선 $y=x$에 대하여 대칭이다.

$\displaystyle\int_0^6 f(x)\,dx=\int_6^8 f(x)\,dx$일 때, $\displaystyle\int_0^8 |f(x)-g(x)|\,dx$의 값을 구하시오.

유형 8 수직선 위를 움직이는 점의 속도와 거리

출제경향 | 수직선 위를 움직이는 점의 시각 t에서의 속도에 대한 식이나 그래프로부터 점의 위치, 위치의 변화량, 움직인 거리를 구하는 문제가 출제된다.

출제유형잡기 | 수직선 위를 움직이는 점 P의 시각 t에서의 속도가 $v(t)$이고, 시각 $t=t_0$에서 점 P의 위치가 x_0일 때
(1) 시각 t에서의 점 P의 위치는
$$x_0+\int_{t_0}^t v(t)\,dt$$
(2) 시각 $t=a$에서 $t=b$까지 점 P의 위치의 변화량은
$$\int_a^b v(t)\,dt$$
(3) 시각 $t=a$에서 $t=b$까지 점 P가 움직인 거리는
$$\int_a^b |v(t)|\,dt$$

필수유형 8

| 2023학년도 수능 |

수직선 위를 움직이는 점 P의 시각 t $(t\ge 0)$에서의 속도 $v(t)$와 가속도 $a(t)$가 다음 조건을 만족시킨다.

> (가) $0\le t\le 2$일 때, $v(t)=2t^3-8t$이다.
> (나) $t\ge 2$일 때, $a(t)=6t+4$이다.

시각 $t=0$에서 $t=3$까지 점 P가 움직인 거리를 구하시오.

[4점]

25

▶ 24054-0164

수직선 위를 움직이는 점 P의 시각 t $(t\ge 0)$에서의 속도 $v(t)$가
$$v(t)=3t^2-4t+5$$
이다. 시각 $t=k$에서의 점 P의 가속도가 8일 때, 시각 $t=0$에서 $t=k$까지 점 P의 위치의 변화량은? (단, k는 상수이다.)

① 6   ② 7   ③ 8
④ 9   ⑤ 10

26

▶ 24054-0165

수직선 위를 움직이는 점 P의 시각 t $(t \geq 0)$에서의 속도 $v(t)$가
$$v(t) = t^2 - kt$$
이다. 시각 $t=0$에서의 점 P의 위치와 시각 $t=3$에서의 점 P의 위치가 서로 같을 때, 점 P가 시각 $t=0$에서 $t=3$까지 움직인 거리는? (단, k는 상수이다.)

① 2
② $\dfrac{8}{3}$
③ $\dfrac{10}{3}$

④ 4
⑤ $\dfrac{14}{3}$

27

▶ 24054-0166

수직선 위를 움직이는 점 P의 시각 t $(t>0)$에서의 속도 $v(t)$가
$$v(t) = t^2 - 5t + 4$$
이다. 점 P가 시각 $t=t_1$, $t=t_2$ $(t_1<t_2)$일 때 움직이는 방향이 바뀌고, 시각 $t=t_1$에서의 점 P의 위치가 10일 때, 시각 $t=t_2$에서의 점 P의 위치는? (단, t_1, t_2는 상수이다.)

① $\dfrac{11}{2}$
② 6
③ $\dfrac{13}{2}$

④ 7
⑤ $\dfrac{15}{2}$

28

▶ 24054-0167

자연수 k에 대하여 두 점 P와 Q는 시각 $t=0$일 때 각각 점 A(k)와 점 B$(2k)$에서 출발하여 수직선 위를 움직인다. 두 점 P, Q의 시각 t $(t \geq 0)$에서의 속도가 각각
$$v_1(t) = 3t^2 - 12t + k, \quad v_2(t) = -2t - 4$$
이다. 두 점 P, Q가 출발한 후 한 번만 만나도록 하는 k의 최솟값을 구하시오.

29

▶ 24054-0168

수직선 위를 움직이는 점 P의 시각 t $(t \geq 0)$에서의 속도 $v(t)$가 다음 조건을 만족시킨다.

(가) $0 \leq t \leq 5$인 모든 실수 t에 대하여 $v(5-t)=v(5+t)$이다.
(나) $0<t<3$인 모든 실수 t에 대하여 $v(t)<0$이다.

시각 $t=0$에서 $t=5$까지 점 P가 움직인 거리가 12이고, 시각 $t=0$에서 $t=3$까지 점 P의 위치의 변화량이 -7이다. 시각 $t=3$에서 $t=10$까지 점 P가 움직인 거리와 시각 $t=7$에서의 점 P의 위치가 서로 같을 때, 시각 $t=10$에서의 점 P의 위치를 구하시오.

07 수열의 극한

① 수열의 수렴과 발산

(1) 수열 $\{a_n\}$이 수렴하는 경우 : $\lim\limits_{n\to\infty}a_n=\alpha$ (단, α는 상수)

(2) 수열 $\{a_n\}$이 발산하는 경우 : $\begin{cases} \lim\limits_{n\to\infty}a_n=\infty \ (\text{양의 무한대로 발산}) \\ \lim\limits_{n\to\infty}a_n=-\infty \ (\text{음의 무한대로 발산}) \\ \text{진동} \end{cases}$

② 수열의 극한에 대한 기본 성질

두 수열 $\{a_n\}$, $\{b_n\}$이 수렴하고 $\lim\limits_{n\to\infty}a_n=\alpha$, $\lim\limits_{n\to\infty}b_n=\beta$ (α, β는 상수)일 때

(1) $\lim\limits_{n\to\infty}ka_n=k\lim\limits_{n\to\infty}a_n=k\alpha$ (단, k는 상수)

(2) $\lim\limits_{n\to\infty}(a_n+b_n)=\lim\limits_{n\to\infty}a_n+\lim\limits_{n\to\infty}b_n=\alpha+\beta$

(3) $\lim\limits_{n\to\infty}(a_n-b_n)=\lim\limits_{n\to\infty}a_n-\lim\limits_{n\to\infty}b_n=\alpha-\beta$

(4) $\lim\limits_{n\to\infty}a_nb_n=\lim\limits_{n\to\infty}a_n\times\lim\limits_{n\to\infty}b_n=\alpha\beta$

(5) $\lim\limits_{n\to\infty}\dfrac{a_n}{b_n}=\dfrac{\lim\limits_{n\to\infty}a_n}{\lim\limits_{n\to\infty}b_n}=\dfrac{\alpha}{\beta}$ (단, $b_n\neq0$, $\beta\neq0$)

③ 수열의 극한값의 계산

(1) $\dfrac{\infty}{\infty}$ 꼴의 극한

분모, 분자가 다항식인 경우 분모의 최고차항으로 분자, 분모를 각각 나누어서 극한값을 구한다.

① (분모의 차수)=(분자의 차수) : 극한값은 분자와 분모의 최고차항의 계수의 비와 같다.

② (분모의 차수)>(분자의 차수) : 극한값은 0이다.

③ (분모의 차수)<(분자의 차수) : ∞ 또는 $-\infty$로 발산한다.

(2) 무리식이 포함된 $\infty-\infty$ 꼴의 극한

$\sqrt{a_n}-\sqrt{b_n}=\dfrac{a_n-b_n}{\sqrt{a_n}+\sqrt{b_n}}$임을 이용하여 주어진 식을 변형한 후 극한값을 구한다. (단, $a_n>0$, $b_n>0$)

(3) $0\times\infty$ 꼴의 극한

통분, 유리화 등의 방법으로 주어진 식을 변형한 후 극한값을 구한다.

④ 수열의 극한의 대소 관계

두 수열 $\{a_n\}$, $\{b_n\}$에 대하여 $\lim\limits_{n\to\infty}a_n=\alpha$, $\lim\limits_{n\to\infty}b_n=\beta$ (α, β는 상수)일 때

(1) 모든 자연수 n에 대하여 $a_n\leq b_n$이면 $\alpha\leq\beta$이다.

(2) 수열 $\{c_n\}$이 모든 자연수 n에 대하여 $a_n\leq c_n\leq b_n$이고 $\alpha=\beta$이면 $\lim\limits_{n\to\infty}c_n=\alpha$이다.

참고 (1) 모든 자연수 n에 대하여 $a_n<b_n$이어도 $\alpha=\beta$인 경우가 있다.

　　(2) 수열 $\{c_n\}$이 모든 자연수 n에 대하여 $a_n<c_n<b_n$이어도 $\alpha=\beta$이면 $\lim\limits_{n\to\infty}c_n=\alpha$이다.

⑤ 등비수열의 극한

등비수열 $\{r^n\}$의 수렴과 발산은 r의 값의 범위에 따라 다음과 같다.

(1) $r>1$일 때, $\lim\limits_{n\to\infty}r^n=\infty$ (발산)

(2) $r=1$일 때, $\lim\limits_{n\to\infty}r^n=1$ (수렴)

(3) $|r|<1$일 때, $\lim\limits_{n\to\infty}r^n=0$ (수렴)

(4) $r\leq-1$일 때, 수열 $\{r^n\}$은 진동한다. (발산)

⑥ 급수

⑴ 수열 $\{a_n\}$의 각 항을 차례로 덧셈 기호 $+$를 사용하여 연결한 식

$$a_1+a_2+a_3+\cdots+a_n+\cdots$$

을 급수라 하고, 이것을 기호 $\sum$를 사용하여 $\displaystyle\sum_{n=1}^{\infty} a_n$과 같이 나타낸다.

⑵ 급수 $\displaystyle\sum_{n=1}^{\infty} a_n$에서 첫째항부터 제$n$항까지의 합

$$S_n=a_1+a_2+a_3+\cdots+a_n=\sum_{k=1}^{n} a_k$$

를 이 급수의 제n항까지의 부분합이라고 한다.

⑦ 급수의 수렴과 발산

⑴ 급수 $\displaystyle\sum_{n=1}^{\infty} a_n$의 제$n$항까지의 부분합으로 이루어진 수열 $\{S_n\}$이 일정한 값 S에 수렴할 때, 급수 $\displaystyle\sum_{n=1}^{\infty} a_n$은 S에 수렴한다고 하고, S를 급수의 합이라고 한다. 즉,

$$\sum_{n=1}^{\infty} a_n=\lim_{n\to\infty} S_n=\lim_{n\to\infty}\sum_{k=1}^{n} a_k=S$$

⑵ 급수 $\displaystyle\sum_{n=1}^{\infty} a_n$의 제$n$항까지의 부분합으로 이루어진 수열 $\{S_n\}$이 발산할 때, 급수 $\displaystyle\sum_{n=1}^{\infty} a_n$은 발산한다고 한다.

⑧ 급수와 수열의 극한 사이의 관계

⑴ 급수 $\displaystyle\sum_{n=1}^{\infty} a_n$이 수렴하면 $\displaystyle\lim_{n\to\infty} a_n=0$이다.

⑵ $\displaystyle\lim_{n\to\infty} a_n\neq0$이면 급수 $\displaystyle\sum_{n=1}^{\infty} a_n$은 발산한다.

참고 일반적으로 ⑴의 역은 성립하지 않는다. 즉, $\displaystyle\lim_{n\to\infty} a_n=0$이라고 해서 급수 $\displaystyle\sum_{n=1}^{\infty} a_n$이 반드시 수렴하는 것은 아니다.

⑨ 급수의 성질

두 급수 $\displaystyle\sum_{n=1}^{\infty} a_n$, $\displaystyle\sum_{n=1}^{\infty} b_n$이 수렴하고 그 합이 각각 S, T일 때

⑴ $\displaystyle\sum_{n=1}^{\infty} ka_n=k\sum_{n=1}^{\infty} a_n=kS$ (단, k는 상수)

⑵ $\displaystyle\sum_{n=1}^{\infty} (a_n+b_n)=\sum_{n=1}^{\infty} a_n+\sum_{n=1}^{\infty} b_n=S+T$

⑶ $\displaystyle\sum_{n=1}^{\infty} (a_n-b_n)=\sum_{n=1}^{\infty} a_n-\sum_{n=1}^{\infty} b_n=S-T$

⑩ 등비급수

⑴ 첫째항이 $a\,(a\neq0)$, 공비가 r인 등비수열 $\{ar^{n-1}\}$의 각 항을 차례로 덧셈 기호 $+$를 사용하여 연결한 급수

$$\sum_{n=1}^{\infty} ar^{n-1}=a+ar+ar^2+\cdots+ar^{n-1}+\cdots$$

을 등비급수라고 한다.

⑵ 등비급수 $\displaystyle\sum_{n=1}^{\infty} ar^{n-1}\,(a\neq0)$은

① $|r|<1$일 때, 수렴하고 그 합은 $\dfrac{a}{1-r}$이다.

② $|r|\geq1$일 때, 발산한다.

유형 1 수열의 극한에 대한 기본 성질

출제경향 | 수열의 극한에 대한 기본 성질을 이용하여 다양한 형태로 주어진 수열의 극한값을 구하는 문제가 출제된다.

출제유형잡기 | 두 수열 $\{a_n\}$, $\{b_n\}$이 수렴하고 $\lim_{n\to\infty} a_n = \alpha$, $\lim_{n\to\infty} b_n = \beta$ (α, β는 상수)일 때

(1) $\lim_{n\to\infty} ka_n = k \lim_{n\to\infty} a_n = k\alpha$ (단, k는 상수)

(2) $\lim_{n\to\infty} (a_n + b_n) = \lim_{n\to\infty} a_n + \lim_{n\to\infty} b_n = \alpha + \beta$

(3) $\lim_{n\to\infty} (a_n - b_n) = \lim_{n\to\infty} a_n - \lim_{n\to\infty} b_n = \alpha - \beta$

(4) $\lim_{n\to\infty} a_n b_n = \lim_{n\to\infty} a_n \times \lim_{n\to\infty} b_n = \alpha\beta$

(5) $\lim_{n\to\infty} \dfrac{a_n}{b_n} = \dfrac{\lim_{n\to\infty} a_n}{\lim_{n\to\infty} b_n} = \dfrac{\alpha}{\beta}$ (단, $b_n \neq 0$, $\beta \neq 0$)

필수유형 1

| 2023학년도 수능 9월 모의평가 |

수열 $\{a_n\}$에 대하여 $\lim_{n\to\infty} \dfrac{a_n + 2}{2} = 6$일 때, $\lim_{n\to\infty} \dfrac{na_n + 1}{a_n + 2n}$의 값은? [3점]

① 1   ② 2   ③ 3

④ 4   ⑤ 5

01

▶ 24055-0169

두 수열 $\{a_n\}$, $\{b_n\}$에 대하여
$$\lim_{n\to\infty} a_n = 5, \ \lim_{n\to\infty} b_n = -2$$
일 때, $\lim_{n\to\infty} (2a_n + 3b_n)$의 값은?

① 1   ② 2   ③ 3

④ 4   ⑤ 5

02

▶ 24055-0170

이차방정식 $x^2 - 6x + 2 = 0$의 서로 다른 두 실근을 α, β라 하자. 두 수열 $\{a_n\}$, $\{b_n\}$에 대하여
$$\lim_{n\to\infty} (a_n + b_n) = \alpha, \ \lim_{n\to\infty} (a_n - b_n) = \beta$$
를 만족시킬 때, $\lim_{n\to\infty} (a_n^2 + a_n - b_n^2)$의 값은?

① 1   ② 2   ③ 3

④ 4   ⑤ 5

03

▶ 24055-0171

모든 항이 양수인 두 수열 $\{a_n\}$, $\{b_n\}$에 대하여
$$\lim_{n\to\infty} \frac{3a_n - 4}{a_n + 2} = \frac{5}{2}, \ \lim_{n\to\infty} \frac{3b_n}{2b_n + 1} = \frac{3}{4}$$
일 때, $\lim_{n\to\infty} a_n(2b_n + 1)$의 값은?

① 28   ② 30   ③ 32

④ 34   ⑤ 36

유형 2 수열의 극한

출제경향 | 일반항이 다양한 형태로 주어진 수열의 극한을 구하는 문제가 출제된다.

출제유형잡기 | (1) 일반항의 분자와 분모가 n에 대한 다항식인 분수꼴의 식으로 주어진 수열은 분모의 최고차항으로 분자와 분모를 각각 나누어서 극한값을 구한다.

(2) 일반항이 무리식이 포함된 $\infty - \infty$ 꼴로 주어진 수열은

$$\sqrt{a_n} - \sqrt{b_n} = \frac{a_n - b_n}{\sqrt{a_n} + \sqrt{b_n}}$$ 임을 이용하여 주어진 식을 변형한 후 극한값을 구한다.

필수유형 2 | 2023학년도 수능 6월 모의평가 |

$\displaystyle\lim_{n\to\infty}\dfrac{1}{\sqrt{n^2+3n}-\sqrt{n^2+n}}$ 의 값은? [2점]

① 1 ② $\dfrac{3}{2}$ ③ 2

④ $\dfrac{5}{2}$ ⑤ 3

04

▶ 24055-0172

$\displaystyle\lim_{n\to\infty}\dfrac{2n}{\sqrt{n^2+2n}+\sqrt{9n^2+n}}$ 의 값은?

① $\dfrac{1}{6}$ ② $\dfrac{1}{4}$ ③ $\dfrac{1}{3}$

④ $\dfrac{5}{12}$ ⑤ $\dfrac{1}{2}$

05

▶ 24055-0173

$\displaystyle\lim_{n\to\infty}\dfrac{3n^k-1}{(n^2+1)(n^3-1)}=\alpha$, $\displaystyle\lim_{n\to\infty}\dfrac{n(n+5)}{3n^k-1}=\beta$일 때, $\alpha=\beta$를 만족시키는 모든 자연수 k의 개수는? (단, α, β는 상수이다.)

① 1 ② 2 ③ 3

④ 4 ⑤ 5

06

▶ 24055-0174

두 자연수 a, b에 대하여 $\displaystyle\lim_{n\to\infty}(\sqrt{n^2+an}-n)=8$일 때, $\displaystyle\lim_{n\to\infty}\dfrac{(an+1)(2n-1)}{bn(n+3)}$ 의 값이 자연수가 되도록 하는 모든 b의 값의 합을 구하시오.

유형 3 수열의 극한의 대소 관계

출제경향 | 수열의 극한의 대소 관계를 이용하여 수열의 극한값을 구하는 문제가 출제된다.

출제유형잡기 | (1) 수열의 일반항 a_n이 포함된 모든 자연수 n에 대하여 성립하는 부등식이 주어지거나 그 부등식을 구할 수 있을 때, 수열의 극한의 대소 관계를 이용하여 극한값을 구한다.

(2) 세 수열 $\{a_n\}$, $\{b_n\}$, $\{c_n\}$이 모든 자연수 n에 대하여 $a_n \le c_n \le b_n$이고, $\lim_{n\to\infty} a_n = \lim_{n\to\infty} b_n = \alpha$ (α는 상수)이면 $\lim_{n\to\infty} c_n = \alpha$이다.

필수유형 3

| 2020학년도 수능 9월 모의평가 |

모든 항이 양수인 수열 $\{a_n\}$이 모든 자연수 n에 대하여 부등식

$$\sqrt{9n^2+4} < \sqrt{na_n} < 3n+2$$

를 만족시킬 때, $\lim_{n\to\infty} \dfrac{a_n}{n}$의 값은? [3점]

① 6　　　　② 7　　　　③ 8
④ 9　　　　⑤ 10

07

▶ 24055-0175

수열 $\{a_n\}$이 모든 자연수 n에 대하여 부등식

$$3n + \dfrac{2}{n^2} < \dfrac{a_n}{n} < 3n + \dfrac{4}{n^2}$$

를 만족시킬 때, $\lim_{n\to\infty} \dfrac{na_n}{n^3+1}$의 값은?

① 1　　　　② 2　　　　③ 3
④ 4　　　　⑤ 5

08

▶ 24055-0176

자연수 n에 대하여 점 $(1, -1)$과 직선 $(n+1)x - ny + 2 = 0$ 사이의 거리를 a_n, 점 $(3, 1)$과 직선 $(n+1)x - ny + 2 = 0$ 사이의 거리를 b_n이라 하자. 수열 $\{c_n\}$이 모든 자연수 n에 대하여 부등식 $a_n < c_n < b_n$을 만족시킬 때, $\lim_{n\to\infty} c_n$의 값은?

① 1　　　　② $\sqrt{2}$　　　　③ $\sqrt{3}$
④ 2　　　　⑤ $\sqrt{5}$

09

▶ 24055-0177

두 수열 $\{a_n\}$, $\{b_n\}$이 모든 자연수 n에 대하여 다음 조건을 만족시킨다.

(가) $\displaystyle\sum_{k=1}^{n} nk < a_n < \sum_{k=1}^{n} (n+1)k$

(나) $n+1 < b_n < n+2$

$\lim_{n\to\infty} \dfrac{n(b_1 + b_2 + b_3 + \cdots + b_n)}{a_n + 2n^3}$의 값은?

① 1　　　　② $\dfrac{1}{3}$　　　　③ $\dfrac{1}{5}$
④ $\dfrac{1}{7}$　　　　⑤ $\dfrac{1}{9}$

미적분

유형 4 등비수열의 극한

출제경향 | 등비수열의 일반항을 포함하는 수열의 극한값을 구하는 문제, x^n을 포함하는 수열의 극한으로 정의되는 함수에 대한 문제가 출제된다.

출제유형잡기 | 등비수열 $\{r^n\}$의 수렴과 발산은 다음과 같다.

(1) $r>1$일 때, $\lim\limits_{n \to \infty} r^n = \infty$ (발산)

(2) $r=1$일 때, $\lim\limits_{n \to \infty} r^n = 1$ (수렴)

(3) $|r|<1$일 때, $\lim\limits_{n \to \infty} r^n = 0$ (수렴)

(4) $r \le -1$일 때, 수열 $\{r^n\}$은 진동한다. (발산)

필수유형 4

| 2021학년도 수능 6월 모의평가 |

함수

$$f(x)=\lim_{n \to \infty}\frac{2 \times \left(\dfrac{x}{4}\right)^{2n+1}-1}{\left(\dfrac{x}{4}\right)^{2n}+3}$$

에 대하여 $f(k)=-\dfrac{1}{3}$을 만족시키는 정수 k의 개수는? [3점]

① 5 ② 7 ③ 9

④ 11 ⑤ 13

10

▶ 24055-0178

첫째항이 2이고 공비가 4인 등비수열 $\{a_n\}$에 대하여

$\lim\limits_{n \to \infty}\dfrac{a_n}{3^n+2^{2n+1}}$의 값은?

① $\dfrac{1}{4}$ ② $\dfrac{1}{2}$ ③ 1

④ 2 ⑤ 4

11

▶ 24055-0179

양의 실수 전체의 집합에서 정의된 함수

$$f(x)=\lim_{n \to \infty}\frac{(a+1) \times x^n + a^2 \times \left(\dfrac{1}{x}\right)^n}{x^{n-1}+a \times \left(\dfrac{1}{x}\right)^{n+1}}$$

에 대하여 $f(2)=10$일 때, $f\left(\dfrac{1}{3}\right)$의 값은?

(단, a는 $a \ne -1$이고, $a \ne 0$인 상수이다.)

① $\dfrac{2}{3}$ ② $\dfrac{4}{3}$ ③ 2

④ $\dfrac{8}{3}$ ⑤ $\dfrac{10}{3}$

12

▶ 24055-0180

0이 아닌 실수 전체의 집합에서 정의된 함수

$$f(x)=\begin{cases}\lim\limits_{n \to \infty}\dfrac{x^n+\left(\dfrac{1}{x}\right)^{n+1}+\left(\dfrac{1}{x}\right)^n}{x^{n+1}+\left(\dfrac{1}{x}\right)^n} & (x \ne -1) \\ 1 & (x=-1)\end{cases}$$

에 대하여 함수 $y=f(x)$의 그래프와 직선 $y=x+k$가 서로 다른 세 점에서 만나도록 하는 모든 실수 k의 값의 합이 S일 때, $6S$의 값을 구하시오.

▶ 24055-0182

유형 5 수열의 극한의 활용

출제경향 | 함수의 그래프, 도형 등에서 수열의 일반항을 찾아 극한값을 구하는 문제가 출제된다.

출제유형잡기 | 함수의 그래프의 성질, 도형의 성질을 이용하여 수열의 일반항을 찾아 문제를 해결한다.

필수유형 5

| 2016학년도 수능 |

자연수 n에 대하여 좌표가 $(0, 2n+1)$인 점을 P라 하고, 함수 $f(x)=nx^2$의 그래프 위의 점 중 y좌표가 1이고 제1사분면에 있는 점을 Q라 하자.

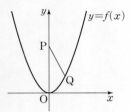

점 $R(0, 1)$에 대하여 삼각형 PRQ의 넓이를 S_n, 선분 PQ의 길이를 l_n이라 할 때, $\lim_{n\to\infty}\dfrac{S_n^{\ 2}}{l_n}$의 값은? [4점]

① $\dfrac{3}{2}$ ② $\dfrac{5}{4}$ ③ 1

④ $\dfrac{3}{4}$ ⑤ $\dfrac{1}{2}$

13

▶ 24055-0181

자연수 n에 대하여 이차함수 $f(x)=-nx^2+(3n+2)x$의 최댓값을 a_n이라 할 때, $\lim_{n\to\infty}\dfrac{a_n}{n}$의 값은?

① $\dfrac{7}{4}$ ② 2   ③ $\dfrac{9}{4}$

④ $\dfrac{5}{2}$ ⑤ $\dfrac{11}{4}$

14

좌표평면에서 자연수 n에 대하여 곡선 $y=\dfrac{1}{x}$이 직선 $x=2n$과 만나는 점을 A_n이라 하고, 선분 OA_n의 수직이등분선이 y축과 만나는 점을 B_n이라 하자. 삼각형 OA_nB_n의 넓이를 S_n이라 할 때, $\lim_{n\to\infty}\dfrac{S_n}{n^4}$의 값은? (단, O는 원점이다.)

① 1   ② 2   ③ 3

④ 4   ⑤ 5

15

▶ 24055-0183

2 이상의 자연수 n에 대하여 직선 $y=nx$ 위의 점 중 x좌표가 n인 점을 A_n이라 하고 직선 $y=\dfrac{1}{n}x$ 위의 점 중 y좌표가 n인 점을 B_n이라 하자. 삼각형 OA_nB_n에 내접하는 원의 반지름의 길이를 r_n이라 할 때, $\lim_{n\to\infty}\dfrac{r_n}{n^2}$의 값은? (단, O는 원점이다.)

① $\dfrac{2-\sqrt{2}}{8}$ ② $\dfrac{2-\sqrt{2}}{4}$ ③ $\dfrac{2-\sqrt{2}}{2}$

④ $2-\sqrt{2}$ ⑤ $2(2-\sqrt{2})$

유형 **6** 급수의 계산

출제경향 | 급수의 성질을 이용하여 급수의 합을 구하는 문제, 급수와 수열의 극한 사이의 관계를 이용하여 수열의 극한값을 구하는 문제가 출제된다.

출제유형잡기 | (1) 급수 $\sum\limits_{n=1}^{\infty} a_n$에서 첫째항부터 제$n$항까지의 부분합을 S_n이라 할 때, 수열 $\{S_n\}$의 극한값으로 급수 $\sum\limits_{n=1}^{\infty} a_n$의 합을 구한다.

(2) 두 급수 $\sum\limits_{n=1}^{\infty} a_n$, $\sum\limits_{n=1}^{\infty} b_n$이 수렴하고 그 합이 각각 S, T일 때

① $\sum\limits_{n=1}^{\infty} ka_n = k\sum\limits_{n=1}^{\infty} a_n = kS$ (단, k는 상수)

② $\sum\limits_{n=1}^{\infty} (a_n + b_n) = \sum\limits_{n=1}^{\infty} a_n + \sum\limits_{n=1}^{\infty} b_n = S + T$

③ $\sum\limits_{n=1}^{\infty} (a_n - b_n) = \sum\limits_{n=1}^{\infty} a_n - \sum\limits_{n=1}^{\infty} b_n = S - T$

(3) 급수 $\sum\limits_{n=1}^{\infty} a_n$이 수렴하면 $\lim\limits_{n\to\infty} a_n = 0$이다.

필수유형 **6**

| 2023학년도 수능 6월 모의평가 |

첫째항이 4인 등차수열 $\{a_n\}$에 대하여 급수

$$\sum_{n=1}^{\infty} \left(\frac{a_n}{n} - \frac{3n+7}{n+2} \right)$$

이 실수 S에 수렴할 때, S의 값은? [3점]

① $\dfrac{1}{2}$ ② 1 ③ $\dfrac{3}{2}$

④ 2 ⑤ $\dfrac{5}{2}$

16
▶ 24055-0184

두 수열 $\{a_n\}$, $\{b_n\}$에 대하여

$\sum\limits_{n=1}^{\infty} a_n = 5$, $\sum\limits_{n=1}^{\infty} (2a_n + 3b_n) = 19$일 때, $\sum\limits_{n=1}^{\infty} b_n$의 값은?

① 1 ② 2 ③ 3

④ 4 ⑤ 5

17
▶ 24055-0185

수열 $\{a_n\}$에 대하여 $\sum\limits_{n=1}^{\infty} \left(a_n + \dfrac{3}{2} \right) = 2$일 때,

$\lim\limits_{n\to\infty} \left\{ \dfrac{4a_n - 1}{6a_n + 2} + \sum\limits_{k=1}^{n} (2a_k + 3) \right\}$의 값은?

① 4 ② 5 ③ 6

④ 7 ⑤ 8

18
▶ 24055-0186

함수 $f(x) = \begin{cases} \log_{\frac{1}{2}} x & (0 < x < 1) \\ \log_4 x & (x \geq 1) \end{cases}$에 대하여 함수 $y = f(x)$

의 그래프와 직선 $x = n$이 만나는 점을 P_n이라 할 때, 점 P_n을 지나고 x축에 평행한 직선이 함수 $y = f(x)$의 그래프와 만나는 점 중 P_n이 아닌 점을 Q_n이라 하자. 점 Q_n의 x좌표를 x_n이라 할 때, $\sum\limits_{n=2}^{\infty} (x_{2n-1} \times x_{2n+1})^2$의 값은?

(단, n은 2 이상의 자연수이다.)

① 1 ② $\dfrac{1}{2}$ ③ $\dfrac{1}{4}$

④ $\dfrac{1}{6}$ ⑤ $\dfrac{1}{8}$

유형 7 등비급수의 수렴 조건과 합

출제경향 | 등비급수 $\sum_{n=1}^{\infty} ar^{n-1}$이 수렴할 조건을 찾는 문제, 등비급수의 합을 구하는 문제가 출제된다.

출제유형잡기 | (1) 등비급수 $\sum_{n=1}^{\infty} ar^{n-1}$이 수렴할 조건은

$a=0$ 또는 $|r|<1$이다.

(2) 등비급수 $\sum_{n=1}^{\infty} ar^{n-1}\ (a \neq 0)$은

① $|r|<1$일 때, 수렴하고 그 합은 $\dfrac{a}{1-r}$이다.

② $|r| \geq 1$일 때, 발산한다.

필수유형 7

| 2021학년도 수능 9월 모의평가 |

등비수열 $\{a_n\}$에 대하여 $\lim\limits_{n \to \infty} \dfrac{3^n}{a_n+2^n}=6$일 때,

$\sum\limits_{n=1}^{\infty} \dfrac{1}{a_n}$의 값은? [3점]

① 1　　　　② 2　　　　③ 3

④ 4　　　　⑤ 5

19

▶ 24055-0187

첫째항이 2이고 공비가 양수인 등비수열 $\{a_n\}$에 대하여

$\sum\limits_{n=1}^{\infty} a_{2n-1}=\dfrac{32}{7}$일 때, $\sum\limits_{n=1}^{\infty} a_n$의 값은?

① 2　　　　② 4　　　　③ 6

④ 8　　　　⑤ 10

20

▶ 24055-0188

급수 $\sum\limits_{n=1}^{\infty} (x-3)\left(\dfrac{x+6}{2}\right)^n$이 수렴하도록 하는 정수 x의 개수를 k라 할 때, $\sum\limits_{n=1}^{\infty} \dfrac{12}{k^n}$의 값을 구하시오.

21

▶ 24055-0189

$a_1=b_1 \neq 0$인 두 수열 $\{a_n\}$, $\{b_n\}$이 다음 조건을 만족시킨다.

(가) $a_{n+1}=ra_n$, $b_{n+1}=(r^2-1)b_n\ (n=1, 2, 3, \cdots)$

(나) 두 급수 $\sum\limits_{n=1}^{\infty} a_n$, $\sum\limits_{n=1}^{\infty} b_n$은 모두 수렴하고

$\sum\limits_{n=1}^{\infty} a_n : \sum\limits_{n=1}^{\infty} b_n=14 : 3$이다.

급수 $\sum\limits_{n=1}^{\infty} \dfrac{b_n}{a_n}$이 실수 p에 수렴할 때, $44p$의 값을 구하시오.

(단, r은 상수이다.)

유형 8 등비급수의 활용

출제경향 | 일정한 규칙과 비율에 의하여 무한히 그려지는 도형에서 길이의 합 또는 넓이의 합을 등비급수를 이용하여 구하는 문제가 출제된다.

출제유형잡기 | 도형의 길이 또는 넓이를 등비수열 $\{a_n\}$으로 생각하여 a_1의 값을 구하고 a_n과 a_{n+1} 사이에 성립하는 관계식으로부터 공비를 구하여 등비급수의 합을 구한다.

필수유형 8

| 2023학년도 수능 9월 모의평가 |

그림과 같이 $\overline{A_1B_1}=4$, $\overline{A_1D_1}=1$인 직사각형 $A_1B_1C_1D_1$에서 두 대각선의 교점을 E_1이라 하자.

$\overline{A_2D_1}=\overline{D_1E_1}$, $\angle A_2D_1E_1=\dfrac{\pi}{2}$이고 선분 D_1C_1과 선분 A_2E_1이 만나도록 점 A_2를 잡고 $\overline{B_2C_1}=\overline{C_1E_1}$, $\angle B_2C_1E_1=\dfrac{\pi}{2}$이고 선분 D_1C_1과 선분 B_2E_1이 만나도록 점 B_2를 잡는다. 두 삼각형 $A_2D_1E_1$, $B_2C_1E_1$을 그린 후 ⩗ 모양의 도형에 색칠하여 얻은 그림을 R_1이라 하자.

그림 R_1에서 $\overline{A_2B_2}:\overline{A_2D_2}=4:1$이고 선분 D_2C_2가 두 선분 A_2E_1, B_2E_1과 만나지 않도록 직사각형 $A_2B_2C_2D_2$를 그린다. 그림 R_1을 얻은 것과 같은 방법으로 세 점 E_2, A_3, B_3을 잡고 두 삼각형 $A_3D_2E_2$, $B_3C_2E_2$를 그린 후 ⩗ 모양의 도형에 색칠하여 얻은 그림을 R_2라 하자.

이와 같은 과정을 계속하여 n번째 얻은 그림 R_n에 색칠되어 있는 부분의 넓이를 S_n이라 할 때, $\displaystyle\lim_{n\to\infty}S_n$의 값은? [3점]

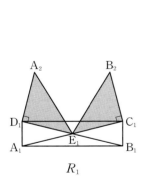
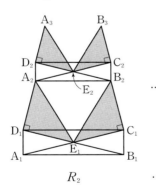

R_1 R_2 ...

① $\dfrac{68}{5}$ ② $\dfrac{34}{3}$ ③ $\dfrac{68}{7}$

④ $\dfrac{17}{2}$ ⑤ $\dfrac{68}{9}$

22

▶ 24055-0190

그림과 같이 $\overline{AB}=1$, $\overline{AD}=2$인 직사각형 ABCD가 있다. 네 선분 AB, AD, BC, CD 위의 점 E, F, G, H에 대하여 선분 BD에 의해 나뉘어진 두 부분에 중심이 A이고 중심각의 크기가 $\dfrac{\pi}{2}$인 부채꼴 AEF와 중심이 C이고 중심각의 크기가 $\dfrac{\pi}{2}$인 부채꼴 CGH를 선분 BD와 접하도록 그린다. 직사각형 ABCD의 내부와 두 부채꼴 AEF, CGH의 외부의 공통부분인 ⌇ 모양의 도형에 색칠하여 얻은 그림을 R_1이라 하자.

그림 R_1에서 부채꼴 AEF의 내부에 선분 AI를 대각선으로 하고 가로의 길이와 세로의 길이의 비가 $2:1$인 직사각형을 점 I가 호 EF 위에 있도록 그리고, 부채꼴 CGH의 내부에 선분 JC를 대각선으로 하고 가로의 길이와 세로의 길이의 비가 $2:1$인 직사각형을 점 J가 호 GH 위에 있도록 그린다. 이 두 직사각형 안에 각각 그림 R_1을 얻는 것과 같은 방법으로 만들어지는 ⌇ 모양의 두 도형에 색칠하여 얻은 그림을 R_2라 하자.

이와 같은 과정을 계속하여 n번째 얻은 그림 R_n에 색칠되어 있는 부분의 넓이를 S_n이라 할 때, $\displaystyle\lim_{n\to\infty}S_n$의 값은?

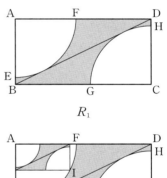

R_1

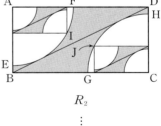

R_2

⋮

① $\dfrac{50}{21}\left(1-\dfrac{\pi}{5}\right)$ ② $\dfrac{5}{2}\left(1-\dfrac{\pi}{5}\right)$ ③ $\dfrac{50}{19}\left(1-\dfrac{\pi}{5}\right)$

④ $\dfrac{25}{9}\left(1-\dfrac{\pi}{5}\right)$ ⑤ $\dfrac{50}{17}\left(1-\dfrac{\pi}{5}\right)$

08 미분법

① 지수함수와 로그함수의 극한

(1) 지수함수의 극한

   ① $a>1$일 때, $\lim\limits_{x\to-\infty} a^x=0$, $\lim\limits_{x\to\infty} a^x=\infty$

   ② $0<a<1$일 때, $\lim\limits_{x\to-\infty} a^x=\infty$, $\lim\limits_{x\to\infty} a^x=0$

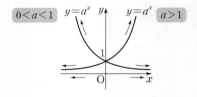

(2) 로그함수의 극한

   ① $a>1$일 때, $\lim\limits_{x\to0+} \log_a x=-\infty$, $\lim\limits_{x\to\infty}\log_a x=\infty$

   ② $0<a<1$일 때, $\lim\limits_{x\to0+} \log_a x=\infty$, $\lim\limits_{x\to\infty}\log_a x=-\infty$

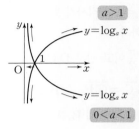

② 무리수 e의 정의와 자연로그

(1) $\lim\limits_{x\to0}(1+x)^{\frac{1}{x}}=e$, $\lim\limits_{x\to\infty}\left(1+\dfrac{1}{x}\right)^x=e$ (단, $e=2.718\cdots$)

(2) 무리수 e를 밑으로 하는 로그, 즉 $\log_e x$를 x의 자연로그라고 하며, 이것을 간단히 $\ln x$와 같이 나타낸다.

③ 무리수 e의 정의를 이용한 극한

(1) $\lim\limits_{x\to0}\dfrac{\ln(1+x)}{x}=1$, $\lim\limits_{x\to0}\dfrac{\log_a(1+x)}{x}=\dfrac{1}{\ln a}$ (단, $a>0$, $a\neq1$)

(2) $\lim\limits_{x\to0}\dfrac{e^x-1}{x}=1$, $\lim\limits_{x\to0}\dfrac{a^x-1}{x}=\ln a$ (단, $a>0$, $a\neq1$)

④ 지수함수와 로그함수의 도함수

(1) $y=e^x$이면 $y'=e^x$

(2) $y=a^x$이면 $y'=a^x\ln a$ (단, $a>0$, $a\neq1$)

(3) $y=\ln x$이면 $y'=\dfrac{1}{x}$

(4) $y=\log_a x$이면 $y'=\dfrac{1}{x\ln a}$ (단, $a>0$, $a\neq1$)

⑤ 삼각함수 사이의 관계

(1) 삼각함수의 정의 : 좌표평면의 원점 O에서 x축의 양의 방향을 시초선으로 할 때, 반지름의 길이가 r이고 중심이 원점 O인 원 위의 임의의 점 $P(x, y)$에 대하여 동경 OP가 나타내는 일반각의 크기를 θ라 하면 θ에 대하여 $\sin\theta$, $\cos\theta$, $\tan\theta$의 역수의 값을 대응시킨 관계

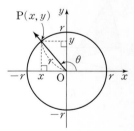

$$\theta\to\dfrac{r}{y}\,(y\neq0),\ \theta\to\dfrac{r}{x}\,(x\neq0),\ \theta\to\dfrac{x}{y}\,(y\neq0)$$

은 각각 θ에 대한 함수이다. 이 함수를 각각 코시컨트함수, 시컨트함수, 코탄젠트함수라 하고, 기호로

$$\csc\theta=\dfrac{r}{y}\,(y\neq0),\ \sec\theta=\dfrac{r}{x}\,(x\neq0),\ \cot\theta=\dfrac{x}{y}\,(y\neq0)$$

과 같이 나타낸다.

사인함수, 코사인함수, 탄젠트함수, 코시컨트함수, 시컨트함수, 코탄젠트함수를 통틀어 θ에 대한 삼각함수라고 한다.

(2) 삼각함수 사이의 관계

   ① $\csc\theta=\dfrac{1}{\sin\theta}$, $\sec\theta=\dfrac{1}{\cos\theta}$, $\cot\theta=\dfrac{1}{\tan\theta}$

   ② $1+\tan^2\theta=\sec^2\theta$, $1+\cot^2\theta=\csc^2\theta$

6 삼각함수의 덧셈정리

(1) $\sin(\alpha+\beta)=\sin\alpha\cos\beta+\cos\alpha\sin\beta$, $\sin(\alpha-\beta)=\sin\alpha\cos\beta-\cos\alpha\sin\beta$

(2) $\cos(\alpha+\beta)=\cos\alpha\cos\beta-\sin\alpha\sin\beta$, $\cos(\alpha-\beta)=\cos\alpha\cos\beta+\sin\alpha\sin\beta$

(3) $\tan(\alpha+\beta)=\dfrac{\tan\alpha+\tan\beta}{1-\tan\alpha\tan\beta}$, $\tan(\alpha-\beta)=\dfrac{\tan\alpha-\tan\beta}{1+\tan\alpha\tan\beta}$

7 삼각함수의 극한

(1) $\lim\limits_{x\to0}\dfrac{\sin x}{x}=1$, $\lim\limits_{x\to0}\dfrac{\tan x}{x}=1$

(2) $\lim\limits_{x\to0}\dfrac{\sin bx}{ax}=\dfrac{b}{a}$, $\lim\limits_{x\to0}\dfrac{\tan bx}{ax}=\dfrac{b}{a}$ (단, $a\neq0$)

(3) $\lim\limits_{x\to0}\dfrac{1-\cos x}{x^2}=\dfrac{1}{2}$

8 사인함수와 코사인함수의 도함수

(1) $y=\sin x$이면 $y'=\cos x$

(2) $y=\cos x$이면 $y'=-\sin x$

9 여러 가지 미분법

(1) 함수의 몫의 미분법 : 두 함수 $f(x)$, $g(x)$ ($g(x)\neq0$)이 미분가능할 때

① $y=\dfrac{f(x)}{g(x)}$이면 $y'=\dfrac{f'(x)g(x)-f(x)g'(x)}{\{g(x)\}^2}$

② $y=\dfrac{1}{g(x)}$이면 $y'=-\dfrac{g'(x)}{\{g(x)\}^2}$

(2) 합성함수의 미분법 : 미분가능한 두 함수 $y=f(u)$, $u=g(x)$에 대하여 합성함수 $y=f(g(x))$의 도함수는

$$\dfrac{dy}{dx}=\dfrac{dy}{du}\times\dfrac{du}{dx} \text{ 또는 } y'=f'(g(x))g'(x)$$

(3) 매개변수로 나타내어진 함수의 미분법 : 매개변수 t로 나타내어진 함수 $x=f(t)$, $y=g(t)$에서 두 함수 $f(t)$, $g(t)$가 각각 미분가능할 때,

$$\dfrac{dy}{dx}=\dfrac{\frac{dy}{dt}}{\frac{dx}{dt}}=\dfrac{g'(t)}{f'(t)} \text{ (단, } f'(t)\neq0)$$

(4) 음함수의 미분법 : x에 대한 함수 y가 음함수 $f(x,y)=0$의 꼴로 주어졌을 때에는 y를 x에 대한 함수로 보고 각 항을 x에 대하여 미분하여 $\dfrac{dy}{dx}$를 구한다.

(5) 역함수의 미분법 : 미분가능한 함수 $f(x)$의 역함수 $f^{-1}(x)$가 존재하고 미분가능할 때, 함수 $y=f^{-1}(x)$의 도함수는

$$\dfrac{dy}{dx}=\dfrac{1}{\frac{dx}{dy}} \text{ 또는 } (f^{-1})'(x)=\dfrac{1}{f'(f^{-1}(x))}=\dfrac{1}{f'(y)} \left(\text{단, } \dfrac{dx}{dy}\neq0, f'(y)\neq0\right)$$

(6) 이계도함수 : 함수 $f(x)$의 도함수 $f'(x)$가 미분가능할 때, 함수 $f'(x)$의 도함수 $\lim\limits_{h\to0}\dfrac{f'(x+h)-f'(x)}{h}$를 함수 $y=f(x)$의 이계도함수라고 하며, 이것을 기호로

$$f''(x), y'', \dfrac{d^2y}{dx^2}, \dfrac{d^2}{dx^2}f(x)$$

와 같이 나타낸다.

⑩ 도함수의 활용 (1)

(1) **접선의 방정식** : 함수 $f(x)$가 $x=a$에서 미분가능할 때, 곡선 $y=f(x)$ 위의 점 $(a, f(a))$에서의 접선의 방정식은

$$y-f(a)=f'(a)(x-a)$$

(2) **함수의 증가와 감소의 판정** : 함수 $f(x)$가 어떤 열린구간에서 미분가능하고, 이 구간의 모든 x에 대하여

① $f'(x)>0$이면 $f(x)$는 이 구간에서 증가한다.　② $f'(x)<0$이면 $f(x)$는 이 구간에서 감소한다.

(3) **도함수를 이용한 함수의 극대와 극소의 판정** : 미분가능한 함수 $f(x)$에 대하여 $f'(a)=0$이고 $x=a$의 좌우에서

① $f'(x)$의 부호가 양에서 음으로 바뀌면 $f(x)$는 $x=a$에서 극대이다.

② $f'(x)$의 부호가 음에서 양으로 바뀌면 $f(x)$는 $x=a$에서 극소이다.

(4) **이계도함수를 이용한 함수의 극대와 극소의 판정** : 이계도함수를 갖는 함수 $f(x)$에 대하여 $f'(a)=0$일 때

① $f''(a)<0$이면 $f(x)$는 $x=a$에서 극대이다.　② $f''(a)>0$이면 $f(x)$는 $x=a$에서 극소이다.

(5) **곡선의 오목과 볼록** : 이계도함수를 갖는 함수 $f(x)$가 어떤 구간의 모든 x에 대하여

① $f''(x)>0$이면 곡선 $y=f(x)$는 이 구간에서 아래로 볼록하다.

② $f''(x)<0$이면 곡선 $y=f(x)$는 이 구간에서 위로 볼록하다.

(6) **변곡점의 판정** : 이계도함수를 갖는 함수 $f(x)$에 대하여 $f''(a)=0$이고 $x=a$의 좌우에서 $f''(x)$의 부호가 바뀌면 점 $(a, f(a))$는 곡선 $y=f(x)$의 변곡점이다.

(7) **함수의 그래프** : 함수 $y=f(x)$의 그래프의 개형은 다음을 고려하여 그린다.

① 함수의 정의역과 치역　　　　　② 대칭성과 주기

③ 좌표축과 만나는 점　　　　　　④ 함수의 증가와 감소, 극대와 극소

⑤ 곡선의 오목과 볼록, 변곡점　　⑥ $\lim\limits_{x\to\infty} f(x)$, $\lim\limits_{x\to-\infty} f(x)$, 곡선의 점근선

(8) **함수의 최대와 최소** : 함수 $f(x)$가 닫힌구간 $[a, b]$에서 연속이면 최대·최소 정리에 의하여 함수 $f(x)$는 이 구간에서 반드시 최댓값과 최솟값을 갖는다. 이때 함수 $f(x)$의 극댓값과 극솟값, $f(a)$, $f(b)$의 값 중에서 가장 큰 값이 최댓값이고 가장 작은 값이 최솟값이다.

⑪ 도함수의 활용 (2)

(1) **방정식에의 활용**

① 방정식 $f(x)=0$의 실근은 함수 $y=f(x)$의 그래프와 x축이 만나는 점의 x좌표와 같다. 따라서 방정식 $f(x)=0$의 서로 다른 실근의 개수는 함수 $y=f(x)$의 그래프와 x축이 만나는 점의 개수를 조사하여 구할 수 있다.

② 방정식 $f(x)=g(x)$의 실근은 두 함수 $y=f(x)$, $y=g(x)$의 그래프가 만나는 점의 x좌표와 같다. 따라서 방정식 $f(x)=g(x)$의 서로 다른 실근의 개수는 두 함수 $y=f(x)$, $y=g(x)$의 그래프가 만나는 점의 개수를 조사하여 구할 수 있다.

(2) **부등식에의 활용**

① 어떤 구간에서 부등식 $f(x)>0$이 성립함을 보이려면 일반적으로 이 구간에서 함수 $y=f(x)$의 그래프가 x축보다 위쪽에 있음을 보이면 된다.

② 어떤 구간에서 부등식 $f(x)>g(x)$가 성립함을 보이려면 $h(x)=f(x)-g(x)$로 놓고 이 구간에서 부등식 $h(x)>0$이 성립함을 보이면 된다.

(3) **속도와 가속도** : 좌표평면 위를 움직이는 점 $\mathrm{P}(x, y)$의 시각 t에서의 위치가 $x=f(t)$, $y=g(t)$일 때

① 시각 t에서의 점 P의 속도는 $\left(\dfrac{dx}{dt}, \dfrac{dy}{dt}\right)$ 또는 $(f'(t), g'(t))$

② 시각 t에서의 점 P의 속력은 $\sqrt{\left(\dfrac{dx}{dt}\right)^2+\left(\dfrac{dy}{dt}\right)^2}=\sqrt{\{f'(t)\}^2+\{g'(t)\}^2}$

③ 시각 t에서의 점 P의 가속도는 $\left(\dfrac{d^2x}{dt^2}, \dfrac{d^2y}{dt^2}\right)$ 또는 $(f''(t), g''(t))$

④ 시각 t에서의 점 P의 가속도의 크기는 $\sqrt{\left(\dfrac{d^2x}{dt^2}\right)^2+\left(\dfrac{d^2y}{dt^2}\right)^2}=\sqrt{\{f''(t)\}^2+\{g''(t)\}^2}$

유형 1 지수함수와 로그함수의 극한

출제경향 | 무리수 e의 정의를 이용하여 함수의 극한값을 구하는 문제가 출제된다.

출제유형잡기 | 무리수 e의 정의를 이용하여 극한값을 구한다.

(1) $\lim\limits_{x \to 0}(1+x)^{\frac{1}{x}}=e$, $\lim\limits_{x \to \infty}\left(1+\dfrac{1}{x}\right)^{x}=e$

(2) $\lim\limits_{x \to 0}\dfrac{\ln(1+x)}{x}=1$, $\lim\limits_{x \to 0}\dfrac{\log_{a}(1+x)}{x}=\dfrac{1}{\ln a}$ (단, $a>0$, $a\neq 1$)

(3) $\lim\limits_{x \to 0}\dfrac{e^{x}-1}{x}=1$, $\lim\limits_{x \to 0}\dfrac{a^{x}-1}{x}=\ln a$ (단, $a>0$, $a\neq 1$)

필수유형 1 | 2024학년도 수능 6월 모의평가 |

$\lim\limits_{x \to 0}\dfrac{2^{ax+b}-8}{2^{bx}-1}=16$일 때, $a+b$의 값은?

(단, a와 b는 0이 아닌 상수이다.) [3점]

① 9 ② 10 ③ 11

④ 12 ⑤ 13

01 ▸ 24055-0191

$\lim\limits_{x \to 0+}\dfrac{\ln(x+x^{2})-\ln x}{2x}$의 값은?

① -1 ② $-\dfrac{1}{2}$ ③ 0

④ $\dfrac{1}{2}$ ⑤ 1

02 ▸ 24055-0192

두 양수 a, b에 대하여 $\lim\limits_{x \to a}\dfrac{e^{x-a}-1}{\ln(a+3x)}=b$일 때, $a+b$의 값은?

① $\dfrac{7}{12}$ ② $\dfrac{2}{3}$ ③ $\dfrac{3}{4}$

④ $\dfrac{5}{6}$ ⑤ $\dfrac{11}{12}$

03 ▸ 24055-0193

두 상수 a, b에 대하여

$$\lim_{x \to 1}\frac{x^{2}+ax+b}{e^{x-1}+e^{2x-2}-2}=\frac{4}{3}$$

일 때, $2a+b$의 값은?

① -3 ② -1 ③ 1

④ 3 ⑤ 5

출제경향 | 지수함수와 로그함수의 도함수를 이용하여 주어진 함수의 미분계수를 구하는 문제가 출제된다.

출제유형잡기 | 지수함수와 로그함수의 도함수를 이용하여 주어진 함수의 미분계수를 구한다.

(1) $y=e^x$이면 $y'=e^x$

(2) $y=a^x$이면 $y'=a^x \ln a$ (단, $a>0$, $a \neq 1$)

(3) $y=\ln x$이면 $y'=\dfrac{1}{x}$

(4) $y=\log_a x$이면 $y'=\dfrac{1}{x \ln a}$ (단, $a>0$, $a \neq 1$)

필수유형 2

| 2020학년도 수능 |

함수 $f(x)=x^3 \ln x$에 대하여 $\dfrac{f'(e)}{e^2}$의 값을 구하시오. [3점]

04
▶ 24055-0194

함수 $y=\ln 2x$의 그래프와 이차함수 $y=ax^2$의 그래프가 한 점에서만 만날 때, 양수 a의 값은?

① $\dfrac{1}{e}$ ② $\dfrac{2}{e}$ ③ $\dfrac{3}{e}$

④ $\dfrac{4}{e}$ ⑤ $\dfrac{5}{e}$

05
▶ 24055-0195

실수 전체의 집합에서 미분가능한 함수 $f(x)$가

$$\lim_{x \to 0} \frac{f(x)-x^2+3x-2}{e^{2x}-1}=4$$

를 만족시킨다. 함수 $g(x)$를 $g(x)=2^{x+1}f(x)$라 할 때, $g'(0)$의 값은?

① $4\ln 2+6$ ② $4\ln 2+8$ ③ $4\ln 2+10$

④ $6\ln 2+10$ ⑤ $6\ln 2+12$

06
▶ 24055-0196

양수 t에 대하여 두 곡선 $y=e^{x-1}$, $y=\ln 2x$가 직선 $x=t$와 만나는 점을 각각 A, B라 하자. 삼각형 OAB의 넓이를 $S(t)$라 할 때, $S'(2)$의 값은?

(단, O는 원점이고, 모든 양수 x에 대하여 $e^{x-1}>\ln 2x$이다.)

① $\dfrac{3}{2}e-2\ln 2-\dfrac{3}{2}$ ② $\dfrac{3}{2}e-\ln 2-\dfrac{1}{2}$

③ $\dfrac{3}{2}e+2\ln 2-\dfrac{1}{2}$ ④ $\dfrac{5}{2}e-\ln 2+\dfrac{1}{2}$

⑤ $\dfrac{5}{2}e+\ln 2+\dfrac{3}{2}$

유형3 삼각함수 사이의 관계와 삼각함수의 덧셈정리

출제경향 | 삼각함수의 정의, 삼각함수 사이의 관계와 삼각함수의 덧셈정리를 이용하여 식의 값을 구하는 문제가 출제된다.

출제유형잡기 | 삼각함수의 정의, 삼각함수 사이의 관계와 삼각함수의 덧셈정리를 이용하여 주어진 문제를 해결한다.

(1) 삼각함수 사이의 관계

① $\csc\theta=\dfrac{1}{\sin\theta}$, $\sec\theta=\dfrac{1}{\cos\theta}$, $\cot\theta=\dfrac{1}{\tan\theta}$

② $1+\tan^2\theta=\sec^2\theta$, $1+\cot^2\theta=\csc^2\theta$

(2) 삼각함수의 덧셈정리

① $\sin(\alpha+\beta)=\sin\alpha\cos\beta+\cos\alpha\sin\beta$

$\sin(\alpha-\beta)=\sin\alpha\cos\beta-\cos\alpha\sin\beta$

② $\cos(\alpha+\beta)=\cos\alpha\cos\beta-\sin\alpha\sin\beta$

$\cos(\alpha-\beta)=\cos\alpha\cos\beta+\sin\alpha\sin\beta$

③ $\tan(\alpha+\beta)=\dfrac{\tan\alpha+\tan\beta}{1-\tan\alpha\tan\beta}$

$\tan(\alpha-\beta)=\dfrac{\tan\alpha-\tan\beta}{1+\tan\alpha\tan\beta}$

필수유형3

| 2022학년도 수능 9월 모의평가 |

$2\cos\alpha=3\sin\alpha$이고 $\tan(\alpha+\beta)=1$일 때, $\tan\beta$의 값은? [3점]

① $\dfrac{1}{6}$ ② $\dfrac{1}{5}$ ③ $\dfrac{1}{4}$

④ $\dfrac{1}{3}$ ⑤ $\dfrac{1}{2}$

07

▶ 24055-0197

$\sin\left(\theta-\dfrac{\pi}{4}\right)=\sqrt{2}\cos\theta$일 때, $\sec^2\theta$의 값은?

① 6 ② 7 ③ 8

④ 9 ⑤ 10

08

▶ 24055-0198

$\sin\alpha=-\dfrac{\sqrt{2}}{3}$, $\tan\alpha>0$일 때, $\cos\left(\alpha+\dfrac{\pi}{3}\right)$의 값은?

① $\dfrac{\sqrt{5}-\sqrt{6}}{6}$ ② $\dfrac{\sqrt{6}-\sqrt{7}}{6}$ ③ $\dfrac{\sqrt{7}-\sqrt{6}}{6}$

④ $\dfrac{\sqrt{5}+\sqrt{6}}{6}$ ⑤ $\dfrac{\sqrt{6}+\sqrt{7}}{6}$

09

▶ 24055-0199

그림과 같이 원 $x^2+y^2=6$과 함수 $y=\dfrac{2}{x}$의 그래프가 제1사분면에서 만나는 두 점 A, B에 대하여 두 직선 OA, OB가 이루는 예각의 크기를 θ라 할 때, $\tan\theta$의 값은?

(단, O는 원점이고, 점 A의 x좌표가 점 B의 x좌표보다 크다.)

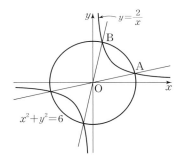

① $\dfrac{1}{2}$ ② $\dfrac{\sqrt{2}}{2}$ ③ $\dfrac{\sqrt{3}}{2}$

④ 1 ⑤ $\dfrac{\sqrt{5}}{2}$

유형 4 삼각함수의 극한 및 삼각함수의 미분

출제경향 | 삼각함수의 극한을 이용하여 식의 극한값을 구하거나 주어진 도형에서 선분의 길이 또는 도형의 넓이의 극한값을 구하는 문제가 출제된다. 또 사인함수와 코사인함수의 도함수를 구하는 문제가 출제된다.

출제유형잡기 | (1) 주어진 식이나 도형의 길이 또는 넓이의 식에서

$$\lim_{x \to 0} \frac{\sin x}{x}=1, \lim_{x \to 0} \frac{\tan x}{x}=1$$

임을 이용하여 문제를 해결한다.

(2) 삼각함수의 미분

$$(\sin x)'=\cos x, (\cos x)'=-\sin x$$

임을 이용하여 문제를 해결한다.

필수유형 4

| 2024학년도 수능 6월 모의평가 |

실수 t $(0<t<\pi)$에 대하여 곡선 $y=\sin x$ 위의 점 $P(t, \sin t)$에서의 접선과 점 P를 지나고 기울기가 -1인 직선이 이루는 예각의 크기를 θ라 할 때, $\lim_{t \to \pi^-} \frac{\tan \theta}{(\pi-t)^2}$의 값은? [3점]

① $\dfrac{1}{16}$ ② $\dfrac{1}{8}$ ③ $\dfrac{1}{4}$

④ $\dfrac{1}{2}$ ⑤ 1

10

▶ 24055-0200

곡선 $y=ae^x \sin x+b \cos x$ 위의 점 $(0, 2)$에서의 접선의 기울기가 4일 때, 두 상수 a, b에 대하여 a^2+b^2의 값은?

① 12   ② 14   ③ 16

④ 18   ⑤ 20

11

▶ 24055-0201

함수 $f(x)=\begin{cases} \ln(1+2x)+\sin x \cos x & \left(-\dfrac{1}{2}<x<0\right) \\ a \sin x+b \cos x & (x \geq 0) \end{cases}$ 이

$x=0$에서 미분가능할 때, 두 상수 a, b에 대하여 $a+b$의 값은?

① 1   ② 2   ③ 3

④ 4   ⑤ 5

12

▶ 24055-0202

그림과 같이 중심이 O이고, 길이가 2인 선분 AB를 지름으로 하는 반원에서 호 AB 위의 한 점 P에 대하여 점 P에서 선분 AB에 내린 수선의 발을 Q, 점 Q에서 선분 OP에 내린 수선의 발을 R이라 하자. $\angle PAB=\theta$라 할 때, $\lim_{\theta \to 0+} \dfrac{\overline{PQ}-\overline{QR}}{\theta^3}$의 값은? $\left(\text{단}, 0<\theta<\dfrac{\pi}{4}\right)$

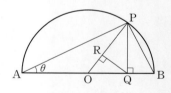

① 1   ② 2   ③ 3

④ 4   ⑤ 5

유형 5 함수의 몫의 미분법과 합성함수의 미분법

출제경향 | 함수의 몫의 미분법과 합성함수의 미분법을 이용하여 미분계수를 구하는 문제가 출제된다.

출제유형잡기 | (1) 함수의 몫의 미분법

두 함수 $f(x)$, $g(x)$ $(g(x) \neq 0)$이 미분가능할 때

① $y = \dfrac{f(x)}{g(x)}$이면 $y' = \dfrac{f'(x)g(x) - f(x)g'(x)}{\{g(x)\}^2}$

② $y = \dfrac{1}{g(x)}$이면 $y' = -\dfrac{g'(x)}{\{g(x)\}^2}$

임을 이용하여 문제를 해결한다.

(2) 합성함수의 미분법

미분가능한 두 함수 $y = f(u)$, $u = g(x)$에 대하여 합성함수 $y = f(g(x))$의 도함수는

$$y' = f'(g(x))g'(x)$$

임을 이용하여 문제를 해결한다.

필수유형 5 | 2021학년도 수능 6월 모의평가 |

실수 전체의 집합에서 미분가능한 함수 $f(x)$에 대하여 함수 $g(x)$를

$$g(x) = \frac{f(x)}{(e^x + 1)^2}$$

라 하자. $f'(0) - f(0) = 2$일 때, $g'(0)$의 값은? [3점]

① $\dfrac{1}{4}$ ② $\dfrac{3}{8}$ ③ $\dfrac{1}{2}$

④ $\dfrac{5}{8}$ ⑤ $\dfrac{3}{4}$

13
▶ 24055-0203

함수 $f(x) = \dfrac{e^x}{x + 1}$에 대하여 $f'(1)$의 값은?

① e ② $\dfrac{e}{2}$ ③ $\dfrac{e}{3}$

④ $\dfrac{e}{4}$ ⑤ $\dfrac{e}{5}$

14
▶ 24055-0204

두 함수 $f(x) = \sin x$, $g(x) = -x^3 + ax$에 대하여

$$h(x) = g(f(x))$$

라 하자. $h'\left(\dfrac{\pi}{6}\right) = \sqrt{3}$일 때, 상수 a의 값은?

① $\dfrac{7}{4}$ ② 2 ③ $\dfrac{9}{4}$

④ $\dfrac{5}{2}$ ⑤ $\dfrac{11}{4}$

15
▶ 24055-0205

실수 전체의 집합에서 미분가능한 함수 $f(x)$가 다음 조건을 만족시킨다.

(가) 모든 실수 x에 대하여 $f(-x) = -f(x)$이다.

(나) $\displaystyle\lim_{x \to -1} \dfrac{f(x) - 2}{x + 1} = -2$

함수 $g(x)$가 모든 실수 x에 대하여

$$g(2x + 1) = \frac{3 - f(x)}{3 + f(x)}$$

를 만족시킬 때, $g(1) + g'(3)$의 값은?

① 5 ② 6 ③ 7

④ 8 ⑤ 9

미적분

유형 6 매개변수로 나타내어진 함수, 음함수의 미분법

출제경향 | 매개변수로 나타내어진 함수의 미분법, 음함수의 미분법을 이용하여 미분계수를 구하는 문제가 출제된다.

출제유형잡기 | (1) 매개변수로 나타내어진 함수의 미분법

매개변수 t로 나타내어진 함수 $x=f(t)$, $y=g(t)$에서 두 함수 $f(t)$, $g(t)$가 각각 미분가능할 때,

$$\frac{dy}{dx}=\frac{\dfrac{dy}{dt}}{\dfrac{dx}{dt}}=\frac{g'(t)}{f'(t)} \ (단, f'(t)\neq 0)$$

임을 이용하여 문제를 해결한다.

(2) 음함수의 미분법

x에 대한 함수 y가 음함수 $f(x, y)=0$의 꼴로 주어졌을 때에는 y를 x에 대한 함수로 보고 각 항을 x에 대하여 미분하여 $\dfrac{dy}{dx}$를 구한다.

필수유형 6

| 2024학년도 수능 6월 모의평가 |

매개변수 t로 나타내어진 곡선

$$x=\frac{5t}{t^2+1}, \ y=3\ln(t^2+1)$$

에서 $t=2$일 때, $\dfrac{dy}{dx}$의 값은? [3점]

① -1 ② -2 ③ -3
④ -4 ⑤ -5

16

▶ 24055-0206

곡선 $2x^2+\sqrt{y}=4$ 위의 점 $(1, a)$에서의 접선의 기울기는?

① -1 ② -2 ③ -4
④ -8 ⑤ -16

17

▶ 24055-0207

매개변수 θ $(0<\theta<\pi)$로 나타내어진 곡선

$$x=\cos 2\theta-\theta, \ y=\sin 2\theta+\theta$$

에 대하여 $\theta=a$에 대응하는 점에서의 접선의 기울기가 -1이 되도록 하는 모든 실수 a의 값의 합은?

$$\left(단, \sin 2\theta\neq -\frac{1}{2}이다.\right)$$

① $\dfrac{\pi}{2}$ ② $\dfrac{3}{4}\pi$ ③ π
④ $\dfrac{5}{4}\pi$ ⑤ $\dfrac{3}{2}\pi$

18

▶ 24055-0208

매개변수 t $(0<t<\pi)$로 나타내어진 곡선

$$x=\sin t-t\cos t, \ y=2t-\sin 2t$$

에서 $t=\theta$일 때 $\dfrac{dy}{dx}$의 값을 $f(\theta)$라 하자. $\displaystyle\lim_{\theta\to 0+} f(\theta)$의 값은?

① $\dfrac{1}{4}$ ② $\dfrac{1}{2}$ ③ 1
④ 2 ⑤ 4

미적분

유형 7 역함수의 미분법과 이계도함수

출제경향 | 역함수의 미분법을 이용하여 미분계수를 구하는 문제와 이계도함수를 구하는 문제가 출제된다.

출제유형잡기 | (1) 역함수의 미분법

미분가능한 함수 $f(x)$의 역함수 $f^{-1}(x)$가 존재하고 미분가능할 때, 함수 $y=f^{-1}(x)$의 도함수는

$$\frac{dy}{dx}=\frac{1}{\dfrac{dx}{dy}} \text{ 또는 } (f^{-1})'(x)=\frac{1}{f'(f^{-1}(x))}=\frac{1}{f'(y)}$$

$$\left(\text{단, } \frac{dx}{dy}\neq 0,\ f'(y)\neq 0\right)$$

임을 이용하여 문제를 해결한다.

(2) 이계도함수

함수 $f'(x)$의 도함수 $\displaystyle\lim_{h\to 0}\frac{f'(x+h)-f'(x)}{h}$를 함수 $y=f(x)$

의 이계도함수라고 하며, 이것을 기호로 $f''(x),\ y'',\ \dfrac{d^2y}{dx^2},\ \dfrac{d^2}{dx^2}f(x)$

와 같이 나타낸다.

필수유형 7 | 2023학년도 수능 6월 모의평가 |

함수 $f(x)=x^3+2x+3$의 역함수를 $g(x)$라 할 때, $g'(3)$의 값은? [3점]

① 1 ② $\dfrac{1}{2}$ ③ $\dfrac{1}{3}$

④ $\dfrac{1}{4}$ ⑤ $\dfrac{1}{5}$

19

▶ 24055-0209

함수 $f(x)=e^{ax}\ln x$에 대하여 $f''(1)=0$일 때, 상수 a의 값은?

① $\dfrac{1}{8}$ ② $\dfrac{1}{4}$ ③ $\dfrac{1}{2}$

④ 1 ⑤ 2

20

▶ 24055-0210

함수 $f(x)=ax+\sin\dfrac{\pi}{6}x$의 역함수를 $g(x)$라 할 때, 곡선 $y=g(x)$는 점 $(a+3,\ 3)$을 지난다. $h(x)=\ln g(x)$라 할 때, $\dfrac{1}{h'(4)}$의 값을 구하시오. $\left(\text{단, } a>\dfrac{\pi}{6}\right)$

21

▶ 24055-0211

정의역이 $\{x\,|\,x<1\}$인 함수 $f(x)=\dfrac{2x}{x-1}$의 그래프가 직선 $y=-\dfrac{1}{2}x$와 제2사분면에서 만나는 점의 x좌표를 a라 하자. 함수 $f(x)$의 역함수를 $g(x)$라 할 때, $g'(a)$의 값은?

① $-\dfrac{1}{25}$ ② $-\dfrac{2}{25}$ ③ $-\dfrac{3}{25}$

④ $-\dfrac{4}{25}$ ⑤ $-\dfrac{1}{5}$

▶ 24055-0213

유형 8 접선의 방정식

출제경향 | 미분을 이용하여 곡선 위의 점에서의 접선의 방정식을 구하는 문제가 출제된다.

출제유형잡기 | (1) 함수 $f(x)$가 $x=a$에서 미분가능할 때, 곡선 $y=f(x)$ 위의 점 $(a, f(a))$에서의 접선의 방정식은
$$y-f(a)=f'(a)(x-a)$$
임을 이용하여 문제를 해결한다.

(2) 매개변수 t로 나타내어진 함수 $x=f(t)$, $y=g(t)$가 $t=t_1$에서 각각 미분가능하고 $f'(t_1)\neq0$일 때, 곡선 위의 점 $(f(t_1), g(t_1))$에서의 접선의 방정식은
$$y-g(t_1)=\frac{g'(t_1)}{f'(t_1)}\{x-f(t_1)\}$$
임을 이용하여 문제를 해결한다.

필수유형 8 | 2017학년도 수능 6월 모의평가 |

곡선 $y=\ln(x-3)+1$ 위의 점 $(4, 1)$에서의 접선의 방정식이 $y=ax+b$일 때, 두 상수 a, b의 합 $a+b$의 값은? [3점]

① -2 ② -1 ③ 0
④ 1 ⑤ 2

22

▶ 24055-0212

매개변수 t $(t>0)$으로 나타내어진 곡선
$$x=t^2+1, \ y=t+\frac{1}{t}$$
에 대하여 $t=2$에 대응하는 점에서의 접선의 방정식이 $y=ax+b$일 때, 두 상수 a, b의 합 $a+b$의 값은?

① $\dfrac{5}{4}$ ② $\dfrac{3}{2}$ ③ $\dfrac{7}{4}$
④ 2 ⑤ $\dfrac{9}{4}$

23

곡선 $y=e^x-x$ 위의 점 (t, e^t-t)에서의 접선의 기울기를 $f(t)$, 접선의 y절편을 $g(t)$라 할 때, $\displaystyle\lim_{t\to0}\frac{f(t)}{t}+\lim_{t\to1}\frac{g(t)}{1-t}$의 값은?

① $1-e$ ② $2-e$ ③ $1+e$
④ $2+e$ ⑤ $2e$

24

▶ 24055-0214

함수 $f(x)=x^2-3x+k$ $\left(x\geq\dfrac{3}{2}\right)$의 역함수를 $g(x)$라 하자. 곡선 $y=g(x)$ 위의 점 $(5, g(5))$에서의 접선이 원점을 지날 때, 상수 k의 값은?

① $\dfrac{11}{2}$ ② $\dfrac{23}{4}$ ③ 6
④ $\dfrac{25}{4}$ ⑤ $\dfrac{13}{2}$

유형 9 함수의 증가와 감소, 극대와 극소

출제경향 | 미분을 이용하여 함수 $f(x)$의 증가와 감소를 판정하는 문제 또는 함수 $f(x)$의 극댓값과 극솟값을 구하는 문제가 출제된다.

출제유형잡기 | (1) 함수 $f(x)$의 도함수 $f'(x)$를 구하고 $f'(x)$의 부호를 통해 함수의 증가와 감소를 조사하여 문제를 해결한다.

(2) $f'(x)=0$이 되도록 하는 x의 값을 구한 후 이 x의 값의 좌우에서 $f'(x)$의 부호의 변화를 조사하여 극댓값과 극솟값을 구하고 문제를 해결한다.

필수유형 9

| 2021학년도 수능 |

함수 $f(x)=(x^2-2x-7)e^x$의 극댓값과 극솟값을 각각 a, b라 할 때, $a \times b$의 값은? [3점]

① -32　　② -30　　③ -28
④ -26　　⑤ -24

25

▶ 24055-0215

함수 $f(x)=ax+b\cos 2x$가 실수 전체의 집합에서 증가하도록 하는 두 양의 실수 a, b에 대하여 $\dfrac{a}{b}$의 최솟값은?

① 1　　② 2　　③ 3
④ 4　　⑤ 5

26

▶ 24055-0216

함수 $f(x)=x^2\ln 2x$가 $x=a$에서 극솟값 b를 가질 때, $\dfrac{a}{b}$의 값은?

① $-5\sqrt{e}$　　② $-4\sqrt{e}$　　③ $-3\sqrt{e}$
④ $-2\sqrt{e}$　　⑤ $-\sqrt{e}$

27

▶ 24055-0217

매개변수 t $(t>0)$으로 나타내어진 함수
$$x=3t+\sin 2t,\ y=2\cos 2t$$
에 대하여 $\dfrac{dy}{dx}$가 $t=\alpha$에서 극값을 가질 때, $\alpha>0$인 모든 α의 값을 작은 수부터 크기순으로 나열한 수열을 $\{a_n\}$이라 하자. a_3+a_4의 값은?

① π　　② 2π　　③ 3π
④ 4π　　⑤ 5π

유형 10 함수의 그래프와 최대, 최소

출제경향 | 함수의 증가와 감소, 함수의 극대와 극소, 곡선의 오목과 볼록, 곡선의 변곡점 등을 이용하여 함수의 그래프를 파악하거나 최댓값과 최솟값을 구하는 문제가 출제된다.

출제유형잡기 | 도함수를 이용하여 함수의 증가와 감소, 함수의 극대와 극소를 파악하고, 이계도함수를 이용하여 곡선의 오목과 볼록, 곡선의 변곡점 등을 구하고 이를 이용하여 그래프의 개형을 그려서 문제를 해결한다.

필수유형 10 | 2020학년도 수능 |

곡선 $y = ax^2 - 2\sin 2x$가 변곡점을 갖도록 하는 정수 a의 개수는? [3점]

① 4   ② 5   ③ 6

④ 7   ⑤ 8

28

▶ 24055-0218

함수 $f(x) = x^2 - e^x$에 대하여 곡선 $y = f(x)$의 변곡점의 좌표가 $(a, f(a))$일 때, $a^2 - f(a)$의 값은?

① 1   ② 2   ③ 3

④ 4   ⑤ 5

29

▶ 24055-0219

함수 $f(x) = \dfrac{x^2}{e^{ax}}$ $(x \geq 0)$의 최댓값이 $\dfrac{1}{2e^2}$일 때, 양수 a의 값은?

① 1   ② $\sqrt{2}$ ③ 2

④ $2\sqrt{2}$ ⑤ 4

30

▶ 24055-0220

함수 $f(x) = \dfrac{ax}{x^2 + 1}$에 대하여 보기에서 옳은 것만을 있는 대로 고른 것은? (단, a는 0이 아닌 상수이다.)

보기

ㄱ. $f(x) + f(-x) = 0$

ㄴ. $a = 2$일 때, 함수 $f(x)$의 극댓값은 1이다.

ㄷ. $k - 1 < x_1 < k < x_2 < k + 1$인 모든 실수 x_1, x_2에 대하여 $f''(x_1)f''(x_2) < 0$을 만족시키는 실수 k의 개수는 3이다.

① ㄱ   ② ㄱ, ㄴ   ③ ㄱ, ㄷ

④ ㄴ, ㄷ   ⑤ ㄱ, ㄴ, ㄷ

유형 11 방정식과 부등식에의 활용 및 속도와 가속도

출제경향 | 함수의 그래프를 이용하여 방정식의 서로 다른 실근의 개수나 부등식이 성립하는 조건을 구하는 문제가 출제된다. 또한 좌표평면 위를 움직이는 점의 속도와 가속도를 구하는 문제가 출제된다.

출제유형잡기 | (1) 방정식과 부등식에의 활용
   미분을 이용하여 함수의 그래프를 그린 후, 방정식의 서로 다른 실근의 개수를 구하거나 부등식이 성립하는 조건을 구하여 문제를 해결한다.

(2) 속도와 가속도
   좌표평면 위를 움직이는 점 $P(x, y)$의 시각 t에서의 위치가 $x=f(t)$, $y=g(t)$일 때, 시각 t에서의 점 P의 속력, 가속도의 크기를 구하는 방법을 이용하여 문제를 해결한다.

필수유형 11

| 2020학년도 수능 |

좌표평면 위를 움직이는 점 P의 시각 $t\left(0<t<\dfrac{\pi}{2}\right)$에서의 위치 (x, y)가
$$x=t+\sin t \cos t, \quad y=\tan t$$
이다. $0<t<\dfrac{\pi}{2}$에서 점 P의 속력의 최솟값은? [3점]

① 1   ② $\sqrt{3}$ ③ 2
④ $2\sqrt{2}$ ⑤ $2\sqrt{3}$

31

▸ 24055-0221

방정식 $x^2=ke^x$의 서로 다른 실근의 개수가 2일 때, 상수 k의 값은? (단, $\lim\limits_{x\to\infty}x^2e^{-x}=0$)

① e^{-2} ② $2e^{-2}$ ③ $3e^{-2}$
④ $4e^{-2}$ ⑤ $5e^{-2}$

32

▸ 24055-0222

좌표평면 위를 움직이는 점 P의 시각 t $(t\geq 0)$에서의 위치 (x, y)가
$$x=t-e^t, \quad y=t+e^t$$
이다. 점 P의 속력이 $\sqrt{6}$이 되는 순간의 점 P의 가속도의 크기는?

① 1   ② 2   ③ 3
④ 4   ⑤ 5

33

▸ 24055-0223

함수 $f(x)=(x+1)^2 e^{-x}$에 대하여 함수 $g(x)$를
$$g(x)=\begin{cases} f(x) & (x\geq 0) \\ f(-x) & (x<0) \end{cases}$$
이라 하자. 함수 $y=g(x)$의 그래프가 직선 $y=k$와 만나는 서로 다른 점의 개수를 $h(k)$라 할 때, 정수 a에 대하여 $\lim\limits_{k\to a-}h(k)+\lim\limits_{k\to a+}h(k)$의 최댓값은 M이다. $h(1)+M$의 값을 구하시오. (단, $2<e<3$이고, $\lim\limits_{x\to\infty}x^2e^{-x}=0$이다.)

09 적분법

① 여러 가지 함수의 부정적분 (단, C는 적분상수)

(1) $\displaystyle\int x^\alpha\,dx=\frac{1}{\alpha+1}x^{\alpha+1}+C$ (단, α는 -1이 아닌 실수)

$\displaystyle\int \frac{1}{x}\,dx=\ln|x|+C$

(2) $\displaystyle\int e^x\,dx=e^x+C,\ \int a^x\,dx=\frac{a^x}{\ln a}+C$ (단, $a>0,\ a\neq 1$)

(3) $\displaystyle\int \sin x\,dx=-\cos x+C,\ \int \cos x\,dx=\sin x+C$

$\displaystyle\int \sec^2 x\,dx=\tan x+C,\ \int \csc^2 x\,dx=-\cot x+C$

② 치환적분법과 부분적분법

(1) 미분가능한 함수 $g(x)$에 대하여 $g(x)=t$로 놓으면 $g'(x)=\dfrac{dt}{dx}$이므로

$$\int f(g(x))g'(x)dx=\int f(t)dt$$

참고 $\displaystyle\int \frac{f'(x)}{f(x)}\,dx=\ln|f(x)|+C$ (단, $f(x)\neq 0$이고, C는 적분상수)

(2) 미분가능한 두 함수 $f(x)$, $g(x)$에 대하여

$$\int f(x)g'(x)dx=f(x)g(x)-\int f'(x)g(x)dx$$

③ 부정적분과 미분의 관계

(1) $\dfrac{d}{dx}\left\{\displaystyle\int f(x)dx\right\}=f(x)$

(2) $\displaystyle\int \left\{\dfrac{d}{dx}f(x)\right\}dx=f(x)+C$ (단, C는 적분상수)

④ 정적분의 정의와 성질

(1) 함수 $f(x)$가 닫힌구간 $[a,\,b]$에서 연속이고 $f(x)$의 한 부정적분을 $F(x)$라 할 때,

$$\int_a^b f(x)dx=\Big[F(x)\Big]_a^b=F(b)-F(a)$$

(2) 임의의 세 실수 $a,\,b,\,c$를 포함하는 구간에서 두 함수 $f(x)$, $g(x)$가 연속일 때

① $\displaystyle\int_a^b kf(x)dx=k\int_a^b f(x)dx$ (단, k는 상수)

② $\displaystyle\int_a^b \{f(x)+g(x)\}dx=\int_a^b f(x)dx+\int_a^b g(x)dx$

③ $\displaystyle\int_a^b \{f(x)-g(x)\}dx=\int_a^b f(x)dx-\int_a^b g(x)dx$

④ $\displaystyle\int_a^c f(x)dx+\int_c^b f(x)dx=\int_a^b f(x)dx$

⑤ 정적분의 치환적분법과 부분적분법

(1) 닫힌구간 $[a,\,b]$에서 연속인 함수 $f(t)$에 대하여 미분가능한 함수 $t=g(x)$의 도함수 $g'(x)$가 닫힌구간 $[\alpha,\,\beta]$에서 연속일 때, $g(\alpha)=a$, $g(\beta)=b$이면

$$\int_\alpha^\beta f(g(x))g'(x)dx=\int_a^b f(t)dt$$

(2) 두 함수 $f(x)$, $g(x)$가 미분가능하고 $f'(x)$, $g'(x)$가 닫힌구간 $[a,\,b]$에서 연속일 때,

$$\int_a^b f(x)g'(x)dx=\Big[f(x)g(x)\Big]_a^b-\int_a^b f'(x)g(x)dx$$

Note

⑥ 정적분으로 나타낸 함수의 미분

연속함수 $f(x)$와 상수 a에 대하여

$$\frac{d}{dx}\int_a^x f(t)dt = f(x)$$

⑦ 정적분으로 나타낸 함수의 극한

연속함수 $f(x)$와 상수 a에 대하여

(1) $\displaystyle\lim_{x \to a}\frac{1}{x-a}\int_a^x f(t)dt = f(a)$　　　　(2) $\displaystyle\lim_{h \to 0}\frac{1}{h}\int_a^{a+h} f(t)dt = f(a)$

⑧ 정적분과 급수의 합

함수 $f(x)$가 닫힌구간 $[a, b]$에서 연속일 때,

$$\lim_{n \to \infty}\sum_{k=1}^{n} f\left(a+\frac{b-a}{n}k\right)\frac{b-a}{n} = \int_a^b f(x)dx = \int_0^{b-a} f(a+x)dx = (b-a)\int_0^1 f(a+(b-a)x)dx$$

참고 $\displaystyle\lim_{n \to \infty}\sum_{k=1}^{n} f\left(a+\frac{p}{n}k\right)\frac{p}{n} = \int_a^{a+p} f(x)dx = \int_0^p f(a+x)dx = p\int_0^1 f(a+px)dx$ (단, a, p는 상수이다.)

⑨ 곡선과 x축 사이의 넓이

함수 $f(x)$가 닫힌구간 $[a, b]$에서 연속일 때, 곡선 $y=f(x)$와 x축 및 두 직선 $x=a$, $x=b$로 둘러싸인 부분의 넓이 S는

$$S = \int_a^b |f(x)|dx$$

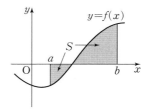

⑩ 두 곡선 사이의 넓이

두 함수 $f(x)$, $g(x)$가 닫힌구간 $[a, b]$에서 연속일 때, 두 곡선 $y=f(x)$, $y=g(x)$ 및 두 직선 $x=a$, $x=b$로 둘러싸인 부분의 넓이 S는

$$S = \int_a^b |f(x)-g(x)|dx$$

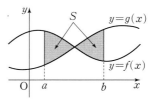

⑪ 입체도형의 부피

닫힌구간 $[a, b]$에서 x좌표가 x인 점을 지나고 x축에 수직인 평면으로 자른 단면의 넓이가 $S(x)$인 입체도형의 부피 V는

$$V = \int_a^b S(x)dx$$

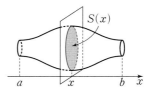

⑫ 좌표평면 위를 움직이는 점이 움직인 거리

좌표평면 위를 움직이는 점 P의 시각 t에서의 위치 (x, y)가 $x=f(t)$, $y=g(t)$일 때, 시각 $t=a$에서 $t=b$까지 점 P가 움직인 거리 s는

$$s = \int_a^b \sqrt{\left(\frac{dx}{dt}\right)^2 + \left(\frac{dy}{dt}\right)^2}\,dt = \int_a^b \sqrt{\{f'(t)\}^2 + \{g'(t)\}^2}\,dt$$

⑬ 곡선의 길이

(1) 곡선 $x=f(t)$, $y=g(t)$ $(a \le t \le b)$의 겹치는 부분이 없을 때, 길이 l은

$$l = \int_a^b \sqrt{\left(\frac{dx}{dt}\right)^2 + \left(\frac{dy}{dt}\right)^2}\,dt = \int_a^b \sqrt{\{f'(t)\}^2 + \{g'(t)\}^2}\,dt$$

(2) 곡선 $y=f(x)$ $(a \le x \le b)$의 길이 l은

$$l = \int_a^b \sqrt{1 + \left(\frac{dy}{dx}\right)^2}\,dx = \int_a^b \sqrt{1 + \{f'(x)\}^2}\,dx$$

▶ 24055-0225

유형 1 여러 가지 함수의 부정적분과 정적분의 계산

출제경향 | 여러 가지 함수의 부정적분을 구하거나 정적분의 정의와 성질을 이용하여 정적분의 값을 구하는 문제가 출제된다.

출제유형잡기 | 함수 $y=x^\alpha$ (α는 실수), 지수함수, 로그함수, 삼각함수의 부정적분과 정적분의 정의와 성질을 이용하여 문제를 해결한다.

필수유형 1 | 2024학년도 수능 9월 모의평가 |

함수 $f(x)=x+\ln x$에 대하여 $\int_1^e \left(1+\dfrac{1}{x}\right)f(x)dx$의 값은? [3점]

① $\dfrac{e^2}{2}+\dfrac{e}{2}$ ② $\dfrac{e^2}{2}+e$ ③ $\dfrac{e^2}{2}+2e$

④ e^2+e ⑤ e^2+2e

01

▶ 24055-0224

$x>0$에서 미분가능한 함수 $f(x)$에 대하여

$f'(x)=\sqrt{x}+\dfrac{2}{\sqrt{x}}$, $f(1)=\dfrac{5}{3}$일 때, $f(9)$의 값은?

① 26 ② 27 ③ 28

④ 29 ⑤ 30

02

$\displaystyle\int_{\frac{\pi}{6}}^{\frac{\pi}{3}} \dfrac{1}{\sin^2 x \cos^2 x}dx$의 값은?

① $\dfrac{\sqrt{3}}{3}$ ② $\dfrac{2\sqrt{3}}{3}$ ③ $\sqrt{3}$

④ $\dfrac{4\sqrt{3}}{3}$ ⑤ $\dfrac{5\sqrt{3}}{3}$

03

▶ 24055-0226

$x>0$에서 정의된 미분가능한 함수 $f(x)$가 모든 양수 x에 대하여 $x^2 f'(x)+2xf(x)=3x^2+2$를 만족시키고, $f(1)=4$이다.

$\int_1^2 f(x)dx$의 값은?

① $2+\ln 2$ ② $2+2\ln 2$ ③ $4+\ln 2$

④ $4+2\ln 2$ ⑤ $6+\ln 2$

유형 2 치환적분법과 부분적분법을 이용한 정적분

출제경향 | 치환적분법과 부분적분법을 이용하여 정적분의 값을 구하는 문제가 출제된다.

출제유형잡기 | 두 함수의 곱에 대한 적분 문제가 주어질 때는 다음을 이용하여 문제를 해결한다.

(1) 치환적분법: 닫힌구간 $[a, b]$에서 연속인 함수 $f(t)$에 대하여 미분가능한 함수 $t=g(x)$의 도함수 $g'(x)$가 닫힌구간 $[\alpha, \beta]$에서 연속일 때, $g(\alpha)=a$, $g(\beta)=b$이면

$$\int_{\alpha}^{\beta} f(g(x))g'(x)dx = \int_{a}^{b} f(t)dt$$

(2) 부분적분법: 두 함수 $f(x)$, $g(x)$가 미분가능하고 $f'(x)$, $g'(x)$가 닫힌구간 $[a, b]$에서 연속일 때,

$$\int_{a}^{b} f(x)g'(x)dx = \left[f(x)g(x) \right]_{a}^{b} - \int_{a}^{b} f'(x)g(x)dx$$

필수유형 2

| 2023학년도 수능 9월 모의평가 |

$\displaystyle\int_{0}^{\pi} x\cos\left(\dfrac{\pi}{2}-x\right)dx$의 값은? [3점]

① $\dfrac{\pi}{2}$ 　　② π 　　③ $\dfrac{3\pi}{2}$

④ 2π 　　⑤ $\dfrac{5\pi}{2}$

04

▸ 24055-0227

$\displaystyle\int_{0}^{\frac{\pi}{4}} \sin x \cos 2x\, dx$의 값은?

① $\dfrac{3\sqrt{2}-4}{3}$ 　　② $\dfrac{\sqrt{2}-1}{3}$ 　　③ $\dfrac{2\sqrt{2}-2}{3}$

④ $\dfrac{2\sqrt{2}-1}{3}$ 　　⑤ $\dfrac{3\sqrt{2}-2}{3}$

05

▸ 24055-0228

실수 전체의 집합에서 미분가능한 함수 $f(x)$에 대하여 곡선 $y=f(x)$ 위의 임의의 점 $(x, f(x))$에서의 접선의 기울기가 $x\sqrt{x^2+1}$이고, $f(\sqrt{3})=2$일 때, $f(2\sqrt{2})$의 값은?

① 7 　　② $\dfrac{22}{3}$ 　　③ $\dfrac{23}{3}$

④ 8 　　⑤ $\dfrac{25}{3}$

06

▸ 24055-0229

함수 $f(x)$가

$$f(x) = 1 + \cos x \int_{0}^{\frac{\pi}{2}} f(t)\sin t\, dt$$

를 만족시킬 때, $f\left(\dfrac{\pi}{3}\right)$의 값은?

① $\dfrac{5}{4}$ 　　② $\dfrac{3}{2}$ 　　③ $\dfrac{7}{4}$

④ 2 　　⑤ $\dfrac{9}{4}$

07 ▶ 24055-0230

$\displaystyle\int_1^e \left(2x+1+\frac{1}{x}\right) \ln x \, dx$의 값은?

① $\frac{1}{2}e^2+\frac{1}{2}$ ② $\frac{1}{2}e^2+1$ ③ $\frac{1}{2}e^2+\frac{3}{2}$

④ $\frac{1}{2}e^2+2$ ⑤ $\frac{1}{2}e^2+\frac{5}{2}$

08 ▶ 24055-0231

함수 $f(x)=4xe^{2x}$이 $x=a$에서 극값을 가질 때, $\displaystyle\int_a^0 f(x)dx$의 값은?

① $2e^{-1}-2$ ② $2e^{-1}-1$ ③ $2e^{-1}+1$

④ $2e-2$ ⑤ $2e-1$

유형 3   정적분으로 나타낸 함수의 미분

출제경향 | 연속함수 $f(x)$와 미분가능한 함수 $g(x)$, 상수 a에 대하여 정적분으로 나타낸 함수 $\displaystyle\int_a^x f(t)dt$, $\displaystyle\int_a^x g(x)f(t)dt$를 미분하는 문제가 출제된다.

출제유형잡기 | 연속함수 $f(x)$와 미분가능한 함수 $g(x)$, 상수 a에 대하여 $\displaystyle\int_a^x f(t)dt$, $\displaystyle\int_a^x g(x)f(t)dt$를 포함하는 함수가 주어질 때, 다음을 이용하여 문제를 해결한다.

(1) $\displaystyle\frac{d}{dx}\int_a^x f(t)dt=f(x)$

(2) $\displaystyle\frac{d}{dx}\int_a^x g(x)f(t)dt=\frac{d}{dx}\left\{g(x)\int_a^x f(t)dt\right\}$

$\displaystyle\qquad\qquad\qquad\qquad =g'(x)\int_a^x f(t)dt+g(x)f(x)$

필수유형 3 | 2018학년도 수능 6월 모의평가 |

양의 실수 전체의 집합에서 연속인 함수 $f(x)$가

$$\int_1^x f(t)dt=x^2-a\sqrt{x} \ (x>0)$$

을 만족시킬 때, $f(1)$의 값은? (단, a는 상수이다.) [3점]

① 1   ② $\frac{3}{2}$ ③ 2

④ $\frac{5}{2}$ ⑤ 3

09 ▶ 24055-0232

함수 $f(x)=\displaystyle\int_1^x (x^2-1)\ln t \, dt$에 대하여 곡선 $y=f(x)$ 위의 점 $(e, f(e))$에서의 접선이 점 $(1, k)$를 지날 때, k의 값은?

① $-2e^3-3e+2$ ② $-2e^3+3e-2$ ③ $-e^3-3e-2$

④ $-e^3+3e-2$ ⑤ $-e^3+3e+2$

10

▶ 24055-0233

실수 전체의 집합에서 미분가능한 두 함수 $f(x)$, $g(x)$가 모든 실수 x에 대하여 다음 조건을 만족시킨다.

> (가) $f(x) + \int_0^x g(t)dt = 2e^x - x + 3$
>
> (나) $f'(x)g(x) = e^{2x} - e^x$

$g(0) > 0$일 때, $f(1) + g(2)$의 값은?

① $e^2 + e - 3$ ② $e^2 + e - 1$ ③ $e^2 + e + 1$

④ $e^2 + e + 3$ ⑤ $e^2 + e + 5$

11

▶ 24055-0234

실수 전체의 집합에서 미분가능한 함수 $f(x)$가 모든 실수 x에 대하여

$$f(x) = x^2 e^{-x} + \int_0^x e^{t-x} f(t)dt$$

를 만족시킬 때, 닫힌구간 $[-2, 2]$에서 함수 $f(x)$의 최댓값과 최솟값의 합은?

① $2e^2 - \dfrac{6}{e^2}$ ② $2e^2 + 2$ ③ $2e^2 + \dfrac{6}{e^2} + 2$

④ $2e^2 - \dfrac{6}{e^2} + 4$ ⑤ $2e^2 + \dfrac{6}{e^2} + 4$

유형 4 정적분으로 나타낸 함수의 극한

출제경향 | 정적분의 정의와 미분계수의 정의를 이용하여 함수의 극한값을 구하는 문제가 출제된다.

출제유형잡기 | 연속함수 $f(x)$와 상수 a에 대하여

$\displaystyle\lim_{x \to a} \frac{1}{x-a}\int_a^x f(t)dt$, $\displaystyle\lim_{h \to 0}\frac{1}{h}\int_a^{a+h} f(t)dt$의 값을 구할 때, 다음을 이용하여 문제를 해결한다.

(1) $\displaystyle\lim_{x \to a}\frac{1}{x-a}\int_a^x f(t)dt = f(a)$

(2) $\displaystyle\lim_{h \to 0}\frac{1}{h}\int_a^{a+h} f(t)dt = f(a)$

필수유형 4

| 2019학년도 수능 6월 모의평가 |

함수 $f(x) = a\cos(\pi x^2)$에 대하여

$$\lim_{x \to 0}\left\{\frac{x^2+1}{x}\int_1^{x+1} f(t)\,dt\right\} = 3$$

일 때, $f(a)$의 값은? (단, a는 상수이다.) [4점]

① 1 ② $\dfrac{3}{2}$ ③ 2

④ $\dfrac{5}{2}$ ⑤ 3

12

▶ 24055-0235

함수 $f(x) = \displaystyle\int_{2x}^{4x} \frac{\sqrt{t^2+1}}{t+2}\,dt$에 대하여 $\displaystyle\lim_{h \to 0}\frac{f(2h)}{h}$의 값은?

① $\dfrac{1}{4}$ ② $\dfrac{1}{2}$ ③ 1

④ 2 ⑤ 4

13

▶ 24055-0236

함수 $f(x) = \dfrac{ax}{2^x + 2^{-x+1}}$에 대하여

$$\lim_{x \to \frac{1}{2}} \frac{1}{8x^3 - 1} \int_{\frac{1}{2}}^{x} f(t)\,dt = \frac{\sqrt{2}}{16}$$

일 때, 상수 a의 값은?

① 1   ② 2   ③ 3

④ 4   ⑤ 5

14

▶ 24055-0237

$-\dfrac{\pi}{2} < x < \dfrac{\pi}{2}$에서 정의된 함수 $f(x)$가

$$f(x) \cos^2 x = 2\pi - \frac{x}{\ln 2} \int_{0}^{\frac{\pi}{3}} f(t)\,dt$$

를 만족시킨다. $\displaystyle\lim_{h \to 0} \frac{1}{h} \int_{\frac{\pi}{6}}^{\frac{\pi}{6}+h} f(x)\,dx$의 값은?

① $\dfrac{\pi}{3}$ ② $\dfrac{2}{3}\pi$ ③ π

④ $\dfrac{4}{3}\pi$ ⑤ $\dfrac{5}{3}\pi$

유형 5 정적분과 급수의 합

출제경향 | 정적분을 이용하여 급수의 합을 구하는 문제가 출제된다.

출제유형잡기 | 급수의 합은 경우에 따라 여러 가지 정적분으로 나타낼 수 있음을 알고 이를 이용하여 문제를 해결한다.

$$\lim_{n \to \infty} \sum_{k=1}^{n} f\left(a + \frac{p}{n}k\right)\frac{p}{n} = \int_{a}^{a+p} f(x)\,dx$$

$$= \int_{0}^{p} f(a+x)\,dx$$

$$= p\int_{0}^{1} f(a+px)\,dx$$

(단, a, p는 상수이다.)

필수유형 5 | 2023학년도 수능 |

$\displaystyle\lim_{n \to \infty} \frac{1}{n} \sum_{k=1}^{n} \sqrt{1 + \frac{3k}{n}}$ 의 값은? [3점]

① $\dfrac{4}{3}$ ② $\dfrac{13}{9}$ ③ $\dfrac{14}{9}$

④ $\dfrac{5}{3}$ ⑤ $\dfrac{16}{9}$

15

▶ 24055-0238

$\displaystyle\lim_{n \to \infty} \sum_{k=1}^{n} \frac{k}{n^2 + kn}$ 의 값은?

① $1 - \ln 2$ ② $2 - \ln 2$ ③ $\ln 2$

④ $1 + \ln 2$ ⑤ $2 + \ln 2$

16

▶ 24055-0239

$\lim\limits_{n \to \infty} \dfrac{1}{\sqrt{n^3}} \sum\limits_{k=1}^{n} (\sqrt{2k-1} + \sqrt{2k} - \sqrt{k})$ 의 값은?

① $\dfrac{2\sqrt{2}}{3} - \dfrac{2}{3}$ ② $\dfrac{2\sqrt{3}}{3} - \dfrac{1}{3}$ ③ $\dfrac{4\sqrt{2}}{3} - \dfrac{2}{3}$

④ $\dfrac{4\sqrt{3}}{3} - \dfrac{1}{3}$ ⑤ $2\sqrt{3} - \dfrac{2}{3}$

17

▶ 24055-0240

$\lim\limits_{n \to \infty} \sum\limits_{k=1}^{n} \dfrac{\ln(k+n)^n - \ln n^n}{(k+n)^2}$ 의 값은?

① $\dfrac{1}{2} - \ln 2$ ② $\dfrac{1}{2} - \dfrac{1}{2}\ln 2$ ③ $1 - \dfrac{1}{2}\ln 2$

④ $\dfrac{1}{2} + \dfrac{1}{2}\ln 2$ ⑤ $\dfrac{1}{2} + \ln 2$

유형 6 정적분과 넓이

출제경향 | 정적분을 이용하여 곡선과 좌표축 사이의 넓이, 두 곡선으로 둘러싸인 부분의 넓이를 구하는 문제가 출제된다.

출제유형잡기 | 곡선으로 둘러싸인 부분의 넓이를 구할 때는 다음을 이용하여 문제를 해결한다.

(1) 함수 $f(x)$ 가 닫힌구간 $[a, b]$ 에서 연속일 때, 곡선 $y = f(x)$ 와 x축 및 두 직선 $x = a$, $x = b$로 둘러싸인 부분의 넓이 S는
$$S = \int_a^b |f(x)| \, dx$$

(2) 두 함수 $f(x)$, $g(x)$ 가 닫힌구간 $[a, b]$ 에서 연속일 때, 두 곡선 $y = f(x)$, $y = g(x)$ 및 두 직선 $x = a$, $x = b$로 둘러싸인 부분의 넓이 S는
$$S = \int_a^b |f(x) - g(x)| \, dx$$

필수유형 6

| 2017학년도 수능 9월 모의평가 |

함수 $y = \cos 2x$의 그래프와 x축, y축 및 직선 $x = \dfrac{\pi}{12}$로 둘러싸인 영역의 넓이가 직선 $y = a$에 의하여 이등분될 때, 상수 a의 값은? [3점]

① $\dfrac{1}{2\pi}$ ② $\dfrac{1}{\pi}$ ③ $\dfrac{3}{2\pi}$

④ $\dfrac{2}{\pi}$ ⑤ $\dfrac{5}{2\pi}$

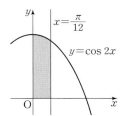

18

▶ 24055-0241

$x \geq 0$에서 곡선 $y = x(x-2)e^{2x}$과 x축으로 둘러싸인 부분의 넓이는?

① $\dfrac{1}{4}e^4 + \dfrac{1}{4}$ ② $\dfrac{1}{4}e^4 + \dfrac{1}{2}$ ③ $\dfrac{1}{4}e^4 + \dfrac{3}{4}$

④ $\dfrac{1}{2}e^4 + \dfrac{1}{8}$ ⑤ $\dfrac{1}{2}e^4 + \dfrac{1}{4}$

19 ▶ 24055-0242

곡선 $y=\sin 2x \cos x \left(0 \leq x \leq \dfrac{\pi}{2}\right)$와 x축으로 둘러싸인 부분의 넓이는?

① $\dfrac{5}{12}$ ② $\dfrac{1}{2}$ ③ $\dfrac{7}{12}$

④ $\dfrac{2}{3}$ ⑤ $\dfrac{3}{4}$

20 ▶ 24055-0243

실수 전체의 집합에서 연속인 함수 $f(x)$가 모든 실수 x에 대하여 다음을 만족시킨다.

$$\int_0^x (x-t)f(t)\,dt = e^x + 8e^{-x} - 3x^2 + ax + b$$

곡선 $y=f(x)$와 x축으로 둘러싸인 부분의 넓이를 S라 할 때, $a+b+S$의 값은? (단, a, b는 상수이다.)

① $6\ln 2 - 6$ ② $8\ln 2 - 6$ ③ $6\ln 2 - 4$

④ $8\ln 2 - 4$ ⑤ $6\ln 2 - 2$

21 ▶ 24055-0244

정의역이 $\left\{x \,\middle|\, 0 \leq x \leq \dfrac{\pi}{2}\right\}$인 두 함수 $f(x)=\sin 3x$와 $g(x)=\sin x$에 대하여 두 곡선 $y=f(x)$, $y=g(x)$로 둘러싸인 부분의 넓이는?

① $\dfrac{1}{6}(\sqrt{2}-1)$ ② $\dfrac{1}{3}(\sqrt{2}-1)$ ③ $\dfrac{1}{2}(\sqrt{2}-1)$

④ $\dfrac{2}{3}(\sqrt{2}-1)$ ⑤ $\dfrac{5}{6}(\sqrt{2}-1)$

22 ▶ 24055-0245

두 함수 $f(x)=3-\log_2(3-x)$, $g(x)=3-x$에 대하여 $f(1)=g(1)$이다. 곡선 $y=f(x)$와 직선 $y=g(x)$ 및 직선 $x=2$로 둘러싸인 부분의 넓이는?

① $\dfrac{1}{\ln 2} - \dfrac{1}{4}$ ② $\dfrac{1}{\ln 2} - \dfrac{1}{2}$ ③ $\dfrac{2}{\ln 2} - \dfrac{1}{2}$

④ $\dfrac{3}{2} - \dfrac{1}{2\ln 2}$ ⑤ $\dfrac{3}{2} - \dfrac{1}{4\ln 2}$

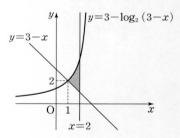

유형 **7** 입체도형의 부피

출제경향 | 정적분을 이용하여 입체도형의 부피를 구하는 문제가 출제된다.

출제유형잡기 | 닫힌구간 $[a, b]$에서 x좌표가 x인 점을 지나고 x축에 수직인 평면으로 자른 단면의 넓이가 $S(x)$인 입체도형의 부피 V는

$$V = \int_a^b S(x)dx$$

임을 이용하여 문제를 해결한다.

필수유형 **7**

| 2024학년도 수능 |

그림과 같이 곡선 $y = \sqrt{(1-2x)\cos x} \left(\dfrac{3}{4}\pi \leq x \leq \dfrac{5}{4}\pi\right)$와 x축 및 두 직선 $x = \dfrac{3}{4}\pi$, $x = \dfrac{5}{4}\pi$로 둘러싸인 부분을 밑면으로 하는 입체도형이 있다. 이 입체도형을 x축에 수직인 평면으로 자른 단면이 모두 정사각형일 때, 이 입체도형의 부피는? [3점]

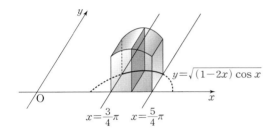

① $\sqrt{2}\pi - \sqrt{2}$ ② $\sqrt{2}\pi - 1$ ③ $2\sqrt{2}\pi - \sqrt{2}$

④ $2\sqrt{2}\pi - 1$ ⑤ $2\sqrt{2}\pi$

23

▶ 24055-0246

그림과 같이 곡선 $y = \dfrac{x+1}{\sqrt{x^2+1}}$과 x축, y축 및 직선 $x = -\dfrac{1}{2}$로 둘러싸인 부분을 밑면으로 하고 x축에 수직인 평면으로 자른 단면이 모두 정사각형일 때, 이 입체도형의 부피는?

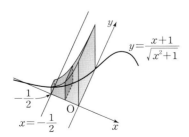

① $\dfrac{1}{2} - \ln \dfrac{5}{4}$ ② $\dfrac{1}{2} - \ln \dfrac{3}{4}$ ③ $1 - \ln \dfrac{3}{4}$

④ $\dfrac{3}{2} - \ln \dfrac{5}{4}$ ⑤ $2 - \ln \dfrac{5}{4}$

24

▶ 24055-0247

높이가 h인 입체도형을 밑면으로부터 높이가 x인 지점에서 밑면에 평행한 평면으로 자른 단면이 모두 원이고, 그 반지름의 길이가 $\dfrac{1}{\sqrt{x+1}}$이다. 이 입체도형의 부피가 $2\pi \ln 20$일 때, 양수 h의 값을 구하시오.

25

▶ 24055-0248

$0 \leq x \leq \dfrac{\pi}{2}$에서 정의된 두 함수

$f(x) = \sqrt{x \sin x}$, $g(x) = \sqrt{x \cos x}$에 대하여 함수 $h(x)$를

$$h(x) = \begin{cases} f(x) & (f(x) > g(x)) \\ g(x) & (f(x) \leq g(x)) \end{cases}$$

라 하자. 곡선 $y = h(x) \left(0 \leq x \leq \dfrac{\pi}{2}\right)$와 x축 및 직선 $x = \dfrac{\pi}{2}$로 둘러싸인 부분을 밑면으로 하고 x축에 수직인 평면으로 자른 단면이 모두 정삼각형일 때, 이 입체도형의 부피는?

① $\dfrac{\sqrt{3}}{16}\pi$ ② $\dfrac{\sqrt{6}}{16}\pi$ ③ $\dfrac{3}{16}\pi$

④ $\dfrac{\sqrt{3}}{8}\pi$ ⑤ $\dfrac{\sqrt{6}}{8}\pi$

▶ 24055-0250

유형 8 좌표평면 위를 움직이는 점의 이동 거리와 곡선의 길이

출제경향 | 좌표평면 위를 움직이는 점의 이동 거리를 구하거나 곡선의 길이를 구하는 문제가 출제된다.

출제유형잡기 | (1) 좌표평면 위를 움직이는 점의 이동 거리

좌표평면 위를 움직이는 점 P의 시각 t에서의 위치 $(x,\ y)$가 $x=f(t)$, $y=g(t)$일 때, 시각 $t=a$에서 $t=b$까지 점 P가 움직인 거리 s는

$$s=\int_a^b \sqrt{\left(\frac{dx}{dt}\right)^2+\left(\frac{dy}{dt}\right)^2}\,dt=\int_a^b \sqrt{\{f'(t)\}^2+\{g'(t)\}^2}\,dt$$

임을 이용하여 문제를 해결한다.

(2) 곡선의 길이

$x=a$에서 $x=b$까지 곡선 $y=f(x)$의 길이 l은

$$l=\int_a^b \sqrt{1+\{f'(x)\}^2}\,dx$$

임을 이용하여 문제를 해결한다.

필수유형 8

| 2022학년도 수능 |

좌표평면 위를 움직이는 점 P의 시각 $t\ (t>0)$에서의 위치가 곡선 $y=x^2$과 직선 $y=t^2x-\dfrac{\ln t}{8}$가 만나는 서로 다른 두 점의 중점일 때, 시각 $t=1$에서 $t=e$까지 점 P가 움직인 거리는? [3점]

① $\dfrac{e^4}{2}-\dfrac{3}{8}$ ② $\dfrac{e^4}{2}-\dfrac{5}{16}$ ③ $\dfrac{e^4}{2}-\dfrac{1}{4}$

④ $\dfrac{e^4}{2}-\dfrac{3}{16}$ ⑤ $\dfrac{e^4}{2}-\dfrac{1}{8}$

26

▶ 24055-0249

좌표평면 위를 움직이는 점 P의 시각 $t\ (t\geq0)$에서의 위치 $(x,\ y)$가

$$x=2\cos t+1,\ y=1-2\sin t$$

일 때, 시각 $t=0$에서 $t=\pi$까지 점 P가 움직인 거리는?

① $\dfrac{\pi}{2}$ ② π ③ $\dfrac{3}{2}\pi$

④ 2π ⑤ $\dfrac{5}{2}\pi$

27

▶ 24055-0250

$1\leq x\leq e^2$에서 곡선 $y=\dfrac{1}{4}x^2-\dfrac{1}{2}\ln x$의 길이는?

① $\dfrac{1}{4}e^4+\dfrac{1}{4}$ ② $\dfrac{1}{4}e^4+\dfrac{3}{4}$ ③ $\dfrac{1}{4}e^4+\dfrac{5}{4}$

④ $\dfrac{3}{4}e^4+\dfrac{1}{4}$ ⑤ $\dfrac{3}{4}e^4+\dfrac{3}{4}$

28

▶ 24055-0251

$x=\dfrac{1}{3}$에서 $x=a\left(a>\dfrac{1}{3}\right)$까지의 곡선 $y=2x\sqrt{x}$의 길이가 $\dfrac{112}{27}$일 때, a의 값은?

① $\dfrac{13}{9}$ ② $\dfrac{14}{9}$ ③ $\dfrac{5}{3}$

④ $\dfrac{16}{9}$ ⑤ $\dfrac{17}{9}$

 교육부

 EBS

학생·교원·학부모 온라인 소통 공간
ㅎㅎ 함께학교

정책 제안

교육정책에 대한 의견을 개진하고 소통하는 공간입니다.

내가 생각한 교육 정책!
여러분의 생각이 정책이 됩니다

정보나눔

함께 고민을 해결하고 지식을 나누는 공간입니다.

실시간으로 학생·교원·학부모 대상
최신 교육자료를 함께 나눠요

고민상담

분야별 전문가에게 1:1 비대면 상담을 받을 수 있는 공간입니다.

학교생활 답답할 때, 고민될 때
동료 선생님, 전문가에게 물어보세요

행복한 함께학교

학교, 선생님, 학부모 그리고 내 친구에 대한 이야기를 들려주세요.

우리 학교, 선생님, 부모님, 친구들과의
소중한 순간을 공유해요

안드로이드   ios

인스타그램 @togetherschool_moe
유튜브 '함께학교_교육부'를 통해서도 함께학교에 방문할 수 있어요!

Spec up은 해야 하는데 **방법을 모르겠다면?**

최신 시험 기준 완벽 대비

EBS컴퓨터활용능력

한.번.만 패키지로 한 번에 합격!

믿고 보는 공신력 있는
EBS에서 만든 강의

EBS가 직접 만들고
검수한 교재

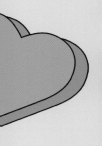

꼼꼼한 공모절차로
선발된 최고의 선생님

수시로 업로드 되는
모의고사

이 책의 **차례** CONTENTS

실전편

회차	페이지
실전 모의고사 1회	106
실전 모의고사 2회	118
실전 모의고사 3회	130
실전 모의고사 4회	142
실전 모의고사 5회	154

5지선다형

01
▶ 24054-1001

$\left(\dfrac{1}{2}\right)^{\sqrt{3}} \times 4^{\frac{\sqrt{3}}{2}}$의 값은? [2점]

① $\dfrac{1}{4}$ ② $\dfrac{1}{2}$ ③ 1

④ 2   ⑤ 4

02
▶ 24054-1002

$\displaystyle\lim_{x \to 1} \dfrac{\sqrt{x^2+x}-\sqrt{2}}{x-1}$의 값은? [2점]

① $\dfrac{\sqrt{2}}{4}$ ② $\dfrac{\sqrt{2}}{2}$ ③ $\dfrac{3\sqrt{2}}{4}$

④ $\sqrt{2}$ ⑤ $\dfrac{5\sqrt{2}}{4}$

03
▶ 24054-1003

등차수열 $\{a_n\}$에 대하여
$$a_2+a_4=10, \ a_6-a_3=6$$
일 때, a_8의 값은? [3점]

① 11   ② 12   ③ 13

④ 14   ⑤ 15

04
▶ 24054-1004

함수 $f(x)=x^3+ax$에 대하여
$$\lim_{h \to 0} \dfrac{f(1+h)-f(1-h)}{h}=10$$
일 때, 상수 a의 값은? [3점]

① -1 ② 0   ③ 1

④ 2   ⑤ 3

05

▶ 24054-1005

$\displaystyle\sum_{k=1}^{n} \frac{1}{(k+1)(k+2)} > \frac{2}{5}$ 를 만족시키는 자연수 n의 최솟값은?

[3점]

① 8   ② 9   ③ 10

④ 11   ⑤ 12

06

▶ 24054-1006

1보다 큰 양수 p에 대하여 함수 $y=x^2$의 그래프와 x축 및 직선 $x=p$로 둘러싸인 부분의 넓이를 A라 하고, 함수 $y=\dfrac{x^2}{p}$의 그래프와 함수 $y=x^2$의 그래프 및 직선 $x=p$로 둘러싸인 부분의 넓이를 B라 하자. $A:B=3:1$을 만족시키는 p의 값은? [3점]

① $\dfrac{9}{8}$ ② $\dfrac{5}{4}$ ③ $\dfrac{11}{8}$

④ $\dfrac{3}{2}$ ⑤ $\dfrac{13}{8}$

07

▶ 24054-1007

$\pi<\theta<\dfrac{3}{2}\pi$인 θ에 대하여 $\tan^2\theta - \tan^2\theta\sin^2\theta = \dfrac{4}{5}$일 때, $\cos^2\theta + \tan\theta$의 값은? [3점]

① $\dfrac{8}{5}$ ② $\dfrac{9}{5}$ ③ 2

④ $\dfrac{11}{5}$ ⑤ $\dfrac{12}{5}$

08

▶ 24054-1008

다항함수 $f(x)$가 모든 실수 x에 대하여

$$f(x)+(x-1)f'(x)=4x^3+4x$$

를 만족시킬 때, $f'(1)$의 값은? [3점]

① 2　　　　　② 4　　　　　③ 6

④ 8　　　　　⑤ 10

09

▶ 24054-1009

그림과 같이 $0<x<\dfrac{\pi}{2}$에서 두 곡선 $y=3\cos x$, $y=8\tan x$가 만나는 점을 A, 두 곡선 $y=6\cos x$, $y=16\tan x$가 만나는 점을 B라 할 때, 선분 AB의 길이는? [4점]

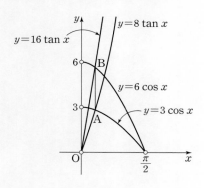

① 2　　　　　② $\sqrt{5}$　　　　　③ $\sqrt{6}$

④ $\sqrt{7}$　　　　　⑤ $2\sqrt{2}$

10

▶ 24054-1010

그림은 원점을 출발하여 수직선 위를 움직이는 점 P의 시각 t $(0\leq t\leq c)$에서의 속도 $v(t)$의 그래프이다.

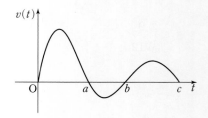

점 P가 다음 조건을 만족시킬 때, 점 P가 시각 $t=a$에서 $t=c$까지 움직인 거리는?

(단, $0<a<b<c$이고, $v(a)=v(b)=v(c)=0$이다.) [4점]

> (가) 점 P가 시각 $t=0$에서 $t=b$까지 움직인 거리는 12이다.
> (나) $0\leq t\leq c$에서 점 P가 출발할 때의 방향과 반대 방향으로 움직인 거리는 5이다.
> (다) 점 P의 시각 $t=c$에서의 위치는 8이다.

① 11　　　　　② 12　　　　　③ 13

④ 14　　　　　⑤ 15

11

▶ 24054-1011

그림과 같이 반지름의 길이가 4인 원 위에 5개의 점 A, B, C, D, E가 있다.

$$\sin(\angle\text{BAD}) = \frac{3}{4}, \ \sin(\angle\text{CED}) = \frac{\sqrt{7}}{4}$$

일 때, 삼각형 BCD의 넓이는? (단, 점 C는 호 BD 중 길이가 짧은 호 위에 있고, $0 < \angle\text{BAD} < \frac{\pi}{2}$, $0 < \angle\text{CED} < \frac{\pi}{2}$이다.)

[4점]

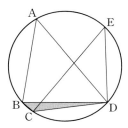

① $\dfrac{3\sqrt{7}}{8}$

② $\dfrac{\sqrt{7}}{2}$

③ $\dfrac{5\sqrt{7}}{8}$

④ $\dfrac{3\sqrt{7}}{4}$

⑤ $\dfrac{7\sqrt{7}}{8}$

12

▶ 24054-1012

최고차항의 계수가 1인 사차함수 $f(x)$에 대하여 곡선 $y = f(x)$ 위의 점 $(0, 4)$에서의 접선이 곡선 위의 점 $(-1, 1)$에서 이 곡선에 접할 때, $f'(1)$의 값은? [4점]

① 11

② 12

③ 13

④ 14

⑤ 15

13
▶ 24054-1013

그림과 같이 자연수 n $(n \geq 2)$에 대하여 두 곡선 $y = \log_2 x$, $y = \log_{2^n} x$ 및 x축이 직선 $x = \dfrac{1}{2}$과 만나는 점을 각각 A, B, C 라 하고 직선 $x = 2$와 만나는 점을 각각 D, E, F라 하자. 두 사각형 AEDB, BFEC의 겹치는 부분의 넓이가 $\dfrac{1}{3}$이 되도록 하는 n의 값은? [4점]

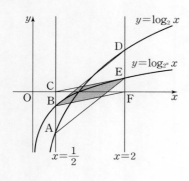

① 2   ② 3   ③ 4
④ 5   ⑤ 6

14
▶ 24054-1014

실수 a와 함수

$$f(x) = \int_0^x (t-1)(2t^3 + t^2 - 4t - a)\, dt$$

에 대하여 **보기**에서 옳은 것만을 있는 대로 고른 것은? [4점]

<blockquote>
보기

ㄱ. 실수 a의 값에 관계없이 곡선 $y = f(x)$는 원점을 지난다.

ㄴ. $a = -1$일 때, 함수 $f(x)$는 $x = 1$에서 극대이다.

ㄷ. 함수 $f(x)$가 $x = p$에서 극대 또는 극소인 서로 다른 실수 p 의 개수가 2가 되도록 하는 10 이하의 자연수 a의 개수는 7 이다.
</blockquote>

① ㄱ   ② ㄷ   ③ ㄱ, ㄴ
④ ㄱ, ㄷ   ⑤ ㄴ, ㄷ

15

▶ 24054-1015

수열 $\{a_n\}$의 첫째항부터 제 n항까지의 합을 S_n이라 하자. 수열 $\{a_n\}$이 다음 조건을 만족시킬 때, $\sum\limits_{k=1}^{10} S_{4k}$의 값은?

(단, 모든 자연수 n에 대하여 $a_n \neq 0$이다.) [4점]

$a_1 = 1$이고, 모든 자연수 n에 대하여

$$a_{n+1} = \begin{cases} a_n + 1 & \left(\dfrac{S_n}{a_n}\text{이 자연수인 경우}\right) \\ a_n - 1 & \left(\dfrac{S_n}{a_n}\text{이 자연수가 아닌 경우}\right) \end{cases}$$

이다.

① 600 ② 610 ③ 620
④ 630 ⑤ 640

16

▶ 24054-1016

방정식

$$\log_4 4(x-2) = \log_2 (x-4)$$

를 만족시키는 실수 x의 값을 p라 하자. $p \geq n$을 만족시키는 자연수 n의 최댓값을 구하시오. [3점]

17

▶ 24054-1017

함수 $f(x)$에 대하여 $f'(x) = 3x^2 + 8x - 1$이고 $f(0) = 2$일 때, $f(-1)$의 값을 구하시오. [3점]

18

▶ 24054-1018

모든 항이 양수인 수열 $\{a_n\}$에 대하여

$$a_1=1, \quad \sum_{k=1}^{9} \frac{ka_{k+1}-(k+1)a_k}{a_{k+1}a_k}=\frac{2}{3}$$

일 때, a_{10}의 값을 구하시오. [3점]

19

▶ 24054-1019

자연수 k에 대하여 $\displaystyle\int_{-a}^{a}(x^2-k)\,dx=0$이 되도록 하는 양의 실수 a의 값을 $f(k)$라 할 때, $\displaystyle\sum_{k=1}^{10}\{f(k)\}^2$의 값을 구하시오. [3점]

20

▶ 24054-1020

다항함수 $f(x)$와 함수 $g(x)=\begin{cases} \dfrac{px+2}{x-2} & (x\neq2) \\ 2 & (x=2) \end{cases}$ 가 다음 조건

을 만족시킨다.

(가) $\displaystyle\lim_{x\to\infty}\frac{f(x^2)+1}{x^2+1}=2$

(나) 함수 $f(x)g(x)$가 실수 전체의 집합에서 연속이다.

$f(10)+g(10)$의 값을 구하시오. (단, p는 상수이다.) [4점]

21

▶ 24054-1021

양의 실수 $a \left(a \neq \dfrac{2}{3}, \ a \neq 1 \right)$과 상수 b에 대하여 세 집합 A, B, C를

$$A = \{ x \,|\, a^{x^2+bx} \geq a^{x+2}, \ x \text{는 실수} \},$$

$$B = \left\{ x \,\Big|\, \left(a+\dfrac{1}{3} \right)^{x^2+bx} \geq \left(a+\dfrac{1}{3} \right)^{x+2}, \ x \text{는 실수} \right\},$$

$$C = \{ x \,|\, x \in A \text{이고} \ x \in B, \ x \text{는 실수} \}$$

라 하자. 집합 C는 유한집합이고 $1 \in C$가 되도록 하는 모든 a와 b에 대하여 $p < a$를 만족시키는 실수 p의 최댓값을 M, 집합 C의 모든 원소의 곱을 c라 할 때, $|3 \times M \times b \times c|$의 값을 구하시오. [4점]

22

▶ 24054-1022

삼차함수 $f(x) = (x+2)(x-1)^2$에 대하여 0이 아닌 실수 전체의 집합에서 정의된 함수

$$g(x) = \begin{cases} f(x) & (x<0) \\ k-f(-x) & (x>0) \end{cases}$$

이 있다. 곡선 $y = g(x)$ 위의 점 $(t, g(t))$ $(t \neq 0)$에서의 접선 $y = h(x)$가 다음 조건을 만족시킨다.

> 직선 $y=h(x)$가 곡선 $y=g(x)$와 만나는 점의 개수가 2 이상일 때, 방정식 $g(x)=h(x)$의 서로 다른 모든 실근의 곱이 음수가 되도록 하는 모든 실수 t의 값의 집합은
> $$\{ t \,|\, t \leq -p \ \text{또는} \ t=p \ \text{또는} \ t \geq 1 \} \ (0<p<1)$$
> 이다.

$(k \times p)^3$의 값을 구하시오. (단, k는 상수이다.) [4점]

23

▶ 24055-1023

$\lim\limits_{x \to 0} \dfrac{e^{2x}-1}{\ln(1+3x)}$의 값은? [2점]

① $\dfrac{2}{3}$ ② 1 ③ $\dfrac{4}{3}$

④ $\dfrac{5}{3}$ ⑤ 2

24

▶ 24055-1024

$\lim\limits_{n \to \infty} \dfrac{1}{n} \sum\limits_{k=1}^{n} \dfrac{k}{n} (\sqrt{e})^{\frac{k}{n}}$의 값은? [3점]

① $4-2\sqrt{e}$ ② $4-\dfrac{3\sqrt{e}}{2}$ ③ $4-\sqrt{e}$

④ $5-2\sqrt{e}$ ⑤ $5-\dfrac{3\sqrt{e}}{2}$

25

▸ 24055-1025

다항식 $f(x)$를 $(x-1)^2$으로 나누었을 때의 몫을 $Q(x)$, 나머지를 $R(x)$라 할 때, 1이 아닌 상수 k에 대하여

$$\lim_{n \to \infty} \frac{f\left(1+\dfrac{1}{n}\right) - \left(1+\dfrac{1}{n}\right)^2}{f\left(1+\dfrac{1}{n}\right) - R\left(1+\dfrac{1}{n}\right)} = k$$

이다. $Q(1) - R(1) = 3$일 때, $k \times R(2)$의 값은?

(단, $Q(1) \neq 0$) [3점]

① 2   ② $\dfrac{9}{4}$ ③ $\dfrac{5}{2}$

④ $\dfrac{11}{4}$ ⑤ 3

26

▸ 24055-1026

그림과 같이 곡선 $y = \sqrt{\sec^3 x \tan x + 1}$ $\left(0 \leq x \leq \dfrac{\pi}{3}\right)$와 x축, y축 및 직선 $x = \dfrac{\pi}{3}$로 둘러싸인 부분을 밑면으로 하는 입체도형이 있다. 이 입체도형을 x축에 수직인 평면으로 자른 단면이 모두 정사각형일 때, 이 입체도형의 부피는? [3점]

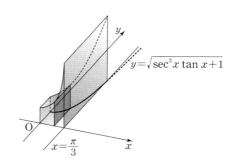

① $\dfrac{\pi}{3} + \dfrac{4}{3}$ ② $\dfrac{\pi}{3} + \dfrac{5}{3}$ ③ $\dfrac{\pi}{3} + 2$

④ $\dfrac{\pi}{3} + \dfrac{7}{3}$ ⑤ $\dfrac{\pi}{3} + \dfrac{8}{3}$

27

그림과 같이 $\overline{AB_1}=3$, $\overline{AD_1}=4$, $\angle D_1AB_1=\dfrac{\pi}{3}$인 평행사변형 $AB_1C_1D_1$이 있다. 중심이 A이고 반지름의 길이가 $\overline{AB_1}$인 원이 선분 AD_1과 만나는 점을 E_1이라 하자. 평행사변형 $AB_1C_1D_1$의 내부와 부채꼴 AB_1E_1의 외부의 공통된 부분에 색칠하여 얻은 그림을 R_1이라 하자.

그림 R_1에서 직선 AC_1과 부채꼴 AB_1E_1의 호 B_1E_1이 만나는 점을 C_2라 하고, 사각형 $AB_2C_2D_2$가 평행사변형이 되도록 선분 AB_1 위의 점 B_2, 선분 AD_1 위의 점 D_2를 잡는다. 중심이 A이고 반지름의 길이가 $\overline{AB_2}$인 원이 선분 AD_2와 만나는 점을 E_2라 하자. 평행사변형 $AB_2C_2D_2$의 내부와 부채꼴 AB_2E_2의 외부의 공통된 부분에 색칠하여 얻은 그림을 R_2라 하자.

이와 같은 과정을 계속하여 n번째 얻은 그림 R_n에 색칠되어 있는 부분의 넓이를 S_n이라 할 때, $\lim\limits_{n\to\infty} S_n$의 값은? [3점]

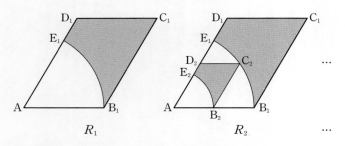

R_1 R_2 $\cdots$

① $\dfrac{55(4\sqrt{3}-\pi)}{28}$ ② $\dfrac{111(4\sqrt{3}-\pi)}{56}$ ③ $2(4\sqrt{3}-\pi)$

④ $\dfrac{113(4\sqrt{3}-\pi)}{56}$ ⑤ $\dfrac{57(4\sqrt{3}-\pi)}{28}$

28

그림과 같이 중심이 O이고 길이가 2인 선분 AB를 지름으로 하는 반원이 있다. 호 AB 위의 점 P에 대하여 $\overline{PB}=\overline{PC}$가 되도록 호 PA 위에 점 C를 잡는다. 두 선분 PO, PA가 선분 BC와 만나는 점을 각각 D, E라 하자. $\angle PAB=\theta$일 때, 삼각형 PED의 넓이를 $S(\theta)$라 하자. $\lim\limits_{\theta\to 0+}\dfrac{S(\theta)}{\theta^5}$의 값은?

$\left(\text{단, } 0<\theta<\dfrac{\pi}{4}\right)$ [4점]

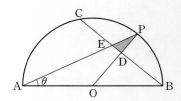

① $\dfrac{5}{4}$ ② $\dfrac{3}{2}$ ③ $\dfrac{7}{4}$

④ 2 ⑤ $\dfrac{9}{4}$

116 EBS 수능완성 수학영역

단답형

29

▶ 24055-1029

두 양의 실수 a, b에 대하여 함수 $f(x) = ax \sin bx$가 다음 조건을 만족시킨다.

(가) $f(\pi) = 0$
(나) 모든 실수 x에 대하여 $|f(x)| \leq |x|$이다.
(다) $0 < p < \pi$인 실수 p에 대하여 함수 $f(x)$가 $x = p$에서 극대인 p의 개수는 2이다.

좌표평면에서 네 점 $O(0, 0)$, $A(\pi, 0)$, $B(\pi, \pi)$, $C(0, \pi)$를 꼭짓점으로 하는 정사각형 OABC에 대하여 곡선 $y = f(x)$와 x축으로 둘러싸인 부분과 정사각형 OABC의 내부의 공통부분의 넓이가 $\frac{\pi}{12}$ 이하일 때, $72a + b$의 최댓값을 구하시오. [4점]

30

▶ 24055-1030

함수 $f(x) = e^x + x$와 함수 $f(x)$의 역함수 $g(x)$가 있다. 실수 t에 대하여 함수 $y = f(x)$의 그래프 위의 점 $(t, f(t))$에서의 접선과 함수 $y = g(x)$의 그래프 위의 점 $(k, g(k))$에서의 접선이 이루는 예각의 크기가 $\frac{\pi}{4}$가 되도록 하는 실수 k의 값을 $h(t)$라 하자. $16 \times \{h'(\ln 8)\}^2$의 값을 구하시오. [4점]

5지선다형

01

▶ 24054-1031

$\dfrac{\sqrt[3]{16} \times \sqrt[6]{4}}{\sqrt{8}}$ 의 값은? [2점]

① $\sqrt[3]{2}$ ② $\sqrt[4]{2}$ ③ $\sqrt[5]{2}$

④ $\sqrt[6]{2}$ ⑤ $\sqrt[7]{2}$

02

▶ 24054-1032

$\displaystyle\lim_{x \to 2} \dfrac{3x}{x^2-x-2}\left(\dfrac{1}{2}-\dfrac{1}{x}\right)$ 의 값은? [2점]

① $\dfrac{1}{2}$ ② 1 ③ $\dfrac{3}{2}$

④ 2 ⑤ $\dfrac{5}{2}$

03

▶ 24054-1033

모든 항이 양수인 등비수열 $\{a_n\}$에 대하여

$$a_2 a_4 = 1, \ \dfrac{a_{10}}{a_5} = 1024$$

일 때, $\log_2 a_1$의 값은? [3점]

① -1 ② -2 ③ -3

④ -4 ⑤ -5

04

▶ 24054-1034

다항함수 $f(x)$에 대하여 함수 $(x^2+x)f(x)$가 $x=1$에서 극소이고, 이때의 극솟값이 -4일 때, $f'(1)$의 값은? [3점]

① 1 ② 2 ③ 3

④ 4 ⑤ 5

05

▶ 24054-1035

$\dfrac{\pi}{2}<\theta<\dfrac{3}{2}\pi$이고 $\tan^2\theta+4\tan\theta+1=0$일 때, $\sin\theta-\cos\theta$ 의 값은? [3점]

① $-\dfrac{\sqrt{6}}{2}$ ② $-\dfrac{\sqrt{3}}{2}$ ③ 0

④ $\dfrac{\sqrt{3}}{2}$ ⑤ $\dfrac{\sqrt{6}}{2}$

06

▶ 24054-1036

$a_2=5$, $a_4=11$인 등차수열 $\{a_n\}$에 대하여 부등식

$$\sum_{k=1}^{m}\dfrac{1}{a_k a_{k+1}}>\dfrac{4}{25}$$

를 만족시키는 자연수 m의 최솟값은? [3점]

① 11   ② 13   ③ 15

④ 17   ⑤ 19

07

▶ 24054-1037

좌표평면에서 다음 조건을 만족시키는 직선 l과 원점 사이의 거리는? [3점]

(가) 직선 l은 제2사분면을 지나고, 직선 $x-y+1=0$과 평행하다.

(나) 직선 l이 곡선 $y=x^3-2x+2$와 만나는 서로 다른 점의 개수는 2이다.

① $2\sqrt{2}$ ② 3 ③ $\sqrt{10}$

④ $\sqrt{11}$ ⑤ $2\sqrt{3}$

▶ 24054-1038

08

삼차함수 $f(x)=ax^3+3ax^2+bx+2$가 다음 조건을 만족시키도록 하는 두 정수 a, b에 대하여 ab의 최솟값은? [3점]

> $x_1<x_2$인 모든 실수 x_1, x_2에 대하여 $f(x_1)>f(x_2)$이다.

① -6 ② -3 ③ 0

④ 3 ⑤ 6

▶ 24054-1039

09

최고차항의 계수가 3인 이차함수 $f(x)$가

$$\int_{-1}^{3} f(x)\,dx = \int_{2}^{3} f(x)\,dx = \int_{3}^{4} f(x)\,dx$$

를 만족시킬 때, $f(0)$의 값은? [4점]

① 6 ② 7 ③ 8

④ 9 ⑤ 10

▶ 24054-1040

10

양수 a에 대하여 함수 $y=a\sin 2ax+2$의 그래프와 직선 $y=3$이 만난다. 이때 만나는 모든 점의 x좌표 중 양수인 것을 작은 수부터 차례로 k_1, k_2, k_3, $\cdots$이라 하자. $k_3+k_4=a\pi$일 때, a의 값은? [4점]

① $\sqrt{2}$ ② $\dfrac{3}{2}$ ③ $\dfrac{\sqrt{10}}{2}$

④ $\dfrac{\sqrt{11}}{2}$ ⑤ $\sqrt{3}$

11

▶ 24054-1041

$|a| \neq 3$, $a \neq 0$인 정수 a에 대하여 곡선 $y = \left(\dfrac{a^2}{9}\right)^{|x|} - 3$과 직선 $y = ax$가 서로 다른 두 점에서 만날 때, 부등식
$$(a^4)^{a^2 - 2a + 9} \geq (a^6)^{a^2 - a - 4}$$
을 만족시키는 모든 정수 a의 값의 합은? [4점]

① -6 ② -3 ③ 0

④ 3 ⑤ 6

12

▶ 24054-1042

1보다 큰 두 자연수 m, n에 대하여 두 수 $a = \sqrt[m]{2^{10}} \times \sqrt[n]{2^{24}}$, $b = \sqrt[n]{3^{24}}$이 다음 조건을 만족시킨다.

> (가) 두 수 a, b는 모두 자연수이다.
> (나) a는 16의 배수이다.

두 수 m, n의 모든 순서쌍 (m, n)의 개수는? [4점]

① 16 ② 18 ③ 20

④ 22 ⑤ 24

13

두 실수 a, k에 대하여 함수 $f(x)$를

$$f(x)=\begin{cases} k(x-a)(x-a+2) & (x<a) \\ |x-a-1|-1 & (a\leq x\leq a+2) \\ k(x-a-4)(x-a-2) & (x>a+2) \end{cases}$$

라 할 때, **보기**에서 옳은 것만을 있는 대로 고른 것은? [4점]

보기

ㄱ. $a=-1$이면 함수 $y=f(x)$의 그래프는 y축에 대하여 대칭이다.

ㄴ. $0\leq k\leq 1$이면 함수 $f(x)$의 최솟값은 -1이다.

ㄷ. 함수 $f(x)$가 $x=2$에서만 미분가능하지 않으면 $a+k=\dfrac{1}{2}$이다.

① ㄱ ② ㄷ ③ ㄱ, ㄴ
④ ㄴ, ㄷ ⑤ ㄱ, ㄴ, ㄷ

14

최고차항의 계수가 1인 사차함수 $f(x)$가 다음 조건을 만족시킨다.

(가) 모든 실수 x에 대하여 $f(-x)=f(x)$이다.
(나) 함수 $f(x)$는 $x=2$에서 극값을 갖는다.

두 실수 m, n과 함수 $f(x)$에 대하여 함수 $g(x)$는

$$g(x)=\begin{cases} f(x) & (x\geq 0) \\ f(x-m)+n & (x<0) \end{cases}$$

이다. 함수 $g(x)$가 실수 전체의 집합에서 미분가능하도록 하는 m, n의 모든 순서쌍 (m, n)에 대하여 $m+n$의 최댓값은? [4점]

① 14 ② 16 ③ 18
④ 20 ⑤ 22

122 EBS 수능완성 수학영역

15

▸ 24054-1045

그림과 같이 중심이 O이고 반지름의 길이가 2, 중심각의 크기가 $\dfrac{2}{3}\pi$인 부채꼴 OAB가 있다. 선분 OB의 중점 M과 호 AB 위의 점 중에서 A가 아닌 점 P에 대하여 $\angle OAM = \angle OPM$일 때, 삼각형 PMA의 둘레의 길이는? [4점]

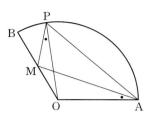

① $\dfrac{17\sqrt{7}}{7}$ ② $\dfrac{18\sqrt{7}}{7}$ ③ $\dfrac{19\sqrt{7}}{7}$

④ $\dfrac{20\sqrt{7}}{7}$ ⑤ $3\sqrt{7}$

단답형

16

▸ 24054-1046

부등식 $\log_2 (x^2 - x - 6) \le \log_{\sqrt{2}} 6$을 만족시키는 모든 정수 x의 값의 합을 구하시오. [3점]

17

▸ 24054-1047

수열 $\{a_n\}$이 모든 자연수 n에 대하여

$$\sum_{k=1}^{n} a_k = 2^n - 5n$$

을 만족시킬 때, $\sum_{n=1}^{4} a_{2n-1}$의 값을 구하시오. [3점]

18

▶ 24054-1048

시각 $t=0$일 때 동시에 원점을 출발하여 수직선 위를 움직이는 두 점 P, Q의 시각 t $(t \geq 0)$에서의 속도가 각각

$$v_1(t) = 3t - 5, \quad v_2(t) = 7 - t$$

이다. 시각 $t=k$에서 두 점 P, Q가 만날 때, 양수 k의 값을 구하시오. [3점]

19

▶ 24054-1049

최고차항의 계수가 1인 삼차함수 $f(x)$의 도함수 $f'(x)$에 대하여 $f'(-1) = f'(3) = 0$이다. 함수 $f(x)$가 다음 조건을 만족시킬 때, $f(1)$의 값을 구하시오. [3점]

(가) $f(0) > 0$
(나) 함수 $f(x)$의 극댓값과 극솟값의 곱이 0이다.

20

▶ 24054-1050

모든 항이 정수이고 다음 조건을 만족시키는 모든 수열 $\{a_n\}$에 대하여 a_5의 값의 합을 구하시오. [4점]

(가) $a_1 = 100$이고, 모든 자연수 n에 대하여
$$a_{n+2} = \begin{cases} a_n - a_{n+1} & (n\text{이 홀수인 경우}) \\ 2a_{n+1} - a_n & (n\text{이 짝수인 경우}) \end{cases}$$
이다.
(나) 6 이하의 모든 자연수 m에 대하여 $a_m a_{m+1} > 0$이다.

21

▶ 24054-1051

함수 $f(x)=\int_0^x (2x-t)(3t^2+at+b)\,dt$와 도함수 $f'(x)$가 다음 조건을 만족시키도록 하는 정수 a와 실수 b에 대하여 $\left|\dfrac{a}{b}\right|$의 값을 구하시오. [4점]

(가) $f'(1)=0$
(나) 열린구간 $(0, 1)$에 속하는 모든 실수 k에 대하여 x에 대한 방정식 $f(x)=f(k)$의 서로 다른 실근의 개수는 2이다.

22

▶ 24054-1052

함수 $f(x)=x^4-\dfrac{8}{3}x^3-2x^2+8x+2$와 상수 k에 대하여 함수 $g(x)$는
$$g(x)=|f(x)-k|$$
이고 두 집합 A, B를
$$A=\left\{x\,\bigg|\,\lim_{h\to 0-}\frac{g(x+h)-g(x)}{h}+\lim_{h\to 0+}\frac{g(x+h)-g(x)}{h}=0\right\},$$
$$B=\{g(x)\,|\,x\in A\}$$
라 할 때, $n(A)=7$, $n(B)=3$이다. 집합 B의 모든 원소의 합이 $\dfrac{q}{p}$일 때, $p+q$의 값을 구하시오.

(단, p와 q는 서로소인 자연수이다.) [4점]

▶ 24055-1053

▶ 24055-1054

5지선다형

23

$\lim\limits_{n \to \infty} \dfrac{3^{n+1}+2^{2n+1}}{3^n+2^{2n-1}}$의 값은? [2점]

① 1   ② 2   ③ 3

④ 4   ⑤ 5

24

$\displaystyle\int_{e}^{e^2} \dfrac{(\ln x)^2 + \ln x^2}{x}\,dx$의 값은? [3점]

① 4   ② $\dfrac{14}{3}$ ③ $\dfrac{16}{3}$

④ 6   ⑤ $\dfrac{20}{3}$

25

▶ 24055-1055

매개변수 t로 나타내어진 곡선

$$x=\ln(t^2+1),\ y=\frac{t}{t^2+1}$$

에서 $t=3$일 때, $\dfrac{dy}{dx}$의 값은? [3점]

① $-\dfrac{1}{15}$　　② $-\dfrac{2}{15}$　　③ $-\dfrac{1}{5}$

④ $-\dfrac{4}{15}$　　⑤ $-\dfrac{1}{3}$

26

▶ 24055-1056

함수 $f(x)=\left(x+\dfrac{1}{2}\right)e^{2x}$과 양수 a에 대하여 곡선 $y=f(x)$ 위의 점 $\mathrm{P}(a,\ f(a))$에서 x축, y축에 내린 수선의 발을 각각 H, I 라 하자. 곡선 $y=f(x)$와 y축 및 선분 PI로 둘러싸인 부분의 넓이를 S_1, 곡선 $y=f(x)$와 y축 및 두 선분 OH, PH로 둘러싸인 부분의 넓이를 S_2라 하자. $S_1 : S_2 = 3 : 1$일 때, a의 값은?

(단, O는 원점이다.) [3점]

① $\dfrac{3}{2}$　　② 2　　③ $\dfrac{5}{2}$

④ 3　　⑤ $\dfrac{7}{2}$

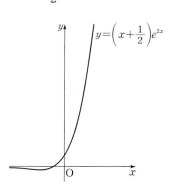

그림과 같이 $\overline{A_1B_1}=5$, $\overline{B_1C_1}=10$인 직사각형 $A_1B_1C_1D_1$이 있다. 점 C_1을 중심으로 하고 선분 B_1D_1 위의 점 E_1에서 직선 B_1D_1과 접하는 원이 두 선분 B_1C_1, C_1D_1과 만나는 점을 각각 F_1, G_1이라 하고, 부채꼴 $C_1G_1F_1$과 삼각형 $A_1E_1D_1$을 색칠하여 얻은 그림을 R_1이라 하자.

그림 R_1에서 선분 A_1B_1 위의 두 점 A_2, B_2, 선분 B_1E_1 위의 점 C_2, 선분 A_1E_1 위의 점 D_2를 꼭짓점으로 하고 $\overline{A_2B_2}:\overline{B_2C_2}=1:2$인 직사각형 $A_2B_2C_2D_2$를 그린다. 직사각형 $A_2B_2C_2D_2$에 그림 R_1을 얻은 것과 같은 방법으로 부채꼴과 삼각형을 그리고 색칠하여 얻은 그림을 R_2라 하자.

이와 같은 과정을 계속하여 n번째 얻은 그림 R_n에 색칠되어 있는 부분의 넓이를 S_n이라 할 때, $\lim\limits_{n\to\infty} S_n$의 값은? [3점]

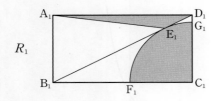

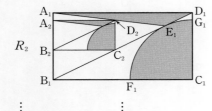

① $\dfrac{81}{13}(\pi+1)$ ② $\dfrac{27}{5}(\pi+1)$ ③ $\dfrac{81}{17}(\pi+1)$

④ $\dfrac{81}{19}(\pi+1)$ ⑤ $\dfrac{27}{7}(\pi+1)$

그림과 같이 한 변의 길이가 2인 정사각형 $ABCD$와 정사각형의 내부에 선분 AB를 지름으로 하는 반원이 있다. 반원의 호 AB 위의 점 P에 대하여 직선 AP가 선분 BC와 만나는 점을 Q라 하고, 점 P에서 호 AB에 접하는 직선이 두 선분 BC, CD와 만나는 점을 각각 R, S라 하자. $\angle BAP=\theta$라 할 때, 삼각형 PRQ의 넓이를 $S(\theta)$, 점 C를 중심으로 하고 반지름의 길이가 $\dfrac{1}{2}\overline{CS}$인 원의 넓이를 $T(\theta)$라 하자. $\lim\limits_{\theta\to0+}\dfrac{\theta\times T(\theta)}{S(\theta)}$의 값은?

$\left(\text{단, } 0<\theta<\dfrac{\pi}{8}\right)$ [4점]

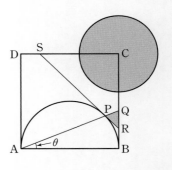

① 2π ② 4π ③ 6π
④ 8π ⑤ 10π

29

▶ 24055-1059

최고차항의 계수가 1이고 상수항이 0인 삼차함수 $f(x)$에 대하여 함수 $g(x)$를

$$g(x)=\frac{f(x)}{e^x}$$

라 하자. 함수 $g(x)$가 다음 조건을 만족시킬 때, $f(3)$의 값을 구하시오. [4점]

(가) 곡선 $y=g(x)$ 위의 점 $(2,\ g(2))$에서의 접선이 원점을 지난다.
(나) 점 $(2,\ g(2))$는 곡선 $y=g(x)$의 변곡점이다.

30

▶ 24055-1060

실수 전체의 집합에서 미분가능하고 도함수가 연속인 함수 $f(x)$가 모든 실수 x에 대하여

$$f(x)\cos x=x\cos^2 x-\sin x\int_0^{\frac{\pi}{2}} f'(t)dt-\int_0^x f(t)\sin t\,dt$$

를 만족시킬 때, $(\pi+2)\int_0^{\frac{\pi}{2}} \{f(x)\sin x+f'(x)\cos x\}\,dx$

의 값을 구하시오. [4점]

▶ 24054-1061

5지선다형

01

$4^{2-\sqrt{3}} \times 2^{2\sqrt{3}}$의 값은? [2점]

① 2   ② 4   ③ 8

④ 16   ⑤ 32

02

▶ 24054-1062

$\lim\limits_{x \to 1} \dfrac{1}{x^2-1}\left(\dfrac{1}{x+1}-\dfrac{1}{2}\right)$의 값은? [2점]

① $-\dfrac{1}{8}$ ② $-\dfrac{1}{4}$ ③ $-\dfrac{3}{8}$

④ $-\dfrac{1}{2}$ ⑤ $-\dfrac{5}{8}$

03

▶ 24054-1063

등차수열 $\{a_n\}$에 대하여
$$2a_1 = a_4,\ a_2 + a_3 = 9$$
일 때, a_6의 값은? [3점]

① 6   ② 8   ③ 10

④ 12   ⑤ 14

04

▶ 24054-1064

다항함수 $f(x)$에 대하여 함수 $g(x)$를
$$g(x) = (3x-4)f(x)$$
라 하자. $\lim\limits_{h \to 0} \dfrac{f(2+2h)-2}{h} = 5$일 때, $g'(2)$의 값은? [3점]

① 11   ② 12   ③ 13

④ 14   ⑤ 15

05

▶ 24054-1065

두 상수 a, b에 대하여
$$\lim_{x \to 1} \frac{x^3 - 1}{x^2 + ax + b} = \frac{1}{2}$$
일 때, $a - b$의 값은? [3점]

① 9　　　　② 11　　　　③ 13

④ 15　　　　⑤ 17

06

▶ 24054-1066

함수 $f(x) = x^3 - ax^2 + (a-2)x + a$는 $x = a$에서 극소이다.
함수 $f(x)$의 극댓값은? (단, a는 상수이다.) [3점]

① $\dfrac{10}{9}$　　　　② $\dfrac{32}{27}$　　　　③ $\dfrac{34}{27}$

④ $\dfrac{4}{3}$　　　　⑤ $\dfrac{38}{27}$

07

▶ 24054-1067

중심이 원점 O이고 반지름의 길이가 1인 원 C 위의 점 중 제1사분면에 있는 점 P에서의 접선 l이 x축, y축과 만나는 점을 각각 Q, R이라 하고 $\angle RQO = \theta$라 하자. 삼각형 ROQ의 넓이가 $\dfrac{2\sqrt{3}}{3}$일 때, $\sin \theta \times \cos \theta$의 값은? [3점]

① $\dfrac{\sqrt{2}}{8}$　　　　② $\dfrac{\sqrt{3}}{8}$　　　　③ $\dfrac{\sqrt{2}}{4}$

④ $\dfrac{\sqrt{3}}{4}$　　　　⑤ $\dfrac{1}{2}$

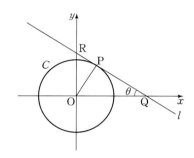

08

▶ 24054-1068

점 $(0, 1)$에서 곡선 $y=x^3-3x^2$에 그은 두 접선의 기울기를 각각 m_1, m_2라 하자. m_1+m_2의 값은? [3점]

① $\dfrac{3}{8}$ ② $\dfrac{1}{2}$ ③ $\dfrac{5}{8}$

④ $\dfrac{3}{4}$ ⑤ $\dfrac{7}{8}$

09

▶ 24054-1069

수열 $\{a_n\}$이 $a_1=1$이고 모든 자연수 n에 대하여

$$a_{n+1}=\begin{cases} \sqrt[3]{2}\,a_n & (a_n<2) \\ \dfrac{1}{2}a_n & (a_n\geq2) \end{cases}$$

를 만족시킨다. 수열 $\{a_n\}$의 첫째항부터 제n항까지의 곱을 T_n이라 할 때, $\log_2 T_{100}$의 값은? [4점]

① 10   ② 20   ③ 30

④ 40   ⑤ 50

10

▶ 24054-1070

그림과 같이 $x\geq0$에서 곡선 $y=x^3-x$와 직선 $y=3x$로 둘러싸인 부분의 넓이를 직선 $y=mx$가 이등분할 때, 상수 m의 값은?
(단, $0<m<3$) [4점]

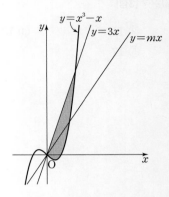

① $2(\sqrt{2}-1)$ ② $3-\sqrt{2}$ ③ $2\sqrt{2}-1$

④ $\dfrac{3\sqrt{2}}{2}$ ⑤ $\sqrt{2}+1$

11

▶ 24054-1071

다항함수 $f(x)$가 모든 실수 x에 대하여

$$xf(x) = \frac{2}{3}x^3 + ax^2 + b + \int_1^x f(t)\,dt$$

를 만족시킨다. $f(0) = f(1) = 1$일 때, $f(b-a)$의 값은?

(단, a, b는 상수이다.) [4점]

① 1

② $\dfrac{11}{9}$

③ $\dfrac{13}{9}$

④ $\dfrac{5}{3}$

⑤ $\dfrac{17}{9}$

12

▶ 24054-1072

그림과 같이 곡선 $y = x^3 + 6x^2 + 9x$ 위의 점 $P(t,\ t^3+6t^2+9t)$ $(-1<t<0)$에서의 접선을 l이라 하고, 점 P를 지나고 직선 l에 수직인 직선을 m이라 하자. 두 직선 l, m이 y축과 만나는 점을 각각 Q, R이라 하고, 삼각형 PRQ의 넓이를 $S(t)$라 할 때, $\displaystyle\lim_{t \to 0-} \frac{S(t)}{t^2}$의 값은? [4점]

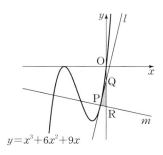

① $\dfrac{41}{9}$

② $\dfrac{43}{9}$

③ 5

④ $\dfrac{47}{9}$

⑤ $\dfrac{49}{9}$

13

▸ 24054-1073

함수 $f(x)=\log_2 x$가 있다. 그림과 같이 자연수 n에 대하여 함수 $y=f(x)$의 그래프 위의 점 $P_n(2^n,\ f(2^n))$에서 x축에 내린 수선의 발을 H_n이라 하고, 선분 OH_n의 중점을 Q_n이라 하자. 삼각형 $P_nQ_nH_n$의 외접원 C_n의 넓이를 S_n이라 할 때, $\dfrac{S_{10}-50S_1}{S_4-2S_2}$의 값은 k이다. $f(k)$의 값은? (단, O는 원점이다.)

[4점]

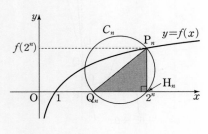

① 6   ② 8   ③ 10

④ 12   ⑤ 14

14

▸ 24054-1074

실수 전체의 집합에서 정의된 함수

$$f(x)=\int_0^x 12t(t-1)(t-3)\,dt$$

에 대하여 **보기**에서 옳은 것만을 있는 대로 고른 것은? [4점]

> **보기**
>
> ㄱ. $f'(2)=-24$
> ㄴ. 함수 $f(x)$의 극댓값은 5이다.
> ㄷ. 함수 $f(x+1)-f(x)$는 $x=\dfrac{5}{3}$에서 극솟값을 갖는다.

① ㄱ   ② ㄴ   ③ ㄱ, ㄷ

④ ㄴ, ㄷ   ⑤ ㄱ, ㄴ, ㄷ

15

▶ 24054-1075

실수 전체의 집합에서 정의된 함수 $f(x)$가 닫힌구간 $[-1, 1]$에서

$$f(x)=\begin{cases} -x^2 & (-1\leq x<0) \\ x^2 & (0\leq x\leq 1) \end{cases}$$

이고, 모든 실수 x에 대하여 $f(x)=f(x-2)+2$를 만족시킨다. 자연수 n에 대하여 곡선 $y=f(x)$와 x축 및 두 직선 $x=-3$, $x=n$으로 둘러싸인 부분의 넓이가 $\dfrac{194}{3}$일 때, n의 값은? [4점]

① 7   ② 8   ③ 9

④ 10   ⑤ 11

단답형

16

▶ 24054-1076

방정식

$$\log_4(4x-x^2)=1+\log_2(x-1)$$

을 만족시키는 실수 x의 값을 구하시오. [3점]

17

▶ 24054-1077

두 수열 $\{a_n\}$, $\{b_n\}$에 대하여

$$\sum_{k=1}^{10}(2a_k+3)=100, \ \sum_{k=1}^{10}(3b_k+2k)=500$$

일 때, $\sum_{k=1}^{10}(a_k+b_k)$의 값을 구하시오. [3점]

18

▶ 24054-1078

그림과 같이 자연수 n에 대하여 원 $C_n : x^2+y^2=n^2$이 원점 O를 지나고 x축의 양의 방향과 이루는 각의 크기가 $30°$인 직선 l과 만나는 제1사분면 위의 점을 P_n이라 하자. 원 C_n이 x축과 만나는 점 중 x좌표가 양수인 점을 H_n이라 하고, 점 H_n을 지나고 x축에 수직인 직선과 직선 l이 만나는 점을 Q_n이라 할 때, 삼각형 $P_n H_n Q_n$의 넓이를 S_n이라 하자. $\sum_{k=1}^{8} S_k = a+b\sqrt{3}$일 때, $b-a$의 값을 구하시오. (단, a, b는 유리수이다.) [3점]

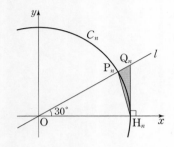

19

▶ 24054-1079

실수 전체의 집합에서 정의된 함수 $f(x)$가 구간 $[-2, 6)$에서

$$f(x)=\begin{cases} x^2+2x+2 & (-2 \le x < 2) \\ \dfrac{1}{2}x^2-4x & (2 \le x < 6) \end{cases}$$

이고, 모든 실수 x에 대하여 $f(x)=f(x+8)$을 만족시킨다. 열린구간 $(-20, 20)$에서 함수 $f(x)$가 $x=a$에서 극소인 모든 실수 a를 작은 수부터 크기순으로 나열한 것을 a_1, a_2, a_3, $\cdots$, a_m (m은 자연수)라 하고, $x=b$에서 극대인 모든 실수 b를 작은 수부터 크기순으로 나열한 것을 b_1, b_2, b_3, $\cdots$, b_n (n은 자연수)라 하자. $\sum_{k=1}^{m} a_k + \sum_{k=1}^{n} |b_k|$의 값을 구하시오. [3점]

20

▶ 24054-1080

수직선 위를 움직이는 점 P의 시각 t $(t \ge 0)$에서의 속도 $v(t)$와 가속도 $a(t)$가 다음 조건을 만족시킨다.

(가) $v(t)$는 t에 대한 삼차함수이다.

(나) 0 이상의 모든 실수 t에 대하여
  $v(t)+ta(t)=4t^3-3t^2-4t$이다.

시각 $t=0$에서 $t=3$까지 점 P가 움직인 거리를 l이라 할 때, $12 \times l$의 값을 구하시오. [4점]

21

▶ 24054-1081

그림과 같이 중심이 각각 $A(-1, 0)$, $B(2, 0)$이고 원점 O를 지나는 두 원을 각각 C_1, C_2라 하자. 원점을 출발하여 시계 반대 방향으로 원 C_1 위를 움직이는 점 P와 점 $(4, 0)$을 출발하여 시계 반대 방향으로 원 C_2 위를 움직이는 점 Q에 대하여 두 선분 AP, BQ가 x축의 양의 방향과 이루는 각의 크기를 모두 θ라 하자. 삼각형 POQ의 넓이를 $S(\theta)$라 할 때, $S(\theta)=1$이 되도록 하는 θ의 값을 작은 수부터 크기순으로 나열한 것을 α_1, α_2, α_3, $\cdots$, α_n (n은 자연수)라 하자. $\dfrac{12}{\pi} \times (\alpha_2 - \alpha_1 + \alpha_4 - \alpha_3)$의 값을 구하시오. (단, $0 < \theta < 2\pi$이고 $\theta \neq \pi$이다.) [4점]

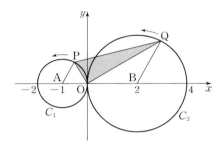

22

▶ 24054-1082

최고차항의 계수가 1인 삼차함수 $f(x)$에 대하여 함수 $g(x)$를

$$g(x) = \begin{cases} f(x)+2x & (x<-1) \\ -f(x)-2x+a & (-1 \leq x < 2) \\ f(x)+2x+b & (x \geq 2) \end{cases}$$

라 하면 함수 $g(x)$는 실수 전체의 집합에서 미분가능하다. $g(-2)=6$일 때, $g(1)+g(3)$의 값을 구하시오.

(단, a, b는 상수이다.) [4점]

23

▸ 24055-1083

$\lim\limits_{x \to 0} \dfrac{4^x - 1}{\log_2(1+2x)}$의 값은? [2점]

① $\dfrac{(\ln 2)^2}{2}$ ② $\dfrac{\ln 2}{2}$ ③ $(\ln 2)^2$

④ $\ln 2$ ⑤ $2(\ln 2)^2$

24

▸ 24055-1084

함수 $f(x) = \dfrac{\ln x}{x}$에 대하여 곡선 $y=f(x)$ 위의 점

$\mathrm{P}(t,\ f(t))\ (t>0)$에서의 접선의 y절편을 $g(t)$라 하자. 함수 $g(t)$가 $t=\alpha$에서 최댓값을 가질 때, 상수 α의 값은? [3점]

① $e^{\frac{1}{2}}$ ② e ③ $e^{\frac{3}{2}}$

④ e^2 ⑤ $e^{\frac{5}{2}}$

25

▶ 24055-1085

수열 $\{a_n\}$은 $a_1=2$이고, 모든 자연수 n에 대하여

$$a_{n+1}=(-1)^n \times a_n+2$$

를 만족시킨다. $T_n=\sum_{k=1}^{n} a_{2k-1}$일 때, $\sum_{n=1}^{\infty} \dfrac{1}{T_n T_{n+1}}$의 값은? [3점]

① $\dfrac{1}{8}$ ② $\dfrac{1}{4}$ ③ $\dfrac{3}{8}$

④ $\dfrac{1}{2}$ ⑤ $\dfrac{5}{8}$

26

▶ 24055-1086

그림과 같이 곡선 $y=e^x$ $(0 \le x \le \ln 2)$와 x축, y축 및 직선 $x=\ln 2$로 둘러싸인 부분을 밑면으로 하는 입체도형이 있다. 이 입체도형을 x축에 수직인 평면으로 자른 단면이 모두 x축 위의 점이 중심이고 중심각의 크기가 $\dfrac{\pi}{4}$인 부채꼴일 때, 이 입체도형의 부피는? [3점]

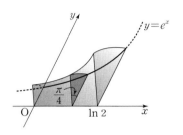

① $\dfrac{\pi}{16}$ ② $\dfrac{\pi}{8}$ ③ $\dfrac{3}{16}\pi$

④ $\dfrac{\pi}{4}$ ⑤ $\dfrac{5}{16}\pi$

27

▶ 24055-1087

그림과 같이 $\overline{AB_1}=3$, $\overline{AD_1}=1$인 직사각형 $AB_1C_1D_1$ 모양의 종이에서 대각선 B_1D_1을 접는 선으로 하여 두 선분 AB_1, C_1D_1이 만나도록 접었을 때 점 A가 위치한 점을 E_1, 선분 C_1D_1과 선분 B_1E_1의 교점을 F_1이라 하고, 삼각형 $B_1C_1F_1$과 삼각형 $D_1F_1E_1$을 색칠하여 얻은 그림을 R_1이라 하자.

점 E_1을 지나고 직선 AB_1에 평행한 직선이 직선 AD_1과 만나는 점을 D_2라 하고, $\overline{AB_2}=3\times\overline{AD_2}$이고 사각형 $AB_2C_2D_2$가 직사각형이 되도록 두 점 B_2, C_2를 잡는다. 직사각형 $AB_2C_2D_2$ 모양의 종이에서 대각선 B_2D_2를 접는 선으로 하여 두 선분 AB_2, C_2D_2가 만나도록 접었을 때 점 A가 위치한 점을 E_2, 선분 C_2D_2와 선분 B_2E_2의 교점을 F_2라 하고, 삼각형 $B_2C_2F_2$와 삼각형 $D_2F_2E_2$를 색칠하여 얻은 그림을 R_2라 하자.

이와 같은 과정을 계속하여 n번째 얻은 그림을 R_n이라 할 때, 삼각형 $B_nC_nF_n$과 삼각형 $D_nF_nE_n$의 넓이의 합을 S_n이라 하자.

$\displaystyle\sum_{n=1}^{\infty}\dfrac{1}{S_n}$의 값은? [3점]

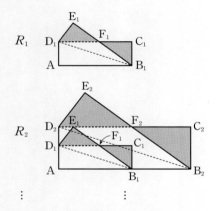

① $\dfrac{81}{74}$ ② $\dfrac{243}{224}$ ③ $\dfrac{243}{226}$

④ $\dfrac{81}{76}$ ⑤ $\dfrac{243}{230}$

28

▶ 24055-1088

두 함수 $f(x)=4xe^{-x}$, $g(x)=mx+n\ (m<0)$에 대하여 함수 $h(x)$를

$$h(x)=\begin{cases} f(x) & (f(x)\le g(x)) \\ g(x) & (f(x)>g(x)) \end{cases}$$

라 하자. 함수 $h(x)$가 실수 전체의 집합에서 미분가능할 때, 함수 $y=h(x)$의 그래프와 x축으로 둘러싸인 부분의 넓이는?

(단, m, n은 상수이고, $\displaystyle\lim_{x\to\infty}xe^{-x}=0$이다.) [4점]

① $2-\dfrac{8}{e^2}$ ② $2-\dfrac{6}{e^2}$ ③ $4-\dfrac{8}{e^2}$

④ $4-\dfrac{6}{e^2}$ ⑤ $4-\dfrac{4}{e^2}$

단답형

29

▶ 24055-1089

최고차항의 계수가 1이고 실수 전체의 집합에서 $f(x) > 0$인 이차함수 $f(x)$에 대하여 함수

$$g(x) = (1 + \ln 3)f(x) - f(x)\ln f(x)$$

가 다음 조건을 만족시킨다.

(가) 함수 $g(x)$는 $x = 3$에서 극솟값을 갖는다.
(나) 방정식 $g'(\alpha) = 0$을 만족시키는 모든 실수 α의 값의 곱은 24이다.

$f(10)$의 값을 구하시오. [4점]

30

▶ 24055-1090

함수 $f(x) = \dfrac{x^2 - x + 1}{e^x}$이 있다. 실수 t에 대하여 함수 $f(|x| + t)$가 $x = a$에서 극값을 갖는 모든 실수 a의 개수를 $g(t)$라 하자. 최고차항의 계수가 1인 이차함수 $h(x)$에 대하여 함수 $g(x)h(x)$가 실수 전체의 집합에서 연속일 때, $h(0) + h(4)$의 값을 구하시오. $\left(\text{단, } \lim\limits_{x \to \infty} \dfrac{x^2}{e^x} = 0\right)$ [4점]

5지선다형

01

▶ 24054-1091

$\log_3 \sqrt{3} + \log_3 9$의 값은? [2점]

① $\dfrac{1}{2}$ ② $\dfrac{3}{2}$ ③ $\dfrac{5}{2}$

④ $\dfrac{7}{2}$ ⑤ $\dfrac{9}{2}$

02

▶ 24054-1092

$\lim\limits_{x \to 2} \dfrac{x^2+6x-16}{x^2-x-2}$의 값은? [2점]

① 2 ② $\dfrac{7}{3}$ ③ $\dfrac{8}{3}$

④ 3 ⑤ $\dfrac{10}{3}$

03

▶ 24054-1093

등차수열 $\{a_n\}$에 대하여
$$a_4=4,\ a_2+a_5=11$$
일 때, a_3+a_{11}의 값은? [3점]

① -9 ② -10 ③ -11

④ -12 ⑤ -13

04

▶ 24054-1094

두 다항함수 $f(x)=2x^3+5$, $g(x)=x^2+3x+1$에 대하여 함수 $h(x)$를 $h(x)=f(x)g(x)$라 할 때, $h'(1)$의 값은? [3점]

① 60 ② 65 ③ 70

④ 75 ⑤ 80

05

▶ 24054-1095

$1 \leq x \leq 4$에서 함수 $f(x) = 2^{x-k} + m$의 최댓값이 10, 최솟값이 3일 때, $k+m$의 값은? (단, k, m은 상수이다.) [3점]

① 1   ② 2   ③ 3

④ 4   ⑤ 5

06

▶ 24054-1096

함수 $f(x) = \dfrac{1}{3}x^3 + x^2 - 3x + a$가 $x=b$에서 극솟값 $\dfrac{10}{3}$을 가질 때, $a+b$의 값은? (단, a, b는 상수이다.) [3점]

① 6   ② 7   ③ 8

④ 9   ⑤ 10

07

▶ 24054-1097

모든 항이 양수인 수열 $\{a_n\}$이 모든 자연수 n에 대하여

$$\log_2 a_{n+1} - \log_2 a_n = -\frac{1}{2}$$

을 만족시킨다. 수열 $\{a_n\}$의 첫째항부터 제n항까지의 합을 S_n이라 할 때, $\dfrac{S_{2m}}{S_m} = \dfrac{9}{8}$이다. $m \times \dfrac{a_{2m}}{a_m}$의 값은? [3점]

① $\dfrac{1}{4}$ ② $\dfrac{1}{2}$ ③ $\dfrac{3}{4}$

④ 1   ⑤ $\dfrac{5}{4}$

08

▶ 24054-1098

함수 $f(x)=-x^3+ax+4$에 대하여 곡선 $y=f(x)$ 위의 점 $(1, f(1))$에서의 접선의 방정식이 $y=x+b$이다. $a+b$의 값은? (단, a, b는 상수이다.) [3점]

① 4   ② 6   ③ 8

④ 10   ⑤ 12

09

▶ 24054-1099

그림과 같이 $x>0$에서 두 함수 $y=3\tan\pi x$, $y=2\cos\pi x$의 그래프가 만나는 점 중 x좌표가 가장 작은 점을 P라 하고, 함수 $y=2\cos\pi x$의 그래프가 x축과 만나는 점 중 x좌표가 가장 작은 점을 Q, 두 번째로 작은 점을 R이라 하자. 삼각형 PQR의 넓이는? [4점]

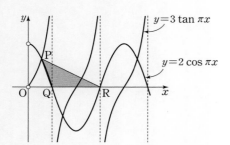

① $\dfrac{\sqrt{3}}{6}$ ② $\dfrac{\sqrt{3}}{3}$ ③ $\dfrac{\sqrt{3}}{2}$

④ $\dfrac{2\sqrt{3}}{3}$ ⑤ $\dfrac{5\sqrt{3}}{6}$

10

▶ 24054-1100

그림과 같이 양수 a에 대하여 직선 $y=-ax+4$와 곡선 $y=\dfrac{a^2}{2}x^2$ 및 x축으로 둘러싸인 부분의 넓이를 S_1, 직선 $y=-ax+4$와 곡선 $y=\dfrac{a^2}{2}x^2\,(x\geq0)$ 및 y축으로 둘러싸인 부분의 넓이를 S_2라 하자. $S_2-S_1=\dfrac{14}{3}$일 때, a의 값은? [4점]

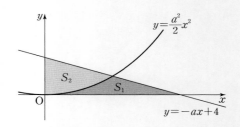

① $\dfrac{1}{7}$ ② $\dfrac{2}{7}$ ③ $\dfrac{3}{7}$

④ $\dfrac{4}{7}$ ⑤ $\dfrac{5}{7}$

11
▶ 24054-1101

그림과 같이 선분 AB를 지름으로 하는 원에 내접하는 사각형 ACBD가 있다.

$$\overline{AB}=4, \ \overline{AC}=\overline{BC}, \ \overline{CD}=3$$

일 때, 선분 BD의 길이는? (단, $\overline{AD}>\overline{BD}$) [4점]

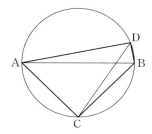

① $\dfrac{3\sqrt{2}-\sqrt{14}}{2}$ ② $\dfrac{2\sqrt{5}-\sqrt{14}}{2}$ ③ $\dfrac{3\sqrt{2}-2\sqrt{3}}{2}$

④ $\dfrac{2\sqrt{5}-2\sqrt{3}}{2}$ ⑤ $\dfrac{2\sqrt{5}-\sqrt{3}}{2}$

12
▶ 24054-1102

함수 $f(x)=\left| 4\cos\left(\dfrac{\pi}{2}-\dfrac{x}{3}\right)+k \right|-5$의 최댓값을 M, 최솟값을 m이라 할 때, $M-m=7$이 되도록 하는 모든 실수 k의 값의 곱은? [4점]

① -3 ② -6 ③ -9
④ -12 ⑤ -15

13

▶ 24054-1103

최고차항의 계수가 3인 이차함수 $f(x)$가 다음 조건을 만족시킨다.

(가) 모든 실수 x에 대하여 $f(2-x)=f(2+x)$이다.
(나) x에 대한 방정식 $|f(x)|=k$가 서로 다른 네 개의 실근을 갖도록 하는 자연수 k의 개수는 6이다.

함수 $g(x)$를 $g(x)=\displaystyle\int_0^x f(t)\,dt$라 할 때, $\displaystyle\int_0^4 g(x)\,dx$의 최솟값은? [4점]

① -32 ② -28 ③ -24

④ -20 ⑤ -16

14

▶ 24054-1104

실수 k에 대하여 함수 $f(x)$를

$$f(x)=\begin{cases} x^2-4x+k & (x<0) \\ -x^2+4x+k & (x\geq0) \end{cases}$$

이라 하자. 실수 t에 대하여 함수 $y=|f(x)|$의 그래프와 직선 $y=t$의 교점의 개수를 $g(t)$라 할 때, **보기**에서 옳은 것만을 있는 대로 고른 것은? [4점]

보기

ㄱ. 함수 $f(x)$가 $x\geq a$에서 감소할 때, 양수 a의 최솟값은 2이다.
ㄴ. $k=-2$일 때, $g(1)=6$이다.
ㄷ. $-4<k<0$인 모든 실수 k와 실수 b에 대하여 $\displaystyle\lim_{t\to b-}g(t)>\lim_{t\to b+}g(t)$를 만족시키는 서로 다른 모든 $g(b)$의 값의 합은 8이다.

① ㄱ   ② ㄱ, ㄴ   ③ ㄱ, ㄷ

④ ㄴ, ㄷ   ⑤ ㄱ, ㄴ, ㄷ

15

▸ 24054-1105

첫째항이 2인 두 수열 $\{a_n\}$, $\{b_n\}$이 모든 자연수 n에 대하여 다음 조건을 만족시킨다.

(가) $\dfrac{a_{n+1}}{a_n} = \dfrac{a_{n+2}}{a_{n+1}}$

(나) $\displaystyle\sum_{k=1}^{n} \dfrac{a_{k+1}b_k}{4^k} = 2^n + n(n+1)$

$a_5 + b_{10}$의 값은? [4점]

① 772 ② 774 ③ 776

④ 778 ⑤ 780

16

▸ 24054-1106

방정식
$$2^{x+2} - 24 = 2^x$$
을 만족시키는 실수 x의 값을 구하시오. [3점]

17

▸ 24054-1107

다항함수 $f(x)$에 대하여
$$f'(x) = 3x^2 + 4x + 1, \quad f(0) = 1$$
일 때, $\displaystyle\int_{-3}^{3} f(x)\,dx$의 값을 구하시오. [3점]

18

▶ 24054-1108

두 수열 $\{a_n\}$, $\{b_n\}$에 대하여

$$\sum_{n=1}^{4}(a_n+b_n)=36,\ \sum_{n=1}^{4}(a_n-b_n)=14$$

일 때, $\sum_{n=1}^{4}(2a_n+b_n)$의 값을 구하시오. [3점]

19

▶ 24054-1109

자연수 k에 대하여 점 $(-2,\ k)$에서 곡선 $y=x^3-3x^2$에 그을 수 있는 접선의 개수를 $f(k)$라 할 때, $\sum_{k=1}^{20}f(k)$의 값을 구하시오. [3점]

20

▶ 24054-1110

시각 $t=0$일 때 동시에 원점을 출발하여 수직선 위를 움직이는 두 점 P, Q의 시각 t $(t \geq 0)$에서의 속도가 각각

$$v_1(t)=2t^2+2t,\ v_2(t)=t^2-2t$$

이다. 시각 $t=k$일 때 점 P의 가속도가 점 Q의 가속도의 3배이고 시각 $t=0$에서 $t=k$까지 두 점 P, Q가 움직인 거리의 차가 a일 때, $3a$의 값을 구하시오. (단, a, k는 상수이다.) [4점]

21

▶ 24054-1111

10보다 작은 두 자연수 k, m에 대하여 두 함수

$$f(x)=|2^x-k|+m,$$

$$g(x)=\left(\log_2 \frac{x}{4}\right)^2+2\log_4 x-2$$

가 있다. x에 대한 방정식 $(g \circ f)(x)=0$이 n개의 실근을 갖도록 하는 k, m의 모든 순서쌍 (k, m)의 개수를 a_n이라 하자. a_1+a_3의 값을 구하시오. [4점]

22

▶ 24054-1112

사차함수 $f(x)$가 다음 조건을 만족시킨다.

> (가) $\lim\limits_{x \to \infty} \dfrac{f(x)}{x^4}=\lim\limits_{x \to 0} \dfrac{f(x)}{2x^2}=\dfrac{1}{2}$
>
> (나) $0<x_1<x_2$인 임의의 두 실수 x_1, x_2에 대하여 $f(x_2)-f(x_1)+x_2{}^2-x_1{}^2>0$이다.

$f(\sqrt{2})$의 최솟값을 m이라 할 때, $9m^2$의 값을 구하시오. [4점]

23

▶ 24055-1113

$\lim\limits_{x \to 0} \dfrac{e^{2x}-1}{x^2+x}$의 값은? [2점]

① 1   ② 2   ③ 3

④ 4   ⑤ 5

24

▶ 24055-1114

함수 $f(x) = \displaystyle\int_0^x (t-2)e^t\,dt$의 극솟값은? [3점]

① $-2e^2+3$ ② $-2e^2+4$ ③ $-e^2+2$

④ $-e^2+3$ ⑤ $-e^2+4$

25

▶ 24055-1115

공비가 $r\,(r>1)$인 등비수열 $\{a_n\}$의 첫째항부터 제n항까지의
합을 S_n이라 하자. $\displaystyle\lim_{n\to\infty}\frac{S_n}{a_n}=3$일 때, r의 값은? (단, $a_n\neq 0$)

[3점]

① $\dfrac{6}{5}$　　　　② $\dfrac{5}{4}$　　　　③ $\dfrac{4}{3}$

④ $\dfrac{3}{2}$　　　　⑤ 2

26

▶ 24055-1116

$\displaystyle\lim_{n\to\infty}\frac{1}{n}\sum_{k=1}^{n}\sqrt{\frac{2n}{3n+k}}$의 값은? [3점]

① $2\sqrt{2}-\sqrt{6}$　　　② $2\sqrt{2}-\sqrt{3}$　　　③ $4\sqrt{2}-2\sqrt{6}$

④ $4\sqrt{2}-2\sqrt{3}$　　　⑤ $4\sqrt{3}-2\sqrt{2}$

27

▶ 24055-1117

그림과 같이 한 변의 길이가 4인 정사각형 $A_1B_1C_1D_1$의 네 꼭짓점 A_1, B_1, C_1, D_1을 중심으로 하고 반지름의 길이가 정사각형 $A_1B_1C_1D_1$의 한 변의 길이의 $\dfrac{1}{4}$인 네 개의 사분원을 정사각형 $A_1B_1C_1D_1$의 내부에 그린 후 각 사분원의 내부에 색칠하여 얻은 그림을 R_1이라 하자.

그림 R_1에서 정사각형 $A_1B_1C_1D_1$의 내부에 각 꼭짓점이 네 개의 사분원의 호 위에 있는 정사각형 $A_2B_2C_2D_2$를 두 직선 A_1B_1과 A_2B_2가 평행하도록 그린 후 그림 R_1을 얻은 것과 같은 방법으로 네 개의 사분원을 그리고 각 사분원의 내부에 색칠하여 얻은 그림을 R_2라 하자.

이와 같은 과정을 계속하여 n번째 얻은 그림을 R_n이라 하고 그림 R_n에 색칠되어 있는 부분의 넓이를 S_n이라 할 때, $\lim\limits_{n\to\infty} S_n$의 값은? [3점]

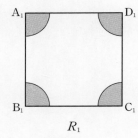

R_1

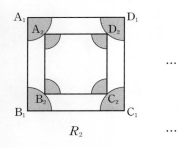

R_2

$\cdots$

① $\dfrac{24\sqrt{2}+6}{31}\pi$ ② $\dfrac{28\sqrt{2}+7}{31}\pi$ ③ $\dfrac{32\sqrt{2}+8}{31}\pi$

④ $\dfrac{36\sqrt{2}+9}{31}\pi$ ⑤ $\dfrac{40\sqrt{2}+10}{31}\pi$

28

▶ 24055-1118

그림과 같이 한 변의 길이가 1인 정삼각형 ABC와 점 A를 중심으로 하고 선분 AB를 반지름으로 하는 부채꼴 ABD가 있다. 선분 BC와 선분 AD가 만나는 점을 E, 점 E에서 선분 AB에 내린 수선의 발을 F라 하자. 또 점 E를 중심으로 하고 선분 EF를 반지름으로 하는 원이 선분 BC와 만나는 점 중 점 B에 가까운 점을 G라 하고 $\angle BAD = \theta$라 하자. 부채꼴 EFG의 넓이를 $S(\theta)$, 부채꼴 ABD의 넓이를 $T(\theta)$라 할 때, $\lim\limits_{\theta\to 0+} \dfrac{S(\theta)}{\{T(\theta)\}^2}$의 값은? $\left(\text{단, } 0<\theta<\dfrac{\pi}{6}\right)$ [4점]

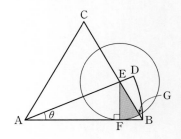

① $\dfrac{\pi}{6}$ ② $\dfrac{\pi}{4}$ ③ $\dfrac{\pi}{3}$

④ $\dfrac{5}{12}\pi$ ⑤ $\dfrac{\pi}{2}$

단답형

29

▶ 24055-1119

정의역이 $\{x \,|\, x>0\}$인 함수 $f(x)$가 미분가능하고, 함수 $f(x)$의 역함수 $g(x)$가 연속일 때, 두 함수 $f(x)$와 $g(x)$가 모든 양의 실수 x에 대하여 다음 조건을 만족시킨다.

> (가) $\displaystyle\int_{f(1)}^{f(x)} g(t)\,dt = ax + \ln x - \dfrac{b}{3}$ (단, a, b는 상수)
>
> (나) $f(4) - f(2) = \dfrac{1}{4} + 3\ln 2$

$f(1) = 2$일 때, $f(3) = \dfrac{p + q\ln 3}{3}$이다. 자연수 p, q에 대하여 $p+q$의 값을 구하시오. (단, $\ln 3$은 무리수이다.) [4점]

30

▶ 24055-1120

$0 \le x < 2\pi$에서 정의된 함수 $f(x) = \sqrt{2}\cos x \times e^{\sqrt{2}\sin x}$이 있다. 함수 $f(x)$와 실수 k에 대하여 방정식 $|f(x)| = k$의 서로 다른 실근의 개수를 $g(k)$라 할 때, 두 집합 A, B는 다음과 같다.

$A = \{g(k) \,|\, k\text{는 실수}\}$

$B = \{a \,|\, \text{함수 } g(k)\text{는 } k=a\text{에서 불연속이다.}\}$

$10 \times n(A) + n(B)$의 값을 구하시오. [4점]

01

▶ 24054-1121

$\sqrt[4]{27} \times \left(\dfrac{1}{3}\right)^{-\frac{1}{4}}$ 의 값은? [2점]

① $\dfrac{1}{9}$ ② $\dfrac{1}{3}$ ③ 1

④ 3   ⑤ 9

02

▶ 24054-1122

$\lim\limits_{x \to \infty} \dfrac{\sqrt{4x^2+x} - \sqrt{x^2+2x}}{3x}$ 의 값은? [2점]

① $\dfrac{1}{3}$ ② $\dfrac{2}{3}$ ③ 1

④ $\dfrac{4}{3}$ ⑤ $\dfrac{5}{3}$

03

▶ 24054-1123

첫째항이 3인 등차수열 $\{a_n\}$에 대하여

$$a_3 + a_7 = a_5 + a_6 - 2$$

일 때, a_{20}의 값은? [3점]

① 33   ② 35   ③ 37

④ 39   ⑤ 41

04

▶ 24054-1124

함수 $f(x) = |x^2 - 2x|$에 대하여 $\lim\limits_{x \to 0+} \dfrac{f(x)}{x} \times \lim\limits_{x \to 2+} \dfrac{f(x)}{x-2}$의

값은? [3점]

① 2   ② 4   ③ 6

④ 8   ⑤ 10

05

▶ 24054-1125

$\dfrac{3}{2}\pi < \theta < 2\pi$인 θ에 대하여

$$\sin(\pi+\theta)\tan\left(\dfrac{\pi}{2}+\theta\right)=\dfrac{5}{13}$$

일 때, $\sin\theta$의 값은? [3점]

① $-\dfrac{12}{13}$ ② $-\dfrac{5}{12}$ ③ 0

④ $\dfrac{5}{12}$ ⑤ $\dfrac{12}{13}$

06

▶ 24054-1126

함수 $f(x)=-\dfrac{1}{3}x^3+x^2+ax+2$가 $x=-1$에서 극소일 때,

함수 $f(x)$의 극댓값은? (단, a는 상수이다.) [3점]

① 7   ② 9   ③ 11

④ 13   ⑤ 15

07

▶ 24054-1127

등비수열 $\{a_n\}$에 대하여

$$\sum_{k=1}^{3}a_k=\dfrac{7}{2},\ \sum_{k=1}^{3}(2a_{k+1}-a_k)=\dfrac{21}{2}$$

일 때, a_6의 값은? [3점]

① 10   ② 12   ③ 14

④ 16   ⑤ 18

08

▶ 24054-1128

함수 $f(x)=x^4+ax^2-x+4$에 대하여 곡선 $y=f(x)$ 위의 점 $(-1, 4)$에서의 접선을 l이라 하자. 곡선 $y=f(x)$와 직선 l로 둘러싸인 부분의 넓이는? (단, a는 상수이다.) [3점]

① $\dfrac{4}{5}$ ② $\dfrac{14}{15}$ ③ $\dfrac{16}{15}$

④ $\dfrac{6}{5}$ ⑤ $\dfrac{4}{3}$

09

▶ 24054-1129

두 실수 a, b에 대하여 함수 $f(x)=a \sin \pi x+b$가 다음 조건을 만족시킬 때, $f\left(\dfrac{b^4}{a^2}\right)$의 값은? (단, $a \neq 0$) [4점]

(가) 닫힌구간 $[1, 2]$에서 함수 $f(x)$의 최솟값과 닫힌구간 $[4, 5]$에서 함수 $f(x)$의 최댓값이 모두 2이다.

(나) 닫힌구간 $\left[\dfrac{1}{3}, \dfrac{1}{2}\right]$에서 함수 $f(x)$의 최댓값이 -1이다.

① 1   ② 2   ③ 3
④ 4   ⑤ 5

10

▶ 24054-1130

다항함수 $f(x)$가 모든 실수 x에 대하여

$$f(x)=x^3-3x^2+a\int_{-1}^{2}|f'(t)|\,dt$$

를 만족시킨다. $x \geq 0$인 모든 실수 x에 대하여 $f(x) \geq 0$이 성립하도록 하는 실수 a의 최솟값은? [4점]

① $\dfrac{1}{6}$ ② $\dfrac{1}{5}$ ③ $\dfrac{1}{4}$

④ $\dfrac{1}{3}$ ⑤ $\dfrac{1}{2}$

11

▶ 24054-1131

1보다 큰 실수 m에 대하여 함수 $y=|x+2|-1$의 그래프와 직선 $y=m$이 만나는 두 점의 x좌표 중 큰 값을 $f(m)$, 작은 값을 $g(m)$이라 하자. $f(m)$의 제곱근 중 음수인 것의 값과 $g(m)$의 세제곱근 중 실수인 것의 값이 같을 때, $f(m) \times g(m)$의 값은? [4점]

① -32 ② -28 ③ -24
④ -20 ⑤ -16

12

▶ 24054-1132

최고차항의 계수가 양수이고 $f(0)=f(1)=0$인 삼차함수 $f(x)$에 대하여 실수 전체의 집합에서 정의된 함수

$$g(x)=\int_{-x}^{x} f(|t|)\,dt$$

가 다음 조건을 만족시킨다.

(가) $g(2)=0$
(나) 함수 $g(x)$의 모든 극솟값의 합은 -1이다.

$f(3)$의 값은? [4점]

① 8   ② 9   ③ 10
④ 11   ⑤ 12

13

▶ 24054-1133

그림과 같이 $\overline{AB}=3$, $\overline{BC}=\sqrt{5}$, $\cos(\angle ABC)=-\dfrac{\sqrt{5}}{5}$인 사각형 ABCD에 대하여 삼각형 ABC의 외접원의 중심을 O라 하고, 직선 AO와 이 외접원이 만나는 점 중 점 A가 아닌 점을 E라 하자. 삼각형 ACD의 내접원의 중심이 점 O와 일치할 때, 선분 DE의 길이는? [4점]

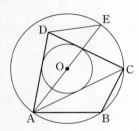

① $\dfrac{4\sqrt{2}}{3}$　　② $\dfrac{5\sqrt{2}}{3}$　　③ $\dfrac{4\sqrt{5}}{3}$

④ $\dfrac{5\sqrt{5}}{3}$　　⑤ $2\sqrt{5}$

14

▶ 24054-1134

최고차항의 계수가 1이고 $f'(-1)=f'(1)=0$인 삼차함수 $f(x)$가 있다. 실수 t에 대하여 함수 $g(x)$를

$$g(x)=\begin{cases} f(x) & (x \le t) \\ -f(x)+2f(t) & (x > t) \end{cases}$$

라 할 때, 함수 $g(x)$의 최댓값을 $h(t)$라 하자. **보기**에서 옳은 것만을 있는 대로 고른 것은? [4점]

보기

ㄱ. $h(0)=h(2)$

ㄴ. $h(0)=0$일 때, 함수 $g(x)$가 실수 전체의 집합에서 미분가능하도록 하는 모든 실수 t에 대하여 $h(t)$의 값의 합은 0이다.

ㄷ. t에 대한 방정식 $h(t)=0$의 서로 다른 실근의 개수가 2일 때, $h(0)=-4$이다.

① ㄱ　　　② ㄱ, ㄴ　　　③ ㄱ, ㄷ

④ ㄴ, ㄷ　　　⑤ ㄱ, ㄴ, ㄷ

15

▶ 24054-1135

모든 항이 2 이상인 수열 $\{a_n\}$이 다음 조건을 만족시킨다.

(가) $a_1=2$
(나) 모든 자연수 n에 대하여

$$a_{n+2}=\begin{cases} \dfrac{a_{n+1}}{2} & (a_{n+1}\geq a_n) \\ 4a_{n+1}-4 & (a_{n+1}<a_n) \end{cases}$$

이다.

자연수 k와 5 이하의 자연수 m이

$$a_k=k,\ a_{k+m}=k+m$$

을 만족시킬 때, $2k+m$의 값은? [4점]

① 10   ② 14   ③ 18

④ 22   ⑤ 26

단답형

16

▶ 24054-1136

부등식

$$\log_3(x^2-1)<1+\log_3(x+1)$$

을 만족시키는 정수 x의 개수를 구하시오. [3점]

17

▶ 24054-1137

함수 $f(x)$에 대하여 $f'(x)=3x^2+6x$이고 $f(1)=f'(1)$일 때, $f(2)$의 값을 구하시오. [3점]

18

► 24054-1138

수열 $\{a_n\}$이 모든 자연수 n에 대하여

$$\sum_{k=1}^{n} \frac{a_k}{k^2+k} = \frac{2^n}{n+1}$$

을 만족시킬 때, $\sum_{k=1}^{5} a_k$의 값을 구하시오. [3점]

19

► 24054-1139

실수 전체의 집합에서 정의된 함수 $f(x)=x^3+ax^2-a^2x+4$ 의 극솟값과 닫힌구간 $[b,\ 0]$에서 함수 $f(x)$의 최솟값이 모두 -1이다. 양수 a와 음수 b에 대하여 $a-b$의 값을 구하시오. [3점]

20

► 24054-1140

시각 $t=0$일 때 원점을 출발하여 수직선 위를 움직이는 점 P가 있다. 시각 $t\ (t \geq 0)$에서의 점 P의 속도 $v(t)$를

$$v(t)=a(t^2-2t)\ (a>0)$$

이라 하자. 점 $\mathrm{A}(-10)$에 대하여 점 P와 점 A 사이의 거리의 최솟값이 2일 때, 점 P가 출발한 후 처음으로 원점을 지나는 시각에서의 점 P의 가속도를 구하시오. (단, a는 상수이다.) [4점]

21

▶ 24054-1141

두 양수 a, b에 대하여 두 함수 $f(x)$, $g(x)$는

$$f(x)=2^{x-a},\ g(x)=\log_2(x+b)+a-b$$

이다. 곡선 $y=f(x)$와 직선 $y=x$는 서로 다른 두 점에서 만나고, 이 두 점 중 x좌표가 작은 점을 A$(k,\ k)$라 하면 곡선 $y=g(x)$가 점 A를 지난다. 직선 $y=-x-4k$가 곡선 $y=g(x)$와 제3사분면에서 만나는 점을 B, 직선 $y=-x-4k$가 y축과 만나는 점을 C라 하면 삼각형 ABC의 넓이는 $6k^2$이다. 2^{2a+b+k}의 값을 구하시오. [4점]

22

▶ 24054-1142

최고차항의 계수가 양수이고 $f(-1)=0$인 삼차함수 $f(x)$에 대하여 함수

$$g(x)=\int_{-1}^{1}f(t)\,dt\times\int_{-1}^{x}f(t)\,dt$$

가 다음 조건을 만족시킨다.

(가) 모든 실수 x에 대하여 $g(x)\leq g(2)$이다.

(나) 실수 k에 대하여 x에 대한 방정식 $g(x)=k$의 서로 다른 실근의 개수를 $h(k)$라 할 때, $\left|\lim\limits_{k\to a+}h(k)-\lim\limits_{k\to a-}h(k)\right|=2$를 만족시키는 실수 a의 값은 3뿐이다.

$30\times g(0)$의 값을 구하시오. [4점]

23

▶ 24055-1143

$\lim\limits_{x \to 0} \dfrac{e^x - e^{-x}}{\ln(2x+1)}$의 값은? [2점]

① $\dfrac{1}{4}$ ② $\dfrac{1}{2}$ ③ 1

④ 2   ⑤ 4

24

▶ 24055-1144

$\lim\limits_{n \to \infty} \sum\limits_{k=1}^{n} \dfrac{9k}{4n^2} \sqrt{\dfrac{3k}{n} + 1}$의 값은? [3점]

① $\dfrac{29}{15}$ ② 2   ③ $\dfrac{31}{15}$

④ $\dfrac{32}{15}$ ⑤ $\dfrac{11}{5}$

25

▶ 24055-1145

공비가 1보다 큰 등비수열 $\{a_n\}$에 대하여

$$\lim_{n \to \infty} \frac{4^n a_n}{a_2 \times a_{2n} + 1} = \frac{1}{2}$$

일 때, a_4의 값은? [3점]

① 16   ② 20   ③ 24

④ 28   ⑤ 32

26

▶ 24055-1146

그림과 같이 곡선 $y = \sqrt{\dfrac{\cos x}{\sin x + 2}}$와 x축 및 두 직선 $x = 0$, $x = \dfrac{\pi}{6}$로 둘러싸인 부분을 밑면으로 하는 입체도형이 있다. 이 입체도형을 x축에 수직인 평면으로 자른 단면이 모두 정사각형일 때, 이 입체도형의 부피는? [3점]

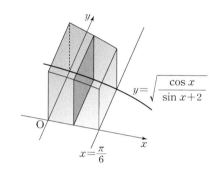

① $\ln 2$ ② $\ln \dfrac{3}{2}$ ③ $\ln \dfrac{4}{3}$

④ $\ln \dfrac{5}{4}$ ⑤ $\ln \dfrac{6}{5}$

27

▶ 24055-1147

그림과 같이 중심이 O, 반지름의 길이가 3이고 중심각의 크기가 $\frac{2}{3}\pi$인 부채꼴 OA_1B_1이 있다. 선분 OA_1을 $2:1$로 내분하는 점을 C_1, 선분 OB_1을 $2:1$로 내분하는 점을 D_1이라 하고, 호 A_1B_1 위의 점 E_1을 $\angle C_1D_1E_1 = \frac{\pi}{2}$가 되도록 잡고 직각삼각형 $C_1D_1E_1$에 색칠하여 얻은 그림을 R_1이라 하자.

그림 R_1에서 중심이 O이고 중심각의 크기가 $\frac{2}{3}\pi$인 부채꼴 OA_2B_2의 호 A_2B_2가 선분 C_1D_1에 접하도록 선분 OC_1 위의 점 A_2와 선분 OD_1 위의 점 B_2를 잡는다. 그림 R_1을 얻은 것과 같은 방법으로 세 점 C_2, D_2, E_2를 각각 잡고 직각삼각형 $C_2D_2E_2$에 색칠하여 얻은 그림을 R_2라 하자.

이와 같은 과정을 계속하여 n번째 얻은 그림 R_n에 색칠되어 있는 부분의 넓이를 S_n이라 할 때, $\lim\limits_{n\to\infty} S_n$의 값은? [3점]

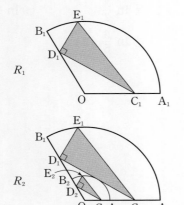

① $3\sqrt{2}-\sqrt{3}$

② $\dfrac{27\sqrt{2}-9\sqrt{3}}{8}$

③ $\dfrac{15\sqrt{2}-5\sqrt{3}}{4}$

④ $\dfrac{33\sqrt{2}-11\sqrt{3}}{8}$

⑤ $\dfrac{9\sqrt{2}-3\sqrt{3}}{2}$

28

▶ 24055-1148

실수 전체의 집합에서 미분가능한 함수 $f(x)$가 닫힌구간 $\left[0, \frac{1}{2}\right]$에서 $0 \le f(x) < \frac{\pi^2}{4}$이고 다음 조건을 만족시킨다.

(가) $\lim\limits_{x\to 1} \dfrac{\ln\{1+f(x)\}}{x-1} = 6$

(나) $\lim\limits_{x\to 0+} \dfrac{1-\cos\sqrt{f(x)}}{e^x-1} = 1$

$\lim\limits_{x\to 0} \dfrac{f(\sin x)f(\cos x)}{x^3}$의 값은? [4점]

① -16 ② -12 ③ -9

④ -6 ⑤ -3

단답형

29

▶ 24055-1149

함수 $f(x)=e^{2x}+2e^x-3$과 양수 t에 대하여 함수

$$g(x)=\int_0^x \{t-f(s)\}\,ds$$

가 최대가 되도록 하는 x의 값을 $h(t)$라 하자. $h'(k)=\dfrac{1}{12}$인

실수 k에 대하여 $0<t\le k$에서 $g(h(k))$의 최댓값은 $p+q\ln 2$

이다. $10(p+q)$의 값을 구하시오.

(단, p와 q는 유리수이고, $\ln 2$는 무리수이다.) [4점]

30

▶ 24055-1150

최고차항의 계수가 양수인 이차함수 $f(x)$에 대하여 닫힌구간

$[-\pi,\,5\pi]$에서 정의된 함수

$$g(x)=f(x)+\sin x$$

가 다음 조건을 만족시킨다.

(가) 방정식 $g'(x)=0$은 음의 실근 α와 양의 실근 β를 갖는다.

(나) 함수 $g'(x)$가 $x=\beta$에서 극소이고 $x=\beta+k$에서 극대가

되도록 하는 양수 k의 최솟값은 $\dfrac{4}{3}\pi$이다.

$g(0)=-2\sqrt{3}\pi$일 때, $\dfrac{12}{\pi^2}g(4\pi)$의 값을 구하시오.

$\left(\text{단, } 3<\pi<4,\ \dfrac{3}{2}<\sqrt{3}<2\right)$ [4점]

한눈에 보는 정답

유형편

01 지수함수와 로그함수   본문 6~13쪽

필수유형1 ①	01 ②	02 ④	03 ⑤
	04 ③		
필수유형2 ①	05 ④	06 ①	07 120
필수유형3 ④	08 ③	09 ④	10 3
	11 65		
필수유형4 ④	12 ①	13 ②	14 8
필수유형5 ③	15 ⑤	16 ③	17 ⑤
	18 ③		
필수유형6 3	19 ⑤	20 ④	21 ②
필수유형7 192	22 ③	23 ②	24 ④
필수유형8 ④	25 ①	26 6	27 ⑤

03 수열   본문 25~36쪽

필수유형1 ③	01 ⑤	02 ⑤	03 ②
필수유형2 7	04 12	05 ②	06 ④
필수유형3 ①	07 ③	08 ③	09 ④
필수유형4 64	10 ①	11 ①	12 6
필수유형5 ③	13 ③	14 ②	15 12
필수유형6 ②	16 68	17 ①	18 58
필수유형7 24	19 ⑤	20 ③	21 24
필수유형8 91	22 ②	23 ④	24 16
필수유형9 ⑤	25 ②	26 ④	27 16
필수유형10	28 ①	29 25	30 ④
필수유형11 ①	31 ②	32 ③	33 ⑤
필수유형12 ④	34 ①		

02 삼각함수   본문 16~22쪽

필수유형1 ②	01 ④	02 ④	03 ②
필수유형2 ④	04 ⑤	05 ⑤	06 ②
필수유형3 ④	07 ①	08 ③	09 ④
	10 8	11 ③	
필수유형4 ③	12 ④	13 ①	14 ⑤
필수유형5 8	15 ③	16 ③	17 ③
필수유형6 ①	18 ⑤	19 10	20 ③
	21 ③	22 ⑤	

04 함수의 극한과 연속   본문 39~45쪽

필수유형1 ②	01 ⑤	02 ④	03 ④
필수유형2 ④	04 ①	05 ④	06 ②
필수유형3 30	07 ④	08 ③	09 ②
	10 ⑤		
필수유형4 ②	11 ①	12 ③	13 ⑤
	14 ②		
필수유형5 ③	15 ④	16 6	17 22
필수유형6 ⑤	18 ⑤	19 ①	20 ⑤
필수유형7 ④	21 ①	22 5	23 ②

05 다항함수의 미분법   본문 48~58쪽

필수유형1 11	01 ⑤	02 ①	03 ③
필수유형2 ④	04 ③	05 ④	06 8
필수유형3 ③	07 ②	08 ①	09 ⑤
필수유형4 ⑤	10 ④	11 ④	12 ⑤
필수유형5 6	13 ③	14 ①	15 ⑤
필수유형6 6	16 ②	17 80	18 ②
필수유형7 ③	19 ②	20 ②	21 ④
필수유형8 ⑤	22 ④	23 ②	24 ①
필수유형9 7	25 ③	26 ⑤	27 7
필수유형10 ⑤	28 41	29 ②	30 ③
필수유형11 ①	31 ①	32 ①	33 ④

08 미분법   본문 83~93쪽

필수유형1 ①	01 ④	02 ①	03 ③
필수유형2 4	04 ②	05 ③	06 ②
필수유형3 ②	07 ⑤	08 ②	09 ⑤
필수유형4 ③	10 ⑤	11 ③	12 ④
필수유형5 ③	13 ④	14 ⑤	15 ③
필수유형6 ④	16 ⑤	17 ②	18 ⑤
필수유형7 ②	19 ③	20 3	21 ②
필수유형8 ①	22 ③	23 ②	24 ④
필수유형9 ①	25 ②	26 ②	27 ③
필수유형10 ④	28 ②	29 ④	30 ⑤
필수유형11 ③	31 ④	32 ②	33 9

06 다항함수의 적분법   본문 61~69쪽

필수유형1 15	01 ④	02 ③	03 ④
필수유형2 ②	04 ②	05 ②	06 ⑤
필수유형3 ②	07 ②	08 ④	09 ③
필수유형4 ④	10 ⑤	11 ⑤	12 ④
	13 ②		
필수유형5 39	14 ①	15 12	16 ②
필수유형6 ②	17 ①	18 ⑤	19 ②
	20 42	21 28	
필수유형7 ④	22 ③	23 ②	24 36
필수유형8 17	25 ⑤	26 ②	27 ①
	28 5	29 10	

09 적분법   본문 96~104쪽

필수유형1 ②	01 ②	02 ④	03 ②
필수유형2 ②	04 ②	05 ⑤	06 ④
	07 ④	08 ②	
필수유형3 ②	09 ④	10 ④	11 ②
필수유형4 ⑤	12 ④	13 ③	14 ④
필수유형5 ③	15 ①	16 ③	17 ②
필수유형6 ③	18 ③	19 ④	20 ①
	21 ④	22 ②	
필수유형7 ③	23 ①	24 399	25 ②
필수유형8 ①	26 ④	27 ②	28 ③

07 수열의 극한   본문 72~79쪽

필수유형1 ⑤	01 ④	02 ⑤	03 ⑤
필수유형2 ①	04 ⑤	05 ②	06 63
필수유형3 ④	07 ③	08 ②	09 ③
필수유형4 ②	10 ①	11 ②	12 15
필수유형5 ⑤	13 ③	14 ④	15 ③
필수유형6 ③	16 ③	17 ②	18 ④
필수유형7 ③	19 ④	20 4	21 24
필수유형8 ③	22 ⑤		

실전편

실전 모의고사 1회　본문 106~117쪽

01 ③	02 ③	03 ⑤	04 ④	05 ②
06 ④	07 ④	08 ④	09 ⑤	10 ①
11 ④	12 ⑤	13 ②	14 ①	15 ①
16 9	17 6	18 30	19 165	20 15
21 8	22 108	23 ①	24 ①	25 ②
26 ④	27 ②	28 ④	29 20	30 25

실전 모의고사 4회　본문 142~153쪽

01 ③	02 ⑤	03 ②	04 ②	05 ③
06 ①	07 ③	08 ④	09 ③	10 ②
11 ①	12 ③	13 ③	14 ②	15 ④
16 3	17 42	18 61	19 33	20 152
21 19	22 16	23 ②	24 ④	25 ④
26 ③	27 ③	28 ③	29 17	30 32

실전 모의고사 2회　본문 118~129쪽

01 ④	02 ①	03 ④	04 ③	05 ⑤
06 ④	07 ①	08 ④	09 ①	10 ③
11 ①	12 ②	13 ⑤	14 ③	15 ②
16 4	17 66	18 6	19 16	20 34
21 3	22 35	23 ④	24 ③	25 ②
26 ①	27 ①	28 ②	29 15	30 4

실전 모의고사 5회　본문 154~165쪽

01 ④	02 ①	03 ⑤	04 ②	05 ①
06 ③	07 ④	08 ③	09 ⑤	10 ⑤
11 ①	12 ⑤	13 ②	14 ③	15 ②
16 2	17 25	18 100	19 8	20 24
21 36	22 10	23 ③	24 ①	25 ⑤
26 ④	27 ②	28 ④	29 45	30 28

실전 모의고사 3회　본문 130~141쪽

01 ④	02 ①	03 ②	04 ①	05 ①
06 ②	07 ④	08 ④	09 ⑤	10 ③
11 ③	12 ①	13 ④	14 ⑤	15 ⑤
16 2	17 165	18 85	19 45	20 91
21 16	22 52	23 ③	24 ③	25 ②
26 ③	27 ②	28 ⑤	29 51	30 8

수학영역 | 수학 I · 수학 II · 미적분

2025학년도
수능 연계교재
수능완성

★★★★★

수능완성을 넘어 수능완벽으로
EBS 모의고사 시리즈

FINAL 실전모의고사	국어, 수학, 영어, 한국사, 생활과 윤리, 한국지리, 사회 · 문화, 물리학 I, 화학 I, 생명과학 I, 지구과학 I
만점마무리 봉투모의고사	국어, 수학, 영어, 한국사, 생활과 윤리, 사회 · 문화, 화학 I, 생명과학 I, 지구과학 I
만점마무리 봉투모의고사 시즌2	국어, 수학, 영어
만점마무리 봉투모의고사 BLACK Edition	합본(국어 + 수학 + 영어)
수능 직전보강 클리어 봉투모의고사	국어, 수학, 영어, 생활과 윤리, 사회 · 문화, 생명과학 I, 지구과학 I

정가 **13,000원**

교재 구입 문의 | TEL 1588-1580
교재 내용 문의 | **EBS _i_** 사이트 (www.ebs_i_.co.kr)의 학습 Q&A 서비스를 활용하시기 바랍니다.

53410

9 788954 784481
ISBN 978-89-547-8448-1

EBS

2025학년도
수능 연계교재
수능완성

한 권에 수능 에너지 가득
YOU MADE IT!

5회분 실전 모의고사 수록

유형편 + 실전편

수학영역
정답과 풀이

수학 I · 수학 II · 미적분

본 교재는 대학수학능력시험을 준비하는 데 도움을 드리고자 수학과 교육과정을 토대로 제작된 교재입니다.
학교에서 선생님과 함께 교과서의 기본 개념을 충분히 익힌 후 활용하시면 더 큰 학습 효과를 얻을 수 있습니다.

EBS 고교강의
문제를 사진 찍고
해설 강의 보기
Google Play | App Store

EBSi 사이트
무료 강의 제공

첨단학문,
광운이 기준이 되다

차세대 전력반도체 소자제조 전문인력양성

산업혁신인재성장지원(R&D)사업

대학혁신지원(R&D)사업 부처협업형 반도체 전공트랙사업 선정

광운대 IDEC 아카데미 인력양성

민간공동투자 반도체 고급인력양성사업

2025학년도
수능 연계교재

수능완성

✦✦✦

수학영역

수학Ⅰ · 수학Ⅱ · 미적분

정답과 풀이

01 지수함수와 로그함수

필수유형 **1** ①	**01** ②	**02** ④	**03** ⑤
	04 ③		
필수유형 **2** ①	**05** ④	**06** ①	**07** 120
필수유형 **3** ④	**08** ③	**09** ④	**10** 3
	11 65		
필수유형 **4** ④	**12** ①	**13** ②	**14** 8
필수유형 **5** ③	**15** ⑤	**16** ③	**17** ⑤
	18 ③		
필수유형 **6** 3	**19** ⑤	**20** ④	**21** ②
필수유형 **7** 192	**22** ③	**23** ②	**24** ④
필수유형 **8** ④	**25** ①	**26** 6	**27** ⑤

필수유형 **1**

$-n^2+9n-18$의 n제곱근 중에서 음의 실수가 존재하기 위해서는
n이 홀수일 때, $-n^2+9n-18<0$
n이 짝수일 때, $-n^2+9n-18>0$
이어야 한다.
(i) n이 홀수일 때
  $-n^2+9n-18<0$에서 $(n-3)(n-6)>0$
  즉, $n<3$ 또는 $n>6$
  $2\le n\le 11$이므로 $2\le n<3$ 또는 $6<n\le 11$
  이를 만족시키는 홀수는 7, 9, 11이다.
(ii) n이 짝수일 때
  $-n^2+9n-18>0$에서 $(n-3)(n-6)<0$
  즉, $3<n<6$
  $2\le n\le 11$이므로 $3<n<6$
  이를 만족시키는 짝수는 4이다.
(i), (ii)에 의하여 조건을 만족시키는 모든 n의 값의 합은
$4+7+9+11=31$

답 ①

01

$\sqrt[8]{2}\times\sqrt[4]{2}\times\sqrt[8]{32}+\sqrt[3]{3}\times\sqrt[3]{9}=(\sqrt[8]{2}\times\sqrt[8]{4})\times\sqrt[8]{32}+\sqrt[3]{3}\times\sqrt[3]{9}$
$\qquad\qquad\qquad\qquad\qquad =\sqrt[8]{2\times4}\times\sqrt[8]{32}+\sqrt[3]{3\times9}$
$\qquad\qquad\qquad\qquad\qquad =\sqrt[8]{8}\times\sqrt[8]{32}+\sqrt[3]{27}=\sqrt[8]{8\times32}+\sqrt[3]{27}$
$\qquad\qquad\qquad\qquad\qquad =\sqrt[8]{2^8}+\sqrt[3]{3^3}=2+3=5$

답 ②

02

$\sqrt[3]{k}=\sqrt[4]{2k}$에서 $(\sqrt[3]{k})^{12}=(\sqrt[4]{2k})^{12}$
이때 $(\sqrt[3]{k})^{12}=\{(\sqrt[3]{k})^3\}^4=k^4$, $(\sqrt[4]{2k})^{12}=\{(\sqrt[4]{2k})^4\}^3=(2k)^3=8k^3$
이므로 $k^4=8k^3$, $k^3(k-8)=0$
$k>0$이므로 $k=8$

답 ④

03

$\sqrt[2n+1]{a^2+3}+\sqrt[2n+1]{7(1-a)}=0$에서
$\sqrt[2n+1]{a^2+3}=-\sqrt[2n+1]{7(1-a)}$ $\qquad$ …… ㉠
이때 $2n+1$이 홀수이므로
$-\sqrt[2n+1]{7(1-a)}=\sqrt[2n+1]{-7(1-a)}=\sqrt[2n+1]{7(a-1)}$
㉠에서 $\sqrt[2n+1]{a^2+3}=\sqrt[2n+1]{7(a-1)}$
그러므로 $a^2+3=7(a-1)$, $a^2-7a+10=0$, $(a-2)(a-5)=0$
$a=2$ 또는 $a=5$
따라서 모든 실수 a의 값의 합은 $2+5=7$

답 ⑤

참고

$a>1$인 경우, $\sqrt[2n+1]{7(1-a)}$와 $\sqrt[2n+1]{-7(1-a)}$의 관계를 나타내면 다음과 같다.

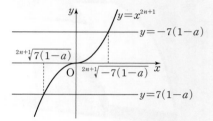

다른 풀이

$\sqrt[2n+1]{a^2+3}=-\sqrt[2n+1]{7(1-a)}$에서
$(\sqrt[2n+1]{a^2+3})^{2n+1}=(-\sqrt[2n+1]{7(1-a)})^{2n+1}$
$a^2+3=-7(1-a)$, $a^2-7a+10=0$, $(a-2)(a-5)=0$
$a=2$ 또는 $a=5$
따라서 모든 실수 a의 값의 합은 $2+5=7$

04

$g(n)=(n-a)(n-a-4)$라 하자.
n이 홀수이면 $g(n)$의 값의 부호와 관계없이 $f(n)=1$이므로 $f(3)=1$이다.
n이 짝수이면
$g(n)>0$일 때, $f(n)=2$
$g(n)=0$일 때, $f(n)=1$
$g(n)<0$일 때, $f(n)=0$
(i) $0<a<2$일 때
  $4<a+4<6$이므로 $g(2)<0$, $g(4)<0$이고 $f(2)=f(4)=0$
  $f(2)+f(3)+f(4)=0+1+0=1$
  이므로 주어진 조건을 만족시키지 않는다.
(ii) $a=2$일 때
  $a+4=6$이므로 $g(2)=0$, $g(4)<0$이고 $f(2)=1$, $f(4)=0$
  $f(2)+f(3)+f(4)=1+1+0=2$
  이므로 주어진 조건을 만족시키지 않는다.
(iii) $2<a<4$일 때
  $6<a+4<8$이므로 $g(2)>0$, $g(4)<0$이고 $f(2)=2$, $f(4)=0$
  $f(2)+f(3)+f(4)=2+1+0=3$
  이므로 주어진 조건을 만족시키지 않는다.

(iv) $a=4$일 때

$a+4=8$이므로 $g(2)>0$, $g(4)=0$이고 $f(2)=2$, $f(4)=1$

$f(2)+f(3)+f(4)=2+1+1=4$

이므로 주어진 조건을 만족시킨다.

(v) $a>4$일 때

$a+4>8$이므로 $g(2)>0$, $g(4)>0$이고 $f(2)=2$, $f(4)=2$

$f(2)+f(3)+f(4)=2+1+2=5$

이므로 주어진 조건을 만족시키지 않는다.

(i)~(v)에서 $a=4$

目 ③

필수유형 2

$\sqrt[3]{24}\times3^{\frac{2}{3}}=24^{\frac{1}{3}}\times3^{\frac{2}{3}}=(2^3\times3)^{\frac{1}{3}}\times3^{\frac{2}{3}}$

$=2^{3\times\frac{1}{3}}\times3^{\frac{1}{3}}\times3^{\frac{2}{3}}$

$=2^1\times3^{\frac{1}{3}+\frac{2}{3}}=2^1\times3^1$

$=2\times3=6$

目 ①

05

$\left(\dfrac{1}{5}\right)^{\frac{1}{3}}\times5^{-\sqrt{3}}\times\left(5^{\frac{4}{9}+\frac{\sqrt{3}}{3}}\right)^3=(5^{-1})^{\frac{1}{3}}\times5^{-\sqrt{3}}\times5^{\left(\frac{4}{9}+\frac{\sqrt{3}}{3}\right)\times3}$

$=5^{-\frac{1}{3}}\times5^{-\sqrt{3}}\times5^{\frac{4}{3}+\sqrt{3}}=5^{-\frac{1}{3}+(-\sqrt{3})+\left(\frac{4}{3}+\sqrt{3}\right)}$

$=5^1=5$

目 ④

06

$a^{b^3+\frac{a}{b}}=2^{\frac{1}{b}}$에서 $\left(a^{b^3+\frac{a}{b}}\right)^b=\left(2^{\frac{1}{b}}\right)^b$, $a^{\left(b^3+\frac{a}{b}\right)\times b}=2^{\frac{1}{b}\times b}$

$a^{b^4+a}=2$ ······ ㉠

$a^{\frac{1}{b}}=4^{b^3-\frac{a}{b}}$에서 $\left(a^{\frac{1}{b}}\right)^b=\left(4^{b^3-\frac{a}{b}}\right)^b$, $a^{\frac{1}{b}\times b}=4^{\left(b^3-\frac{a}{b}\right)\times b}$

$a=4^{b^4-a}$ ······ ㉡

㉡을 ㉠에 대입하면 $\left(4^{b^4-a}\right)^{b^4+a}=2$

$4^{(b^4-a)\times(b^4+a)}=4^{b^8-a^2}=(2^2)^{b^8-a^2}=2^{2(b^8-a^2)}=2$이므로

$2(b^8-a^2)=1$

따라서 $b^8-a^2=\dfrac{1}{2}$

目 ①

07

$\sqrt[n]{(2^k)^5}=\sqrt[n]{2^{5k}}=2^{\frac{5k}{n}}$의 값이 자연수가 되기 위해서는 n은 2 이상인 $5k$의 양의 약수이어야 한다.

그러므로 $f(k)$의 값은 $5k$의 양의 약수의 개수에서 1을 뺀 값과 같고 $f(k)=3$에서 $5k$의 양의 약수의 개수는 4이다.

$4=1\times4=2\times2$이므로 $k=5^2$ 또는 k는 5가 아닌 소수이다.

$k\leq25$이므로 k의 값은 2, 3, 7, 11, 13, 17, 19, 23, 25이고 그 합은

$2+3+7+11+13+17+19+23+25=120$

目 120

필수유형 3

선분 PQ를 $m:(1-m)$으로 내분하는 점의 좌표는

$\dfrac{m\log_512+(1-m)\log_53}{m+(1-m)}$

$=m(\log_512-\log_53)+\log_53$

$=m\times\log_5\dfrac{12}{3}+\log_53=m\times\log_54+\log_53$

$=\log_54^m+\log_53=\log_5(4^m\times3)$

이므로 $\log_5(4^m\times3)=1$에서 $4^m\times3=5$

따라서 $4^m=\dfrac{5}{3}$

目 ④

08

$\log_3\dfrac{5}{8}+\log_3\dfrac{36}{5}-\log_3\dfrac{1}{2}=\left(\log_3\dfrac{5}{8}+\log_3\dfrac{36}{5}\right)-\log_3\dfrac{1}{2}$

$=\log_3\left(\dfrac{5}{8}\times\dfrac{36}{5}\right)-\log_3\dfrac{1}{2}=\log_3\dfrac{9}{2}-\log_3\dfrac{1}{2}$

$=\log_3\left(\dfrac{9}{2}\times2\right)=\log_39=\log_33^2=2$

目 ③

09

$\log_2a+\log_2b=n$에서 $\log_2ab=n$, $ab=2^n$

a, b가 자연수이므로

$a+b\geq2\sqrt{ab}=2\sqrt{2^n}$ (단, 등호는 $a=b$일 때 성립)

(i) n이 홀수일 때

$a=b$, $ab=2^n$인 두 자연수 a, b가 존재하지 않으므로

집합 A_n의 모든 원소 (a,b)에 대하여 $a+b>2\sqrt{2^n}$이 성립한다.

(ii) n이 짝수일 때

$a=b$, $ab=2^n$

즉, $a+b=2\sqrt{2^n}$인 두 자연수 a, b가 존재하므로 집합 A_n의 어떤 원소 (a,b)에 대하여 $a+b>2\sqrt{2^n}$이 성립하지 않는다.

(i), (ii)에서 n은 홀수이어야 하므로 주어진 조건을 만족시키는 10 이하의 모든 자연수 n은 1, 3, 5, 7, 9이고 그 개수는 5이다.

目 ④

다른 풀이

$\log_2a+\log_2b=n$에서 $\log_2ab=n$, $ab=2^n$이고 a, b가 자연수이므로 $A_n=\{(2^k,2^{n-k})\,|\,k=0,1,2,\cdots,n-1,n\}$

$0\leq k\leq n$인 모든 정수 k에 대하여

$2^k+2^{n-k}\geq2\sqrt{2^n}$ $\left(\text{단, 등호는 }2^k=2^{n-k}, \text{즉 }k=\dfrac{n}{2}\text{일 때 성립}\right)$

(i) n이 홀수일 때

$k=\dfrac{n}{2}$을 만족시키는 $0\leq k\leq n$인 정수 k가 존재하지 않으므로 $0\leq k\leq n$인 모든 정수 k에 대하여 $2^k+2^{n-k}>2\sqrt{2^n}$이 성립한다.

(ii) n이 짝수일 때

$k=\dfrac{n}{2}$일 때 $2^k+2^{n-k}=2\sqrt{2^n}$이므로

어떤 정수 k에 대하여 $2^k+2^{n-k}>2\sqrt{2^n}$이 성립하지 않는다.

(i), (ii)에서 n은 홀수이어야 하므로 주어진 조건을 만족시키는 10 이하의 모든 자연수 n은 1, 3, 5, 7, 9이고 그 개수는 5이다.

10

$\log_{|x-a|}\{-|x-a^2+1|+2\}$가 정의되기 위해서는

밑의 조건 $|x-a|>0$, $|x-a|\neq1$과

진수의 조건 $-|x-a^2+1|+2>0$을 모두 만족시켜야 한다.

밑의 조건에 의하여 $x\neq a$, $x\neq a-1$, $x\neq a+1$ …… ㉠

진수의 조건에 의하여 $|x-a^2+1|<2$

$-2<x-a^2+1<2$, $a^2-3<x<a^2+1$

$x=a^2-2$ 또는 $x=a^2-1$ 또는 $x=a^2$ …… ㉡

두 집합 A, B를 $A=\{a-1, a, a+1\}$, $B=\{a^2-2, a^2-1, a^2\}$이라

하면 ㉠, ㉡에서 함수 $f(a)$의 값은 집합 $B-A$의 원소의 개수와 같다.

(i) $a=1$일 때

    $A=\{0, 1, 2\}$, $B=\{-1, 0, 1\}$, $B-A=\{-1\}$이므로

    집합 $B-A$의 원소의 개수는 1이고, $f(a)=1$이다.

(ii) $a=2$일 때

    $A=\{1, 2, 3\}$, $B=\{2, 3, 4\}$, $B-A=\{4\}$이므로

    집합 $B-A$의 원소의 개수는 1이고, $f(a)=1$이다.

(iii) $a\geq3$일 때

    집합 A의 원소 중 가장 큰 원소 $a+1$과 집합 B의 원소 중 가장 작

    은 원소 a^2-2에 대하여

$$(a^2-2)-(a+1)=a^2-a-3=\left(a-\frac{1}{2}\right)^2-\frac{13}{4}$$
$$\geq\left(3-\frac{1}{2}\right)^2-\frac{13}{4}=3>0$$

    이므로 $A\cap B=\varnothing$

    그러므로 집합 $B-A$의 원소의 개수는 3이고, $f(a)=3$이다.

(i), (ii), (iii)에서 $f(a)=3$을 만족시키는 a의 최솟값은 3이다.

目 3

11

$\log_2 a-\log_2 b+\log_2 c-\log_2 d$

$=(\log_2 a-\log_2 b)+(\log_2 c-\log_2 d)$

$=\log_2\dfrac{a}{b}+\log_2\dfrac{c}{d}=\log_2\dfrac{ac}{bd}$

이므로 $\log_2 a-\log_2 b+\log_2 c-\log_2 d=m$에서 $\log_2\dfrac{ac}{bd}=m$

$2^m=\dfrac{ac}{bd}$ …… ㉠

$5\in\{a, b, c, d\}$ 또는 $7\in\{a, b, c, d\}$이면 ㉠을 만족시키지 않는다.

또한 ㉠을 만족시키기 위해서는

$\{3, 6\}\cap\{a, b, c, d\}=\{3, 6\}$ 또는 $\{3, 6\}\cap\{a, b, c, d\}=\varnothing$

이고 집합 $\{a, b, c, d\}$의 원소의 개수가 4이므로

$\{3, 6\}\cap\{a, b, c, d\}=\{3, 6\}$이다.

(i) $3\in\{a, c\}$, $6\in\{b, d\}$일 때

    $a=3$, $b=6$이라 하면

    $c=8$, $d=2$일 때 2^m의 값은 $2^m=\dfrac{3\times8}{6\times2}=2$로 최대이고

    $c=2$, $d=8$일 때 2^m의 값은 $2^m=\dfrac{3\times2}{6\times8}=\dfrac{1}{8}$로 최소이다.

(ii) $6\in\{a, c\}$, $3\in\{b, d\}$일 때

    $a=6$, $b=3$이라 하면

    $c=8$, $d=2$일 때 2^m의 값은 $2^m=\dfrac{6\times8}{3\times2}=8$로 최대이고

    $c=2$, $d=8$일 때 2^m의 값은 $2^m=\dfrac{6\times2}{3\times8}=\dfrac{1}{2}$로 최소이다.

(i), (ii)에서 2^m의 최댓값은 8, 최솟값은 $\dfrac{1}{8}$이므로 $k=8+\dfrac{1}{8}=\dfrac{65}{8}$

따라서 $8k=8\times\dfrac{65}{8}=65$

目 65

참고
참고

2^m의 값이 최대, 최소가 되는 경우는 집합 $\{a, b, c, d\}$가 $\{2, 3, 6, 8\}$

인 경우이다. 즉, $2^m=\dfrac{ac}{bd}$의 최대, 최소이므로 ac의 값이 가장 클 때

최대, ac의 값이 가장 작을 때 최소이다.

필수유형 4

$\dfrac{1}{3a}+\dfrac{1}{2b}=\dfrac{3a+2b}{3a\times2b}=\dfrac{1}{6}\times\dfrac{3a+2b}{ab}$

$\qquad=\dfrac{1}{6}\times\dfrac{\log_3 32}{\log_9 2}=\dfrac{1}{6}\times\dfrac{\log_3 2^5}{\log_{3^2} 2}$

$\qquad=\dfrac{1}{6}\times\dfrac{5\log_3 2}{\dfrac{1}{2}\log_3 2}=\dfrac{1}{6}\times10=\dfrac{5}{3}$

目 ④

12

$\log_4 27\times\log_9 8\times(2^{\log_3 5})^{\log_5 9}$

$=\log_{2^2} 3^3\times\log_{3^2} 2^3\times2^{\log_3 5\times\log_5 9}=\dfrac{3}{2}\log_2 3\times\dfrac{3}{2}\log_3 2\times2^{\log_3 9}$

$=\dfrac{9}{4}\times(\log_2 3\times\log_3 2)\times2^{\log_3 3^2}=\dfrac{9}{4}\times1\times2^2=9$

目 ①

13

$2^{\log_a 9}=3^{\log_5 8}$에서

$3^{\log_5 8}=8^{\log_5 3}=(2^3)^{\log_5 3}=2^{3\log_5 3}$이므로

$2^{\log_a 9}=2^{3\log_5 3}$ …… ㉠

㉠의 양변에 밑이 2인 로그를 취하면

$\log_2 2^{\log_a 9}=\log_2 2^{3\log_5 3}$

$\log_a 9\times\log_2 2=3\log_5 3\times\log_2 2$

$\log_a 9=3\log_5 3$, $\log_a 3^2=3\log_5 3$, $2\log_a 3=3\log_5 3$

$\dfrac{\log_a 3}{\log_5 3}=\dfrac{\log_3 5}{\log_3 a}=\dfrac{3}{2}$

$\dfrac{\log_3 5}{\log_3 a}=\log_a 5$이므로 $\log_a 5=\dfrac{3}{2}$

目 ②

다른 풀이
다른 풀이

$2^{\log_a 9}=3^{\log_5 8}$에서 양변에 밑이 2인 로그를 취하면

$\log_2 2^{\log_a 9}=\log_2 3^{\log_5 8}$

$\log_a 9\times\log_2 2=\log_5 8\times\log_2 3$, $\log_a 9=\log_5 8\times\log_2 3$

양의 실수 b $(b\neq1)$에 대하여

$\dfrac{\log_b 9}{\log_b a}=\dfrac{\log_b 8}{\log_b 5}\times\dfrac{\log_b 3}{\log_b 2}$

$\dfrac{\log_b 5}{\log_b a}=\dfrac{\log_b 8}{\log_b 9}\times\dfrac{\log_b 3}{\log_b 2}=\dfrac{\log_b 2^3}{\log_b 3^2}\times\dfrac{\log_b 3}{\log_b 2}$

$$=\frac{3\log_b 2}{2\log_b 3}\times\frac{\log_b 3}{\log_b 2}=\frac{3}{2}$$

$\dfrac{\log_b 5}{\log_b a}=\log_a 5$이므로 $\log_a 5=\dfrac{3}{2}$

14

x에 대한 이차방정식 $x^2+ax-9=0$의 판별식을 D라 하면

$D=a^2-4\times1\times(-9)=a^2+36>0$이므로

이차방정식 $x^2+ax-9=0$은 서로 다른 두 실근을 갖는다.

두 실근을 α, β $(\alpha<\beta)$라 하면 이차방정식의 근과 계수의 관계에 의하여 $\alpha\beta=-9<0$이므로 $\alpha<0$, $\beta>0$이다.

그러므로 $A=\{\beta\}$

$\log_5 y$가 정의되기 위해서는

$y>0$ ...... ㉠

$\log_y 7$이 정의되기 위해서는

$y>0$, $y\neq1$ ...... ㉡

$\log_5 y$와 $\log_y 7$이 정의되면 $\log_5 y\times\log_y 7=\log_5 7$이므로

㉠, ㉡에 의하여 $B=\{y\,|\,y>0,\ y\neq1,\ y$는 실수$\}$

집합 A가 집합 B의 부분집합이 아니므로 $\beta=1$

따라서 $1^2+a\times1-9=a-8=0$이므로 $a=8$

답 8

필수유형 5

함수 $y=\log_2(x-a)$의 그래프의 점근선은 직선 $x=a$이므로

점 A의 좌표는 $\left(a,\ \log_2\dfrac{a}{4}\right)$, 점 B의 좌표는 $\left(a,\ \log_{\frac{1}{2}}a\right)$이다.

두 점 A, B의 x좌표가 서로 같으므로

$$\overline{AB}=\left|\log_2\frac{a}{4}-\log_{\frac{1}{2}}a\right|=\left|\log_2\frac{a}{4}+\log_2 a\right|=\left|\log_2\frac{a^2}{4}\right|$$

$a>2$에서 $\log_2\dfrac{a^2}{4}>\log_2 1=0$이므로 $\overline{AB}=\log_2\dfrac{a^2}{4}$

$\overline{AB}=4$에서 $\log_2\dfrac{a^2}{4}=4$, $\dfrac{a^2}{4}=2^4=16$, $a^2=64$

따라서 $a=8$

답 ③

15

함수 $y=\log_2(kx+2k^2+1)$의 그래프가 x축과 만나는 점의 x좌표가 -6이므로

$0=\log_2(-6k+2k^2+1)$, $2k^2-6k+1=1$, $2k(k-3)=0$

$k>0$이므로 $k=3$

답 ⑤

16

곡선 $y=2^{x+5}$을 x축의 방향으로 a만큼 평행이동한 곡선은

$y=2^{(x-a)+5}=2^{x-a+5}$이므로 $f(x)=2^{x-a+5}$

곡선 $y=\left(\dfrac{1}{2}\right)^{x+7}$을 x축의 방향으로 a^2만큼 평행이동한 곡선은

$y=\left(\dfrac{1}{2}\right)^{(x-a^2)+7}=\left(\dfrac{1}{2}\right)^{x-a^2+7}$이고,

이 곡선을 y축에 대하여 대칭이동한 곡선은

$y=\left(\dfrac{1}{2}\right)^{(-x)-a^2+7}=(2^{-1})^{-x-a^2+7}=2^{x+a^2-7}$이므로 $g(x)=2^{x+a^2-7}$

모든 실수 x에 대하여 $f(x)=g(x)$이므로

$2^{x-a+5}=2^{x+a^2-7}$

$-a+5=a^2-7$, $a^2+a-12=0$, $(a-3)(a+4)=0$

$a>0$이므로 $a=3$

답 ③

17

원점을 O라 하면 삼각형 ACB가 정삼각형이므로 선분 AC의 중점은 O이다.

즉, 두 곡선 $y=a^x-\dfrac{1}{2}$, $y=b^x-\dfrac{1}{2}$이

y축에 대하여 대칭이므로

$b=\dfrac{1}{a}$ ...... ㉠

$0=a^x-\dfrac{1}{2}$에서 $a^x=\dfrac{1}{2}$

$x=\log_a\dfrac{1}{2}=-\log_a 2$

이므로 점 A의 좌표는 $(-\log_a 2,\ 0)$이다.

$a^0-\dfrac{1}{2}=1-\dfrac{1}{2}=\dfrac{1}{2}$이므로 점 B의 좌표는 $\left(0,\ \dfrac{1}{2}\right)$이다.

직각삼각형 AOB에서 $\angle BAO=\dfrac{\pi}{3}$이므로 $\dfrac{\overline{BO}}{\overline{AO}}=\sqrt{3}$

$\dfrac{\frac{1}{2}}{\log_a 2}=\sqrt{3}$, $\log_a 2=\dfrac{\sqrt{3}}{6}$

$a^{\frac{\sqrt{3}}{6}}=2$ ...... ㉡

㉠, ㉡에 의하여

$$a^{\frac{2\sqrt{3}}{3}}\times b^{\frac{\sqrt{3}}{3}}=a^{\frac{2\sqrt{3}}{3}}\times\left(\frac{1}{a}\right)^{\frac{\sqrt{3}}{3}}=a^{\frac{2\sqrt{3}}{3}}\times a^{-\frac{\sqrt{3}}{3}}=a^{\frac{\sqrt{3}}{3}}=\left(a^{\frac{\sqrt{3}}{6}}\right)^2=2^2=4$$

답 ⑤

18

점 P의 x좌표를 t $(t>1)$이라 하면 $P(t,\ \log_4 t)$이다.

A$(1,\ 0)$, B$(-1,\ 0)$이므로

$m_1=\dfrac{\log_4 t-0}{t-1}=\dfrac{\log_4 t}{t-1}$, $m_2=\dfrac{\log_4 t-0}{t-(-1)}=\dfrac{\log_4 t}{t+1}$

$\dfrac{m_2}{m_1}=\dfrac{3}{5}$에서 $3m_1=5m_2$, $3\times\dfrac{\log_4 t}{t-1}=5\times\dfrac{\log_4 t}{t+1}$

$t>1$에서 $\log_4 t>0$이므로 $\dfrac{3}{t-1}=\dfrac{5}{t+1}$

$5t-5=3t+3$, $t=4$

$P(4,\ 1)$이므로 직선 AP의 방정식은

$y=\dfrac{1}{3}x-\dfrac{1}{3}$

점 Q$(a,\ b)$는 직선 AP 위의 점이므로

$b=\dfrac{1}{3}a-\dfrac{1}{3}$ ...... ㉠

점 Q$(a,\ b)$는 곡선 $y=g(x)$ 위의 점이므로

$b=\log_k(-a)$, $k^b=-a$

$k^b = -\dfrac{9}{7}b$이므로 $-a = -\dfrac{9}{7}b$

$b = \dfrac{7}{9}a$ ...... ㉡

㉠, ㉡에서 $\dfrac{7}{9}a = \dfrac{1}{3}a - \dfrac{1}{3}$, $\dfrac{4}{9}a = -\dfrac{1}{3}$

따라서 $a = -\dfrac{3}{4}$

답 ③

필수유형 6

$2^{x-6} \leq \left(\dfrac{1}{4}\right)^x$에서 $2^{x-6} \leq (2^{-2})^x$

즉, $2^{x-6} \leq 2^{-2x}$ ...... ㉠

㉠에서 밑 2가 1보다 크므로

$x - 6 \leq -2x$, $x \leq 2$

따라서 주어진 부등식을 만족시키는 모든 자연수 x의 값은 1, 2이므로 그 합은

$1 + 2 = 3$

답 3

19

$4^{x+4} = (2^2)^{x+4} = 2^{2(x+4)} = 2^{2x+8}$이므로

$2^{x^2-7} = 4^{x+4}$에서 $2^{x^2-7} = 2^{2x+8}$

즉, $x^2 - 7 = 2x + 8$

$x^2 - 2x - 15 = 0$, $(x+3)(x-5) = 0$

따라서 $x = -3$ 또는 $x = 5$이므로 모든 실수 x의 값의 합은

$-3 + 5 = 2$

답 ⑤

20

로그의 진수의 조건에 의하여

$2x + a > 0$, $-x^2 + 4 > 0$

$\log_2(2x+a) \leq \log_2(-x^2+4)$에서 밑 2가 1보다 크므로

$2x + a \leq -x^2 + 4$

$x^2 + 2x + (a-4) \leq 0$ ...... ㉠

부등식 $\log_2(2x+a) \leq \log_2(-x^2+4)$의 해가 $x = b$가 되기 위해서는 이차방정식 $x^2 + 2x + (a-4) = 0$의 판별식을 D라 하면

$D = 0$이어야 하므로

$\dfrac{D}{4} = 1^2 - (a-4) = -a + 5 = 0$, $a = 5$

$a = 5$를 ㉠에 대입하면

$x^2 + 2x + 1 \leq 0$

$(x+1)^2 \leq 0$에서 $x = -1$

$a = 5$, $x = -1$일 때

$2x + a > 0$, $-x^2 + 4 > 0$이므로 $b = -1$

따라서 $a + b = 5 + (-1) = 4$

답 ④

21

$3^{\{f(x)\}^2-5} = 3^{f(x)+1}$에서 $\{f(x)\}^2 - 5 = f(x) + 1$

$\log_3[\{f(x)\}^2 - 5] = \log_3\{f(x)+1\}$에서

$\{f(x)\}^2 - 5 = f(x) + 1$ (단, $\{f(x)\}^2 - 5 > 0$, $f(x)+1 > 0$)

$\{f(x)\}^2 - 5 = f(x) + 1$에서

$\{f(x)\}^2 - f(x) - 6 = 0$, $\{f(x)+2\}\{f(x)-3\} = 0$

$f(x) = -2$ 또는 $f(x) = 3$

방정식 $3^{\{f(x)\}^2-5} = 3^{f(x)+1}$의 서로 다른 실근의 개수가 3이고 이차함수 $f(x)$의 최고차항의 계수가 1이므로 이차함수 $y = f(x)$의 그래프의 꼭짓점의 y좌표는 -2이다. ...... ㉠

한편, $f(x) = -2$인 경우

$\{f(x)\}^2 - 5 = (-2)^2 - 5 = -1 \leq 0$

$f(x) + 1 = -2 + 1 = -1 \leq 0$

이므로 집합 A를

$A = \{x \mid \log_3[\{f(x)\}^2-5] = \log_3\{f(x)+1\}$, x는 실수$\}$

라 하면

$A = \{x \mid f(x) = 3$, x는 실수$\}$

이차함수 $y = f(x)$의 그래프의 대칭축을 $x = a$ (a는 상수)라 하자.

이차방정식 $f(x) = 3$은 서로 다른 두 실근을 가지므로 두 실근을 α, β ($\alpha < \beta$)라 하면

$\dfrac{\alpha+\beta}{2} = a$, $A = \{\alpha, \beta\}$

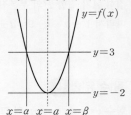

이때 방정식

$\log_3[\{f(x)\}^2-5] = \log_3\{f(x)+1\}$

의 서로 다른 모든 실근의 합이 6이므로

$\alpha + \beta = 2a = 6$, $a = 3$ ...... ㉡

㉠, ㉡에 의하여 $f(x) = (x-3)^2 - 2$이므로

$f(5) = (5-3)^2 - 2 = 2$

답 ②

필수유형 7

두 곡선 $y = a^{x-1}$, $y = \log_a(x-1)$은 두 곡선 $y = a^x$, $y = \log_a x$를 각각 x축의 방향으로 1만큼 평행이동한 것이다. 두 곡선 $y = a^x$, $y = \log_a x$는 직선 $y = x$에 대하여 대칭이므로 두 곡선 $y = a^{x-1}$, $y = \log_a(x-1)$은 직선 $y = x$를 x축의 방향으로 1만큼 평행이동한 직선인 직선 $y = x-1$에 대하여 대칭이다.

이때 직선 $y = -x+4$는 직선 $y = x-1$과 수직이므로 두 점 A, B는 두 직선 $y = -x+4$, $y = x-1$의 교점인 점 $D\left(\dfrac{5}{2}, \dfrac{3}{2}\right)$에 대하여 대칭이다.

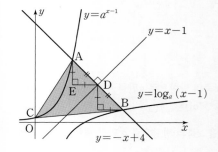

$\overline{AB} = 2\sqrt{2}$이므로 $\overline{AD} = \overline{BD} = \sqrt{2}$이고 선분 AD를 빗변으로 하는 직각

이등변삼각형 AED에서 $\overline{AE}=\overline{DE}=1$이다.

그러므로 점 A의 좌표는 $\left(\dfrac{5}{2}-1,\ \dfrac{3}{2}+1\right)$, 즉 $\left(\dfrac{3}{2},\ \dfrac{5}{2}\right)$이다.

점 A가 곡선 $y=a^{x-1}$ 위의 점이므로

$\dfrac{5}{2}=a^{\frac{3}{2}-1}=a^{\frac{1}{2}}$

즉, $a=\left(\dfrac{5}{2}\right)^2=\dfrac{25}{4}$

$y=a^{x-1}$에서 $x=0$일 때 $y=a^{-1}=\dfrac{1}{a}=\dfrac{4}{25}$이므로

점 C의 좌표는 $\left(0,\ \dfrac{4}{25}\right)$

삼각형 ABC에서 선분 AB를 밑변으로 할 때, 삼각형 ABC의 높이는

점 $C\left(0,\ \dfrac{4}{25}\right)$와 직선 $x+y-4=0$ 사이의 거리와 같으므로

$\dfrac{\left|0+\dfrac{4}{25}-4\right|}{\sqrt{1^2+1^2}}=\dfrac{\dfrac{96}{25}}{\sqrt{2}}=\dfrac{48\sqrt{2}}{25}$

그러므로 삼각형 ABC의 넓이 S는

$S=\dfrac{1}{2}\times\overline{AB}\times\dfrac{48\sqrt{2}}{25}=\dfrac{1}{2}\times2\sqrt{2}\times\dfrac{48\sqrt{2}}{25}=\dfrac{96}{25}$

따라서 $50\times S=50\times\dfrac{96}{25}=192$

답 192

22

함수 $y=2^{x-5}+a$의 역함수는 $x=2^{y-5}+a$

$2^{y-5}=x-a$, $y-5=\log_2(x-a)$, $y=\log_2(x-a)+5$

즉, $g(x)=\log_2(x-a)+5$

따라서 $a=7$, $b=5$이므로 $a+b=12$

답 ③

23

함수 $y=\left(\dfrac{1}{2}\right)^{x-3}$의 역함수는 $x=\left(\dfrac{1}{2}\right)^{y-3}$

$y-3=\log_{\frac{1}{2}}x$, $y=-\log_2 x+3$이고 $\left(\dfrac{1}{2}\right)^{2-3}=2$이므로

곡선 $y=\left(\dfrac{1}{2}\right)^{x-3}$ $(x\leq2)$를 직선

$y=x$에 대하여 대칭이동한 곡선은

$y=-\log_2 x+3$ $(x\geq2)$이다.

즉, 함수 $f(x)$의 역함수는 $f(x)$이고

$f(f(x))=x$이다.

따라서

$\displaystyle\sum_{n=1}^{6}f\left(f\left(\dfrac{n}{2}\right)\right)=\sum_{n=1}^{6}\dfrac{n}{2}=\dfrac{1}{2}\times\dfrac{6\times7}{2}=\dfrac{21}{2}$

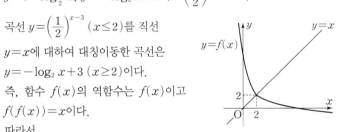

답 ②

24

두 식 $y=x$, $y=-x+k$를 연립하여 풀면

$x=y=\dfrac{1}{2}k$이므로 점 D의 좌표는 $\left(\dfrac{1}{2}k,\ \dfrac{1}{2}k\right)$

$\overline{AD}=\dfrac{\sqrt{2}}{6}k$이므로 점 A의 좌표는

$\left(\dfrac{1}{2}k+\dfrac{1}{6}k,\ \dfrac{1}{2}k-\dfrac{1}{6}k\right)$, 즉 $\left(\dfrac{2}{3}k,\ \dfrac{1}{3}k\right)$

두 식 $y=x$, $y=-x+\dfrac{10}{3}k$를 연립하여 풀면

$x=y=\dfrac{5}{3}k$이므로 점 E의 좌표는 $\left(\dfrac{5}{3}k,\ \dfrac{5}{3}k\right)$

$\overline{CE}=\sqrt{2}k$이므로 점 C의 좌표는

$\left(\dfrac{5}{3}k+k,\ \dfrac{5}{3}k-k\right)$, 즉 $\left(\dfrac{8}{3}k,\ \dfrac{2}{3}k\right)$

두 점 A, C는 곡선 $y=\log_a x$ 위의 점이므로

$\dfrac{1}{3}k=\log_a\dfrac{2}{3}k$, $\dfrac{2}{3}k=\log_a\dfrac{8}{3}k$

두 식을 연립하여 풀면

$2\log_a\dfrac{2}{3}k=\log_a\dfrac{8}{3}k$, $\log_a\left(\dfrac{2}{3}k\right)^2=\log_a\dfrac{8}{3}k$

$\dfrac{4}{9}k^2=\dfrac{8}{3}k$, $k(k-6)=0$

$k>a+1>2$이므로 $k=6$

$k=6$을 $\dfrac{1}{3}k=\log_a\dfrac{2}{3}k$에 대입하면 $2=\log_a 4$, $a^2=4$

$a>1$이므로 $a=2$

즉, $a=2$, $k=6$이므로 $y=a^{x+1}+1=2^{x+1}+1$, $y=\log_a x=\log_2 x$

$y=-x+\dfrac{10}{3}k=-x+20$이고 $C(16,\ 4)$, $E(10,\ 10)$

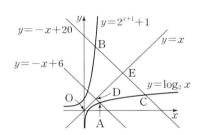

두 곡선 $y=2^x$, $y=\log_2 x$는 직선 $y=x$에 대하여 대칭이고 곡선

$y=2^{x+1}+1$은 곡선 $y=2^x$을 x축의 방향으로 -1만큼, y축의 방향으로 1만큼 평행이동한 곡선이다. 그러므로 점 B는 점 C를 직선 $y=x$에 대하여 대칭이동한 후 x축의 방향으로 -1만큼, y축의 방향으로 1만큼 평행이동한 점이다.

점 C의 좌표가 $(16,\ 4)$이므로 점 B의 좌표는 $(4-1,\ 16+1)$,

즉 $(3,\ 17)$이고 $\overline{BE}=\sqrt{(10-3)^2+(10-17)^2}=7\sqrt{2}$

따라서 $a\times\overline{BE}=2\times7\sqrt{2}=14\sqrt{2}$

답 ④

필수유형 8

함수 $f(x)=2\log_{\frac{1}{2}}(x+k)$에서 밑 $\dfrac{1}{2}$이 1보다 작으므로

닫힌구간 $[0,\ 12]$에서 함수 $f(x)=2\log_{\frac{1}{2}}(x+k)$의

최댓값은 $f(0)=2\log_{\frac{1}{2}}k$, 최솟값은 $f(12)=2\log_{\frac{1}{2}}(12+k)$이다.

$2\log_{\frac{1}{2}}k=-4$에서 $\log_2 k=2$, $k=2^2=4$

또한 $m=2\log_{\frac{1}{2}}(12+k)=2\log_{\frac{1}{2}}16=-2\log_2 2^4=-8$이므로

$k+m=4+(-8)=-4$

답 ④

25

$g(x)=3^x$, $h(x)=\log_2 x$라 하면 $f(x)=g(x)h(x)$

$2\leq x\leq4$에서 함수 $g(x)$의 최댓값과 최솟값은 각각

$g(4)=3^4=81$, $g(2)=3^2=9$

$2\le x\le 4$에서 함수 $h(x)$의 최댓값과 최솟값은 각각

$h(4)=\log_2 4=2$, $h(2)=\log_2 2=1$

따라서 함수 $f(x)=g(x)h(x)$의 최댓값과 최솟값은 각각

$81\times 2=162$, $9\times 1=9$이므로 그 합은

$162+9=171$

답 ①

26

a가 자연수이므로

$\dfrac{a}{10}+\dfrac{3}{20}>0$, $\dfrac{a}{10}+\dfrac{3}{20}\ne 1$, $\dfrac{2a+4}{9}>0$, $\dfrac{2a+4}{9}\ne 1$

즉, 두 함수 $f(x)$, $g(x)$는 모두 지수함수이다.

함수 $f(x)$의 최솟값이 $f(3)$이므로 $0<\dfrac{a}{10}+\dfrac{3}{20}<1$

$-\dfrac{3}{2}<a<\dfrac{17}{2}$ ······ ㉠

함수 $g(x)$의 최솟값이 $g(1)$이므로 $\dfrac{2a+4}{9}>1$

$a>\dfrac{5}{2}$ ······ ㉡

㉠, ㉡에서 $\dfrac{5}{2}<a<\dfrac{17}{2}$

따라서 자연수 a는 3, 4, 5, 6, 7, 8이므로 그 개수는 6이다.

답 6

27

$a\le x\le b$에서 함수 $(g\circ f)(x)=g(f(x))=\log_2\{f(x)\}$의 최댓값을 M, 최솟값을 m이라 하자.

두 실수 c, d $(0<d<c)$에 대하여 $a\le x\le b$에서 함수 $f(x)$의 최댓값을 c, 최솟값을 d라 하면 $M=\log_2 c$, $m=\log_2 d$이다.

$M+m=\log_2 c+\log_2 d=\log_2 cd=0$에서 $cd=1$

즉, $c>1$, $0<d<1$, $d=\dfrac{1}{c}$

$f(x)=x^2-4x+k=(x-2)^2+k-4$에서

함수 $f(x)$의 최솟값은 $k-4$이다.

(i) $k-4\ge 1$일 때

$f(x)\ge k-4\ge 1$이므로 $(g\circ f)(x)\ge\log_2 1=0$

$0\le m<M$, $M+m>0$이므로 주어진 조건을 만족시키지 않는다.

(ii) $k-4<1$일 때

k가 정수이므로 $k-4\le 0$

즉, 이차함수 $y=f(x)$의 그래프의 꼭짓점의 y좌표는 0 이하이다.

$0<p<1$인 어떤 실수 p에 대하여 x에 대한 방정식 $f(x)=p$의 서로 다른 두 실근을 α, β $(\alpha<\beta)$라 하고, x에 대한 방정식 $f(x)=\dfrac{1}{p}$의 서로 다른 두 실근을 γ, δ $(\gamma<\delta)$라 하면

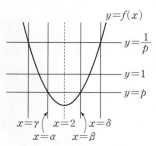

$\gamma<\alpha<\beta<\delta$

이때 $a=\gamma$, $b=\alpha$ 또는 $a=\beta$, $b=\delta$이면 $M+m=0$이다.

(i), (ii)에서 $k-4<1$, 즉 $k<5$이므로 정수 k의 최댓값은 4이다.

답 ⑤

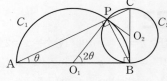

02 삼각함수

필수유형 ❶ ②	01 ④	02 ④	03 ②
필수유형 ❷ ④	04 ⑤	05 ⑤	06 ②
필수유형 ❸ ④	07 ①	08 ③	09 ④
	10 8	11 ②	
필수유형 ❹ ③	12 ④	13 ①	14 ⑤
필수유형 ❺ 8	15 ④	16 ④	17 ④
필수유형 ❻ ①	18 ⑤	19 10	20 ③
	21 ③	22 ⑤	

필수유형 ❶

중심각의 크기가 $\sqrt 3$인 부채꼴의 반지름의 길이를 r이라 하자.

이 부채꼴의 넓이가 $12\sqrt 3$이므로 $\dfrac{1}{2}\times r^2\times\sqrt 3=12\sqrt 3$

$r^2=24$이고 $r>0$이므로 $r=2\sqrt 6$

답 ②

01

직선 AP가 원 C_2와 만나는 점 중 P가 아닌 점을 C라 하자.

$\angle APB=\dfrac{\pi}{2}$이므로

점 B에서 직선 AC에 내린 수선의 발이 P이다. $\angle PAB=\theta\left(0<\theta<\dfrac{\pi}{2}\right)$로 놓으면 부채꼴 O_1BP의 중심각의 크기가 2θ이므로 부채꼴 O_1BP의 호의 길이 l_1은

$l_1=1\times 2\theta=2\theta$ ······ ㉠

$\angle ABC=\dfrac{\pi}{2}$에서 선분 BC는 원 C_2의 지름이고 $\angle PCB=\dfrac{\pi}{2}-\theta$이므로 중심각의 크기가 π보다 작은 부채꼴 O_2BP의 중심각의 크기는

$2\times\left(\dfrac{\pi}{2}-\theta\right)=\pi-2\theta$

따라서 부채꼴 O_2BP의 호의 길이 l_2는

$l_2=\dfrac{1}{2}\times(\pi-2\theta)=\dfrac{\pi}{2}-\theta$ ······ ㉡

㉠, ㉡에서 $l_1+2l_2=2\theta+2\left(\dfrac{\pi}{2}-\theta\right)=\pi$

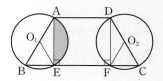

답 ④

02

두 점 A, D에서 직선 BC에 내린 수선의 발을 각각 E, F라 하고, 두 선분 AB, CD를 지름으로 하는 원의 중심을 각각 O_1, O_2라 하자.

$\overline{BE}=\overline{FC}=\dfrac{1}{2}\overline{AB}$에서 $\angle ABE=\angle DCF=\dfrac{\pi}{3}$

$\overline{BE}=a\,(a>0)$으로 놓으면 $\overline{AD}=2a$, $\overline{AE}=\sqrt 3 a$

중심각의 크기가 π보다 작은 부채꼴 O_1EA와 직사각형 $AEFD$의 공통부분의 넓이는

$$\frac{1}{2}\times a^2\times\frac{2}{3}\pi-\frac{1}{2}\times a^2\times\sin\frac{2}{3}\pi=\frac{a^2}{3}\pi-\frac{\sqrt{3}}{4}a^2 \quad\cdots\cdots \text{㉠}$$

사다리꼴 ABCD의 내부와 선분 AB, CD를 각각 지름으로 하는 두 원의 외부의 공통부분의 넓이는 직사각형 $AEFD$의 넓이에서 ㉠의 2배를 뺀 것과 같으므로

$$2a\times\sqrt{3}a-2\times\left(\frac{a^2}{3}\pi-\frac{\sqrt{3}}{4}a^2\right)=\left(\frac{5\sqrt{3}}{2}-\frac{2}{3}\pi\right)a^2$$

$\left(\frac{5\sqrt{3}}{2}-\frac{2}{3}\pi\right)a^2=15\sqrt{3}-4\pi$에서 $a^2=6$

$a>0$에서 $a=\sqrt{6}$

따라서 사다리꼴 ABCD의 넓이는

$$\frac{1}{2}\times(2a+4a)\times\sqrt{3}a=3\sqrt{3}a^2=18\sqrt{3}$$

답 ④

03

$\angle PBQ=\theta\left(0<\theta<\frac{\pi}{2}\right)$로 놓자.

호 AP의 원주각의 크기가 θ이므로 중심각의 크기는 2θ이다.

따라서 호 AP의 길이 l은 $l=2\times2\theta=4\theta$

또 $\overline{PB}=\overline{AB}\cos\theta=4\cos\theta$이므로 부채꼴 BPQ의 넓이 S는

$$S=\frac{1}{2}\times(4\cos\theta)^2\times\theta=8\theta\cos^2\theta$$

$\frac{S}{l}=\frac{2}{9}$에서 $\frac{8\theta\cos^2\theta}{4\theta}=\frac{2}{9}$, $\cos^2\theta=\frac{1}{9}$

$0<\theta<\frac{\pi}{2}$일 때 $\cos\theta>0$이므로 $\cos\theta=\frac{1}{3}$

$\overline{PB}=4\cos\theta=\frac{4}{3}$이므로 삼각형 ABP의 넓이는

$$\frac{1}{2}\times\overline{PA}\times\overline{PB}=\frac{1}{2}\times\sqrt{4^2-\left(\frac{4}{3}\right)^2}\times\frac{4}{3}=\frac{16\sqrt{2}}{9}$$

답 ②

필수유형 2

$\cos^2\theta=\frac{4}{9}$이고 $\frac{\pi}{2}<\theta<\pi$일 때 $\cos\theta<0$이므로 $\cos\theta=-\frac{2}{3}$

한편, $\sin^2\theta+\cos^2\theta=1$이므로

$$\sin^2\theta=1-\cos^2\theta=1-\frac{4}{9}=\frac{5}{9}$$

따라서 $\sin^2\theta+\cos\theta=\frac{5}{9}+\left(-\frac{2}{3}\right)=-\frac{1}{9}$

답 ④

04

이차방정식 $x^2-4x-2=0$의 두 근이 α, β $(\alpha>\beta)$이므로 근과 계수의 관계에 의하여 $\alpha+\beta=4$, $\alpha\beta=-2$

$(\alpha-\beta)^2=(\alpha+\beta)^2-4\alpha\beta=4^2-4\times(-2)=24$

$\alpha>\beta$이므로 $\alpha-\beta=2\sqrt{6}$

$$\sin\theta-\cos\theta=\frac{\alpha-\beta}{\alpha+\beta}=\frac{2\sqrt{6}}{4}=\frac{\sqrt{6}}{2}$$

$(\sin\theta-\cos\theta)^2=1-2\sin\theta\cos\theta$이므로

$$\sin\theta\cos\theta=\frac{1-(\sin\theta-\cos\theta)^2}{2}=\frac{1-\left(\frac{\sqrt{6}}{2}\right)^2}{2}=-\frac{1}{4}$$

답 ⑤

05

제2사분면의 점 P의 좌표를 (a, b) $(a<0, b>0)$으로 놓자.

점 Q는 점 P를 y축에 대하여 대칭이동한 점이므로 점 Q의 좌표는 $(-a, b)$이고, 점 R은 점 P를 직선 $y=x$에 대하여 대칭이동한 점이므로 점 R의 좌표는 (b, a)이다.

세 동경 OP, OQ, OR이 나타내는 각의 크기가 각각 α, β, γ이므로

$$\sin\alpha=\frac{b}{\sqrt{a^2+b^2}}, \cos\beta=\frac{-a}{\sqrt{(-a)^2+b^2}}, \tan\gamma=\frac{a}{b}$$

$\sin\alpha\cos\beta=\frac{2}{5}$에서 $\frac{b}{\sqrt{a^2+b^2}}\times\frac{-a}{\sqrt{(-a)^2+b^2}}=\frac{2}{5}$

$-5ab=2(a^2+b^2)\quad\cdots\cdots\text{㉠}$

㉠의 양변을 b^2으로 나누면

$$2\left(\frac{a}{b}\right)^2+5\times\frac{a}{b}+2=0, \left(\frac{a}{b}+2\right)\left(\frac{2a}{b}+1\right)=0$$

$\frac{a}{b}=-2$ 또는 $\frac{a}{b}=-\frac{1}{2}$

$\cos(\angle PQR)<0$, $\angle PQR<\pi$에서 $\frac{\pi}{2}<\angle PQR<\pi$이므로

$\overline{PQ}^2+\overline{QR}^2<\overline{PR}^2$

$(-2a)^2+(\sqrt{(b+a)^2+(a-b)^2})^2<(\sqrt{(b-a)^2+(a-b)^2})^2$

$4a^2+2(a^2+b^2)<2(a-b)^2$, $4a(a+b)<0$

$a<0$, $b>0$이므로 $\frac{a}{b}>-1$

따라서 $\tan\gamma=\frac{a}{b}=-\frac{1}{2}$

답 ⑤

참고

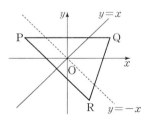

$\tan\gamma=-\frac{1}{2}$일 때 $\tan\gamma=-2$일 때

06

동경 OP가 나타내는 각의 크기가 $\theta\left(\frac{\pi}{2}<\theta<\pi\right)$이므로

원 $C: x^2+y^2=4$ 위의 제2사분면에 있는 점 P의 좌표를 $(2\cos\theta, 2\sin\theta)$로 나타낼 수 있다.

원 $C: x^2+y^2=4$ 위의 점 $P(2\cos\theta, 2\sin\theta)$에서의 접선의 방정식은

$(2\cos\theta)x+(2\sin\theta)y=4$

즉, $y=-\frac{\cos\theta}{\sin\theta}x+\frac{2}{\sin\theta}\quad\cdots\cdots\text{㉠}$

$x=0$일 때 $y=\frac{2}{\sin\theta}$이므로 점 Q의 좌표는 $\left(0, \frac{2}{\sin\theta}\right)$이다.

이때 직선 QR은 직선 ㉠과 y축에 대하여 대칭이므로 직선 QR의 방정식은 $y=\frac{\cos\theta}{\sin\theta}x+\frac{2}{\sin\theta}$

이고, 점 R의 좌표는 $\left(-\dfrac{2}{\cos\theta},\,0\right)$이다.

따라서 사각형 ORQP의 넓이는 두 직각삼각형 POQ, ORQ의 넓이의 합과 같으므로

$\dfrac{1}{2}\times(-2\cos\theta)\times\dfrac{2}{\sin\theta}+\dfrac{1}{2}\times\left(-\dfrac{2}{\cos\theta}\right)\times\dfrac{2}{\sin\theta}$

$=-\dfrac{2\cos\theta}{\sin\theta}-\dfrac{2}{\sin\theta\cos\theta}=-\dfrac{2}{\sin\theta}\left(\cos\theta+\dfrac{1}{\cos\theta}\right)$

답 ②

필수유형 ③

$\sin(-\theta)=-\sin\theta$이므로 $\sin(-\theta)=\dfrac{1}{7}\cos\theta$에서

$\cos\theta=-7\sin\theta$

이때 $\sin^2\theta+\cos^2\theta=1$이므로

$\sin^2\theta+49\sin^2\theta=1$, $\sin^2\theta=\dfrac{1}{50}$

한편, $\cos\theta<0$이므로 $\sin\theta=-\dfrac{1}{7}\cos\theta>0$

따라서 $\sin\theta=\dfrac{1}{5\sqrt2}=\dfrac{\sqrt2}{10}$

답 ④

07

$\sin\left(\dfrac{5}{2}\pi+\theta\right)=\sin\left(2\pi+\dfrac{\pi}{2}+\theta\right)=\sin\left(\dfrac{\pi}{2}+\theta\right)=\cos\theta$

이때 $\cos\theta=\dfrac{\sqrt6}{3}>0$, $\sin\theta<0$이므로

$\tan\theta=\dfrac{\sin\theta}{\cos\theta}=\dfrac{-\sqrt{1-\left(\dfrac{\sqrt6}{3}\right)^2}}{\dfrac{\sqrt6}{3}}=-\dfrac{\sqrt3}{\sqrt6}=-\dfrac{\sqrt2}{2}$

답 ①

08

$\sin(\pi+\theta)=-\sin\theta$, $\cos\left(\dfrac{\pi}{2}-\theta\right)=\sin\theta$

$\dfrac{3}{2}\pi<\theta<2\pi$일 때, $\sin\theta<0$, $\cos\theta>0$, $\tan\theta<0$이므로

$\sin\theta-\cos\theta<0$

따라서

$\sin(\pi+\theta)+\dfrac{\sqrt{\cos^2\left(\dfrac{\pi}{2}-\theta\right)}}{|\tan\theta|}-|\sin\theta-\cos\theta|$

$=-\sin\theta+\dfrac{\sqrt{\sin^2\theta}}{-\tan\theta}+(\sin\theta-\cos\theta)$

$=-\sin\theta+\dfrac{-\sin\theta}{-\tan\theta}+(\sin\theta-\cos\theta)$

$=-\sin\theta+\cos\theta+\sin\theta-\cos\theta=0$

답 ③

09

직선 $y=\dfrac{1}{(2n-1)\pi}x-1$은 세 점 $(0,\,-1)$, $((2n-1)\pi,\,0)$,

$(2(2n-1)\pi,\,1)$을 지난다. 이때 직선 $y=\dfrac{1}{(2n-1)\pi}x-1$과 함수 $y=\sin x$의 그래프의 교점의 개수는 $2\times(2n-2)+1=4n-3$이다.

$n^2=4n-3$에서 $(n-1)(n-3)=0$이므로 $n=1$ 또는 $n=3$

$n=1$일 때, 직선 $y=\dfrac{1}{\pi}x-1$과 함수 $y=\sin x$의 그래프는 그림과 같이 1^2개의 점에서 만난다.

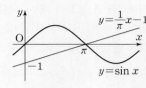

$n=3$일 때, 직선 $y=\dfrac{1}{5\pi}x-1$과 함수 $y=\sin x$의 그래프는 그림과 같이 3^2개의 점에서 만난다.

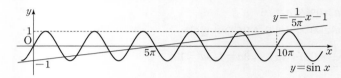

따라서 구하는 모든 자연수 n의 값의 합은 4이다.

답 ④

10

$|a|+c=2\sqrt2$, $-|a|+c=0$에서 $|a|=\sqrt2$, $c=\sqrt2$

$f\left(\dfrac{5}{12}\pi\right)=f\left(\dfrac{17}{12}\pi\right)=0$에서 함수 $f(x)$의 주기는 $\dfrac{17}{12}\pi-\dfrac{5}{12}\pi=\pi$이므로

$\dfrac{2\pi}{|b|}=\pi$, $|b|=2$

따라서 $a^2+b^2+c^2=(\sqrt2)^2+2^2+(\sqrt2)^2=8$

답 8

11

삼각형 OPQ가 한 변의 길이가 $\dfrac{4}{3}a$인 정삼각형이므로 점 P의 좌표를 $\left(\dfrac{2}{3}a,\,\dfrac{2\sqrt3}{3}a\right)$로 놓을 수 있다.

이때 점 $P\left(\dfrac{2}{3}a,\,\dfrac{2\sqrt3}{3}a\right)$는 곡선 $y=\left|\tan\dfrac{\pi x}{2a}\right|$ 위의 점이므로

$\left|\tan\dfrac{\pi}{3}\right|=\dfrac{2\sqrt3}{3}a$에서 $a=\dfrac{3}{2}$

따라서 $f(x)=\left|\tan\dfrac{\pi x}{3}\right|$이므로

$a\times f\left(-\dfrac{1}{2}\right)=\dfrac{3}{2}\times\left|\tan\left(-\dfrac{\pi}{6}\right)\right|$

$=\dfrac{3}{2}\times\left|-\tan\dfrac{\pi}{6}\right|=\dfrac{\sqrt3}{2}$

답 ③

필수유형 ④

함수 $f(x)=a-\sqrt3\tan2x$의 그래프의 주기는 $\dfrac{\pi}{2}$이다.

함수 $f(x)$가 닫힌구간 $\left[-\dfrac{\pi}{6},\,b\right]$에서 최댓값과 최솟값을 가지므로

$-\dfrac{\pi}{6}<b<\dfrac{\pi}{4}$이다.

한편, 함수 $y=f(x)$의 그래프는 닫힌구간 $\left[-\dfrac{\pi}{6},\ b\right]$에서 x의 값이 증가할 때, y의 값은 감소하므로 함수 $f(x)$는 $x=-\dfrac{\pi}{6}$에서 최댓값 7을 갖는다.

즉, $f\left(-\dfrac{\pi}{6}\right)=a-\sqrt{3}\tan\left(-\dfrac{\pi}{3}\right)=7$에서

$a+\sqrt{3}\tan\dfrac{\pi}{3}=7$, $a+3=7$, $a=4$

함수 $f(x)$는 $x=b$에서 최솟값 3을 가지므로

$f(b)=4-\sqrt{3}\tan 2b=3$에서 $\tan 2b=\dfrac{\sqrt{3}}{3}$

이때 $-\dfrac{\pi}{3}<2b<\dfrac{\pi}{2}$이므로 $2b=\dfrac{\pi}{6}$, $b=\dfrac{\pi}{12}$

따라서 $a\times b=4\times\dfrac{\pi}{12}=\dfrac{\pi}{3}$

답 ③

12

$4-3\sin^2\theta=t$로 놓으면 $\sin^2\theta=\dfrac{4-t}{3}$

$0<\theta<2\pi$에서 $-1\le\sin\theta\le1$이므로 $1\le t\le4$

$f(\theta)=\dfrac{3}{t}-\dfrac{4(4-t)}{3}=\boxed{\dfrac{4t}{3}+\dfrac{3}{t}-\dfrac{16}{3}}$

이때 $t>0$이므로

$\boxed{\dfrac{4t}{3}+\dfrac{3}{t}-\dfrac{16}{3}}\ge2\sqrt{\dfrac{4t}{3}\times\dfrac{3}{t}}-\dfrac{16}{3}=4-\dfrac{16}{3}=\boxed{-\dfrac{4}{3}}$ ……㉠

$\dfrac{4t}{3}=\dfrac{3}{t}$에서 $t^2=\dfrac{9}{4}$, 즉 $t=\dfrac{3}{2}$이고, $1\le\dfrac{3}{2}\le4$이므로 부등식 ㉠에서 등호는 $t=\dfrac{3}{2}$, 즉 $\sin^2\theta=\boxed{\dfrac{5}{6}}$일 때 성립한다.

따라서 함수 $f(\theta)$는 $\sin^2\theta=\boxed{\dfrac{5}{6}}$일 때, 최솟값 $\boxed{-\dfrac{4}{3}}$를 갖는다.

이상에서 $g(t)=\dfrac{4t}{3}+\dfrac{3}{t}-\dfrac{16}{3}$, $p=-\dfrac{4}{3}$, $q=\dfrac{5}{6}$이고,

$p+q=-\dfrac{4}{3}+\dfrac{5}{6}=-\dfrac{1}{2}$이므로

$g\left(-\dfrac{1}{p+q}\right)=g(2)=\dfrac{8}{3}+\dfrac{3}{2}-\dfrac{16}{3}=-\dfrac{7}{6}$

답 ④

13

$\sin\left(\dfrac{3}{2}\pi-x\right)=\sin\left(\pi+\dfrac{\pi}{2}-x\right)=-\sin\left(\dfrac{\pi}{2}-x\right)=-\cos x$

$\cos\left(x+\dfrac{\pi}{2}\right)=-\sin x$이므로

$f(x)=\sin^2\left(\dfrac{3}{2}\pi-x\right)+k\cos\left(x+\dfrac{\pi}{2}\right)+k+1$

$\quad=(-\cos x)^2+k(-\sin x)+k+1=1-\sin^2 x-k\sin x+k+1$

$\quad=-\sin^2 x-k\sin x+k+2=-\left(\sin x+\dfrac{k}{2}\right)^2+\dfrac{k^2}{4}+k+2$

$\sin x=t$ $(-1\le t\le1)$로 놓으면

$f(x)=-\left(t+\dfrac{k}{2}\right)^2+\dfrac{k^2}{4}+k+2$

(i) $-\dfrac{k}{2}>1$, 즉 $k<-2$일 때

　함수 $f(x)$는 $t=\sin x=1$일 때 최대이다.

　이때 $-1^2-k+k+2=1\ne3$이므로 조건을 만족시키지 않는다.

(ii) $-\dfrac{k}{2}<-1$, 즉 $k>2$일 때

　함수 $f(x)$는 $t=\sin x=-1$일 때 최대이다.

　$-(-1)^2+k+k+2=3$, $2k+1=3$에서 $k=1$

　이때 $k>2$를 만족시키지 않는다.

(iii) $-1\le-\dfrac{k}{2}\le1$, 즉 $-2\le k\le2$일 때

　함수 $f(x)$는 $t=\sin x=-\dfrac{k}{2}$일 때 최대이므로

　$\dfrac{k^2}{4}+k+2=3$, $k^2+4k-4=0$, $k=-2\pm2\sqrt{2}$

　$-2\le k\le2$이므로 $k=-2+2\sqrt{2}=2(\sqrt{2}-1)$

(i), (ii), (iii)에서 조건을 만족시키는 실수 k의 값은 $2(\sqrt{2}-1)$이다.

답 ①

14

ㄱ. $t=\dfrac{\pi}{2}$일 때 $f(x)=\begin{cases}\cos x & \left(0\le x\le\dfrac{\pi}{2}\right)\\ -\cos x & \left(\dfrac{\pi}{2}<x\le2\pi\right)\end{cases}$ 이므로

함수 $y=f(x)$의 그래프는 그림과 같다.

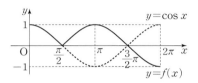

$M\left(\dfrac{\pi}{2}\right)=1$, $m\left(\dfrac{\pi}{2}\right)=-1$이므로 $M\left(\dfrac{\pi}{2}\right)-m\left(\dfrac{\pi}{2}\right)=2$ (참)

ㄴ. (i) $0<t\le\dfrac{\pi}{2}$일 때

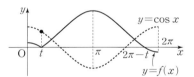

$M(t)=f(\pi)=\cos t-\cos\pi=\cos t+1$,

$m(t)=f(2\pi)=\cos t-\cos2\pi=\cos t-1$

이므로 $M(t)-m(t)=2$

(ii) $\dfrac{\pi}{2}<t<\dfrac{3}{2}\pi$일 때

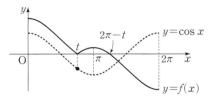

$M(t)=f(0)=\cos0-\cos t=1-\cos t$,

$m(t)=f(2\pi)=\cos t-\cos2\pi=\cos t-1$

이므로 $M(t)-m(t)=2-2\cos t$

(iii) $\dfrac{3}{2}\pi\le t<2\pi$일 때

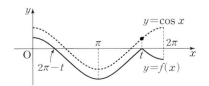

$M(t)=f(0)=\cos 0-\cos t=1-\cos t$,

$m(t)=f(\pi)=\cos \pi-\cos t=-1-\cos t$

이므로 $M(t)-m(t)=2$

(i), (ii), (iii)에서 $M(t)-m(t)=2$를 만족시키는 실수 t의 값의 범위는 $0<t\leq\dfrac{\pi}{2}$ 또는 $\dfrac{3}{2}\pi\leq t<2\pi$ (거짓)

ㄷ. ㄴ에서

$0<t\leq\dfrac{\pi}{2}$일 때, $M(t)+m(t)=2\cos t$

$\dfrac{\pi}{2}<t<\dfrac{3}{2}\pi$일 때, $M(t)+m(t)=0$

$\dfrac{3}{2}\pi\leq t<2\pi$일 때, $M(t)+m(t)=-2\cos t$

이므로 $\dfrac{\pi}{2}\leq t\leq\dfrac{3}{2}\pi$일 때 $M(t)+m(t)=0$

따라서 $M(t)+m(t)=0$을 만족시키는 실수 t의 최솟값은 $\dfrac{\pi}{2}$이고

최댓값은 $\dfrac{3}{2}\pi$이므로 그 합은 2π이다. (참)

이상에서 옳은 것은 ㄱ, ㄷ이다.

답 ⑤

필수유형 **5**

함수 $f(x)$의 최솟값이 $-a+8-a=8-2a$이므로 조건 (가)를 만족시키려면 $8-2a\geq0$, 즉 $a\leq4$이어야 한다.

그런데 $a=1$ 또는 $a=2$ 또는 $a=3$일 때는 함수 $f(x)$의 최솟값이 0보다 크므로 조건 (나)를 만족시킬 수 없다. 그러므로 $a=4$

이때 $f(x)=4\sin bx+4$이고 이 함수의 주기는 $\dfrac{2\pi}{b}$이므로

$0\leq x<\dfrac{2\pi}{b}$일 때 방정식 $f(x)=0$의 실근은 $\dfrac{3\pi}{2b}$뿐이다.

그러므로 $0\leq x<2\pi$일 때, 방정식 $f(x)=0$의 서로 다른 실근의 개수가 4가 되려면 $\dfrac{3\pi}{2b}+\dfrac{2\pi}{b}\times3<2\pi\leq\dfrac{3\pi}{2b}+\dfrac{2\pi}{b}\times4$, 즉

$\dfrac{15\pi}{2b}<2\pi\leq\dfrac{19\pi}{2b}$이어야 한다.

$\dfrac{15}{4}<b\leq\dfrac{19}{4}$에서 b는 자연수이므로 $b=4$

따라서 $a+b=4+4=8$

답 8

15

$\log_{|\sin\theta|}\tan\theta$에서 로그의 밑과 진수의 조건에 의하여

$|\sin\theta|\neq0$, $|\sin\theta|\neq1$, $\tan\theta>0$

이때 $0<|\sin\theta|<1$이므로 $0<\log_{|\sin\theta|}\tan\theta<1$이 성립하려면

$0<|\sin\theta|<\tan\theta<1$

$0<\theta<\dfrac{\pi}{2}$일 때, $\sin\theta>0$, $0<\cos\theta<1$이므로

$|\sin\theta|-\tan\theta=\sin\theta-\dfrac{\sin\theta}{\cos\theta}=\dfrac{\sin\theta(\cos\theta-1)}{\cos\theta}<0$

$\pi<\theta<\dfrac{3}{2}\pi$일 때, $\sin\theta<0$, $-1<\cos\theta<0$이므로

$|\sin\theta|-\tan\theta=-\sin\theta-\dfrac{\sin\theta}{\cos\theta}=-\dfrac{\sin\theta(\cos\theta+1)}{\cos\theta}<0$

그러므로 $\tan\theta>0$인 θ의 범위에서 부등식 $|\sin\theta|<\tan\theta$는 항상 성립한다.

$0<\tan\theta<1$에서 $0<\theta<\dfrac{\pi}{4}$, $\pi<\theta<\dfrac{5}{4}\pi$ $\quad\cdots\cdots$ ㉠

㉠의 범위에서 $\sin\theta$, $\cos\theta$의 값의 부호는 같고,

$0<|\sin\theta|<|\cos\theta|$이므로 $\dfrac{\cos\theta}{\sin\theta}>1$

$\left(\dfrac{\cos\theta}{\sin\theta}\right)^{\cos\theta+1}<\left(\dfrac{\sin\theta}{\cos\theta}\right)^{\cos\theta}$의 양변에 $\left(\dfrac{\cos\theta}{\sin\theta}\right)^{\cos\theta}$을 곱하면

$\left(\dfrac{\cos\theta}{\sin\theta}\right)^{2\cos\theta+1}<\left(\dfrac{\sin\theta}{\cos\theta}\times\dfrac{\cos\theta}{\sin\theta}\right)^{\cos\theta}=1$

$2\cos\theta+1<0$, $\cos\theta<-\dfrac{1}{2}$

$\dfrac{2}{3}\pi<\theta<\dfrac{4}{3}\pi$ $\quad\cdots\cdots$ ㉡

따라서 ㉠, ㉡에서 구하는 θ의 값의 범위는

$\pi<\theta<\dfrac{5}{4}\pi$

답 ③

16

$y=x^2-4x\sin\dfrac{n\pi}{6}+3-2\cos^2\dfrac{n\pi}{6}$

$=\left(x-2\sin\dfrac{n\pi}{6}\right)^2-4\sin^2\dfrac{n\pi}{6}+3-2\cos^2\dfrac{n\pi}{6}$

$=\left(x-2\sin\dfrac{n\pi}{6}\right)^2+1-2\sin^2\dfrac{n\pi}{6}$ $\quad\cdots\cdots$ ㉠

이므로 이차함수 ㉠의 그래프의 꼭짓점의 좌표는

$\left(2\sin\dfrac{n\pi}{6},\ 1-2\sin^2\dfrac{n\pi}{6}\right)$

이 점과 직선 $y=\dfrac{1}{2}x+\dfrac{3}{2}$, 즉 $x-2y+3=0$ 사이의 거리가 $\dfrac{3\sqrt{5}}{5}$보다 작으려면

$\dfrac{\left|2\sin\dfrac{n\pi}{6}-2\left(1-2\sin^2\dfrac{n\pi}{6}\right)+3\right|}{\sqrt{5}}<\dfrac{3\sqrt{5}}{5}$

$\left|4\sin^2\dfrac{n\pi}{6}+2\sin\dfrac{n\pi}{6}+1\right|<3$

$-3<4\sin^2\dfrac{n\pi}{6}+2\sin\dfrac{n\pi}{6}+1<3$

(i) $4\sin^2\dfrac{n\pi}{6}+2\sin\dfrac{n\pi}{6}+1>-3$에서

$2\sin^2\dfrac{n\pi}{6}+\sin\dfrac{n\pi}{6}+2>0$ $\quad\cdots\cdots$ ㉡

$2\left(\sin\dfrac{n\pi}{6}+\dfrac{1}{4}\right)^2+\dfrac{15}{8}>0$이므로 ㉡은 모든 자연수 n에 대하여 성립한다.

(ii) $4\sin^2\dfrac{n\pi}{6}+2\sin\dfrac{n\pi}{6}+1<3$에서

$2\sin^2\dfrac{n\pi}{6}+\sin\dfrac{n\pi}{6}-1<0$

$\left(2\sin\dfrac{n\pi}{6}-1\right)\left(\sin\dfrac{n\pi}{6}+1\right)<0$

$-1<\sin\dfrac{n\pi}{6}<\dfrac{1}{2}$ $\quad\cdots\cdots$ ㉢

㉢을 만족시키는 12 이하의 자연수 n의 값은 6, 7, 8, 10, 11, 12이다.

따라서 (i), (ii)를 모두 만족시키는 12 이하의 자연수 n의 개수는 6이다.

답 ③

17

ㄱ. $t=\frac{1}{2}$일 때, $\left(x-\sin\frac{\pi}{2}\right)\left(x+\cos\frac{\pi}{2}\right)=0$

즉, 이차방정식 $x(x-1)=0$의 두 실근은 0, 1이므로

$\alpha\left(\frac{1}{2}\right)=1$, $\beta\left(\frac{1}{2}\right)=0$

따라서 $\alpha\left(\frac{1}{2}\right)>\frac{1}{2}$ (참)

ㄴ. 이차방정식 $(x-\sin\pi t)(x+\cos\pi t)=0$의 실근은

$x=\sin\pi t$ 또는 $x=-\cos\pi t$

$\sin\pi t=-\cos\pi t$, 즉 $\tan\pi t=-1$에서

$0\leq t\leq 2$이므로 $\pi t=\frac{3}{4}\pi$ 또는 $\pi t=\frac{7}{4}\pi$

즉, $t=\frac{3}{4}$ 또는 $t=\frac{7}{4}$

따라서 $\alpha(t)=\beta(t)$를 만족시키는 서로 다른 실수 t의 개수는 2이다. (참)

ㄷ. $0\leq t\leq\frac{3}{4}$ 또는 $\frac{7}{4}\leq t\leq 2$일 때, $\sin\pi t\geq-\cos\pi t$이므로

$\alpha(t)=\sin\pi t$, $\beta(t)=-\cos\pi t$

$\frac{3}{4}<t<\frac{7}{4}$일 때, $\sin\pi t<-\cos\pi t$이므로

$\alpha(t)=-\cos\pi t$, $\beta(t)=\sin\pi t$

따라서 $\alpha(t)=\begin{cases}\sin\pi t & \left(0\leq t\leq\frac{3}{4} \text{ 또는 } \frac{7}{4}\leq t\leq 2\right)\\ -\cos\pi t & \left(\frac{3}{4}<t<\frac{7}{4}\right)\end{cases}$

$\beta(t)=\begin{cases}-\cos\pi t & \left(0\leq t\leq\frac{3}{4} \text{ 또는 } \frac{7}{4}\leq t\leq 2\right)\\ \sin\pi t & \left(\frac{3}{4}<t<\frac{7}{4}\right)\end{cases}$

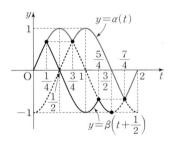

(i) $0\leq s\leq\frac{1}{4}$일 때, $\frac{1}{2}\leq s+\frac{1}{2}\leq\frac{3}{4}$이므로

$\alpha(s)-\beta\left(s+\frac{1}{2}\right)=\sin\pi s-\left\{-\cos\pi\left(s+\frac{1}{2}\right)\right\}$

$=\sin\pi s+\cos\left(\pi s+\frac{\pi}{2}\right)=\sin\pi s-\sin\pi s=0$

(ii) $\frac{1}{4}<s\leq\frac{3}{4}$일 때, $\frac{3}{4}<s+\frac{1}{2}\leq\frac{5}{4}$이므로

$\alpha(s)-\beta\left(s+\frac{1}{2}\right)=\sin\pi s-\sin\pi\left(s+\frac{1}{2}\right)$

$=\sin\pi s-\cos\pi s>0$

(iii) $\frac{3}{4}<s<\frac{5}{4}$일 때, $\frac{5}{4}<s+\frac{1}{2}<\frac{7}{4}$이므로

$\alpha(s)-\beta\left(s+\frac{1}{2}\right)=-\cos\pi s-\sin\pi\left(s+\frac{1}{2}\right)$

$=-\cos\pi s-\cos\pi s=-2\cos\pi s>0$

(iv) $\frac{5}{4}\leq s\leq\frac{3}{2}$일 때, $\frac{7}{4}\leq s+\frac{1}{2}\leq 2$이므로

$\alpha(s)-\beta\left(s+\frac{1}{2}\right)=-\cos\pi s-\left\{-\cos\pi\left(s+\frac{1}{2}\right)\right\}$

$=-\cos\pi s+\cos\left(\pi s+\frac{\pi}{2}\right)$

$=-\cos\pi s-\sin\pi s>0$

따라서 $\alpha(s)=\beta\left(s+\frac{1}{2}\right)$을 만족시키는 실수 s $\left(0\leq s\leq\frac{3}{2}\right)$의 범위는 $0\leq s\leq\frac{1}{4}$이므로 그 최댓값은 $\frac{1}{4}$이다. (거짓)

이상에서 옳은 것은 ㄱ, ㄴ이다.

답 ③

필수유형 6

$\angle BAC=\angle CAD=\theta\left(0<\theta<\frac{\pi}{2}\right)$라 하면

삼각형 ABC에서 코사인법칙에 의하여

$\overline{BC}^2=\overline{AB}^2+\overline{AC}^2-2\times\overline{AB}\times\overline{AC}\times\cos\theta$

$=5^2+(3\sqrt{5})^2-2\times 5\times 3\sqrt{5}\times\cos\theta$

$=70-30\sqrt{5}\cos\theta$

삼각형 ACD에서 코사인법칙에 의하여

$\overline{CD}^2=\overline{AC}^2+\overline{AD}^2-2\times\overline{AC}\times\overline{AD}\times\cos\theta$

$=(3\sqrt{5})^2+7^2-2\times 3\sqrt{5}\times 7\times\cos\theta$

$=94-42\sqrt{5}\cos\theta$

$\angle BAC=\angle CAD$이므로 $\overline{BC}=\overline{CD}$, 즉 $\overline{BC}^2=\overline{CD}^2$이다.

이때 $70-30\sqrt{5}\cos\theta=94-42\sqrt{5}\cos\theta$에서 $\cos\theta=\frac{2\sqrt{5}}{5}$

$\overline{BC}^2=70-30\sqrt{5}\cos\theta=70-30\sqrt{5}\times\frac{2\sqrt{5}}{5}=10$, $\overline{BC}=\sqrt{10}$

한편, $\sin^2\theta=1-\cos^2\theta=1-\left(\frac{2\sqrt{5}}{5}\right)^2=\frac{1}{5}$이고,

$\sin\theta>0$이므로 $\sin\theta=\frac{\sqrt{5}}{5}$

구하는 원의 반지름의 길이를 R이라 하면 삼각형 ABC에서 사인법칙에 의하여 $\frac{\overline{BC}}{\sin\theta}=2R$이므로 $\frac{\sqrt{10}}{\frac{\sqrt{5}}{5}}=2R$, $5\sqrt{2}=2R$

따라서 $R=\frac{5\sqrt{2}}{2}$

답 ①

18

삼각형 ABC의 외접원의 반지름의 길이를 R이라 하면 사인법칙에 의하여 $\frac{a}{\sin A}=\frac{b}{\sin B}=\frac{c}{\sin C}=2R$

즉, $\sin A=\frac{a}{2R}$, $\sin B=\frac{b}{2R}$, $\sin C=\frac{c}{2R}$

$\sin A=\sin C$에서 $a=c$

$\sin A:\sin B=2:3$에서 $a:b=2:3$

$a=2k$, $b=3k$, $c=2k(k>0)$으로 놓으면 코사인법칙에 의하여

$\cos A=\frac{(3k)^2+(2k)^2-(2k)^2}{2\times 3k\times 2k}=\frac{3}{4}$

$\cos B=\frac{(2k)^2+(2k)^2-(3k)^2}{2\times 2k\times 2k}=-\frac{1}{8}$

$\cos C = \cos A = \dfrac{3}{4}$ 이므로

$$\dfrac{\cos A + \cos B}{\cos C} = \dfrac{\dfrac{3}{4} - \dfrac{1}{8}}{\dfrac{3}{4}} = \dfrac{5}{6}$$

目 ⑤

19

$\overline{AB} = \overline{DE}$, $\overline{AB} /\!/ \overline{DE}$ 에서 사각형 ABDE는 평행사변형이므로 $\angle BAE = \angle BDE$

사각형 ABDE가 원에 내접하므로 $\angle BAE + \angle BDE = \pi$

따라서 사각형 ABDE는 직사각형이므로 두 선분 AD, BE는 원의 지름이다. $\cos(\angle ACB) = \cos(\angle AEB) = \cos(\angle EBD) = \dfrac{1}{3}$ 이므로

$$\sin(\angle ACB) = \sqrt{1 - \left(\dfrac{1}{3}\right)^2} = \dfrac{2\sqrt{2}}{3}$$

삼각형 ABC의 외접원의 지름의 길이가 6이므로 사인법칙에 의하여

$\dfrac{\overline{AB}}{\sin(\angle ACB)} = 6$, 즉 $\overline{AB} = 6 \times \dfrac{2\sqrt{2}}{3} = 4\sqrt{2}$

삼각형 ABC에서 $\overline{AC} = k$ $(k > 0)$으로 놓으면 $\overline{BC} = 5$이므로 삼각형 ABC에서 코사인법칙에 의하여

$\overline{AB}^2 = \overline{AC}^2 + \overline{BC}^2 - 2 \times \overline{AC} \times \overline{BC} \times \cos(\angle ACB)$

$32 = k^2 + 25 - \dfrac{10}{3}k$, $3k^2 - 10k - 21 = 0$

$k > 0$이므로 $k = \dfrac{5 + 2\sqrt{22}}{3}$, 즉 $\overline{AC} = \dfrac{5 + 2\sqrt{22}}{3}$

따라서 $p = \dfrac{5}{3}$, $q = \dfrac{2}{3}$이므로 $9pq = 10$

目 10

20

$\overline{PH} = a$ $(a > 0)$이라 하면 $\angle PHO = \dfrac{\pi}{2}$, $\angle POH = \dfrac{\pi}{6}$이므로

$\overline{OP} = \dfrac{\overline{PH}}{\sin \dfrac{\pi}{6}} = 2a$

점 Q가 부채꼴 PRH의 호 RH를 이등분하므로 $\angle QPH = \theta$ $\left(0 < \theta < \dfrac{\pi}{2}\right)$라 하면 $\angle QPR = \theta$이고 $\angle OPH = \dfrac{\pi}{3}$이므로

$\dfrac{\pi}{3} + 2\theta = \pi$에서 $\theta = \dfrac{\pi}{3}$

삼각형 OPQ에서 코사인법칙에 의하여

$\overline{OQ}^2 = \overline{OP}^2 + \overline{PQ}^2 - 2 \times \overline{OP} \times \overline{PQ} \times \cos(\angle OPQ)$

$4^2 = (2a)^2 + a^2 - 2 \times 2a \times a \times \cos \dfrac{2}{3}\pi$, $7a^2 = 16$

$a > 0$이므로 $a = \dfrac{4\sqrt{7}}{7}$

따라서 부채꼴 PRH의 넓이는

$\dfrac{1}{2} \times \left(\dfrac{4\sqrt{7}}{7}\right)^2 \times \dfrac{2}{3}\pi = \dfrac{16}{21}\pi$

目 ③

21

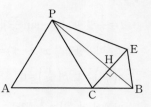

선분 CE는 두 원 O_2, O_3의 공통인 현이므로 두 직선 PB, CE는 서로 수직이다.

삼각형 PAC는 한 변의 길이가 2인 정삼각형이므로 삼각형 PAB에서 코사인법칙에 의하여

$\overline{PB}^2 = \overline{PA}^2 + \overline{AB}^2 - 2 \times \overline{PA} \times \overline{AB} \times \cos(\angle PAB)$

$\qquad = 2^2 + 3^2 - 2 \times 2 \times 3 \times \dfrac{1}{2} = 7$

$\overline{PB} > 0$이므로 $\overline{PB} = \sqrt{7}$

점 P에서 선분 AB에 내린 수선의 길이가 $\sqrt{3}$이므로 삼각형 PCB의 넓이는 $\dfrac{1}{2} \times 1 \times \sqrt{3} = \dfrac{\sqrt{3}}{2}$

이때 두 선분 PB, CE의 교점을 H라 하면

$\dfrac{1}{2} \times \overline{CH} \times \overline{PB} = \dfrac{\sqrt{3}}{2}$, $\overline{CH} = \dfrac{\sqrt{3}}{\sqrt{7}} = \dfrac{\sqrt{21}}{7}$

$\overline{CE} = 2 \times \overline{CH} = \dfrac{2\sqrt{21}}{7}$

삼각형 EDC의 외접원 O_3의 반지름의 길이가 2이므로 사인법칙에 의하여 $\dfrac{\overline{CE}}{\sin(\angle EDC)} = 2 \times 2$

따라서 $\sin(\angle EDC) = \dfrac{\overline{CE}}{4} = \dfrac{\sqrt{21}}{14}$

目 ③

22

$\overline{AB} = 2a$, $\overline{AC} = 3a$ $(a > 0)$으로 놓고, $\overline{BD} = 3b$, $\overline{DC} = 2b$ $(b > 0)$으로 놓자.

$\overline{AD} = k$ $(k > 0)$으로 놓으면

$\dfrac{\cos(\angle ABD)}{\cos(\angle ACD)} = \dfrac{1}{2}$ 에서

$2\cos(\angle ABD) = \cos(\angle ACD)$

$2 \times \dfrac{(2a)^2 + (3b)^2 - k^2}{2 \times 2a \times 3b} = \dfrac{(3a)^2 + (2b)^2 - k^2}{2 \times 3a \times 2b}$

$k^2 = 14b^2 - a^2$ ······ ㉠

$\cos(\angle BDA) = \cos(\pi - \angle CDA) = -\cos(\angle CDA)$ 이므로

$\dfrac{(3b)^2 + k^2 - (2a)^2}{2 \times 3b \times k} = -\dfrac{(2b)^2 + k^2 - (3a)^2}{2 \times 2b \times k}$

$k^2 = 7a^2 - 6b^2$ ······ ㉡

㉠, ㉡에서 $14b^2 - a^2 = 7a^2 - 6b^2$

즉, $b^2 = \dfrac{2}{5}a^2$이므로 ㉡에 대입하면 $k^2 = 7a^2 - \dfrac{12}{5}a^2 = \dfrac{23}{5}a^2$

따라서 $\dfrac{\overline{AD}}{\overline{AB}} = \dfrac{k}{2a} = \dfrac{1}{2} \times \sqrt{\dfrac{23}{5}} = \dfrac{\sqrt{115}}{10}$

目 ⑤

03 수열

본문 25~36쪽

필수유형**1** ③	**01** ⑤	**02** ⑤	**03** ②
필수유형**2** 7	**04** 12	**05** ②	**06** ④
필수유형**3** ①	**07** ③	**08** ③	**09** ④
필수유형**4** 64	**10** ①	**11** ①	**12** 6
필수유형**5** ③	**13** ③	**14** ②	**15** 12
필수유형**6** ②	**16** 68	**17** ①	**18** 58
필수유형**7** 24	**19** ⑤	**20** ③	**21** 24
필수유형**8** 91	**22** ②	**23** ④	**24** 16
필수유형**9** ⑤	**25** ②	**26** ④	**27** 16
필수유형**10** ④	**28** ①	**29** 25	**30** ④
필수유형**11** ①	**31** ②	**32** ③	**33** ⑤
필수유형**12** ④	**34** ①		

필수유형 1

등차수열 $\{a_n\}$의 공차를 d라 하면
$a_1=2a_5=2(a_1+4d)$에서
$a_1+8d=0$ ...... ㉠
$a_8+a_{12}=(a_1+7d)+(a_1+11d)$
$\qquad\qquad =2a_1+18d=-6$
$a_1+9d=-3$ ...... ㉡
㉠, ㉡을 연립하여 풀면 $a_1=24$, $d=-3$이므로
$a_2=a_1+d=21$

답 ③

01

등차수열 $\{a_n\}$의 공차를 d라 하면
$a_1+a_3=a_1+(a_1+2d)=0$에서 $a_1=-d$이므로
$a_3+2a_4+3a_5=(a_1+2d)+2(a_1+3d)+3(a_1+4d)$
$\qquad\qquad\qquad =d+4d+9d=14d$
$a_3+2a_4+3a_5=14$에서 $d=1$, $a_1=-1$
따라서 $a_{10}=a_1+9d=-1+9=8$

답 ⑤

02

등차수열 $\{a_n\}$의 공차를 d라 하자.
조건 (가)에서 등차수열 $\{a_n\}$의 모든 항이 정수이므로 a_1, d의 값도 모두 정수이다.
조건 (나)에서 $|a_4|-a_3=0$이므로
$|a_1+3d|=a_1+2d$ ...... ㉠
(i) $a_1 \geq -3d$일 때
$\quad$㉠에서 $a_1+3d=a_1+2d$, $d=0$
$\quad$이때 $a_n=a_1\geq 0$이 되어 조건 $a_{10}<0$을 만족시키지 않는다.
(ii) $a_1<-3d$일 때
$\quad$㉠에서 $-(a_1+3d)=a_1+2d$, $a_1=-\dfrac{5d}{2}$

a_1의 값은 정수이므로 $d=2d'$ (d'은 정수)로 놓으면
$a_1=-5d'$
$-5d'<-3d$, 즉 $-5d'<-6d'$에서 $d'<0$
즉, d'의 값은 음의 정수이므로 $d'\leq-1$
이때 $a_{10}=a_1+9d=13d'<0$이므로 조건을 만족시킨다.
따라서 $a_2=a_1+d=-5d'+2d'=-3d'\geq 3$이므로 a_2의 최솟값은 3이다.

답 ⑤

03

등차수열 $\{a_n\}$의 공차를 d ($d>0$)이라 하자.
$(a_5)^2-(a_3)^2=(a_5-a_3)(a_5+a_3)=2d(2a_1+6d)$
$(a_9)^2-(a_7)^2=(a_9-a_7)(a_9+a_7)=2d(2a_1+14d)$
$(a_5)^2-(a_3)^2=4$, $(a_9)^2-(a_7)^2=20$에서
$2d(2a_1+6d)=4$ ...... ㉠
$2d(2a_1+14d)=20$ ...... ㉡
㉠, ㉡에서 $\dfrac{2d(2a_1+14d)}{2d(2a_1+6d)}=\dfrac{a_1+7d}{a_1+3d}=5$
$a_1+7d=5a_1+15d$
$a_1=-2d$ ...... ㉢
㉢을 ㉠에 대입하면
$2d(-4d+6d)=4$, $d^2=1$
$d>0$이므로 $d=1$
따라서 $a_4=a_1+3d=-2d+3d=d=1$

답 ②

필수유형 2

$S_{k+2}-S_k=-12-(-16)=4$에서
$a_{k+2}+a_{k+1}=4$
등차수열 $\{a_n\}$의 공차가 2이므로
$a_1+2(k+1)+a_1+2k=4$, $2a_1+4k=2$
$a_1=1-2k$ ...... ㉠
한편, $S_k=\dfrac{k\{2a_1+2(k-1)\}}{2}=-16$이고 ㉠을 대입하면
$\dfrac{k\{2(1-2k)+2(k-1)\}}{2}=-16$
$k^2=16$에서 k는 자연수이므로 $k=4$
이것을 ㉠에 대입하면 $a_1=-7$
따라서 $a_{2k}=a_8=a_1+7d=-7+7\times 2=7$

답 7

04

등차수열 $\{a_n\}$의 공차를 d라 하면 $a_1+a_2+a_3+\cdots+a_{10}=100$에서
$\dfrac{10(2a_1+9d)}{2}=100$
$2a_1+9d=20$ ...... ㉠
$a_1+a_2+a_3+a_4+a_5=2(a_6+a_7+a_8+a_9+a_{10})$에서
$5a_1+10d=2(5a_1+35d)$
즉, $a_1+12d=0$에서 $a_1=-12d$

$\bigcirc$에서 $2\times(-12d)+9d=20$

$d=-\dfrac{4}{3}$, $a_1=-12\times\left(-\dfrac{4}{3}\right)=16$

따라서 $a_4=a_1+3d=16+3\times\left(-\dfrac{4}{3}\right)=12$

답 12

05

등차수열 $\{a_n\}$의 공차를 $d\,(d\neq0)$이라 하면

모든 자연수 n에 대하여 $a_{n+1}-a_n=d$이므로

$b_4=a_1-a_2+a_3-a_4=-2d$

$b_4=4$에서 $d=-2$

$b_{2n}=(a_1-a_2)+(a_3-a_4)+(a_5-a_6)+\cdots+(a_{2n-1}-a_{2n})$

$\qquad=2+2+2+\cdots+2=2n$

이므로 수열 $\{b_{2n}\}$은 첫째항이 2이고 공차가 2인 등차수열이다.

따라서 수열 $\{b_{2n}\}$의 첫째항부터 제10항까지의 합은

$\dfrac{10(2\times2+9\times2)}{2}=110$

답 ②

06

$y=\dfrac{x}{x-1}$, $y=nx$를 연립하면

$\dfrac{x}{x-1}=nx$, $nx^2-(n+1)x=0$, $x\{nx-(n+1)\}=0$

$x=0$ 또는 $x=\dfrac{n+1}{n}$

점 P_n의 좌표는 $\left(\dfrac{n+1}{n},\,n+1\right)$이므로

$\overline{\mathrm{AP}_n}=\sqrt{\left(\dfrac{n+1}{n}-1\right)^2+(n+1)^2}=\sqrt{\dfrac{1}{n^2}+(n+1)^2}$

이때 모든 자연수 n에 대하여

$n+1<\sqrt{\dfrac{1}{n^2}+(n+1)^2}<n+2$

가 성립하므로 선분 AP_n 위의 점 중 점 A와의 거리가 자연수인 점의 개수는 $n+1$이다.

따라서 $a_n=n+1$이므로 수열 $\{a_n\}$의 첫째항부터 제8항까지의 합은

$\dfrac{8(2+9)}{2}=44$

답 ④

필수유형 ❸

등비수열 $\{a_n\}$의 공비를 $r\,(r>0)$이라 하자.

$a_2+a_4=30$ $\qquad\cdots\cdots$ $\bigcirc$

한편, $a_4+a_6=\dfrac{15}{2}$에서

$r^2(a_2+a_4)=\dfrac{15}{2}$ $\qquad\cdots\cdots$ $\bigcirc$

$\bigcirc$을 $\bigcirc$에 대입하면

$r^2\times30=\dfrac{15}{2}$, $r^2=\dfrac{1}{4}$

$r>0$이므로 $r=\dfrac{1}{2}$

$\bigcirc$에서 $a_1r+a_1r^3=30$

$a_1\times\dfrac{1}{2}+a_1\times\left(\dfrac{1}{2}\right)^3=30$, $a_1\times\dfrac{5}{8}=30$

따라서 $a_1=30\times\dfrac{8}{5}=48$

답 ①

07

첫째항과 공비가 모두 자연수 p이므로 $a_n=p^n$

$\dfrac{a_6}{a_4}-\dfrac{a_3}{a_2}=\dfrac{p^6}{p^4}-\dfrac{p^3}{p^2}=p^2-p$

$\dfrac{a_6}{a_4}-\dfrac{a_3}{a_2}<6$에서 $p^2-p<6$

$(p+2)(p-3)<0$, $-2<p<3$

따라서 조건을 만족시키는 모든 자연수 p의 값의 합은

$1+2=3$

답 ③

08

조건 (가)에서 $\log_2 a_{n+1}=1+\log_2 a_n=\log_2 2a_n$

$a_{n+1}=2a_n$이므로 수열 $\{a_n\}$은 공비가 2인 등비수열이다.

$a_1a_3a_5a_7=a_1\times2^2a_1\times2^4a_1\times2^6a_1=2^{12}a_1^4$

이므로 조건 (나)에서

$2^{12}a_1^4=2^{10}$, $a_1^4=\dfrac{1}{4}$

$a_1=-\dfrac{\sqrt{2}}{2}$ 또는 $a_1=\dfrac{\sqrt{2}}{2}$

$a_1>0$이므로 $a_1=\dfrac{\sqrt{2}}{2}$

따라서 $a_1+a_3=\dfrac{\sqrt{2}}{2}+\dfrac{\sqrt{2}}{2}\times2^2=\dfrac{5\sqrt{2}}{2}$

답 ③

09

조건 (나)에서 $a_9=b_9=12$이므로

$a_5=a_9-4d=12-4d$

$a_6=a_9-3d=12-3d$

$b_{11}=b_9r^2=12r^2$

조건 (다)에서 $a_5+a_6=b_{11}$이므로

$(12-4d)+(12-3d)=12r^2$

$24-7d=12r^2$

$12(2-r^2)=7d$ $\qquad\cdots\cdots$ $\bigcirc$

이때 $2-r^2$의 값은 0이 아닌 7의 배수이고, 조건 (가)에서 $r^2<100$이므로

$2-r^2=-7$ 또는 $2-r^2=-14$

즉, $r^2=9$ 또는 $r^2=16$

(i) $r^2=9$, 즉 $r=-3$ 또는 $r=3$일 때

$\quad\bigcirc$에서 $d=\dfrac{12(2-r^2)}{7}=-12$

$\quad r=-3$일 때, $a_8+b_8=(a_9-d)+\dfrac{b_9}{r}=24+\dfrac{12}{-3}=20$

$\quad r=3$일 때, $a_8+b_8=(a_9-d)+\dfrac{b_9}{r}=24+\dfrac{12}{3}=28$

(ii) $r^2=16$, 즉 $r=-4$ 또는 $r=4$일 때

㉠에서 $d=\dfrac{12(2-r^2)}{7}=-24$

$r=-4$일 때, $a_8+b_8=(a_9-d)+\dfrac{b_9}{r}=36+\dfrac{12}{-4}=33$

$r=4$일 때, $a_8+b_8=(a_9-d)+\dfrac{b_9}{r}=36+\dfrac{12}{4}=39$

따라서 a_8+b_8의 최댓값은 39이고, 최솟값은 20이므로 그 합은

$39+20=59$

답 ④

필수유형 ④

등비수열 $\{a_n\}$의 공비를 r이라 하면

$r=1$일 때, 모든 자연수 n에 대하여 $a_n=1$이므로 $\dfrac{S_6}{S_3}=\dfrac{6}{3}=2$,

$2a_4-7=-5$가 되어 주어진 조건을 만족시키지 않는다. 즉, $r\neq1$이다.

$\dfrac{S_6}{S_3}=\dfrac{\dfrac{r^6-1}{r-1}}{\dfrac{r^3-1}{r-1}}=\dfrac{r^6-1}{r^3-1}=\dfrac{(r^3+1)(r^3-1)}{r^3-1}=r^3+1$이고

$2a_4-7=2r^3-7$이므로 $\dfrac{S_6}{S_3}=2a_4-7$에서

$r^3+1=2r^3-7$, $r^3=8$

따라서 $a_7=a_1r^6=1\times8^2=64$

답 64

10

$P(x)=x^{10}+x^9+\cdots+x^2+x+1$로 놓자.

다항식 $P(x)$를 $2x-1$로 나눈 나머지를 R이라 하면 몫이 $Q(x)$이므로

$P(x)=(2x-1)Q(x)+R$ ····· ㉠

나머지정리에 의하여

$R=P\left(\dfrac{1}{2}\right)=\left(\dfrac{1}{2}\right)^{10}+\left(\dfrac{1}{2}\right)^9+\cdots+\dfrac{1}{2}+1=\dfrac{1-\left(\dfrac{1}{2}\right)^{11}}{1-\dfrac{1}{2}}=2-\dfrac{1}{2^{10}}$

㉠의 양변에 $x=1$을 대입하면

$P(1)=Q(1)+R$

따라서 다항식 $Q(x)$를 $x-1$로 나눈 나머지는

$Q(1)=P(1)-R=11-\left(2-\dfrac{1}{2^{10}}\right)=9+2^{-10}$

답 ①

11

$a_n=a_1r^{n-1}$이므로

$a_8-a_6=a_1r^7-a_1r^5=a_1r^5(r^2-1)$

$S_8-S_6=a_7+a_8=a_1r^6+a_1r^7=a_1r^6(r+1)$

$\dfrac{a_8-a_6}{S_8-S_6}=4$에서

$\dfrac{a_1r^5(r^2-1)}{a_1r^6(r+1)}=4$, $\dfrac{r-1}{r}=4$, $r-1=4r$

따라서 $r=-\dfrac{1}{3}$

답 ①

12

등비수열 $\{a_n\}$의 공비를 r $(r\neq1)$이라 하자.

$S_3=\dfrac{a_1(1-r^3)}{1-r}$, $S_6=\dfrac{a_1(1-r^6)}{1-r}=\dfrac{a_1(1+r^3)(1-r^3)}{1-r}$

$|2S_3|=|S_6|$에서 $S_6=2S_3$ 또는 $S_6=-2S_3$

$S_6=2S_3$일 때,

$\dfrac{a_1(1+r^3)(1-r^3)}{1-r}=\dfrac{2a_1(1-r^3)}{1-r}$

$1+r^3=2$, 즉 $r=1$이 되어 조건을 만족시키지 않는다.

$S_6=-2S_3$일 때,

$\dfrac{a_1(1+r^3)(1-r^3)}{1-r}=-\dfrac{2a_1(1-r^3)}{1-r}$

$1+r^3=-2$, 즉 $r^3=-3$

$a_4+a_7=a_1r^3+a_1r^6=a_1r^3(1+r^3)=a_1\times(-3)\times(1-3)=6a_1$

따라서 $k=6$

답 6

필수유형 ⑤

$x^2-nx+4(n-4)=0$에서 $(x-4)(x-n+4)=0$

$x=4$ 또는 $x=n-4$

한편, 세 수 1, α, β가 이 순서대로 등차수열을 이루므로

$2\alpha=\beta+1$ ····· ㉠

(i) $\alpha=4$, $\beta=n-4$일 때

$\alpha<\beta$이므로 $4<n-4$에서 $n>8$

㉠에서 $8=(n-4)+1$이므로 $n=11$

(ii) $\alpha=n-4$, $\beta=4$일 때

$\alpha<\beta$이므로 $n-4<4$에서 $n<8$

㉠에서 $2(n-4)=4+1$이므로 $n=\dfrac{13}{2}$

(i), (ii)에서 구하는 자연수 n의 값은 11이다.

답 ③

13

$f(\log_2 3)=2^{\log_2 3}=3^{\log_2 2}=3$

$f(\log_2 3+2)=2^{\log_2 3+2}=2^2\times2^{\log_2 3}=4\times3^{\log_2 2}=4\times3=12$

$f(\log_2(t^2+4t))=2^{\log_2(t^2+4t)}=(t^2+4t)^{\log_2 2}=t^2+4t$

세 실수 $f(\log_2 3)$, $f(\log_2 3+2)$, $f(\log_2(t^2+4t))$, 즉 3, 12, t^2+4t

가 이 순서대로 등차수열을 이루므로

$3+(t^2+4t)=2\times12$

$t^2+4t-21=0$, $(t-3)(t+7)=0$

따라서 $t>0$이므로 $t=3$

답 ③

14

세 수 $a-1$, b, $c+1$이 이 순서대로 등차수열을 이루므로

$2b=(a-1)+(c+1)=a+c$ ····· ㉠

세 수 c, $a+c$, $4a$가 이 순서대로 등비수열을 이루므로

$(a+c)^2=c\times4a$, 즉 $(a-c)^2=0$

$a=c$ ····· ㉡

⊙에서 $2b=2a$, 즉 $a=b$ $\cdots\cdots$ ⓒ

따라서 ⓛ, ⓒ에서 $\dfrac{ab}{c^2}=\dfrac{a^2}{a^2}=1$

답 ②

15

두 수 a_1, a_4는 방정식 $x^2-6x+k=x$, 즉 $x^2-7x+k=0$의 서로 다른 두 실근이다.

그러므로 이차방정식의 근과 계수의 관계에 의하여

$a_1+a_4=7$, $a_1a_4=k$ $\cdots\cdots$ ⊙

또 두 수 a_2, a_3은 방정식 $x^2-6x+k=-x$, 즉 $x^2-5x+k=0$의 서로 다른 두 실근이다.

그러므로 이차방정식의 근과 계수의 관계에 의하여

$a_2+a_3=5$, $a_2a_3=k$ $\cdots\cdots$ ⓛ

네 수 0, a_1, a_2, a_3이 이 순서대로 등차수열을 이루므로

$a_1-0=a_2-a_1=a_3-a_2$에서

$a_2=2a_1$, $a_3=a_1+a_2=3a_1$

ⓛ에서 $a_2+a_3=5a_1=5$이므로 $a_1=1$

따라서 ⊙에서 $a_4=7-a_1=6$, $k=a_1a_4=6$이므로

$a_4+k=12$

답 12

필수유형 6

$S_3-S_2=a_3$이므로 $a_6=2a_3$

등차수열 $\{a_n\}$의 공차를 d라 하면

$2+5d=2(2+2d)$에서

$2+5d=4+4d$, $d=2$

따라서 $a_{10}=2+9\times2=20$이므로

$S_{10}=\dfrac{10(a_1+a_{10})}{2}=\dfrac{10\times(2+20)}{2}=110$

답 ②

16

$S_5-S_3=a_5+a_4=(5^2+3\times5)+(4^2+3\times4)$
$=40+28=68$

답 68

17

수열 $\{b_n\}$은 첫째항이 S_1+4, 즉 a_1+4이고 공비가 4인 등비수열이므로

$b_n=S_n+4=(a_1+4)\times4^{n-1}$

$S_n=(a_1+4)\times4^{n-1}-4$

2 이상의 자연수 n에 대하여

$a_n=S_n-S_{n-1}=\{(a_1+4)\times4^{n-1}-4\}-\{(a_1+4)\times4^{n-2}-4\}$
$=(a_1+4)(4^{n-1}-4^{n-2})=(a_1+4)(4-1)\times4^{n-2}$
$=3(a_1+4)\times4^{n-2}$

$a_2=21$에서 $3(a_1+4)=21$, $a_1=3$

따라서 $a_1+a_3=3+21\times4=87$

답 ①

18

$S_{n+1}-S_n=a_{n+1}$이므로 조건 (나)에서

$a_{n+1}=(a_{n+1})^2-pna_{n+1}$

$a_{n+1}(a_{n+1}-pn-1)=0$

$a_{n+1}>0$이므로

$a_{n+1}=pn+1$

조건 (가)에서 $a_2=p+1=4$이므로 $p=3$

따라서 $a_{20}=3\times19+1=58$

답 58

필수유형 7

$\displaystyle\sum_{k=1}^{10}(2a_k-b_k)=\sum_{k=1}^{10}2a_k-\sum_{k=1}^{10}b_k=2\sum_{k=1}^{10}a_k-\sum_{k=1}^{10}b_k$
$=2\times10-\sum_{k=1}^{10}b_k=20-\sum_{k=1}^{10}b_k=34$

에서 $\displaystyle\sum_{k=1}^{10}b_k=20-34=-14$

따라서 $\displaystyle\sum_{k=1}^{10}(a_k-b_k)=\sum_{k=1}^{10}a_k-\sum_{k=1}^{10}b_k=10-(-14)=24$

답 24

19

$\displaystyle 4\sum_{n=1}^{5}a_n+10\sum_{n=1}^{5}b_n=\sum_{n=1}^{5}4a_n+\sum_{n=1}^{5}10b_n=\sum_{n=1}^{5}(4a_n+10b_n)$
$=\sum_{n=1}^{5}4\left(a_n+\dfrac{5}{2}b_n\right)=\sum_{n=1}^{5}\left(4\times\dfrac{3}{2}\right)=\sum_{n=1}^{5}6$
$=6\times5=30$

답 ⑤

20

$a_{n+4}=a_n$에서 $a_5=a_1$, $a_6=a_2$, $a_7=a_3$, $a_8=a_4$이므로

$\displaystyle\sum_{n=1}^{8}a_n=(a_1+a_2+a_3+a_4)+(a_5+a_6+a_7+a_8)$
$=(a_1+a_2+a_3+a_4)+(a_1+a_2+a_3+a_4)$
$=2(a_1+a_2+a_3+a_4)=2\sum_{n=1}^{4}a_n=2\times\dfrac{7}{2}=7$

$b_{n+2}=b_n$에서 $b_7=b_5=b_3=b_1$, $b_8=b_6=b_4=b_2$이므로

$\displaystyle\sum_{n=1}^{8}b_n=(b_1+b_2)+(b_3+b_4)+(b_5+b_6)+(b_7+b_8)$
$=(b_1+b_2)+(b_1+b_2)+(b_1+b_2)+(b_1+b_2)$
$=4(b_1+b_2)=4\sum_{n=1}^{2}b_n=4\times\dfrac{3}{4}=3$

따라서 $\displaystyle\sum_{n=1}^{8}(a_n+b_n)=\sum_{n=1}^{8}a_n+\sum_{n=1}^{8}b_n=7+3=10$

답 ③

21

$\displaystyle\sum_{k=p}^{q}a_k=\sum_{k=1}^{q}a_k-\sum_{k=1}^{p-1}a_k=q^2-(p-1)^2$
$=(q-p+1)(q+p-1)=27$ $\cdots\cdots$ ⊙

$27=1\times27=3\times9=9\times3=27\times1$이므로 ⊙에서

$q-p+1=1$, $q+p-1=27$인 경우 $p=14$, $q=14$

$q-p+1=3$, $q+p-1=9$인 경우 $p=4$, $q=6$

$q-p+1=9$, $q+p-1=3$인 경우 $p=-2$, $q=6$

$q-p+1=27$, $q+p-1=1$인 경우 $p=-12$, $q=14$

이 중 조건 $2 \leq p < q$를 만족시키는 경우는 $p=4$, $q=6$인 경우뿐이다.

따라서 $p \times q = 4 \times 6 = 24$

目 24

참고

$2 \leq p < q$이므로 $q-p+1 \geq 2$, $q+p-1 \geq 4$

$(q+p-1)-(q-p+1)=2(p-1)>0$

$27=1 \times 27=3 \times 9$에서 ㉠을 만족시키는 경우는

$q-p+1=3$, $q+p-1=9$인 경우뿐이다.

두 식 $q-p=2$, $q+p=10$을 연립하여 풀면

$p=4$, $q=6$

따라서 $p \times q = 4 \times 6 = 24$

필수유형 ⑧

$a_n = 2n^2 - 3n + 1$이므로

$$\sum_{n=1}^{7}(a_n - n^2 + n) = \sum_{n=1}^{7}\{(2n^2-3n+1)-n^2+n\} = \sum_{n=1}^{7}(n^2-2n+1)$$

$$= \sum_{n=1}^{7}n^2 - 2\sum_{n=1}^{7}n + \sum_{n=1}^{7}1$$

$$= \frac{7 \times 8 \times 15}{6} - 2 \times \frac{7 \times 8}{2} + 1 \times 7$$

$$= 140 - 56 + 7 = 91$$

目 91

다른 풀이

$a_n = 2n^2 - 3n + 1$이므로

$$\sum_{n=1}^{7}(a_n - n^2 + n) = \sum_{n=1}^{7}\{(2n^2-3n+1)-n^2+n\} = \sum_{n=1}^{7}(n^2-2n+1)$$

$$= \sum_{n=1}^{7}(n-1)^2 = \sum_{k=1}^{6}k^2 = \frac{6 \times 7 \times 13}{6} = 91$$

22

$a_n = \dfrac{|3 \times (-1) + 4 \times 0 - n|}{\sqrt{3^2+4^2}} = \dfrac{n+3}{5}$이므로

$$\sum_{n=1}^{10}a_n = \sum_{n=1}^{10}\frac{n+3}{5} = \frac{1}{5}\sum_{n=1}^{10}(n+3) = \frac{1}{5} \times \left(\sum_{n=1}^{10}n + \sum_{n=1}^{10}3\right)$$

$$= \frac{1}{5} \times \left(\frac{10 \times 11}{2} + 3 \times 10\right) = 17$$

目 ②

23

$a_1 = \sum_{k=1}^{2}|k-1| = 0+1 = 1$

$a_2 = \sum_{k=1}^{4}|k-2| = 1+0+1+2 = 4$

$a_3 = \sum_{k=1}^{6}|k-3| = 2+1+0+1+2+3 = 9$

$a_4 = \sum_{k=1}^{8}|k-4| = 3+2+1+0+1+2+3+4 = 16$

$a_5 = \sum_{k=1}^{10}|k-5| = 4+3+2+1+0+1+2+3+4+5 = 25$

따라서 $\sum_{n=1}^{5}a_n = a_1+a_2+a_3+a_4+a_5 = 1+4+9+16+25 = 55$

目 ④

참고

$a_1=1$이고 $n \geq 2$일 때

$$\sum_{k=1}^{2n}|k-n| = |1-n|+|2-n|+\cdots$$

$$+|(n-1)-n|+|n-n|+|(n+1)-n|+\cdots$$

$$+|(2n-1)-n|+|2n-n|$$

$$= 2\sum_{k=1}^{n-1}k+n = 2 \times \frac{n(n-1)}{2}+n = n^2$$

이므로 $a_n = n^2$

따라서 $\sum_{n=1}^{5}a_n = \sum_{n=1}^{5}n^2 = \frac{5 \times 6 \times 11}{6} = 55$

24

$\sum_{k=1}^{p}(k^3-nk) = \sum_{k=1}^{q}(k^3-nk)$에서

$$\left\{\frac{p(p+1)}{2}\right\}^2 - n \times \frac{p(p+1)}{2} = \left\{\frac{q(q+1)}{2}\right\}^2 - n \times \frac{q(q+1)}{2}$$

$$\left\{\frac{p(p+1)}{2}\right\}^2 - \left\{\frac{q(q+1)}{2}\right\}^2 = n \times \frac{p(p+1)}{2} - n \times \frac{q(q+1)}{2}$$

$$\left\{\frac{p(p+1)}{2}+\frac{q(q+1)}{2}\right\} \times \left\{\frac{p(p+1)}{2}-\frac{q(q+1)}{2}\right\}$$

$$= n\left\{\frac{p(p+1)}{2}-\frac{q(q+1)}{2}\right\}$$

$p \neq q$이므로 $\dfrac{p(p+1)}{2}+\dfrac{q(q+1)}{2} = n$

$p^2+q^2+p+q = 2n$ ······ ㉠

㉠을 만족시키는 두 자연수 p와 q의 값에 대하여 20 이하의 자연수 n의 값을 표로 나타내면 다음과 같다.

p	q	n	p	q	n	p	q	n
1	2	4	2	3	9	3	4	16
1	3	7	2	4	13			
1	4	11	2	5	18			
1	5	16						

따라서 $n=16$

目 16

필수유형 ⑨

$\sum_{k=1}^{10}(S_k - a_k)$

$$= \sum_{k=1}^{10}S_k - \sum_{k=1}^{10}a_k = \left(\sum_{k=1}^{9}S_k + S_{10}\right) - S_{10} = \sum_{k=1}^{9}S_k$$

$$= \sum_{k=1}^{9}\frac{1}{k(k+1)} = \sum_{k=1}^{9}\left(\frac{1}{k}-\frac{1}{k+1}\right)$$

$$= \left(1-\frac{1}{2}\right)+\left(\frac{1}{2}-\frac{1}{3}\right)+\left(\frac{1}{3}-\frac{1}{4}\right)+\cdots+\left(\frac{1}{8}-\frac{1}{9}\right)+\left(\frac{1}{9}-\frac{1}{10}\right)$$

$$= 1-\frac{1}{10} = \frac{9}{10}$$

目 ⑤

25

$n^2x^2 - nx + \dfrac{1}{4} = \left(nx-\dfrac{1}{2}\right)^2 = 0$에서 $x=\dfrac{1}{2n}$이므로 $a_n = \dfrac{1}{2n}$

따라서

$$\sum_{n=1}^{6} a_n a_{n+1} = \sum_{n=1}^{6} \left\{ \frac{1}{2n} \times \frac{1}{2(n+1)} \right\} = \frac{1}{4} \sum_{n=1}^{6} \frac{1}{n(n+1)}$$
$$= \frac{1}{4} \sum_{n=1}^{6} \left(\frac{1}{n} - \frac{1}{n+1} \right)$$
$$= \frac{1}{4} \times \left\{ \left(1 - \frac{1}{2} \right) + \left(\frac{1}{2} - \frac{1}{3} \right) + \left(\frac{1}{3} - \frac{1}{4} \right) \right.$$
$$\left. + \left(\frac{1}{4} - \frac{1}{5} \right) + \left(\frac{1}{5} - \frac{1}{6} \right) + \left(\frac{1}{6} - \frac{1}{7} \right) \right\}$$
$$= \frac{1}{4} \times \left(1 - \frac{1}{7} \right) = \frac{3}{14}$$

답 ②

26

$$\sum_{k=1}^{10} \left(\frac{1}{k+1} x^k - \frac{1}{k} x^{k+1} \right)$$
$$= \left(\frac{1}{2} x - x^2 \right) + \left(\frac{1}{3} x^2 - \frac{1}{2} x^3 \right) + \left(\frac{1}{4} x^3 - \frac{1}{3} x^4 \right)$$
$$+ \cdots + \left(\frac{1}{9} x^8 - \frac{1}{8} x^9 \right) + \left(\frac{1}{10} x^9 - \frac{1}{9} x^{10} \right) + \left(\frac{1}{11} x^{10} - \frac{1}{10} x^{11} \right)$$
$$= \frac{1}{2} x + \left(\frac{1}{3} - 1 \right) x^2 + \left(\frac{1}{4} - \frac{1}{2} \right) x^3$$
$$+ \cdots + \left(\frac{1}{10} - \frac{1}{8} \right) x^9 + \left(\frac{1}{11} - \frac{1}{9} \right) x^{10} - \frac{1}{10} x^{11}$$

이므로 $a_1 = \frac{1}{2}$, $a_{11} = -\frac{1}{10}$ 이고

$$a_n = \frac{1}{n+1} - \frac{1}{n-1} \ (2 \le n \le 10)$$

따라서

$$\sum_{n=1}^{11} a_n = \frac{1}{2} + \sum_{n=2}^{10} \left(\frac{1}{n+1} - \frac{1}{n-1} \right) + \left(-\frac{1}{10} \right)$$
$$= \frac{2}{5} - \sum_{n=2}^{10} \left(\frac{1}{n-1} - \frac{1}{n+1} \right)$$
$$= \frac{2}{5} - \left\{ \left(1 - \frac{1}{3} \right) + \left(\frac{1}{2} - \frac{1}{4} \right) + \left(\frac{1}{3} - \frac{1}{5} \right) \right.$$
$$\left. + \cdots + \left(\frac{1}{7} - \frac{1}{9} \right) + \left(\frac{1}{8} - \frac{1}{10} \right) + \left(\frac{1}{9} - \frac{1}{11} \right) \right\}$$
$$= \frac{2}{5} - \left(1 + \frac{1}{2} - \frac{1}{10} - \frac{1}{11} \right) = \frac{2}{5} - \frac{72}{55} = -\frac{10}{11}$$

답 ④

[다른 풀이]

$$\sum_{k=1}^{10} \left(\frac{1}{k+1} x^k - \frac{1}{k} x^{k+1} \right) = a_1 x + a_2 x^2 + a_3 x^3 + \cdots + a_{10} x^{10} + a_{11} x^{11}$$

이므로 양변에 $x=1$을 대입하면

$$\sum_{k=1}^{10} \left(\frac{1}{k+1} - \frac{1}{k} \right) = a_1 + a_2 + a_3 + \cdots + a_{10} + a_{11}$$
$$\sum_{k=1}^{10} \left(\frac{1}{k+1} - \frac{1}{k} \right)$$
$$= -\sum_{k=1}^{10} \left(\frac{1}{k} - \frac{1}{k+1} \right)$$
$$= -\left\{ \left(1 - \frac{1}{2} \right) + \left(\frac{1}{2} - \frac{1}{3} \right) + \left(\frac{1}{3} - \frac{1}{4} \right) + \cdots + \left(\frac{1}{9} - \frac{1}{10} \right) + \left(\frac{1}{10} - \frac{1}{11} \right) \right\}$$
$$= -\left(1 - \frac{1}{11} \right) = -\frac{10}{11}$$

이므로

$$\sum_{n=1}^{11} a_n = a_1 + a_2 + a_3 + \cdots + a_{10} + a_{11} = -\frac{10}{11}$$

27

$$\sum_{n=1}^{12} \frac{d}{\sqrt{a_n} + \sqrt{a_{n+1}}} = \sum_{n=1}^{12} \frac{d \times (\sqrt{a_n} - \sqrt{a_{n+1}})}{a_n - a_{n+1}}$$
$$= \sum_{n=1}^{12} \frac{d \times (\sqrt{a_n} - \sqrt{a_{n+1}})}{-d} = -\sum_{n=1}^{12} (\sqrt{a_n} - \sqrt{a_{n+1}})$$
$$= -\left\{ (\sqrt{a_1} - \sqrt{a_2}) + (\sqrt{a_2} - \sqrt{a_3}) + (\sqrt{a_3} - \sqrt{a_4}) \right.$$
$$\left. + \cdots + (\sqrt{a_{11}} - \sqrt{a_{12}}) + (\sqrt{a_{12}} - \sqrt{a_{13}}) \right\}$$
$$= -\sqrt{a_1} + \sqrt{a_{13}} = -1 + \sqrt{a_{13}}$$

이므로 10 이하의 자연수 m에 대하여

$-1 + \sqrt{a_{13}} = m$, $\sqrt{a_{13}} = m+1$

$a_{13} = (m+1)^2 = m^2 + 2m + 1$

$a_{13} = a_1 + 12d = 1 + 12d$이므로

$1 + 12d = m^2 + 2m + 1$

$12d = m(m+2)$ ...... ㉠

$m=1$일 때, $m(m+2) = 1 \times 3 = 3$이므로 ㉠을 만족시키는 자연수 d는 존재하지 않는다.

$m=2$일 때, $m(m+2) = 2 \times 4 = 8$이므로 ㉠을 만족시키는 자연수 d는 존재하지 않는다.

$m=3$일 때, $m(m+2) = 3 \times 5 = 15$이므로 ㉠을 만족시키는 자연수 d는 존재하지 않는다.

$m=4$일 때, $m(m+2) = 4 \times 6 = 24$이므로 ㉠에서 $d=2$

$m=5$일 때, $m(m+2) = 5 \times 7 = 35$이므로 ㉠을 만족시키는 자연수 d는 존재하지 않는다.

$m=6$일 때, $m(m+2) = 6 \times 8 = 48$이므로 ㉠에서 $d=4$

$m=7$일 때, $m(m+2) = 7 \times 9 = 63$이므로 ㉠을 만족시키는 자연수 d는 존재하지 않는다.

$m=8$일 때, $m(m+2) = 8 \times 10 = 80$이므로 ㉠을 만족시키는 자연수 d는 존재하지 않는다.

$m=9$일 때, $m(m+2) = 9 \times 11 = 99$이므로 ㉠을 만족시키는 자연수 d는 존재하지 않는다.

$m=10$일 때, $m(m+2) = 10 \times 12 = 120$이므로 ㉠에서 $d=10$

따라서 모든 자연수 d의 값은 2, 4, 10이므로 그 합은

$2 + 4 + 10 = 16$

답 16

필수유형 ⑩

$a_{n+1} + a_n = (-1)^{n+1} \times n$에서

$a_{n+1} = -a_n + (-1)^{n+1} \times n$

$a_1 = 12$이므로

$a_2 = -a_1 + 1 = -11$, $a_3 = -a_2 - 2 = 9$

$a_4 = -a_3 + 3 = -6$, $a_5 = -a_4 - 4 = 2$

$a_6 = -a_5 + 5 = 3$, $a_7 = -a_6 - 6 = -9$

$a_8 = -a_7 + 7 = 16$

따라서 $a_k > a_1$인 자연수 k의 최솟값은 8이다.

답 ④

28

$a_1 = 2$이므로 $a_2 = \dfrac{5}{6a_1 + 3} = \dfrac{5}{6 \times 2 + 3} = \dfrac{1}{3}$

따라서 $a_3 = \dfrac{5}{6a_2 + 3} = \dfrac{5}{6 \times \dfrac{1}{3} + 3} = 1$

🖪 ①

29

$$\sum_{n=1}^{10} \log_2 a_n = \log_2 \{(a_1 a_2)(a_3 a_4)(a_5 a_6)(a_7 a_8)(a_9 a_{10})\}$$
$$= \log_2(2^1 \times 2^3 \times 2^5 \times 2^7 \times 2^9) = \log_2 2^{1+3+5+7+9}$$
$$= \log_2 2^{25} = 25$$

🖪 25

30

조건 (가)에서 $a_{n+1} = a_n + 2$ 또는 $a_{n+1} = 2a_n$

$a_1 = 4$이므로 조건 (나)에 의하여 $a_2 = 2a_1 = 2 \times 4 = 8$

$a_3 = a_2 + 2 = 8 + 2 = 10$ 또는 $a_3 = 2a_2 = 2 \times 8 = 16$

(i) $a_3 = 10$인 경우

조건 (나)에 의하여

$a_4 = 2a_3 = 2 \times 10 = 20$

$a_5 = a_4 + 2 = 20 + 2 = 22$ 또는 $a_5 = 2a_4 = 2 \times 20 = 40$

$a_5 = 22$일 때,

조건 (나)에 의하여

$a_6 = 2a_5 = 2 \times 22 = 44$

$a_7 = a_6 + 2 = 44 + 2 = 46$ 또는 $a_7 = 2a_6 = 2 \times 44 = 88$

이므로 조건 (다)를 만족시키지 않는다.

$a_5 = 40$일 때,

조건 (나)에 의하여

$a_6 = 2a_5 = 2 \times 40 = 80$

조건 (다)에 의하여

$a_7 = 2a_6 = 2 \times 80 = 160$ ⋯⋯ ㉠

(ii) $a_3 = 16$인 경우

조건 (나)에 의하여

$a_4 = 2a_3 = 2 \times 16 = 32$

$a_5 = a_4 + 2 = 32 + 2 = 34$ 또는 $a_5 = 2a_4 = 2 \times 32 = 64$

$a_5 = 34$일 때,

조건 (나)에 의하여

$a_6 = 2a_5 = 2 \times 34 = 68$

조건 (다)에 의하여

$a_7 = a_6 + 2 = 68 + 2 = 70$ ⋯⋯ ㉡

$a_5 = 64$일 때,

조건 (나)에 의하여

$a_6 = 2a_5 = 2 \times 64 = 128$

조건 (다)에 의하여

$a_7 = a_6 + 2 = 128 + 2 = 130$ ⋯⋯ ㉢

(i), (ii)에서 주어진 조건을 만족시키는 경우는 ㉠, ㉡, ㉢의 세 가지 경우이므로

$M = 160$, $m = 70$

따라서 $M + m = 160 + 70 = 230$

🖪 ④

필수유형 11

$a_1 = 1 < 7$이므로 $a_2 = 2 \times a_1 = 2 \times 1 = 2$

$a_2 = 2 < 7$이므로 $a_3 = 2 \times a_2 = 2 \times 2 = 4$

$a_3 = 4 < 7$이므로 $a_4 = 2 \times a_3 = 2 \times 4 = 8$

$a_4 = 8 \geq 7$이므로 $a_5 = a_4 - 7 = 8 - 7 = 1$

$a_5 = 1 < 7$이므로 $a_6 = 2 \times a_5 = 2 \times 1 = 2$

⋮

그러므로

$1 = a_1 = a_5 = a_9 = \cdots$, $2 = a_2 = a_6 = a_{10} = \cdots$,

$4 = a_3 = a_7 = a_{11} = \cdots$, $8 = a_4 = a_8 = a_{12} = \cdots$

따라서 $\displaystyle\sum_{k=1}^{8} a_k = 2 \times (1 + 2 + 4 + 8) = 2 \times 15 = 30$

🖪 ①

31

수열 $\{a_n\}$이

$\{a_n\}$: $1, 1, -1, 1, 1, -1, 1, 1, -1, 1, 1, -1, \cdots$이므로

수열 $\{S_n\}$은

$\{S_n\}$: $1, 2, 1, 2, 3, 2, 3, 4, 3, 4, 5, 4, 5, 6, 5, \cdots$

따라서 $S_m = 3$을 만족시키는 모든 자연수 m은 $m = 5$ 또는 $m = 7$ 또는 $m = 9$이므로 그 합은

$5 + 7 + 9 = 21$

🖪 ②

참고

$m \geq 10$인 모든 자연수 m에 대하여 $S_m > 3$이다.

32

$a_1 > 0$, $k > 0$이므로 모든 자연수 n에 대하여 $a_n > 0$이다.

$a_n a_{n+1} = k$에서 $a_{n+1} = \dfrac{k}{a_n}$

$a_1 = a$ $(a > 0)$이라 하면

$a_2 = \dfrac{k}{a}$, $a_3 = \dfrac{k}{\dfrac{k}{a}} = a$, $a_4 = \dfrac{k}{a}$, $\cdots$

이므로

$a = a_1 = a_3 = a_5 = \cdots = a_{29}$, $\dfrac{k}{a} = a_2 = a_4 = a_6 = \cdots = a_{30}$

$\displaystyle\sum_{n=1}^{30} a_n = (a_1 + a_2) + (a_3 + a_4) + (a_5 + a_6) + \cdots + (a_{29} + a_{30})$

$= 15(a_1 + a_2) = 15\left(a + \dfrac{k}{a}\right)$

한편, $a > 0$, $\dfrac{k}{a} > 0$이므로

$a + \dfrac{k}{a} \geq 2\sqrt{a \times \dfrac{k}{a}} = 2\sqrt{k}$ (단, 등호는 $a = \dfrac{k}{a}$, 즉 $a = \sqrt{k}$일 때 성립)

즉, $\displaystyle\sum_{n=1}^{30} a_n \geq 15 \times 2\sqrt{k} = 30\sqrt{k}$

$\displaystyle\sum_{n=1}^{30} a_n$의 값은 $a = \sqrt{k}$일 때 최솟값 $30\sqrt{k}$를 가지므로

$30\sqrt{k} = 90$에서 $\sqrt{k} = 3$

따라서 $k = 9$

🖪 ③

33

$k=1$일 때, $a_1=2$이므로

$\{a_n\}$: 2, 2, 6, 10, 14, $\cdots$

이고 $a_1=a_2=2$

$k=2$일 때, $a_1=6$이므로

$\{a_n\}$: 6, 2, 2, 6, 10, $\cdots$

이고 $a_1=a_4=6$

$k=3$일 때, $a_1=10$이므로

$\{a_n\}$: 10, 6, 2, 2, 6, 10, 14, $\cdots$

이고 $a_1=a_6=10$

$k=4$일 때, $a_1=14$이므로

$\{a_n\}$: 14, 10, 6, 2, 2, 6, 10, 14, $\cdots$

이고 $a_1=a_8=14$

이와 같은 과정을 반복하면

$a_1=4k-2$일 때 $a_1=a_{2k}$

$a_1=a_{20}$에서 $2k=20$

따라서 $k=10$

답 ⑤

참고

$a_1=4k-2$, $a_2=4k-6$, $\cdots$, $a_k=4k-2-4(k-1)=2$,

$a_{k+1}=2$, $a_{k+2}=6$, $a_{k+3}=10$, $\cdots$

이므로 자연수 p에 대하여

$a_{k+p}=2+(p-1)\times 4=4p-2$

$p=k$일 때, $a_{2k}=4k-2$이므로

$a_1=a_{2k}$

필수유형 12

(i) $n=1$일 때, (좌변)$=3$, (우변)$=3$이므로 ($*$)이 성립한다.

(ii) $n=m$일 때, ($*$)이 성립한다고 가정하면

$$\sum_{k=1}^{m} a_k = 2^{m(m+1)}-(m+1)\times 2^{-m}$$

이다. $n=m+1$일 때,

$$\sum_{k=1}^{m+1} a_k = \sum_{k=1}^{m} a_k + a_{m+1}$$
$$= 2^{m(m+1)}-(m+1)\times 2^{-m}$$
$$\qquad\qquad +\{2^{2(m+1)}-1\}\times 2^{(m+1)m}+m\times 2^{-(m+1)}$$
$$= 2^{m(m+1)}-(m+1)\times 2^{-m}$$
$$\qquad\qquad +(2^{2m+2}-1)\times \boxed{2^{m(m+1)}}+m\times 2^{-m-1}$$
$$= \boxed{2^{m(m+1)}}\times \boxed{2^{2m+2}}-\frac{m+2}{2}\times 2^{-m}$$
$$= 2^{(m+1)(m+2)}-(m+2)\times 2^{-(m+1)}$$

이다. 따라서 $n=m+1$일 때도 ($*$)이 성립한다.

(i), (ii)에 의하여 모든 자연수 n에 대하여

$\sum_{k=1}^{n} a_k = 2^{n(n+1)}-(n+1)\times 2^{-n}$이다.

따라서 $f(m)=2^{m(m+1)}$, $g(m)=2^{2m+2}$이므로

$$\frac{g(7)}{f(3)}=\frac{2^{16}}{2^{12}}=2^4=16$$

답 ④

34

(i) $n=1$일 때, (좌변)$=2$, (우변)$=2$이므로 ($*$)이 성립한다.

(ii) $n=m$일 때, ($*$)이 성립한다고 가정하면

$$\sum_{k=1}^{m} k^2 2^{m-k+1}=3\times 2^{m+2}-2m^2-8m-12$$

이다. $n=m+1$일 때,

$$\sum_{k=1}^{m+1} k^2 2^{(m+1)-k+1}$$
$$=\sum_{k=1}^{m+1} k^2 2^{m-k+2}$$
$$=\sum_{k=1}^{m} k^2 2^{m-k+2}+\boxed{(m+1)^2\times 2}$$
$$=\boxed{2}\times \sum_{k=1}^{m} k^2 2^{m-k+1}+\boxed{(m+1)^2\times 2}$$
$$=\boxed{2}\times(3\times 2^{m+2}-2m^2-8m-12)+\boxed{(m+1)^2\times 2}$$
$$=3\times 2^{m+3}-2(m+1)^2-8(m+1)-12$$

이다. 따라서 $n=m+1$일 때도 ($*$)이 성립한다.

(i), (ii)에 의하여 모든 자연수 n에 대하여

$$\sum_{k=1}^{n} k^2 2^{n-k+1}=3\times 2^{n+2}-2n^2-8n-12$$

이다.

따라서 $f(m)=2(m+1)^2$, $p=2$이므로

$f(p)=f(2)=2\times(2+1)^2=18$

답 ①

04 함수의 극한과 연속

본문 39~45쪽

필수유형 **1** ②	**01** ⑤	**02** ④	**03** ④
필수유형 **2** ④	**04** ①	**05** ④	**06** ②
필수유형 **3** 30	**07** ④	**08** ③	**09** ②
	10 ⑤		
필수유형 **4** ②	**11** ①	**12** ③	**13** ⑤
	14 ②		
필수유형 **5** ③	**15** ④	**16** 6	**17** 22
필수유형 **6** ⑤	**18** ⑤	**19** ①	**20** ⑤
필수유형 **7** ④	**21** ①	**22** 5	**23** ②

필수유형 1

$x \to 0-$일 때, $f(x) \to -2$이므로 $\lim\limits_{x \to 0-} f(x) = -2$

$x \to 1+$일 때, $f(x) \to 1$이므로 $\lim\limits_{x \to 1+} f(x) = 1$

따라서 $\lim\limits_{x \to 0-} f(x) + \lim\limits_{x \to 1+} f(x) = -2 + 1 = -1$

답 ②

01

$x \to -2+$일 때, $f(x) \to 2$이므로 $\lim\limits_{x \to -2+} f(x) = 2$

$x \to 1-$일 때, $f(x) \to 2$이므로 $\lim\limits_{x \to 1-} f(x) = 2$

따라서 $\lim\limits_{x \to -2+} f(x) + \lim\limits_{x \to 1-} f(x) = 2 + 2 = 4$

답 ⑤

02

$\lim\limits_{x \to 1-} f(x) = \lim\limits_{x \to 1-} (ax-1) = a-1$

$\lim\limits_{x \to 1+} f(x) = \lim\limits_{x \to 1+} (x^2+ax+4) = a+5$

$\left\{ \lim\limits_{x \to 1-} f(x) \right\}^2 = \lim\limits_{x \to 1+} f(x)$이므로

$(a-1)^2 = a+5$, $a^2-3a-4 = 0$, $(a+1)(a-4) = 0$

$a = -1$ 또는 $a = 4$

따라서 양수 a의 값은 4이다.

답 ④

03

함수 $y = f(x-1)$의 그래프는 함수 $y = f(x)$의 그래프를 x축의 방향으로 1만큼 평행이동한 것과 같으므로

$\lim\limits_{x \to 1-} f(x-1) = \lim\limits_{x \to 0-} f(x) = 2$

함수 $y = f(x+1)$의 그래프는 함수 $y = f(x)$의 그래프를 x축의 방향으로 -1만큼 평행이동한 것과 같으므로

$\lim\limits_{x \to 1+} f(x+1) = \lim\limits_{x \to 2+} f(x) = -1$

$\lim\limits_{x \to 1-} f(x-1) + \lim\limits_{x \to 1+} f(x+1) = 2 + (-1) = 1$이고 그림에서

$\lim\limits_{x \to 1+} f(x) = 1$이다.

따라서 $\lim\limits_{x \to k+} f(x) = 1$을 만족시키는 정수 k의 값은 1이다.

답 ④

필수유형 2

$\lim\limits_{x \to \infty} \dfrac{\sqrt{x^2-2}+3x}{x+5} = \lim\limits_{x \to \infty} \dfrac{\sqrt{1-\dfrac{2}{x^2}}+3}{1+\dfrac{5}{x}} = \dfrac{1+3}{1+0} = 4$

답 ④

04

$\lim\limits_{x \to \infty} \dfrac{(1-2x)(1+2x)}{(x+2)^2} = \lim\limits_{x \to \infty} \dfrac{-4x^2+1}{x^2+4x+4}$

$= \lim\limits_{x \to \infty} \dfrac{-4+\dfrac{1}{x^2}}{1+\dfrac{4}{x}+\dfrac{4}{x^2}}$

$= \dfrac{-4}{1} = -4$

답 ①

05

$\lim\limits_{x \to 1} \dfrac{x^2-1}{\sqrt{x^2+3}-\sqrt{x+3}}$

$= \lim\limits_{x \to 1} \dfrac{(x-1)(x+1)(\sqrt{x^2+3}+\sqrt{x+3})}{(\sqrt{x^2+3}-\sqrt{x+3})(\sqrt{x^2+3}+\sqrt{x+3})}$

$= \lim\limits_{x \to 1} \dfrac{(x-1)(x+1)(\sqrt{x^2+3}+\sqrt{x+3})}{(x^2+3)-(x+3)}$

$= \lim\limits_{x \to 1} \dfrac{(x-1)(x+1)(\sqrt{x^2+3}+\sqrt{x+3})}{x(x-1)}$

$= \lim\limits_{x \to 1} \dfrac{(x+1)(\sqrt{x^2+3}+\sqrt{x+3})}{x}$

$= 2 \times (2+2) = 8$

답 ④

06

$\lim\limits_{x \to \infty} \{\sqrt{x^2+ax+b}-(ax+b)\}$

$= \lim\limits_{x \to \infty} \dfrac{\{\sqrt{x^2+ax+b}-(ax+b)\}\{\sqrt{x^2+ax+b}+(ax+b)\}}{\sqrt{x^2+ax+b}+(ax+b)}$

$= \lim\limits_{x \to \infty} \dfrac{(x^2+ax+b)-(ax+b)^2}{\sqrt{x^2+ax+b}+(ax+b)}$

$= \lim\limits_{x \to \infty} \dfrac{(1-a^2)x^2+a(1-2b)x+(b-b^2)}{\sqrt{x^2+ax+b}+(ax+b)}$

$= \lim\limits_{x \to \infty} \dfrac{(1-a^2)x+a(1-2b)+\dfrac{b-b^2}{x}}{\sqrt{1+\dfrac{a}{x}+\dfrac{b}{x^2}}+\left(a+\dfrac{b}{x}\right)}$ ...... ㉠

㉠의 값이 존재하므로 $1-a^2 = 0$이고, $a > 0$이므로 $a = 1$

㉠에서

$\lim\limits_{x \to \infty} \dfrac{(1-2b)+\dfrac{b-b^2}{x}}{\sqrt{1+\dfrac{1}{x}+\dfrac{b}{x^2}}+\left(1+\dfrac{b}{x}\right)} = \dfrac{1-2b}{2}$

이므로 $\dfrac{1-2b}{2} = -2$에서 $1-2b = -4$, $b = \dfrac{5}{2}$

따라서 $a+b=1+\dfrac{5}{2}=\dfrac{7}{2}$

답 ②

필수유형 ❸

$\lim\limits_{x\to 1}(x+1)f(x)=1$이므로

$\lim\limits_{x\to 1}(2x^2+1)f(x)=\lim\limits_{x\to 1}\left\{\dfrac{2x^2+1}{x+1}\times(x+1)f(x)\right\}$

$\qquad\qquad\qquad\quad=\lim\limits_{x\to 1}\dfrac{2x^2+1}{x+1}\times\lim\limits_{x\to 1}(x+1)f(x)=\dfrac{3}{2}\times 1=\dfrac{3}{2}$

따라서 $a=\dfrac{3}{2}$이므로 $20a=20\times\dfrac{3}{2}=30$

답 30

07

$\lim\limits_{x\to 1}\dfrac{f(x)}{x+1}=3$에서 $\lim\limits_{x\to 1}\dfrac{x+1}{f(x)}=\dfrac{1}{3}$이므로

$\lim\limits_{x\to 1}\dfrac{x^2+3}{(x+1)f(x)}=\lim\limits_{x\to 1}\left\{\dfrac{x^2+3}{(x+1)^2}\times\dfrac{x+1}{f(x)}\right\}$

$\qquad\qquad\qquad\quad=\lim\limits_{x\to 1}\dfrac{x^2+3}{(x+1)^2}\times\lim\limits_{x\to 1}\dfrac{x+1}{f(x)}=\dfrac{4}{2^2}\times\dfrac{1}{3}=\dfrac{1}{3}$

답 ④

08

$\lim\limits_{x\to 0}\dfrac{f(x)-3}{x}=4$에서 $x\to 0$일 때 (분모)$\to 0$이고 극한값이 존재하므로 (분자)$\to 0$이어야 한다.

즉, $\lim\limits_{x\to 0}\{f(x)-3\}=f(0)-3=0$에서 $f(0)=3$이므로

$\lim\limits_{x\to 0}\dfrac{\{f(x)\}^2-4f(x)+3}{x}=\lim\limits_{x\to 0}\dfrac{\{f(x)-1\}\{f(x)-3\}}{x}$

$\qquad\qquad\qquad\qquad\qquad=\lim\limits_{x\to 0}\dfrac{f(x)-3}{x}\times\lim\limits_{x\to 0}\{f(x)-1\}$

$\qquad\qquad\qquad\qquad\qquad=4\times 2=8$

답 ③

09

$\lim\limits_{x\to 1}(-2x^2+5)=3$, $\lim\limits_{x\to 1}(-4x+7)=3$이므로

함수의 극한의 대소 관계에 의하여 $\lim\limits_{x\to 1}\{f(x)+g(x)\}=3$

$\lim\limits_{x\to 1}f(x)=\alpha$, $\lim\limits_{x\to 1}g(x)=\beta$라 하면 $\alpha+\beta=3$ $\quad\cdots\cdots$ ㉠

$\lim\limits_{x\to 1}\{f(x)+2g(x)\}=\lim\limits_{x\to 1}f(x)+2\lim\limits_{x\to 1}g(x)=\alpha+2\beta=0$

이면 ㉠에 의하여 $\alpha=6$, $\beta=-3$이고,

$\lim\limits_{x\to 1}\{2f(x)+g(x)\}=2\lim\limits_{x\to 1}f(x)+\lim\limits_{x\to 1}g(x)=2\alpha+\beta=9\neq 0$

이므로 $\lim\limits_{x\to 1}\dfrac{2f(x)+g(x)}{f(x)+2g(x)}=8$을 만족시킬 수 없다.

그러므로 $\lim\limits_{x\to 1}\{f(x)+2g(x)\}\neq 0$이고

$\lim\limits_{x\to 1}\dfrac{2f(x)+g(x)}{f(x)+2g(x)}=\dfrac{2\lim\limits_{x\to 1}f(x)+\lim\limits_{x\to 1}g(x)}{\lim\limits_{x\to 1}f(x)+2\lim\limits_{x\to 1}g(x)}$

$\qquad\qquad\qquad\qquad=\dfrac{2\alpha+\beta}{\alpha+2\beta}=8$ $\quad\cdots\cdots$ ㉡

㉠에서 $\beta=3-\alpha$이므로 이것을 ㉡에 대입하면

$\dfrac{2\alpha+(3-\alpha)}{\alpha+2(3-\alpha)}=\dfrac{\alpha+3}{-\alpha+6}=8$에서 $\alpha=5$이고 $\beta=-2$

따라서 $\lim\limits_{x\to 1}\{f(x)-g(x)\}=\lim\limits_{x\to 1}f(x)-\lim\limits_{x\to 1}g(x)=5-(-2)=7$

답 ②

10

조건 (가)에서 $x\to 0$일 때 (분모)$\to 0$이고 극한값이 존재하므로 (분자)$\to 0$이어야 한다.

즉, $\lim\limits_{x\to 0}\{f(x)+g(x)-2\}=0$에서 $\lim\limits_{x\to 0}f(x)+\lim\limits_{x\to 0}g(x)=2$

$\lim\limits_{x\to 0}f(x)=a$, $\lim\limits_{x\to 0}g(x)=b$라 하면 $a+b=2$ $\quad\cdots\cdots$ ㉠

조건 (나)에서 $\lim\limits_{x\to 0}\{f(x)+x\}\{g(x)-2\}=\lim\limits_{x\to 0}x^2\{f(x)+9\}$

$\lim\limits_{x\to 0}f(x)\times\lim\limits_{x\to 0}\{g(x)-2\}=0$이므로

$a(b-2)=0$ $\quad\cdots\cdots$ ㉡

㉠, ㉡을 연립하여 풀면 $a=0$, $b=2$이므로

$\lim\limits_{x\to 0}f(x)=0$, $\lim\limits_{x\to 0}g(x)=2$

$\lim\limits_{x\to 0}\dfrac{f(x)}{x}=c$, $\lim\limits_{x\to 0}\dfrac{g(x)-2}{x}=d$라 하면 조건 (가)에서

$\lim\limits_{x\to 0}\dfrac{f(x)+g(x)-2}{x}=\lim\limits_{x\to 0}\dfrac{f(x)}{x}+\lim\limits_{x\to 0}\dfrac{g(x)-2}{x}=5$

이므로 $c+d=5$ $\quad\cdots\cdots$ ㉢

조건 (나)에서 $x\neq 0$일 때

$\left\{\dfrac{f(x)}{x}+1\right\}\left\{\dfrac{g(x)-2}{x}\right\}=f(x)+9$이므로

$\lim\limits_{x\to 0}\left\{\dfrac{f(x)}{x}+1\right\}\left\{\dfrac{g(x)-2}{x}\right\}=\lim\limits_{x\to 0}\{f(x)+9\}$에서

$\lim\limits_{x\to 0}\left\{\dfrac{f(x)}{x}+1\right\}\times\lim\limits_{x\to 0}\dfrac{g(x)-2}{x}=\lim\limits_{x\to 0}f(x)+9$

$(c+1)d=9$ $\quad\cdots\cdots$ ㉣

㉢, ㉣을 연립하여 풀면 $c=2$, $d=3$이므로

$\lim\limits_{x\to 0}\dfrac{f(x)}{x}=2$, $\lim\limits_{x\to 0}\dfrac{g(x)-2}{x}=3$

따라서

$\lim\limits_{x\to 0}\dfrac{f(x)g(x)\{g(x)-2\}}{x^2}=\lim\limits_{x\to 0}\dfrac{f(x)}{x}\times\lim\limits_{x\to 0}g(x)\times\lim\limits_{x\to 0}\dfrac{g(x)-2}{x}$

$\qquad\qquad\qquad\qquad\qquad=2\times 2\times 3=12$

답 ⑤

필수유형 ❹

$\lim\limits_{x\to 0}\dfrac{f(x)}{x}=1$에서 $x\to 0$일 때 (분모)$\to 0$이고 극한값이 존재하므로 (분자)$\to 0$이어야 한다. 즉, $\lim\limits_{x\to 0}f(x)=f(0)=0$

$\lim\limits_{x\to 1}\dfrac{f(x)}{x-1}=1$에서 $x\to 1$일 때 (분모)$\to 0$이고 극한값이 존재하므로 (분자)$\to 0$이어야 한다. 즉, $\lim\limits_{x\to 1}f(x)=f(1)=0$

$f(0)=f(1)=0$이므로 삼차함수 $f(x)$를

$f(x)=x(x-1)(ax+b)$ (a는 0이 아닌 상수, b는 상수)라 하자.

$\lim\limits_{x\to 0}\dfrac{f(x)}{x}=\lim\limits_{x\to 0}(x-1)(ax+b)=-b$이므로

$-b=1$에서 $b=-1$

$\lim\limits_{x\to1}\dfrac{f(x)}{x-1}=\lim\limits_{x\to1}x(ax+b)=a+b$이므로

$a+b=a-1=1$에서 $a=2$

따라서 $f(x)=x(x-1)(2x-1)$이므로

$f(2)=2\times1\times3=6$

답 ②

11

$\lim\limits_{x\to2}\dfrac{2-\sqrt{ax+b}}{x^2-2x}=1$ ······ ㉠

에서 $x\to2$일 때 (분모)$\to0$이고 극한값이 존재하므로 (분자)$\to0$이어야 한다.

즉, $\lim\limits_{x\to2}(2-\sqrt{ax+b})=0$에서 $2-\sqrt{2a+b}=0$, $2a+b=4$이므로

$b=-2a+4$ ······ ㉡

㉡을 ㉠에 대입하면

$$\lim\limits_{x\to2}\dfrac{2-\sqrt{ax-2a+4}}{x^2-2x}=\lim\limits_{x\to2}\dfrac{(2-\sqrt{ax-2a+4})(2+\sqrt{ax-2a+4})}{(x^2-2x)(2+\sqrt{ax-2a+4})}$$
$$=\lim\limits_{x\to2}\dfrac{4-(ax-2a+4)}{x(x-2)(2+\sqrt{ax-2a+4})}$$
$$=\lim\limits_{x\to2}\dfrac{-a(x-2)}{x(x-2)(2+\sqrt{ax-2a+4})}$$
$$=\lim\limits_{x\to2}\dfrac{-a}{x(2+\sqrt{ax-2a+4})}$$
$$=\dfrac{-a}{2\times(2+2)}=-\dfrac{a}{8}=1$$

에서 $a=-8$이고, ㉡에서 $b=20$

따라서 $a+b=-8+20=12$

답 ①

12

$\lim\limits_{x\to2}\dfrac{f(x)+x^2}{x-2}=10$에서 $x\to2$일 때 (분모)$\to0$이고 극한값이 존재하므로 (분자)$\to0$이어야 한다.

즉, $\lim\limits_{x\to2}\{f(x)+x^2\}=f(2)+4=0$에서 $f(2)=-4$

이차함수 $f(x)$의 최고차항의 계수가 -1이면 함수 $f(x)+x^2$은 일차함수 또는 상수함수이다.

이때 함수 $f(x)+x^2$이 상수함수이면 $\lim\limits_{x\to2}\dfrac{f(x)+x^2}{x-2}=10$이 될 수 없으므로 함수 $f(x)+x^2$은 일차함수이고 $f(x)+x^2=10(x-2)$이다.

즉, $f(x)=-x^2+10x-20$이고 이때 $f(3)=-9+30-20=1$이므로 주어진 조건을 만족시키지 않는다.

이차함수 $f(x)$의 최고차항의 계수가 -1이 아니면 함수 $f(x)+x^2$은 이차함수이고 $\lim\limits_{x\to2}\dfrac{f(x)+x^2}{x-2}=10$을 만족시켜야 하므로

$f(x)+x^2=a(x-2)(x-k)$ (a는 0이 아닌 상수, k는 상수)라 하자.

$$\lim\limits_{x\to2}\dfrac{f(x)+x^2}{x-2}=\lim\limits_{x\to2}\dfrac{a(x-2)(x-k)}{x-2}=\lim\limits_{x\to2}a(x-k)$$
$$=a(2-k)=10$$ ······ ㉠

$f(3)=3$이므로 $f(3)+9=a(3-k)$에서

$a(3-k)=12$ ······ ㉡

㉠, ㉡에서 $2a-ak=10$, $3a-ak=12$이므로

$a=2$, $k=-3$

따라서 $f(x)=2(x-2)(x+3)-x^2$이므로

$f(4)=28-16=12$

답 ③

13

$\lim\limits_{x\to1}\dfrac{f(x)-f(-1)}{x-1}=3$에서 $x\to1$일 때 (분모)$\to0$이고 극한값이 존재하므로 (분자)$\to0$이어야 한다.

즉, $\lim\limits_{x\to1}\{f(x)-f(-1)\}=f(1)-f(-1)=0$에서

$f(1)=f(-1)$

이때 $f(1)=f(-1)\neq0$이면 $\lim\limits_{x\to0}\dfrac{f(x+1)}{f(x-1)}=\dfrac{f(1)}{f(-1)}=1$이 되어 주어진 조건을 만족시킬 수 없으므로 $f(1)=f(-1)=0$이다.

$f(x)=a(x+1)(x-1)(x-k)$ (a는 0이 아닌 상수, k는 상수)라 하면

$$\lim\limits_{x\to0}\dfrac{f(x+1)}{f(x-1)}=\lim\limits_{x\to0}\dfrac{ax(x+2)(x+1-k)}{ax(x-2)(x-1-k)}$$
$$=\lim\limits_{x\to0}\dfrac{(x+2)(x+1-k)}{(x-2)(x-1-k)}$$
$$=\dfrac{2(1-k)}{-2(-1-k)}=\dfrac{1-k}{1+k}=-3$$

에서 $1-k=-3-3k$, $2k=-4$이므로 $k=-2$

$$\lim\limits_{x\to1}\dfrac{f(x)-f(-1)}{x-1}=\lim\limits_{x\to1}\dfrac{a(x+1)(x-1)(x+2)}{x-1}$$
$$=\lim\limits_{x\to1}a(x+1)(x+2)=6a=3$$

에서 $a=\dfrac{1}{2}$

따라서 $f(x)=\dfrac{1}{2}(x+1)(x-1)(x+2)$이므로

$f(3)=\dfrac{1}{2}\times4\times2\times5=20$

답 ⑤

14

$\lim\limits_{x\to1}\dfrac{f(x)g(x)}{x-1}=0$에서 $x\to1$일 때 (분모)$\to0$이고 극한값이 존재하므로 (분자)$\to0$이어야 한다.

즉, $\lim\limits_{x\to1}f(x)g(x)=f(1)g(1)=0$ ······ ㉠

$\lim\limits_{x\to1}\dfrac{f(x)-g(x)}{x-1}=5$에서 $x\to1$일 때 (분모)$\to0$이고 극한값이 존재하므로 (분자)$\to0$이어야 한다.

즉, $\lim\limits_{x\to1}\{f(x)-g(x)\}=f(1)-g(1)=0$ ······ ㉡

㉠, ㉡을 연립하여 풀면 $f(1)=g(1)=0$이므로 두 상수 a, b에 대하여 $f(x)=(x-1)(x+a)$, $g(x)=(x-1)(x+b)$라 하자.

$$\lim\limits_{x\to1}\dfrac{f(x)-g(x)}{x-1}=\lim\limits_{x\to1}\dfrac{(x-1)(x+a)-(x-1)(x+b)}{x-1}$$
$$=\lim\limits_{x\to1}\{(x+a)-(x+b)\}$$
$$=(1+a)-(1+b)=a-b=5$$ ······ ㉢

$f(2)=2+a$, $g(3)=2(3+b)$이므로 $f(2)=g(3)$에서

$2+a=6+2b$, $a-2b=4$ ······ ㉣

©, ©을 연립하여 풀면 $a=6$, $b=1$
따라서 $f(x)=(x-1)(x+6)$, $g(x)=(x-1)(x+1)$이므로
$f(0)+g(0)=-6+(-1)=-7$

답 ②

필수유형 5

곡선 $y=x^2$ 위의 점 P의 좌표를 (a, a^2) $(a>0)$이라 하면 점 P와 직선 $y=2tx-1$, 즉 $2tx-y-1=0$ 사이의 거리는

$$\frac{|2ta-a^2-1|}{\sqrt{(2t)^2+(-1)^2}}=\frac{|a^2-2ta+1|}{\sqrt{4t^2+1}} \quad \cdots\cdots ㉠$$

이때 $a^2-2ta+1=(a-t)^2+1-t^2$이고 $0<t<1$이므로
$a^2-2ta+1>0$이다.

그러므로 ㉠은 $a=t$일 때 최소이고 점 P의 좌표는 (t, t^2)이다.
직선 OP의 방정식이 $y=tx$이므로

$tx=2tx-1$에서 $x=\frac{1}{t}$이고 점 Q의 좌표는 $\left(\frac{1}{t}, 1\right)$

따라서

$$\lim_{t\to 1-}\frac{\overline{PQ}}{1-t}=\lim_{t\to 1-}\frac{\sqrt{\left(\frac{1}{t}-t\right)^2+(1-t^2)^2}}{1-t}$$

$$=\lim_{t\to 1-}\frac{(1-t^2)\sqrt{\frac{1}{t^2}+1}}{1-t}$$

$$=\lim_{t\to 1-}(1+t)\sqrt{\frac{1}{t^2}+1}=2\sqrt{2}$$

답 ③

15

$\overline{PQ}=3t-(\sqrt{t^2+3t+4}-2)=3t+2-\sqrt{t^2+3t+4}$이므로
삼각형 OPQ의 넓이 $S(t)$는

$$S(t)=\frac{1}{2}\times t\times\overline{PQ}=\frac{1}{2}\times t\times(3t+2-\sqrt{t^2+3t+4})$$

따라서

$$\lim_{t\to 0+}\frac{S(t)}{t^2}=\lim_{t\to 0+}\frac{\frac{1}{2}t(3t+2-\sqrt{t^2+3t+4})}{t^2}$$

$$=\lim_{t\to 0+}\frac{3t+2-\sqrt{t^2+3t+4}}{2t}$$

$$=\lim_{t\to 0+}\frac{(3t+2-\sqrt{t^2+3t+4})(3t+2+\sqrt{t^2+3t+4})}{2t(3t+2+\sqrt{t^2+3t+4})}$$

$$=\lim_{t\to 0+}\frac{(9t^2+12t+4)-(t^2+3t+4)}{2t(3t+2+\sqrt{t^2+3t+4})}$$

$$=\lim_{t\to 0+}\frac{8t^2+9t}{2t(3t+2+\sqrt{t^2+3t+4})}$$

$$=\lim_{t\to 0+}\frac{8t+9}{2(3t+2+\sqrt{t^2+3t+4})}=\frac{9}{8}$$

답 ④

16

이차함수 $y=f(x)$의 그래프의 꼭짓점이 $P(t, 0)$이므로 양수 a에 대하여 $f(x)=a(x-t)^2$이라 하면 점 $A(0, 1)$이 곡선 $y=f(x)$ 위의 점이므로 $a(-t)^2=1$에서 $a=\frac{1}{t^2}$

$$f(x)=\frac{1}{t^2}(x-t)^2=\frac{1}{t^2}x^2-\frac{2}{t}x+1$$

$\frac{1}{t^2}x^2-\frac{2}{t}x+1=3x+1$에서 $\frac{1}{t^2}x^2-\left(\frac{2}{t}+3\right)x=0$

$\frac{1}{t^2}x\{x-(3t^2+2t)\}=0$이므로 $x=0$ 또는 $x=3t^2+2t$

그러므로 점 Q의 좌표는 $(3t^2+2t, 9t^2+6t+1)$이다.

점 P에서 직선 QR에 내린 수선의 발을 H라 하고, 직선 QR이 y축과 만나는 점을 S라 하면

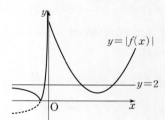

$\overline{QH}=\overline{QS}-\overline{HS}=(3t^2+2t)-t=3t^2+t$
$\overline{QR}=2\times\overline{QH}=6t^2+2t$이고
$\overline{AS}=(9t^2+6t+1)-1=9t^2+6t$

그러므로 삼각형 AQR의 넓이 $S(t)$는

$$S(t)=\frac{1}{2}\times\overline{QR}\times\overline{AS}$$

$$=\frac{1}{2}\times(6t^2+2t)\times(9t^2+6t)=\frac{1}{2}\times 2t(3t+1)\times 3t(3t+2)$$

$$=3t^2(3t+1)(3t+2)$$

따라서

$$\lim_{t\to 0+}\frac{S(t)}{t^2}=\lim_{t\to 0+}\frac{3t^2(3t+1)(3t+2)}{t^2}$$

$$=\lim_{t\to 0+}3(3t+1)(3t+2)$$

$$=3\times 1\times 2=6$$

답 6

17

$x<0$일 때 $f(x)=\frac{-2x-1}{x}=-\frac{1}{x}-2$이므로

$x<0$에서 함수 $y=|f(x)|$의 그래프의 점근선의 방정식은 $y=2$이다.

$x\geq 0$일 때 $f(x)=x^2-8x+a=(x-4)^2+a-16$이므로

양수 a의 범위를 나누어 함수 $g(t)$를 생각할 수 있다.

(i) $a-16\geq 0$, 즉 $a\geq 16$인 경우
함수 $y=|f(x)|$의 그래프는 그림과 같다.

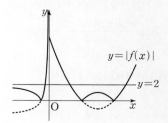

그러므로 $\lim_{t\to k-}g(t)-\lim_{t\to k+}g(t)>2$를 만족시키는 상수 k가 존재하지 않는다.

(ii) $-2<a-16<0$, 즉 $14<a<16$인 경우
함수 $y=|f(x)|$의 그래프는 그림과 같다.

그러므로 $\lim\limits_{t \to k-} g(t) - \lim\limits_{t \to k+} g(t) > 2$를 만족시키는 상수 k가 존재 하지 않는다.

(iii) $a - 16 = -2$, 즉 $a = 14$인 경우

함수 $y = |f(x)|$의 그래프는 그림과 같다.

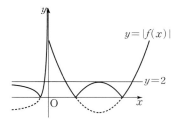

이때 $\lim\limits_{t \to 2-} g(t) = 6$, $\lim\limits_{t \to 2+} g(t) = 3$이므로

$\lim\limits_{t \to k-} g(t) - \lim\limits_{t \to k+} g(t) > 2$를 만족시키는 상수 $k = 2$가 존재한다.

(iv) $-8 < a - 16 < -2$, 즉 $8 < a < 14$인 경우

함수 $y = |f(x)|$의 그래프는 그림과 같다.

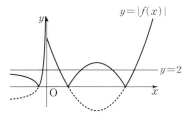

그러므로 $\lim\limits_{t \to k-} g(t) - \lim\limits_{t \to k+} g(t) > 2$를 만족시키는 상수 k가 존재 하지 않는다.

(v) $a - 16 = -8$, 즉 $a = 8$인 경우

함수 $y = |f(x)|$의 그래프는 그림과 같다.

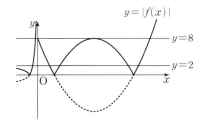

이때 $\lim\limits_{t \to 8-} g(t) = 5$, $\lim\limits_{t \to 8+} g(t) = 2$이므로

$\lim\limits_{t \to k-} g(t) - \lim\limits_{t \to k+} g(t) > 2$를 만족시키는 상수 $k = 8$이 존재한다.

(vi) $-16 < a - 16 < -8$, 즉 $0 < a < 8$인 경우

함수 $y = |f(x)|$의 그래프는 그림과 같다.

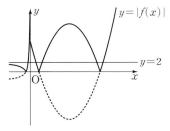

그러므로 $\lim\limits_{t \to k-} g(t) - \lim\limits_{t \to k+} g(t) > 2$를 만족시키는 상수 k가 존재 하지 않는다.

(i)~(vi)에 의하여 주어진 조건을 만족시키는 상수 k가 존재하도록 하 는 모든 양수 a의 값은 8, 14이고 그 합은 22이다.

답 22

필수유형 6

함수 $|f(x)|$가 실수 전체의 집합에서 연속이므로 $x = -1$과 $x = 3$에 서도 연속이다.

함수 $|f(x)|$가 $x = -1$에서 연속이므로

$\lim\limits_{x \to -1-} |f(x)| = \lim\limits_{x \to -1+} |f(x)| = |f(-1)|$이어야 한다.

$\lim\limits_{x \to -1-} |f(x)| = \lim\limits_{x \to -1-} |x + a| = |-1 + a|$

$\lim\limits_{x \to -1+} |f(x)| = \lim\limits_{x \to -1+} |x| = |-1| = 1$

$|f(-1)| = |-1| = 1$

이므로 $|-1 + a| = 1$

$a > 0$이므로 $a = 2$

함수 $|f(x)|$가 $x = 3$에서 연속이므로

$\lim\limits_{x \to 3-} |f(x)| = \lim\limits_{x \to 3+} |f(x)| = |f(3)|$이어야 한다. 이때

$\lim\limits_{x \to 3-} |f(x)| = \lim\limits_{x \to 3-} |x| = |3| = 3$

$\lim\limits_{x \to 3+} |f(x)| = \lim\limits_{x \to 3+} |bx - 2| = |3b - 2|$

$|f(3)| = |3b - 2|$

이므로 $|3b - 2| = 3$

$b > 0$이므로 $b = \dfrac{5}{3}$

따라서 $a + b = 2 + \dfrac{5}{3} = \dfrac{11}{3}$

답 ⑤

18

함수 $f(x)$가 구간 $[-2, \infty)$에서 연속이므로 $x = a$에서도 연속이다.

즉, $\lim\limits_{x \to a} f(x) = f(a)$이어야 한다.

$$\begin{aligned} \lim\limits_{x \to a} \dfrac{x - a}{\sqrt{x + 2} - \sqrt{a + 2}} &= \lim\limits_{x \to a} \dfrac{(x - a)(\sqrt{x + 2} + \sqrt{a + 2})}{(\sqrt{x + 2} - \sqrt{a + 2})(\sqrt{x + 2} + \sqrt{a + 2})} \\ &= \lim\limits_{x \to a} \dfrac{(x - a)(\sqrt{x + 2} + \sqrt{a + 2})}{x - a} \\ &= \lim\limits_{x \to a} (\sqrt{x + 2} + \sqrt{a + 2}) \\ &= 2\sqrt{a + 2} = 6 \end{aligned}$$

에서 $\sqrt{a + 2} = 3$, $a + 2 = 9$

따라서 $a = 7$

답 ⑤

19

$f(x) = x^2 + ax + b$ (a, b는 상수)라 하자.

함수 $g(x)$가 $x = 1$에서 불연속이므로

$\lim\limits_{x \to 1-} g(x) = \lim\limits_{x \to 1-} f(x) = f(1) \neq 4$

함수 $|g(x)|$가 실수 전체의 집합에서 연속이므로 $x = 1$에서 연속이고

$\lim\limits_{x \to 1-} |g(x)| = \lim\limits_{x \to 1-} |f(x)| = |f(1)| = 4$

$f(1) \neq 4$이므로 $f(1) = -4$ ...... ㉠

함수 $h(x)$가 실수 전체의 집합에서 연속이므로 $x = 1$에서 연속이고

$\lim\limits_{x \to 1-} h(x) = \lim\limits_{x \to 1-} f(x - 2) = \lim\limits_{x \to -1-} f(x) = f(-1) = 4$ ...... ㉡

㉠에서 $f(1) = 1 + a + b = -4$

㉡에서 $f(-1) = 1 - a + b = 4$

두 식을 연립하여 풀면 $a = -4$, $b = -1$

따라서 $f(x)=x^2-4x-1$이므로
$f(-2)=4+8-1=11$

답 ①

20

ㄱ. $f(1)=1$이므로 원 C와 직선 $y=x$가 한 점에서 만나야 한다.
  원 C의 중심 $\mathrm{P}(3, 4)$와 직선 $y=x$, 즉 $x-y=0$ 사이의 거리가
  $$\frac{|3-4|}{\sqrt{1^2+(-1)^2}}=\frac{1}{\sqrt{2}}=\frac{\sqrt{2}}{2}$$
  이므로 $r=\frac{\sqrt{2}}{2}$이다. (참)

ㄴ.
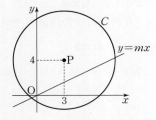

  $r>5$인 경우 그림과 같이 원점 O가 원 C의 내부에 있으므로 직선 $y=mx$와 원 C는 m의 값에 상관없이 두 점에서 만난다.
  따라서 $r>5$이면 모든 실수 m에 대하여 $f(m)=2$이다. (참)

ㄷ. (i) $0<r<3$인 경우
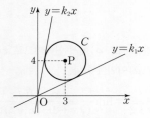

  그림과 같이 $k_1<k_2$인 두 실수 k_1, k_2에 대하여 원 C는 직선 $y=k_1x$, 직선 $y=k_2x$와 접하므로 함수 $f(m)$은 다음과 같다.
  $$f(m)=\begin{cases} 0\ (m<k_1) \\ 1\ (m=k_1) \\ 2\ (k_1<m<k_2) \\ 1\ (m=k_2) \\ 0\ (m>k_2) \end{cases}$$
  따라서 함수 $f(m)$은 $m=k_1$, $m=k_2$에서 불연속이다.
  (ii) $r=3$인 경우
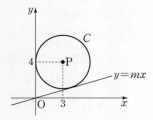

  점 $\mathrm{P}(3, 4)$와 직선 $y=mx$, 즉 $mx-y=0$ 사이의 거리가
  $\dfrac{|3m-4|}{\sqrt{m^2+1}}$이므로 원 C가 직선 $y=mx$와 접하려면
  $\dfrac{|3m-4|}{\sqrt{m^2+1}}=3$에서 $(3m-4)^2=9(m^2+1)$, $m=\dfrac{7}{24}$

이때 함수 $f(m)$은 다음과 같다.
$$f(m)=\begin{cases} 0\ \left(m<\dfrac{7}{24}\right) \\ 1\ \left(m=\dfrac{7}{24}\right) \\ 2\ \left(m>\dfrac{7}{24}\right) \end{cases}$$

따라서 함수 $f(m)$은 $m=\dfrac{7}{24}$에서만 불연속이다.

(iii) $3<r<5$인 경우
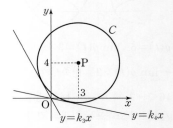

그림과 같이 $k_3<k_4$인 두 실수 k_3, k_4에 대하여 원 C는 직선 $y=k_3x$, 직선 $y=k_4x$와 접하므로 함수 $f(m)$은 다음과 같다.
$$f(m)=\begin{cases} 2\ (m<k_3) \\ 1\ (m=k_3) \\ 0\ (k_3<m<k_4) \\ 1\ (m=k_4) \\ 2\ (m>k_4) \end{cases}$$
따라서 함수 $f(m)$은 $m=k_3$, $m=k_4$에서 불연속이다.

(iv) $r=5$인 경우
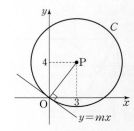

그림과 같이 원 C가 원점 O를 지나고 직선 OP의 기울기가 $\dfrac{4}{3}$이므로 직선 $y=-\dfrac{3}{4}x$가 원 C와 점 O에서 접한다.

이때 함수 $f(m)$은 다음과 같다.
$$f(m)=\begin{cases} 2\ \left(m\neq-\dfrac{3}{4}\right) \\ 1\ \left(m=-\dfrac{3}{4}\right) \end{cases}$$

따라서 함수 $f(m)$은 $m=-\dfrac{3}{4}$에서만 불연속이다.

(v) $r>5$인 경우
  ㄴ에서 $r>5$이면 모든 실수 m에 대하여 $f(m)=2$이므로 함수 $f(m)$은 실수 전체의 집합에서 연속이다.
(i)~(v)에 의하여 $r=3$, $r=5$일 때 함수 $f(m)$이 $m=k$에서 불연속인 k의 개수가 1이므로 그 합은 $3+5=8$이다. (참)
이상에서 옳은 것은 ㄱ, ㄴ, ㄷ이다.

답 ⑤

필수유형 7

$g(x)=\{f(x)\}^2$이라 하자.

함수 $g(x)$가 실수 전체의 집합에서 연속이려면 $x=a$에서 연속이어야 한다.

즉, $\lim\limits_{x \to a-} g(x) = \lim\limits_{x \to a+} g(x) = g(a)$이어야 한다.

이때

$\lim\limits_{x \to a-} g(x) = \lim\limits_{x \to a-} \{f(x)\}^2 = \lim\limits_{x \to a-} (-2x+6)^2 = (-2a+6)^2$

$\lim\limits_{x \to a+} g(x) = \lim\limits_{x \to a+} \{f(x)\}^2 = \lim\limits_{x \to a+} (2x-a)^2 = a^2$

$g(a) = \{f(a)\}^2 = a^2$

이므로 $(-2a+6)^2 = a^2$에서

$a^2 - 8a + 12 = 0$

$(a-2)(a-6) = 0$

$a = 2$ 또는 $a = 6$

따라서 모든 상수 a의 값의 합은

$2+6=8$

답 ④

21

함수 $f(x)g(x)$가 실수 전체의 집합에서 연속이려면 함수 $f(x)g(x)$가 $x=a$에서 연속이어야 한다.

즉, $\lim\limits_{x \to a-} f(x)g(x) = \lim\limits_{x \to a+} f(x)g(x) = f(a)g(a)$이어야 한다.

이때

$\lim\limits_{x \to a-} f(x)g(x) = \lim\limits_{x \to a-} (x+3)(x^2+ax+a-1)$
$\qquad\qquad = (a+3)(2a^2+a-1)$

$\lim\limits_{x \to a+} f(x)g(x) = \lim\limits_{x \to a+} (3x-4)(x^2+ax+a-1)$
$\qquad\qquad = (3a-4)(2a^2+a-1)$

$f(a)g(a) = (3a-4)(2a^2+a-1)$

이므로 $(a+3)(2a^2+a-1) = (3a-4)(2a^2+a-1)$에서

$\{(3a-4)-(a+3)\}(2a^2+a-1) = 0$

$(2a-7)(2a-1)(a+1) = 0$에서

$a = \dfrac{7}{2}$ 또는 $a = \dfrac{1}{2}$ 또는 $a = -1$

따라서 모든 실수 a의 값의 합은

$\dfrac{7}{2} + \dfrac{1}{2} + (-1) = 3$

답 ①

22

$h(x) = f(x) - ng(x)$라 하면 방정식 $f(x) = ng(x)$의 실근은 방정식 $h(x) = 0$의 실근과 같다.

$h(x) = x^3 + x^2 - nx + 2n$에서 $h(-3) = 5n-18$, $h(-2) = 4n-4$이고, 방정식 $h(x) = 0$이 열린구간 $(-3, -2)$에서 오직 하나의 실근을 가지려면 $h(-3)h(-2) < 0$이어야 하므로

$(5n-18)(4n-4) < 0$, $1 < n < \dfrac{18}{5}$

따라서 조건을 만족시키는 자연수 n은 2, 3이고 그 합은 $2+3=5$이다.

답 5

23

임의의 실수 x에 대하여 $f(x) > 0$이면 함수 $g(x)$, $h(x)$는 실수 전체의 집합에서 연속이므로 주어진 조건을 만족시킬 수 없다. 그러므로 $\alpha \le \beta$인 두 상수 α, β에 대하여 함수 $f(x)$를 $f(x) = (x+\alpha)(x+\beta)$라 하면

$g(x) = \dfrac{x}{f(x^2+4)} = \dfrac{x}{(x^2+4+\alpha)(x^2+4+\beta)}$

이다. 이때 $0 < 4+\alpha$이면 $0 < 4+\beta$이므로 모든 실수 x에 대하여 $f(x^2+4) > 0$이고, 함수 $g(x)$는 실수 전체의 집합에서 연속이므로 조건 (가)를 만족시킬 수 없다.

$4+\alpha < 0$이면 함수 $g(x)$는 $x = -\sqrt{-\alpha-4}$, $x = \sqrt{-\alpha-4}$에서 불연속이므로 조건 (가)를 만족시킬 수 없다. 그러므로 $4+\alpha = 0$, 즉 $\alpha = -4$이어야 하고, $f(x) = (x-4)(x+\beta)$이다.

이때 조건 (나)에서 함수 $h(x)$가 $x = b$, $x = c$ $(b < c)$에서만 불연속이고 $h(x) = \dfrac{f(x-4)}{f(x^2)} = \dfrac{(x-8)(x-4+\beta)}{(x+2)(x-2)(x^2+\beta)}$이므로 함수 $h(x)$가 $x = -2$, $x = 2$에서만 불연속이려면 $\beta > 0$ 또는 $\beta = -4$이어야 한다.

(ⅰ) $\beta = -4$인 경우

$\quad h(x) = \dfrac{(x-8)^2}{(x+2)^2(x-2)^2}$이고, $b = -2$, $c = 2$이므로

$\quad \lim\limits_{x \to -2} h(x)$의 값이 존재하지 않는다.

(ⅱ) $\beta > 0$인 경우

$\quad h(x) = \dfrac{(x-8)(x-4+\beta)}{(x+2)(x-2)(x^2+\beta)}$이고, $b = -2$, $c = 2$이므로

$\quad \lim\limits_{x \to -2} h(x)$의 값이 존재하려면

$\quad \lim\limits_{x \to -2} h(x) = \lim\limits_{x \to -2} \dfrac{(x-8)(x-4+\beta)}{(x+2)(x-2)(x^2+\beta)}$에서 $x \to -2$일 때

$\quad$ (분모) $\to 0$이므로 (분자) $\to 0$이어야 한다.

$\quad$ 즉, $\lim\limits_{x \to -2} (x-8)(x-4+\beta) = -10(-6+\beta) = 0$이므로 $\beta = 6$이다.

$\quad \lim\limits_{x \to -2} h(x) = \lim\limits_{x \to -2} \dfrac{(x-8)(x+2)}{(x+2)(x-2)(x^2+6)}$

$\qquad\qquad = \lim\limits_{x \to -2} \dfrac{x-8}{(x-2)(x^2+6)}$

$\qquad\qquad = \dfrac{-10}{-4 \times 10} = \dfrac{1}{4}$

$\quad$ 이므로 $\lim\limits_{x \to -2} h(x)$의 값이 존재한다.

따라서 $f(x) = (x-4)(x+6)$이므로 $f(c) = f(2) = -16$이고

$f(c) \times \lim\limits_{x \to b} h(x) = -16 \times \dfrac{1}{4} = -4$

답 ②

필수유형**1** 11	**01** ⑤	**02** ①	**03** ③
필수유형**2** ④	**04** ③	**05** ④	**06** 8
필수유형**3** ③	**07** ②	**08** ①	**09** ⑤
필수유형**4** ⑤	**10** ④	**11** ④	**12** ⑤
필수유형**5** 6	**13** ③	**14** ①	**15** ⑤
필수유형**6** 6	**16** ②	**17** 80	**18** ②
필수유형**7** ③	**19** ②	**20** ②	**21** ④
필수유형**8** ⑤	**22** ④	**23** ③	**24** ①
필수유형**9** 7	**25** ③	**26** ⑤	**27** 7
필수유형**10** ⑤	**28** 41	**29** ②	**30** ③
필수유형**11** ①	**31** ①	**32** ①	**33** ④

필수유형 **1**

함수 $f(x)=x^3-6x^2+5x$에서 x의 값이 0에서 4까지 변할 때의 평균변화율은

$$\frac{f(4)-f(0)}{4-0}=\frac{(4^3-6\times4^2+5\times4)-0}{4}=-3$$

$f'(x)=3x^2-12x+5$이므로

$$\frac{f(4)-f(0)}{4-0}=f'(a)$$에서 $-3=3a^2-12a+5$

$3a^2-12a+8=0$, $a=\dfrac{6\pm2\sqrt{3}}{3}$

이때 $3<2\sqrt{3}<4$이므로 $0<\dfrac{6-2\sqrt{3}}{3}<\dfrac{6+2\sqrt{3}}{3}<4$

그러므로 구하는 모든 실수 a의 값은 $\dfrac{6-2\sqrt{3}}{3}$, $\dfrac{6+2\sqrt{3}}{3}$이고 모든 실수 a의 값의 곱은 $\dfrac{6-2\sqrt{3}}{3}\times\dfrac{6+2\sqrt{3}}{3}=\dfrac{8}{3}$이다.

따라서 $p=3$, $q=8$이므로
$p+q=3+8=11$

답 11

01

$$\lim_{h\to0}\frac{f(1+2h)-f(1)}{h}=2\lim_{h\to0}\frac{f(1+2h)-f(1)}{2h}=2f'(1)=4$$

에서 $f'(1)=2$

따라서

$$\lim_{h\to0}\frac{f\left(1+\dfrac{h}{2}\right)-f\left(1-\dfrac{h}{3}\right)}{h}$$

$$=\lim_{h\to0}\frac{f\left(1+\dfrac{h}{2}\right)-f(1)-f\left(1-\dfrac{h}{3}\right)+f(1)}{h}$$

$$=\lim_{h\to0}\left\{\frac{1}{2}\times\frac{f\left(1+\dfrac{h}{2}\right)-f(1)}{\dfrac{h}{2}}+\frac{1}{3}\times\frac{f\left(1-\dfrac{h}{3}\right)-f(1)}{-\dfrac{h}{3}}\right\}$$

$$=\frac{1}{2}f'(1)+\frac{1}{3}f'(1)=\frac{5}{6}f'(1)=\frac{5}{6}\times2=\frac{5}{3}$$

답 ⑤

02

이차함수 $y=f(x)$의 그래프가 y축에 대하여 대칭이므로
$f(-1)=f(1)$, $f(-2)=f(2)$이고 $f(1)\neq f(2)$이다.

이때 $\lim\limits_{x\to2}\dfrac{f(x)+af(-2)}{x-2}=\lim\limits_{x\to2}\dfrac{f(x)+af(2)}{x-2}$에서 $x\to2$일 때 (분모)$\to0$이고 극한값이 존재하므로 (분자)$\to0$이어야 한다.

즉, $\lim\limits_{x\to2}\{f(x)+af(2)\}=f(2)+af(2)=(a+1)f(2)=0$

$f(2)\neq0$이므로 $a=-1$

함수 $f(x)$에서 x의 값이 -2에서 -1까지 변할 때의 평균변화율 p는

$$p=\frac{f(-1)-f(-2)}{-1-(-2)}=f(-1)-f(-2)=f(1)-f(2)$$

함수 $f(x)$에서 x의 값이 -1에서 2까지 변할 때의 평균변화율 q는

$$q=\frac{f(2)-f(-1)}{2-(-1)}=\frac{f(2)-f(-1)}{3}=\frac{f(2)-f(1)}{3}$$

$$=-\frac{f(1)-f(2)}{3}=-\frac{p}{3}$$

따라서 $\dfrac{q}{p}=-\dfrac{1}{3}$

답 ①

03

곡선 $y=f(x)$ 위의 점 $(1, f(1))$에서의 접선의 기울기는 $f'(1)$이고, 곡선 $y=g(x)$ 위의 점 $(1, g(1))$에서의 접선의 기울기는 $g'(1)$이다.
이때 두 접선이 서로 수직이므로
$f'(1)g'(1)=-1$ ······ ㉠

한편, $\lim\limits_{x\to1}\dfrac{f(x)-2}{g(1)-g(x)}=4$에서 $x\to1$일 때 (분모)$\to0$이고 극한값이 존재하므로 (분자)$\to0$이어야 한다.

즉, $\lim\limits_{x\to1}\{f(x)-2\}=f(1)-2=0$에서 $f(1)=2$이므로

$$\lim_{x\to1}\frac{f(x)-2}{g(1)-g(x)}=\lim_{x\to1}\frac{f(x)-f(1)}{g(1)-g(x)}$$

$$=-\lim_{x\to1}\left\{\frac{f(x)-f(1)}{x-1}\times\frac{1}{\dfrac{g(x)-g(1)}{x-1}}\right\}$$

$$=-\frac{f'(1)}{g'(1)}=4$$

$f'(1)=-4g'(1)$ ······ ㉡

㉡을 ㉠에 대입하면
$f'(1)g'(1)=-4g'(1)\times g'(1)=-4\times\{g'(1)\}^2=-1$

$\{g'(1)\}^2=\dfrac{1}{4}$에서 $g'(1)=-\dfrac{1}{2}$ 또는 $g'(1)=\dfrac{1}{2}$

$g'(1)=-\dfrac{1}{2}$이면 $f'(1)=-4g'(1)=-4\times\left(-\dfrac{1}{2}\right)=2$

이므로 $f'(1)+g'(1)=2+\left(-\dfrac{1}{2}\right)=\dfrac{3}{2}$

$g'(1)=\dfrac{1}{2}$이면 $f'(1)=-4g'(1)=-4\times\dfrac{1}{2}=-2$

이므로 $f'(1)+g'(1)=-2+\dfrac{1}{2}=-\dfrac{3}{2}$

이때 $f'(1)+g'(1)>0$이므로 $f'(1)=2$, $g'(1)=-\dfrac{1}{2}$

따라서 $f(1)\times\{f'(1)+g'(1)\}=2\times\dfrac{3}{2}=3$

답 ③

필수유형 2

함수 $f(x)$가 실수 전체의 집합에서 미분가능하므로 $x=1$에서도 미분가능하다. 함수 $f(x)$가 $x=1$에서 미분가능하면 $x=1$에서 연속이므로

$$\lim_{x \to 1-} f(x) = \lim_{x \to 1+} f(x) = f(1)$$ 이어야 한다.

이때

$$\lim_{x \to 1-} f(x) = \lim_{x \to 1-} (x^3 + ax + b) = 1 + a + b$$

$$\lim_{x \to 1+} f(x) = \lim_{x \to 1+} (bx + 4) = b + 4$$

$$f(1) = b + 4$$

이므로 $1 + a + b = b + 4$에서 $a = 3$

또한 함수 $f(x)$가 $x=1$에서 미분가능하므로

$$\lim_{x \to 1-} \frac{f(x) - f(1)}{x - 1} = \lim_{x \to 1+} \frac{f(x) - f(1)}{x - 1}$$ 이어야 한다.

이때

$$\lim_{x \to 1-} \frac{f(x) - f(1)}{x - 1} = \lim_{x \to 1-} \frac{(x^3 + 3x + b) - (b + 4)}{x - 1}$$

$$= \lim_{x \to 1-} \frac{x^3 + 3x - 4}{x - 1}$$

$$= \lim_{x \to 1-} \frac{(x - 1)(x^2 + x + 4)}{x - 1}$$

$$= \lim_{x \to 1-} (x^2 + x + 4) = 1 + 1 + 4 = 6$$

$$\lim_{x \to 1+} \frac{f(x) - f(1)}{x - 1} = \lim_{x \to 1+} \frac{(bx + 4) - (b + 4)}{x - 1}$$

$$= \lim_{x \to 1+} \frac{b(x - 1)}{x - 1} = \lim_{x \to 1+} b = b$$

이므로 $b = 6$

따라서 $a + b = 3 + 6 = 9$

답 ④

04

함수 $f(x)$가 실수 전체의 집합에서 미분가능하므로 $x=a$에서도 미분가능하다. 함수 $f(x)$가 $x=a$에서 미분가능하면 $x=a$에서 연속이므로

$$\lim_{x \to a-} f(x) = \lim_{x \to a+} f(x) = f(a)$$ 이어야 한다.

이때

$$\lim_{x \to a-} f(x) = \lim_{x \to a-} (2x - 4) = 2a - 4$$

$$\lim_{x \to a+} f(x) = \lim_{x \to a+} (x^2 - 4x + b) = a^2 - 4a + b$$

$$f(a) = a^2 - 4a + b$$

이므로 $2a - 4 = a^2 - 4a + b$에서 $b = -a^2 + 6a - 4$

또한 함수 $f(x)$가 $x=a$에서 미분가능하므로

$$\lim_{x \to a-} \frac{f(x) - f(a)}{x - a} = \lim_{x \to a+} \frac{f(x) - f(a)}{x - a}$$ 이어야 한다.

이때

$$\lim_{x \to a-} \frac{f(x) - f(a)}{x - a} = \lim_{x \to a-} \frac{(2x - 4) - (a^2 - 4a + b)}{x - a}$$

$$= \lim_{x \to a-} \frac{(2x - 4) - (2a - 4)}{x - a}$$

$$= \lim_{x \to a-} \frac{2(x - a)}{x - a} = \lim_{x \to a-} 2 = 2$$

$$\lim_{x \to a+} \frac{f(x) - f(a)}{x - a} = \lim_{x \to a+} \frac{(x^2 - 4x + b) - (a^2 - 4a + b)}{x - a}$$

$$= \lim_{x \to a+} \frac{(x - a)(x + a - 4)}{x - a}$$

$$= \lim_{x \to a+} (x + a - 4) = 2a - 4$$

이므로 $2 = 2a - 4$에서 $a = 3$

따라서 $b = -a^2 + 6a - 4 = -3^2 + 6 \times 3 - 4 = 5$이므로

$$f(x) = \begin{cases} 2x - 4 & (x < 3) \\ x^2 - 4x + 5 & (x \geq 3) \end{cases}$$ 에서

$$f(b - a) = f(5 - 3) = f(2) = 2 \times 2 - 4 = 0$$

답 ③

05

$$f(x) = (x - 2)|(x - a)(x - b)^2| = (x - 2)(x - b)^2 |x - a|$$

$$= \begin{cases} -(x - 2)(x - b)^2(x - a) & (x < a) \\ (x - 2)(x - b)^2(x - a) & (x \geq a) \end{cases}$$

함수 $f(x)$가 실수 전체의 집합에서 미분가능하려면 함수 $f(x)$는 $x=a$에서 미분가능해야 한다.

즉, $$\lim_{x \to a-} \frac{f(x) - f(a)}{x - a} = \lim_{x \to a+} \frac{f(x) - f(a)}{x - a}$$ 이어야 한다.

이때

$$\lim_{x \to a-} \frac{f(x) - f(a)}{x - a} = \lim_{x \to a-} \frac{-(x - 2)(x - b)^2(x - a)}{x - a}$$

$$= -\lim_{x \to a-} (x - 2)(x - b)^2 = -(a - 2)(a - b)^2$$

$$\lim_{x \to a+} \frac{f(x) - f(a)}{x - a} = \lim_{x \to a+} \frac{(x - 2)(x - b)^2(x - a)}{x - a}$$

$$= \lim_{x \to a+} (x - 2)(x - b)^2 = (a - 2)(a - b)^2$$

이므로 $-(a - 2)(a - b)^2 = (a - 2)(a - b)^2$에서

$$(a - 2)(a - b)^2 = 0$$

$a = 2$ 또는 $a = b$

한 자리의 자연수 a, b에 대하여

$a = 2$일 때 모든 순서쌍 (a, b)의 개수는

$(2, 1), (2, 2), (2, 3), \cdots, (2, 9)$로 9

$a = b$일 때 모든 순서쌍 (a, b)의 개수는

$(1, 1), (2, 2), (3, 3), \cdots, (9, 9)$로 9

이때 순서쌍 $(2, 2)$가 중복되므로 구하는 모든 순서쌍 (a, b)의 개수는

$9 + 9 - 1 = 17$

답 ④

06

조건 (가)의 $\{f(x) - x^2 + 3x - 4\}\{f(x) + x^2 - 5x + 2\} = 0$에서

$f(x) = x^2 - 3x + 4$ 또는 $f(x) = -x^2 + 5x - 2$

$g(x) = x^2 - 3x + 4$, $h(x) = -x^2 + 5x - 2$라 하면 방정식

$g(x) = h(x)$에서 $x^2 - 3x + 4 = -x^2 + 5x - 2$

$2x^2 - 8x + 6 = 0$, $2(x - 1)(x - 3) = 0$

$x = 1$ 또는 $x = 3$이므로 두 함수 $y = g(x)$, $y = h(x)$의 그래프는 그림과 같다.

실수 전체의 집합에서 연속인 함수 $f(x)$가 $f(x) = g(x)$ 또는 $f(x) = h(x)$이고, 조건 (나)에서

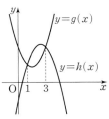

$\lim\limits_{x \to a-} \dfrac{f(x)-f(a)}{x-a} \neq \lim\limits_{x \to a+} \dfrac{f(x)-f(a)}{x-a}$를 만족시키는 실수 a의 값

이 오직 1개뿐이므로 함수 $f(x)$는 $x=a$에서만 미분가능하지 않은 함수이다.

따라서 조건을 만족시키는 함수 $f(x)$는

$$f(x)=\begin{cases} g(x) & (x<1) \\ h(x) & (x \geq 1) \end{cases} \text{ 또는 } f(x)=\begin{cases} g(x) & (x<3) \\ h(x) & (x \geq 3) \end{cases}$$

$$\text{또는 } f(x)=\begin{cases} h(x) & (x<1) \\ g(x) & (x \geq 1) \end{cases} \text{ 또는 } f(x)=\begin{cases} h(x) & (x<3) \\ g(x) & (x \geq 3) \end{cases}$$

이때 $g(0)=4$, $g(2)=2$, $h(0)=-2$, $h(2)=4$이므로 함수 $f(x)$가

$f(x)=\begin{cases} g(x) & (x<1) \\ h(x) & (x \geq 1) \end{cases}$ 이면 $f(0)+f(2)=g(0)+h(2)=4+4=8$

$f(x)=\begin{cases} g(x) & (x<3) \\ h(x) & (x \geq 3) \end{cases}$ 이면 $f(0)+f(2)=g(0)+g(2)=4+2=6$

$f(x)=\begin{cases} h(x) & (x<1) \\ g(x) & (x \geq 1) \end{cases}$ 이면 $f(0)+f(2)=h(0)+g(2)=-2+2=0$

$f(x)=\begin{cases} h(x) & (x<3) \\ g(x) & (x \geq 3) \end{cases}$ 이면 $f(0)+f(2)=h(0)+h(2)=-2+4=2$

따라서 $f(0)+f(2)$의 값은 8 또는 6 또는 0 또는 2이므로
$f(0)+f(2)$의 최댓값과 최솟값은 각각 $M=8$, $m=0$이고
$M+m=8+0=8$

답 8

필수유형 3

$g(x)=x^2 f(x)$에서
$g'(x)=(x^2)'f(x)+x^2 f'(x)=2xf(x)+x^2 f'(x)$
따라서 $g'(2)=4f(2)+4f'(2)=4 \times 1+4 \times 3=16$

답 ③

07

$g(x)=(x^2+a)f(x)$에서 $g(1)=(a+1)f(1)$
이때 $f'(1)=g(1)$이므로
$f'(1)=(a+1)f(1) \qquad \cdots\cdots \text{㉠}$
$g'(x)=2xf(x)+(x^2+a)f'(x)$이므로
$g'(1)=2f(1)+(a+1)f'(1) \qquad \cdots\cdots \text{㉡}$
㉠을 ㉡에 대입하면
$g'(1)=2f(1)+(a+1) \times (a+1)f(1)=(a^2+2a+3)f(1)$
이때 $g'(1)=11f(1)$이므로
$(a^2+2a+3)f(1)=11f(1)$, $(a^2+2a-8)f(1)=0$
$(a+4)(a-2)f(1)=0$
$a>0$, $f(1) \neq 0$이므로 $a=2$
따라서 $\dfrac{f'(1)}{f(1)}=a+1=2+1=3$

답 ②

08

최고차항의 계수가 1인 이차함수 $f(x)$를
$f(x)=x^2+ax+b$ (a, b는 상수)라 하자.

함수 $y=f(x)$의 그래프와 직선 $y=f(2)$가 만나는 서로 다른 두 점 A, B의 x좌표는 이차방정식 $f(x)=f(2)$의 서로 다른 두 실근이다.

$f(x)=f(2)$에서 $x^2+ax+b=4+2a+b$
$x^2+ax-2a-4=0 \qquad \cdots\cdots \text{㉠}$
이때 두 점 A, B의 x좌표의 합이 6이므로 이차방정식 ㉠의 두 실근의 합도 6이다.

이차방정식의 근과 계수의 관계에 의하여 $-a=6$, 즉 $a=-6$이므로
$f(x)=x^2-6x+b$
따라서 $f'(x)=2x-6$이므로

$$\sum_{n=1}^{10} f'(n)=\sum_{n=1}^{10}(2n-6)=2\sum_{n=1}^{10} n-\sum_{n=1}^{10} 6$$
$$=2 \times \frac{10 \times 11}{2}-6 \times 10=50$$

답 ①

참고

도함수 $f'(x)$를 다음과 같이 구할 수도 있다.

함수 $y=f(x)$의 그래프와 직선 $y=f(2)$가 만나는 서로 다른 두 점 A, B의 x좌표는 이차방정식 $f(x)=f(2)$의 서로 다른 두 실근이다. 이때 최고차항의 계수가 1인 이차방정식 $f(x)-f(2)=0$의 서로 다른 두 실근의 합이 6이므로 상수 c ($c \neq 9$)에 대하여
$f(x)-f(2)=x^2-6x+c \qquad \cdots\cdots \text{㉠}$
로 놓을 수 있다.
㉠의 양변을 x에 대하여 미분하면 $f'(x)=2x-6$이다.

09

조건 (가)의 $\lim\limits_{x \to \infty} \dfrac{\{f(x)\}^2+x^2 f(x)}{x^4}=6$에서 함수 $\{f(x)\}^2+x^2 f(x)$는 x^4의 계수가 6인 사차함수임을 알 수 있다.

다항함수 $f(x)$가 상수함수 또는 일차함수이면 함수 $\{f(x)\}^2+x^2 f(x)$는 사차함수가 될 수 없으므로 조건 (가)를 만족시키지 않는다.

또한 다항함수 $f(x)$가 차수가 3 이상인 함수이면 함수 $\{f(x)\}^2+x^2 f(x)$는 차수가 6 이상인 다항함수이므로 조건 (가)를 만족시키지 않는다.

함수 $f(x)$를 x^2의 계수가 양수 a인 이차함수라 하자.

함수 $\{f(x)\}^2$은 x^4의 계수가 a^2인 사차함수이고, 함수 $x^2 f(x)$는 x^4의 계수가 a인 사차함수이므로 함수 $\{f(x)\}^2+x^2 f(x)$는 x^4의 계수가 a^2+a인 사차함수이다.

따라서 $a^2+a=6$이므로 $(a+3)(a-2)=0$
$a>0$이므로 $a=2$
조건 (나)에서
$$\lim_{x \to 1} \frac{f(x^2)-f(1)}{x-1}=\lim_{x \to 1}\left\{(x+1) \times \frac{f(x^2)-f(1)}{x^2-1}\right\}=2$$
이때 $x^2=t$라 하면 $x \to 1$일 때 $t \to 1$이므로
$$\lim_{x \to 1} \frac{f(x^2)-f(1)}{x^2-1}=\lim_{t \to 1} \frac{f(t)-f(1)}{t-1}=f'(1)$$
따라서
$$\lim_{x \to 1} \frac{f(x^2)-f(1)}{x-1}=\lim_{x \to 1}\left\{(x+1) \times \frac{f(x^2)-f(1)}{x^2-1}\right\}$$
$$=\lim_{x \to 1}(x+1) \times \lim_{x \to 1} \frac{f(x^2)-f(1)}{x^2-1}=2f'(1)=2$$
에서 $f'(1)=1$

$f(x)=2x^2+bx+c$ (b, c는 상수)라 하면 $f'(x)=4x+b$이므로

$f'(1)=4+b=1$에서 $b=-3$

즉, $f'(x)=4x-3$

한편, $\displaystyle\lim_{x\to\infty} x\left\{f\left(2+\dfrac{2}{x}\right)-f(2)\right\}$에서 $\dfrac{1}{x}=h$로 놓으면 $x\to\infty$일 때

$h\to 0+$이므로

$$\lim_{x\to\infty} x\left\{f\left(2+\frac{2}{x}\right)-f(2)\right\}=\lim_{h\to 0+}\frac{f(2+2h)-f(2)}{h}$$
$$=2\times\lim_{h\to 0+}\frac{f(2+2h)-f(2)}{2h}$$
$$=2f'(2)$$
$$=2\times(4\times 2-3)=10$$

답 ⑤

필수유형 ④

곡선 $y=f(x)$ 위의 점 $(0, 0)$에서의 접선의 기울기는 $f'(0)$이므로 접선의 방정식은

$y=f'(0)x$ ······ ㉠

점 $(1, 2)$가 곡선 $y=xf(x)$ 위의 점이므로 $f(1)=2$

$y=xf(x)$에서 $y'=f(x)+xf'(x)$이므로 곡선 $y=xf(x)$ 위의 점 $(1, 2)$에서의 접선의 기울기는 $f(1)+f'(1)=2+f'(1)$이고 접선의 방정식은 $y-2=\{2+f'(1)\}(x-1)$, 즉

$y=\{2+f'(1)\}x-f'(1)$ ······ ㉡

두 접선이 일치하므로 ㉠, ㉡에서

$f'(0)=2+f'(1)$, $-f'(1)=0$

즉, $f'(0)=2$, $f'(1)=0$

삼차함수 $f(x)$를

$f(x)=ax^3+bx^2+cx+d$ ($a\neq 0$, a, b, c, d는 상수)

라 하면 $f(0)=0$이므로 $d=0$

$f(1)=2$이므로

$a+b+c=2$, $c=2-a-b$

즉, $f(x)=ax^3+bx^2+(2-a-b)x$이고

$f'(x)=3ax^2+2bx+2-a-b$

이때 $f'(0)=2$이므로

$f'(0)=2-a-b=2$

$b=-a$ ······ ㉢

$f'(1)=0$이므로

$f'(1)=3a+2b+2-a-b=0$

$2a+b=-2$ ······ ㉣

㉢을 ㉣에 대입하여 풀면 $a=-2$, $b=2$

따라서 $f'(x)=-6x^2+4x+2$이므로

$f'(2)=-24+8+2=-14$

답 ⑤

10

조건 (가)에서 점 $A(1, 2)$가 두 곡선 $y=f(x)$, $y=g(x)$ 위의 점이므로

$f(1)=1-3+2+a=2$, $a=2$

$g(1)=1+b+c=2$, $c=1-b$

$f(x)=x^3-3x^2+2x+2$에서 $f'(x)=3x^2-6x+2$이므로

$f'(1)=3-6+2=-1$

$g(x)=x^2+bx+c$에서 $g'(x)=2x+b$이므로 $g'(1)=2+b$

조건 (나)에서 곡선 $y=f(x)$ 위의 점 A에서의 접선과 곡선 $y=g(x)$ 위의 점 A에서의 접선이 서로 수직이므로 $f'(1)g'(1)=-1$

즉, $-1\times(2+b)=-1$이므로

$b=-1$이고 $c=1-b=1-(-1)=2$

따라서 $|abc|=|2\times(-1)\times 2|=4$

답 ④

11

$f(x)=x^3-3x^2-8x+5$라 하면 $f'(x)=3x^2-6x-8$

곡선 $y=f(x)$ 위의 점 $(a, f(a))$에서의 접선의 기울기가 1이려면

$f'(a)=1$

$3a^2-6a-8=1$, $3(a+1)(a-3)=0$

$a=-1$ 또는 $a=3$

$f(-1)=-1-3+8+5=9$, $f(3)=27-27-24+5=-19$이므로 곡선 $y=f(x)$ 위의 두 점 $(-1, 9)$, $(3, -19)$에서의 접선의 기울기는 모두 1이다.

곡선 $y=f(x)$ 위의 점 $(-1, 9)$에서의 접선의 방정식은

$y-9=f'(-1)(x+1)$, $y=1\times(x+1)+9$

즉, $x-y+10=0$이므로 두 직선 l_1, l_2 사이의 거리는 점 $(3, -19)$와 직선 $x-y+10=0$ 사이의 거리와 같다.

따라서 구하는 거리를 d라 하면

$$d=\frac{|3-(-19)+10|}{\sqrt{1^2+(-1)^2}}=16\sqrt{2}$$

답 ④

12

$f(x)=(x-3)^2+1$, $g(x)=(x-3)^3+a(x-3)^2+b(x-3)+1$

에 대하여 두 곡선 $y=f(x)$, $y=g(x)$를 x축의 방향으로 -3만큼, y축의 방향으로 -1만큼 평행이동한 그래프를 나타내는 함수를 각각 $y=F(x)$, $y=G(x)$라 하면

$F(x)=x^2$, $G(x)=x^3+ax^2+bx$이고

$F'(x)=2x$, $G'(x)=3x^2+2ax+b$

또한 두 곡선 $y=f(x)$, $y=g(x)$에 접하고 기울기가 2인 직선 l과 두 점 A, B를 x축의 방향으로 -3만큼, y축의 방향으로 -1만큼 평행이동한 직선과 두 점을 각각 l', A', B'이라 하면 구하는 선분 AB의 길이는 선분 A'B'의 길이와 같다.

점 A'은 기울기가 2인 직선 l'이 곡선 $y=F(x)$와 접할 때의 접점이므로 점 A'의 x좌표는 $F'(x)=2$에서 $2x=2$, $x=1$

$F(1)=1$이므로 점 A'의 좌표는 $(1, 1)$이고, 직선 l'의 방정식은

$y-1=2(x-1)$, $y=2x-1$

한편, 점 A'$(1, 1)$은 곡선 $y=G(x)$ 위의 점이므로

$G(1)=1+a+b=1$, $b=-a$ ······ ㉠

곡선 $y=G(x)$ 위의 점 A'$(1, 1)$에서의 접선의 기울기도 2이므로

$G'(1)=3+2a+b=2$, $2a+b=-1$ ······ ㉡

㉠을 ㉡에 대입하면 $2a+(-a)=-1$

$a=-1$이므로 $b=-a=1$

이때 곡선 $y=G(x)$와 직선 l'이 만나는 점의 x좌표는

$x^3-x^2+x=2x-1$에서 $x^3-x^2-x+1=0$, $(x-1)^2(x+1)=0$

$x=1$ 또는 $x=-1$

$G(-1)=-3$이므로 점 B'의 좌표는 $(-1, -3)$이다.

따라서 $\overline{AB}=\overline{A'B'}=\sqrt{(-1-1)^2+(-3-1)^2}=2\sqrt{5}$

目 ⑤

참고

두 점 A, B의 좌표는 A(4, 2), B(2, -2)이고,

직선 l의 방정식은 $y=2x-6$이다.

필수유형 5

$f(x)=x^3+ax^2-(a^2-8a)x+3$에서

$f'(x)=3x^2+2ax-(a^2-8a)$

함수 $f(x)$가 실수 전체의 집합에서 증가하기 위한 필요조건은 모든 실수 x에 대하여 $f'(x)\geq0$인 것이다. 이 경우 이차방정식 $f'(x)=0$의 판별식을 D라 하면 $D\leq0$이어야 하므로

$\dfrac{D}{4}=a^2+3(a^2-8a)\leq0$

$4a(a-6)\leq0$, $0\leq a\leq6$

이때 $0<a<6$인 경우에는 $D<0$, 즉 모든 실수 x에 대하여 $f'(x)>0$이므로 함수 $f(x)$가 실수 전체의 집합에서 증가한다. 또한 $a=0$ 또는 $a=6$인 경우에는 하나의 실수 α에서만 $f'(\alpha)=0$이고 이를 제외한 모든 실수 x에 대하여 $f'(x)>0$이므로 이 경우에도 함수 $f(x)$가 실수 전체의 집합에서 증가한다.

따라서 함수 $f(x)$가 실수 전체의 집합에서 증가하기 위한 필요충분조건은 $0\leq a\leq6$이므로 실수 a의 최댓값은 6이다.

目 6

13

$f(x)=-x^3+6x^2+ax+5$에서 $f'(x)=-3x^2+12x+a$

함수 $f(x)$가 역함수를 가지려면 실수 전체의 집합에서 증가하거나 감소하여야 한다. 이에 대한 필요조건을 생각하면 모든 실수 x에 대하여 $f'(x)\geq0$이거나 모든 실수 x에 대하여 $f'(x)\leq0$이어야 한다.

이때 함수 $y=f'(x)$의 그래프는 위로 볼록인 이차함수의 그래프이므로 모든 실수 x에 대하여 $f'(x)\leq0$이어야 한다. 즉, 이차방정식 $f'(x)=0$의 판별식을 D라 하면 $D\leq0$이어야 하므로

$\dfrac{D}{4}=6^2+3a\leq0$, $a\leq-12$

이때 $a<-12$인 경우에는 $D<0$, 즉 모든 실수 x에 대하여 $f'(x)<0$이므로 함수 $f(x)$가 실수 전체의 집합에서 감소한다. 또한 $a=-12$인 경우에는 $f'(2)=0$이고, $x=2$를 제외한 모든 실수 x에 대하여 $f'(x)<0$이므로 이 경우에도 함수 $f(x)$가 실수 전체의 집합에서 감소한다.

따라서 함수 $f(x)$가 실수 전체의 집합에서 감소하기 위한 필요충분조건은 $a\leq-12$이므로 실수 a의 최댓값은 -12이다.

目 ③

14

조건 (가)에서 최고차항의 계수가 1이고 모든 항의 계수가 정수인 삼차함수 $f(x)$는 $f(x)=x^3+ax^2+bx+c$ (a, b, c는 정수)로 놓을 수 있다.

조건 (나)에서 함수 $f(x)$가 열린구간 $(-2, 1)$에서 감소하고 조건 (다)에서 함수 $f(x)$가 열린구간 $(1, 2)$에서 증가하므로 삼차함수의 그래프의 개형을 생각하면 $f'(1)=0$이어야 하고 $f'(-2)\leq0$, $f'(2)>0$이어야 한다.

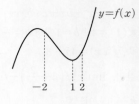

$f'(x)=3x^2+2ax+b$이므로

$f'(1)=3+2a+b=0$에서 $b=-2a-3$

$f'(-2)=12-4a+b=12-4a+(-2a-3)=-6a+9\leq0$

에서 $a\geq\dfrac{3}{2}$ ...... ㉠

$f'(2)=12+4a+b=12+4a+(-2a-3)=2a+9>0$

에서 $a>-\dfrac{9}{2}$ ...... ㉡

㉠, ㉡에서 $a\geq\dfrac{3}{2}$

a는 정수이므로 $a\geq2$

따라서 $f(x)=x^3+ax^2-(2a+3)x+c$에서

$f(3)-f(2)=\{27+9a-3(2a+3)+c\}-\{8+4a-2(2a+3)+c\}$

$\qquad\qquad =3a+16\geq3\times2+16=22$

이므로 $f(3)-f(2)$의 최솟값은 22이다.

目 ①

15

삼차함수 $f(x)$의 도함수 $f'(x)$는 이차함수이고 두 조건 (가), (나)에 의하여 함수 $f'(x)$를 $f'(x)=k(x-a)(x-a-2)$ (k는 $k<0$인 상수)로 놓을 수 있다.

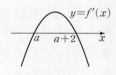

ㄱ. 열린구간 $(a, a+2)$에 속하는 모든 실수 x에 대하여 $f'(x)>0$이므로 함수 $f(x)$는 열린구간 $(a, a+2)$에서 증가한다. (참)

ㄴ. $h(x)=f(x)-f'(a+1)x$라 하면

$h'(x)=f'(x)-f'(a+1)$

이때 $f'(x)$는 최고차항의 계수가 음수인 이차함수이고 $f'(a)=f'(a+2)$이므로 함수 $y=f'(x)$의 그래프는 직선 $x=\dfrac{a+(a+2)}{2}$, 즉 직선 $x=a+1$에 대하여 대칭이고, 함수 $f'(x)$의 최댓값은 $f'(a+1)$이다.

따라서 열린구간 $(a, a+1)$에 속하는 모든 실수 x에 대하여 $h'(x)<0$이므로 함수 $h(x)=f(x)-f'(a+1)x$는 열린구간 $(a, a+1)$에서 감소한다. (참)

ㄷ. 함수 $g(x)$의 도함수가 $f'(x)+f'(x+1)$이므로

$g'(x)=f'(x)+f'(x+1)$

$\qquad =k(x-a)(x-a-2)+k(x-a+1)(x-a-1)$

$\qquad =k\{2x^2-2(2a+1)x+2a^2+2a-1\}$

$k<0$이므로 $g'(x)=0$에서

$x=\dfrac{2a+1\pm\sqrt{(2a+1)^2-2(2a^2+2a-1)}}{2}=a+\dfrac{1\pm\sqrt{3}}{2}$

함수 $y=g'(x)$의 그래프는 위로 볼록한 이차함수의 그래프이므로 열린구간 $\left(a+\dfrac{1-\sqrt{3}}{2}, a+\dfrac{1+\sqrt{3}}{2}\right)$에서 $g'(x)>0$, 즉 이 구간에서 함수 $g(x)$는 증가한다.

이때 $a+\dfrac{1-\sqrt{3}}{2}-\left(a-\dfrac{1}{4}\right)=\dfrac{3-2\sqrt{3}}{4}<0$

$a+\dfrac{1+\sqrt{3}}{2}-\left(a+\dfrac{5}{4}\right)=\dfrac{-3+2\sqrt{3}}{4}>0$

즉, $a+\dfrac{1-\sqrt{3}}{2}<a-\dfrac{1}{4}<a+\dfrac{5}{4}<a+\dfrac{1+\sqrt{3}}{2}$이므로

함수 $g(x)$는 열린구간 $\left(a-\dfrac{1}{4},\ a+\dfrac{5}{4}\right)$에서 증가한다. (참)

이상에서 옳은 것은 ㄱ, ㄴ, ㄷ이다.

답 ⑤

필수유형 ❻

$f(x)=ax^3+bx+a$에서 $f'(x)=3ax^2+b$

이때 함수 $f(x)$가 $x=1$에서 극솟값 -2를 가지므로

$f(1)=-2$, $f'(1)=0$이다.

$f(1)=-2$에서 $a+b+a=-2$

$2a+b=-2$ ······ ㉠

$f'(1)=0$에서 $3a+b=0$ ······ ㉡

㉠, ㉡을 연립하여 풀면 $a=2$, $b=-6$이므로

$f(x)=2x^3-6x+2$, $f'(x)=6x^2-6$

$f'(x)=0$에서 $6x^2-6=0$, $6(x+1)(x-1)=0$

$x=-1$ 또는 $x=1$

함수 $f(x)$의 증가와 감소를 표로 나타내면 다음과 같다.

x	$\cdots$	-1	$\cdots$	1	$\cdots$
$f'(x)$	$+$	0	$-$	0	$+$
$f(x)$	↗	극대	↘	극소	↗

따라서 함수 $f(x)$는 $x=-1$에서 극대이므로 함수 $f(x)$의 극댓값은

$f(-1)=-2+6+2=6$

답 6

16

최고차항의 계수가 1인 사차함수 $f(x)$를

$f(x)=x^4+ax^3+bx^2+cx+d$ (a, b, c, d는 상수)라 하자.

$f(-x)=x^4-ax^3+bx^2-cx+d$이고

모든 실수 x에 대하여 $f(-x)=f(x)$이므로

$x^4-ax^3+bx^2-cx+d=x^4+ax^3+bx^2+cx+d$

$2ax^3+2cx=0$ ······ ㉠

㉠이 x에 대한 항등식이므로 $a=0$, $c=0$

즉, $f(x)=x^4+bx^2+d$

함수 $f(x)$가 $x=1$에서 극솟값 3을 가지므로 $f(1)=3$, $f'(1)=0$이다.

$f(1)=3$에서 $1+b+d=3$

$d=2-b$ ······ ㉡

$f'(x)=4x^3+2bx$이므로 $f'(1)=0$에서 $4+2b=0$

$b=-2$ ······ ㉢

㉢을 ㉡에 대입하면 $d=2-b=2-(-2)=4$

그러므로 $f(x)=x^4-2x^2+4$, $f'(x)=4x^3-4x$

$f'(x)=0$에서 $4x^3-4x=0$

$4x(x+1)(x-1)=0$

$x=-1$ 또는 $x=0$ 또는 $x=1$

함수 $f(x)$의 증가와 감소를 표로 나타내면 다음과 같다.

x	$\cdots$	-1	$\cdots$	0	$\cdots$	1	$\cdots$
$f'(x)$	$-$	0	$+$	0	$-$	0	$+$
$f(x)$	↘	극소	↗	극대	↘	극소	↗

따라서 함수 $f(x)$는 $x=0$에서 극대이므로 함수 $f(x)$의 극댓값은

$f(0)=4$

답 ②

17

$f(x)=\dfrac{1}{a}(x^3-2bx^2+b^2x+1)$에서 $f'(x)=\dfrac{1}{a}(3x^2-4bx+b^2)$

$f'(x)=0$에서 $\dfrac{1}{a}(3x^2-4bx+b^2)=0$

$\dfrac{1}{a}(3x-b)(x-b)=0$

$x=\dfrac{b}{3}$ 또는 $x=b$

자연수 b에 대하여 $\dfrac{b}{3}<b$이므로 함수 $f(x)$의 증가와 감소를 표로 나타내면 다음과 같다.

x	$\cdots$	$\dfrac{b}{3}$	$\cdots$	b	$\cdots$
$f'(x)$	$+$	0	$-$	0	$+$
$f(x)$	↗	극대	↘	극소	↗

함수 $f(x)$는 $x=\dfrac{b}{3}$에서 극댓값 $f\left(\dfrac{b}{3}\right)$를 갖고, $x=b$에서 극솟값 $f(b)$를 갖는다.

$f\left(\dfrac{b}{3}\right)=\dfrac{1}{a}\left(\dfrac{b^3}{27}-\dfrac{2b^3}{9}+\dfrac{b^3}{3}+1\right)=\dfrac{4b^3}{27a}+\dfrac{1}{a}$

$f(b)=\dfrac{1}{a}(b^3-2b^3+b^3+1)=\dfrac{1}{a}$

이때 극댓값과 극솟값의 차가 4이므로

$f\left(\dfrac{b}{3}\right)-f(b)=\left(\dfrac{4b^3}{27a}+\dfrac{1}{a}\right)-\dfrac{1}{a}=\dfrac{4b^3}{27a}=4$

$b^3=27a=3^3\times a$ ······ ㉠

a, b가 모두 100보다 작은 자연수이므로 ㉠이 성립하려면 a의 값은 어떤 자연수의 세제곱이어야 한다.

$a=1^3=1$일 때 $b^3=3^3\times1^3=(3\times1)^3=3^3$이므로 $b=3$

$a=2^3=8$일 때 $b^3=3^3\times2^3=(3\times2)^3=6^3$이므로 $b=6$

$a=3^3=27$일 때 $b^3=3^3\times3^3=(3\times3)^3=9^3$이므로 $b=9$

$a=4^3=64$일 때 $b^3=3^3\times4^3=(3\times4)^3=12^3$이므로 $b=12$

$a\geq5^3=125$이면 a가 100보다 큰 자연수가 되어 조건을 만족시키지 않는다.

따라서 $a+b$의 값은 $1+3=4$ 또는 $8+6=14$ 또는 $27+9=36$ 또는 $64+12=76$이므로 $a+b$의 최댓값과 최솟값은 각각 $M=76$, $m=4$이고

$M+m=76+4=80$

답 80

18

함수 $f(x)$가 실수 전체의 집합에서 연속이면 함수 $f(x)$는 $x=0$에서도 연속이므로 $\lim\limits_{x\to 0-}f(x)=\lim\limits_{x\to 0+}f(x)=f(0)$이어야 한다.

이때 $\lim_{x \to 0^-} f(x) = \lim_{x \to 0^-} a(x^3 - 3x + 1) = a$,

$\lim_{x \to 0^+} f(x) = \lim_{x \to 0^+} (x^2 + 2ax + b) = b$,

$f(0) = b$

이므로 $a = b$

한편, $y = a(x^3 - 3x + 1)$에서 $y' = a(3x^2 - 3) = 3a(x+1)(x-1)$이고

$y = x^2 + 2ax + a$에서 $y' = 2x + 2a = 2(x+a)$이므로

$x \ne 0$인 모든 실수 x에서 정의된 함수 $g(x)$의 도함수 $g'(x)$를

$g'(x) = \begin{cases} 3a(x+1)(x-1) & (x<0) \\ 2(x+a) & (x>0) \end{cases}$ 이라 하면 0이 아닌 실수 t에 대

하여 함수 $f(x)$의 $x=t$에서의 미분계수는 $g'(t)$와 일치한다.

(i) $a < 0$일 때

함수 $f(x)$의 증가와 감소를 표로 나타내면 다음과 같다.

x	$\cdots$	-1	$\cdots$	0	$\cdots$	$-a$	$\cdots$
$g'(x)$	$-$	0	$+$		$-$	0	$+$
$f(x)$	↘	극소	↗	극대	↘	극소	↗

함수 $f(x)$는 열린구간 $(-1, 0)$에서 증
가하고, 열린구간 $(0, -a)$에서 감소하므
로 $x=0$을 포함하는 어떤 열린구간에 속
하는 모든 x에 대하여 $f(x) \le f(0)$이다.
즉, 함수 $f(x)$는 $x=0$에서 극댓값 $f(0)$
을 갖는다.

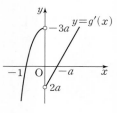

조건 (가)에서 함수 $f(x)$의 극댓값이 -1이므로

$f(0) = b = -1$, $a = b = -1$

조건 (나)에서 양수 c에 대하여 함수 $f(x)$가 $x=c$에서 극솟값을 가

지므로 $c = -a = -(-1) = 1$

(ii) $a > 0$일 때

함수 $f(x)$의 증가와 감소를 표로 나타내면 다음과 같다.

x	$\cdots$	-1	$\cdots$	0	$\cdots$
$g'(x)$	$+$	0	$-$		$+$
$f(x)$	↗	극대	↘	극소	↗

함수 $f(x)$는 열린구간 $(-1, 0)$에서 감
소하고, 구간 $(0, \infty)$에서 증가하므로
$x=0$을 포함하는 어떤 열린구간에 속하
는 모든 x에 대하여 $f(x) \ge f(0)$이다.
즉, 함수 $f(x)$는 $x=0$에서 극솟값 $f(0)$
을 갖는다.

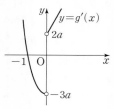

조건 (가)에서 함수 $f(x)$의 극댓값이 -1이므로

$f(-1) = 3a = -1$, $a = -\dfrac{1}{3}$

이때 $a = -\dfrac{1}{3}$은 $a > 0$에 모순이다.

(i), (ii)에서 $a = b = -1$, $c = 1$

따라서 $f(x) = \begin{cases} -x^3 + 3x - 1 & (x<0) \\ x^2 - 2x - 1 & (x \ge 0) \end{cases}$ 에서

$f(c) = f(1) = 1 - 2 - 1 = -2$이므로

$ab + f(c) = -1 \times (-1) + (-2) = -1$

답 ②

$f(x) = x^3 - 3x^2 - 9x - 12$에서

$f'(x) = 3x^2 - 6x - 9 = 3(x+1)(x-3)$

$f'(x) = 0$에서 $x = -1$ 또는 $x = 3$

함수 $f(x)$의 증가와 감소를 표로 나타내면 다음과 같다.

x	$\cdots$	-1	$\cdots$	3	$\cdots$
$f'(x)$	$+$	0	$-$	0	$+$
$f(x)$	↗	극대	↘	극소	↗

이때 $f(-1) = -7$, $f(3) = -39$이므로
곡선 $y = f(x)$는 그림과 같다.

한편, 조건 (가)의

$xg(x) = |xf(x-p) + qx|$에서

$xg(x) = |x||f(x-p) + q|$이므로

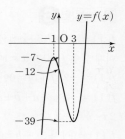

$g(x) = \begin{cases} -|f(x-p) + q| & (x<0) \\ |f(x-p) + q| & (x>0) \end{cases}$

$\cdots\cdots$ ㉠

함수 $g(x)$가 실수 전체의 집합에서 연속이므로 함수 $g(x)$는 $x=0$에

서도 연속이다. 즉, $\lim_{x \to 0^-} g(x) = \lim_{x \to 0^+} g(x) = g(0)$이다.

이때 $\lim_{x \to 0^-} g(x) = \lim_{x \to 0^-} \{-|f(x-p) + q|\} = -|f(-p) + q|$,

$\lim_{x \to 0^+} g(x) = \lim_{x \to 0^+} |f(x-p) + q| = |f(-p) + q|$이므로

$-|f(-p) + q| = |f(-p) + q| = g(0)$

$-|f(-p) + q| = |f(-p) + q|$에서 $|f(-p) + q| = 0$

$f(-p) + q = 0$, 즉 $g(0) = 0$이므로 곡선 $y = g(x)$는 원점을 지난다.

한편, 곡선 $y = f(x-p) + q$는 곡선 $y = f(x)$를 x축의 방향으로 p만큼,
y축의 방향으로 q만큼 평행이동한 것이다. ㉠에서 곡선 $y = g(x)$는 곡
선 $y = f(x-p) + q$ $(x \ge 0)$에서 $y < 0$인 부분을 x축에 대하여 대칭이
동하고, 곡선 $y = f(x-p) + q$ $(x < 0)$에서 $y > 0$인 부분을 x축에 대
하여 대칭이동한 것이다.

이때 곡선 $y = f(x-p) + q$가 $x > 0$에서 $y < 0$인 부분이 존재하지 않으
면 함수 $y = g(x)$가 실수 전체의 집합에서 미분가능하므로 조건 (나)를
만족시키지 않는다. 조건 (나)에서 함수 $g(x)$가 $x=a$에서 미분가능하
지 않은 실수 a의 개수가 1이어야 하므로 $g(t) = 0$인 양수 t가 존재하여
야 한다.

이때 함수 $g(x)$는 $x=t$에서 미분가능하지 않고 조건 (나)에서 함수
$g(x)$가 $x=a$에서 미분가능하지 않은 실수 a의 개수가 1이므로 함수
$g(x)$는 $x=0$에서 미분가능하다. 즉, $g'(0) = 0$이어야 하므로 함수
$y = f(x)$의 그래프 위의 점인 $(-1, -7)$이 원점에 오도록 평행이동
하면 된다.

따라서 $p = 1$, $q = 7$이므로 $p + q = 1 + 7 = 8$

답 ③

참고

함수 $y = g(x)$의 그래프는 그림과 같다.

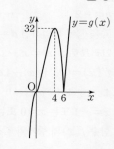

19

$f(x)=a\{(x+2)(x-2)\}^2=a(x^2-4)^2=a(x^4-8x^2+16)$에서

$f'(x)=a(4x^3-16x)=4ax(x+2)(x-2)$

$f'(x)=0$에서 $x=-2$ 또는 $x=0$ 또는 $x=2$

$a>0$이므로 함수 $f(x)$의 증가와 감소를 표로 나타내면 다음과 같다.

x	$\cdots$	-2	$\cdots$	0	$\cdots$	2	$\cdots$
$f'(x)$	$-$	0	$+$	0	$-$	0	$+$
$f(x)$	$\searrow$	극소	$\nearrow$	극대	$\searrow$	극소	$\nearrow$

$f(-2)=0$, $f(0)=16a$, $f(2)=0$이
므로 함수 $y=f(x)$의 그래프는 그림과
같다.

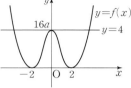

함수 $y=f(x)$의 그래프와 직선 $y=4$
가 만나는 서로 다른 점의 개수가 3이
려면 $16a=4$, 즉 $a=\dfrac{1}{4}$이어야 한다.

따라서 $f(x)=\dfrac{1}{4}(x+2)^2(x-2)^2$이므로

$f(4a)=f(1)=\dfrac{1}{4}\times 3^2\times(-1)^2=\dfrac{9}{4}$

답 ②

20

함수 $f(x)$가 최고차항의 계수가 1인 삼차함수이므로 방정식
$f(x)+kx=0$은 삼차방정식이고, 이 방정식은 적어도 하나의 실근을
갖는다.

조건 (가)에서 함수 $|f(x)+kx|$가 실수 전체의 집합에서 미분가능하
므로 실수 α에 대하여 방정식 $f(x)+kx=0$은 오직 하나의 근 $x=\alpha$
를 가져야 하고, $f'(\alpha)+k=0$이어야 한다.

그러므로 $f(x)+kx=(x-\alpha)^3$

즉, $f(x)=(x-\alpha)^3-kx$로 놓을 수 있다.

조건 (나)에서 $\displaystyle\lim_{x\to 1}\dfrac{f(x)+kx}{x-1}=\lim_{x\to 1}\dfrac{(x-\alpha)^3}{x-1}$의 값이 존재하고

$x\to 1$일 때 (분모) $\to 0$이므로 (분자) $\to 0$이어야 한다.

즉, $\displaystyle\lim_{x\to 1}(x-\alpha)^3=(1-\alpha)^3=0$에서 $\alpha=1$이므로

$f(x)=(x-1)^3-kx=x^3-3x^2+(3-k)x-1$

$f'(x)=3x^2-6x+(3-k)$

따라서 $f(2)=1-2k$, $f'(2)=12-12+(3-k)=3-k$이므로

$f(2)+f'(2)=0$에서

$(1-2k)+(3-k)=4-3k=0$

즉, $k=\dfrac{4}{3}$

답 ②

21

$f(x)=3x^4-4x^3-12x^2+k$에서

$f'(x)=12x^3-12x^2-24x=12x(x^2-x-2)=12x(x+1)(x-2)$

$f'(x)=0$에서

$x=-1$ 또는 $x=0$ 또는 $x=2$

함수 $f(x)$의 증가와 감소를 표로 나타내면 다음과 같다.

x	$\cdots$	-1	$\cdots$	0	$\cdots$	2	$\cdots$
$f'(x)$	$-$	0	$+$	0	$-$	0	$+$
$f(x)$	$\searrow$	극소	$\nearrow$	극대	$\searrow$	극소	$\nearrow$

$f(-1)=3+4-12+k=k-5$, $f(0)=k$,

$f(2)=48-32-48+k=k-32$

이므로 함수 $y=f(x)$의 그래프의 개형은 다음과 같다.

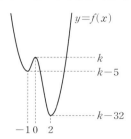

이때 함수 $y=f(x)$의 그래프와 x축이 서로 다른 세 점에서만 만나려
면 $f(-1)=0$ 또는 $f(0)=0$이어야 한다. 즉, $k=5$ 또는 $k=0$이어야
한다.

(i) $k=0$일 때

그림과 같이 함수 $y=f(x)$의 그래프
는 x축과 원점 O에서 접한다. 이때
함수 $y=f(x)$의 그래프와 x축이 만
나는 서로 다른 세 점 A, B, C의 x좌
표가 각각 a, b, c $(a<b<c)$이므로
$a<0$, $b=0$, $c>0$이다.

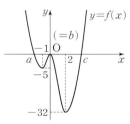

(ii) $k=5$일 때

그림과 같이 함수 $y=f(x)$의 그래프
는 x축과 점 $(-1, 0)$에서 접한다.
이때 함수 $y=f(x)$의 그래프와 x축
이 만나는 서로 다른 세 점 A, B, C
의 x좌표가 각각 a, b, c $(a<b<c)$
이므로 $a=-1$, $b>0$, $c>0$이다.

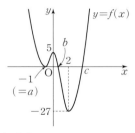

(i), (ii)에 의하여 $abc<0$이려면 $k=5$이어야 한다.

함수 $f(x)=3x^4-4x^3-12x^2+5$에 대하여 방정식 $f(x)=0$의 근은

$3x^4-4x^3-12x^2+5=0$

$(x+1)(3x^3-7x^2-5x+5)=0$

$(x+1)^2(3x^2-10x+5)=0$

이때 세 점 A, B, C의 x좌표 -1, b, c $(-1<b<c)$는 모두 방정식
$f(x)=0$의 근이므로 두 수 b, c는 이차방정식 $3x^2-10x+5=0$의 근
이고, 근과 계수의 관계에 의하여 $bc=\dfrac{5}{3}$이다.

따라서 $\dfrac{k}{abc}=\dfrac{5}{-1\times\dfrac{5}{3}}=-3$이므로

$f\left(\dfrac{k}{abc}\right)=f(-3)=243+108-108+5=248$

답 ④

필수유형 8

함수 $f(x)$는 최고차항의 계수가 1인 삼차함수이므로
$f(x)=x^3+ax^2+bx+c$ $(a, b, c$는 상수$)$라 하면
$f'(x)=3x^2+2ax+b$

함수 $g(x)$가 실수 전체의 집합에서 미분가능하므로 함수 $g(x)$는 $x=0$에서도 미분가능하다.

함수 $g(x)$는 $x=0$에서 연속이므로 $\lim\limits_{x\to 0-} g(x) = \lim\limits_{x\to 0+} g(x) = g(0)$이어야 한다.

이때 $\lim\limits_{x\to 0-} g(x) = \lim\limits_{x\to 0-} \dfrac{1}{2} = \dfrac{1}{2}$,

$\lim\limits_{x\to 0+} g(x) = \lim\limits_{x\to 0+} f(x) = f(0) = c$,

$g(0) = f(0) = c$이므로 $c = \dfrac{1}{2}$

한편, 함수 $g(x)$가 $x=0$에서 미분가능하므로

$\lim\limits_{x\to 0-} \dfrac{g(x)-g(0)}{x-0} = \lim\limits_{x\to 0+} \dfrac{g(x)-g(0)}{x-0}$이어야 한다.

이때 $\lim\limits_{x\to 0-} \dfrac{g(x)-g(0)}{x-0} = \lim\limits_{x\to 0-} \dfrac{\frac{1}{2}-\frac{1}{2}}{x} = 0$,

$\lim\limits_{x\to 0+} \dfrac{g(x)-g(0)}{x-0} = \lim\limits_{x\to 0+} \dfrac{f(x)-f(0)}{x} = f'(0) = b$

이므로 $b=0$

그러므로 $f(x) = x^3 + ax^2 + \dfrac{1}{2}$, $f'(x) = 3x^2 + 2ax$

ㄱ. $g(0) + g'(0) = f(0) + f'(0) = \dfrac{1}{2} + 0 = \dfrac{1}{2}$ (참)

ㄴ. $f'(x) = x(3x+2a) = 0$에서 $x=0$ 또는 $x = -\dfrac{2}{3}a$

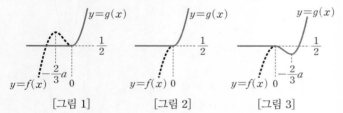

[그림 1]　　　　[그림 2]　　　　[그림 3]

이때 $-\dfrac{2}{3}a < 0$, 즉 $a>0$이면 함수 $y=g(x)$의 그래프의 개형은 [그림 1]과 같고, $-\dfrac{2}{3}a = 0$, 즉 $a=0$이면 함수 $y=g(x)$의 그래프의 개형은 [그림 2]와 같다. 또한 $-\dfrac{2}{3}a > 0$, 즉 $a<0$이면 함수 $y=g(x)$의 그래프의 개형은 [그림 3]과 같다. 이때 $a \geq 0$일 때 함수 $g(x)$의 최솟값은 $\dfrac{1}{2}$이고, $a<0$일 때 함수 $g(x)$의 최솟값은

$g\left(-\dfrac{2}{3}a\right) = f\left(-\dfrac{2}{3}a\right) = -\dfrac{8}{27}a^3 + \dfrac{4}{9}a^3 + \dfrac{1}{2} = \dfrac{4}{27}a^3 + \dfrac{1}{2} < \dfrac{1}{2}$

따라서 $g(x)$의 최솟값이 $\dfrac{1}{2}$보다 작으려면 $a<0$이어야 하므로

$g(1) = f(1) = 1 + a + \dfrac{1}{2} = \dfrac{3}{2} + a < \dfrac{3}{2}$ (참)

ㄷ. ㄴ에서 $a<0$이므로 함수 $y=g(x)$의 그래프의 개형은 [그림 3]과 같고 함수 $g(x)$의 최솟값은 $g\left(-\dfrac{2}{3}a\right) = \dfrac{4}{27}a^3 + \dfrac{1}{2}$이다. 이때 함수 $g(x)$의 최솟값이 0이므로

$\dfrac{4}{27}a^3 + \dfrac{1}{2} = 0$, $a^3 = -\dfrac{27}{8}$, $a = -\dfrac{3}{2}$

따라서 $f(x) = x^3 - \dfrac{3}{2}x^2 + \dfrac{1}{2}$이므로

$g(2) = f(2) = 8 - \dfrac{3}{2} \times 4 + \dfrac{1}{2} = \dfrac{5}{2}$ (참)

이상에서 옳은 것은 ㄱ, ㄴ, ㄷ이다.

답 ⑤

22

$f(x) = \dfrac{1}{3}x^3 + x^2 - 3x + 1$에서

$f'(x) = x^2 + 2x - 3 = (x+3)(x-1)$

$f'(x) = 0$에서 $x=-3$ 또는 $x=1$

닫힌구간 $[-2, 2]$에서 함수 $f(x)$의 증가와 감소를 표로 나타내면 다음과 같다.

x	-2	$\cdots$	1	$\cdots$	2
$f'(x)$		$-$	0	$+$	
$f(x)$	$f(-2)$	↘	극소	↗	$f(2)$

이때 $f(-2) = -\dfrac{8}{3} + 4 + 6 + 1 = \dfrac{25}{3}$, $f(1) = \dfrac{1}{3} + 1 - 3 + 1 = -\dfrac{2}{3}$,

$f(2) = \dfrac{8}{3} + 4 - 6 + 1 = \dfrac{5}{3}$이므로 닫힌구간 $[-2, 2]$에서 함수 $f(x)$는 $x=-2$일 때 최댓값 $\dfrac{25}{3}$를 갖고, $x=1$일 때 최솟값 $-\dfrac{2}{3}$를 갖는다.

따라서 $M = \dfrac{25}{3}$, $m = -\dfrac{2}{3}$이므로

$M - m = \dfrac{25}{3} - \left(-\dfrac{2}{3}\right) = 9$

답 ④

23

$f(x) = x^4 - 14x^2 - 24x$에서

$f'(x) = 4x^3 - 28x - 24 = 4(x^3 - 7x - 6) = 4(x+1)(x+2)(x-3)$

$f'(x) = 0$에서 $x=-2$ 또는 $x=-1$ 또는 $x=3$

함수 $f(x)$의 증가와 감소를 표로 나타내면 다음과 같다.

x	$\cdots$	-2	$\cdots$	-1	$\cdots$	3	$\cdots$
$f'(x)$	$-$	0	$+$	0	$-$	0	$+$
$f(x)$	↘	극소	↗	극대	↘	극소	↗

이때 $f(-2) = 16 - 56 + 48 = 8$,

$f(-1) = 1 - 14 + 24 = 11$,

$f(3) = 81 - 126 - 72 = -117$

이므로 함수 $y=f(x)$의 그래프는 그림과 같다.

함수 $y=f(x)$의 그래프와 직선 $y=11$이 만나는 점의 x좌표는 방정식 $f(x) = 11$에서

$x^4 - 14x^2 - 24x = 11$

$x^4 - 14x^2 - 24x - 11 = 0$

$(x+1)(x^3 - x^2 - 13x - 11) = 0$

$(x+1)^2(x^2 - 2x - 11) = 0$

$x=-1$ (중근) 또는 $x = 1 \pm 2\sqrt{3}$

닫힌구간 $[a, -1]$에서 함수 $f(x) = x^4 - 14x^2 - 24x$의 최댓값이 11, 최솟값이 8이려면 $1-2\sqrt{3} \leq a \leq -2$이어야 하므로

$M = -2$, $m = 1 - 2\sqrt{3}$

따라서 $M + m = -2 + (1 - 2\sqrt{3}) = -1 - 2\sqrt{3}$

답 ②

24

조건 (나)에서 최고차항의 계수가 1인 삼차함수 $f(x)$에 대하여 곡선 $y=f(x)$가 x축과 두 점 $(-2, 0)$, $(1, 0)$에서만 만나므로
$f(x)=(x+2)^2(x-1)$ 또는 $f(x)=(x+2)(x-1)^2$이다.
$f(x)=(x+2)^2(x-1)$일 때 $f(0)=-4$
$f(x)=(x+2)(x-1)^2$일 때 $f(0)=2$
조건 (가)에서 $f(0)>0$이므로 $f(x)=(x+2)(x-1)^2$이다.
$f(x)=(x+2)(x-1)^2=x^3-3x+2$에서 $f'(x)=3x^2-3$이므로
곡선 $y=f(x)$ 위의 점 $A(a, f(a))$에서의 접선을 l이라 하면 직선 l의 방정식은
$y-f(a)=f'(a)(x-a)$, $y-(a^3-3a+2)=(3a^2-3)(x-a)$
$y=(3a^2-3)x-2a^3+2$
곡선 $y=f(x)$와 직선 l이 만나는 점의 x좌표는
$x^3-3x+2=(3a^2-3)x-2a^3+2$에서
$x^3-3a^2x+2a^3=0$, $(x-a)^2(x+2a)=0$
$x=a$ (중근) 또는 $x=-2a$
이므로 곡선 $y=f(x)$와 직선 l이 만나는 점 중 A가 아닌 점 B의 x좌표는 $-2a$이다. 즉, $B(-2a, f(-2a))$이다.
이때 $-2<a<-\dfrac{1}{2}$에서 $1<-2a<4$이므로 점 B의 y좌표 $f(-2a)$는 0보다 크다.

$\overline{AC}=f(a)=a^3-3a+2$,
$\overline{BD}=f(-2a)=-8a^3+6a+2$이므로
$\overline{AC}-\overline{BD}$
$=(a^3-3a+2)-(-8a^3+6a+2)$
$=9a^3-9a$

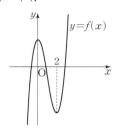

$g(a)=9a^3-9a$라 하면
$g'(a)=27a^2-9=9(\sqrt{3}a+1)(\sqrt{3}a-1)$
$-2<a<-\dfrac{1}{2}$이므로 $g'(a)=0$에서 $a=-\dfrac{1}{\sqrt{3}}=-\dfrac{\sqrt{3}}{3}$
열린구간 $\left(-2, -\dfrac{1}{2}\right)$에서 함수 $g(a)$의 증가와 감소를 표로 나타내면 다음과 같다.

a	(-2)	$\cdots$	$-\dfrac{\sqrt{3}}{3}$	$\cdots$	$\left(-\dfrac{1}{2}\right)$
$g'(a)$		$+$	0	$-$	
$g(a)$		↗	극대	↘	

따라서 함수 $g(a)$는 $a=-\dfrac{\sqrt{3}}{3}$일 때 최댓값 $g\left(-\dfrac{\sqrt{3}}{3}\right)$을 가지므로
$a_1=-\dfrac{\sqrt{3}}{3}$

🔲 ①

필수유형 9

$f(x)=2x^3-6x^2+k$라 하면 방정식 $2x^3-6x^2+k=0$의 실근은 함수 $y=f(x)$의 그래프와 x축이 만나는 점의 x좌표이다.
$f'(x)=6x^2-12x=6x(x-2)$이므로
$f'(x)=0$에서 $x=0$ 또는 $x=2$

함수 $f(x)$의 증가와 감소를 표로 나타내면 다음과 같다.

x	$\cdots$	0	$\cdots$	2	$\cdots$
$f'(x)$	$+$	0	$-$	0	$+$
$f(x)$	↗	극대	↘	극소	↗

함수 $f(x)$는 $x=0$에서 극대이고, $x=2$에서 극소이다.
이때 방정식 $2x^3-6x^2+k=0$의 서로 다른 양의 실근의 개수가 2이려면 그림과 같이 함수 $f(x)$의 극댓값은 양수이고, 함수 $f(x)$의 극솟값은 음수이어야 한다.

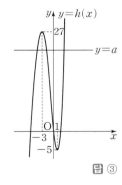

이때 $f(0)=k$, $f(2)=k-8$이므로
$k>0$, $k-8<0$, 즉 $0<k<8$
따라서 구하는 정수 k의 값은
1, 2, 3, 4, 5, 6, 7이므로 그 개수는 7이다.

🔲 7

25

방정식 $f(x)=g(x)$에서 $x^3-8x=-3x^2+x+a$
즉, $x^3+3x^2-9x=a$
$h(x)=x^3+3x^2-9x$라 하면 방정식 $f(x)=g(x)$의 서로 다른 실근의 개수는 함수 $y=h(x)$의 그래프가 직선 $y=a$와 만나는 서로 다른 점의 개수와 같다.
$h'(x)=3x^2+6x-9=3(x+3)(x-1)$이므로
$h'(x)=0$에서 $x=-3$ 또는 $x=1$
함수 $h(x)$의 증가와 감소를 표로 나타내면 다음과 같다.

x	$\cdots$	-3	$\cdots$	1	$\cdots$
$h'(x)$	$+$	0	$-$	0	$+$
$h(x)$	↗	극대	↘	극소	↗

$h(-3)=27$, $h(1)=-5$이므로
함수 $y=h(x)$의 그래프는 그림과 같다.
함수 $y=h(x)$의 그래프와 직선 $y=a$가 만나는 점의 개수가 3이려면 $-5<a<27$이어야 한다.
따라서 구하는 정수 a의 최댓값은 26이다.

🔲 ③

26

방정식 $2x^3+3x^2-12x-k=0$에서 $2x^3+3x^2-12x=k$
$f(x)=2x^3+3x^2-12x$라 하면 방정식 $2x^3+3x^2-12x=k$의 서로 다른 실근의 개수는 함수 $y=f(x)$의 그래프와 직선 $y=k$가 만나는 서로 다른 점의 개수와 같다.
이때 a, b는 모두 0 또는 자연수이므로 $ab=2$이려면 $a=1$, $b=2$ 또는 $a=2$, $b=1$이어야 한다.
$f'(x)=6x^2+6x-12=6(x+2)(x-1)$이므로
$f'(x)=0$에서 $x=-2$ 또는 $x=1$

함수 $f(x)$의 증가와 감소를 표로 나타내면 다음과 같다.

x	$\cdots$	-2	$\cdots$	1	$\cdots$
$f'(x)$	$+$	0	$-$	0	$+$
$f(x)$	↗	극대	↘	극소	↗

$f(-2)=20$, $f(1)=-7$, $f(0)=0$이므로
함수 $y=f(x)$의 그래프는 그림과 같다.
이때 $a=1$, $b=2$가 되도록 하는 k의 값의 범위는 $0<k<20$이고,
$a=2$, $b=1$이 되도록 하는 k의 값의 범위는 $-7<k<0$이다.
따라서 조건을 만족시키는 정수 k의 값은 -6, -5, -4, $\cdots$, -1, 1, 2, $\cdots$, 19이므로
구하는 정수 k의 개수는
$6+19=25$

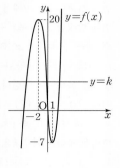

답 ⑤

27

조건 (가)에서 최고차항의 계수가 1인 삼차함수 $f(x)$의 도함수 $f'(x)$가 $\alpha<\beta$인 두 실수 α, β에 대하여 $f'(\alpha)=f'(\beta)=0$이므로 함수 $f(x)$는 $x=\alpha$에서 극대, $x=\beta$에서 극소이다.
조건 (나)에서 $f(\alpha)f(\beta)<0$이므로 $f(\alpha)>0$, $f(\beta)<0$이고,
$f(\alpha)+f(\beta)>0$이므로
$|f(\alpha)|>|f(\beta)|$이다. 그러므로 함수 $y=f(x)$, $y=|f(x)|$의 그래프는 그림과 같다.
방정식 $|f(x)|=|f(k)|$의 서로 다른 실근의 개수가 3이려면 함수 $y=|f(x)|$의 그래프가 직선 $y=|f(k)|$와 서로 다른 세 점에서 만나야 하므로 $|f(k)|=0$ 또는 $|f(k)|=|f(\alpha)|$이어야 한다.
따라서 k_1, k_2, k_3, $\cdots$, k_m은 함수 $y=|f(x)|$의 그래프가 직선 $y=0$ 또는 직선 $y=|f(\alpha)|$와 만나는 점들의 x좌표이므로 $m=6$이다.
$k_1<k_2<k_3<\cdots<k_6$이므로 $\alpha=k_3$
$|f(k_1)|=|f(k_3)|=|f(k_6)|=|f(\alpha)|$
$|f(k_2)|=|f(k_4)|=|f(k_5)|=0$
이때 $f(k_1)=-f(\alpha)$, $f(k_3)=f(k_6)=f(\alpha)$이므로
$$\sum_{i=1}^{m} f(k_i)=\sum_{i=1}^{6} f(k_i)=f(k_1)+f(k_2)+f(k_3)+f(k_4)+f(k_5)+f(k_6)$$
$$=-f(\alpha)+0+f(\alpha)+0+0+f(\alpha)=f(\alpha)$$
따라서 $m=6$, $n=1$이므로
$m+n=6+1=7$

답 7

필수유형 ⑩

$f(x)=x^3-x+6$, $g(x)=x^2+a$에서 $h(x)=f(x)-g(x)$라 하면
$h(x)=(x^3-x+6)-(x^2+a)=x^3-x^2-x+6-a$이므로
$h'(x)=3x^2-2x-1=(3x+1)(x-1)$

$h'(x)=0$에서 $x=-\dfrac{1}{3}$ 또는 $x=1$
함수 $h(x)$의 증가와 감소를 표로 나타내면 다음과 같다.

x	$\cdots$	$-\dfrac{1}{3}$	$\cdots$	1	$\cdots$
$h'(x)$	$+$	0	$-$	0	$+$
$h(x)$	↗	극대	↘	극소	↗

$x\geq0$일 때 함수 $h(x)$의 최솟값은 $h(1)$이다.
이때 $x\geq0$인 모든 실수 x에 대하여 부등식 $f(x)\geq g(x)$, 즉 $h(x)\geq0$이 성립하려면 $h(1)\geq0$이어야 하므로 $h(1)=5-a\geq0$, $a\leq5$
따라서 구하는 실수 a의 최댓값은 5이다.

답 ⑤

28

$f(x)=\dfrac{1}{3}x^3+\dfrac{1}{4}x^2-3x+a$라 하면
$f'(x)=x^2+\dfrac{1}{2}x-3=\dfrac{1}{2}(x+2)(2x-3)$이므로
$f'(x)=0$에서 $x=-2$ 또는 $x=\dfrac{3}{2}$
함수 $f(x)$의 증가와 감소를 표로 나타내면 다음과 같다.

x	$\cdots$	-2	$\cdots$	$\dfrac{3}{2}$	$\cdots$
$f'(x)$	$+$	0	$-$	0	$+$
$f(x)$	↗	극대	↘	극소	↗

$x>0$에서 함수 $f(x)$는 $x=\dfrac{3}{2}$일 때 최솟값을 갖고, $x\geq2$인 모든 자연수 x에 대하여 $f(x)\geq f(2)$이다.
따라서 모든 자연수 x에 대하여 부등식 $f(x)\geq0$이 성립하려면 $f(1)\geq0$, $f(2)\geq0$이어야 한다.
$f(1)=\dfrac{1}{3}+\dfrac{1}{4}-3+a=a-\dfrac{29}{12}$, $f(2)=\dfrac{8}{3}+1-6+a=a-\dfrac{7}{3}$이므로
$f(1)\geq0$에서 $a\geq\dfrac{29}{12}$
$f(2)\geq0$에서 $a\geq\dfrac{7}{3}$
이때 $\dfrac{7}{3}<\dfrac{29}{12}$이므로 $a\geq\dfrac{29}{12}$
즉, 실수 a의 최솟값은 $\dfrac{29}{12}$이다.
따라서 $p=12$, $q=29$이므로
$p+q=12+29=41$

답 41

29

함수 $y=g(x)$는 함수 $y=f(x)$의 그래프를 x축에 대하여 대칭이동한 후, y축의 방향으로 k만큼 평행이동한 그래프를 나타내는 함수이므로
$g(x)=-f(x)+k$
부등식 $f(x)\geq g(x)$에서 $f(x)\geq-f(x)+k$
$f(x)\geq\dfrac{k}{2}$ $\quad\cdots\cdots$ ㉠
$f(x)=x^4-3x^3+x^2$에서
$f'(x)=4x^3-9x^2+2x=x(4x-1)(x-2)$이므로

$f'(x)=0$에서 $x=0$ 또는 $x=\dfrac{1}{4}$ 또는 $x=2$

함수 $f(x)$의 증가와 감소를 표로 나타내면 다음과 같다.

x	$\cdots$	0	$\cdots$	$\dfrac{1}{4}$	$\cdots$	2	$\cdots$
$f'(x)$	$-$	0	$+$	0	$-$	0	$+$
$f(x)$	↘	극소	↗	극대	↘	극소	↗

이때 $f(0)=0$, $f(2)=16-24+4=-4$이므로 함수 $f(x)$의 최솟값은 -4이다.

따라서 모든 실수 x에 대하여 부등식 ㉠이 성립하려면 $\dfrac{k}{2}\le-4$, 즉 $k\le-8$이어야 하므로 구하는 실수 k의 최댓값은 -8이다.

답 ②

30

$f(x)=x^3+ax^2-a^2x+5$라 하면

$f'(x)=3x^2+2ax-a^2=(x+a)(3x-a)$

$f'(x)=0$에서 $x=-a$ 또는 $x=\dfrac{a}{3}$

$x\ge0$인 모든 실수 x에 대하여 부등식 $f(x)\ge0$이 성립하려면 a의 값에 따라 다음과 같다.

(i) $a<0$일 때

$-a>0$, $\dfrac{a}{3}<0$이므로 함수 $f(x)$의 증가와 감소를 표로 나타내면 다음과 같다.

x	$\cdots$	$\dfrac{a}{3}$	$\cdots$	$-a$	$\cdots$
$f'(x)$	$+$	0	$-$	0	$+$
$f(x)$	↗	극대	↘	극소	↗

구간 $[0, \infty)$에서 함수 $f(x)$는 $x=-a$일 때 최솟값 $f(-a)$를 가지므로 $x\ge0$인 모든 실수 x에 대하여 부등식 $f(x)\ge0$이 성립하려면 $f(-a)\ge0$이어야 한다.

$f(-a)=-a^3+a^3+a^3+5=a^3+5\ge0$

$a^3\ge-5$, $a\ge-\sqrt[3]{5}$

이때 $a<0$이므로 $-\sqrt[3]{5}\le a<0$

(ii) $a=0$일 때

$f(x)=x^3+5$이므로 $x\ge0$인 모든 실수 x에 대하여 부등식 $f(x)\ge0$이 성립한다.

(iii) $a>0$일 때

$-a<0$, $\dfrac{a}{3}>0$이므로 함수 $f(x)$의 증가와 감소를 표로 나타내면 다음과 같다.

x	$\cdots$	$-a$	$\cdots$	$\dfrac{a}{3}$	$\cdots$
$f'(x)$	$+$	0	$-$	0	$+$
$f(x)$	↗	극대	↘	극소	↗

구간 $[0, \infty)$에서 함수 $f(x)$는 $x=\dfrac{a}{3}$에서 최솟값 $f\left(\dfrac{a}{3}\right)$를 가지므로 $x\ge0$인 모든 실수 x에 대하여 부등식 $f(x)\ge0$이 성립하려면 $f\left(\dfrac{a}{3}\right)\ge0$이어야 한다.

$f\left(\dfrac{a}{3}\right)=\dfrac{a^3}{27}+\dfrac{a^3}{9}-\dfrac{a^3}{3}+5=-\dfrac{5}{27}(a^3-27)\ge0$

$a^3\le27$, $a\le3$

이때 $a>0$이므로 $0<a\le3$

(i), (ii), (iii)에 의하여 $x\ge0$인 모든 실수 x에 대하여 주어진 부등식이 성립하도록 하는 a의 값의 범위는

$-\sqrt[3]{5}\le a\le3$

이때 $-2<-\sqrt[3]{5}<-1$이므로 정수 a의 값은 -1, 0, 1, 2, 3이다.

따라서 구하는 모든 정수 a의 개수는 5이다.

답 ③

필수유형 ⑪

점 P의 시각 t에서의 속도를 v라 하면

$v=\dfrac{dx}{dt}=3t^2+2at+b$

점 P의 시각 t에서의 가속도는 $\dfrac{dv}{dt}=6t+2a$

시각 $t=1$에서 점 P가 운동 방향을 바꾸므로 시각 $t=1$에서의 점 P의 속도는 0이다.

즉, $3+2a+b=0$이므로

$b=-2a-3$ ····· ㉠

시각 $t=2$에서의 점 P의 가속도가 0이므로 $12+2a=0$, $a=-6$

$a=-6$을 ㉠에 대입하면

$b=-2\times(-6)-3=9$

따라서 $a+b=-6+9=3$

답 ①

31

점 P의 시각 t에서의 속도를 v라 하면

$v=\dfrac{dx}{dt}=3t^2-8t+k$

시각 $t=1$에서의 점 P의 속도가 5이므로

$3-8+k=5$, $k=10$

이때 시각 $t=\alpha$에서의 점 P의 속도도 5이므로 두 수 1, α는 방정식 $v=5$의 근이다.

$3t^2-8t+10=5$에서 $3t^2-8t+5=0$, $(t-1)(3t-5)=0$

$t=1$ 또는 $t=\dfrac{5}{3}$

즉, $\alpha=\dfrac{5}{3}$이므로 $\dfrac{k}{\alpha}=\dfrac{10}{\frac{5}{3}}=6$

점 P의 시각 t에서의 가속도를 a라 하면

$a=\dfrac{dv}{dt}=6t-8$

따라서 시각 $t=\dfrac{k}{\alpha}$, 즉 $t=6$에서의 점 P의 가속도는

$6\times6-8=28$

답 ①

32

두 점 P, Q의 시각 t에서의 속도를 각각 v_1, v_2라 하면

$v_1=\dfrac{dx_1}{dt}=3t^2-12t+9$, $v_2=\dfrac{dx_2}{dt}=-t^3+2mt+n$

$v_1=0$에서 $3t^2-12t+9=0$

$3(t-1)(t-3)=0$

$t=1$ 또는 $t=3$

그러므로 점 P는 $0 \le t < 1$ 또는 $t>3$인 시각 t에서 $v_1>0$이므로 양의 방향으로 움직이고, $1<t<3$인 시각 t에서 $v_1<0$이므로 음의 방향으로 움직인다. 또한 점 Q는 $0 \le t < 1$ 또는 $t>3$인 시각 t에서 음의 방향으로 움직이고, $1<t<3$인 시각 t에서 양의 방향으로 움직여야 하므로 시각 $t=1$과 시각 $t=3$에서 점 Q의 속도는 0이어야 한다.

즉, $t=1$과 $t=3$이 방정식 $v_2=0$의 근이어야 하므로

$-1+2m+n=0$ $\cdots\cdots$ ㉠

$-27+6m+n=0$ $\cdots\cdots$ ㉡

㉠, ㉡을 연립하여 풀면 $m=\dfrac{13}{2}$, $n=-12$이므로

$|m+n|=\left|\dfrac{13}{2}+(-12)\right|=\dfrac{11}{2}$

따라서 점 P의 시각 t에서의 가속도를 a_1이라 하면

$a_1=\dfrac{dv_1}{dt}=6t-12$

이므로 시각 $t=|m+n|$, 즉 $t=\dfrac{11}{2}$에서의 점 P의 가속도는

$6 \times \dfrac{11}{2}-12=21$

답 ①

참고

$m=\dfrac{13}{2}$, $n=-12$이면 점 Q의 시각 t에서의 속도 v_2는

$v_2=-t^3+13t-12=-(t+4)(t-1)(t-3)$

이므로 점 Q는 $0 \le t < 1$ 또는 $t>3$인 시각 t에서 $v_2<0$이고, $1<t<3$인 시각 t에서 $v_2>0$이다.

33

점 P의 시각 t에서의 속도를 v라 하면

$v=\dfrac{dx}{dt}=-t^2+2kt+28-11k$

조건 (가)에서 시각 $t=\alpha$와 시각 $t=\beta$에서 점 P가 움직이는 방향이 바뀌므로 시각 $t=\alpha$와 시각 $t=\beta$에서의 점 P의 속도가 0이다.

그러므로 t에 대한 이차방정식 $-t^2+2kt+28-11k=0$, 즉 $t^2-2kt+11k-28=0$의 두 근이 α, β이므로 근과 계수의 관계에 의하여

$\alpha+\beta=2k$, $\alpha\beta=11k-28$

이때 $\beta-\alpha=4$이므로

$(\beta-\alpha)^2=(\alpha+\beta)^2-4\alpha\beta$에서

$4^2=(2k)^2-4(11k-28)$, $k^2-11k+24=0$

$(k-3)(k-8)=0$

$k=3$ 또는 $k=8$ $\cdots\cdots$ ㉠

조건 (나)에서 시각 $t=4$에서의 점 P의 속도가 양수이므로

$-16+8k+28-11k>0$, $-3k+12>0$

$k<4$ $\cdots\cdots$ ㉡

㉠, ㉡에서 $k=3$

따라서 $v=-t^2+6t-5$이므로 시각 $t=k$, 즉 $t=3$에서의 점 P의 속도는

$-9+18-5=4$

답 ④

필수유형 **1** 15	01 ④	02 ③	03 ④
필수유형 **2** ②	04 ②	05 ②	06 ⑤
필수유형 **3** ②	07 ②	08 ④	09 ③
필수유형 **4** ④	10 ⑤	11 ⑤	12 ④
	13 ②		
필수유형 **5** 39	14 ①	15 12	16 ②
필수유형 **6** ②	17 ①	18 ⑤	19 ②
	20 42	21 28	
필수유형 **7** ④	22 ③	23 ②	24 36
필수유형 **8** 17	25 ⑤	26 ②	27 ①
	28 5	29 10	

필수유형 1

$f(x)=\displaystyle\int f'(x)\,dx=\int (4x^3-2x)\,dx$

$\qquad =x^4-x^2+C$ (단, C는 적분상수)

이때 $f(0)=3$이므로 $C=3$

따라서 $f(x)=x^4-x^2+3$이므로

$f(2)=16-4+3=15$

답 15

01

$f'(x)=4x^3-8x+7$에서 $f'(1)=4-8+7=3$

$f(x)=\displaystyle\int f'(x)\,dx=\int (4x^3-8x+7)\,dx$

$\qquad =x^4-4x^2+7x+C$ (단, C는 적분상수)

이므로 $f(1)=1-4+7+C=C+4$

곡선 $y=f(x)$ 위의 점 $(1, f(1))$에서의 접선의 방정식은

$y-f(1)=f'(1)(x-1)$

$y-(C+4)=3(x-1)$, $y=3x+C+1$

이 접선의 y절편이 3이므로 $C+1=3$, $C=2$

따라서 $f(x)=x^4-4x^2+7x+2$이므로

$f(2)=16-16+14+2=16$

답 ④

02

$\displaystyle\int \{f(x)-3\}\,dx+\int xf'(x)\,dx=x^3-2x^2$에서

$\displaystyle\int \{f(x)+xf'(x)-3\}\,dx=x^3-2x^2$

이때 $\{xf(x)\}'=f(x)+xf'(x)$이므로 $xf(x)$는 $f(x)+xf'(x)$의 한 부정적분이다.

$\displaystyle\int \{f(x)+xf'(x)-3\}\,dx=xf(x)-3x+C=x^3-2x^2$

$xf(x)=x^3-2x^2+3x-C$ (단, C는 적분상수) $\cdots\cdots$ ㉠

㉠의 양변에 $x=0$을 대입하면 $C=0$이므로

$xf(x)=x^3-2x^2+3x$

$x \neq 0$일 때 $f(x) = x^2 - 2x + 3$

이때 함수 $f(x)$가 다항함수이므로 $f(x) = x^2 - 2x + 3$이다.

$f'(x) = 2x - 2 = 2(x-1)$이므로 $f'(x) = 0$에서 $x = 1$

$x = 1$의 좌우에서 $f'(x)$의 부호가 음에서 양으로 바뀌므로 함수 $f(x)$는 $x = 1$에서 극소이다.

따라서 $a = 1$이므로

$f(a) = f(1) = 1 - 2 + 3 = 2$

답 ③

참고

함수 $f(x)$는 다음과 같이 구할 수도 있다.

$$\int \{f(x) - 3\}\,dx + \int x f'(x)\,dx = x^3 - 2x^2$$

의 양변을 x에 대하여 미분하면

$f(x) - 3 + x f'(x) = 3x^2 - 4x$

$f(x) + x f'(x) = 3x^2 - 4x + 3$ ...... ㉠

다항함수 $f(x)$가 상수함수 또는 일차함수 또는 차수가 3 이상인 함수이면 ㉠이 성립하지 않는다.

$f(x) = ax^2 + bx + c$ ($a \neq 0$, a, b, c는 상수)라 하면

$f'(x) = 2ax + b$이므로 ㉠에서

$(ax^2 + bx + c) + x(2ax + b) = 3ax^2 + 2bx + c = 3x^2 - 4x + 3$

따라서 $a = 1$, $b = -2$, $c = 3$이므로 $f(x) = x^2 - 2x + 3$이다.

03

$f'(x) = \begin{cases} x^2 - 4x & (|x| < 1) \\ -4x^3 + x^2 & (|x| \geq 1) \end{cases}$에서 함수 $f(x)$는 x의 값에 따라 다음과 같다.

(i) $x \leq -1$일 때

$f'(x) = -4x^3 + x^2$이므로

$f(x) = \int (-4x^3 + x^2)\,dx = -x^4 + \dfrac{1}{3}x^3 + C_1$ (단, C_1은 적분상수)

(ii) $-1 < x < 1$일 때

$f'(x) = x^2 - 4x$이므로

$f(x) = \int (x^2 - 4x)\,dx = \dfrac{1}{3}x^3 - 2x^2 + C_2$ (단, C_2는 적분상수)

(iii) $x \geq 1$일 때

$f'(x) = -4x^3 + x^2$이므로

$f(x) = \int (-4x^3 + x^2)\,dx = -x^4 + \dfrac{1}{3}x^3 + C_3$ (단, C_3은 적분상수)

이때 함수 $f(x)$가 실수 전체의 집합에서 미분가능하므로 실수 전체의 집합에서 연속이다.

함수 $f(x)$가 $x = -1$에서 연속이므로

$\lim\limits_{x \to -1-} f(x) = \lim\limits_{x \to -1+} f(x) = f(-1)$이어야 한다.

$\lim\limits_{x \to -1-} f(x) = \lim\limits_{x \to -1-} \left(-x^4 + \dfrac{1}{3}x^3 + C_1 \right) = C_1 - \dfrac{4}{3}$,

$\lim\limits_{x \to -1+} f(x) = \lim\limits_{x \to -1+} \left(\dfrac{1}{3}x^3 - 2x^2 + C_2 \right) = C_2 - \dfrac{7}{3}$에서

$C_1 - \dfrac{4}{3} = C_2 - \dfrac{7}{3}$

$C_2 = 1 + C_1$

함수 $f(x)$가 $x = 1$에서 연속이므로 $\lim\limits_{x \to 1-} f(x) = \lim\limits_{x \to 1+} f(x) = f(1)$이

어야 한다.

$\lim\limits_{x \to 1-} f(x) = \lim\limits_{x \to 1-} \left(\dfrac{1}{3}x^3 - 2x^2 + C_2 \right) = C_2 - \dfrac{5}{3}$,

$\lim\limits_{x \to 1+} f(x) = \lim\limits_{x \to 1+} \left(-x^4 + \dfrac{1}{3}x^3 + C_3 \right) = C_3 - \dfrac{2}{3}$에서

$C_2 - \dfrac{5}{3} = C_3 - \dfrac{2}{3}$

$C_3 = C_2 - 1 = (1 + C_1) - 1 = C_1$

그러므로 $f(x) = \begin{cases} -x^4 + \dfrac{1}{3}x^3 + C_1 & (x \leq -1 \text{ 또는 } x \geq 1) \\ \dfrac{1}{3}x^3 - 2x^2 + 1 + C_1 & (-1 < x < 1) \end{cases}$ 이고

$f(-2) = -16 - \dfrac{8}{3} + C_1 = C_1 - \dfrac{56}{3}$

$f(0) = 1 + C_1$

$f(2) = -16 + \dfrac{8}{3} + C_1 = C_1 - \dfrac{40}{3}$

따라서 $\dfrac{f(0) - f(-2)}{f(0) - f(2)} = \dfrac{(1 + C_1) - \left(C_1 - \dfrac{56}{3} \right)}{(1 + C_1) - \left(C_1 - \dfrac{40}{3} \right)} = \dfrac{\dfrac{59}{3}}{\dfrac{43}{3}} = \dfrac{59}{43}$

답 ④

필수유형 2

주어진 조건에서 $f(0) = 0$, $f(1) = 1$, $\displaystyle\int_0^1 f(x)\,dx = \dfrac{1}{6}$이므로

$0 \leq x \leq 1$일 때, 함수 $y = f(x)$의 그래프의 개형이 그림과 같다고 하자.

또한 조건 (가)에서

$-1 < x < 0$일 때, 함수 $y = g(x)$의 그래프는

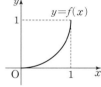

$0 < x < 1$일 때의 함수 $y = f(x)$의 그래프를 x축에 대하여 대칭이동한 후 x축의 방향으로 -1만큼, y축의 방향으로 1만큼 평행이동한 것과 같다.

이때 조건 (나)에서 함수 $g(x)$는 주기가 2인 주기함수이므로 함수 $y = g(x)$의 그래프의 개형은 그림과 같이 나타낼 수 있다.

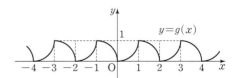

한편, $\displaystyle\int_0^1 g(x)\,dx = \int_0^1 f(x)\,dx = \dfrac{1}{6}$이고

$\displaystyle\int_{-1}^0 g(x)\,dx = 1 - \int_0^1 f(x)\,dx = 1 - \dfrac{1}{6} = \dfrac{5}{6}$이므로

$\displaystyle\int_{-1}^1 g(x)\,dx = \int_{-1}^0 g(x)\,dx + \int_0^1 g(x)\,dx = \dfrac{5}{6} + \dfrac{1}{6} = 1$

이때 함수 $g(x)$의 주기는 2이므로

$\displaystyle\int_{-3}^2 g(x)\,dx = \int_{-3}^{-1} g(x)\,dx + \int_{-1}^1 g(x)\,dx + \int_1^2 g(x)\,dx$

$= \displaystyle\int_{-1}^1 g(x)\,dx + \int_{-1}^1 g(x)\,dx + \int_{-1}^0 g(x)\,dx$

$= 1 + 1 + \dfrac{5}{6} = \dfrac{17}{6}$

답 ②

04

$$\int_{-1}^{k}(4x-k)\,dx=\Big[2x^2-kx\Big]_{-1}^{k}=(2k^2-k^2)-(2+k)$$
$$=k^2-k-2=-\frac{9}{4}$$

에서 $k^2-k+\frac{1}{4}=0,\ \left(k-\frac{1}{2}\right)^2=0$

따라서 $k=\frac{1}{2}$

답 ②

05

$$\int_{-1}^{0}f(x)\,dx=\int_{-1}^{a}f(x)\,dx$$ 에서 $\int_{-1}^{a}f(x)\,dx-\int_{-1}^{0}f(x)\,dx=0$

$$\int_{-1}^{a}f(x)\,dx+\int_{0}^{-1}f(x)\,dx=0,\ \int_{0}^{a}f(x)\,dx=0$$

$$\int_{0}^{a}f(x)\,dx=\int_{0}^{a}(6x^2-6x-5)\,dx=\Big[2x^3-3x^2-5x\Big]_{0}^{a}$$
$$=2a^3-3a^2-5a$$

이므로 $2a^3-3a^2-5a=0$

$a(a+1)(2a-5)=0$에서 $a=-1$ 또는 $a=0$ 또는 $a=\frac{5}{2}$

따라서 구하는 양수 a의 값은 $\frac{5}{2}$이다.

답 ②

06

$0\le x\le a$일 때, $|f(x)|=-f(x)=ax-x^2$이고

$a<x\le3$일 때, $|f(x)|=f(x)=x^2-ax$이므로

$$\int_{0}^{3}|f(x)|\,dx=\int_{0}^{a}(ax-x^2)\,dx+\int_{a}^{3}(x^2-ax)\,dx$$

$$\int_{0}^{3}f(x)\,dx=\int_{0}^{a}(x^2-ax)\,dx+\int_{a}^{3}(x^2-ax)\,dx$$이므로

$$\int_{0}^{3}|f(x)|\,dx=\int_{0}^{3}f(x)\,dx+2$$에서

$$\int_{0}^{a}(ax-x^2)\,dx=\int_{0}^{a}(x^2-ax)\,dx+2$$

$$2\int_{0}^{a}(ax-x^2)\,dx=2,\ \int_{0}^{a}(ax-x^2)\,dx=1$$

$$\int_{0}^{a}(ax-x^2)\,dx=\Big[\frac{a}{2}x^2-\frac{1}{3}x^3\Big]_{0}^{a}=\frac{1}{2}a^3-\frac{1}{3}a^3=\frac{1}{6}a^3$$이므로

$\frac{1}{6}a^3=1$에서 $a^3=6$

따라서 $af(-a)=a\times(-a)\times(-2a)=2a^3=12$

답 ⑤

필수유형 ❸

$f(x)=x^2+ax+b$에서 $f'(x)=2x+a$이므로

$$f(x)f'(x)=(x^2+ax+b)(2x+a)$$
$$=2x^3+3ax^2+(a^2+2b)x+ab$$

$$\int_{-1}^{1}f(x)f'(x)\,dx=\int_{-1}^{1}\{2x^3+3ax^2+(a^2+2b)x+ab\}\,dx$$
$$=2\int_{0}^{1}(3ax^2+ab)\,dx=2\Big[ax^3+abx\Big]_{0}^{1}$$
$$=2(a+ab)=2a(1+b)=0$$

에서 $a\ne0$이므로 $b=-1$이고, $f(x)=x^2+ax-1$

$$\int_{-3}^{3}\{f(x)+f'(x)\}\,dx=\int_{-3}^{3}\{(x^2+ax-1)+(2x+a)\}\,dx$$
$$=\int_{-3}^{3}\{x^2+(a+2)x+(a-1)\}\,dx$$
$$=2\int_{0}^{3}\{x^2+(a-1)\}\,dx$$
$$=2\Big[\frac{1}{3}x^3+(a-1)x\Big]_{0}^{3}$$
$$=2(9+3a-3)=6(a+2)=0$$

에서 $a=-2$

따라서 $f(x)=x^2-2x-1$이므로

$f(3)=9-6-1=2$

답 ②

07

$$\int_{-a}^{a}(3x^2+2ax-a)\,dx=2\int_{0}^{a}(3x^2-a)\,dx=2\Big[x^3-ax\Big]_{0}^{a}$$
$$=2(a^3-a^2)=2a+4$$

에서 $a^3-a^2-a-2=0,\ (a-2)(a^2+a+1)=0$

모든 실수 a에 대하여 $a^2+a+1=\left(a+\frac{1}{2}\right)^2+\frac{3}{4}>0$이므로 $a=2$

답 ②

08

$f(x)$가 최고차항의 계수가 1인 삼차함수이므로 $f'(x)$는 최고차항의 계수가 3인 이차함수이고, 삼차함수 $f(x)$가 $x=-1$, $x=2$에서 극값을 가지므로

$$f'(x)=3(x+1)(x-2)=3x^2-3x-6$$
$$f(x)=\int f'(x)\,dx=\int(3x^2-3x-6)\,dx$$
$$=x^3-\frac{3}{2}x^2-6x+C\ (단, C는 적분상수)$$

$$\int_{-2}^{2}f(x)\,dx=\int_{-2}^{2}\left(x^3-\frac{3}{2}x^2-6x+C\right)dx=2\int_{0}^{2}\left(-\frac{3}{2}x^2+C\right)dx$$
$$=2\Big[-\frac{1}{2}x^3+Cx\Big]_{0}^{2}=2(-4+2C)=0$$

에서 $C=2$

따라서 $f(x)=x^3-\frac{3}{2}x^2-6x+2$이므로

$f(4)=64-24-24+2=18$

답 ④

09

ㄱ. 조건 (가)에서 $f(0)=-4a$이고,

조건 (나)에서 $f(4)=-2f(0)$이므로 $f(4)=8a$ (참)

ㄴ. $f(-2)=0$이고, 모든 실수 x에 대하여 $f(x+4)=-2f(x)$이므로 모든 정수 k에 대하여 $f(4k-2)=0$이다.

또한 모든 정수 k에 대하여

$$\lim_{x\to(4k-2)-}f(x)=\lim_{x\to(4k-2)+}f(x)=0$$이므로 함수 $f(x)$는

$x=4k-2$에서 연속이고, 함수 $f(x)$는 실수 전체의 집합에서 연속이다. 모든 정수 k에 대하여 닫힌구간 $[4k-2,\ 4k+2]$에서 함수 $y=f(x)$의 그래프를 x축에 대하여 대칭이동한 후 각 함숫값을 2배한 그래프를 x축의 방향으로 4만큼 평행이동시킨 그래프가 닫힌구간 $[4k+2,\ 4k+6]$에서 함수 $y=f(x)$의 그래프와 일치한다. 그러므로 함수 $y=f(x)$의 그래프는 그림과 같다.

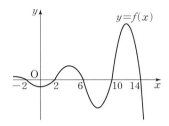

모든 정수 k에 대하여

$\displaystyle\int_{4k+2}^{4k+6} f(x)\,dx=-2\int_{4k-2}^{4k+2} f(x)\,dx$가 성립하므로

$\displaystyle\int_{6}^{10} f(x)\,dx=-2\int_{2}^{6} f(x)\,dx$ ...... ㉠

또한 $-2\le x\le 2$에서 함수 $y=f(x)$의 그래프는 y축에 대하여 대칭이므로 $2\le x\le 6$에서 함수 $y=f(x)$의 그래프는 직선 $x=4$에 대하여 대칭이고, $6\le x\le 10$에서 함수 $y=f(x)$의 그래프는 직선 $x=8$에 대하여 대칭이다.

그러므로 $\displaystyle\int_{6}^{8} f(x)\,dx=\int_{8}^{10} f(x)\,dx$이고

$\displaystyle\int_{6}^{10} f(x)\,dx=2\int_{6}^{8} f(x)\,dx$

㉠에서 $\displaystyle 2\int_{6}^{8} f(x)\,dx=-2\int_{2}^{6} f(x)\,dx$이므로

$\displaystyle\int_{6}^{8} f(x)\,dx=-\int_{2}^{6} f(x)\,dx$

따라서 $\displaystyle\int_{2}^{8} f(x)\,dx=\int_{2}^{6} f(x)\,dx+\int_{6}^{8} f(x)\,dx=0$ (거짓)

ㄷ. $\displaystyle\int_{2}^{6} f(x)\,dx=-2\int_{-2}^{2} f(x)\,dx$이고,

$\displaystyle\int_{2}^{6} f(x)\,dx=2\int_{2}^{4} f(x)\,dx$이므로

$\displaystyle\int_{2}^{4} f(x)\,dx=-\int_{-2}^{2} f(x)\,dx$ ...... ㉡

$\displaystyle\int_{-2}^{4} f(x)\,dx=0$ ...... ㉢

$\displaystyle\int_{10}^{14} f(x)\,dx=-2\int_{6}^{10} f(x)\,dx$이고

$\displaystyle\int_{10}^{14} f(x)\,dx=2\int_{10}^{12} f(x)\,dx$이므로

$\displaystyle\int_{10}^{12} f(x)\,dx=-\int_{6}^{10} f(x)\,dx$

$\displaystyle\int_{6}^{12} f(x)\,dx=0$ ...... ㉣

㉢, ㉣에 의하여

$\displaystyle\int_{-2}^{12} f(x)\,dx=\int_{-2}^{4} f(x)\,dx+\int_{4}^{6} f(x)\,dx+\int_{6}^{12} f(x)\,dx$

$\displaystyle\qquad=\int_{4}^{6} f(x)\,dx$

㉡에서 $\displaystyle\int_{4}^{6} f(x)\,dx=\int_{2}^{4} f(x)\,dx=-\int_{-2}^{2} f(x)\,dx$이고,

$\displaystyle\int_{-2}^{2} f(x)\,dx=\int_{-2}^{2} a(x^2-4)\,dx=2a\int_{0}^{2}(x^2-4)\,dx$

$\displaystyle\qquad=2a\left[\frac{1}{3}x^3-4x\right]_{0}^{2}=2a\left(\frac{8}{3}-8\right)=-\frac{32}{3}a$

이므로 $\displaystyle\int_{-2}^{12} f(x)\,dx=\frac{32}{3}a$

따라서 $\dfrac{32}{3}a=4$에서 $a=\dfrac{3}{8}$ (참)

이상에서 옳은 것은 ㄱ, ㄷ이다.

답 ③

필수유형 ④

$\displaystyle xf(x)=2x^3+ax^2+3a+\int_{1}^{x} f(t)\,dt$ ...... ㉠

㉠의 양변에 $x=1$을 대입하면

$f(1)=2+a+3a+0$이므로

$f(1)=4a+2$ ...... ㉡

㉠의 양변에 $x=0$을 대입하면

$\displaystyle 0=3a+\int_{1}^{0} f(t)\,dt=3a-\int_{0}^{1} f(t)\,dt$이므로

$\displaystyle\int_{0}^{1} f(t)\,dt=3a$ ...... ㉢

$\displaystyle f(1)=\int_{0}^{1} f(t)\,dt$이므로 ㉡, ㉢에서 $4a+2=3a$

$a=-2$이고 $f(1)=-6$

㉠에 $a=-2$를 대입하고 양변을 x에 대하여 미분하면

$f(x)+xf'(x)=6x^2-4x+f(x)$

$xf'(x)=6x^2-4x$

$x\ne 0$일 때 $f'(x)=6x-4$

이때 함수 $f(x)$가 다항함수이므로 $f'(x)=6x-4$이다.

$\displaystyle f(x)=\int f'(x)\,dx=\int(6x-4)\,dx$

$\qquad=3x^2-4x+C$ (단, C는 적분상수)

$f(1)=3-4+C=-6$에서 $C=-5$

따라서 $f(x)=3x^2-4x-5$이므로 $f(3)=27-12-5=10$이고

$a+f(3)=-2+10=8$

답 ④

10

$\displaystyle f(x)=x^2+x\int_{0}^{2} f(t)\,dt+\int_{-1}^{1} f(t)\,dt$에서

$\displaystyle\int_{0}^{2} f(t)\,dt=a,\ \int_{-1}^{1} f(t)\,dt=b$ ($a,\ b$는 상수)라 하면

$f(x)=x^2+ax+b$

$\displaystyle a=\int_{0}^{2}(t^2+at+b)\,dt=\left[\frac{1}{3}t^3+\frac{a}{2}t^2+bt\right]_{0}^{2}=\frac{8}{3}+2a+2b$

이므로 $a+2b+\dfrac{8}{3}=0$ ...... ㉠

$\displaystyle b=\int_{-1}^{1}(t^2+at+b)\,dt=2\int_{0}^{1}(t^2+b)\,dt=2\left[\frac{1}{3}t^3+bt\right]_{0}^{1}$

$\displaystyle\qquad=2\left(\frac{1}{3}+b\right)=\frac{2}{3}+2b$

이므로 $b=-\dfrac{2}{3}$ $\quad$ …… ㉡

㉡을 ㉠에 대입하면 $a=-\dfrac{4}{3}$

따라서 $f(x)=x^2-\dfrac{4}{3}x-\dfrac{2}{3}$이므로

$f(4)=16-\dfrac{16}{3}-\dfrac{2}{3}=10$

답 ⑤

11

$(1-x)f(x)=x^3-6x^2+9x-\displaystyle\int_{-1}^{x}f(t)\,dt$ $\quad$ …… ㉠

㉠의 양변에 $x=-1$을 대입하면

$2f(-1)=-16$에서 $f(-1)=-8$

㉠의 양변을 x에 대하여 미분하면

$-f(x)+(1-x)f'(x)=3x^2-12x+9-f(x)$

$(1-x)f'(x)=3(x-1)(x-3)$

$f(x)$가 다항함수이므로 $f'(x)=-3x+9$

$f(x)=\displaystyle\int(-3x+9)\,dx=-\dfrac{3}{2}x^2+9x+C$ (단, C는 적분상수)

$f(-1)=-\dfrac{3}{2}-9+C=-8$에서 $C=\dfrac{5}{2}$

따라서 $f(x)=-\dfrac{3}{2}x^2+9x+\dfrac{5}{2}$이므로

$f(1)=-\dfrac{3}{2}+9+\dfrac{5}{2}=10$

답 ⑤

12

$\displaystyle\int_{0}^{2}f(t)\,dt=a$ (a는 상수)라 하면

$f'(x)=3x^2+ax$

$f(x)=\displaystyle\int f'(x)\,dx=\int(3x^2+ax)\,dx$

$\qquad=x^3+\dfrac{a}{2}x^2+C$ (단, C는 적분상수)

$f(2)=8+2a+C$, $f'(2)=12+2a$이고 $f(2)=f'(2)$이므로

$8+2a+C=12+2a$에서 $C=4$

$f(x)=x^3+\dfrac{a}{2}x^2+4$이므로

$\displaystyle\int_{0}^{2}\left(x^3+\dfrac{a}{2}x^2+4\right)dx=\left[\dfrac{1}{4}x^4+\dfrac{a}{6}x^3+4x\right]_{0}^{2}=4+\dfrac{4}{3}a+8$

$\qquad\qquad\qquad\qquad\qquad=\dfrac{4}{3}a+12=a$

에서 $a=-36$

따라서 $f(x)=x^3-18x^2+4$이므로

$f(1)=1-18+4=-13$

답 ④

13

$\displaystyle\int_{0}^{1}f(t)\,dt=a$ (a는 상수)라 하면 $f(x)=-2x+3|a|$

46 EBS 수능완성 수학영역

(i) $a\geq0$인 경우

$f(x)=-2x+3a$이므로

$\displaystyle\int_{0}^{1}(-2x+3a)\,dx=\left[-x^2+3ax\right]_{0}^{1}=-1+3a=a$에서 $a=\dfrac{1}{2}$

따라서 $f(x)=-2x+\dfrac{3}{2}$이므로 $f(0)=\dfrac{3}{2}$

(ii) $a<0$인 경우

$f(x)=-2x-3a$이므로

$\displaystyle\int_{0}^{1}(-2x-3a)\,dx=\left[-x^2-3ax\right]_{0}^{1}=-1-3a=a$에서 $a=-\dfrac{1}{4}$

따라서 $f(x)=-2x+\dfrac{3}{4}$이므로 $f(0)=\dfrac{3}{4}$

(i), (ii)에 의하여 모든 $f(0)$의 값의 합은

$\dfrac{3}{2}+\dfrac{3}{4}=\dfrac{9}{4}$

답 ②

필수유형 5

$g(x)=\displaystyle\int_{0}^{x}f(t)\,dt$의 양변을 x에 대하여 미분하면 $g'(x)=f(x)$이고, $f(x)$가 최고차항의 계수가 1인 이차함수이므로 $g(x)$는 최고차항의 계수가 $\dfrac{1}{3}$인 삼차함수이다.

주어진 조건에서 $x\geq1$인 모든 실수 x에 대하여 $g(x)\geq g(4)$이므로 삼차함수 $g(x)$는 구간 $[1,\infty)$에서 $x=4$일 때 극소이면서 최소이다.

즉, $g'(4)=f(4)=0$이므로 $f(x)=(x-4)(x-a)$ (a는 상수)라 하자.

(i) $g(4)\geq0$인 경우

$x\geq1$인 모든 실수 x에 대하여 $g(x)\geq g(4)\geq0$이므로 $x\geq1$에서 $|g(x)|=g(x)$이다.

또한 주어진 조건에서 $x\geq1$인 모든 실수 x에 대하여

$|g(x)|\geq|g(3)|$, 즉 $g(x)\geq g(3)$이어야 하는데 $g(3)>g(4)$이

므로 $x\geq1$인 모든 실수 x에 대하여 $|g(x)|\geq|g(3)|$일 수 없다.

(ii) $g(4)<0$인 경우

$x\geq1$인 모든 실수 x에 대하여 $|g(x)|\geq|g(3)|$이려면

$g(4)<0$이므로 $g(3)=0$이어야 한다.

$f(x)=(x-4)(x-a)=x^2-(a+4)x+4a$이므로

$g(x)=\displaystyle\int_{0}^{x}\{t^2-(a+4)t+4a\}\,dt=\left[\dfrac{1}{3}t^3-\dfrac{a+4}{2}t^2+4at\right]_{0}^{x}$

$\qquad=\dfrac{1}{3}x^3-\dfrac{a+4}{2}x^2+4ax$

$g(3)=9-\dfrac{9}{2}(a+4)+12a=0$에서 $\dfrac{15}{2}a-9=0$, $a=\dfrac{6}{5}$

(i), (ii)에서 $f(x)=(x-4)\left(x-\dfrac{6}{5}\right)$이므로

$f(9)=5\times\dfrac{39}{5}=39$

답 39

14

$f(t)=\displaystyle\int_{-t}^{t}(x^2+tx-2t)\,dx=2\int_{0}^{t}(x^2-2t)\,dx$

$\qquad=2\left[\dfrac{1}{3}x^3-2tx\right]_{0}^{t}=\dfrac{2}{3}t^3-4t^2$

이므로 $f'(t)=2t^2-8t=2t(t-4)$

$f'(t)=0$에서 $t=0$ 또는 $t=4$

함수 $f(t)$의 증가와 감소를 표로 나타내면 다음과 같다.

t	$\cdots$	0	$\cdots$	4	$\cdots$
$f'(t)$	$+$	0	$-$	0	$+$
$f(t)$	↗	극대	↘	극소	↗

따라서 함수 $f(t)$의 극솟값은

$$f(4)=\frac{128}{3}-64=-\frac{64}{3}$$

답 ①

15

$f(x)$가 모든 실수 x에 대하여 $f(-x)=-f(x)$이고 최고차항의 계수가 양수인 삼차함수이므로 $f(x)=ax^3+bx$ (a, b는 상수, $a>0$)이라 하자.

$$g(2)=\int_{-4}^{2}f(t)\,dt=\int_{-4}^{2}(at^3+bt)\,dt=\left[\frac{a}{4}t^4+\frac{b}{2}t^2\right]_{-4}^{2}$$
$$=(4a+2b)-(64a+8b)=-60a-6b=0$$

에서 $b=-10a$이고,

$f(x)=ax^3-10ax=ax(x+\sqrt{10})(x-\sqrt{10})$

한편, $g'(x)=f(x)$이므로 함수 $g(x)$의 증가와 감소를 표로 나타내면 다음과 같다.

x	$\cdots$	$-\sqrt{10}$	$\cdots$	0	$\cdots$	$\sqrt{10}$	$\cdots$
$f(x)$	$-$	0	$+$	0	$-$	0	$+$
$g(x)$	↘	극소	↗	극대	↘	극소	↗

함수 $g(x)$의 극댓값이 8이므로

$$g(0)=a\int_{-4}^{0}(x^3-10x)\,dx=a\left[\frac{1}{4}x^4-5x^2\right]_{-4}^{0}$$
$$=a\{0-(-16)\}=16a=8$$

에서 $a=\frac{1}{2}$

따라서 $f(x)=\frac{1}{2}x^3-5x$이므로

$f(4)=32-20=12$

답 12

16

조건 (가)에서 $\int_{0}^{2}f(t)\,dt=a$ (a는 상수)라 하면

$f(x)=x^3+4ax-a^2$

$$\int_{0}^{2}(x^3+4ax-a^2)\,dx=\left[\frac{1}{4}x^4+2ax^2-a^2x\right]_{0}^{2}=4+8a-2a^2=a$$에서

$2a^2-7a-4=0$, $(a-4)(2a+1)=0$

$a=-\frac{1}{2}$ 또는 $a=4$

함수 $f(x)$가 조건 (나)를 만족시키려면 실수 전체의 집합에서 증가해야 하므로 모든 실수 x에 대하여 $f'(x)\geq0$이어야 한다.

$a=-\frac{1}{2}$인 경우 $f(x)=x^3-2x-\frac{1}{4}$이고 $f'(x)=3x^2-2$

이때 $f'(x)<0$인 실수 x가 존재하므로 조건 (나)를 만족시키지 않는다.

$a=4$인 경우 $f(x)=x^3+16x-16$이고 $f'(x)=3x^2+16$

이때 모든 실수 x에 대하여 $f'(x)>0$이므로 조건 (나)를 만족시킨다.

따라서 $f(2)=8+32-16=24$

답 ②

필수유형 6

$f(x)=0$에서 $x=0$ 또는 $x=2$ 또는 $x=3$이므로 두 점 P, Q의 좌표는 각각 $(2,\,0)$, $(3,\,0)$이다.

이때 (A의 넓이)$=\int_{0}^{2}f(x)\,dx$, (B의 넓이)$=-\int_{2}^{3}f(x)\,dx$이므로

$$(A\text{의 넓이})-(B\text{의 넓이})=\int_{0}^{2}f(x)\,dx-\left\{-\int_{2}^{3}f(x)\,dx\right\}$$
$$=\int_{0}^{2}f(x)\,dx+\int_{2}^{3}f(x)\,dx$$
$$=\int_{0}^{3}f(x)\,dx$$

$$\int_{0}^{3}f(x)\,dx=\int_{0}^{3}kx(x-2)(x-3)\,dx=k\int_{0}^{3}(x^3-5x^2+6x)\,dx$$
$$=k\left[\frac{1}{4}x^4-\frac{5}{3}x^3+3x^2\right]_{0}^{3}=k\left(\frac{81}{4}-45+27\right)=\frac{9}{4}k$$

따라서 $\frac{9}{4}k=3$이므로 $k=\frac{4}{3}$

답 ②

17

$y=x^2-ax=x(x-a)$이고, $y=-x^3+ax^2=-x^2(x-a)$이므로 두 곡선 $y=x(x-a)$, $y=-x^2(x-a)$는 그림과 같다.

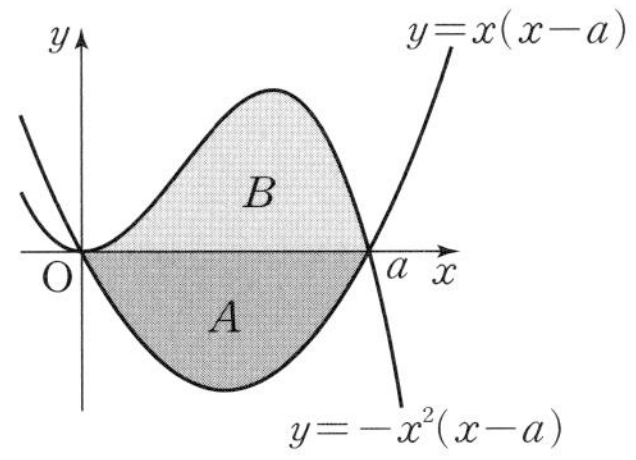

$A=\int_{0}^{a}(-x^2+ax)\,dx$,

$B=\int_{0}^{a}(-x^3+ax^2)\,dx$이고

$A=B$에서 $A-B=0$이므로

$$\int_{0}^{a}(-x^2+ax)\,dx-\int_{0}^{a}(-x^3+ax^2)\,dx$$
$$=\int_{0}^{a}\{x^3-(a+1)x^2+ax\}\,dx=\left[\frac{1}{4}x^4-\frac{a+1}{3}x^3+\frac{a}{2}x^2\right]_{0}^{a}$$
$$=\frac{1}{4}a^4-\left(\frac{1}{3}a^4+\frac{1}{3}a^3\right)+\frac{1}{2}a^3=-\frac{1}{12}a^4+\frac{1}{6}a^3$$
$$=-\frac{1}{12}a^3(a-2)=0$$

$a>0$이므로 $a=2$

답 ①

18

직선 $y=x+2$가 곡선 $y=x^2-3x+k$와 점 $P(a,\,b)$에서 접한다고 하자.

$f(x)=x^2-3x+k$라 하면 $f'(x)=2x-3$

곡선 위의 점 P에서의 접선의 기울기가 1이므로

$f'(a)=2a-3=1$에서 $a=2$

점 P는 직선 $y=x+2$ 위의 점이므로 $b=a+2$에서 $b=4$

또한 점 P는 곡선 $y=x^2-3x+k$ 위의 점이므로

$4=4-6+k$에서 $k=6$

따라서 곡선 $y=x^2-3x+6$과 두 직선 $y=x+2$, $x=6$으로 둘러싸인 부분의 넓이는

$$\int_2^6 |(x^2-3x+6)-(x+2)|\,dx$$

$$=\int_2^6 |x^2-4x+4|\,dx=\int_2^6 (x^2-4x+4)\,dx=\left[\frac{1}{3}x^3-2x^2+4x\right]_2^6$$

$$=(72-72+24)-\left(\frac{8}{3}-8+8\right)=24-\frac{8}{3}=\frac{64}{3}$$

답 ⑤

19

함수 $g(x)$가 $g(x)=\begin{cases}2f(x) & (f(x)\geq 0)\\ 0 & (f(x)<0)\end{cases}$ 이므로 두 함수 $y=f(x)$, $y=g(x)$의 그래프는 그림과 같다.

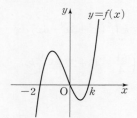 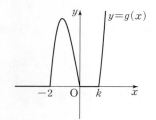

그러므로 함수 $y=g(x)$의 그래프와 x축으로 둘러싸인 부분의 넓이는

$$\int_{-2}^0 2f(x)\,dx=2\int_{-2}^0 \{x^3+(2-k)x^2-2kx\}\,dx$$

$$=2\left[\frac{1}{4}x^4+\frac{2-k}{3}x^3-kx^2\right]_{-2}^0$$

$$=2\left\{0-\left(4+\frac{8k-16}{3}-4k\right)\right\}=\frac{8}{3}k+\frac{8}{3}$$

$\frac{8}{3}k+\frac{8}{3}=6$이므로 $\frac{8}{3}k=\frac{10}{3}$

따라서 $k=\frac{5}{4}$

답 ②

20

$ax=3$에서 $x=\frac{3}{a}$이므로 직선 $y=ax$와 선분 BC가 만나는 점의 x좌표가 $\frac{3}{a}$이고,

$S_1=\frac{1}{2}\times\frac{3}{a}\times 3=\frac{9}{2a}$

$S_2=\int_0^3 \frac{1}{a}x^2\,dx=\frac{1}{a}\int_0^3 x^2\,dx=\frac{1}{a}\left[\frac{1}{3}x^3\right]_0^3=\frac{9}{a}$

$S_2=2S_1$이고, S_1, S_2, S_3이 이 순서대로 등비수열을 이루므로

$S_3=2S_2=\frac{18}{a}$

원점 O에 대하여 $S_1+S_2+S_3$은 정사각형 OABC의 넓이와 같으므로

$\frac{9}{2a}+\frac{9}{a}+\frac{18}{a}=\frac{63}{2a}=9$

$2a=7$

따라서 $12a=42$

답 42

21

함수 $g(x)$가 실수 전체의 집합에서 연속이므로 $x=1$, $x=3$에서도 연속이다.

$\lim\limits_{x\to 1-}g(x)=\lim\limits_{x\to 1+}g(x)=g(1)$에서

즉, $\lim\limits_{x\to 1-}g(x)=\lim\limits_{x\to 1-}x=1$, $\lim\limits_{x\to 1+}g(x)=\lim\limits_{x\to 1+}f(x)=f(1)$,

$g(1)=f(1)$이므로 $f(1)=1$

또한 $\lim\limits_{x\to 3-}g(x)=\lim\limits_{x\to 3+}g(x)=g(3)$에서

$\lim\limits_{x\to 3-}g(x)=\lim\limits_{x\to 3-}f(x)=f(3)$, $\lim\limits_{x\to 3+}g(x)=\lim\limits_{x\to 3+}x=3$,

$g(3)=f(3)$이므로 $f(3)=3$

그러므로 음수 a에 대하여 $f(x)=a(x-1)(x-3)+x$로 놓을 수 있고, 함수 $y=g(x)$의 그래프의 개형은 그림과 같다.

두 직선 $y=x$, $x=4$와 x축으로 둘러싸인 부분의 넓이가 $\frac{1}{2}\times 4\times 4=8$이므로 함수 $y=g(x)$의 그래프와 직선 $y=x$로 둘러싸인 부분의 넓이는

$\frac{34}{3}-8=\frac{10}{3}$이어야 한다. 즉,

$$\int_1^3 |g(x)-x|\,dx=\int_1^3 \{f(x)-x\}\,dx=\int_1^3 a(x-1)(x-3)\,dx$$

$$=a\int_1^3 (x^2-4x+3)\,dx=a\left[\frac{1}{3}x^3-2x^2+3x\right]_1^3$$

$$=a\left\{(9-18+9)-\left(\frac{1}{3}-2+3\right)\right\}=-\frac{4}{3}a=\frac{10}{3}$$

에서 $a=-\frac{5}{2}$

그러므로 $f(x)=-\frac{5}{2}(x-1)(x-3)+x$이고

$f'(x)=-\frac{5}{2}\{(x-3)+(x-1)\}+1=-5x+11$

$f'(x)=0$에서 $x=\frac{11}{5}$

함수 $f(x)$는 최고차항의 계수가 음수인 이차함수이므로 $x=\frac{11}{5}$에서 최댓값을 갖고 함수 $f(x)$의 최댓값은

$f\left(\frac{11}{5}\right)=-\frac{5}{2}\times\frac{6}{5}\times\left(-\frac{4}{5}\right)+\frac{11}{5}=\frac{12}{5}+\frac{11}{5}=\frac{23}{5}$

따라서 $p=5$, $q=23$이므로

$p+q=5+23=28$

답 28

필수유형 7

조건 (가)에 의하여 함수 $y=f(x)$의 그래프를 x축의 방향으로 3만큼, y축의 방향으로 4만큼 평행이동한 그래프는 함수 $y=f(x)$의 그래프와 일치한다.

조건 (나)에서

$$\int_0^6 f(x)\,dx=\int_0^3 f(x)\,dx+\int_3^6 f(x)\,dx$$

$$=\int_0^3 f(x)\,dx+\int_3^6 \{f(x-3)+4\}\,dx$$

$$= \int_0^3 f(x)\,dx + \int_0^3 \{f(x)+4\}\,dx$$
$$= 2\int_0^3 f(x)\,dx + 12 = 0$$

이므로 $\int_0^3 f(x)\,dx = -6$이고

$\int_0^3 f(x)\,dx + \int_3^6 f(x)\,dx = 0$이므로 $\int_3^6 f(x)\,dx = 6$

또한 함수 $f(x)$는 실수 전체의 집합에서 증가하는 함수이고, $f(6) > 0$이므로 $x \geq 6$일 때 $f(x) > 0$이다.

따라서 구하는 넓이는

$$\int_6^9 |f(x)|\,dx = \int_6^9 f(x)\,dx = \int_6^9 \{f(x-3)+4\}\,dx$$
$$= \int_3^6 f(x)\,dx + 12 = 6 + 12 = 18$$

답 ④

22

함수 $f(x)$의 역함수가 존재하고 $f(2)=2$, $f(4)=8$이므로 함수 $f(x)$는 실수 전체의 집합에서 증가한다.

그림과 같이 점 A, B, C, D, E, F의 좌표를 각각 $(2, 0)$, $(2, 2)$, $(0, 2)$, $(4, 0)$, $(4, 8)$, $(0, 8)$이라 하고, 곡선 $y=f(x)$와 두 직선 $y=2$, $y=8$ 및 y축으로 둘러싸인 부분의 넓이를 S_1, $\int_2^4 f(x)\,dx = S_2$라 하자.

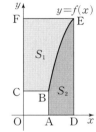

원점 O에 대하여 사각형 ODEF의 넓이에서 사각형 OABC의 넓이를 뺀 값은 $S_1 + S_2$와 같으므로
$$S_1 + S_2 = 4 \times 8 - 2 \times 2 = 28$$
이때 $S_1 = 16$이므로 $S_2 = 12$

따라서 $\int_2^4 f(x)\,dx = 12$

답 ③

23

방정식 $f(x)=0$은 서로 다른 세 실근 a, 1, b $(a<1<b)$를 갖고 a, 1, b는 이 순서대로 등차수열을 이루므로
$b-1 = 1-a = d$ $(d>0)$이라 하면
$$f(x) = (x-1+d)(x-1)(x-1-d)$$
한편, 곡선 $y=f(x)$와 x축으로 둘러싸인 부분의 넓이는 곡선 $y=f(x)$를 x축의 방향으로 -1만큼 평행이동시킨 곡선 $y=f(x+1)$과 x축으로 둘러싸인 부분의 넓이와 같다.
$f(x+1) = x(x-d)(x+d) = x^3 - d^2 x$이고 곡선 $y=f(x+1)$은 원점에 대하여 대칭이므로 곡선 $y=f(x+1)$과 x축으로 둘러싸인 부분의 넓이는
$$\int_{-d}^0 (x^3 - d^2 x)\,dx + \int_0^d (-x^3 + d^2 x)\,dx$$
$$= 2\int_0^d (-x^3 + d^2 x)\,dx = 2\left[-\frac{1}{4}x^4 + \frac{d^2}{2}x^2 \right]_0^d$$
$$= 2\left(-\frac{d^4}{4} + \frac{d^4}{2} \right) = \frac{d^4}{2}$$

$\dfrac{d^4}{2} = 128$, 즉 $d^4 = 256$에서 $d > 0$이므로 $d = 4$

따라서 $f(x) = (x+3)(x-1)(x-5)$이므로
$f(6) = 9 \times 5 \times 1 = 45$

답 ②

24

$$\int_0^6 x\,dx = \left[\frac{1}{2}x^2 \right]_0^6 = 18 - 0 = 18,$$
$$\int_6^8 x\,dx = \left[\frac{1}{2}x^2 \right]_6^8 = 32 - 18 = 14$$이므로

$\int_0^6 f(x)\,dx = \int_6^8 f(x)\,dx$를 만족시키려면 함수 $y=f(x)$의 그래프의 개형은 그림과 같아야 한다.

닫힌구간 $[0, 6]$에서 직선 $y=x$와 곡선 $y=f(x)$로 둘러싸인 부분의 넓이를 S_1이라 하고, 닫힌구간 $[6, 8]$에서 직선 $y=x$와 곡선 $y=f(x)$로 둘러싸인 부분의 넓이를 S_2라 하자.

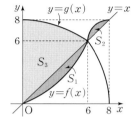

$$\int_0^6 f(x)\,dx = 18 - S_1,$$
$$\int_6^8 f(x)\,dx = 14 + S_2$$

이므로 $18 - S_1 = 14 + S_2$에서 $S_1 + S_2 = 4$
또한 곡선 $y=g(x)$는 직선 $y=x$에 대하여 대칭이므로 곡선 $y=g(x)$와 직선 $y=x$ 및 y축으로 둘러싸인 부분의 넓이를 S_3이라 하면 곡선 $y=g(x)$와 직선 $y=x$ 및 x축으로 둘러싸인 부분의 넓이도 S_3이다.

$$\int_0^6 \{g(x) - f(x)\}\,dx = S_3 + S_1$$
$$\int_6^8 \{f(x) - g(x)\}\,dx = \frac{1}{2} \times 8 \times 8 - S_3 + S_2 = 32 - S_3 + S_2$$

따라서
$$\int_0^8 |f(x) - g(x)|\,dx$$
$$= \int_0^6 \{g(x) - f(x)\}\,dx + \int_6^8 \{f(x) - g(x)\}\,dx$$
$$= (S_3 + S_1) + (32 - S_3 + S_2)$$
$$= 32 + S_1 + S_2 = 32 + 4 = 36$$

답 36

필수유형 8

$t \geq 2$일 때
$$v(t) = \int a(t)\,dt = \int (6t+4)\,dt$$
$$= 3t^2 + 4t + C \ (단, C는 적분상수)$$
조건 (가)에서 $v(2)=0$이므로 $12+8+C=0$에서 $C=-20$
$0 \leq t \leq 2$일 때 $v(t) \leq 0$이고, $t \geq 2$일 때 $v(t) \geq 0$이다.
따라서 시각 $t=0$에서 $t=3$까지 점 P가 움직인 거리는
$$\int_0^3 |v(t)|\,dt = \int_0^2 |v(t)|\,dt + \int_2^3 |v(t)|\,dt$$
$$= \int_0^2 (8t - 2t^3)\,dt + \int_2^3 (3t^2 + 4t - 20)\,dt$$

$$=\left[4t^2-\frac{1}{2}t^4\right]_0^2+\left[t^3+2t^2-20t\right]_2^3$$
$$=(16-8)+\{(27+18-60)-(8+8-40)\}$$
$$=8+9=17$$

🖪 17

25

점 P의 시각 t $(t\geq0)$에서의 가속도를 $a(t)$라 하면
$$a(t)=v'(t)=6t-4$$
시각 $t=k$에서의 점 P의 가속도가 8이므로
$6k-4=8$에서 $k=2$
따라서 시각 $t=0$에서 $t=2$까지 점 P의 위치의 변화량은
$$\int_0^2 v(t)\,dt=\int_0^2 (3t^2-4t+5)\,dt=\left[t^3-2t^2+5t\right]_0^2=8-8+10=10$$

🖪 ⑤

26

시각 $t=0$에서의 점 P의 위치와 시각 $t=3$에서의 점 P의 위치가 서로 같으므로 시각 $t=0$에서 시각 $t=3$까지 점 P의 위치의 변화량이 0이다.
$$\int_0^3 v(t)\,dt=\int_0^3 (t^2-kt)\,dt=\left[\frac{1}{3}t^3-\frac{k}{2}t^2\right]_0^3=9-\frac{9}{2}k=0$$
에서 $k=2$
따라서 점 P가 시각 $t=0$에서 $t=3$까지 움직인 거리는
$$\int_0^3 |v(t)|\,dt=\int_0^3 |t^2-2t|\,dt=\int_0^2 (-t^2+2t)\,dt+\int_2^3 (t^2-2t)\,dt$$
$$=\left[-\frac{1}{3}t^3+t^2\right]_0^2+\left[\frac{1}{3}t^3-t^2\right]_2^3$$
$$=\left(-\frac{8}{3}+4\right)+\left\{(9-9)-\left(\frac{8}{3}-4\right)\right\}=\frac{8}{3}$$

🖪 ②

27

점 P가 움직이는 방향이 바뀌는 순간 $v(t)=0$이므로
$t^2-5t+4=0$에서 $(t-1)(t-4)=0$
$t=1$ 또는 $t=4$에서 점 P가 움직이는 방향이 바뀌므로 $t_1=1$, $t_2=4$
시각 $t=1$에서의 점 P의 위치가 10이므로
시각 $t=4$에서의 점 P의 위치는 $10+\int_1^4 v(t)\,dt$이고
$$\int_1^4 v(t)\,dt=\int_1^4 (t^2-5t+4)\,dt=\left[\frac{1}{3}t^3-\frac{5}{2}t^2+4t\right]_1^4$$
$$=\left(\frac{64}{3}-40+16\right)-\left(\frac{1}{3}-\frac{5}{2}+4\right)=-\frac{9}{2}$$
따라서 시각 $t=4$에서의 점 P의 위치는
$$10+\left(-\frac{9}{2}\right)=\frac{11}{2}$$

🖪 ①

28

시각 t에서 두 점 P, Q의 위치를 각각 $x_1(t)$, $x_2(t)$라 하면

$$x_1(t)=k+\int_0^t v_1(t)\,dt=k+\int_0^t (3t^2-12t+k)\,dt$$
$$=k+\left[t^3-6t^2+kt\right]_0^t=t^3-6t^2+kt+k$$
$$x_2(t)=2k+\int_0^t v_2(t)\,dt=2k+\int_0^t (-2t-4)\,dt$$
$$=2k+\left[-t^2-4t\right]_0^t=-t^2-4t+2k$$
$x_1(t)=x_2(t)$에서
$$t^3-6t^2+kt+k=-t^2-4t+2k$$
$$t^3-5t^2+(k+4)t-k=0,\ (t-1)(t^2-4t+k)=0$$
$x_1(1)=x_2(1)$이므로 두 점 P, Q는 시각 $t=1$일 때 만난다.
이때 두 점 P, Q가 출발한 후 한 번만 만나려면 t에 대한 이차방정식 $t^2-4t+k=0$의 실근이 존재하지 않거나 양수인 실근이 존재한다면 그 실근은 $t=1$뿐이어야 한다.
이차방정식 $t^2-4t+k=0$의 실근이 존재하는 경우 실근이 모두 음수일 수 없고, $t=1$을 실근으로 갖는 경우 $k=3$이므로 $t=3$도 실근으로 갖게 되어 주어진 조건을 만족시킬 수 없다.
그러므로 이차방정식 $t^2-4t+k=0$의 실근이 존재하지 않아야 하고 이차방정식 $t^2-4t+k=0$의 판별식을 D라 하면 $\frac{D}{4}=4-k<0$이어야 하므로 $k>4$
따라서 구하는 자연수 k의 최솟값은 5이다.

🖪 5

29

시각 $t=0$에서 $t=5$까지 점 P가 움직인 거리가 12이므로
$$\int_0^5 |v(t)|\,dt=12$$
시각 $t=0$에서 $t=3$까지 점 P의 위치의 변화량이 -7이므로
$$\int_0^3 v(t)\,dt=-7$$
조건 (가)에서 $0\leq t\leq5$인 모든 실수 t에 대하여 $v(5-t)=v(5+t)$이므로 함수 $y=v(t)$ $(0\leq t\leq10)$의 그래프는 직선 $t=5$에 대하여 대칭이다.
그러므로 $\int_5^{10} |v(t)|\,dt=\int_0^5 |v(t)|\,dt=12$이고
$$\int_7^{10} v(t)\,dt=\int_0^3 v(t)\,dt=-7$$이다.
한편, 조건 (나)에서 $0<t<3$인 모든 실수 t에 대하여 $v(t)<0$이므로
$$\int_0^3 |v(t)|\,dt=\int_0^3 \{-v(t)\}\,dt=-\int_0^3 v(t)\,dt=7$$
시각 $t=3$에서 $t=10$까지 점 P가 움직인 거리는
$$\int_3^{10} |v(t)|\,dt=\int_0^5 |v(t)|\,dt+\int_5^{10} |v(t)|\,dt-\int_0^3 |v(t)|\,dt$$
$$=12+12-7=17$$
시각 $t=3$에서 $t=10$까지 점 P가 움직인 거리와 시각 $t=7$에서의 점 P의 위치가 같으므로 시각 $t=7$에서의 점 P의 위치가 17이다.
따라서 시각 $t=10$에서의 점 P의 위치는
$$17+\int_7^{10} v(t)\,dt=17+(-7)=10$$

🖪 10

07 수열의 극한

본문 72~79쪽

필수유형 **1** ⑤	01 ④	02 ⑤	03 ⑤
필수유형 **2** ①	04 ⑤	05 ②	06 63
필수유형 **3** ④	07 ③	08 ②	09 ③
필수유형 **4** ②	10 ①	11 ②	12 15
필수유형 **5** ⑤	13 ③	14 ④	15 ③
필수유형 **6** ③	16 ③	17 ②	18 ④
필수유형 **7** ③	19 ④	20 4	21 24
필수유형 **8** ③	22 ⑤		

필수유형 **1**

$\dfrac{a_n+2}{2}=b_n$이라 하면 $\lim\limits_{n\to\infty} b_n=6$

$a_n=2b_n-2$이므로

$\lim\limits_{n\to\infty} a_n=\lim\limits_{n\to\infty}(2b_n-2)=2\lim\limits_{n\to\infty} b_n-2=2\times 6-2=10$

따라서

$\lim\limits_{n\to\infty}\dfrac{na_n+1}{a_n+2n}=\lim\limits_{n\to\infty}\dfrac{a_n+\dfrac{1}{n}}{\dfrac{a_n}{n}+2}$

$=\dfrac{10+0}{0+2}=5$

답 ⑤

01

$\lim\limits_{n\to\infty} a_n=5$, $\lim\limits_{n\to\infty} b_n=-2$이므로

$\lim\limits_{n\to\infty}(2a_n+3b_n)=2\lim\limits_{n\to\infty} a_n+3\lim\limits_{n\to\infty} b_n$

$=2\times 5+3\times(-2)$

$=4$

답 ④

02

이차방정식 $x^2-6x+2=0$의 서로 다른 두 실근이 α, β이므로 근과 계수의 관계에 의하여 $\alpha+\beta=6$, $\alpha\beta=2$이다.

$\lim\limits_{n\to\infty}(a_n+b_n)+\lim\limits_{n\to\infty}(a_n-b_n)=\lim\limits_{n\to\infty} 2a_n$에서

$\lim\limits_{n\to\infty} 2a_n=\alpha+\beta=6$이므로 $\lim\limits_{n\to\infty} a_n=3$이다.

또한 $a_n^2-b_n^2=(a_n+b_n)(a_n-b_n)$에서

$\lim\limits_{n\to\infty}(a_n^2-b_n^2)=\lim\limits_{n\to\infty}(a_n+b_n)(a_n-b_n)$

$=\lim\limits_{n\to\infty}(a_n+b_n)\times\lim\limits_{n\to\infty}(a_n-b_n)$

$=\alpha\beta=2$

따라서

$\lim\limits_{n\to\infty}(a_n^2+a_n-b_n^2)=\lim\limits_{n\to\infty}(a_n^2-b_n^2)+\lim\limits_{n\to\infty} a_n$

$=2+3=5$

답 ⑤

03

$\dfrac{3a_n-4}{a_n+2}=c_n$, $\dfrac{3b_n}{2b_n+1}=d_n$이라 하면

$3a_n-4=a_nc_n+2c_n$, $(3-c_n)a_n=2c_n+4$에서

$a_n=\dfrac{2c_n+4}{-c_n+3}$이고

$3b_n=2b_nd_n+d_n$, $(3-2d_n)b_n=d_n$에서

$b_n=\dfrac{d_n}{3-2d_n}$이다.

$\lim\limits_{n\to\infty} c_n=\dfrac{5}{2}$, $\lim\limits_{n\to\infty} d_n=\dfrac{3}{4}$이므로

$\lim\limits_{n\to\infty} a_n=\lim\limits_{n\to\infty}\dfrac{2c_n+4}{-c_n+3}=\dfrac{2\times\dfrac{5}{2}+4}{-\dfrac{5}{2}+3}=\dfrac{9}{\dfrac{1}{2}}=18$

$\lim\limits_{n\to\infty} b_n=\lim\limits_{n\to\infty}\dfrac{d_n}{3-2d_n}=\dfrac{\dfrac{3}{4}}{3-2\times\dfrac{3}{4}}=\dfrac{\dfrac{3}{4}}{\dfrac{3}{2}}=\dfrac{1}{2}$

따라서

$\lim\limits_{n\to\infty} a_n(2b_n+1)=\lim\limits_{n\to\infty} a_n\times\lim\limits_{n\to\infty}(2b_n+1)$

$=18\times\left(2\times\dfrac{1}{2}+1\right)$

$=18\times 2=36$

답 ⑤

필수유형 **2**

$\lim\limits_{n\to\infty}\dfrac{1}{\sqrt{n^2+3n}-\sqrt{n^2+n}}$

$=\lim\limits_{n\to\infty}\dfrac{\sqrt{n^2+3n}+\sqrt{n^2+n}}{(\sqrt{n^2+3n}-\sqrt{n^2+n})(\sqrt{n^2+3n}+\sqrt{n^2+n})}$

$=\lim\limits_{n\to\infty}\dfrac{\sqrt{n^2+3n}+\sqrt{n^2+n}}{(n^2+3n)-(n^2+n)}$

$=\lim\limits_{n\to\infty}\dfrac{\sqrt{n^2+3n}+\sqrt{n^2+n}}{2n}$

$=\lim\limits_{n\to\infty}\dfrac{\sqrt{1+\dfrac{3}{n}}+\sqrt{1+\dfrac{1}{n}}}{2}$

$=\dfrac{2}{2}=1$

답 ①

04

$\lim\limits_{n\to\infty}\dfrac{2n}{\sqrt{n^2+2n}+\sqrt{9n^2+n}}$

$=\lim\limits_{n\to\infty}\dfrac{2}{\sqrt{1+\dfrac{2}{n}}+\sqrt{9+\dfrac{1}{n}}}$

$=\dfrac{2}{1+3}=\dfrac{1}{2}$

답 ⑤

05

$$\lim_{n \to \infty} \frac{3n^k - 1}{(n^2 + 1)(n^3 - 1)}$$

$$= \lim_{n \to \infty} \frac{3n^k - 1}{n^5 + n^3 - n^2 - 1}$$

$$= \lim_{n \to \infty} \frac{\dfrac{3n^k}{n^5} - \dfrac{1}{n^5}}{1 + \dfrac{1}{n^2} - \dfrac{1}{n^3} - \dfrac{1}{n^5}} \qquad \cdots\cdots \ \text{㉠}$$

이므로 극한값이 존재하기 위해서는 $k \leq 5$이어야 한다.

이때 ㉠에서

$k = 5$이면 $\lim_{n \to \infty} \dfrac{3n^k - 1}{(n^2 + 1)(n^3 - 1)} = 3$이고

$k < 5$이면 $\lim_{n \to \infty} \dfrac{3n^k - 1}{(n^2 + 1)(n^3 - 1)} = 0$이다.

한편,

$$\lim_{n \to \infty} \frac{n(n+5)}{3n^k - 1} = \lim_{n \to \infty} \frac{n^2 + 5n}{3n^k - 1}$$

$$= \lim_{n \to \infty} \frac{\dfrac{n^2}{n^k} + \dfrac{5n}{n^k}}{3 - \dfrac{1}{n^k}} \qquad \cdots\cdots \ \text{㉡}$$

이므로 극한값이 존재하기 위해서는 $k \geq 2$이어야 한다.

이때 ㉡에서

$k = 2$이면 $\lim_{n \to \infty} \dfrac{n(n+5)}{3n^k - 1} = \dfrac{1}{3}$이고

$k > 2$이면 $\lim_{n \to \infty} \dfrac{n(n+5)}{3n^k - 1} = 0$이다.

따라서 $\alpha = \beta$를 만족시키는 경우는

$\lim_{n \to \infty} \dfrac{3n^k - 1}{(n^2 + 1)(n^3 - 1)} = \lim_{n \to \infty} \dfrac{n(n+5)}{3n^k - 1} = 0$일 때이므로 자연수 k의

값의 범위는 $2 < k < 5$이고 그 개수는 2이다.

답 ②

06

$$\lim_{n \to \infty} (\sqrt{n^2 + an} - n) = \lim_{n \to \infty} \frac{(\sqrt{n^2 + an} - n)(\sqrt{n^2 + an} + n)}{\sqrt{n^2 + an} + n}$$

$$= \lim_{n \to \infty} \frac{(n^2 + an) - n^2}{\sqrt{n^2 + an} + n}$$

$$= \lim_{n \to \infty} \frac{an}{\sqrt{n^2 + an} + n} = \lim_{n \to \infty} \frac{a}{\sqrt{1 + \dfrac{a}{n}} + 1}$$

$$= \frac{a}{2} = 8$$

에서 $a = 16$

한편,

$$\lim_{n \to \infty} \frac{(an + 1)(2n - 1)}{bn(n + 3)} = \lim_{n \to \infty} \frac{2an^2 - (a - 2)n - 1}{bn^2 + 3bn}$$

$$= \lim_{n \to \infty} \frac{2a - \dfrac{a - 2}{n} - \dfrac{1}{n^2}}{b + \dfrac{3b}{n}} = \frac{2a}{b} = \frac{32}{b}$$

이므로 이 값이 자연수가 되기 위해서는 b가 32의 양의 약수이어야 한다.

따라서 구하는 모든 자연수 b의 값의 합은

$1 + 2 + 4 + 8 + 16 + 32 = 63$

답 63

참고

자연수 b의 값의 합은 다음과 같이 등비수열의 합을 이용해서 구할 수 있다.

$1 + 2 + 4 + 8 + 16 + 32 = \dfrac{2^6 - 1}{2 - 1} = 63$

필수유형 ③

수열 $\{a_n\}$의 모든 항이 양수이므로 모든 자연수 n에 대하여

$0 < \sqrt{9n^2 + 4} < \sqrt{na_n} < 3n + 2$이다.

각 변을 제곱하면

$9n^2 + 4 < na_n < 9n^2 + 12n + 4$

다시 각 변을 n^2으로 나누면

$9 + \dfrac{4}{n^2} < \dfrac{a_n}{n} < 9 + \dfrac{12}{n} + \dfrac{4}{n^2}$

이때 $\lim_{n \to \infty} \left(9 + \dfrac{4}{n^2} \right) = \lim_{n \to \infty} \left(9 + \dfrac{12}{n} + \dfrac{4}{n^2} \right) = 9$이므로

$\lim_{n \to \infty} \dfrac{a_n}{n} = 9$

답 ④

07

주어진 부등식의 각 변에 n^2을 곱하면

$3n^3 + 2 < na_n < 3n^3 + 4$

다시 각 변을 $n^3 + 1$로 나누면

$\dfrac{3n^3 + 2}{n^3 + 1} < \dfrac{na_n}{n^3 + 1} < \dfrac{3n^3 + 4}{n^3 + 1}$

이때 $\lim_{n \to \infty} \dfrac{3n^3 + 2}{n^3 + 1} = \lim_{n \to \infty} \dfrac{3n^3 + 4}{n^3 + 1} = 3$이므로

$\lim_{n \to \infty} \dfrac{na_n}{n^3 + 1} = 3$

답 ③

08

점 $(1, -1)$과 직선 $(n+1)x - ny + 2 = 0$ 사이의 거리는

$\dfrac{|(n+1) + n + 2|}{\sqrt{(n+1)^2 + (-n)^2}} = \dfrac{|2n + 3|}{\sqrt{2n^2 + 2n + 1}}$

n은 자연수이므로 $2n + 3 > 0$

따라서 $a_n = \dfrac{2n + 3}{\sqrt{2n^2 + 2n + 1}}$

점 $(3, 1)$과 직선 $(n+1)x - ny + 2 = 0$ 사이의 거리는

$\dfrac{|3(n+1) - n + 2|}{\sqrt{(n+1)^2 + (-n)^2}} = \dfrac{|2n + 5|}{\sqrt{2n^2 + 2n + 1}}$

n은 자연수이므로 $2n + 5 > 0$

따라서 $b_n = \dfrac{2n + 5}{\sqrt{2n^2 + 2n + 1}}$

한편, $\lim_{n \to \infty} a_n = \lim_{n \to \infty} \dfrac{2n + 3}{\sqrt{2n^2 + 2n + 1}} = \lim_{n \to \infty} \dfrac{2 + \dfrac{3}{n}}{\sqrt{2 + \dfrac{2}{n} + \dfrac{1}{n^2}}} = \sqrt{2}$이고

$$\lim_{n\to\infty} b_n = \lim_{n\to\infty} \frac{2n+5}{\sqrt{2n^2+2n+1}} = \lim_{n\to\infty} \frac{2+\dfrac{5}{n}}{\sqrt{2+\dfrac{2}{n}+\dfrac{1}{n^2}}} = \sqrt{2}\text{이므로}$$

$$\lim_{n\to\infty} c_n = \sqrt{2}$$

답 ②

09

조건 (가)에서

$$\sum_{k=1}^{n} nk = n\sum_{k=1}^{n} k = n \times \frac{n(n+1)}{2} = \frac{n^2(n+1)}{2}$$

$$\sum_{k=1}^{n}(n+1)k = (n+1)\sum_{k=1}^{n}k = (n+1)\times\frac{n(n+1)}{2} = \frac{n(n+1)^2}{2}$$

이므로 $\dfrac{n^2(n+1)}{2} < a_n < \dfrac{n(n+1)^2}{2}$ 이다.

이때 부등식의 각 변에 $\dfrac{1}{n^3}$ 을 곱하면

$$\frac{n^2(n+1)}{2n^3} < \frac{a_n}{n^3} < \frac{n(n+1)^2}{2n^3}$$

이때 $\lim_{n\to\infty}\dfrac{n^2(n+1)}{2n^3} = \lim_{n\to\infty}\dfrac{n(n+1)^2}{2n^3} = \dfrac{1}{2}$ 이므로

$$\lim_{n\to\infty}\frac{a_n}{n^3} = \frac{1}{2} \qquad \cdots\cdots \text{㉠}$$

조건 (나)에서

$2 < b_1 < 3$

$3 < b_2 < 4$

$4 < b_3 < 5$

$\vdots$

$n+1 < b_n < n+2$

이고

$$2+3+4+\cdots+(n+1) = \sum_{k=1}^{n}(k+1) = \frac{n(n+1)}{2}+n$$

$$3+4+5+\cdots+(n+2) = \sum_{k=1}^{n}(k+2) = \frac{n(n+1)}{2}+2n$$

이므로

$$\frac{n(n+1)}{2}+n < b_1+b_2+b_3+\cdots+b_n < \frac{n(n+1)}{2}+2n$$

또 위 부등식의 각 변에 $\dfrac{1}{n^2}$ 을 곱하면

$$\frac{n(n+1)}{2n^2}+\frac{1}{n} < \frac{b_1+b_2+b_3+\cdots+b_n}{n^2} < \frac{n(n+1)}{2n^2}+\frac{2}{n}$$

이때 $\lim_{n\to\infty}\left\{\dfrac{n(n+1)}{2n^2}+\dfrac{1}{n}\right\} = \lim_{n\to\infty}\left\{\dfrac{n(n+1)}{2n^2}+\dfrac{2}{n}\right\} = \dfrac{1}{2}$ 이므로

$$\lim_{n\to\infty}\frac{b_1+b_2+b_3+\cdots+b_n}{n^2} = \frac{1}{2} \qquad \cdots\cdots \text{㉡}$$

$\lim_{n\to\infty}\dfrac{n(b_1+b_2+b_3+\cdots+b_n)}{a_n+2n^3}$ 에서 분모와 분자를 각각 n^3으로 나누면

㉠, ㉡에 의하여

$$\lim_{n\to\infty}\frac{\dfrac{b_1+b_2+b_3+\cdots+b_n}{n^2}}{\dfrac{a_n+2n^3}{n^3}}$$

$$=\lim_{n\to\infty}\frac{\dfrac{b_1+b_2+b_3+\cdots+b_n}{n^2}}{\dfrac{a_n}{n^3}+2}$$

$$=\frac{\dfrac{1}{2}}{\dfrac{1}{2}+2} = \frac{1}{5}$$

답 ③

필수유형 ❹

$\left(\dfrac{x}{4}\right)^{2n+1} = \dfrac{x}{4}\times\left(\dfrac{x}{4}\right)^{2n} = \dfrac{x}{4}\times\left(\dfrac{x^2}{16}\right)^{n}$ 이므로

$$f(x) = \lim_{n\to\infty}\frac{2\times\left(\dfrac{x}{4}\right)^{2n+1}-1}{\left(\dfrac{x}{4}\right)^{2n}+3}$$

$$= \lim_{n\to\infty}\frac{2\times\dfrac{x}{4}\times\left(\dfrac{x^2}{16}\right)^{n}-1}{\left(\dfrac{x^2}{16}\right)^{n}+3}$$

(i) $\left|\dfrac{x^2}{16}\right| < 1$ 일 때, 즉 $-4 < x < 4$ 일 때

$\lim_{n\to\infty}\left(\dfrac{x^2}{16}\right)^{n} = 0$ 이므로

$$f(x) = -\frac{1}{3}$$

따라서 $f(k) = -\dfrac{1}{3}$ 을 만족시키는 정수 k는 $-3, -2, \cdots, 2, 3$ 으로 그 개수는 7이다.

(ii) $\left|\dfrac{x^2}{16}\right| > 1$ 일 때, 즉 $x < -4$ 또는 $x > 4$ 일 때

$\lim_{n\to\infty}\left(\dfrac{x^2}{16}\right)^{n} = \infty$ 이므로

$$f(x) = \frac{x}{2}$$

$f(k) = \dfrac{k}{2} = -\dfrac{1}{3}$ 에서 $k = -\dfrac{2}{3}$

따라서 $f(k) = -\dfrac{1}{3}$ 을 만족시키는 정수 k는 존재하지 않는다.

(iii) $\dfrac{x^2}{16} = 1$ 일 때, 즉 $x = -4$ 또는 $x = 4$ 일 때

$\lim_{n\to\infty}\left(\dfrac{x^2}{16}\right)^{n} = 1$ 이므로

$$f(-4) = \frac{2\times\dfrac{-4}{4}\times1-1}{1+3} = -\frac{3}{4}$$

$$f(4) = \frac{2\times\dfrac{4}{4}\times1-1}{1+3} = \frac{1}{4}$$

따라서 $f(k) = -\dfrac{1}{3}$ 을 만족시키는 정수 k는 존재하지 않는다.

(i), (ii), (iii)에 의하여 $f(k) = -\dfrac{1}{3}$ 을 만족시키는 정수 k의 개수는 7이다.

답 ②

10

첫째항이 2이고 공비가 4인 등비수열 $\{a_n\}$의 일반항은

$a_n = 2\times4^{n-1}$ 이므로

$$\lim_{n\to\infty}\frac{a_n}{3^n+2^{2n+1}}=\lim_{n\to\infty}\frac{2\times4^{n-1}}{3^n+2\times4^n}$$

$$=\lim_{n\to\infty}\frac{\dfrac{2\times4^{n-1}}{4^n}}{\dfrac{3^n}{4^n}+\dfrac{2\times4^n}{4^n}}$$

$$=\lim_{n\to\infty}\frac{\dfrac{1}{2}}{\left(\dfrac{3}{4}\right)^n+2}=\frac{\dfrac{1}{2}}{0+2}=\frac{1}{4}$$

답 ①

11

함수 $f(x)$는 x의 값의 범위에 따라 다음과 같다.

(ⅰ) $x>1$일 때

$0<\dfrac{1}{x^2}<\dfrac{1}{x}<1$이므로

$\lim_{n\to\infty}\left(\dfrac{1}{x}\right)^{2n}=0$

한편, 주어진 식의 분모와 분자를 각각 x^{n-1}으로 나누면

$$f(x)=\lim_{n\to\infty}\frac{(a+1)\times x^n+a^2\times\left(\dfrac{1}{x}\right)^n}{x^{n-1}+a\times\left(\dfrac{1}{x}\right)^{n+1}}$$

$$=\lim_{n\to\infty}\frac{(a+1)\times x+a^2\times\left(\dfrac{1}{x}\right)^{2n-1}}{1+a\times\left(\dfrac{1}{x}\right)^{2n}}$$

$$=\frac{(a+1)\times x+0}{1+0}$$

$$=(a+1)x$$

(ⅱ) $x=1$일 때

$$f(1)=\lim_{n\to\infty}\frac{(a+1)\times1^n+a^2\times1^n}{1^{n-1}+a\times1^{n+1}}$$

$$=\frac{a^2+a+1}{a+1}$$

(ⅲ) $0<x<1$일 때

$0<x^2<x<1$이므로

$\lim_{n\to\infty}x^{2n}=0$

한편, 주어진 식의 분모와 분자를 각각 $\left(\dfrac{1}{x}\right)^{n+1}$으로 나누면

$$f(x)=\lim_{n\to\infty}\frac{(a+1)\times x^n+a^2\times\left(\dfrac{1}{x}\right)^n}{x^{n-1}+a\times\left(\dfrac{1}{x}\right)^{n+1}}$$

$$=\lim_{n\to\infty}\frac{(a+1)\times x^{2n+1}+a^2\times x}{x^{2n}+a}$$

$$=\frac{0+a^2\times x}{0+a}$$

$$=ax$$

(ⅰ), (ⅱ), (ⅲ)에 의하여

$$f(x)=\begin{cases}(a+1)x & (x>1)\\[4pt]\dfrac{a^2+a+1}{a+1} & (x=1)\\[4pt]ax & (0<x<1)\end{cases}$$

한편, $f(2)=(a+1)\times2=10$에서 $a=4$이다.

따라서 $f\left(\dfrac{1}{3}\right)=4\times\dfrac{1}{3}=\dfrac{4}{3}$

답 ②

12

(ⅰ) $|x|>1$일 때

$\lim_{n\to\infty}\dfrac{1}{|x^n|}=0$이므로

$$f(x)=\lim_{n\to\infty}\frac{x^n+\left(\dfrac{1}{x}\right)^{n+1}+\left(\dfrac{1}{x}\right)^n}{x^{n+1}+\left(\dfrac{1}{x}\right)^n}$$

$$=\lim_{n\to\infty}\frac{\dfrac{1}{x}+\left(\dfrac{1}{x}\right)^{2n+2}+\left(\dfrac{1}{x}\right)^{2n+1}}{1+\left(\dfrac{1}{x}\right)^{2n+1}}$$

$$=\frac{1}{x}$$

(ⅱ) $|x|<1$이고 $x\neq0$일 때

$\lim_{n\to\infty}|x^n|=0$이므로

$$f(x)=\lim_{n\to\infty}\frac{x^n+\left(\dfrac{1}{x}\right)^{n+1}+\left(\dfrac{1}{x}\right)^n}{x^{n+1}+\left(\dfrac{1}{x}\right)^n}$$

$$=\lim_{n\to\infty}\frac{x^{2n}+\dfrac{1}{x}+1}{x^{2n+1}+1}$$

$$=\frac{1}{x}+1$$

(ⅲ) $x=1$일 때

$\lim_{n\to\infty}x^n=\lim_{n\to\infty}\dfrac{1}{x^n}=1$이므로

$$f(1)=\frac{1+1+1}{1+1}=\frac{3}{2}$$

(ⅰ), (ⅱ), (ⅲ)에 의하여

$$f(x)=\begin{cases}\dfrac{1}{x} & (|x|>1)\\[6pt]\dfrac{1}{x}+1 & (|x|<1,\ x\neq0)\\[6pt]\dfrac{3}{2} & (x=1)\\[6pt]1 & (x=-1)\end{cases}$$

이고 함수 $y=f(x)$의 그래프와 직선 $y=x+k$가 서로 다른 세 점에서 만나는 경우는 그림과 같이 직선 $y=x+k$가 점 $(-1,\ 1)$을 지나는 경우와 점 $\left(1,\ \dfrac{3}{2}\right)$을 지나는 경우이다.

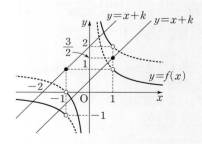

$1=-1+k$에서 $k=2$이고

$\dfrac{3}{2}=1+k$에서 $k=\dfrac{1}{2}$이므로

$S=2+\dfrac{1}{2}=\dfrac{5}{2}$에서

$6S=6\times\dfrac{5}{2}=15$

답 15

필수유형 5

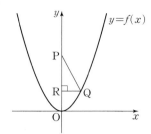

두 점 Q, R의 y좌표가 모두 1이므로 선분 RQ는 x축과 평행하다.
즉, 삼각형 PRQ는 ∠PRQ가 직각인 직각삼각형이다.
점 Q의 x좌표를 t라 하면 $nt^2=1$에서 $t=\dfrac{1}{\sqrt{n}}$이므로

$\overline{RQ}=\dfrac{1}{\sqrt{n}}$

따라서 삼각형 PRQ의 넓이 S_n은

$S_n=\dfrac{1}{2}\times\overline{PR}\times\overline{RQ}=\dfrac{1}{2}\times2n\times\dfrac{1}{\sqrt{n}}=\sqrt{n}$이므로

$S_n^{\,2}=n$

한편, $P(0,2n+1)$이고 $Q\left(\dfrac{1}{\sqrt{n}},1\right)$이므로 선분 PQ의 길이 l_n은

$l_n=\sqrt{\left(\dfrac{1}{\sqrt{n}}-0\right)^2+\{1-(2n+1)\}^2}$

$\quad=\sqrt{\dfrac{1}{n}+4n^2}$

따라서

$\lim\limits_{n\to\infty}\dfrac{S_n^{\,2}}{l_n}=\lim\limits_{n\to\infty}\dfrac{n}{\sqrt{\dfrac{1}{n}+4n^2}}$

$\quad=\lim\limits_{n\to\infty}\dfrac{1}{\sqrt{\dfrac{1}{n^3}+4}}$

$\quad=\dfrac{1}{\sqrt{0+4}}=\dfrac{1}{2}$

답 ⑤

13

$f(x)=-nx^2+(3n+2)x$

$\quad=-n\left(x^2-\dfrac{3n+2}{n}x\right)$

$\quad=-n\left(x-\dfrac{3n+2}{2n}\right)^2+\dfrac{(3n+2)^2}{4n}$

이므로 함수 $f(x)$의 최댓값은 $a_n=\dfrac{(3n+2)^2}{4n}$

따라서

$\lim\limits_{n\to\infty}\dfrac{a_n}{n}=\lim\limits_{n\to\infty}\dfrac{(3n+2)^2}{4n^2}=\lim\limits_{n\to\infty}\dfrac{9n^2+12n+4}{4n^2}$

$\quad=\lim\limits_{n\to\infty}\dfrac{9+\dfrac{12}{n}+\dfrac{4}{n^2}}{4}=\dfrac{9+0+0}{4}=\dfrac{9}{4}$

답 ③

14

$y=\dfrac{1}{x}$에 $x=2n$을 대입하면 $y=\dfrac{1}{2n}$이므로

점 A_n의 좌표는 $\left(2n,\dfrac{1}{2n}\right)$이다.

선분 OA_n의 중점을 P_n이라 하면 점 P_n의 좌표는 $\left(n,\dfrac{1}{4n}\right)$

두 점 O, A_n을 지나는 직선의 기울기가 $\dfrac{\dfrac{1}{2n}-0}{2n-0}=\dfrac{1}{4n^2}$이므로 선분

OA_n의 수직이등분선은 선분 OA_n의 중점 P_n을 지나고 기울기가
$-4n^2$인 직선이다.

점 $P_n\left(n,\dfrac{1}{4n}\right)$을 지나고 기울기가 $-4n^2$인 직선의 방정식은

$y-\dfrac{1}{4n}=-4n^2(x-n)$

$y=-4n^2x+4n^3+\dfrac{1}{4n}$

이 직선이 y축과 만나는 점 B_n의 좌표는 $\left(0,4n^3+\dfrac{1}{4n}\right)$

점 A_n에서 y축에 내린 수선의 발을 H_n이라 하면 삼각형 OA_nB_n의 넓이 S_n은

$S_n=\dfrac{1}{2}\times\overline{OB_n}\times\overline{A_nH_n}=\dfrac{1}{2}\times\left(4n^3+\dfrac{1}{4n}\right)\times2n$

$\quad=4n^4+\dfrac{1}{4}$

따라서

$\lim\limits_{n\to\infty}\dfrac{S_n}{n^4}=\lim\limits_{n\to\infty}\dfrac{4n^4+\dfrac{1}{4}}{n^4}$

$\quad=\lim\limits_{n\to\infty}\dfrac{4+\dfrac{1}{4n^4}}{1}=\dfrac{4+0}{1}=4$

답 ④

15

2 이상의 자연수 n에 대하여 직선 $y=nx$ 위의 점 중 x좌표가 n인 점
A_n의 좌표는 (n,n^2)이고 직선 $y=\dfrac{1}{n}x$ 위의 점 중 y좌표가 n인 점
B_n의 좌표는 (n^2,n)이므로
$\overline{OA_n}=\sqrt{n^2+n^4}$
$\overline{OB_n}=\sqrt{n^4+n^2}$
$\overline{A_nB_n}=\sqrt{(n^2-n)^2+(n-n^2)^2}=\sqrt{2}(n^2-n)$
그러므로 삼각형 OA_nB_n은 $\overline{OA_n}=\overline{OB_n}$인 이등변삼각형이다.

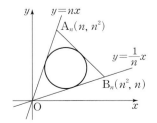

그림에서 삼각형 OA_nB_n에 내접하는 원의 반지름의 길이를 r_n이라 하면 삼각형 OA_nB_n의 넓이는

$$\frac{1}{2} \times (\overline{OA_n} \times r_n + \overline{OB_n} \times r_n + \overline{A_nB_n} \times r_n)$$

$$= \frac{r_n}{2} \times (\overline{OA_n} + \overline{OB_n} + \overline{A_nB_n}) \quad \cdots\cdots \ \text{㉠}$$

한편, 점 B_n에서 두 점 O, A_n을 지나는 직선 $y=nx$에 내린 수선의 발을 H_n이라 하면 $\overline{B_nH_n}$은 점 B_n과 직선 $nx-y=0$ 사이의 거리이고 n은 2 이상의 자연수이므로

$$\overline{B_nH_n} = \frac{|n^3-n|}{\sqrt{n^2+1}} = \frac{n(n^2-1)}{\sqrt{n^2+1}}$$

이때 삼각형 OA_nB_n의 넓이는

$$\frac{1}{2} \times \overline{OA_n} \times \overline{B_nH_n} \quad \cdots\cdots \ \text{㉡}$$

㉠, ㉡에서

$$\frac{r_n}{2} \times (\overline{OA_n} + \overline{OB_n} + \overline{A_nB_n}) = \frac{1}{2} \times \overline{OA_n} \times \overline{B_nH_n}$$

$$r_n = \frac{\overline{OA_n} \times \overline{B_nH_n}}{\overline{OA_n} + \overline{OB_n} + \overline{A_nB_n}}$$

$$= \frac{\sqrt{n^2+n^4} \times \dfrac{n(n^2-1)}{\sqrt{n^2+1}}}{\sqrt{n^2+n^4} + \sqrt{n^4+n^2} + \sqrt{2}(n^2-n)}$$

$$= \frac{n^2(n^2-1)}{2\sqrt{n^4+n^2} + \sqrt{2}(n^2-n)}$$

따라서

$$\lim_{n\to\infty} \frac{r_n}{n^2} = \lim_{n\to\infty} \frac{n^2-1}{2\sqrt{n^4+n^2} + \sqrt{2}(n^2-n)}$$

$$= \lim_{n\to\infty} \frac{1 - \dfrac{1}{n^2}}{2\sqrt{1 + \dfrac{1}{n^2}} + \sqrt{2}\left(1 - \dfrac{1}{n}\right)}$$

$$= \frac{1}{2+\sqrt{2}} = \frac{2-\sqrt{2}}{2}$$

답 ③

필수유형 6

등차수열 $\{a_n\}$의 첫째항이 4이므로 공차를 d라 하면

$$a_n = 4 + (n-1)d = dn + 4 - d \quad \cdots\cdots \ \text{㉠}$$

급수 $\displaystyle\sum_{n=1}^{\infty}\left(\frac{a_n}{n} - \frac{3n+7}{n+2}\right)$이 수렴하므로

$$\lim_{n\to\infty}\left(\frac{a_n}{n} - \frac{3n+7}{n+2}\right) = 0$$

$$\lim_{n\to\infty}\left(\frac{a_n}{n} - \frac{3n+7}{n+2}\right) = \lim_{n\to\infty}\left(\frac{dn+4-d}{n} - \frac{3n+7}{n+2}\right)$$

$$= \lim_{n\to\infty}\left(\frac{d + \dfrac{4-d}{n}}{1} - \frac{3 + \dfrac{7}{n}}{1 + \dfrac{2}{n}}\right)$$

$$= \frac{d+0}{1} - \frac{3+0}{1+0}$$

$$= d - 3 = 0$$

에서 $d=3$이므로 ㉠에 대입하여 정리하면

$$a_n = 3n + 1$$

$$\sum_{n=1}^{\infty}\left(\frac{a_n}{n} - \frac{3n+7}{n+2}\right) = \sum_{n=1}^{\infty}\left(\frac{3n+1}{n} - \frac{3n+7}{n+2}\right)$$

$$= \sum_{n=1}^{\infty} \frac{(3n+1)(n+2) - n(3n+7)}{n(n+2)}$$

$$= \sum_{n=1}^{\infty} \frac{2}{n(n+2)}$$

$$= \lim_{n\to\infty} \sum_{k=1}^{n} \frac{2}{k(k+2)}$$

$$= \lim_{n\to\infty} \sum_{k=1}^{n}\left(\frac{1}{k} - \frac{1}{k+2}\right)$$

$$= \lim_{n\to\infty}\left(1 + \frac{1}{2} - \frac{1}{n+1} - \frac{1}{n+2}\right)$$

$$= 1 + \frac{1}{2} - 0 - 0 = \frac{3}{2}$$

따라서 $S = \dfrac{3}{2}$

답 ③

16

$2a_n + 3b_n = c_n$이라 하면

$$\sum_{n=1}^{\infty} c_n = 19$$

또 $b_n = \dfrac{-2a_n + c_n}{3}$이므로

$$\sum_{n=1}^{\infty} b_n = \sum_{n=1}^{\infty}\left(-\frac{2}{3}a_n + \frac{1}{3}c_n\right)$$

$$= -\frac{2}{3}\sum_{n=1}^{\infty} a_n + \frac{1}{3}\sum_{n=1}^{\infty} c_n$$

$$= -\frac{2}{3} \times 5 + \frac{1}{3} \times 19 = 3$$

답 ③

17

$\displaystyle\sum_{n=1}^{\infty}\left(a_n + \frac{3}{2}\right) = 2$에서 $\displaystyle\lim_{n\to\infty}\left(a_n + \frac{3}{2}\right) = 0$이므로

$a_n + \dfrac{3}{2} = b_n$이라 하면 $\displaystyle\lim_{n\to\infty} b_n = 0$이고

$a_n = b_n - \dfrac{3}{2}$에서

$$\lim_{n\to\infty} a_n = \lim_{n\to\infty}\left(b_n - \frac{3}{2}\right) = 0 - \frac{3}{2} = -\frac{3}{2}$$

$$\lim_{n\to\infty} \frac{4a_n-1}{6a_n+2} = \frac{4 \times \left(-\dfrac{3}{2}\right) - 1}{6 \times \left(-\dfrac{3}{2}\right) + 2} = \frac{-6-1}{-9+2} = 1 \quad \cdots\cdots \ \text{㉠}$$

한편,

$$\lim_{n\to\infty}\sum_{k=1}^{n}(2a_k+3) = \sum_{n=1}^{\infty}(2a_n+3) = 2\sum_{n=1}^{\infty}\left(a_n + \frac{3}{2}\right) = 2 \times 2 = 4 \quad \cdots\cdots \ \text{㉡}$$

㉠, ㉡에 의하여

$$\lim_{n\to\infty}\left\{\frac{4a_n-1}{6a_n+2} + \sum_{k=1}^{n}(2a_k+3)\right\}$$

$$= \lim_{n\to\infty} \frac{4a_n-1}{6a_n+2} + \lim_{n\to\infty}\sum_{k=1}^{n}(2a_k+3)$$

$$= 1 + 4 = 5$$

답 ②

18

함수 $y=f(x)$의 그래프는 다음과 같다.

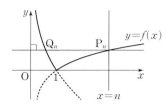

그림과 같이 점 P_n은 x좌표가 n이고 곡선 $y=\log_4 x$ 위의 점이므로 점 P_n의 y좌표는 $\log_4 n$이다.

또 점 P_n을 지나고 x축에 평행한 직선의 방정식은 $y=\log_4 n$이므로 곡선 $y=\log_{\frac{1}{2}} x$ 위의 점 Q_n의 y좌표는 $\log_4 n$이다.

$\log_4 n=\log_{\frac{1}{2}} x_n$, 즉 $\frac{1}{2}\log_2 n=\log_2 x_n^{-1}$에서

$x_n^{-1}=n^{\frac{1}{2}}$, $x_n=\frac{1}{\sqrt{n}}$

따라서 $x_{2n-1}=\frac{1}{\sqrt{2n-1}}$, $x_{2n+1}=\frac{1}{\sqrt{2n+1}}$이므로

$$\sum_{n=2}^{\infty}(x_{2n-1}\times x_{2n+1})^2=\sum_{n=2}^{\infty}\left(\frac{1}{\sqrt{2n-1}}\times\frac{1}{\sqrt{2n+1}}\right)^2$$
$$=\sum_{n=2}^{\infty}\frac{1}{(2n-1)(2n+1)}$$
$$=\lim_{n\to\infty}\sum_{k=2}^{n}\frac{1}{(2k-1)(2k+1)}$$
$$=\frac{1}{2}\lim_{n\to\infty}\sum_{k=2}^{n}\left(\frac{1}{2k-1}-\frac{1}{2k+1}\right)$$
$$=\frac{1}{2}\lim_{n\to\infty}\left(\frac{1}{3}-\frac{1}{2n+1}\right)$$
$$=\frac{1}{2}\times\frac{1}{3}=\frac{1}{6}$$

🔲 ④

필수유형 7

등비수열 $\{a_n\}$의 첫째항을 a, 공비를 r이라 하자.

만약 $a=0$이면 모든 자연수 n에 대하여 $a_n=0$이므로

$\lim\limits_{n\to\infty}\dfrac{3^n}{a_n+2^n}=\left(\dfrac{3}{2}\right)^n=\infty$가 되어 조건을 만족시키지 않는다.

따라서 $a\neq 0$이고 $a_n=ar^{n-1}$이므로

$\lim\limits_{n\to\infty}\dfrac{3^n}{a_n+2^n}=\lim\limits_{n\to\infty}\dfrac{3^n}{ar^{n-1}+2^n}$

분모와 분자를 각각 3^n으로 나누면

$\lim\limits_{n\to\infty}\dfrac{3^n}{ar^{n-1}+2^n}=\lim\limits_{n\to\infty}\dfrac{1}{\dfrac{a}{3}\times\left(\dfrac{r}{3}\right)^{n-1}+\left(\dfrac{2}{3}\right)^n}=6$

이고 $\lim\limits_{n\to\infty}\left(\dfrac{2}{3}\right)^n=0$

(i) $|r|<3$이면

$\lim\limits_{n\to\infty}\left(\dfrac{r}{3}\right)^{n-1}=0$이므로 조건에 모순이다.

(ii) $|r|>3$이면

$\lim\limits_{n\to\infty}\left(\dfrac{r}{3}\right)^{n-1}$은 ∞(발산)하거나 진동(발산)하므로 조건에 모순이다.

(iii) $r=-3$이면

$\lim\limits_{n\to\infty}\left(\dfrac{r}{3}\right)^{n-1}$이 진동(발산)하므로 조건에 모순이다.

(iv) $r=3$이면

$\lim\limits_{n\to\infty}\dfrac{1}{\dfrac{a}{3}\times\left(\dfrac{r}{3}\right)^{n-1}+\left(\dfrac{2}{3}\right)^n}=\lim\limits_{n\to\infty}\dfrac{1}{\dfrac{a}{3}+\left(\dfrac{2}{3}\right)^n}=6$에서

$\dfrac{1}{\dfrac{a}{3}}=6$, $a=\dfrac{1}{2}$

따라서 $a_n=\dfrac{1}{2}\times 3^{n-1}$이므로

$\dfrac{1}{a_n}=2\times\left(\dfrac{1}{3}\right)^{n-1}$

(i)~(iv)에서 수열 $\left\{\dfrac{1}{a_n}\right\}$은 첫째항이 2이고 공비가 $\dfrac{1}{3}$인 등비수열이므로

$$\sum_{n=1}^{\infty}\frac{1}{a_n}=\frac{2}{1-\dfrac{1}{3}}=3$$

🔲 ③

19

첫째항이 2인 등비수열 $\{a_n\}$의 공비를 r $(r>0)$이라 하면

$a_n=2\times r^{n-1}$

$a_{2n-1}=2\times r^{2n-2}=2\times(r^2)^{n-1}$에서

수열 $\{a_{2n-1}\}$은 첫째항이 2이고 공비가 r^2인 등비수열이다.

$\sum\limits_{n=1}^{\infty}a_{2n-1}=\dfrac{2}{1-r^2}=\dfrac{32}{7}$에서

$14=32(1-r^2)$

$r^2=\dfrac{9}{16}$

$r>0$이므로 $r=\dfrac{3}{4}$

따라서 $\sum\limits_{n=1}^{\infty}a_n=\dfrac{2}{1-\dfrac{3}{4}}=8$

🔲 ④

20

급수 $\sum\limits_{n=1}^{\infty}(x-3)\left(\dfrac{x+6}{2}\right)^n$이 수렴하려면

$(x-3)\left(\dfrac{x+6}{2}\right)=0$ 또는 $-1<\dfrac{x+6}{2}<1$이어야 한다.

$(x-3)\left(\dfrac{x+6}{2}\right)=0$에서 $x=3$ 또는 $x=-6$

$-1<\dfrac{x+6}{2}<1$에서

$-2<x+6<2$

$-8<x<-4$

이므로 급수 $\sum\limits_{n=1}^{\infty}(x-3)\left(\dfrac{x+6}{2}\right)^n$이 수렴하도록 하는 정수 x의 값은

-7, -6, -5, 3이고 그 개수는 4이다.

따라서 $k=4$이므로

$$\sum_{n=1}^{\infty}\frac{12}{k^n}=\sum_{n=1}^{\infty}\frac{12}{4^n}=\sum_{n=1}^{\infty}\frac{3}{4^{n-1}}$$
$$=\frac{3}{1-\dfrac{1}{4}}=4$$

🔲 4

21

조건 (가)에서 수열 $\{a_n\}$은 공비가 r인 등비수열이고, 수열 $\{b_n\}$은 공비가 r^2-1인 등비수열이다.

조건 (나)에서 등비급수 $\sum_{n=1}^{\infty} a_n$은 수렴하므로

$$-1<r<1 \qquad \cdots\cdots \text{㉠}$$

등비급수 $\sum_{n=1}^{\infty} b_n$도 수렴하므로

$-1<r^2-1<1$에서 $0<r^2<2$이고

$$-\sqrt{2}<r<0 \text{ 또는 } 0<r<\sqrt{2} \qquad \cdots\cdots \text{㉡}$$

㉠, ㉡을 동시에 만족시키는 r의 값의 범위는

$-1<r<0$ 또는 $0<r<1$

두 등비급수의 합을 구하면

$$\sum_{n=1}^{\infty} a_n = \frac{a_1}{1-r}$$

$$\sum_{n=1}^{\infty} b_n = \frac{b_1}{1-(r^2-1)} = \frac{b_1}{2-r^2}$$

조건 (나)에서

$$\frac{a_1}{1-r} : \frac{b_1}{2-r^2} = 14 : 3$$

$\dfrac{3a_1}{1-r} = \dfrac{14b_1}{2-r^2}$에서 $a_1=b_1\neq 0$이므로 양변을 a_1로 나누면

$$\frac{3}{1-r} = \frac{14}{2-r^2}$$

$3(2-r^2) = 14(1-r)$

$3r^2 - 14r + 8 = 0$

$(3r-2)(r-4) = 0$

이때 $-1<r<0$ 또는 $0<r<1$이므로 $r=\dfrac{2}{3}$

즉, 수열 $\{a_n\}$은 공비가 $\dfrac{2}{3}$인 등비수열이고, 수열 $\{b_n\}$은 공비가 $-\dfrac{5}{9}$인 등비수열이다.

두 등비수열 $\{a_n\}$, $\{b_n\}$의 일반항을 각각 구하면

$a_n = a_1 \times \left(\dfrac{2}{3}\right)^{n-1}$, $b_n = b_1 \times \left(-\dfrac{5}{9}\right)^{n-1}$이므로

$$\frac{b_n}{a_n} = \frac{b_1 \times \left(-\frac{5}{9}\right)^{n-1}}{a_1 \times \left(\frac{2}{3}\right)^{n-1}} = \left(-\frac{5}{6}\right)^{n-1}$$

따라서 $\displaystyle\sum_{n=1}^{\infty} \frac{b_n}{a_n} = \sum_{n=1}^{\infty}\left(-\frac{5}{6}\right)^{n-1} = \frac{1}{1-\left(-\frac{5}{6}\right)} = \frac{6}{11}$이므로

$p = \dfrac{6}{11}$이고

$$44p = 44 \times \frac{6}{11} = 24$$

답 24

필수유형 8

삼각형 $A_2D_1E_1$은 $\overline{A_2D_1}=\overline{D_1E_1}$, $\angle A_2D_1E_1 = \dfrac{\pi}{2}$인 직각이등변삼각형이므로

$$S_1 = 2 \times \frac{1}{2} \times \overline{D_1E_1} \times \overline{A_2D_1}$$

$$= 2 \times \frac{1}{2} \times \overline{D_1E_1}^2$$

$\overline{D_1B_1} = \sqrt{4^2+1^2} = \sqrt{17}$이고

점 E_1은 직사각형 $A_1B_1C_1D_1$의 두 대각선의 교점이므로

$$\overline{D_1E_1} = \frac{1}{2} \times \overline{D_1B_1} = \frac{\sqrt{17}}{2}$$

따라서 $S_1 = 2 \times \dfrac{1}{2} \times \left(\dfrac{\sqrt{17}}{2}\right)^2 = \dfrac{17}{4}$

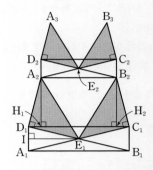

한편, 점 A_2에서 선분 D_1C_1에 내린 수선의 발을 H_1, 점 B_2에서 선분 D_1C_1에 내린 수선의 발을 H_2라 하고, 점 E_1에서 선분 A_1D_1에 내린 수선의 발을 I라 하자.

삼각형 E_1D_1I에서 $\angle E_1D_1I = \theta$라 하면

$\cos\theta = \dfrac{1}{\sqrt{17}}$, $\angle E_1D_1C_1 = \dfrac{\pi}{2}-\theta$이다.

한편, $\angle A_2D_1H_1 = \theta$이고 $\overline{A_2D_1} = \overline{D_1E_1} = \dfrac{\sqrt{17}}{2}$이므로

$$\overline{D_1H_1} = \overline{D_1I} = \frac{1}{2}$$

같은 방법으로 $\overline{C_1H_2} = \dfrac{1}{2}$이므로

$$\overline{A_2B_2} = \overline{H_1H_2} = 4 - \frac{1}{2} - \frac{1}{2} = 3$$

이때 $\overline{A_1B_1}=4$, $\overline{A_2B_2}=3$에서 두 직사각형 $A_1B_1C_1D_1$, $A_2B_2C_2D_2$의 닮음비가 $4:3$이므로 넓이의 비는 $16:9$이다.

즉, 그림 R_{n+1}에서 새로 색칠된 도형의 넓이는 그림 R_n에서 새로 색칠된 도형의 넓이의 $\dfrac{9}{16}$배이다.

따라서 수열 $\{S_n\}$은 첫째항이 $\dfrac{17}{4}$이고 공비가 $\dfrac{9}{16}$인 등비수열의 첫째항부터 제n항까지의 합이므로

$$\lim_{n\to\infty} S_n = \frac{\frac{17}{4}}{1-\frac{9}{16}} = \frac{68}{7}$$

답 ③

22

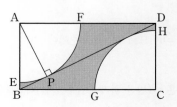

직사각형 ABCD에서

$$\overline{BD}=\sqrt{\overline{AB}^2+\overline{AD}^2}=\sqrt{1^2+2^2}=\sqrt{5}$$

부채꼴 AEF의 호가 선분 BD와 접하는 점을 P라 하자.

두 부채꼴 AEF와 CGH는 반지름의 길이와 중심각의 크기가 각각 같으므로

$S_1=($직사각형 ABCD의 넓이$)-($부채꼴 AEF의 넓이$)\times 2$

$$=2-\left(\frac{1}{2}\times\overline{AP}^2\times\frac{\pi}{2}\right)\times 2$$

$$=2-\frac{\pi}{2}\times\overline{AP}^2$$

한편, 선분 AP와 선분 BD는 서로 수직이고 두 직각삼각형 ABD와 PAD는 서로 닮음이므로 $\overline{AB}:\overline{AP}=\overline{BD}:\overline{AD}$이다.

즉, $\overline{AB}\times\overline{AD}=\overline{BD}\times\overline{AP}$이므로

$1\times 2=\sqrt{5}\times\overline{AP}$에서

$$\overline{AP}=\frac{2}{\sqrt{5}}$$

따라서

$S_1=2-\frac{\pi}{2}\times\overline{AP}^2$

$$=2-\frac{\pi}{2}\times\left(\frac{2}{\sqrt{5}}\right)^2$$

$$=2-\frac{2}{5}\pi$$

두 그림 R_1, R_2에서 각각 새로 색칠된 ⌇ 모양의 도형의 닮음비는 직사각형 ABCD와 그림 R_2에서 새로 그려진 직사각형의 닮음비, 즉 두 직사각형의 대각선의 길이의 비와 같으므로

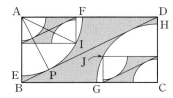

$\overline{BD}:\overline{AI}=\overline{DB}:\overline{AP}$

$$=\sqrt{5}:\frac{2}{\sqrt{5}}=5:2$$

그러므로 두 그림 R_1, R_2에서 각각 새로 색칠된 ⌇ 모양의 도형 1개의 넓이의 비는 25 : 4이다.

또 그림 R_2에서 새로 색칠된 ⌇ 모양의 도형의 개수가 2배씩 늘어나므로 S_n은 첫째항이 $2-\frac{2}{5}\pi$이고 공비가 $\frac{4}{25}\times 2=\frac{8}{25}$인 등비수열의 첫째항부터 제$n$항까지의 합과 같다.

따라서 $\displaystyle\lim_{n\to\infty}S_n=\dfrac{2-\dfrac{2}{5}\pi}{1-\dfrac{8}{25}}=\dfrac{50}{17}\left(1-\dfrac{\pi}{5}\right)$

답 ⑤

필수유형 **1** ①	**01** ④	**02** ①	**03** ③
필수유형 **2** 4	**04** ②	**05** ③	**06** ②
필수유형 **3** ②	**07** ⑤	**08** ②	**09** ⑤
필수유형 **4** ③	**10** ⑤	**11** ③	**12** ④
필수유형 **5** ③	**13** ④	**14** ⑤	**15** ③
필수유형 **6** ④	**16** ⑤	**17** ②	**18** ⑤
필수유형 **7** ②	**19** ③	**20** 3	**21** ②
필수유형 **8** ①	**22** ③	**23** ③	**24** ④
필수유형 **9** ①	**25** ②	**26** ②	**27** ③
필수유형 **10** ④	**28** ②	**29** ④	**30** ⑤
필수유형 **11** ③	**31** ④	**32** ②	**33** 9

필수유형 1

$\lim\limits_{x \to 0} \dfrac{2^{ax+b}-8}{2^{bx}-1}=16$에서

$x \to 0$일 때, (분모) $\to 0$이고 주어진 함수의 극한값이 존재하므로 (분자) $\to 0$이어야 한다.

이때 함수 $y=2^{ax+b}-8$은 실수 전체의 집합에서 연속이므로

$\lim\limits_{x \to 0} (2^{ax+b}-8)=2^b-8=0$

$2^b=8$

$b=3$

$\lim\limits_{x \to 0} \dfrac{2^{ax+3}-8}{2^{3x}-1}=\lim\limits_{x \to 0} \dfrac{8(2^{ax}-1)}{2^{3x}-1}$

$\qquad =\dfrac{8a}{3} \times \lim\limits_{x \to 0} \dfrac{\dfrac{2^{ax}-1}{ax}}{\dfrac{2^{3x}-1}{3x}}$

$\qquad =\dfrac{8a}{3} \times \dfrac{\ln 2}{\ln 2}$

$\qquad =\dfrac{8a}{3}$

이므로

$\dfrac{8a}{3}=16$에서 $a=6$

따라서

$a+b=6+3=9$

답 ①

01

$\lim\limits_{x \to 0+} \dfrac{\ln(x+x^2)-\ln x}{2x}=\lim\limits_{x \to 0+} \dfrac{\ln \dfrac{x+x^2}{x}}{2x}$

$\qquad =\lim\limits_{x \to 0+} \dfrac{\ln(1+x)}{2x}$

$\qquad =\dfrac{1}{2} \lim\limits_{x \to 0+} \dfrac{\ln(1+x)}{x}$

$\qquad =\dfrac{1}{2} \times 1$

$\qquad =\dfrac{1}{2}$

답 ④

02

$x \to a$일 때 (분자) $\to 0$이고 주어진 함수의 극한값이 0이 아니므로 (분모) $\to 0$이어야 한다.

함수 $y=\ln(a+3x)$는 $x>-\dfrac{a}{3}$에서 연속이므로

$\lim\limits_{x \to a} \ln(a+3x)=\ln(a+3a)=\ln 4a=0$

$4a=1$에서 $a=\dfrac{1}{4}$

$x-a=x-\dfrac{1}{4}=t$라 하면 $x \to a$일 때 $t \to 0$이고

$a+3x=\dfrac{1}{4}+3\left(t+\dfrac{1}{4}\right)=1+3t$이므로

$\lim\limits_{x \to a} \dfrac{e^{x-a}-1}{\ln(a+3x)}=\lim\limits_{t \to 0} \dfrac{e^t-1}{\ln(1+3t)}$

$\qquad =\lim\limits_{t \to 0} \left\{ \dfrac{\dfrac{e^t-1}{t}}{\dfrac{\ln(1+3t)}{3t}} \times \dfrac{1}{3} \right\}$

이고 $\lim\limits_{t \to 0} \dfrac{e^t-1}{t}=1$, $\lim\limits_{t \to 0} \dfrac{\ln(1+3t)}{3t}=1$이므로

$\lim\limits_{t \to 0} \dfrac{e^t-1}{\ln(1+3t)}=\dfrac{1}{1} \times \dfrac{1}{3}=\dfrac{1}{3}$에서

$b=\dfrac{1}{3}$

따라서 $a+b=\dfrac{1}{4}+\dfrac{1}{3}=\dfrac{7}{12}$

답 ①

03

$\lim\limits_{x \to 1} \dfrac{x^2+ax+b}{e^{x-1}+e^{2x-2}-2}=\dfrac{4}{3}$에서

$x \to 1$일 때, (분모) $\to 0$이고 주어진 함수의 극한값이 존재하므로 (분자) $\to 0$이어야 한다.

즉, $\lim\limits_{x \to 1} (x^2+ax+b)=1+a+b=0$에서

$b=-a-1$

$\lim\limits_{x \to 1} \dfrac{x^2+ax-a-1}{e^{x-1}+e^{2x-2}-2}=\dfrac{4}{3}$에서

$\lim\limits_{x \to 1} \dfrac{(x-1)(x+a+1)}{e^{x-1}+e^{2x-2}-2}=\dfrac{4}{3}$

$x-1=t$라 하면 $x \to 1$일 때 $t \to 0$이므로

$$\lim_{t \to 0} \frac{t(t+a+2)}{e^t+e^{2t}-2} = \lim_{t \to 0} \frac{t(t+a+2)}{(e^t-1)(e^t+2)}$$

$$= \lim_{t \to 0} \left(\frac{t}{e^t-1} \times \frac{t+a+2}{e^t+2} \right)$$

$$= 1 \times \frac{a+2}{3} = \frac{4}{3}$$

이므로 $a=2$

$b=-a-1=-3$

따라서 $2a+b=2 \times 2-3=1$

답 ③

필수유형 2

$f(x)=x^3 \ln x$이므로

$f'(x)=3x^2 \ln x + x^3 \times \dfrac{1}{x} = 3x^2 \ln x + x^2$

따라서

$f'(e)=3e^2 \ln e + e^2 = 4e^2$

이므로

$\dfrac{f'(e)}{e^2}=4$

답 4

04

함수 $y=\ln 2x$의 그래프는 위로 볼록하고 $a>0$일 때 $y=ax^2$의 그래프는 아래로 볼록하므로 두 함수의 그래프가 한 점에서만 만나려면 직선 위의 한 점에서 두 곡선이 동시에 접하는 공통접선을 가져야 한다.

$(\ln 2x)'=(\ln 2 + \ln x)' = \dfrac{1}{x}$, $(ax^2)'=2ax$이므로 함수 $y=\ln 2x$의 그래프와 이차함수 $y=ax^2$의 그래프가 x좌표가 t인 점에서 공통접선을 가지면

$\ln 2t = at^2$ ...... ㉠

$\dfrac{1}{t}=2at$ ...... ㉡

㉡에서 $at^2=\dfrac{1}{2}$

이를 ㉠에 대입하면

$\ln 2t = \dfrac{1}{2}$

$2t=e^{\frac{1}{2}}=\sqrt{e}$, $t=\dfrac{\sqrt{e}}{2}$

㉡에서 $a=\dfrac{1}{2t^2}$이므로

$a=\dfrac{2}{e}$

답 ②

05

$x \to 0$일 때, (분모) $\to 0$이고 주어진 함수의 극한값이 존재하므로 (분자) $\to 0$이어야 한다.

$\lim_{x \to 0} \{f(x)-x^2+3x-2\}=0$에서 함수 $f(x)$는 실수 전체의 집합에서 미분가능하므로 실수 전체의 집합에서 연속이다.

즉, $f(0)-0+0-2=0$이므로

$f(0)=2$

$$\lim_{x \to 0} \frac{f(x)-x^2+3x-2}{e^{2x}-1}$$

$$= \lim_{x \to 0} \frac{f(x)-2-x^2+3x}{e^{2x}-1}$$

$$= \lim_{x \to 0} \left\{ \frac{f(x)-f(0)-x(x-3)}{x} \right\} \times \lim_{x \to 0} \frac{x}{e^{2x}-1}$$

$$= \lim_{x \to 0} \left\{ \frac{f(x)-f(0)}{x}-(x-3) \right\} \times \frac{1}{2} \lim_{x \to 0} \frac{2x}{e^{2x}-1}$$

$$= \{f'(0)+3\} \times \frac{1}{2} \times 1$$

즉, $\dfrac{1}{2}\{f'(0)+3\}=4$에서

$f'(0)=5$

$g(x)=2^{x+1}f(x)$에서

$g'(x)=2^{x+1} \ln 2 \times f(x) + 2^{x+1}f'(x)$

따라서

$g'(0)=2 \ln 2 \times f(0) + 2f'(0)$

$\qquad = 4 \ln 2 + 10$

답 ③

참고

$(a^{x+1})'=(a \times a^x)'=a \times a^x \ln a = a^{x+1} \ln a$

06

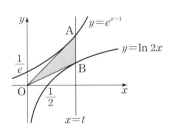

점 A의 좌표는 (t, e^{t-1})

점 B의 좌표는 $(t, \ln 2t)$

이므로 삼각형 OAB의 넓이 $S(t)$는

$S(t)=\dfrac{1}{2}(e^{t-1}-\ln 2t) \times t$

$S'(t)=\dfrac{1}{2}\left(e^{t-1}-\dfrac{1}{t}\right) \times t + \dfrac{1}{2}(e^{t-1}-\ln 2t)$

따라서

$S'(2)=\left(e-\dfrac{1}{2}\right)+\dfrac{1}{2}(e-\ln 4)$

$\qquad = \dfrac{3}{2}e-\ln 2-\dfrac{1}{2}$

답 ②

정답과 풀이 **61**

$2\cos\alpha=3\sin\alpha$에서

$\cos\alpha=0$이면 $\sin\alpha=1$ 또는 $\sin\alpha=-1$이 되어 등식이 성립하지 않으므로 $\cos\alpha\neq0$이고

$\dfrac{\sin\alpha}{\cos\alpha}=\dfrac{2}{3}$이므로

$\tan\alpha=\dfrac{2}{3}$

$\tan(\alpha+\beta)=\dfrac{\tan\alpha+\tan\beta}{1-\tan\alpha\tan\beta}=\dfrac{\dfrac{2}{3}+\tan\beta}{1-\dfrac{2}{3}\tan\beta}=\dfrac{2+3\tan\beta}{3-2\tan\beta}$

이고, $\tan(\alpha+\beta)=1$에서

$\dfrac{2+3\tan\beta}{3-2\tan\beta}=1$

$2+3\tan\beta=3-2\tan\beta$

$5\tan\beta=1$

따라서 $\tan\beta=\dfrac{1}{5}$

답 ②

07

$\sin\left(\theta-\dfrac{\pi}{4}\right)=\sin\theta\cos\dfrac{\pi}{4}-\cos\theta\sin\dfrac{\pi}{4}$

$\qquad\qquad\quad=\dfrac{\sqrt{2}}{2}(\sin\theta-\cos\theta)$

이므로

$\dfrac{\sqrt{2}}{2}(\sin\theta-\cos\theta)=\sqrt{2}\cos\theta$

에서 $\sin\theta=3\cos\theta$

$\cos\theta=0$이면 $\sin\theta=1$ 또는 $\sin\theta=-1$이 되어 위의 등식이 성립하지 않으므로

$\cos\theta\neq0$이고 $\dfrac{\sin\theta}{\cos\theta}=3$, 즉 $\tan\theta=3$

따라서

$\sec^2\theta=1+\tan^2\theta=1+3^2=10$

답 ⑤

08

$\sin\alpha=-\dfrac{\sqrt{2}}{3}$, $\tan\alpha>0$에서 α는 제3사분면의 각이므로

$\cos\alpha=-\sqrt{1-\sin^2\alpha}=-\sqrt{1-\dfrac{2}{9}}=-\dfrac{\sqrt{7}}{3}$

따라서

$\cos\left(\alpha+\dfrac{\pi}{3}\right)=\cos\alpha\cos\dfrac{\pi}{3}-\sin\alpha\sin\dfrac{\pi}{3}$

$\qquad\qquad\quad=\left(-\dfrac{\sqrt{7}}{3}\right)\times\dfrac{1}{2}-\left(-\dfrac{\sqrt{2}}{3}\right)\times\dfrac{\sqrt{3}}{2}$

$\qquad\qquad\quad=\dfrac{\sqrt{6}-\sqrt{7}}{6}$

답 ②

09

원 $x^2+y^2=6$과 함수 $y=\dfrac{2}{x}$의 그래프가 제1사분면에서 만나는 두 점의 좌표를 $\mathrm{A}\left(\alpha,\dfrac{2}{\alpha}\right)$, $\mathrm{B}\left(\beta,\dfrac{2}{\beta}\right)$라 하면 $\alpha>0$, $\beta>0$, $\alpha>\beta$이고

$x^2+\left(\dfrac{2}{x}\right)^2=6$

$x^2+\dfrac{4}{x^2}=6$

$x^4-6x^2+4=0$이므로

$x^2=3\pm\sqrt{5}$에서

$\alpha^2=3+\sqrt{5}$, $\beta^2=3-\sqrt{5}$

두 직선 OA, OB가 x축의 양의 방향과 이루는 각의 크기를 각각 θ_1, θ_2라 하면

$\theta=\theta_2-\theta_1$, $\theta_2=\dfrac{\pi}{2}-\theta_1$이고

$\tan\theta_1=\dfrac{\dfrac{2}{\alpha}}{\alpha}=\dfrac{2}{\alpha^2}$

$\tan\theta_2=\dfrac{\dfrac{2}{\beta}}{\beta}=\dfrac{2}{\beta^2}$

$\tan\theta_2=\tan\left(\dfrac{\pi}{2}-\theta_1\right)=\dfrac{1}{\tan\theta_1}$

이므로

$\tan\theta=\tan(\theta_2-\theta_1)$

$\qquad=\dfrac{\tan\theta_2-\tan\theta_1}{1+\tan\theta_2\tan\theta_1}$

$\qquad=\dfrac{\dfrac{2}{\beta^2}-\dfrac{2}{\alpha^2}}{1+1}$

$\qquad=\dfrac{\alpha^2-\beta^2}{\alpha^2\beta^2}$

$\qquad=\dfrac{(3+\sqrt{5})-(3-\sqrt{5})}{4}$

$\qquad=\dfrac{\sqrt{5}}{2}$

답 ⑤

$y=\sin x$에서 $y'=\cos x$이므로 곡선 $y=\sin x$ 위의 점 $\mathrm{P}(t,\sin t)$에서의 접선의 기울기는 $\cos t$이다.

점 P에서의 접선과 점 P를 지나고 기울기가 -1인 직선이 이루는 예각의 크기가 θ이므로

$\tan\theta=\left|\dfrac{\cos t-(-1)}{1+\cos t\times(-1)}\right|$

$\qquad=\left|\dfrac{1+\cos t}{1-\cos t}\right|$

$0<t<\pi$에서 $-1<\cos t<1$이므로

$\tan\theta=\dfrac{1+\cos t}{1-\cos t}$

따라서

$$\lim_{t \to \pi-} \frac{\tan \theta}{(\pi-t)^2} = \lim_{t \to \pi-} \frac{\dfrac{1+\cos t}{1-\cos t}}{(\pi-t)^2}$$

$$= \lim_{t \to \pi-} \frac{1+\cos t}{(\pi-t)^2(1-\cos t)}$$

$\pi-t=x$라 하면 $t \to \pi-$일 때 $x \to 0+$이고

$\cos t = \cos(\pi-x) = -\cos x$

이므로

$$\lim_{t \to \pi-} \frac{\tan \theta}{(\pi-t)^2}$$

$$= \lim_{t \to \pi-} \frac{1+\cos t}{(\pi-t)^2(1-\cos t)}$$

$$= \lim_{x \to 0+} \frac{1-\cos x}{x^2(1+\cos x)}$$

$$= \lim_{x \to 0+} \frac{1-\cos^2 x}{x^2(1+\cos x)^2}$$

$$= \lim_{x \to 0+} \frac{\sin^2 x}{x^2(1+\cos x)^2}$$

$$= \lim_{x \to 0+} \left\{ \left(\frac{\sin x}{x}\right)^2 \times \frac{1}{(1+\cos x)^2} \right\}$$

$$= 1^2 \times \frac{1}{2^2}$$

$$= \frac{1}{4}$$

답 ③

10

$f(x) = ae^x \sin x + b \cos x$라 하면

점 $(0, 2)$가 곡선 $y=f(x)$ 위의 점이므로

$f(0) = b = 2$

한편,

$f'(x) = ae^x \sin x + ae^x \cos x - b \sin x$

이고, 점 $(0, 2)$에서의 접선의 기울기가 4이므로

$f'(0) = a = 4$

따라서 $a^2 + b^2 = 4^2 + 2^2 = 20$

답 ⑤

11

함수 $f(x)$가 $x=0$에서 미분가능하면 $x=0$에서 연속이므로

$\displaystyle\lim_{x \to 0-} f(x) = \lim_{x \to 0+} f(x) = f(0)$

$\displaystyle\lim_{x \to 0-} \{\ln(1+2x) + \sin x \cos x\} = \lim_{x \to 0+} (a \sin x + b \cos x) = b$

에서 $f(0) = b = 0$

함수 $f(x)$가 $x=0$에서 미분가능하므로

$$\lim_{x \to 0-} \frac{f(x)-f(0)}{x} = \lim_{x \to 0+} \frac{f(x)-f(0)}{x}$$

$$\lim_{x \to 0-} \frac{f(x)-f(0)}{x} = \lim_{x \to 0-} \frac{\ln(1+2x) + \sin x \cos x}{x}$$

$$= \lim_{x \to 0-} \left\{ \frac{\ln(1+2x)}{x} + \frac{\sin x}{x} \times \cos x \right\}$$

$$= \lim_{x \to 0-} \left\{ \frac{\ln(1+2x)}{2x} \times 2 + \frac{\sin x}{x} \times \cos x \right\}$$

$$= 1 \times 2 + 1 \times 1 = 3$$

$$\lim_{x \to 0+} \frac{f(x)-f(0)}{x} = \lim_{x \to 0+} \frac{a \sin x}{x} = a$$

이므로 $a = 3$

따라서 $a+b = 3+0 = 3$

답 ③

12

삼각형 ABP는 $\angle$APB가 직각인 직각삼각형이므로

$\overline{AP} = 2\cos\theta$

삼각형 AOP는 $\angle$OAP$= \angle$OPA$= \theta$인 이등변삼각형이므로

$\angle$POQ$= 2\theta$

$\overline{OP} = 1$이므로 $\overline{PQ} = \sin 2\theta$, $\overline{OQ} = \cos 2\theta$

직각삼각형 OQR에서

$\overline{QR} = \overline{OQ} \sin 2\theta = \cos 2\theta \sin 2\theta$

따라서

$$\lim_{\theta \to 0+} \frac{\overline{PQ} - \overline{QR}}{\theta^3} = \lim_{\theta \to 0+} \frac{\sin 2\theta - \cos 2\theta \sin 2\theta}{\theta^3}$$

$$= \lim_{\theta \to 0+} \frac{\sin 2\theta(1 - \cos 2\theta)}{\theta^3}$$

$$= \lim_{\theta \to 0+} \frac{\sin 2\theta(1 - \cos^2 2\theta)}{\theta^3(1 + \cos 2\theta)}$$

$$= \lim_{\theta \to 0+} \left(\frac{\sin^3 2\theta}{\theta^3} \times \frac{1}{1 + \cos 2\theta} \right)$$

$$= \lim_{\theta \to 0+} \left\{ 8 \times \left(\frac{\sin 2\theta}{2\theta}\right)^3 \times \frac{1}{1 + \cos 2\theta} \right\}$$

$$= 8 \times 1^3 \times \frac{1}{2} = 4$$

답 ④

필수유형 5

$g(x) = \dfrac{f(x)}{(e^x+1)^2}$에서

$$g'(x) = \frac{f'(x) \times (e^x+1)^2 - f(x) \times 2(e^x+1) \times e^x}{(e^x+1)^4}$$

$$= \frac{f'(x) \times (e^x+1) - 2e^x f(x)}{(e^x+1)^3}$$

따라서

$$g'(0) = \frac{2f'(0) - 2f(0)}{8} = \frac{f'(0) - f(0)}{4}$$

$$= \frac{2}{4} = \frac{1}{2}$$

답 ③

13

$f(x) = \dfrac{e^x}{x+1}$에서 함수의 몫의 미분법에 의하여

$f'(x) = \dfrac{e^x \times (x+1) - e^x \times 1}{(x+1)^2} = \dfrac{xe^x}{(x+1)^2}$이므로

$f'(1) = \dfrac{1 \times e}{(1+1)^2} = \dfrac{e}{4}$

답 ④

14

$h(x) = g(f(x))$에서 합성함수의 미분법에 의하여

$h'(x) = g'(f(x))f'(x)$이므로

$h'\left(\dfrac{\pi}{6}\right) = g'\left(f\left(\dfrac{\pi}{6}\right)\right)f'\left(\dfrac{\pi}{6}\right)$

$f(x) = \sin x$에서 $f\left(\dfrac{\pi}{6}\right) = \sin \dfrac{\pi}{6} = \dfrac{1}{2}$이고

$f'(x) = \cos x$에서

$f'\left(\dfrac{\pi}{6}\right) = \cos \dfrac{\pi}{6} = \dfrac{\sqrt{3}}{2}$

한편, $g(x) = -x^3 + ax$에서 $g'(x) = -3x^2 + a$이므로

$g'\left(f\left(\dfrac{\pi}{6}\right)\right) = g'\left(\dfrac{1}{2}\right) = -\dfrac{3}{4} + a$

따라서 $h'\left(\dfrac{\pi}{6}\right) = \left(-\dfrac{3}{4} + a\right) \times \dfrac{\sqrt{3}}{2} = \sqrt{3}$에서

$a = \dfrac{11}{4}$

답 ⑤

15

$g(2x+1) = \dfrac{3-f(x)}{3+f(x)}$의 양변에 $x=0$을 대입하면

$g(1) = \dfrac{3-f(0)}{3+f(0)}$

조건 (가)에 의하여 $f(0) = -f(0)$이므로

$f(0) = 0$

따라서 $g(1) = 1$

$g(2x+1) = \dfrac{3-f(x)}{3+f(x)}$의 양변을 x에 대하여 미분하면 합성함수의 미

분법과 몫의 미분법에 의하여

$2g'(2x+1) = \dfrac{-f'(x)\{3+f(x)\} - \{3-f(x)\}f'(x)}{\{3+f(x)\}^2}$

$= \dfrac{-3f'(x) - f'(x)f(x) - 3f'(x) + f'(x)f(x)}{\{3+f(x)\}^2}$

$= -\dfrac{6f'(x)}{\{3+f(x)\}^2}$

위 등식의 양변에 $x=1$을 대입하면

$2g'(3) = -\dfrac{6f'(1)}{\{3+f(1)\}^2}$

조건 (나)에서 $f(-1) = 2$, $f'(-1) = -2$이고

조건 (가)에서 $f(1) = -f(-1)$이므로

$f(1) = -2$ ······ ㉠

또 조건 (가)의 양변을 x에 대하여 미분하면

$-f'(-x) = -f'(x)$이므로

$f'(1) = f'(-1) = -2$ ······ ㉡

㉠, ㉡에 의하여

$2g'(3) = -\dfrac{6f'(1)}{\{3+f(1)\}^2} = -\dfrac{6 \times (-2)}{\{3+(-2)\}^2} = 12$이므로

$g'(3) = 6$

따라서 $g(1) + g'(3) = 1 + 6 = 7$

답 ③

필수유형 6

$x = \dfrac{5t}{t^2+1}$, $y = 3\ln(t^2+1)$에서

$\dfrac{dx}{dt} = \dfrac{5 \times (t^2+1) - 5t \times 2t}{(t^2+1)^2} = \dfrac{5 - 5t^2}{(t^2+1)^2}$

$\dfrac{dy}{dt} = 3 \times \dfrac{2t}{t^2+1} = \dfrac{6t}{t^2+1}$

이므로

$\dfrac{dy}{dx} = \dfrac{\dfrac{dy}{dt}}{\dfrac{dx}{dt}} = \dfrac{\dfrac{6t}{t^2+1}}{\dfrac{5-5t^2}{(t^2+1)^2}} = \dfrac{6t(t^2+1)}{5-5t^2}$

따라서 $t=2$일 때 $\dfrac{dy}{dx}$의 값은

$\dfrac{6 \times 2 \times (2^2+1)}{5 - 5 \times 2^2} = \dfrac{60}{-15} = -4$

답 ④

16

$2x^2 + \sqrt{y} = 4$의 양변을 x에 대하여 미분하면

$4x + \dfrac{1}{2\sqrt{y}} \times \dfrac{dy}{dx} = 0$에서

$\dfrac{dy}{dx} = -8x\sqrt{y}$

$2x^2 + \sqrt{y} = 4$에서 $x=1$일 때, $y=4$이므로 $a=4$

따라서 곡선 $2x^2 + \sqrt{y} = 4$ 위의 점 $(1, 4)$에서의 접선의 기울기는

$(-8) \times 1 \times \sqrt{4} = -16$

답 ⑤

17

$x=\cos 2\theta-\theta$, $y=\sin 2\theta+\theta$에서

$\dfrac{dx}{d\theta}=-2\sin 2\theta-1$, $\dfrac{dy}{d\theta}=2\cos 2\theta+1$이고 $\sin 2\theta\neq-\dfrac{1}{2}$이므로

$\dfrac{dy}{dx}=\dfrac{\dfrac{dy}{d\theta}}{\dfrac{dx}{d\theta}}=\dfrac{2\cos 2\theta+1}{-2\sin 2\theta-1}$

$\theta=a$에 대응하는 점에서의 접선의 기울기가 -1이므로

$\dfrac{2\cos 2a+1}{-2\sin 2a-1}=-1$에서

$2\cos 2a+1=2\sin 2a+1$, $\cos 2a=\sin 2a$

이때 $\cos 2a=0$이면 $\cos 2a=\sin 2a=0$이 되어

$\sin^2 2a+\cos^2 2a=1$에 모순이므로 $\cos 2a\neq0$이다.

따라서 $\tan 2a=1$

이때 $0<2a<2\pi$이므로 $2a=\dfrac{\pi}{4}$ 또는 $2a=\dfrac{5}{4}\pi$에서

$a=\dfrac{\pi}{8}$ 또는 $a=\dfrac{5}{8}\pi$

따라서 구하는 모든 실수 a의 값의 합은

$\dfrac{\pi}{8}+\dfrac{5}{8}\pi=\dfrac{3}{4}\pi$

답 ②

참고

$\cos 2a=\sin 2a$를 $\sin^2 2a+\cos^2 2a=1$에 대입하여 a의 값을 구할 수도 있다.

18

$x=\sin t-t\cos t$, $y=2t-\sin 2t$에서

$\dfrac{dx}{dt}=\cos t-(\cos t-t\sin t)=t\sin t$

$\dfrac{dy}{dt}=2-2\cos 2t=2(1-\cos 2t)$

이고 $0<t<\pi$이므로

$\dfrac{dy}{dx}=\dfrac{\dfrac{dy}{dt}}{\dfrac{dx}{dt}}=\dfrac{2(1-\cos 2t)}{t\sin t}$

따라서 $f(\theta)=\dfrac{2(1-\cos 2\theta)}{\theta\sin\theta}$

$\displaystyle\lim_{\theta\to 0+}f(\theta)=\lim_{\theta\to 0+}\dfrac{2(1-\cos 2\theta)}{\theta\sin\theta}$

$\displaystyle=2\lim_{\theta\to 0+}\left(\dfrac{1-\cos 2\theta}{\theta^2}\times\dfrac{\theta}{\sin\theta}\right)$

$\displaystyle=2\lim_{\theta\to 0+}\left\{\dfrac{(1-\cos 2\theta)(1+\cos 2\theta)}{\theta^2(1+\cos 2\theta)}\times\dfrac{\theta}{\sin\theta}\right\}$

$\displaystyle=2\lim_{\theta\to 0+}\left\{\dfrac{\sin^2 2\theta}{\theta^2(1+\cos 2\theta)}\times\dfrac{\theta}{\sin\theta}\right\}$

$\displaystyle=2\lim_{\theta\to 0+}\left\{\dfrac{\sin^2 2\theta}{(2\theta)^2}\times 4\times\dfrac{1}{1+\cos 2\theta}\times\dfrac{\theta}{\sin\theta}\right\}$

$\displaystyle=2\lim_{\theta\to 0+}\left\{\left(\dfrac{\sin 2\theta}{2\theta}\right)^2\times 4\times\dfrac{1}{1+\cos 2\theta}\times\dfrac{\theta}{\sin\theta}\right\}$

$=2\times 1^2\times 4\times\dfrac{1}{2}\times 1$

$=4$

답 ⑤

필수유형 7

역함수의 미분법에 의하여

$g'(3)=\dfrac{1}{f'(g(3))}$

$g(3)=k$라 하면 $f(k)=3$이므로

$k^3+2k+3=3$에서

$k^3+2k=0$, $k(k^2+2)=0$

$k^2+2\neq0$이므로 $k=0$

한편, $f(x)=x^3+2x+3$에서

$f'(x)=3x^2+2$

따라서 $g'(3)=\dfrac{1}{f'(0)}=\dfrac{1}{3\times 0^2+2}=\dfrac{1}{2}$

답 ②

19

$f(x)=e^{ax}\ln x$에서

$f'(x)=ae^{ax}\ln x+e^{ax}\times\dfrac{1}{x}=\left(a\ln x+\dfrac{1}{x}\right)e^{ax}$

$f''(x)=\left(\dfrac{a}{x}-\dfrac{1}{x^2}\right)e^{ax}+\left(a\ln x+\dfrac{1}{x}\right)e^{ax}\times a$이므로

$f''(1)=(a-1)e^a+a\times e^a=(2a-1)e^a=0$

이때 $e^a>0$이므로 $a=\dfrac{1}{2}$

답 ③

20

곡선 $y=g(x)$가 점 $(a+3, 3)$을 지나므로

$g(a+3)=3$

즉, $f(3)=a+3$

$f(3)=a\times 3+\sin\left(\dfrac{\pi}{6}\times 3\right)=3a+1$에서

$3a+1=a+3$, $a=1$이므로

$g(4)=3$

한편, 역함수의 미분법에 의하여 $g'(4)=\dfrac{1}{f'(3)}$이고

$f'(x)=1+\dfrac{\pi}{6}\cos\dfrac{\pi}{6}x$에서

$f'(3)=1$이므로 $g'(4)=1$

따라서 $h'(x)=\dfrac{g'(x)}{g(x)}$에서

$\dfrac{1}{h'(4)}=\dfrac{g(4)}{g'(4)}=3$

답 3

21

함수 $f(x)=\dfrac{2x}{x-1}$의 그래프와 직선 $y=-\dfrac{1}{2}x$가 제2사분면에서 만

나는 점의 좌표를 $\left(a,\ -\dfrac{1}{2}a\right)$라 하면

$f(a)=\dfrac{2a}{a-1}=-\dfrac{1}{2}a$에서

$4a=-a(a-1)$

$a<0$이므로 $a=-3$

역함수의 미분법에 의하여 $g'(-3)=\dfrac{1}{f'(g(-3))}$

이때 $g(-3)=k$라 하면

$f(k)=-3$이므로 $\dfrac{2k}{k-1}=-3$에서

$2k=-3k+3,\ 5k=3$

$k=\dfrac{3}{5}$이므로 $g(-3)=\dfrac{3}{5}$

$f'(x)=\dfrac{2(x-1)-2x\times 1}{(x-1)^2}=-\dfrac{2}{(x-1)^2}$이므로

$f'(g(-3))=f'\left(\dfrac{3}{5}\right)=-\dfrac{2}{\left(\dfrac{3}{5}-1\right)^2}=-\dfrac{25}{2}$

따라서 $g'(-3)=\dfrac{1}{f'(g(-3))}=-\dfrac{2}{25}$

답 ②

필수유형 8

$f(x)=\ln(x-3)+1$이라 하면

$f'(x)=\dfrac{1}{x-3}$이고 $f'(4)=1$이므로

곡선 $y=f(x)$ 위의 점 $(4,\ 1)$에서의 접선의 방정식은

$y-1=f'(4)(x-4)$

$y=x-3$

따라서 $a=1,\ b=-3$이므로

$a+b=1+(-3)=-2$

답 ①

22

$x=t^2+1,\ y=t+\dfrac{1}{t}$에 $t=2$를 대입하면

$x=2^2+1=5,\ y=2+\dfrac{1}{2}=\dfrac{5}{2}$

이므로 $t=2$에 대응하는 점의 좌표는 $\left(5,\ \dfrac{5}{2}\right)$이다.

또한 $\dfrac{dx}{dt}=2t,\ \dfrac{dy}{dt}=1-\dfrac{1}{t^2}$이므로

$\dfrac{dy}{dx}=\dfrac{\dfrac{dy}{dt}}{\dfrac{dx}{dt}}=\dfrac{1-\dfrac{1}{t^2}}{2t}=\dfrac{t^2-1}{2t^3}$이고 $t=2$에 대응하는 점에서의 접선의

기울기 a는 $t=2$일 때 $\dfrac{dy}{dx}$의 값과 같으므로

$a=\dfrac{2^2-1}{2\times 2^3}=\dfrac{3}{16}$

$t=2$에 대응하는 점에서의 접선의 방정식은

$y-\dfrac{5}{2}=\dfrac{3}{16}(x-5)$, 즉 $y=\dfrac{3}{16}x+\dfrac{25}{16}$이므로

$b=\dfrac{25}{16}$

따라서 $a+b=\dfrac{3}{16}+\dfrac{25}{16}=\dfrac{7}{4}$

답 ③

23

$y=e^x-x$에서

$y'=e^x-1$이므로

$f(t)=e^t-1$

곡선 $y=e^x-x$ 위의 점 $(t,\ e^t-t)$에서의 접선의 방정식은

$y-(e^t-t)=(e^t-1)(x-t)$에서

$y=(e^t-1)x+(1-t)e^t$이므로

$g(t)=(1-t)e^t$

따라서

$\displaystyle\lim_{t\to 0}\dfrac{f(t)}{t}+\lim_{t\to 1}\dfrac{g(t)}{1-t}=\lim_{t\to 0}\dfrac{e^t-1}{t}+\lim_{t\to 1}\dfrac{(1-t)e^t}{1-t}$

$=1+e$

답 ③

24

곡선 $y=g(x)$ 위의 점 $(5,\ g(5))$에서의 접선의 방정식은

$y-g(5)=g'(5)(x-5)$이고 이 직선이 원점을 지나므로

$-g(5)=g'(5)\times(-5)$

$g(5)=5g'(5)$ $\qquad\cdots\cdots$ ㉠

함수 $g(x)$는 함수 $f(x)$의 역함수이므로 $g(5)=a\left(a>\dfrac{3}{2}\right)$이라 하면

$f(a)=5$

한편, $f(x)=x^2-3x+k$에서 $f'(x)=2x-3$이므로

역함수의 미분법에 의하여

$g'(5)=\dfrac{1}{f'(g(5))}=\dfrac{1}{f'(a)}=\dfrac{1}{2a-3}$

이를 ㉠에 대입하면

$a=\dfrac{5}{2a-3}$

$2a^2-3a-5=0$

$(2a-5)(a+1)=0$

$a>\dfrac{3}{2}$이므로 $a=\dfrac{5}{2}$

따라서 $f(a)=f\left(\dfrac{5}{2}\right)=\left(\dfrac{5}{2}\right)^2-3\times\dfrac{5}{2}+k=5$에서

$k=5-\dfrac{25}{4}+\dfrac{15}{2}=\dfrac{25}{4}$

답 ④

필수유형 9

$f(x)=(x^2-2x-7)e^x$에서

$f'(x)=(2x-2)e^x+(x^2-2x-7)e^x$

$\qquad=(x^2-9)e^x$

$\qquad=(x+3)(x-3)e^x$

$f'(x)=0$에서 $x=-3$ 또는 $x=3$

함수 $f(x)$의 증가와 감소를 표로 나타내면 다음과 같다.

x	$\cdots$	-3	$\cdots$	3	$\cdots$
$f'(x)$	$+$	0	$-$	0	$+$
$f(x)$	↗	극대	↘	극소	↗

따라서 함수 $f(x)$는 $x=-3$일 때 극댓값을 갖고 $x=3$일 때 극솟값을 가지므로

$a=f(-3)=8e^{-3}$, $b=f(3)=-4e^3$이고

$a\times b=-32$

답 ①

25

$f(x)=ax+b\cos 2x$에서

$f'(x)=a-2b\sin 2x$

함수 $f(x)$가 실수 전체의 집합에서 증가하기 위한 필요조건은 모든 실수 x에 대하여 $f'(x)\geq 0$이다.

$a-2b\sin 2x\geq 0$

$a\geq 2b\sin 2x$, $\dfrac{a}{2b}\geq\sin 2x$

모든 실수 x에 대하여 $-1\leq\sin 2x\leq 1$이므로 조건을 만족시키기 위해서는 $\dfrac{a}{2b}\geq 1$이어야 한다.

(i) $\dfrac{a}{2b}>1$이면 모든 실수 x에 대하여 $f'(x)>0$이므로 $f(x)$는 증가함수이다.

(ii) $\dfrac{a}{2b}=1$이면 일정한 간격으로 떨어진 점들에서 $f'(x)=0$이지만 함수의 증가, 감소가 바뀌지 않고 이를 제외한 모든 실수 x에 대하여 $f'(x)>0$이므로 $f(x)$는 증가함수이다.

따라서 $\dfrac{a}{2b}\geq 1$에서 $\dfrac{a}{b}\geq 2$이므로 $\dfrac{a}{b}$의 최솟값은 2이다.

답 ②

26

$f(x)=x^2\ln 2x$에서

$f'(x)=2x\ln 2x+x^2\times\dfrac{2}{2x}$

$\qquad=2x\ln 2x+x$

$\qquad=x(2\ln 2x+1)$

$x>0$이므로 $f'(x)=0$에서 $2\ln 2x+1=0$, $\ln 2x=-\dfrac{1}{2}$

$2x=e^{-\frac{1}{2}}$, $x=\dfrac{1}{2\sqrt{e}}$

한편, $0<x<\dfrac{1}{2\sqrt{e}}$일 때 $f'(x)<0$이고 $x>\dfrac{1}{2\sqrt{e}}$일 때 $f'(x)>0$이므로

함수 $f(x)$는 $x=\dfrac{1}{2\sqrt{e}}$에서 극솟값을 갖는다.

즉, $a=\dfrac{1}{2\sqrt{e}}$이고

$b=f\left(\dfrac{1}{2\sqrt{e}}\right)$

$\quad=\left(\dfrac{1}{2\sqrt{e}}\right)^2\times\ln\left(2\times\dfrac{1}{2\sqrt{e}}\right)$

$\quad=\dfrac{1}{4e}\times\left(-\dfrac{1}{2}\right)=-\dfrac{1}{8e}$

따라서 $\dfrac{a}{b}=\dfrac{1}{2\sqrt{e}}\times(-8e)=-4\sqrt{e}$

답 ②

27

$x=3t+\sin 2t$, $y=2\cos 2t$에서

$\dfrac{dx}{dt}=3+2\cos 2t$

$\dfrac{dy}{dt}=-4\sin 2t$

이므로 $\dfrac{dy}{dx}=\dfrac{\dfrac{dy}{dt}}{\dfrac{dx}{dt}}=\dfrac{-4\sin 2t}{3+2\cos 2t}$

$f(t)=\dfrac{-4\sin 2t}{3+2\cos 2t}$라 하면

$f'(t)=\dfrac{-8\cos 2t\times(3+2\cos 2t)-(-4\sin 2t)\times(-4\sin 2t)}{(3+2\cos 2t)^2}$

$\qquad=\dfrac{-24\cos 2t-16\cos^2 2t-16\sin^2 2t}{(3+2\cos 2t)^2}$

$\qquad=\dfrac{-24\cos 2t-16(\cos^2 2t+\sin^2 2t)}{(3+2\cos 2t)^2}$

$\qquad=\dfrac{-24\cos 2t-16}{(3+2\cos 2t)^2}$

$f'(t)=0$에서

$-24\cos 2t-16=0$, $\cos 2t=-\dfrac{2}{3}$

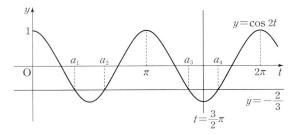

그림에서 자연수 k에 대하여 함수 $f(t)$는 $t=a_{2k-1}$에서 극솟값을 갖고 $t=a_{2k}$에서 극댓값을 갖는다.

이때 $\dfrac{a_3+a_4}{2}=\dfrac{3}{2}\pi$이므로

$a_3+a_4=3\pi$

답 ③

필수유형 10

$f(x)=ax^2-2\sin 2x$라 하면

$f'(x)=2ax-4\cos 2x$

$f''(x)=2a+8\sin 2x$

$f''(x)=0$에서

$2a+8\sin 2x=0$, $\sin 2x=-\dfrac{a}{4}$

곡선 $y=f(x)$가 변곡점을 가지려면 $f''(k)=0$을 만족시키는 $x=k$에 대하여 $x=k$의 좌우에서 이계도함수 $f''(x)$의 부호가 바뀌어야 한다.

즉, 함수 $y=\sin 2x$의 그래프와 직선 $y=-\dfrac{a}{4}$가 다음과 같이 접하지 않고 만나야 한다.

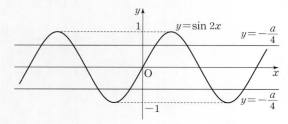

따라서 $-1<\dfrac{a}{4}<1$에서 $-4<a<4$이므로 구하는 정수 a의 개수는 7이다.

답 ④

28

$f(x)=x^2-e^x$에서

$f'(x)=2x-e^x$

$f''(x)=2-e^x$

$f''(x)=0$에서 $e^x=2$이므로 $x=\ln 2$

$x<\ln 2$일 때, $e^x<e^{\ln 2}$이므로 $f''(x)=2-e^x>0$

$x>\ln 2$일 때, $e^x>e^{\ln 2}$이므로 $f''(x)=2-e^x<0$

따라서 $a=\ln 2$이고

$f(a)=f(\ln 2)=(\ln 2)^2-e^{\ln 2}=(\ln 2)^2-2$이므로

$a^2-f(a)=(\ln 2)^2-\{(\ln 2)^2-2\}=2$

답 ②

29

$f(x)=\dfrac{x^2}{e^{ax}}\ (x\ge 0)$에서 함수의 몫의 미분법에 의하여

$f'(x)=\dfrac{2x\times e^{ax}-x^2\times e^{ax}\times a}{e^{2ax}}=\dfrac{2x-ax^2}{e^{ax}}=\dfrac{x(2-ax)}{e^{ax}}$

$f'(x)=0$에서 $x=0$ 또는 $x=\dfrac{2}{a}$

a가 양수이므로 함수 $f(x)$의 증가와 감소를 표로 나타내면 다음과 같다.

x	0	$\cdots$	$\dfrac{2}{a}$	$\cdots$
$f'(x)$	0	+	0	−
$f(x)$	0	↗	극대	↘

함수 $f(x)$는 $x=\dfrac{2}{a}$에서 극대인 동시에 최대이다.

$f\left(\dfrac{2}{a}\right)=\dfrac{\left(\dfrac{2}{a}\right)^2}{e^{a\times\frac{2}{a}}}=\dfrac{4}{a^2e^2}$이므로 $\dfrac{4}{a^2e^2}=\dfrac{1}{2e^2}$에서 $a^2=8$

a는 양수이므로 $a=2\sqrt{2}$

답 ④

30

ㄱ. $f(-x)=\dfrac{a\times(-x)}{(-x)^2+1}=-\dfrac{ax}{x^2+1}$이므로

$f(x)+f(-x)=\dfrac{ax}{x^2+1}-\dfrac{ax}{x^2+1}=0$ (참)

ㄴ. $a=2$일 때, $f(x)=\dfrac{2x}{x^2+1}$이므로

$\begin{aligned}f'(x)&=\dfrac{2(x^2+1)-2x\times 2x}{(x^2+1)^2}\\&=-\dfrac{2(x^2-1)}{(x^2+1)^2}\\&=-\dfrac{2(x+1)(x-1)}{(x^2+1)^2}\end{aligned}$

$f'(x)=0$에서 $x=-1$ 또는 $x=1$

함수 $f(x)$의 증가와 감소를 표로 나타내면 다음과 같다.

x	$\cdots$	-1	$\cdots$	1	$\cdots$
$f'(x)$	−	0	+	0	−
$f(x)$	↘	극소	↗	극대	↘

따라서 함수 $f(x)$의 극댓값은

$f(1)=\dfrac{2\times 1}{1^2+1}=1$ (참)

ㄷ. $k-1<x_1<k<x_2<k+1$인 모든 실수 x_1, x_2에 대하여 $f''(x_1)f''(x_2)<0$을 만족시키는 실수 k는 $f''(k)=0$을 만족시키고 $x=k$의 좌우에서 이계도함수 $f''(x)$의 부호가 바뀐다.

즉, 점 $(k, f(k))$는 곡선 $y=f(x)$의 변곡점이며, 이들 변곡점의 x좌표 사이의 거리는 모두 1 이상이다.

$f'(x)=-\dfrac{a(x^2-1)}{(x^2+1)^2}$이므로

$\begin{aligned}f''(x)&=\dfrac{-2ax(x^2+1)^2+a(x^2-1)\times 2(x^2+1)\times 2x}{(x^2+1)^4}\\&=\dfrac{-2ax^3-2ax+4ax^3-4ax}{(x^2+1)^3}\\&=\dfrac{2ax(x+\sqrt{3})(x-\sqrt{3})}{(x^2+1)^3}\end{aligned}$

$f''(x)=0$에서 $x=-\sqrt{3}$ 또는 $x=0$ 또는 $x=\sqrt{3}$

$x=-\sqrt{3}$, $x=0$, $x=\sqrt{3}$의 좌우에서 함수 $f(x)$의 이계도함수 $f''(x)$의 부호가 각각 바뀐다.

따라서 곡선 $y=f(x)$의 변곡점의 x좌표가 $-\sqrt{3}$, 0, $\sqrt{3}$이고 이들 좌표 사이의 거리가 모두 1 이상이므로 조건을 만족시키는 실수 k의 개수는 3이다. (참)

이상에서 옳은 것은 ㄱ, ㄴ, ㄷ이다.

답 ⑤

필수유형 11

$x=t+\sin t\cos t$, $y=\tan t$에서

$\begin{aligned}\dfrac{dx}{dt}&=1+\cos^2 t-\sin^2 t\\&=2\cos^2 t\end{aligned}$

$\dfrac{dy}{dt}=\sec^2 t$

이므로 시각 t에서의 점 P의 속력은

09 적분법

필수유형 **1**	②	01 ②	02 ④	03 ②		
필수유형 **2**	②	04 ②	05 ⑤	06 ④		
		07 ④	08 ②			
필수유형 **3**	②	09 ④	10 ④	11 ②		
필수유형 **4**	⑤	12 ④	13 ③	14 ④		
필수유형 **5**	③	15 ①	16 ③	17 ②		
필수유형 **6**	③	18 ③	19 ④	20 ①		
		21 ④	22 ②			
필수유형 **7**	③	23 ①	24 399	25 ②		
필수유형 **8**	①	26 ④	27 ②	28 ③		

필수유형 **1**

$f(x)=x+\ln x$에서 $f'(x)=1+\dfrac{1}{x}$이므로

$$\int_1^e \left(1+\frac{1}{x}\right)f(x)dx=\int_1^e f'(x)f(x)dx$$

$$=\left[\frac{1}{2}\{f(x)\}^2\right]_1^e$$

$$=\frac{1}{2}\{f(e)\}^2-\frac{1}{2}\{f(1)\}^2$$

$$=\frac{1}{2}(e+\ln e)^2-\frac{1}{2}(1+\ln 1)^2$$

$$=\frac{1}{2}(e+1)^2-\frac{1}{2}(1+0)^2$$

$$=\frac{e^2}{2}+e$$

답 ②

다른 풀이

$f(x)=x+\ln x$에서 $f'(x)=1+\dfrac{1}{x}$

$f(x)=t$로 놓으면 $x=1$일 때 $t=1$, $x=e$일 때 $t=e+1$이고

$\dfrac{dt}{dx}=1+\dfrac{1}{x}$이므로

$$\int_1^e \left(1+\frac{1}{x}\right)f(x)dx=\int_1^{e+1}t\,dt=\left[\frac{1}{2}t^2\right]_1^{e+1}$$

$$=\frac{1}{2}(e+1)^2-\frac{1}{2}$$

$$=\frac{e^2}{2}+e$$

01

$f'(x)=\sqrt{x}+\dfrac{2}{\sqrt{x}}=x^{\frac{1}{2}}+2x^{-\frac{1}{2}}$이므로

$f(x)=\displaystyle\int (x^{\frac{1}{2}}+2x^{-\frac{1}{2}})dx=\dfrac{2}{3}x^{\frac{3}{2}}+4x^{\frac{1}{2}}+C$ (단, C는 적분상수)

$f(1)=\dfrac{2}{3}+4+C=\dfrac{5}{3}$에서 $C=-3$

$f(x)=\dfrac{2}{3}x^{\frac{3}{2}}+4x^{\frac{1}{2}}-3$

따라서 $f(9)=\dfrac{2}{3}\times 27+4\times 3-3=27$

답 ②

02

$$\int_{\frac{\pi}{6}}^{\frac{\pi}{3}}\frac{1}{\sin^2 x\cos^2 x}dx=\int_{\frac{\pi}{6}}^{\frac{\pi}{3}}\frac{\sin^2 x+\cos^2 x}{\sin^2 x\cos^2 x}dx$$

$$=\int_{\frac{\pi}{6}}^{\frac{\pi}{3}}\left(\frac{1}{\cos^2 x}+\frac{1}{\sin^2 x}\right)dx$$

$$=\int_{\frac{\pi}{6}}^{\frac{\pi}{3}}(\sec^2 x+\csc^2 x)dx$$

$$=\left[\tan x-\cot x\right]_{\frac{\pi}{6}}^{\frac{\pi}{3}}$$

$$=\left(\tan\frac{\pi}{3}-\cot\frac{\pi}{3}\right)-\left(\tan\frac{\pi}{6}-\cot\frac{\pi}{6}\right)$$

$$=\left(\sqrt{3}-\frac{\sqrt{3}}{3}\right)-\left(\frac{\sqrt{3}}{3}-\sqrt{3}\right)$$

$$=\frac{4\sqrt{3}}{3}$$

답 ④

참고

$$\frac{1}{\sin^2 x\cos^2 x}=\csc^2 x\sec^2 x$$

$$=(\cot^2 x+1)(\tan^2 x+1)$$

$$=1+\cot^2 x+\tan^2 x+1$$

$$=\csc^2 x+\sec^2 x$$

03

$x^2 f'(x)+2xf(x)=3x^2+2$에서

$x^2 f'(x)+2xf(x)=\{x^2 f(x)\}'$이므로

$x^2 f(x)=\displaystyle\int (3x^2+2)dx=x^3+2x+C$ (단, C는 적분상수)

$x=1$을 대입하면

$f(1)=1+2+C=4$에서 $C=1$

즉, $x^2 f(x)=x^3+2x+1$이므로

$f(x)=x+\dfrac{2}{x}+\dfrac{1}{x^2}$ $(x>0)$

따라서

$$\int_1^2 f(x)dx=\int_1^2 \left(x+\frac{2}{x}+\frac{1}{x^2}\right)dx$$

$$=\left[\frac{1}{2}x^2+2\ln|x|-\frac{1}{x}\right]_1^2$$

$$=\left(2+2\ln 2-\frac{1}{2}\right)-\left(\frac{1}{2}+0-1\right)$$

$$=2+2\ln 2$$

답 ②

필수유형 **2**

$$\int_0^\pi x\cos\left(\frac{\pi}{2}-x\right)dx=\int_0^\pi x\sin x\,dx$$

$$=\left[-x\cos x\right]_0^\pi-\int_0^\pi (-\cos x)dx$$

$$=-\pi\cos\pi+\left[\sin x\right]_0^\pi$$

$$=\pi+0=\pi$$

답 ②

04

$\cos 2x = \cos(x+x) = \cos^2 x - \sin^2 x = 2\cos^2 x - 1$
이므로

$\displaystyle\int_0^{\frac{\pi}{4}} \sin x \cos 2x\, dx = \int_0^{\frac{\pi}{4}} \sin x(2\cos^2 x - 1)\, dx$

$\cos x = t$로 놓으면

$x=0$일 때 $t=1$, $x=\dfrac{\pi}{4}$일 때 $t=\dfrac{\sqrt{2}}{2}$이고

$\dfrac{dt}{dx} = -\sin x$이므로

$\displaystyle\int_0^{\frac{\pi}{4}} \sin x \cos 2x\, dx = -\int_1^{\frac{\sqrt{2}}{2}} (2t^2-1)\, dt$

$\qquad = \displaystyle\int_{\frac{\sqrt{2}}{2}}^{1} (2t^2-1)\, dt$

$\qquad = \left[\dfrac{2}{3}t^3 - t\right]_{\frac{\sqrt{2}}{2}}^{1}$

$\qquad = \left(\dfrac{2}{3}-1\right) - \left(\dfrac{\sqrt{2}}{6} - \dfrac{\sqrt{2}}{2}\right)$

$\qquad = -\dfrac{1}{3} + \dfrac{\sqrt{2}}{3}$

$\qquad = \dfrac{\sqrt{2}-1}{3}$

답 ②

다른 풀이

$f(x) = \sin x$, $g'(x) = \cos 2x$로 놓으면

$f'(x) = \cos x$, $g(x) = \dfrac{1}{2}\sin 2x$이므로

$\displaystyle\int_0^{\frac{\pi}{4}} \sin x \cos 2x\, dx$

$= \left[\sin x \times \dfrac{1}{2}\sin 2x\right]_0^{\frac{\pi}{4}} - \int_0^{\frac{\pi}{4}} \left(\cos x \times \dfrac{1}{2}\sin 2x\right) dx$

$= \dfrac{\sqrt{2}}{4} - \dfrac{1}{2}\displaystyle\int_0^{\frac{\pi}{4}} \cos x \sin 2x\, dx$ ······ ㉠

$\displaystyle\int_0^{\frac{\pi}{4}} \cos x \sin 2x\, dx$에서

$u(x) = \cos x$, $v'(x) = \sin 2x$로 놓으면

$u'(x) = -\sin x$, $v(x) = -\dfrac{1}{2}\cos 2x$이므로

$\displaystyle\int_0^{\frac{\pi}{4}} \cos x \sin 2x\, dx$

$= \left[\cos x \times \left(-\dfrac{1}{2}\cos 2x\right)\right]_0^{\frac{\pi}{4}}$

$\qquad\qquad - \displaystyle\int_0^{\frac{\pi}{4}} \left\{(-\sin x) \times \left(-\dfrac{1}{2}\cos 2x\right)\right\} dx$

$= 0 - \left(-\dfrac{1}{2}\right) - \dfrac{1}{2}\displaystyle\int_0^{\frac{\pi}{4}} \sin x \cos 2x\, dx$

$= \dfrac{1}{2} - \dfrac{1}{2}\displaystyle\int_0^{\frac{\pi}{4}} \sin x \cos 2x\, dx$

이것을 ㉠에 대입하면

$\displaystyle\int_0^{\frac{\pi}{4}} \sin x \cos 2x\, dx$

$= \dfrac{\sqrt{2}}{4} - \dfrac{1}{2}\left(\dfrac{1}{2} - \dfrac{1}{2}\displaystyle\int_0^{\frac{\pi}{4}} \sin x \cos 2x\, dx\right)$

$= \dfrac{\sqrt{2}}{4} - \dfrac{1}{4} + \dfrac{1}{4}\displaystyle\int_0^{\frac{\pi}{4}} \sin x \cos 2x\, dx$

즉, $\dfrac{3}{4}\displaystyle\int_0^{\frac{\pi}{4}} \sin x \cos 2x\, dx = \dfrac{\sqrt{2}-1}{4}$

따라서 $\displaystyle\int_0^{\frac{\pi}{4}} \sin x \cos 2x\, dx = \dfrac{\sqrt{2}-1}{3}$

05

$f'(x) = x\sqrt{x^2+1}$이므로

$f(x) = \displaystyle\int x\sqrt{x^2+1}\, dx$

$x^2+1 = t$로 놓으면 $\dfrac{dt}{dx} = 2x$이므로

$f(x) = \displaystyle\int x\sqrt{x^2+1}\, dx$

$\qquad = \dfrac{1}{2}\displaystyle\int \sqrt{t}\, dt$

$\qquad = \dfrac{1}{2}\displaystyle\int t^{\frac{1}{2}}\, dt$

$\qquad = \dfrac{1}{3} t^{\frac{3}{2}} + C$

$\qquad = \dfrac{1}{3}(x^2+1)^{\frac{3}{2}} + C$ (단, C는 적분상수)

$f(\sqrt{3}) = \dfrac{8}{3} + C = 2$에서 $C = -\dfrac{2}{3}$

$f(x) = \dfrac{1}{3}(x^2+1)^{\frac{3}{2}} - \dfrac{2}{3}$

따라서

$f(2\sqrt{2}) = 9 - \dfrac{2}{3} = \dfrac{25}{3}$

답 ⑤

06

$f(x) = 1 + \cos x \displaystyle\int_0^{\frac{\pi}{2}} f(t)\sin t\, dt$에서

$\displaystyle\int_0^{\frac{\pi}{2}} f(t)\sin t\, dt = k$라 하면

$f(x) = 1 + k\cos x$이고

$k = \displaystyle\int_0^{\frac{\pi}{2}} (1 + k\cos t)\sin t\, dt$

$\cos t = s$로 놓으면

$t=0$일 때 $s=1$, $t=\dfrac{\pi}{2}$일 때 $s=0$이고,

$\dfrac{ds}{dt} = -\sin t$이므로

$k = \displaystyle\int_0^{\frac{\pi}{2}} (1 + k\cos t)\sin t\, dt$

$\quad = -\displaystyle\int_1^0 (1+ks)\, ds$

$\quad = \displaystyle\int_0^1 (1+ks)\, ds$

$\quad = \left[s + \dfrac{k}{2}s^2\right]_0^1 = 1 + \dfrac{k}{2}$

즉, $\dfrac{k}{2} = 1$이므로 $k=2$이고

$f(x) = 1 + 2\cos x$

따라서 $f\left(\dfrac{\pi}{3}\right) = 1 + 2\cos\dfrac{\pi}{3} = 1 + 2\times\dfrac{1}{2} = 2$

답 ④

07

$$\int_1^e \left(2x+1+\frac{1}{x}\right)\ln x\,dx$$

$$=\int_1^e (2x+1)\ln x\,dx+\int_1^e \frac{1}{x}\ln x\,dx \quad\cdots\cdots \text{㉠}$$

$\int_1^e (2x+1)\ln x\,dx$에서

$f(x)=\ln x,\ g'(x)=2x+1$로 놓으면

$f'(x)=\frac{1}{x},\ g(x)=x^2+x$이므로

$$\int_1^e (2x+1)\ln x\,dx$$

$$=\Big[(x^2+x)\ln x\Big]_1^e - \int_1^e \Big\{(x^2+x)\times\frac{1}{x}\Big\}dx$$

$$=\Big[(x^2+x)\ln x\Big]_1^e - \int_1^e (x+1)dx$$

$$=\Big[(x^2+x)\ln x\Big]_1^e - \Big[\frac{1}{2}x^2+x\Big]_1^e$$

$$=(e^2+e)-0-\Big(\frac{1}{2}e^2+e\Big)+\frac{3}{2}$$

$$=\frac{1}{2}e^2+\frac{3}{2}$$

$\int_1^e \frac{1}{x}\ln x\,dx$에서 $\ln x=t$로 놓으면

$x=1$일 때 $t=0$, $x=e$일 때 $t=1$이고,

$\frac{dt}{dx}=\frac{1}{x}$이므로

$$\int_1^e \frac{1}{x}\ln x\,dx=\int_0^1 t\,dt$$

$$=\Big[\frac{1}{2}t^2\Big]_0^1=\frac{1}{2}$$

따라서 ㉠에서

$$\int_1^e \left(2x+1+\frac{1}{x}\right)\ln x\,dx=\Big(\frac{1}{2}e^2+\frac{3}{2}\Big)+\frac{1}{2}$$

$$=\frac{1}{2}e^2+2$$

답 ④

08

$f(x)=4xe^{2x}$에서

$f'(x)=4e^{2x}+4x\times 2e^{2x}$

$\qquad=4e^{2x}(1+2x)$

$f'(x)=0$에서 $x=-\frac{1}{2}$

$x=-\frac{1}{2}$의 좌우에서 $f'(x)$의 부호가 음에서 양으로 변하므로

함수 $f(x)$는 $x=-\frac{1}{2}$에서 극값을 갖는다.

즉, $a=-\frac{1}{2}$

$\int_a^0 f(x)dx=\int_{-\frac{1}{2}}^0 4xe^{2x}\,dx$에서

$u(x)=4x,\ v'(x)=e^{2x}$으로 놓으면

$u'(x)=4,\ v(x)=\frac{1}{2}e^{2x}$이므로

$$\int_{-\frac{1}{2}}^0 4xe^{2x}\,dx=\Big[2xe^{2x}\Big]_{-\frac{1}{2}}^0 - \int_{-\frac{1}{2}}^0 2e^{2x}\,dx$$

$$=\Big[2xe^{2x}\Big]_{-\frac{1}{2}}^0 - \Big[e^{2x}\Big]_{-\frac{1}{2}}^0$$

$$=e^{-1}-(1-e^{-1})=2e^{-1}-1$$

답 ②

필수유형 3

$\int_1^x f(t)\,dt=x^2-a\sqrt{x}$의 양변에 $x=1$을 대입하면

$0=1-a$에서 $a=1$

즉, $\int_1^x f(t)\,dt=x^2-\sqrt{x}\quad\cdots\cdots\text{㉠}$

㉠의 양변을 x에 대하여 미분하면

$$f(x)=2x-\frac{1}{2\sqrt{x}}$$

따라서 $f(1)=2-\frac{1}{2}=\frac{3}{2}$

답 ②

09

$f(x)=\int_1^x (x^2-1)\ln t\,dt=(x^2-1)\int_1^x \ln t\,dt$에서

$f'(x)=2x\int_1^x \ln t\,dt+(x^2-1)\ln x$

$$\int \ln t\,dt=\int (1\times\ln t)dt$$

$$=t\ln t-\int \Big(t\times\frac{1}{t}\Big)dt$$

$$=t\ln t-t+C\ (\text{단, }C\text{는 적분상수})$$

이므로

$f'(x)=2x\Big[t\ln t-t\Big]_1^x+(x^2-1)\ln x$

$\qquad=2x\{(x\ln x-x)-(-1)\}+(x^2-1)\ln x$

$\qquad=(3x^2-1)\ln x-2x^2+2x$

따라서 점 $(e,\ f(e))$에서의 접선의 기울기는

$f'(e)=(3e^2-1)\ln e-2e^2+2e=e^2+2e-1$

이고

$f(e)=(e^2-1)\int_1^e \ln t\,dt=(e^2-1)\Big[t\ln t-t\Big]_1^e$

$\qquad=(e^2-1)\{(e\ln e-e)-(-1)\}$

$\qquad=e^2-1$

이므로 접선의 방정식은

$y-(e^2-1)=(e^2+2e-1)(x-e)$

$y=(e^2+2e-1)x-e^3-e^2+e-1$

이 접선이 점 $(1,\ k)$를 지나므로

$k=(e^2+2e-1)-e^3-e^2+e-1$

$\ =-e^3+3e-2$

답 ④

10

조건 (가)의 식에 $x=0$을 대입하면

$f(0)+0=2-0+3$

에서 $f(0)=5$ ······ ㉠

조건 (가)의 양변을 x에 대하여 미분하면

$f'(x)+g(x)=2e^x-1$

이므로 $f'(x)=2e^x-1-g(x)$이다.

$f'(x)g(x)=e^x(e^x-1)$에서

$\{2e^x-1-g(x)\}g(x)=e^x(e^x-1)$

$\{g(x)\}^2-\{2e^x-1\}g(x)+e^x(e^x-1)=0$

$\{g(x)-e^x\}\{g(x)-e^x+1\}=0$

이 방정식에 $x=0$을 대입하면

$\{g(0)-1\}\{g(0)-1+1\}=0$

$\{g(0)-1\}g(0)=0$

이때 $g(0)>0$이므로 $g(0)=1$이다.

또한 $g(x)$는 실수 전체의 집합에서 미분가능한 함수이므로 실수 전체의 집합에서 연속이고, 두 곡선 $y=e^x$과 $y=e^x-1$이 만나지 않으므로

$g(x)=e^x$

$f'(x)=2e^x-1-g(x)=e^x-1$이다.

$f(x)=\int(e^x-1)dx=e^x-x+C$ (단, C는 적분상수)

㉠에 의하여

$f(0)=1-0+C=5$에서

$C=4$이므로

$f(x)=e^x-x+4$

따라서 $f(1)+g(2)=(e-1+4)+e^2=e^2+e+3$

답 ④

11

$f(x)=x^2e^{-x}+\int_0^x e^{t-x}f(t)dt$의 양변에 $x=0$을 대입하면

$f(0)=0$

$f(x)=x^2e^{-x}+e^{-x}\int_0^x e^t f(t)dt$의 양변을 x에 대하여 미분하면

$f'(x)=2xe^{-x}-x^2e^{-x}-e^{-x}\int_0^x e^t f(t)dt+e^{-x}e^x f(x)$

$\qquad =2xe^{-x}-\left(x^2e^{-x}+\int_0^x e^{t-x}f(t)dt\right)+f(x)$

$\qquad =2xe^{-x}-f(x)+f(x)$

$\qquad =2xe^{-x}$

$f(x)=\int f'(x)dx$

$\qquad =\int 2xe^{-x}dx$

$\qquad =-2xe^{-x}+\int 2e^{-x}dx$

$\qquad =-2xe^{-x}-2e^{-x}+C$ (단, C는 적분상수)

$f(0)=-2+C=0$에서

$C=2$

$f(x)=-2xe^{-x}-2e^{-x}+2$

한편, $f'(x)=0$에서 $x=0$

$x=0$의 좌우에서 $f'(x)$의 부호가 음에서 양으로 바뀌므로 함수 $f(x)$는 $x=0$에서 극소인 동시에 최소이다.

$f(-2)=4e^2-2e^2+2=2e^2+2$

$f(2)=-4e^{-2}-2e^{-2}+2=-6e^{-2}+2$

즉, $f(-2)>f(2)>0$이므로 닫힌구간 $[-2, 2]$에서 함수 $f(x)$의 최댓값은 $f(-2)=2e^2+2$, 최솟값은 $f(0)=0$이다.

따라서 최댓값과 최솟값의 합은 $2e^2+2$이다.

답 ②

(참고)

$f(x)=x^2e^{-x}+e^{-x}\int_0^x e^t f(t)dt$의 양변에 e^x을 곱하면

$e^x f(x)=x^2+\int_0^x e^t f(t)dt$

양변을 x에 대하여 미분하면

$e^x f(x)+e^x f'(x)=2x+e^x f(x)$

즉, $e^x f'(x)=2x$에서

$f'(x)=2xe^{-x}$

필수유형 ④

함수 $f(t)$의 한 부정적분을 $F(t)$라 하면

$\lim_{x\to 0}\left\{\dfrac{x^2+1}{x}\int_1^{x+1}f(t)dt\right\}$

$=\lim_{x\to 0}\left\{\dfrac{x^2+1}{x}\Big[F(t)\Big]_1^{x+1}\right\}$

$=\lim_{x\to 0}\left\{(x^2+1)\times\dfrac{F(x+1)-F(1)}{x}\right\}$

$=(0+1)\times F'(1)$

$=f(1)=3$

$f(x)=a\cos(\pi x^2)$에서

$f(1)=a\cos\pi=-a=3$

즉, $a=-3$이므로

$f(x)=-3\cos(\pi x^2)$

따라서 $f(a)=f(-3)=-3\cos 9\pi=-3\times(-1)=3$

답 ⑤

12

$f(0)=0$이므로

$\lim_{h\to 0}\dfrac{f(2h)}{h}=2\lim_{h\to 0}\dfrac{f(0+2h)-f(0)}{2h}$

$\qquad\qquad\qquad =2f'(0)$

또 함수 $y=\dfrac{\sqrt{t^2+1}}{t+2}$의 한 부정적분을 $G(t)$라 하면

$f(x)=\displaystyle\int_{2x}^{4x}\dfrac{\sqrt{t^2+1}}{t+2}\,dt$

$\qquad=\Big[G(t)\Big]_{2x}^{4x}$

$\qquad=G(4x)-G(2x)$

이므로 양변을 x에 대하여 미분하면

$f'(x)=G'(4x)\times4-G'(2x)\times2$

$\qquad=\dfrac{\sqrt{(4x)^2+1}}{4x+2}\times4-\dfrac{\sqrt{(2x)^2+1}}{2x+2}\times2$

$f'(0)=2-1=1$

따라서 $\displaystyle\lim_{h\to0}\dfrac{f(2h)}{h}=2f'(0)=2\times1=2$

답 ④

13

함수 $f(t)$의 한 부정적분을 $F(t)$라 하면

$\displaystyle\lim_{x\to\frac12}\dfrac{1}{8x^3-1}\int_{\frac12}^{x}f(t)\,dt$

$=\displaystyle\lim_{x\to\frac12}\dfrac{1}{(2x-1)(4x^2+2x+1)}\int_{\frac12}^{x}f(t)\,dt$

$=\displaystyle\lim_{x\to\frac12}\dfrac{1}{2\left(x-\frac12\right)(4x^2+2x+1)}\Big[F(t)\Big]_{\frac12}^{x}$

$=\displaystyle\lim_{x\to\frac12}\left\{\dfrac{1}{2(4x^2+2x+1)}\times\dfrac{F(x)-F\left(\frac12\right)}{x-\frac12}\right\}$

$=\dfrac16F'\left(\dfrac12\right)$

$=\dfrac16f\left(\dfrac12\right)$

$=\dfrac16\times\dfrac{\frac12 a}{2^{\frac12}+2^{-\frac12+1}}$

$=\dfrac16\times\dfrac{a}{4\sqrt2}=\dfrac{a}{24\sqrt2}$

따라서 $\dfrac{a}{24\sqrt2}=\dfrac{\sqrt2}{16}$에서

$a=3$

답 ③

14

$\displaystyle\int_0^{\frac\pi3}f(t)\,dt=k$라 하면

$f(x)\cos^2x=2\pi-\dfrac{k}{\ln2}x$

$-\dfrac\pi2<x<\dfrac\pi2$에서 $\cos^2x>0$이므로

$f(x)=\dfrac{2\pi}{\cos^2x}-\dfrac{k}{\ln2}\times\dfrac{x}{\cos^2x}$

$\qquad=2\pi\sec^2x-\dfrac{k}{\ln2}\times x\sec^2x$

$k=\displaystyle\int_0^{\frac\pi3}f(t)\,dt$

$\quad=\displaystyle\int_0^{\frac\pi3}\left(2\pi\sec^2t-\dfrac{k}{\ln2}\times t\sec^2t\right)dt$

$\quad=2\pi\Big[\tan t\Big]_0^{\frac\pi3}-\dfrac{k}{\ln2}\left\{\Big[t\tan t\Big]_0^{\frac\pi3}-\displaystyle\int_0^{\frac\pi3}\tan t\,dt\right\}$

$\quad=2\pi\Big[\tan t\Big]_0^{\frac\pi3}-\dfrac{k}{\ln2}\left\{\Big[t\tan t\Big]_0^{\frac\pi3}-\displaystyle\int_0^{\frac\pi3}\dfrac{\sin t}{\cos t}\,dt\right\}$

$\quad=2\pi\Big[\tan t\Big]_0^{\frac\pi3}-\dfrac{k}{\ln2}\left\{\Big[t\tan t\Big]_0^{\frac\pi3}+\Big[\ln|\cos t|\Big]_0^{\frac\pi3}\right\}$

$\quad=2\sqrt3\pi-\dfrac{k}{\ln2}\left(\dfrac{\sqrt3\pi}{3}-\ln2\right)$

$\quad=2\sqrt3\pi-\dfrac{\sqrt3\pi}{3\ln2}k+k$

이므로

$2\sqrt3\pi-\dfrac{\sqrt3\pi}{3\ln2}k=0$

$k=6\ln2$

따라서 $f(x)=2\pi\sec^2x-6x\sec^2x=(2\pi-6x)\sec^2x$

이때 함수 $f(x)$의 한 부정적분을 $F(x)$라 하면

$\displaystyle\lim_{h\to0}\dfrac1h\int_{\frac\pi6}^{\frac\pi6+h}f(x)\,dx$

$=\displaystyle\lim_{h\to0}\dfrac1h\Big[F(x)\Big]_{\frac\pi6}^{\frac\pi6+h}$

$=\displaystyle\lim_{h\to0}\dfrac{F\left(\frac\pi6+h\right)-F\left(\frac\pi6\right)}{h}$

$=F'\left(\dfrac\pi6\right)=f\left(\dfrac\pi6\right)$

$=(2\pi-\pi)\sec^2\dfrac\pi6$

$=\pi\times\dfrac43=\dfrac43\pi$

답 ④

필수유형 5

$\displaystyle\lim_{n\to\infty}\dfrac1n\sum_{k=1}^{n}\sqrt{1+\dfrac{3k}{n}}=\int_0^1\sqrt{1+3x}\,dx$

$\qquad\qquad\qquad=\left[\dfrac29(1+3x)^{\frac32}\right]_0^1$

$\qquad\qquad\qquad=\dfrac29(8-1)$

$\qquad\qquad\qquad=\dfrac{14}{9}$

답 ③

15

$$\lim_{n\to\infty}\sum_{k=1}^{n}\frac{k}{n^2+kn}$$

$$=\lim_{n\to\infty}\frac{1}{n}\sum_{k=1}^{n}\frac{k}{n+k}$$

$$=\lim_{n\to\infty}\frac{1}{n}\sum_{k=1}^{n}\frac{\dfrac{k}{n}}{1+\dfrac{k}{n}}$$

$$=\int_0^1\frac{x}{1+x}\,dx$$

$$=\int_0^1\frac{(1+x)-1}{1+x}\,dx$$

$$=\int_0^1\left(1-\frac{1}{1+x}\right)dx$$

$$=\Big[\,x-\ln|1+x|\,\Big]_0^1$$

$$=1-\ln 2$$

답 ①

16

$$\sum_{k=1}^{n}(\sqrt{2k-1}+\sqrt{2k}-\sqrt{k})$$

$$=\sum_{k=1}^{n}(\sqrt{2k-1}+\sqrt{2k})-\sum_{k=1}^{n}\sqrt{k}$$

$$=\sum_{k=1}^{2n}\sqrt{k}-\sum_{k=1}^{n}\sqrt{k}$$

$$=\sum_{k=n+1}^{2n}\sqrt{k}$$

$$=\sum_{k=1}^{n}\sqrt{n+k}$$

따라서

$$\lim_{n\to\infty}\frac{1}{\sqrt{n^3}}\sum_{k=1}^{n}(\sqrt{2k-1}+\sqrt{2k}-\sqrt{k})$$

$$=\lim_{n\to\infty}\frac{1}{\sqrt{n^3}}\sum_{k=1}^{n}\sqrt{n+k}$$

$$=\lim_{n\to\infty}\frac{1}{n}\sum_{k=1}^{n}\sqrt{1+\frac{k}{n}}$$

$$=\int_0^1\sqrt{1+x}\,dx$$

$$=\Big[\frac{2}{3}(1+x)^{\frac{3}{2}}\Big]_0^1$$

$$=\frac{2}{3}(2^{\frac{3}{2}}-1)$$

$$=\frac{4\sqrt{2}}{3}-\frac{2}{3}$$

답 ③

17

$$\lim_{n\to\infty}\sum_{k=1}^{n}\frac{\ln(k+n)^n-\ln n^n}{(k+n)^2}$$

$$=\lim_{n\to\infty}\sum_{k=1}^{n}\frac{n\ln(k+n)-n\ln n}{(k+n)^2}$$

$$=\lim_{n\to\infty}\sum_{k=1}^{n}\frac{n\ln\dfrac{k+n}{n}}{(k+n)^2}$$

$$=\lim_{n\to\infty}\sum_{k=1}^{n}\frac{\dfrac{1}{n}\ln\left(\dfrac{k}{n}+1\right)}{\left(\dfrac{k}{n}+1\right)^2}$$

$$=\int_1^2\frac{\ln x}{x^2}\,dx$$

$$=\int_1^2\left(\ln x\times\frac{1}{x^2}\right)dx$$

이때 $f(x)=\ln x$, $g'(x)=\dfrac{1}{x^2}$로 놓으면

$f'(x)=\dfrac{1}{x}$, $g(x)=-\dfrac{1}{x}$이므로

$$\int_1^2\left(\ln x\times\frac{1}{x^2}\right)dx=\Big[-\frac{\ln x}{x}\Big]_1^2+\int_1^2\frac{1}{x^2}\,dx$$

$$=\Big[-\frac{\ln x}{x}\Big]_1^2+\Big[-\frac{1}{x}\Big]_1^2$$

$$=\left(-\frac{\ln 2}{2}+0\right)+\left(-\frac{1}{2}+1\right)$$

$$=\frac{1}{2}-\frac{1}{2}\ln 2$$

답 ②

다른 풀이

$$\lim_{n\to\infty}\sum_{k=1}^{n}\frac{\dfrac{1}{n}\ln\left(\dfrac{k}{n}+1\right)}{\left(\dfrac{k}{n}+1\right)^2}=\int_0^1\frac{\ln(x+1)}{(x+1)^2}\,dx$$

이때 $\ln(x+1)=t$로 놓으면

$x=0$일 때 $t=0$, $x=1$일 때 $t=\ln 2$이고,

$x+1=e^t$, $\dfrac{dt}{dx}=\dfrac{1}{x+1}$이므로

$$\int_0^1\frac{\ln(x+1)}{(x+1)^2}\,dx=\int_0^{\ln 2}te^{-t}\,dt$$

$$=\Big[-te^{-t}\Big]_0^{\ln 2}+\int_0^{\ln 2}e^{-t}\,dt$$

$$=\Big[-te^{-t}\Big]_0^{\ln 2}+\Big[-e^{-t}\Big]_0^{\ln 2}$$

$$=(-\ln 2)\times e^{-\ln 2}-e^{-\ln 2}+1$$

$$=-\frac{1}{2}\ln 2-\frac{1}{2}+1$$

$$=\frac{1}{2}-\frac{1}{2}\ln 2$$

필수유형 6

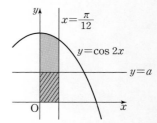

함수 $y=\cos 2x$의 그래프와 x축, y축 및 직선 $x=\dfrac{\pi}{12}$로 둘러싸인 부분의 넓이는

$$\int_0^{\frac{\pi}{12}}\cos 2x\,dx=\Big[\frac{1}{2}\sin 2x\Big]_0^{\frac{\pi}{12}}=\frac{1}{4}$$

이 부분의 넓이가 직선 $y=a$에 의하여 이등분되므로

$$\frac{1}{2} \times \frac{1}{4} = \frac{\pi}{12} \times a$$

따라서 $a = \dfrac{3}{2\pi}$

답 ③

18

곡선 $y = x(x-2)e^{2x}$과 x축이 만나는 점
의 x좌표는

$x(x-2)e^{2x} = 0$에서 $x = 0$ 또는 $x = 2$

$0 \le x \le 2$에서 $x(x-2)e^{2x} \le 0$이므로

곡선 $y = x(x-2)e^{2x}$과 x축으로 둘러싸인

부분의 넓이는

$$\int_0^2 |x(x-2)e^{2x}| \, dx$$

$$= -\int_0^2 x(x-2)e^{2x} \, dx$$

$$= -\left[\frac{1}{2}x(x-2)e^{2x} \right]_0^2 + \int_0^2 \frac{1}{2}(2x-2)e^{2x} \, dx$$

$$= 0 + \int_0^2 (x-1)e^{2x} \, dx$$

$$= \left[\frac{1}{2}(x-1)e^{2x} \right]_0^2 - \int_0^2 \frac{1}{2}e^{2x} \, dx$$

$$= \left[\frac{1}{2}(x-1)e^{2x} \right]_0^2 - \left[\frac{1}{4}e^{2x} \right]_0^2$$

$$= \left(\frac{1}{2}e^4 + \frac{1}{2} \right) - \left(\frac{1}{4}e^4 - \frac{1}{4} \right)$$

$$= \frac{1}{4}e^4 + \frac{3}{4}$$

답 ③

19

$\sin 2x = \sin(x+x) = \sin x \cos x + \cos x \sin x = 2\sin x \cos x$이
므로

$\sin 2x \cos x = 2 \sin x \cos^2 x$

$0 \le x \le \dfrac{\pi}{2}$에서 곡선 $y = \sin 2x \cos x$와 x축으로 둘러싸인 부분의 넓

이는

$$\int_0^{\frac{\pi}{2}} \sin 2x \cos x \, dx = \int_0^{\frac{\pi}{2}} 2 \sin x \cos^2 x \, dx$$

이때 $\cos x = t$로 놓으면

$x = 0$일 때 $t = 1$, $x = \dfrac{\pi}{2}$일 때 $t = 0$이고

$-\sin x = \dfrac{dt}{dx}$이므로

$$\int_0^{\frac{\pi}{2}} 2 \sin x \cos^2 x \, dx = \int_1^0 (-2t^2) \, dt$$

$$= \int_0^1 2t^2 \, dt = \left[\frac{2}{3}t^3 \right]_0^1 = \frac{2}{3}$$

답 ④

20

$$\int_0^x (x-t)f(t) \, dt = e^x + 8e^{-x} - 3x^2 + ax + b \qquad \cdots\cdots \ \unicode{x3009}$$

$\unicode{x3009}$의 양변에 $x = 0$을 대입하면

$0 = 1 + 8 + b$

$b = -9$

$\unicode{x3009}$에서

$$x\int_0^x f(t) \, dt - \int_0^x tf(t) \, dt = e^x + 8e^{-x} - 3x^2 + ax - 9$$

양변을 x에 대하여 미분하면

$$\int_0^x f(t) \, dt + xf(x) - xf(x) = e^x - 8e^{-x} - 6x + a$$

$$\int_0^x f(t) \, dt = e^x - 8e^{-x} - 6x + a \qquad \cdots\cdots \ \unicode{x24B7}$$

$\unicode{x24B7}$의 양변에 $x = 0$을 대입하면

$0 = 1 - 8 + a$

$a = 7$

$\unicode{x24B7}$의 양변을 x에 대하여 미분하면

$f(x) = e^x + 8e^{-x} - 6 = e^{-x}(e^{2x} + 8 - 6e^x)$

$\quad = e^{-x}(e^x - 2)(e^x - 4)$

곡선 $y = f(x)$와 x축이 만나는 점의 x좌표는

$f(x) = 0$에서 $x = \ln 2$ 또는 $x = \ln 4$

$\ln 2 < x < \ln 4$에서 $f(x) < 0$이므로

곡선 $y = f(x)$와 x축으로 둘러싸인 부분의 넓이 S는

$$S = \int_{\ln 2}^{\ln 4} |e^x + 8e^{-x} - 6| \, dx = \int_{\ln 2}^{\ln 4} (-e^x - 8e^{-x} + 6) \, dx$$

$$= \left[-e^x + 8e^{-x} + 6x \right]_{\ln 2}^{\ln 4}$$

$$= (-e^{\ln 4} + 8e^{-\ln 4} + 6\ln 4) - (-e^{\ln 2} + 8e^{-\ln 2} + 6\ln 2)$$

$$= (-4 + 2 + 12\ln 2) - (-2 + 4 + 6\ln 2)$$

$$= 6\ln 2 - 4$$

따라서

$a + b + S = 7 + (-9) + (6\ln 2 - 4) = 6\ln 2 - 6$

답 ①

21

$0 \le x \le \dfrac{\pi}{2}$, $0 \le 3x \le \dfrac{3}{2}\pi$이므로 두 곡선 $y = \sin 3x$, $y = \sin x$가 만나

는 점의 x좌표는

$\sin 3x = \sin x$에서

$3x = x$ 또는 $3x = \pi - x$

즉, $x = 0$ 또는 $x = \dfrac{\pi}{4}$

$0 \le x \le \dfrac{\pi}{2}$에서 두 곡선 $y = \sin 3x$, $y = \sin x$는 그림과 같다.

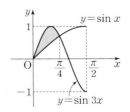

따라서 두 곡선 $y=\sin 3x$, $y=\sin x$로 둘러싸인 부분의 넓이는

$$\int_0^{\frac{\pi}{4}} |\sin 3x - \sin x| \, dx$$

$$= \int_0^{\frac{\pi}{4}} (\sin 3x - \sin x) dx$$

$$= \left[-\frac{\cos 3x}{3} + \cos x \right]_0^{\frac{\pi}{4}}$$

$$= \left(\frac{\sqrt{2}}{6} + \frac{\sqrt{2}}{2} \right) - \left(-\frac{1}{3} + 1 \right)$$

$$= \frac{2}{3}(\sqrt{2} - 1)$$

답 ④

22

$f(x) = 3 - \log_2(3-x)$, $g(x) = 3 - x$에서
$f(1) = g(1)$이므로 구하는 넓이를 S라 하면

$$S = \int_1^2 \{f(x) - g(x)\} dx$$

$$= \int_1^2 \{x - \log_2(3-x)\} dx$$

$$= \int_1^2 \left\{ x - \frac{\ln(3-x)}{\ln 2} \right\} dx$$

$$= \left[\frac{1}{2}x^2 \right]_1^2 - \frac{1}{\ln 2} \int_1^2 \ln(3-x) dx$$

$3 - x = t$로 놓으면
$x = 1$일 때 $t = 2$, $x = 2$일 때 $t = 1$이고,

$\dfrac{dt}{dx} = -1$이므로

$$S = \left[\frac{1}{2}x^2 \right]_1^2 + \frac{1}{\ln 2} \int_2^1 \ln t \, dt$$

$$= \frac{3}{2} - \frac{1}{\ln 2} \int_1^2 \ln t \, dt$$

$$= \frac{3}{2} - \frac{1}{\ln 2} \left\{ \left[t \ln t \right]_1^2 - \int_1^2 1 \, dt \right\}$$

$$= \frac{3}{2} - \frac{1}{\ln 2} \left\{ \left[t \ln t \right]_1^2 - \left[t \right]_1^2 \right\}$$

$$= \frac{3}{2} - \frac{1}{\ln 2} (2 \ln 2 - 1)$$

$$= \frac{1}{\ln 2} - \frac{1}{2}$$

답 ②

필수유형 7

직선 $x = t \left(\frac{3}{4}\pi \leq t \leq \frac{5}{4}\pi \right)$를 포함하고 x축에 수직인 평면으로 자른
단면의 넓이를 $S(t)$라 하면
$S(t) = (1-2t)\cos t$
따라서 구하는 입체도형의 부피를 V라 하면

$$V = \int_{\frac{3}{4}\pi}^{\frac{5}{4}\pi} S(t) = \int_{\frac{3}{4}\pi}^{\frac{5}{4}\pi} (1-2t)\cos t \, dt$$

이때 $u(t) = 1 - 2t$, $v'(t) = \cos t$로 놓으면
$u'(t) = -2$, $v(t) = \sin t$이므로

$$V = \int_{\frac{3}{4}\pi}^{\frac{5}{4}\pi} (1-2t)\cos t \, dt$$

$$= \left[(1-2t)\sin t \right]_{\frac{3}{4}\pi}^{\frac{5}{4}\pi} + 2\int_{\frac{3}{4}\pi}^{\frac{5}{4}\pi} \sin t \, dt$$

$$= \left[(1-2t)\sin t \right]_{\frac{3}{4}\pi}^{\frac{5}{4}\pi} + 2\left[-\cos t \right]_{\frac{3}{4}\pi}^{\frac{5}{4}\pi}$$

$$= \left(1 - \frac{5}{2}\pi \right) \times \left(-\frac{\sqrt{2}}{2} \right) - \left(1 - \frac{3}{2}\pi \right) \times \frac{\sqrt{2}}{2} + 2\left(\frac{\sqrt{2}}{2} - \frac{\sqrt{2}}{2} \right)$$

$$= 2\sqrt{2}\pi - \sqrt{2}$$

답 ③

23

$-\frac{1}{2} \leq t \leq 0$인 실수 t에 대하여 직선 $x = t$를 포함하고 x축에 수직인
평면으로 자른 단면의 넓이를 $S(t)$라 하면

$$S(t) = \left(\frac{t+1}{\sqrt{t^2+1}} \right)^2 = \frac{t^2+2t+1}{t^2+1} = 1 + \frac{2t}{t^2+1}$$

따라서 구하는 입체도형의 부피는

$$\int_{-\frac{1}{2}}^0 S(t) dt = \int_{-\frac{1}{2}}^0 \left(1 + \frac{2t}{t^2+1} \right) dt$$

$$= \int_{-\frac{1}{2}}^0 \left\{ 1 + \frac{(t^2+1)'}{t^2+1} \right\} dt$$

$$= \left[t + \ln|t^2+1| \right]_{-\frac{1}{2}}^0$$

$$= \frac{1}{2} - \ln \frac{5}{4}$$

답 ①

24

높이가 x $(0 \leq x \leq h)$인 지점에서 밑면에 평행한 평면으로 자른 단면의
넓이를 $S(x)$라 하면

$$S(x) = \pi \left(\frac{1}{\sqrt{x+1}} \right)^2 = \frac{\pi}{x+1}$$

이므로 주어진 입체도형의 부피는

$$\int_0^h S(x) dx = \pi \int_0^h \frac{1}{x+1} dx$$

$$= \pi \left[\ln|x+1| \right]_0^h$$

$$= \pi \ln(h+1)$$

따라서

$$\pi \ln(h+1) = 2\pi \ln 20$$

$$= \pi \ln 20^2 = \pi \ln 400$$

에서 $h + 1 = 400$이므로

$h = 399$

답 399

25

$f(x) = \sqrt{x \sin x}$, $g(x) = \sqrt{x \cos x}$에 대하여

$f\left(\frac{\pi}{4} \right) = g\left(\frac{\pi}{4} \right)$이고

$0 \leq x \leq \frac{\pi}{4}$에서

$f(x)-g(x)=\sqrt{x}(\sqrt{\sin x}-\sqrt{\cos x})\leq 0$

$\dfrac{\pi}{4}<x\leq\dfrac{\pi}{2}$에서

$f(x)-g(x)=\sqrt{x}(\sqrt{\sin x}-\sqrt{\cos x})>0$

이므로

$0\leq x\leq\dfrac{\pi}{4}$에서 $h(x)=g(x)$

$\dfrac{\pi}{4}<x\leq\dfrac{\pi}{2}$에서 $h(x)=f(x)$

$0\leq t\leq\dfrac{\pi}{2}$인 실수 t에 대하여 직선 $x=t$를 포함하고 x축에 수직인 평면으로 자른 단면의 넓이를 $S(t)$라 하면

$S(t)=\dfrac{\sqrt{3}}{4}\{h(t)\}^2$

따라서 구하는 입체도형의 부피는

$\displaystyle\int_0^{\frac{\pi}{2}}S(t)dt$

$=\displaystyle\int_0^{\frac{\pi}{2}}\dfrac{\sqrt{3}}{4}\{h(t)\}^2 dt$

$=\displaystyle\int_0^{\frac{\pi}{4}}\dfrac{\sqrt{3}}{4}(\sqrt{t\cos t})^2 dt+\int_{\frac{\pi}{4}}^{\frac{\pi}{2}}\dfrac{\sqrt{3}}{4}(\sqrt{t\sin t})^2 dt$

$=\dfrac{\sqrt{3}}{4}\displaystyle\int_0^{\frac{\pi}{4}}t\cos t\,dt+\dfrac{\sqrt{3}}{4}\int_{\frac{\pi}{4}}^{\frac{\pi}{2}}t\sin t\,dt$

$=\dfrac{\sqrt{3}}{4}\left(\Big[t\sin t\Big]_0^{\frac{\pi}{4}}-\int_0^{\frac{\pi}{4}}\sin t\,dt+\Big[-t\cos t\Big]_{\frac{\pi}{4}}^{\frac{\pi}{2}}+\int_{\frac{\pi}{4}}^{\frac{\pi}{2}}\cos t\,dt\right)$

$=\dfrac{\sqrt{3}}{4}\left(\Big[t\sin t\Big]_0^{\frac{\pi}{4}}+\Big[\cos t\Big]_0^{\frac{\pi}{4}}+\Big[-t\cos t\Big]_{\frac{\pi}{4}}^{\frac{\pi}{2}}+\Big[\sin t\Big]_{\frac{\pi}{4}}^{\frac{\pi}{2}}\right)$

$=\dfrac{\sqrt{3}}{4}\left(\dfrac{\sqrt{2}}{8}\pi+\dfrac{\sqrt{2}}{2}-1+\dfrac{\sqrt{2}}{8}\pi+1-\dfrac{\sqrt{2}}{2}\right)$

$=\dfrac{\sqrt{6}}{16}\pi$

답 ②

필수유형 8

곡선 $y=x^2$과 직선 $y=t^2x-\dfrac{\ln t}{8}$가 만나는 두 점의 x좌표를 각각 α, β라 하면 두 점의 좌표는

$(\alpha,\,\alpha^2)$, $(\beta,\,\beta^2)$

이므로 이 두 점의 중점의 좌표는

$\left(\dfrac{\alpha+\beta}{2},\,\dfrac{\alpha^2+\beta^2}{2}\right)$ $\cdots\cdots$ ㉠

두 식 $y=x^2$, $y=t^2x-\dfrac{\ln t}{8}$를 연립하면

$x^2=t^2x-\dfrac{\ln t}{8}$

$x^2-t^2x+\dfrac{\ln t}{8}=0$

이 x에 대한 이차방정식의 두 근이 α, β이므로 이차방정식의 근과 계수의 관계에 의하여

$\alpha+\beta=t^2$, $\alpha\beta=\dfrac{\ln t}{8}$

따라서 $\alpha^2+\beta^2=(\alpha+\beta)^2-2\alpha\beta=t^4-\dfrac{\ln t}{4}$

이므로 ㉠에서 중점의 좌표는 $\left(\dfrac{1}{2}t^2,\,\dfrac{1}{2}t^4-\dfrac{\ln t}{8}\right)$이다.

그러므로 점 P의 시각 t에서의 위치 $(x,\,y)$는

$x=\dfrac{1}{2}t^2$, $y=\dfrac{1}{2}t^4-\dfrac{\ln t}{8}$이다.

이때 $\dfrac{dx}{dt}=t$, $\dfrac{dy}{dt}=2t^3-\dfrac{1}{8t}$이므로

$\sqrt{\left(\dfrac{dx}{dt}\right)^2+\left(\dfrac{dy}{dt}\right)^2}=\sqrt{t^2+\left(2t^3-\dfrac{1}{8t}\right)^2}$

$=\sqrt{t^2+4t^6-\dfrac{1}{2}t^2+\dfrac{1}{64t^2}}$

$=\sqrt{4t^6+\dfrac{1}{2}t^2+\dfrac{1}{64t^2}}$

$=\sqrt{\left(2t^3+\dfrac{1}{8t}\right)^2}$

$=2t^3+\dfrac{1}{8t}$

따라서 시각 $t=1$에서 $t=e$까지 점 P가 움직인 거리는

$\displaystyle\int_1^e\sqrt{\left(\dfrac{dx}{dt}\right)^2+\left(\dfrac{dy}{dt}\right)^2}dt=\int_1^e\left(2t^3+\dfrac{1}{8t}\right)dt$

$=\left[\dfrac{1}{2}t^4+\dfrac{1}{8}\ln|t|\right]_1^e$

$=\dfrac{e^4}{2}+\dfrac{1}{8}-\left(\dfrac{1}{2}+0\right)$

$=\dfrac{e^4}{2}-\dfrac{3}{8}$

답 ①

26

$x=2\cos t+1$, $y=1-2\sin t$에서

$\dfrac{dx}{dt}=-2\sin t$, $\dfrac{dy}{dt}=-2\cos t$이므로

$\sqrt{\left(\dfrac{dx}{dt}\right)^2+\left(\dfrac{dy}{dt}\right)^2}=\sqrt{(-2\sin t)^2+(-2\cos t)^2}$

$=\sqrt{4\sin^2 t+4\cos^2 t}$

$=2$

따라서 시각 $t=0$에서 $t=\pi$까지 점 P가 움직인 거리는

$\displaystyle\int_0^\pi\sqrt{\left(\dfrac{dx}{dt}\right)^2+\left(\dfrac{dy}{dt}\right)^2}dt=\int_0^\pi 2\,dt$

$=\Big[2t\Big]_0^\pi=2\pi$

답 ④

27

$f(x)=\dfrac{1}{4}x^2-\dfrac{1}{2}\ln x$라 하면

$f'(x)=\dfrac{1}{2}x-\dfrac{1}{2x}$

따라서 $1\leq x\leq e^2$에서 곡선 $y=f(x)$의 길이는

$\displaystyle\int_1^{e^2}\sqrt{1+\{f'(x)\}^2}\,dx=\int_1^{e^2}\sqrt{1+\left(\dfrac{1}{2}x-\dfrac{1}{2x}\right)^2}\,dx$

$=\displaystyle\int_1^{e^2}\sqrt{\left(\dfrac{1}{2}x+\dfrac{1}{2x}\right)^2}\,dx$

$=\displaystyle\int_1^{e^2}\left|\dfrac{1}{2}x+\dfrac{1}{2x}\right|dx$

$=\displaystyle\int_1^{e^2}\left(\dfrac{1}{2}x+\dfrac{1}{2x}\right)dx$

$$= \left[\frac{1}{4}x^2 + \frac{1}{2}\ln|x| \right]_1^{e^2}$$

$$= \frac{1}{4}e^4 + 1 - \frac{1}{4}$$

$$= \frac{1}{4}e^4 + \frac{3}{4}$$

답 ②

28

$f(x) = 2x\sqrt{x} = 2x^{\frac{3}{2}}$이라 하면

$f'(x) = 3x^{\frac{1}{2}} = 3\sqrt{x}$

이므로 $x = \frac{1}{3}$에서 $x = a \left(a > \frac{1}{3} \right)$까지의 곡선 $y = 2x\sqrt{x}$의 길이는

$$\int_{\frac{1}{3}}^{a} \sqrt{1 + \{f'(x)\}^2}\, dx = \int_{\frac{1}{3}}^{a} \sqrt{1 + (3\sqrt{x})^2}\, dx$$

$$= \int_{\frac{1}{3}}^{a} \sqrt{9x+1}\, dx$$

$9x + 1 = t$로 놓으면

$x = \frac{1}{3}$일 때 $t = 4$, $t = a$일 때 $t = 9a + 1$이고

$9 = \dfrac{dt}{dx}$이므로

$$\int_{\frac{1}{3}}^{a} \sqrt{1 + \{f'(x)\}^2}\, dx = \int_{\frac{1}{3}}^{a} \sqrt{9x+1}\, dx$$

$$= \int_{4}^{9a+1} \frac{1}{9} t^{\frac{1}{2}}\, dt$$

$$= \left[\frac{1}{9} \times \frac{2}{3} t^{\frac{3}{2}} \right]_4^{9a+1}$$

$$= \frac{2}{27}(9a+1)^{\frac{3}{2}} - \frac{16}{27} = \frac{112}{27}$$

즉, $\dfrac{2}{27}(9a+1)^{\frac{3}{2}} = \dfrac{128}{27}$

$(9a+1)^{\frac{3}{2}} = 64$

$(9a+1)^{\frac{3}{2}} = 4^3$

$\sqrt{9a+1} = 4$

$9a + 1 = 16$

따라서 $a = \dfrac{5}{3}$

답 ③

01 ③	02 ③	03 ⑤	04 ④	05 ②
06 ④	07 ④	08 ④	09 ⑤	10 ①
11 ④	12 ⑤	13 ②	14 ①	15 ①
16 9	17 6	18 30	19 165	20 15
21 8	22 108	23 ①	24 ①	25 ②
26 ④	27 ②	28 ④	29 20	30 25

01

$$\left(\frac{1}{2}\right)^{\sqrt{3}} \times 4^{\frac{\sqrt{3}}{2}} = (2^{-1})^{\sqrt{3}} \times (2^2)^{\frac{\sqrt{3}}{2}}$$
$$= 2^{-\sqrt{3}} \times 2^{\sqrt{3}} = 2^{-\sqrt{3}+\sqrt{3}}$$
$$= 2^0 = 1$$

답 ③

02

$$\lim_{x \to 1} \frac{\sqrt{x^2+x} - \sqrt{2}}{x-1} = \lim_{x \to 1} \frac{(\sqrt{x^2+x} - \sqrt{2})(\sqrt{x^2+x} + \sqrt{2})}{(x-1)(\sqrt{x^2+x} + \sqrt{2})}$$
$$= \lim_{x \to 1} \frac{x^2+x-2}{(x-1)(\sqrt{x^2+x} + \sqrt{2})}$$
$$= \lim_{x \to 1} \frac{(x-1)(x+2)}{(x-1)(\sqrt{x^2+x} + \sqrt{2})}$$
$$= \lim_{x \to 1} \frac{x+2}{\sqrt{x^2+x} + \sqrt{2}}$$
$$= \frac{3}{2\sqrt{2}} = \frac{3\sqrt{2}}{4}$$

답 ③

03

등차수열 $\{a_n\}$의 첫째항을 a, 공차를 d라 하자.
$a_2+a_4=10$에서
$(a+d)+(a+3d)=2a+4d=10$
$a+2d=5$ …… ㉠
$a_6-a_3=6$에서
$(a+5d)-(a+2d)=3d=6$, $d=2$
$d=2$를 ㉠에 대입하면 $a=1$
따라서 $a_8=a+7d=1+7 \times 2=15$

답 ⑤

다른 풀이

$\dfrac{a_2+a_4}{2}=a_3$이므로

$a_2+a_4=10$에서 $2a_3=10$, $a_3=5$
등차수열 $\{a_n\}$의 공차를 d라 하면
$a_6=a_3+3d$이므로 $a_6-a_3=3d$
$a_6-a_3=6$에서 $3d=6$, $d=2$
따라서 $a_8=a_3+5d=5+5 \times 2=15$

04

$$\lim_{h \to 0} \frac{f(1+h)-f(1-h)}{h}$$
$$= \lim_{h \to 0} \left\{ \frac{f(1+h)-f(1)}{h} + \frac{f(1-h)-f(1)}{-h} \right\}$$
$$= f'(1) + f'(1)$$
$$= 2f'(1)$$
$2f'(1)=10$에서 $f'(1)=5$
$f(x)=x^3+ax$에서 $f'(x)=3x^2+a$이므로
$f'(1)=3+a=5$
따라서 $a=2$

답 ④

05

$$\sum_{k=1}^{n} \frac{1}{(k+1)(k+2)}$$
$$= \sum_{k=1}^{n} \left(\frac{1}{k+1} - \frac{1}{k+2} \right)$$
$$= \left(\frac{1}{2} - \frac{1}{3} \right) + \left(\frac{1}{3} - \frac{1}{4} \right) + \cdots + \left(\frac{1}{n} - \frac{1}{n+1} \right) + \left(\frac{1}{n+1} - \frac{1}{n+2} \right)$$
$$= \frac{1}{2} - \frac{1}{n+2}$$
$\sum\limits_{k=1}^{n} \dfrac{1}{(k+1)(k+2)} > \dfrac{2}{5}$에서
$\dfrac{1}{2} - \dfrac{1}{n+2} > \dfrac{2}{5}$, $\dfrac{1}{n+2} < \dfrac{1}{10}$
$n+2>10$, $n>8$
따라서 자연수 n의 최솟값은 9이다.

답 ②

06

$p>1$이므로 두 함수 $y=x^2$, $y=\dfrac{x^2}{p}$의 그래

프는 그림과 같다.

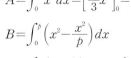

$A = \displaystyle\int_0^p x^2 dx = \left[\frac{1}{3}x^3 \right]_0^p = \frac{p^3}{3}$

$B = \displaystyle\int_0^p \left(x^2 - \frac{x^2}{p} \right) dx$

$\quad = \displaystyle\int_0^p \left(1 - \frac{1}{p} \right) x^2 dx = \left[\frac{p-1}{3p} x^3 \right]_0^p = \frac{(p-1)p^2}{3}$

$A:B=3:1$에서 $A=3B$이므로

$\dfrac{p^3}{3} = (p-1)p^2$

$p>1$이므로 양변을 p^2으로 나누면

$\dfrac{p}{3} = p-1$, $\dfrac{2}{3}p=1$

따라서 $p=\dfrac{3}{2}$

답 ④

07

$\tan^2\theta - \tan^2\theta \sin^2\theta = \tan^2\theta(1-\sin^2\theta) = \tan^2\theta \times \cos^2\theta$

$$= \frac{\sin^2\theta}{\cos^2\theta} \times \cos^2\theta = \sin^2\theta$$

$\tan^2\theta - \tan^2\theta\sin^2\theta = \dfrac{4}{5}$에서

$$\sin^2\theta = \frac{4}{5}$$

$\pi < \theta < \dfrac{3}{2}\pi$에서 $\sin\theta < 0$, $\cos\theta < 0$이므로

$$\sin\theta = -\frac{2\sqrt{5}}{5},\ \cos\theta = -\sqrt{1 - \frac{4}{5}} = -\frac{\sqrt{5}}{5}$$

$$\tan\theta = \frac{\sin\theta}{\cos\theta} = \frac{-\dfrac{2\sqrt{5}}{5}}{-\dfrac{\sqrt{5}}{5}} = 2$$

따라서 $\cos^2\theta + \tan\theta = \left(-\dfrac{\sqrt{5}}{5}\right)^2 + 2 = \dfrac{1}{5} + 2 = \dfrac{11}{5}$

답 ④

08

$g(x) = (x-1)f(x)$로 놓으면 $g(1) = 0$이고,

$g'(x) = f(x) + (x-1)f'(x)$

이므로

$g'(x) = 4x^3 + 4x$

$g(x) = \displaystyle\int (4x^3 + 4x)\,dx$

$\qquad = x^4 + 2x^2 + C$ (단, C는 적분상수) $\quad\cdots\cdots$ ㉠

㉠에서 $g(1) = 3 + C = 0$이므로 $C = -3$

이때 $g(x) = x^4 + 2x^2 - 3 = (x+1)(x-1)(x^2+3)$에서

$x \neq 1$일 때 $f(x) = \dfrac{g(x)}{x-1} = (x+1)(x^2+3)$이므로

$f'(x) = (x^2+3) + (x+1) \times 2x = 3x^2 + 2x + 3$

따라서 $f'(1) = 3 + 2 + 3 = 8$

답 ④

09

두 곡선 $y = 3\cos x$, $y = 8\tan x$가 만나는 점 A의 x좌표를 a라 하면

$3\cos a = 8\tan a$에서

$3\cos a = 8 \times \dfrac{\sin a}{\cos a}$

$3\cos^2 a = 8\sin a$, $3(1 - \sin^2 a) = 8\sin a$

$3\sin^2 a + 8\sin a - 3 = 0$, $(3\sin a - 1)(\sin a + 3) = 0$

$0 < a < \dfrac{\pi}{2}$에서 $0 < \sin a < 1$이므로 $\sin a = \dfrac{1}{3}$

$\cos a = \sqrt{1 - \sin^2 a} = \sqrt{1 - \left(\dfrac{1}{3}\right)^2} = \dfrac{2\sqrt{2}}{3}$

그러므로 점 A의 y좌표는 $3\cos a = 3 \times \dfrac{2\sqrt{2}}{3} = 2\sqrt{2}$이다.

한편, $6\cos x = 16\tan x$에서 $3\cos x = 8\tan x$이므로 두 곡선 $y = 6\cos x$, $y = 16\tan x$가 만나는 점 B의 x좌표는 a이고, 점 B의 y좌표는 $6\cos a = 6 \times \dfrac{2\sqrt{2}}{3} = 4\sqrt{2}$이다.

따라서 선분 AB의 길이는 $\sqrt{(a-a)^2 + (4\sqrt{2} - 2\sqrt{2})^2} = 2\sqrt{2}$

답 ⑤

10

$\displaystyle\int_0^a v(t)\,dt = A$, $\displaystyle\int_a^b v(t)\,dt = B$, $\displaystyle\int_b^c v(t)\,dt = C$로 놓으면

$A > 0$, $B < 0$, $C > 0$

조건 (가)에서

$\displaystyle\int_0^b |v(t)|\,dt = \int_0^a v(t)\,dt - \int_a^b v(t)\,dt = 12$

이므로 $A - B = 12$ $\quad\cdots\cdots$ ㉠

점 P가 출발할 때의 방향과 반대 방향으로 움직일 때의 시각 t의 범위는 $a < t < b$이다. 즉, 조건 (나)에서

$\displaystyle\int_a^b |v(t)|\,dt = -\int_a^b v(t)\,dt = 5$

이므로 $B = -5$이고, $B = -5$를 ㉠에 대입하면 $A = 7$

조건 (다)에서

$\displaystyle\int_0^c v(t)\,dt = A + B + C = 8$

이므로 $C = 8 - (A+B) = 8 - (7-5) = 6$

따라서 점 P가 시각 $t = a$에서 $t = c$까지 움직인 거리는

$\displaystyle\int_a^c |v(t)|\,dt = -\int_a^b v(t)\,dt + \int_b^c v(t)\,dt = -B + C = 5 + 6 = 11$

답 ①

11

$\angle\text{BAD} = \alpha$, $\angle\text{CED} = \beta$라 하면

$\sin\alpha = \dfrac{3}{4}$, $\sin\beta = \dfrac{\sqrt{7}}{4}$

주어진 원의 반지름의 길이가 4이므로

삼각형 ABD에서 사인법칙에 의하여

$\dfrac{\overline{\text{BD}}}{\sin\alpha} = 2 \times 4$

$\overline{\text{BD}} = 8\sin\alpha = 8 \times \dfrac{3}{4} = 6$

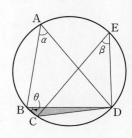

삼각형 ECD에서 사인법칙에 의하여

$\dfrac{\overline{\text{CD}}}{\sin\beta} = 2 \times 4$

$\overline{\text{CD}} = 8\sin\beta = 8 \times \dfrac{\sqrt{7}}{4} = 2\sqrt{7}$

$\overline{\text{BC}} = x\ (0 < x < 8)$, $\angle\text{CBD} = \theta\left(0 < \theta < \dfrac{\pi}{2}\right)$라 하자.

$\angle\text{CED}$와 $\angle\text{CBD}$는 모두 호 CD의 원주각이므로 $\theta = \beta$

즉, $\sin\theta = \sin\beta = \dfrac{\sqrt{7}}{4}$

$\cos\theta = \sqrt{1 - \sin^2\theta} = \sqrt{1 - \left(\dfrac{\sqrt{7}}{4}\right)^2} = \dfrac{3}{4}$

삼각형 BCD에서 코사인법칙에 의하여

$\overline{\text{CD}}^2 = \overline{\text{BC}}^2 + \overline{\text{BD}}^2 - 2 \times \overline{\text{BC}} \times \overline{\text{BD}} \times \cos\theta$

$(2\sqrt{7})^2 = x^2 + 6^2 - 2 \times x \times 6 \times \dfrac{3}{4}$

$x^2 - 9x + 8 = 0$, $(x-1)(x-8) = 0$

$0 < x < 8$이므로 $x = 1$

따라서 삼각형 BCD의 넓이는

$\dfrac{1}{2} \times \overline{\text{BC}} \times \overline{\text{BD}} \times \sin\theta = \dfrac{1}{2} \times 1 \times 6 \times \dfrac{\sqrt{7}}{4} = \dfrac{3\sqrt{7}}{4}$

답 ④

12

$f(x)=x^4+ax^3+bx^2+cx+d$ (a, b, c, d는 상수)로 놓으면

$f(0)=4$에서 $d=4$, $f(-1)=1$에서 $1-a+b-c+d=1$

이므로 $a-b=4-c$ ······ ㉠

$f'(x)=4x^3+3ax^2+2bx+c$이고,

곡선 $y=f(x)$ 위의 두 점 $(-1, 1)$, $(0, 4)$를 지나는 직선의 기울기는

$\dfrac{4-1}{0-(-1)}=3$

$f'(0)=3$에서 $c=3$,

$f'(-1)=3$에서 $-4+3a-2b+c=3$

이므로 $3a-2b=4$ ······ ㉡

㉠, ㉡을 연립하여 풀면 $a=2$, $b=1$

따라서 $f'(x)=4x^3+6x^2+2x+3$이므로

$f'(1)=4+6+2+3=15$

답 ⑤

다른 풀이

두 점 $(-1, 1)$, $(0, 4)$를 지나는 직선의 기울기는

$\dfrac{4-1}{0-(-1)}=3$

이므로 곡선 $y=f(x)$ 위의 두 점 $(0, 4)$, $(-1, 1)$에서의 접선의 방정식은 $y=3x+4$이다.

사차방정식 $f(x)=3x+4$는 $x=-1$, $x=0$을 각각 중근으로 가지고 $f(x)$의 최고차항의 계수가 1이므로

$f(x)-(3x+4)=x^2(x+1)^2$

$f(x)=x^2(x+1)^2+3x+4=x^4+2x^3+x^2+3x+4$

따라서 $f'(x)=4x^3+6x^2+2x+3$이므로

$f'(1)=4+6+2+3=15$

13

$\log_{2^n}x=\dfrac{1}{n}\log_2 x$이므로

$A\left(\dfrac{1}{2}, -1\right)$, $B\left(\dfrac{1}{2}, -\dfrac{1}{n}\right)$, $C\left(\dfrac{1}{2}, 0\right)$, $D(2, 1)$, $E\left(2, \dfrac{1}{n}\right)$, $F(2, 0)$

그러므로 두 사각형 AEDB, BFEC는 각각 평행사변형이고, 사각형 BFEC의 넓이는

$\dfrac{1}{n}\times\left(2-\dfrac{1}{2}\right)=\dfrac{3}{2n}$

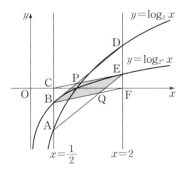

두 직선 BD, CE의 교점을 P, 두 직선 AE, BF의 교점을 Q라 하면 두 삼각형 BPC, EQF는 서로 합동이다.

한편, 두 삼각형 AQB, EQF는 서로 닮은 도형이고 닮음비는

$\overline{AB} : \overline{EF}=\left(1-\dfrac{1}{n}\right) : \dfrac{1}{n}=(n-1) : 1$이다.

그러므로 변 EF를 밑변으로 했을 때, 삼각형 EQF의 넓이는

$\dfrac{1}{2}\times\dfrac{1}{n}\times\left\{\dfrac{1}{n}\times\left(2-\dfrac{1}{2}\right)\right\}=\dfrac{3}{4n^2}$

두 사각형 AEDB, BFEC의 겹치는 부분의 넓이는 사각형 BFEC의 넓이에서 서로 합동인 두 삼각형 BPC, EQF의 넓이를 뺀 값과 같으므로

$\dfrac{3}{2n}-2\times\dfrac{3}{4n^2}=\dfrac{3}{2n}-\dfrac{3}{2n^2}$

$\dfrac{3}{2n}-\dfrac{3}{2n^2}=\dfrac{1}{3}$에서

$2n^2-9n+9=0$, $(2n-3)(n-3)=0$

따라서 $n=3$

답 ②

14

ㄱ. $f(0)=0$이므로 실수 a의 값에 관계없이 곡선 $y=f(x)$는 원점을 지난다. (참)

ㄴ. $f'(x)=(x-1)(2x^3+x^2-4x-a)$이므로 $a=-1$이면

$f'(x)=(x-1)(2x^3+x^2-4x+1)=(x-1)^2(2x^2+3x-1)$

따라서 $x=1$의 좌우에서 $f'(x)$의 부호가 바뀌지 않으므로 함수 $f(x)$는 $x=1$에서 극값을 갖지 않는다. (거짓)

ㄷ. $g(x)=2x^3+x^2-4x$로 놓으면

$g'(x)=6x^2+2x-4=2(3x-2)(x+1)$

$g'(x)=0$에서 $x=-1$ 또는 $x=\dfrac{2}{3}$

함수 $g(x)$의 증가와 감소를 표로 나타내면 다음과 같다.

x	$\cdots$	-1	$\cdots$	$\dfrac{2}{3}$	$\cdots$
$g'(x)$	$+$	0	$-$	0	$+$
$g(x)$	↗	극대	↘	극소	↗

함수 $g(x)$의 극댓값은 $g(-1)=-2+1+4=3$,

극솟값은 $g\left(\dfrac{2}{3}\right)=\dfrac{16}{27}+\dfrac{4}{9}-\dfrac{8}{3}=-\dfrac{44}{27}$

함수 $f(x)$가 $x=p$에서 극대 또는 극소인 서로 다른 실수 p의 개수가 2이려면 방정식 $f'(x)=0$이 하나의 중근과 서로 다른 두 실근을 갖거나 서로 다른 두 실근과 서로 다른 두 허근을 가져야 한다.

(i) 방정식 $f'(x)=0$이 하나의 중근과 서로 다른 두 실근을 갖는 경우

함수 $y=g(x)$의 그래프와 직선 $y=a$가 $x=1$인 점을 포함해서 세 점에서 만나면

ㄴ에서 $a=-1$

함수 $y=g(x)$의 그래프와 직선 $y=a$가 $x=1$이 아닌 두 점에서만 만나면

$a=g\left(\dfrac{2}{3}\right)=-\dfrac{44}{27}$ 또는 $a=g(-1)=3$

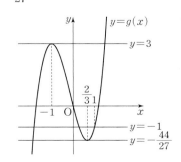

(ii) 방정식 $f'(x)=0$이 서로 다른 두 실근과 서로 다른 두 허근을 갖는 경우

함수 $y=g(x)$의 그래프와 직선 $y=a$가 한 점에서 만나야 하므로

$a>3$ 또는 $a<-\dfrac{44}{27}$

(i), (ii)에서 구하는 실수 a의 값은

$a\leq-\dfrac{44}{27}$ 또는 $a=-1$ 또는 $a\geq3$

따라서 조건을 만족시키는 10 이하의 자연수 a의 개수는 8이다.

(거짓)

이상에서 옳은 것은 ㄱ이다.

답 ①

15

$a_1=1$, $S_1=1$이므로 $\dfrac{S_1}{a_1}=\dfrac{1}{1}=1$

1은 자연수이므로 $a_2=a_1+1=1+1=2$

$a_2=2$, $S_2=3$이므로 $\dfrac{S_2}{a_2}=\dfrac{3}{2}$

$\dfrac{3}{2}$은 자연수가 아니므로 $a_3=a_2-1=2-1=1$

$a_3=1$, $S_3=4$이므로 $\dfrac{S_3}{a_3}=\dfrac{4}{1}=4$

4는 자연수이므로 $a_4=a_3+1=1+1=2$

즉, $a_4=2$, $S_4=6$

한편, 어떤 두 자연수 p, q에 대하여 $a_p=2$, $S_p=6q$이면

$\dfrac{S_p}{a_p}=\dfrac{6q}{2}=3q$

$3q$는 자연수이므로 $a_{p+1}=a_p+1=2+1=3$

$a_{p+1}=3$, $S_{p+1}=6q+3$이므로 $\dfrac{S_{p+1}}{a_{p+1}}=\dfrac{6q+3}{3}=2q+1$

$2q+1$은 자연수이므로 $a_{p+2}=a_{p+1}+1=3+1=4$

$a_{p+2}=4$, $S_{p+2}=6q+7$이므로 $\dfrac{S_{p+2}}{a_{p+2}}=\dfrac{6q+7}{4}$

$\dfrac{6q+7}{4}$은 자연수가 아니므로 $a_{p+3}=a_{p+2}-1=4-1=3$

$a_{p+3}=3$, $S_{p+3}=6q+10$이므로 $\dfrac{S_{p+3}}{a_{p+3}}=\dfrac{6q+10}{3}$

$\dfrac{6q+10}{3}$은 자연수가 아니므로 $a_{p+4}=a_{p+3}-1=3-1=2$

즉, $a_{p+4}=2$, $S_{p+4}=6q+12=6(q+2)$

$6(q+2)$는 6의 배수이므로

$S_{p+4}=S_p+(a_{p+1}+a_{p+2}+a_{p+3}+a_{p+4})=S_p+(3+4+3+2)$
$\qquad=S_p+12$

그러므로 수열 $\{S_{4n}\}$은 첫째항이 $S_4=6$, 공차가 12인 등차수열이다.

따라서 $S_{4k}=6+(k-1)\times12=12k-6$이므로

$\displaystyle\sum_{k=1}^{10}S_{4k}=\sum_{k=1}^{10}(12k-6)=12\sum_{k=1}^{10}k-\sum_{k=1}^{10}6=12\times\dfrac{10\times11}{2}-6\times10=600$

답 ①

16

로그의 진수의 조건에 의하여

$x-2>0$, $x-4>0$

이므로 $x>4$

$\log_4 4(x-2)=\log_2(x-4)$에서

$\dfrac{1}{2}\log_2 4(x-2)=\log_2(x-4)$, $\log_2 4(x-2)=\log_2(x-4)^2$

$4(x-2)=(x-4)^2$, $x^2-12x+24=0$

$x=6\pm\sqrt{12}=6\pm2\sqrt{3}$

$x>4$이므로 $x=6+2\sqrt{3}$

따라서 $p=6+2\sqrt{3}$이고 $9<6+2\sqrt{3}<10$이므로

$p\geq n$을 만족시키는 자연수 n의 최댓값은 9이다.

답 9

17

$f(x)=\displaystyle\int f'(x)\,dx=\int(3x^2+8x-1)\,dx$
$\qquad=x^3+4x^2-x+C$ (단, C는 적분상수)

$f(0)=2$이므로 $C=2$

따라서 $f(x)=x^3+4x^2-x+2$이므로

$f(-1)=(-1)^3+4\times(-1)^2-(-1)+2=6$

답 6

18

$\displaystyle\sum_{k=1}^{9}\dfrac{ka_{k+1}-(k+1)a_k}{a_{k+1}a_k}$

$=\displaystyle\sum_{k=1}^{9}\left(\dfrac{k}{a_k}-\dfrac{k+1}{a_{k+1}}\right)$

$=\left(\dfrac{1}{a_1}-\dfrac{2}{a_2}\right)+\left(\dfrac{2}{a_2}-\dfrac{3}{a_3}\right)+\left(\dfrac{3}{a_3}-\dfrac{4}{a_4}\right)+\cdots+\left(\dfrac{9}{a_9}-\dfrac{10}{a_{10}}\right)$

$=\dfrac{1}{a_1}-\dfrac{10}{a_{10}}$

$=1-\dfrac{10}{a_{10}}$

이므로 $1-\dfrac{10}{a_{10}}=\dfrac{2}{3}$에서 $\dfrac{10}{a_{10}}=\dfrac{1}{3}$

따라서 $a_{10}=30$

답 30

19

$\displaystyle\int_{-a}^{a}(x^2-k)\,dx=2\int_{0}^{a}(x^2-k)\,dx=2\left[\dfrac{1}{3}x^3-kx\right]_{0}^{a}=2\left(\dfrac{1}{3}a^3-ka\right)$

이므로 $2\left(\dfrac{1}{3}a^3-ka\right)=0$에서

$a^3-3ka=a(a^2-3k)=0$

$a>0$이므로 $a=\sqrt{3k}$

따라서 $f(k)=\sqrt{3k}$이므로

$\displaystyle\sum_{k=1}^{10}\{f(k)\}^2=\sum_{k=1}^{10}(\sqrt{3k})^2=\sum_{k=1}^{10}3k=3\sum_{k=1}^{10}k=3\times\dfrac{10\times11}{2}=165$

답 165

20

조건 (가)에서 함수 $f(x^2)$은 최고차항의 계수가 2인 이차함수이므로

$f(x)=2x+a$ (a는 상수)로 놓을 수 있다.

함수 $f(x)g(x)$가 실수 전체의 집합에서 연속이므로 $x=2$에서도 연속

이다.

즉, $\lim\limits_{x \to 2} f(x)g(x) = f(2)g(2)$이어야 하므로

$$\lim\limits_{x \to 2} \frac{(2x+a)(px+2)}{x-2} = 2(4+a) \quad \cdots\cdots \ \text{㉠}$$

㉠에서 $x \to 2$일 때 (분모) $\to 0$이고 극한값이 존재하므로 (분자) $\to 0$이어야 한다.

즉, $\lim\limits_{x \to 2}(2x+a)(px+2) = (4+a)(2p+2) = 0$이므로

$a = -4$ 또는 $p = -1$

만약 $p \neq -1$이면 $a = -4$이므로 ㉠에서

$$\lim\limits_{x \to 2} \frac{2(x-2)(px+2)}{x-2} = 0$$

즉, $2(2p+2) = 0$에서 $p = -1$이 되어 모순이다.

그러므로 $p = -1$이다.

$p = -1$을 ㉠의 좌변에 대입하면

$$\lim\limits_{x \to 2} \frac{(2x+a)(-x+2)}{x-2} = \lim\limits_{x \to 2}(-2x-a) = -4-a$$

이므로 $-4-a = 2(4+a)$에서 $3a = -12$, $a = -4$

따라서 $f(x) = 2x-4$, $g(x) = \begin{cases} -1 & (x \neq 2) \\ 2 & (x=2) \end{cases}$ 이므로

$f(10) + g(10) = 16 + (-1) = 15$

🔘 15

21

(i) $0 < a < \dfrac{2}{3}$일 때

$0 < a < 1$, $0 < a + \dfrac{1}{3} < 1$이므로

$a^{x^2+bx} \geq a^{x+2}$에서 $x^2 + bx \leq x + 2$

$\left(a + \dfrac{1}{3}\right)^{x^2+bx} \geq \left(a + \dfrac{1}{3}\right)^{x+2}$에서 $x^2 + bx \leq x + 2$

$x^2 + bx \leq x + 2$에서 $x^2 + (b-1)x - 2 \leq 0$

이차방정식 $x^2 + (b-1)x - 2 = 0$의 판별식을 D라 하면

$D = (b-1)^2 + 8 > 0$

이차방정식 $x^2 + (b-1)x - 2 = 0$의 두 실근을 α, $\beta \ (\alpha < \beta)$라 하면

$A = B = C = \{x \mid \alpha \leq x \leq \beta, \ x는 \ 실수\}$

이므로 주어진 조건을 만족시키지 않는다.

(ii) $\dfrac{2}{3} < a < 1$일 때

$0 < a < 1$, $a + \dfrac{1}{3} > 1$이므로

$a^{x^2+bx} \geq a^{x+2}$에서 $x^2 + bx \leq x + 2$ $\quad \cdots\cdots \ \text{㉠}$

$\left(a + \dfrac{1}{3}\right)^{x^2+bx} \geq \left(a + \dfrac{1}{3}\right)^{x+2}$에서 $x^2 + bx \geq x + 2$ $\quad \cdots\cdots \ \text{㉡}$

㉠, ㉡을 동시에 만족시키려면

$x^2 + bx = x + 2$, 즉 $x^2 + (b-1)x - 2 = 0$

이차방정식 $x^2 + (b-1)x - 2 = 0$의 판별식을 D라 하면

$D = (b-1)^2 + 8 > 0$

이차방정식 $x^2 + (b-1)x - 2 = 0$의 두 실근을 α, $\beta \ (\alpha < \beta)$라 하면

$C = \{\alpha, \ \beta\}$

$n(C) = 2$, $1 \in C$이고, 집합 C의 모든 원소의 곱이 c이므로

$C = \{1, \ c\}$

그러므로 $C = \{\alpha, \ \beta\} = \{1, \ c\}$

이차방정식 $x^2 + (b-1)x - 2 = 0$의 한 근이 1이므로

$1 + (b-1) - 2 = 0$에서 $b = 2$

$x^2 + (b-1)x - 2 = x^2 + x - 2 = 0$에서

$(x+2)(x-1) = 0$, $x = -2$ 또는 $x = 1$

즉, $C = \{-2, \ 1\}$, $c = -2$이므로 조건을 만족시킨다.

(iii) $a > 1$일 때

$a > 1$, $a + \dfrac{1}{3} > 1$이므로

$a^{x^2+bx} \geq a^{x+2}$에서 $x^2 + bx \geq x + 2$

$\left(a + \dfrac{1}{3}\right)^{x^2+bx} \geq \left(a + \dfrac{1}{3}\right)^{x+2}$에서 $x^2 + bx \geq x + 2$

$x^2 + bx \geq x + 2$에서 $x^2 + (b-1)x - 2 \geq 0$

이차방정식 $x^2 + (b-1)x - 2 = 0$의 판별식을 D라 하면

$D = (b-1)^2 + 8 > 0$

이차방정식 $x^2 + (b-1)x - 2 = 0$의 두 실근을 α, $\beta \ (\alpha < \beta)$라 하면

$A = B = C = \{x \mid x \leq \alpha \ 또는 \ x \geq \beta, \ x는 \ 실수\}$

이므로 주어진 조건을 만족시키지 않는다.

(i), (ii), (iii)에서

$\dfrac{2}{3} < a < 1$이므로 $p < a$를 만족시키는 실수 p의 최댓값은 $M = \dfrac{2}{3}$

따라서 $\left| 3 \times M \times b \times c \right| = \left| 3 \times \dfrac{2}{3} \times 2 \times (-2) \right| = 8$

🔘 8

22

함수 $y = k - f(-x)$의 그래프는 함수 $y = f(x)$의 그래프를 원점에 대하여 대칭이동한 후 y축의 방향으로 k만큼 평행이동한 그래프이다.

$f(x) = (x+2)(x-1)^2$에서

$f'(x) = (x-1)^2 + 2(x+2)(x-1) = 3(x-1)(x+1)$

$f'(x) = 0$에서 $x = -1$ 또는 $x = 1$

이때 $x = -1$의 좌우에서 $f'(x)$의 부호가 양에서 음으로 바뀌므로 함수 $f(x)$는 $x = -1$에서 극댓값 $f(-1) = 4$를 갖고, 함수 $y = k - f(-x)$는 $x = 1$에서 극솟값 $k - 4$를 갖는다.

문제의 조건을 만족시키려면 그림과 같이 $k - 4 = f(0) = 2$, 즉 $k = 6$이어야 한다.

이때 곡선 $y = f(x)$ 위의 점 $A(-p, \ f(-p))$에서의 접선이 곡선 $y = 6 - f(-x)$ 위의 점 $(p, \ 6 - f(-p))$에서 접한다.

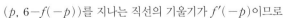

두 점 $(-p, \ f(-p))$, $(p, \ 6 - f(-p))$를 지나는 직선의 기울기가 $f'(-p)$이므로

$$f'(-p) = \frac{6 - f(-p) - f(-p)}{p - (-p)}$$

$pf'(-p) = 3 - f(-p) \quad \cdots\cdots \ \text{㉠}$

$f(x) = x^3 - 3x + 2$, $f'(x) = 3x^2 - 3$이므로 ㉠에서

$p(3p^2 - 3) = 3 - (-p^3 + 3p + 2)$, $2p^3 = 1$, $p = \dfrac{1}{\sqrt[3]{2}}$

따라서 $(k \times p)^3 = \left(\dfrac{6}{\sqrt[3]{2}}\right)^3 = \dfrac{216}{2} = 108$

🔘 108

23

$$\lim_{x \to 0} \frac{e^{2x}-1}{\ln(1+3x)} = \lim_{x \to 0} \left\{ \frac{e^{2x}-1}{2x} \times \frac{3x}{\ln(1+3x)} \times \frac{2}{3} \right\}$$
$$= 1 \times 1 \times \frac{2}{3} = \frac{2}{3}$$

답 ①

24

$$\lim_{n \to \infty} \frac{1}{n} \sum_{k=1}^{n} \frac{k}{n} (\sqrt{e})^{\frac{k}{n}} = \int_0^1 x(\sqrt{e})^x \, dx = \int_0^1 xe^{\frac{x}{2}} \, dx$$

이때 $u(x) = x$, $v'(x) = e^{\frac{x}{2}}$으로 놓으면

$u'(x) = 1$, $v(x) = 2e^{\frac{x}{2}}$이므로

$$\int_0^1 xe^{\frac{x}{2}} \, dx = \left[x \times 2e^{\frac{x}{2}} \right]_0^1 - \int_0^1 (1 \times 2e^{\frac{x}{2}}) \, dx$$
$$= 2\sqrt{e} - \left[4e^{\frac{x}{2}} \right]_0^1$$
$$= 2\sqrt{e} - (4\sqrt{e} - 4)$$
$$= 4 - 2\sqrt{e}$$

따라서 $\lim_{n \to \infty} \frac{1}{n} \sum_{k=1}^{n} \frac{k}{n} (\sqrt{e})^{\frac{k}{n}} = 4 - 2\sqrt{e}$

답 ①

25

$R(x) = ax + b$ (a, b는 상수)로 놓으면

$f(x) = (x-1)^2 Q(x) + R(x)$이므로

$$\lim_{n \to \infty} \frac{f\left(1 + \frac{1}{n}\right) - \left(1 + \frac{1}{n}\right)^2}{f\left(1 + \frac{1}{n}\right) - R\left(1 + \frac{1}{n}\right)}$$
$$= \lim_{n \to \infty} \frac{\left(\frac{1}{n}\right)^2 Q\left(1 + \frac{1}{n}\right) + R\left(1 + \frac{1}{n}\right) - \left(1 + \frac{1}{n}\right)^2}{\left(\frac{1}{n}\right)^2 Q\left(1 + \frac{1}{n}\right)}$$
$$= \lim_{n \to \infty} \frac{Q\left(1 + \frac{1}{n}\right) + n^2 R\left(1 + \frac{1}{n}\right) - (n+1)^2}{Q\left(1 + \frac{1}{n}\right)} = k \quad \cdots\cdots \text{㉠}$$

$R\left(1 + \frac{1}{n}\right) = a\left(1 + \frac{1}{n}\right) + b = a + b + \frac{a}{n}$이므로

$$\lim_{n \to \infty} \left\{ n^2 R\left(1 + \frac{1}{n}\right) - (n+1)^2 \right\}$$
$$= \lim_{n \to \infty} \left\{ (a+b-1)n^2 + (a-2)n - 1 \right\} \quad \cdots\cdots \text{㉡}$$

$Q(1) \neq 0$이므로 ㉠에서 k가 1이 아닌 상수이려면 ㉡의 값이 0이 아닌 상수이어야 한다.

즉, $a+b-1=0$, $a-2=0$에서

$a=2$, $b=-1$이므로 $R(x) = 2x-1$

$Q(1) - R(1) = 3$에서 $Q(1) = R(1) + 3 = 1 + 3 = 4$

이때 ㉡의 값이 -1이므로

$$\lim_{n \to \infty} \frac{f\left(1 + \frac{1}{n}\right) - \left(1 + \frac{1}{n}\right)^2}{f\left(1 + \frac{1}{n}\right) - R\left(1 + \frac{1}{n}\right)} = \frac{Q(1) - 1}{Q(1)} = \frac{4-1}{4} = \frac{3}{4}$$

즉, $k = \frac{3}{4}$이므로

$$k \times R(2) = \frac{3}{4} \times 3 = \frac{9}{4}$$

답 ②

26

x축 위의 점 $(t, 0)$ $\left(0 \le t \le \frac{\pi}{3}\right)$를 지나고 x축에 수직인 평면으로 자른 단면의 넓이를 $S(t)$라 하면

$$S(t) = (\sqrt{\sec^3 t \tan t + 1})^2 = \sec^3 t \tan t + 1$$

이므로 입체도형의 부피를 V라 하면

$$V = \int_0^{\frac{\pi}{3}} S(t) \, dt$$
$$= \int_0^{\frac{\pi}{3}} (\sec^3 t \tan t + 1) \, dt$$
$$= \int_0^{\frac{\pi}{3}} \sec^3 t \tan t \, dt + \int_0^{\frac{\pi}{3}} 1 \, dt$$
$$= \int_0^{\frac{\pi}{3}} \sec^3 t \tan t \, dt + \frac{\pi}{3}$$

$\int_0^{\frac{\pi}{3}} \sec^3 t \tan t \, dt$에서

$\sec t = u$로 놓으면 $t = 0$일 때 $u = 1$, $t = \frac{\pi}{3}$일 때 $u = 2$이고,

$\sec t \tan t = \frac{du}{dt}$이므로

$$\int_0^{\frac{\pi}{3}} \sec^3 t \tan t \, dt = \int_1^2 u^2 \, du = \left[\frac{1}{3} u^3 \right]_1^2 = \frac{8}{3} - \frac{1}{3} = \frac{7}{3}$$

따라서 $V = \frac{\pi}{3} + \frac{7}{3}$

답 ④

27

$\overline{AB_1} = 3$, $\overline{AD_1} = 4$, $\angle D_1 A B_1 = \frac{\pi}{3}$이므로

평행사변형 $AB_1C_1D_1$의 넓이는 $3 \times 4 \times \sin \frac{\pi}{3} = 6\sqrt{3}$

부채꼴 AB_1E_1의 넓이는 $\frac{1}{2} \times 3^2 \times \frac{\pi}{3} = \frac{3}{2}\pi$

따라서 $S_1 = 6\sqrt{3} - \frac{3}{2}\pi$

그림과 같이 점 C_1에서 직선 AB_1에 내린 수선의 발을 H라 하면 삼각형 C_1B_1H에서

$\overline{C_1B_1} = 4$, $\angle C_1 B_1 H = \frac{\pi}{3}$이므로

$\overline{C_1H} = 4 \times \sin \frac{\pi}{3} = 2\sqrt{3}$

$\overline{B_1H} = 4 \times \cos \frac{\pi}{3} = 2$

$\overline{AH} = \overline{AB_1} + \overline{B_1H} = 3 + 2 = 5$이므로

$\overline{AC_1} = \sqrt{5^2 + (2\sqrt{3})^2} = \sqrt{37}$

이때 $\overline{AC_1} : \overline{AC_2} = \sqrt{37} : 3$이므로 그림 R_n에서 새로 색칠한 부분의 넓이를 a_n이라 하면

$a_1 : a_2 = (\sqrt{37})^2 : 3^2$, 즉 $\frac{a_2}{a_1} = \frac{9}{37}$

따라서 수열 $\{a_n\}$은 첫째항이 $a_1=S_1=6\sqrt{3}-\dfrac{3}{2}\pi$이고 공비가 $\dfrac{9}{37}$인 등비수열이므로

$$\lim_{n\to\infty}S_n=\lim_{n\to\infty}\sum_{k=1}^{n}a_k=\dfrac{6\sqrt{3}-\dfrac{3}{2}\pi}{1-\dfrac{9}{37}}=\dfrac{111(4\sqrt{3}-\pi)}{56}$$

달 ②

28

삼각형 OPA에서

$\overline{OA}=\overline{OP}$이므로 $\angle OPA=\theta$

$\angle POB=\angle PAO+\angle OPA$
$\quad\quad\quad=\theta+\theta=2\theta$

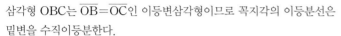
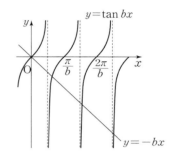

$\overline{PB}=\overline{PC}$이므로

$\angle POC=\angle POB=2\theta$

삼각형 OBC는 $\overline{OB}=\overline{OC}$인 이등변삼각형이므로 꼭지각의 이등분선은 밑변을 수직이등분한다.

즉, $\overline{OD}\perp\overline{BC}$이므로 삼각형 OBD와 삼각형 PED는 각각 $\angle ODB$, $\angle PDE$가 직각인 직각삼각형이다.

직각삼각형 OBD에서 $\overline{OB}=1$이므로

$\overline{OD}=\cos 2\theta$

직각삼각형 PED에서

$\overline{PD}=\overline{OP}-\overline{OD}=1-\cos 2\theta$

따라서 직각삼각형 PED의 넓이는

$$S(\theta)=\dfrac{1}{2}\times\overline{PD}\times\overline{ED}$$
$$=\dfrac{1}{2}\times\overline{PD}\times\overline{PD}\tan\theta$$
$$=\dfrac{1}{2}\times(1-\cos 2\theta)^2\times\tan\theta$$

이므로

$$\lim_{\theta\to 0+}\dfrac{S(\theta)}{\theta^5}$$

$$=\lim_{\theta\to 0+}\left\{\dfrac{1}{2}\times\dfrac{(1-\cos 2\theta)^2}{\theta^4}\times\dfrac{\tan\theta}{\theta}\right\}$$

$$=\lim_{\theta\to 0+}\left[\dfrac{1}{2}\times\dfrac{\{(1-\cos 2\theta)(1+\cos 2\theta)\}^2}{\theta^4(1+\cos 2\theta)^2}\times\dfrac{\tan\theta}{\theta}\right]$$

$$=\lim_{\theta\to 0+}\left\{\dfrac{1}{2}\times\dfrac{\sin^4 2\theta}{\theta^4(1+\cos 2\theta)^2}\times\dfrac{\tan\theta}{\theta}\right\}$$

$$=\lim_{\theta\to 0+}\left\{\dfrac{1}{2}\times 16\times\left(\dfrac{\sin 2\theta}{2\theta}\right)^4\times\dfrac{1}{(1+\cos 2\theta)^2}\times\dfrac{\tan\theta}{\theta}\right\}$$

$$=\dfrac{1}{2}\times 16\times 1^4\times\dfrac{1}{2^2}\times 1$$

$$=2$$

달 ④

29

조건 (가)에서 $f(\pi)=a\pi\sin b\pi=0$이므로 b는 자연수이다.

모든 실수 x에 대하여 $|f(x)|=|ax\sin bx|\le|ax|$이므로

조건 (나)에 의하여 $|ax|\le|x|$이고, $a>0$이므로

$0<a\le 1$ ...... ㉠

$f(x)=ax\sin bx$에서

$f'(x)=a\sin bx+abx\cos bx$이므로

$f'(x)=0$에서

$a\sin bx+abx\cos bx=0$ ...... ㉡

$\cos bx=0$이면 $|\sin bx|=1$이므로 ㉡에서 $a=0$이 되어 ㉠을 만족시키지 않는다.

따라서 $\cos bx\ne 0$이고 ㉡에서

$$\dfrac{a\sin bx+abx\cos bx}{a\cos bx}=0$$

$$\dfrac{\sin bx}{\cos bx}+bx=0$$

$$\tan bx=-bx$$

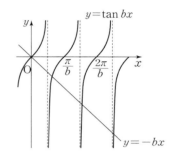

곡선 $y=\tan bx$와 직선 $y=-bx$의 교점의 x좌표 중 양수인 것을 작은 수부터 크기순으로 나열한 것을 x_1, x_2, x_3, $\cdots$이라 하자.

$x\ge 0$에서 함수 $f(x)$의 증가와 감소를 표로 나타내면 다음과 같다.

x	0	$\cdots$	x_1	$\cdots$	x_2	$\cdots$	x_3	$\cdots$
$f'(x)$	0	+	0	−	0	+	0	−
$f(x)$	0	↗	극대	↘	극소	↗	극대	↘

$0\le x\le\pi$일 때, 함수 $y=f(x)$의 그래프와 x축이 만나는 점의 x좌표는

$ax\sin bx=0$에서 $x=0$, $\dfrac{\pi}{b}$, $\dfrac{2\pi}{b}$, $\cdots$, $\dfrac{b\pi}{b}$이고,

$0<x_1<\dfrac{\pi}{b}<x_2<\dfrac{2\pi}{b}<x_3<\dfrac{3\pi}{b}<\cdots<\dfrac{b\pi}{b}=\pi$이므로

조건 (다)를 만족시키려면 $b=3$ 또는 $b=4$이어야 한다.

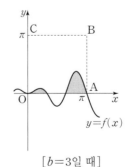
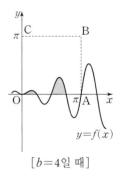

[$b=3$일 때]   [$b=4$일 때]

한편, $\displaystyle\int f(x)\,dx=\int ax\sin bx\,dx$에서

$u(x)=ax$, $v'(x)=\sin bx$로 놓으면

$u'(x)=a$, $v(x)=-\dfrac{1}{b}\cos bx$이므로

$$\int ax\sin bx\,dx=-\dfrac{a}{b}x\cos bx+\int\dfrac{a}{b}\cos bx\,dx$$

$$=-\dfrac{a}{b}x\cos bx+\dfrac{a}{b^2}\sin bx+C \quad\text{(단, }C\text{는 적분상수)}$$

따라서 곡선 $y=f(x)$와 x축으로 둘러싸인 부분과 정사각형 OABC의 내부의 공통부분의 넓이는

$$\int_0^{\frac{\pi}{b}} f(x)\,dx + \int_{\frac{2\pi}{b}}^{\frac{3\pi}{b}} f(x)\,dx$$

$$= \left[-\frac{a}{b}x\cos bx + \frac{a}{b^2}\sin bx \right]_0^{\frac{\pi}{b}} + \left[-\frac{a}{b}x\cos bx + \frac{a}{b^2}\sin bx \right]_{\frac{2\pi}{b}}^{\frac{3\pi}{b}}$$

$$= \frac{a\pi}{b^2} + \left(\frac{3a\pi}{b^2} + \frac{2a\pi}{b^2} \right)$$

$$= \frac{6a\pi}{b^2}$$

(i) $b=3$일 때

$\dfrac{6a\pi}{3^2} \le \dfrac{\pi}{12}$에서 $0 < a \le \dfrac{1}{8}$이므로

$72a+b \le 72 \times \dfrac{1}{8} + 3 = 12$

(ii) $b=4$일 때

$\dfrac{6a\pi}{4^2} \le \dfrac{\pi}{12}$에서 $0 < a \le \dfrac{2}{9}$이므로

$72a+b \le 72 \times \dfrac{2}{9} + 4 = 20$

(i), (ii)에서 $72a+b$의 최댓값은 20이다.

답 20

30

$f(x)=e^x+x$에서 $f'(x)=e^x+1>1$이므로 함수 $y=f(x)$의 그래프 위의 점 $(t, f(t))$에서의 접선과 x축의 양의 방향이 이루는 각의 크기를 θ_1이라 하면

$\tan\theta_1 = f'(t) = e^t+1$, $\dfrac{\pi}{4} < \theta_1 < \dfrac{\pi}{2}$

함수 $y=g(x)$의 그래프 위의 점 $(k, g(k))$에서의 접선과 x축의 양의 방향이 이루는 각의 크기를 θ_2라 하면

$\tan\theta_2 = g'(k)$, $0 < \theta_2 < \dfrac{\pi}{4}$

이때 $0 < \theta_2 < \dfrac{\pi}{4} < \theta_1 < \dfrac{\pi}{2}$이므로

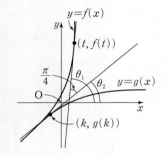

$\theta_2 = \theta_1 - \dfrac{\pi}{4}$

$g'(k) = \tan\theta_2 = \tan\left(\theta_1 - \dfrac{\pi}{4} \right)$

$\qquad = \dfrac{\tan\theta_1 - \tan\dfrac{\pi}{4}}{1 + \tan\theta_1 \tan\dfrac{\pi}{4}}$

$\qquad = \dfrac{\tan\theta_1 - 1}{1 + \tan\theta_1}$

$\qquad = \dfrac{(e^t+1)-1}{1+(e^t+1)} = \dfrac{e^t}{e^t+2}$

$f'(g(k)) \times g'(k) = 1$이므로

$f'(g(k)) = \dfrac{1}{g'(k)} = \dfrac{e^t+2}{e^t} = \dfrac{2}{e^t} + 1$

$e^{g(k)}+1 = \dfrac{2}{e^t}+1$, $e^{g(k)} = \dfrac{2}{e^t}$

$g(k) = \ln\dfrac{2}{e^t} = \ln 2 - \ln e^t = -t + \ln 2$

즉, $k = f(-t+\ln 2)$이므로 $h(t) = f(-t+\ln 2)$

$h'(t) = f'(-t+\ln 2) \times (-t+\ln 2)'$

$\qquad = -f'(-t+\ln 2)$

따라서

$h'(\ln 8) = -f'(-\ln 8 + \ln 2) = -f'\left(\ln\dfrac{1}{4} \right)$

$\qquad\qquad = -\left(e^{\ln\frac{1}{4}} + 1 \right) = -\left(\dfrac{1}{4} + 1 \right) = -\dfrac{5}{4}$

이므로

$16 \times \{h'(\ln 8)\}^2 = 16 \times \left(-\dfrac{5}{4} \right)^2 = 25$

답 25

실전 모의고사 2회
본문 118~129쪽

01 ④	**02** ①	**03** ④	**04** ③	**05** ⑤
06 ④	**07** ①	**08** ④	**09** ①	**10** ③
11 ①	**12** ②	**13** ⑤	**14** ③	**15** ②
16 4	**17** 66	**18** 6	**19** 16	**20** 34
21 3	**22** 35	**23** ④	**24** ③	**25** ②
26 ①	**27** ①	**28** ②	**29** 15	**30** 4

01

$$\frac{\sqrt[3]{16}\times\sqrt[6]{4}}{\sqrt{8}}=\frac{\sqrt[3]{2^4}\times\sqrt[6]{2^2}}{\sqrt{2^3}}=\frac{2^{\frac{4}{3}}\times2^{\frac{1}{3}}}{2^{\frac{3}{2}}}=2^{\frac{4}{3}+\frac{1}{3}-\frac{3}{2}}=2^{\frac{1}{6}}=\sqrt[6]{2}$$

답 ④

02

$$\lim_{x\to2}\frac{3x}{x^2-x-2}\left(\frac{1}{2}-\frac{1}{x}\right)=\lim_{x\to2}\left\{\frac{3x}{(x+1)(x-2)}\times\frac{x-2}{2x}\right\}$$
$$=\lim_{x\to2}\frac{3}{2(x+1)}=\frac{3}{2\times(2+1)}=\frac{1}{2}$$

답 ①

03

등비수열 $\{a_n\}$의 공비를 r $(r>0)$이라 하면

$\frac{a_{10}}{a_5}=\frac{a_5\times r^5}{a_5}=r^5$이므로

$r^5=1024=4^5$에서 $r=4$

$a_2 a_4=(a_1\times4)\times(a_1\times4^3)=a_1^2\times4^4=a_1^2\times2^8$이므로

$a_1^2\times2^8=1$에서 $a_1^2=\frac{1}{2^8}$

이때 $a_1>0$이므로 $a_1=\frac{1}{2^4}=2^{-4}$

따라서 $\log_2 a_1=\log_2 2^{-4}=-4\log_2 2=-4$

답 ④

04

$g(x)=(x^2+x)f(x)$라 하면 함수 $g(x)$가 $x=1$에서 극소이고, 이때의 극솟값이 -4이므로

$g(1)=-4$, $g'(1)=0$

$g(1)=2f(1)=-4$에서 $f(1)=-2$

$g'(x)=(2x+1)f(x)+(x^2+x)f'(x)$이므로

$g'(1)=3f(1)+2f'(1)=0$에서

$3\times(-2)+2f'(1)=0$

따라서 $f'(1)=3$

답 ③

05

$\tan\theta=\frac{\sin\theta}{\cos\theta}$이므로 $\tan^2\theta+4\tan\theta+1=0$에서

$$\frac{\sin^2\theta}{\cos^2\theta}+4\times\frac{\sin\theta}{\cos\theta}+1=0$$

$\sin^2\theta+4\sin\theta\cos\theta+\cos^2\theta=0$, $1+4\sin\theta\cos\theta=0$

$$\sin\theta\cos\theta=-\frac{1}{4}\quad\cdots\cdots\text{㉠}$$

이때

$$(\sin\theta-\cos\theta)^2=(\sin^2\theta+\cos^2\theta)-2\sin\theta\cos\theta$$
$$=1-2\times\left(-\frac{1}{4}\right)=\frac{3}{2}$$

한편, $\frac{\pi}{2}<\theta<\frac{3}{2}\pi$인 θ에 대하여 ㉠이 성립하려면 $\frac{\pi}{2}<\theta<\pi$, 즉

$\sin\theta>0$, $\cos\theta<0$임을 알 수 있다.

따라서 $\sin\theta-\cos\theta>0$이므로

$$\sin\theta-\cos\theta=\sqrt{\frac{3}{2}}=\frac{\sqrt6}{2}$$

답 ⑤

참고

$\frac{\pi}{2}<\theta<\pi$에서 $\sin\theta>0$, $\cos\theta<0$이므로 $\sin\theta\cos\theta<0$

$\pi\le\theta<\frac{3}{2}\pi$에서 $\sin\theta\le0$, $\cos\theta<0$이므로 $\sin\theta\cos\theta\ge0$

06

등차수열 $\{a_n\}$의 공차를 d라 하면

$a_4=a_2+2d$

$a_2=5$, $a_4=11$이므로

$11=5+2d$에서 $d=3$

$a_1=a_2-d=5-3=2$

그러므로 등차수열 $\{a_n\}$의 일반항은

$a_n=2+(n-1)\times3=3n-1$

이때

$$\sum_{k=1}^{m}\frac{1}{a_k a_{k+1}}=\sum_{k=1}^{m}\frac{1}{(3k-1)(3k+2)}$$
$$=\frac{1}{3}\sum_{k=1}^{m}\left(\frac{1}{3k-1}-\frac{1}{3k+2}\right)$$
$$=\frac{1}{3}\left\{\left(\frac{1}{2}-\frac{1}{5}\right)+\left(\frac{1}{5}-\frac{1}{8}\right)+\left(\frac{1}{8}-\frac{1}{11}\right)+\cdots+\left(\frac{1}{3m-1}-\frac{1}{3m+2}\right)\right\}$$
$$=\frac{1}{3}\left(\frac{1}{2}-\frac{1}{3m+2}\right)$$

이므로 $\frac{1}{3}\left(\frac{1}{2}-\frac{1}{3m+2}\right)>\frac{4}{25}$에서

$\frac{1}{2}-\frac{1}{3m+2}>\frac{12}{25}$, $\frac{1}{3m+2}<\frac{1}{50}$

$3m+2>50$, $m>16$

따라서 자연수 m의 최솟값은 17이다.

답 ④

07

조건 (가)에서 직선 l이 직선 $x-y+1=0$, 즉 $y=x+1$과 평행하므로

직선 l의 기울기는 1이다.

한편, $f(x)=x^3-2x+2$라 하면 $f'(x)=3x^2-2$

이때 조건 (나)에서 직선 l이 곡선 $y=x^3-2x+2$와 만나는 서로 다른

점의 개수가 2이므로 직선 l은 곡선 $y=x^3-2x+2$와 접해야 한다.

$f'(x)=1$에서 $3x^2-2=1$, $x^2=1$

$x=-1$ 또는 $x=1$

$f(-1)=3$이므로 곡선 $y=f(x)$ 위의 점 $(-1, 3)$에서의 접선의 방정식은

$y-3=1\times(x+1)$, 즉 $y=x+4$

$f(1)=1$이므로 곡선 $y=f(x)$ 위의 점 $(1, 1)$에서의 접선의 방정식은

$y-1=1\times(x-1)$, 즉 $y=x$

조건 (가)에서 직선 l이 제2사분면을 지나므로 직선 l의 방정식은

$y=x+4$, 즉 $x-y+4=0$

따라서 원점과 직선 l: $x-y+4=0$ 사이의 거리는

$$\frac{|4|}{\sqrt{1^2+(-1)^2}}=2\sqrt{2}$$

답 ①

08

삼차함수 $f(x)=ax^3+3ax^2+bx+2$가 주어진 조건을 만족시키려면 함수 $f(x)$는 실수 전체의 집합에서 감소하여야 한다.

이에 대한 필요조건을 생각하면 모든 실수 x에 대하여

$f'(x)=3ax^2+6ax+b\le0$이어야 한다.

이차함수 $y=f'(x)$의 그래프가 직선 $y=0$, 즉 x축과 접하거나 x축보다 항상 아래쪽에 존재하려면 $f'(x)$의 이차항의 계수가 음수이어야 하므로 $a<0$

한편, 이차방정식 $3ax^2+6ax+b=0$의 판별식을 D라 할 때, $D<0$이면 모든 실수 x에 대하여 $f'(x)<0$이므로 함수 $f(x)$가 실수 전체의 집합에서 감소하고, $D=0$이면 하나의 실수 α에서만 $f'(\alpha)=0$이고 이를 제외한 모든 실수 x에 대하여 $f'(x)<0$이므로 이 경우에도 함수 $f(x)$가 실수 전체의 집합에서 감소한다.

따라서 $D\le0$이면 함수 $f(x)$가 실수 전체의 집합에서 감소한다.

$\dfrac{D}{4}=(3a)^2-3ab=3a(3a-b)\le0$

$a<0$이므로 $3a-b\ge0$, $b\le3a$

이때 두 정수 a, b에 대하여

$a=-1$이면 $b\le-3$이므로 $ab\ge3$

$a\le-2$이면 $b\le-6$이므로 $ab\ge12$

따라서 ab의 최솟값은 3이다.

답 ④

09

최고차항의 계수가 3인 이차함수 $f(x)$를

$f(x)=3x^2+ax+b$ (a, b는 상수)라 하자.

$\displaystyle\int_2^3 f(x)\,dx=\int_3^4 f(x)\,dx$에서

$\displaystyle\int_2^3(3x^2+ax+b)\,dx=\int_3^4(3x^2+ax+b)\,dx$

$\left[x^3+\dfrac{a}{2}x^2+bx\right]_2^3=\left[x^3+\dfrac{a}{2}x^2+bx\right]_3^4$

$\left(27+\dfrac{9}{2}a+3b\right)-(8+2a+2b)=(64+8a+4b)-\left(27+\dfrac{9}{2}a+3b\right)$

즉, $a=-18$이므로 $f(x)=3x^2-18x+b$

$\displaystyle\int_{-1}^3 f(x)\,dx=\int_2^3 f(x)\,dx$에서

$\displaystyle\int_{-1}^3 f(x)\,dx-\int_2^3 f(x)\,dx=0$

$\displaystyle\int_{-1}^2 f(x)\,dx=0$

이므로

$\displaystyle\int_{-1}^2(3x^2-18x+b)\,dx=\left[x^3-9x^2+bx\right]_{-1}^2$

$=(8-36+2b)-(-1-9-b)$

$=3b-18=0$

$b=6$

따라서 $f(x)=3x^2-18x+6$이므로 $f(0)=6$

답 ①

10

$f(x)=a\sin2ax+2$라 하면 $a>0$이므로 함수 $f(x)$의 최댓값과 최솟값은 각각 $a+2$, $-a+2$이다.

이때 $-a+2<2$이므로 함수 $y=f(x)$의 그래프와 직선 $y=3$이 만나려면 $a+2\ge3$, 즉 $a\ge1$이어야 한다.

(i) $a=1$일 때

함수 $f(x)=\sin2x+2$의 주기는 $\dfrac{2\pi}{2}=\pi$, 최댓값과 최솟값은 각각 3, 1이므로 함수 $y=f(x)$의 그래프는 그림과 같다.

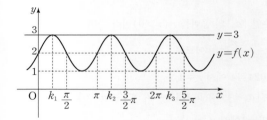

이때 $k_1=\dfrac{\pi}{4}$, $k_2=\dfrac{5\pi}{4}$, $k_3=\dfrac{9\pi}{4}$, $k_4=\dfrac{13\pi}{4}$, $\cdots$이므로

$k_3+k_4=\dfrac{9\pi}{4}+\dfrac{13\pi}{4}=\dfrac{11\pi}{2}\ne\pi=a\pi$

따라서 $a=1$이면 주어진 조건을 만족시키지 않는다.

(ii) $a>1$일 때

함수 $f(x)=a\sin2ax+2$의 주기는 $\dfrac{2\pi}{2a}=\dfrac{\pi}{a}$, 최댓값과 최솟값은 각각 $a+2$, $-a+2$이므로 함수 $y=f(x)$의 그래프의 개형은 그림과 같다.

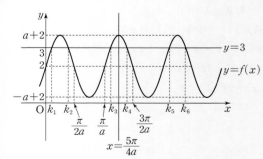

이때 함수 $y=f(x)$의 그래프는 직선 $x=\dfrac{\dfrac{\pi}{a}+\dfrac{3\pi}{2a}}{2}$, 즉 $x=\dfrac{5\pi}{4a}$에 대하여 대칭이므로

$$\frac{k_3+k_4}{2}=\frac{5\pi}{4a}, \ k_3+k_4=\frac{5\pi}{2a}$$

$k_3+k_4=a\pi$이므로

$\dfrac{5\pi}{2a}=a\pi$에서 $a^2=\dfrac{5}{2}$

$a>0$이므로 $a=\dfrac{\sqrt{10}}{2}$

(i), (ii)에 의하여 $a=\dfrac{\sqrt{10}}{2}$

답 ③

11

a의 값에 따라 곡선 $y=\left(\dfrac{a^2}{9}\right)^{|x|}-3$, 즉 $y=\left\{\left(\dfrac{a}{3}\right)^2\right\}^{|x|}-3$과 직선 $y=ax$가 만나는 서로 다른 점의 개수는 다음과 같다.

(i) $-3<a<0$ 또는 $0<a<3$일 때

$0<\left(\dfrac{a}{3}\right)^2<1$이므로 곡선 $y=\left\{\left(\dfrac{a}{3}\right)^2\right\}^{|x|}-3$과 직선 $y=ax$는 그림과 같이 한 점에서만 만난다.

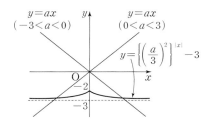

(ii) $a<-3$ 또는 $a>3$일 때

$\left(\dfrac{a}{3}\right)^2>1$이므로 곡선 $y=\left\{\left(\dfrac{a}{3}\right)^2\right\}^{|x|}-3$과 직선 $y=ax$는 그림과 같이 서로 다른 두 점에서 만난다.

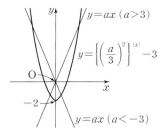

(i), (ii)에서 $a<-3$ 또는 $a>3$, 즉 $a^2>9$

부등식 $(a^4)^{a^2-2a+9}\geq(a^6)^{a^2-3a-4}$에서

$(a^2)^{2a^2-4a+18}\geq(a^2)^{3a^2-3a-12}$

$a^2>9$이므로

$2a^2-4a+18\geq3a^2-3a-12$

$a^2+a-30\leq0, \ (a+6)(a-5)\leq0$

$-6\leq a\leq5$

이때 $a<-3$ 또는 $a>3$이므로 주어진 부등식을 만족시키는 a의 값의 범위는

$-6\leq a<-3$ 또는 $3<a\leq5$

따라서 정수 a의 값은 -6, -5, -4, 4, 5이므로 모든 정수 a의 값의 합은

$-6+(-5)+(-4)+4+5=-6$

답 ①

12

$a=\sqrt[m]{2^{10}}\times\sqrt[n]{2^{24}}=2^{\frac{10}{m}+\frac{24}{n}}$ ······ ㉠

$b=\sqrt[n]{3^{24}}=3^{\frac{24}{n}}$ ······ ㉡

1보다 큰 두 자연수 m, n에 대하여 ㉠, ㉡의 값이 자연수이려면 두 수 $\dfrac{10}{m}+\dfrac{24}{n}$, $\dfrac{24}{n}$가 모두 자연수이어야 하므로 m은 1이 아닌 10의 약수인 2 또는 5 또는 10이어야 하고, n은 1이 아닌 24의 약수인 2 또는 3 또는 4 또는 6 또는 8 또는 12 또는 24이어야 한다.

또한 a가 16의 배수이려면 $\dfrac{10}{m}+\dfrac{24}{n}$의 값이 4 이상인 자연수이어야 하므로 m, n의 모든 순서쌍 (m, n)의 개수는 m의 값에 따라 다음과 같다.

(i) $m=2$일 때

$\dfrac{10}{m}+\dfrac{24}{n}=\dfrac{10}{2}+\dfrac{24}{n}=5+\dfrac{24}{n}\geq4$에서 $n\geq-24$

이므로 n의 값은 2, 3, 4, 6, 8, 12, 24로 순서쌍 (m, n)의 개수는 7이다.

(ii) $m=5$일 때

$\dfrac{10}{m}+\dfrac{24}{n}=\dfrac{10}{5}+\dfrac{24}{n}=2+\dfrac{24}{n}\geq4$에서 $n\leq12$

이므로 n의 값은 2, 3, 4, 6, 8, 12로 순서쌍 (m, n)의 개수는 6이다.

(iii) $m=10$일 때

$\dfrac{10}{m}+\dfrac{24}{n}=\dfrac{10}{10}+\dfrac{24}{n}=1+\dfrac{24}{n}\geq4$에서 $n\leq8$

이므로 n의 값은 2, 3, 4, 6, 8로 순서쌍 (m, n)의 개수는 5이다.

(i), (ii), (iii)에서 구하는 모든 순서쌍 (m, n)의 개수는

$7+6+5=18$

답 ②

13

함수 $y=k(x-a-4)(x-a-2)$의 그래프는 함수 $y=k(x-a)(x-a+2)$의 그래프를 x축의 방향으로 4만큼 평행이동한 것이다.

또한 $|x-a-1|-1=\begin{cases} -x+a & (x<a+1) \\ x-a-2 & (x\geq a+1) \end{cases}$이므로 실수 k의 값에 따라 함수 $y=f(x)$의 그래프의 개형은 그림과 같다.

(i) $k<0$일 때

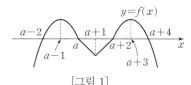

[그림 1]

(ii) $k=0$일 때

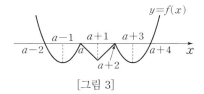

[그림 2]

(iii) $k>0$일 때

[그림 3]

(i), (ii), (iii)에서 함수 $y=f(x)$의 그래프는 k의 값에 관계없이 항상 직선 $x=a+1$에 대하여 대칭임을 알 수 있다.

ㄱ. $a=-1$이면 함수 $y=f(x)$의 그래프는 직선 $x=0$, 즉 y축에 대하여 대칭이다. (참)

ㄴ. $f(a+1)=-1$이므로

$k=0$일 때, 함수 $f(x)$는 $x=a+1$에서 최솟값 $f(a+1)=-1$을 갖는다.

$0<k\le1$일 때, 함수 $y=f(x)$의 그래프의 개형은 [그림 3]과 같다.

이때 $f(a-1)=f(a+3)$이고

$f(a-1)=k\times(-1)\times1=-k$

이므로 $-1\le f(a-1)=-k<0$

따라서 $0\le k\le1$이면 함수 $f(x)$의 최솟값은 -1이다. (참)

ㄷ. $k\ge0$이면 함수 $f(x)$는 $x=a$, $x=a+1$, $x=a+2$에서 미분가능하지 않으므로 함수 $f(x)$가 $x=2$에서만 미분가능하지 않으려면 함수 $y=f(x)$의 그래프의 개형이 [그림 1]과 같아야 한다.

즉, $k<0$이고 함수 $f(x)$는 $x=a+1$에서만 미분가능하지 않고, $x=a$, $x=a+2$에서 미분가능하여야 한다.

이때 함수 $f(x)$가 $x=2$에서 미분가능하지 않으므로

$a+1=2$에서 $a=1$

함수 $f(x)$가 $x=a$, 즉 $x=1$에서 미분가능하려면

$$\lim_{x\to1-}\frac{f(x)-f(1)}{x-1}=\lim_{x\to1+}\frac{f(x)-f(1)}{x-1}$$

이어야 한다.

$f(1)=0$이므로

$$\lim_{x\to1-}\frac{f(x)-f(1)}{x-1}=\lim_{x\to1-}\frac{k(x-1)(x+1)}{x-1}$$
$$=k\lim_{x\to1-}(x+1)=2k$$

$$\lim_{x\to1+}\frac{f(x)-f(1)}{x-1}=\lim_{x\to1+}\frac{|x-2|-1}{x-1}$$
$$=\lim_{x\to1+}\frac{-(x-1)}{x-1}=-1$$

$2k=-1$에서 $k=-\dfrac{1}{2}$

이때 $f(3)=0$이므로 $a=1$, $k=-\dfrac{1}{2}$이면

$$\lim_{x\to3-}\frac{f(x)-f(3)}{x-3}=\lim_{x\to3-}\frac{|x-2|-1}{x-3}$$
$$=\lim_{x\to3-}\frac{x-3}{x-3}=1$$

$$\lim_{x\to3+}\frac{f(x)-f(3)}{x-3}=\lim_{x\to3+}\frac{-\dfrac{1}{2}(x-3)(x-5)}{x-3}$$
$$=-\frac{1}{2}\lim_{x\to3+}(x-5)=-\frac{1}{2}\times(-2)=1$$

즉,

$$\lim_{x\to3-}\frac{f(x)-f(3)}{x-3}=\lim_{x\to3+}\frac{f(x)-f(3)}{x-3}$$

이므로 함수 $f(x)$는 $x=a+2$, 즉 $x=3$에서도 미분가능하다.

따라서 $a+k=1+\left(-\dfrac{1}{2}\right)=\dfrac{1}{2}$ (참)

이상에서 옳은 것은 ㄱ, ㄴ, ㄷ이다.

答 ⑤

14

조건 (가)에 의하여 함수 $y=f(x)$의 그래프는 y축에 대하여 대칭이므로 최고차항의 계수가 1인 사차함수 $f(x)$는

$f(x)=x^4+ax^2+b$ (a, b는 상수)

로 놓을 수 있다.

이때 $f'(x)=4x^3+2ax$이고 조건 (나)에 의하여 $f'(2)=0$이므로

$f'(2)=32+4a=0$에서 $a=-8$

따라서 $f(x)=x^4-8x^2+b$, $f'(x)=4x^3-16x=4x(x+2)(x-2)$ 이므로

$f'(x)=0$에서 $x=-2$ 또는 $x=0$ 또는 $x=2$

함수 $f(x)$의 증가와 감소를 표로 나타내면 다음과 같다.

x	$\cdots$	-2	$\cdots$	0	$\cdots$	2	$\cdots$
$f'(x)$	$-$	0	$+$	0	$-$	0	$+$
$f(x)$	$\searrow$	극소	$\nearrow$	극대	$\searrow$	극소	$\nearrow$

$f(-2)=f(2)=b-16$, $f(0)=b$이므로 함수 $y=f(x)$의 그래프는 그림과 같다.

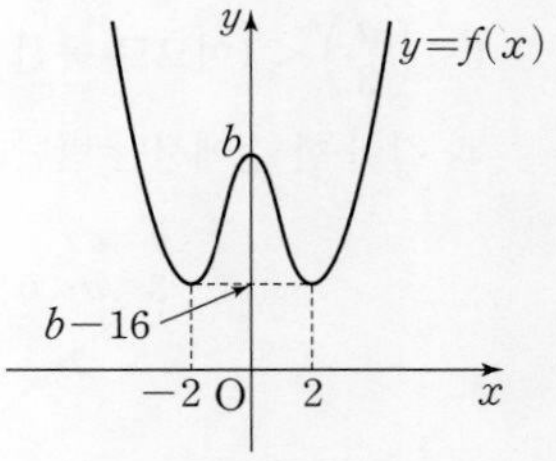

한편, 함수

$$g(x)=\begin{cases} f(x) & (x\ge0) \\ f(x-m)+n & (x<0) \end{cases}$$

이 실수 전체의 집합에서 미분가능하므로 $x=0$에서도 미분가능하다.

함수 $g(x)$가 $x=0$에서 미분가능하면 $x=0$에서 연속이므로

$$\lim_{x\to0-}g(x)=\lim_{x\to0+}g(x)=g(0)$$

이어야 한다.

$$\lim_{x\to0-}g(x)=\lim_{x\to0-}\{f(x-m)+n\}=f(-m)+n,$$
$$\lim_{x\to0+}g(x)=\lim_{x\to0+}f(x)=f(0)=b,$$
$$g(0)=f(0)=b$$

이므로 $f(-m)+n=b$에서

$n=b-f(-m)$

또한 함수 $g(x)$가 $x=0$에서 미분가능하므로

$$\lim_{h\to0-}\frac{g(0+h)-g(0)}{h}=\lim_{h\to0+}\frac{g(0+h)-g(0)}{h}$$

이어야 한다.

$$\lim_{h\to0+}\frac{g(0+h)-g(0)}{h}=\lim_{h\to0+}\frac{f(0+h)-f(0)}{h}=f'(0)=0$$

함수 $f(x)$는 실수 전체의 집합에서 미분가능한 함수이므로

$$\lim_{h\to0-}\frac{g(0+h)-g(0)}{h}=\lim_{h\to0-}\frac{\{f(0+h-m)+n\}-b}{h}$$
$$=\lim_{h\to0-}\frac{\{f(h-m)+n\}-\{f(-m)+n\}}{h}$$
$$=\lim_{h\to0-}\frac{f(-m+h)-f(-m)}{h}$$
$$=f'(-m)$$

그러므로 $f'(-m)=0$에서

$-m=-2$ 또는 $-m=0$ 또는 $-m=2$

즉, $m=2$ 또는 $m=0$ 또는 $m=-2$

$m=2$일 때, $n=b-f(-2)=b-(b-16)=16$

$m=0$일 때, $n=b-f(0)=b-b=0$

$m=-2$일 때, $n=b-f(2)=b-(b-16)=16$

따라서 모든 순서쌍 (m,n)은 $(2,16)$, $(0,0)$, $(-2,16)$이므로 $m+n$의 최댓값은 $m=2$, $n=16$일 때 18이다.

🔲 ③

참고

함수 $y=f(x)$의 그래프를 그린 후 m, n의 값을 다음과 같이 구할 수도 있다.

함수 $g(x)$가 실수 전체의 집합에서 미분가능하므로 함수 $g(x)$는 $x=0$에서도 미분가능하다.

이때 $f'(0)=0$이므로

$$g'(0)=\lim_{x \to 0+}\frac{g(x)-g(0)}{x-0}=\lim_{x \to 0+}\frac{f(x)-f(0)}{x-0}=f'(0)=0$$

즉, 함수 $y=g(x)$의 그래프 위의 점 $(0, g(0))$에서의 접선의 기울기가 0이어야 한다.

$A(-2, b-16)$, $B(0, b)$, $C(2, b-16)$이라 할 때,

$f'(-2)=f'(0)=f'(2)=0$, $f(-2)=f(2)=b-16$, $f(0)=b$이고

함수 $y=f(x-m)+n$의 그래프는 함수 $y=f(x)$의 그래프를 x축의 방향으로 m만큼, y축의 방향으로 n만큼 평행이동한 것이므로 가능한 평행이동은 다음과 같이 세 가지가 있고, 각각의 경우 m, n의 값은 다음과 같다.

(ⅰ) 점 A가 점 B로 이동하는 평행이동의 경우

$-2+m=0$, $(b-16)+n=b$이므로 $m=2$, $n=16$

(ⅱ) 점 B가 점 B로 이동하는 평행이동의 경우

즉, 두 함수 $y=f(x)$, $y=g(x)$가 일치하는 경우 $m=n=0$

(ⅲ) 점 C가 점 B로 이동하는 평행이동의 경우

$2+m=0$, $(b-16)+n=b$이므로 $m=-2$, $n=16$

15

$\overline{OA}=2$, $\overline{OM}=\frac{1}{2}\overline{OA}=\frac{1}{2}\times 2=1$이고 $\angle MOA=\frac{2}{3}\pi$이므로 삼각형 OAM에서 코사인법칙에 의하여

$$\overline{AM}^2=\overline{OA}^2+\overline{OM}^2-2\times\overline{OA}\times\overline{OM}\times\cos\frac{2}{3}\pi$$

$$=2^2+1^2-2\times 2\times 1\times\left(-\frac{1}{2}\right)=7$$

$\overline{AM}>0$이므로 $\overline{AM}=\sqrt{7}$

$\angle OAM=\angle OPM=\theta\left(0<\theta<\frac{\pi}{2}\right)$라 하면 삼각형 OAM에서 코사인법칙에 의하여

$$\cos\theta=\frac{\overline{OA}^2+\overline{AM}^2-\overline{OM}^2}{2\times\overline{OA}\times\overline{AM}}$$

$$=\frac{2^2+(\sqrt{7})^2-1^2}{2\times 2\times\sqrt{7}}$$

$$=\frac{5}{2\sqrt{7}}=\frac{5\sqrt{7}}{14}$$

이고

$$\sin\theta=\sqrt{1-\cos^2\theta}=\sqrt{1-\frac{25}{28}}=\frac{\sqrt{21}}{14}$$

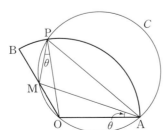

또한 $\overline{OP}=2$이므로 $\overline{MP}=a$ $(a<\sqrt{7})$라 하면 삼각형 OPM에서 코사인법칙에 의하여

$$\overline{OM}^2=\overline{OP}^2+\overline{MP}^2-2\times\overline{OP}\times\overline{MP}\times\cos\theta$$

$1^2=2^2+a^2-2\times 2\times a\times\frac{5\sqrt{7}}{14}$, $a^2-\frac{10\sqrt{7}}{7}a+3=0$

$\sqrt{7}a^2-10a+3\sqrt{7}=0$, $(\sqrt{7}a-3)(a-\sqrt{7})=0$

$a<\sqrt{7}$이므로 $a=\frac{3}{\sqrt{7}}=\frac{3\sqrt{7}}{7}$, 즉 $\overline{MP}=\frac{3\sqrt{7}}{7}$

한편, $\angle OAM=\angle OPM$이므로 네 점 O, A, P, M을 모두 지나는 원이 존재한다.

이 원을 C라 하고 원 C의 반지름의 길이를 R이라 하면 삼각형 OAM에서 사인법칙에 의하여

$$\frac{\overline{OM}}{\sin\theta}=2R,\ R=\frac{\overline{OM}}{2\sin\theta}=\frac{1}{2\times\frac{\sqrt{21}}{14}}=\frac{\sqrt{21}}{3}$$

삼각형 OAP에서 사인법칙에 의하여

$$\frac{\overline{OA}}{\sin(\angle APO)}=2R,\ \sin(\angle APO)=\frac{\overline{OA}}{2R}=\frac{2}{2\times\frac{\sqrt{21}}{3}}=\frac{\sqrt{21}}{7}$$

$\angle APO=\angle AMO$이고 $0<\angle AMO<\frac{\pi}{3}$이므로 $0<\angle APO<\frac{\pi}{3}$

$$\cos(\angle APO)=\sqrt{1-\sin^2(\angle APO)}=\sqrt{1-\frac{3}{7}}=\frac{2\sqrt{7}}{7}$$

이때 삼각형 OAP에서 $\overline{OA}=\overline{OP}=2$이므로

$$\overline{AP}=2\times\overline{OP}\cos(\angle APO)=2\times 2\times\frac{2\sqrt{7}}{7}=\frac{8\sqrt{7}}{7}$$

따라서 삼각형 PMA의 둘레의 길이는

$$\overline{AM}+\overline{MP}+\overline{AP}=\sqrt{7}+\frac{3\sqrt{7}}{7}+\frac{8\sqrt{7}}{7}=\frac{18\sqrt{7}}{7}$$

🔲 ②

16

로그의 진수의 조건에 의하여

$x^2-x-6>0$, $(x+2)(x-3)>0$

$x<-2$ 또는 $x>3$ ······ ㉠

부등식 $\log_2(x^2-x-6)\le\log_{\sqrt{2}}6$에서

$\log_2(x^2-x-6)\le 2\log_2 6=\log_2 36$

이때 밑 2가 1보다 크므로

$x^2-x-6\le 36$, $x^2-x-42\le 0$, $(x+6)(x-7)\le 0$

$-6\le x\le 7$ ······ ㉡

㉠, ㉡에 의하여 주어진 부등식의 해는

$-6\le x<-2$ 또는 $3<x\le 7$

따라서 모든 정수 x의 값의 합은

$-6+(-5)+(-4)+(-3)+4+5+6+7=4$

🔲 4

17

수열 $\{a_n\}$의 첫째항부터 제n항까지의 합을 S_n이라 하면

$$S_n=2^n-5n$$

이므로

$a_1=S_1=2-5=-3$

$n\ge 2$일 때,

$a_n=S_n-S_{n-1}=(2^n-5n)-\{2^{n-1}-5(n-1)\}=2^{n-1}-5$

따라서

$$\sum_{n=1}^{4} a_{2n-1} = a_1 + a_3 + a_5 + a_7 = -3 + (2^2 - 5) + (2^4 - 5) + (2^6 - 5)$$
$$= -3 + (-1) + 11 + 59 = 66$$

답 66

18

시각 t에서의 두 점 P, Q의 위치를 각각 $x_1(t)$, $x_2(t)$라 하자.

시각 $t=0$일 때, 두 점 P, Q의 위치가 모두 원점이므로

$x_1(0) = x_2(0) = 0$이고

$$x_1(t) = x_1(0) + \int_0^t v_1(t)\,dt = 0 + \int_0^t (3t-5)\,dt = \int_0^t (3t-5)\,dt$$

$$x_2(t) = x_2(0) + \int_0^t v_2(t)\,dt = 0 + \int_0^t (7-t)\,dt = \int_0^t (7-t)\,dt$$

두 점 P, Q가 시각 $t=k\,(k>0)$에서 만나므로

$x_1(k) = x_2(k)$에서

$$\int_0^k (3t-5)\,dt = \int_0^k (7-t)\,dt, \quad \int_0^k (3t-5)\,dt - \int_0^k (7-t)\,dt = 0$$

$$\int_0^k \{(3t-5)-(7-t)\}\,dt = 0, \quad \int_0^k (4t-12)\,dt = 0$$

$$\Big[2t^2 - 12t\Big]_0^k = 0, \quad 2k(k-6) = 0$$

$k>0$이므로 $k=6$

답 6

19

최고차항의 계수가 1인 삼차함수 $f(x)$를

$f(x) = x^3 + ax^2 + bx + c\ (a,\ b,\ c$는 상수)라 하면

$f'(x) = 3x^2 + 2ax + b$

$f'(-1) = f'(3) = 0$에서

$3x^2 + 2ax + b = 3(x+1)(x-3) = 3x^2 - 6x - 9$

이므로

$2a = -6$에서 $a = -3$

$b = -9$

따라서 $f(x) = x^3 - 3x^2 - 9x + c$

이때 함수 $y = f'(x)$의 그래프에서

$x = -1$의 좌우에서 $f'(x)$의 부호가

양에서 음으로 바뀌므로 함수 $f(x)$는

$x = -1$에서 극댓값 $f(-1) = c+5$를

갖고, $x = 3$의 좌우에서 $f'(x)$의 부호

가 음에서 양으로 바뀌므로 함수 $f(x)$

는 $x = 3$에서 극솟값 $f(3) = c-27$을

갖는다.

조건 (나)에 의하여

$f(-1) \times f(3) = 0$이므로

$(c+5)(c-27) = 0$

조건 (가)에 의하여 $f(0) = c > 0$이므로 $c = 27$

따라서 $f(x) = x^3 - 3x^2 - 9x + 27$이므로

$f(1) = 1 - 3 - 9 + 27 = 16$

답 16

20

$a_1 = 100$이고 6 이하의 모든 자연수 m에 대하여 $a_m a_{m+1} > 0$이므로 수열 $\{a_n\}$의 첫째항부터 제7항까지 모두 자연수이어야 한다.

$a_2 = p\ (p$는 자연수)라 하면

$$a_{n+2} = \begin{cases} a_n - a_{n+1} & (n \text{이 홀수인 경우}) \\ 2a_{n+1} - a_n & (n \text{이 짝수인 경우}) \end{cases} \text{에 의하여}$$

$a_3 = a_1 - a_2 = 100 - p$이므로

$a_3 > 0$에서 $100 - p > 0$, $p < 100$ ······ ㉠

$a_4 = 2a_3 - a_2 = 2(100-p) - p = 200 - 3p$이므로

$a_4 > 0$에서 $200 - 3p > 0$, $p < \dfrac{200}{3}$ ······ ㉡

$a_5 = a_3 - a_4 = (100-p) - (200-3p) = 2p - 100$이므로

$a_5 > 0$에서 $2p - 100 > 0$, $p > 50$ ······ ㉢

$a_6 = 2a_5 - a_4 = 2(2p-100) - (200-3p) = 7p - 400$이므로

$a_6 > 0$에서 $7p - 400 > 0$, $p > \dfrac{400}{7}$ ······ ㉣

$a_7 = a_5 - a_6 = (2p-100) - (7p-400) = -5p + 300$이므로

$a_7 > 0$에서 $-5p + 300 > 0$, $p < 60$ ······ ㉤

㉠~㉤에서 $\dfrac{400}{7} < p < 60$

이때 $57 < \dfrac{400}{7} < 58$이므로 자연수 p의 값은 58 또는 59이다.

따라서

$p = 58$일 때 $a_5 = 2 \times 58 - 100 = 16$,

$p = 59$일 때 $a_5 = 2 \times 59 - 100 = 18$

이므로 a_5의 값의 합은

$16 + 18 = 34$

답 34

21

$$f(x) = \int_0^x (2x-t)(3t^2 + at + b)\,dt$$

$$= 2x \int_0^x (3t^2 + at + b)\,dt - \int_0^x t(3t^2 + at + b)\,dt$$

이므로

$f'(x)$

$$= \left\{ 2\int_0^x (3t^2 + at + b)\,dt + 2x(3x^2 + ax + b) \right\} - x(3x^2 + ax + b)$$

$$= 2\int_0^x (3t^2 + at + b)\,dt + x(3x^2 + ax + b)$$

$$= 2\left[t^3 + \frac{a}{2}t^2 + bt \right]_0^x + 3x^3 + ax^2 + bx$$

$$= (2x^3 + ax^2 + 2bx) + 3x^3 + ax^2 + bx$$

$$= x(5x^2 + 2ax + 3b) \quad \text{······ ㉠}$$

이때 조건 (가)에서 $f'(1) = 0$이므로 ㉠에서

$f'(1) = 5 + 2a + 3b = 0$

$b = -\dfrac{2a+5}{3}$ ······ ㉡

따라서

$f'(x) = x(5x^2 + 2ax - 2a - 5) = x(x-1)(5x + 2a + 5)$

이므로

$f'(x)=0$에서 $x=0$ 또는 $x=1$ 또는 $x=-\dfrac{2a+5}{5}$

조건 (나)에서 열린구간 $(0,\,1)$에 속하는 모든 실수 k에 대하여 x에 대한 방정식 $f(x)=f(k)$의 서로 다른 실근의 개수가 2이려면 함수 $y=f(x)$의 그래프와 직선 $y=f(k)$ $(0<k<1)$이 만나는 서로 다른 점의 개수가 2이어야 한다.

즉, 함수 $f(x)$의 극댓값이 존재하지 않아야 하므로

$-\dfrac{2a+5}{5}=0$ 또는 $-\dfrac{2a+5}{5}=1$

이어야 한다.

즉, $a=-\dfrac{5}{2}$ 또는 $a=-5$

이때 a는 정수이므로 $a=-5$이고, ⓛ에서

$b=-\dfrac{2a+5}{3}=-\dfrac{2\times(-5)+5}{3}=\dfrac{5}{3}$

따라서 $\left|\dfrac{a}{b}\right|=\left|\dfrac{-5}{\frac{5}{3}}\right|=3$

답 3

참고

a의 값에 따라 함수 $y=f(x)$의 그래프의 개형은 다음과 같다.

(ⅰ) $a=-\dfrac{5}{2}$일 때   (ⅱ) $a=-5$일 때

22

$f(x)=x^4-\dfrac{8}{3}x^3-2x^2+8x+2$에서

$f'(x)=4x^3-8x^2-4x+8=4(x+1)(x-1)(x-2)$

$f'(x)=0$에서 $x=-1$ 또는 $x=1$ 또는 $x=2$

함수 $f(x)$의 증가와 감소를 표로 나타내면 다음과 같다.

x	$\cdots$	-1	$\cdots$	1	$\cdots$	2	$\cdots$
$f'(x)$	$-$	0	$+$	0	$-$	0	$+$
$f(x)$	$\searrow$	극소	$\nearrow$	극대	$\searrow$	극소	$\nearrow$

$f(-1)=1+\dfrac{8}{3}-2-8+2=-\dfrac{13}{3}$

$f(1)=1-\dfrac{8}{3}-2+8+2=\dfrac{19}{3}$

$f(2)=16-\dfrac{64}{3}-8+16+2=\dfrac{14}{3}$

이므로 함수 $y=f(x)$의 그래프는 그림과 같다.

한편, 함수 $y=g(x)$, 즉

$y=|f(x)-k|$의 그래프는 함수

$y=f(x)$의 그래프를 y축의 방향으로

$-k$만큼 평행이동한 그래프의 x축의 아래 부분을 x축에 대하여 대칭

이동한 것이다.

이때 방정식 $f'(x)=0$의 근이 $x=-1$ 또는 $x=1$ 또는 $x=2$이므로

함수 $g(x)$의 $x=a$에서의 미분계수가 0인 x의 값은 -1, 1, 2뿐이다.

또한 함수 $y=g(x)$의 그래프와 x축이 점 $(t,\,g(t))$에서 접하지 않고 만난다고 하면 함수 $g(x)$는 $x=t$에서 미분가능하지 않고

$\displaystyle\lim_{h\to 0-}\dfrac{g(t+h)-g(t)}{h}=-\lim_{h\to 0+}\dfrac{g(t+h)-g(t)}{h}$

집합 $A=\left\{x\,\Big|\,\displaystyle\lim_{h\to 0-}\dfrac{g(x+h)-g(x)}{h}+\lim_{h\to 0+}\dfrac{g(x+h)-g(x)}{h}=0\right\}$

의 원소 α에 대하여 함수 $g(x)$가 $x=\alpha$에서 미분가능하면

$\displaystyle\lim_{h\to 0-}\dfrac{g(\alpha+h)-g(\alpha)}{h}+\lim_{h\to 0+}\dfrac{g(\alpha+h)-g(\alpha)}{h}=g'(\alpha)+g'(\alpha)$

$=2g'(\alpha)=0$

$g'(\alpha)=0$이므로 $-1\in A$, $1\in A$, $2\in A$

함수 $g(x)$가 $x=\alpha$에서 미분가능하지 않으면

$\displaystyle\lim_{h\to 0-}\dfrac{g(\alpha+h)-g(\alpha)}{h}+\lim_{h\to 0+}\dfrac{g(\alpha+h)-g(\alpha)}{h}=0$

$\displaystyle\lim_{h\to 0-}\dfrac{g(\alpha+h)-g(\alpha)}{h}=-\lim_{h\to 0+}\dfrac{g(\alpha+h)-g(\alpha)}{h}$

이므로 함수 $y=g(x)$의 그래프와 x축이 접하지 않고 만나는 점의 x좌표는 집합 A의 원소이다.

이때 $n(A)=7$이려면 함수 $y=g(x)$의 그래프와 x축이 서로 다른 네 점에서 만나야 하므로 $\dfrac{14}{3}<k<\dfrac{19}{3}$이어야 한다.

그림과 같이 $\dfrac{14}{3}<k<\dfrac{19}{3}$일 때 함수

$y=g(x)$의 그래프와 x축이 만나는

네 점의 x좌표를 x_1, x_2, x_3, x_4

$(x_1<-1<x_2<1<x_3<2<x_4)$라

하면

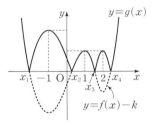

$A=\{x_1,\,-1,\,x_2,\,1,\,x_3,\,2,\,x_4\}$

$g(x_1)=g(x_2)=g(x_3)=g(x_4)=0$이므로 집합 $B=\{g(x)\,|\,x\in A\}$

에 대하여 $n(B)=3$이려면 세 함숫값 $g(-1)$, $g(1)$, $g(2)$ 중 두 함숫값이 서로 같아야 한다.

이때 $\dfrac{14}{3}<k<\dfrac{19}{3}$이므로 세 함숫값 $g(-1)$, $g(1)$, $g(2)$ 중 두 함숫값이 서로 같은 경우는 $g(-1)\ne g(1)=g(2)$일 때뿐이고, 이 경우에 집합 B는 $B=\{g(x_1),\,g(-1),\,g(1)\}$이다.

$g(1)=|f(1)-k|=\left|\dfrac{19}{3}-k\right|=\dfrac{19}{3}-k$,

$g(2)=|f(2)-k|=\left|\dfrac{14}{3}-k\right|=k-\dfrac{14}{3}$

이므로 $g(1)=g(2)$에서

$\dfrac{19}{3}-k=k-\dfrac{14}{3}$, $2k=11$, $k=\dfrac{11}{2}$

그러므로 $g(x)=|f(x)-k|=\left|f(x)-\dfrac{11}{2}\right|$이고

$g(-1)=\left|f(-1)-\dfrac{11}{2}\right|=\left|-\dfrac{13}{3}-\dfrac{11}{2}\right|=\dfrac{59}{6}$

$g(1)=\left|f(1)-\dfrac{11}{2}\right|=\left|\dfrac{19}{3}-\dfrac{11}{2}\right|=\dfrac{5}{6}$

즉, $B=\left\{0,\,\dfrac{5}{6},\,\dfrac{59}{6}\right\}$이므로 집합 B의 모든 원소의 합은

$0+\dfrac{5}{6}+\dfrac{59}{6}=\dfrac{32}{3}$

따라서 $p=3$, $q=32$이므로

$p+q=3+32=35$

답 35

23

$$\lim_{n\to\infty}\frac{3^{n+1}+2^{2n+1}}{3^n+2^{2n-1}}=\lim_{n\to\infty}\frac{3\times 3^n+2\times 4^n}{3^n+\frac{1}{2}\times 4^n}$$

$$=\lim_{n\to\infty}\frac{3\times\left(\frac{3}{4}\right)^n+2}{\left(\frac{3}{4}\right)^n+\frac{1}{2}}$$

$$=\frac{0+2}{0+\frac{1}{2}}$$

$$=4$$

目 ④

24

$\ln x=t$로 놓으면 $x=e$일 때 $t=1$, $x=e^2$일 때 $t=2$이고,

$\frac{1}{x}=\frac{dt}{dx}$이므로

$$\int_e^{e^2}\frac{(\ln x)^2+\ln x^2}{x}dx=\int_e^{e^2}\frac{(\ln x)^2+2\ln x}{x}dx$$

$$=\int_1^2(t^2+2t)\,dt$$

$$=\left[\frac{1}{3}t^3+t^2\right]_1^2$$

$$=\left(\frac{8}{3}+4\right)-\left(\frac{1}{3}+1\right)$$

$$=\frac{16}{3}$$

目 ③

25

$x=\ln(t^2+1)$에서 $\frac{dx}{dt}=\frac{2t}{t^2+1}$,

$y=\frac{t}{t^2+1}$에서 $\frac{dy}{dt}=\frac{(t^2+1)-t\times 2t}{(t^2+1)^2}=\frac{-t^2+1}{(t^2+1)^2}$

이므로

$$\frac{dy}{dx}=\frac{\frac{dy}{dt}}{\frac{dx}{dt}}=\frac{\frac{-t^2+1}{(t^2+1)^2}}{\frac{2t}{t^2+1}}=\frac{-t^2+1}{2t(t^2+1)}$$

따라서 $t=3$일 때 $\frac{dy}{dx}$의 값은

$$\frac{-3^2+1}{2\times 3\times(3^2+1)}=-\frac{2}{15}$$

目 ②

26

S_1+S_2는 직사각형 OHPI의 넓이와 같으므로

$$S_1+S_2=\overline{\text{OH}}\times\overline{\text{OI}}=a\left(a+\frac{1}{2}\right)e^{2a}$$

곡선 $y=f(x)$와 y축 및 두 선분 OH, PH로 둘러싸인 부분의 넓이 S_2는

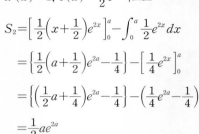

$$S_2=\int_0^a\left(x+\frac{1}{2}\right)e^{2x}dx$$

$u(x)=x+\frac{1}{2}$, $v'(x)=e^{2x}$으로 놓으면

$u'(x)=1$, $v(x)=\frac{1}{2}e^{2x}$이므로

$$S_2=\left[\frac{1}{2}\left(x+\frac{1}{2}\right)e^{2x}\right]_0^a-\int_0^a\frac{1}{2}e^{2x}dx$$

$$=\left\{\frac{1}{2}\left(a+\frac{1}{2}\right)e^{2a}-\frac{1}{4}\right\}-\left[\frac{1}{4}e^{2x}\right]_0^a$$

$$=\left\{\left(\frac{1}{2}a+\frac{1}{4}\right)e^{2a}-\frac{1}{4}\right\}-\left(\frac{1}{4}e^{2a}-\frac{1}{4}\right)$$

$$=\frac{1}{2}ae^{2a}$$

$S_1:S_2=3:1$에서 $S_1=3S_2$이므로

$S_1+S_2=3S_2+S_2=4S_2$

따라서 $a\left(a+\frac{1}{2}\right)e^{2a}=2ae^{2a}$에서

$a+\frac{1}{2}=2$, $a=\frac{3}{2}$

目 ①

27

그림 R_n에서 새로 색칠된 부분의 넓이를 a_n이라 하자.

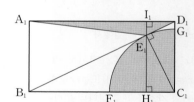

점 C_1에서 선분 B_1D_1에 내린 수선의 발이 E_1이다.

두 직각삼각형 $B_1D_1C_1$, $B_1C_1E_1$은 서로 닮은 도형이므로

$\overline{B_1D_1}:\overline{D_1C_1}=\overline{B_1C_1}:\overline{C_1E_1}$

직각삼각형 $B_1C_1D_1$에서

$\overline{B_1D_1}=\sqrt{\overline{B_1C_1}^2+\overline{C_1D_1}^2}=\sqrt{10^2+5^2}=5\sqrt{5}$

이므로

$5\sqrt{5}:5=10:\overline{C_1E_1}$에서 $\overline{C_1E_1}=2\sqrt{5}$

점 E_1에서 두 선분 B_1C_1, A_1D_1에 내린 수선의 발을 각각 H_1, I_1이라

하면 두 직각삼각형 $B_1C_1E_1$, $E_1C_1H_1$은 서로 닮은 도형이므로

$\overline{B_1C_1}:\overline{C_1E_1}=\overline{E_1C_1}:\overline{C_1H_1}$

$10:2\sqrt{5}=2\sqrt{5}:\overline{C_1H_1}$에서 $\overline{C_1H_1}=2$

직각삼각형 $C_1E_1H_1$에서

$\overline{E_1H_1}=\sqrt{\overline{C_1E_1}^2-\overline{C_1H_1}^2}=\sqrt{(2\sqrt{5})^2-2^2}=4$

$\overline{E_1I_1}=\overline{C_1D_1}-\overline{E_1H_1}=5-4=1$

그러므로

$a_1=\frac{1}{4}\times(2\sqrt{5})^2\pi+\frac{1}{2}\times 10\times 1=5\pi+5$

다음은 그림 R_{n+1}의 일부이다. 점 E_n에서 두 선분 B_nC_n, A_nD_n에 내린 수선의 발을 각각 H_n, I_n이라 하자.

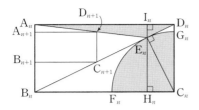

$\overline{A_nB_n}=x$, $\overline{B_nC_n}=2x$라 하고 $\overline{A_{n+1}B_{n+1}}=y$, $\overline{B_{n+1}C_{n+1}}=2y$라 하면 $\overline{E_nH_n}=\dfrac{4}{5}x$, $\overline{E_nI_n}=\dfrac{1}{5}x$이고 $\overline{A_nI_n}=\dfrac{8}{5}x$이다.

두 직각삼각형 $B_nD_nC_n$, $C_{n+1}B_nB_{n+1}$은 서로 닮은 도형이므로

$\overline{B_nC_n}:\overline{C_nD_n}=\overline{C_{n+1}B_{n+1}}:\overline{B_{n+1}B_n}$

$2x:x=2y:\overline{B_nB_{n+1}}$에서 $\overline{B_nB_{n+1}}=y$

또한 두 직각삼각형 $A_nE_nI_n$, $D_{n+1}A_nA_{n+1}$은 서로 닮은 도형이므로

$\overline{A_nI_n}:\overline{E_nI_n}=\overline{D_{n+1}A_{n+1}}:\overline{A_nA_{n+1}}$

$\dfrac{8}{5}x:\dfrac{1}{5}x=2y:\overline{A_nA_{n+1}}$에서 $\overline{A_nA_{n+1}}=\dfrac{1}{4}y$

$\overline{A_nB_n}=\overline{A_nA_{n+1}}+\overline{A_{n+1}B_{n+1}}+\overline{B_{n+1}B_n}$이므로

$x=\dfrac{1}{4}y+y+y=\dfrac{9}{4}y$에서 $y=\dfrac{4}{9}x$

두 직사각형 $A_nB_nC_nD_n$과 $A_{n+1}B_{n+1}C_{n+1}D_{n+1}$의 닮음비가 $9:4$이므로 그림 R_{n+1}에서 추가로 색칠되는 도형의 넓이는

$a_{n+1}=\left(\dfrac{4}{9}\right)^2 a_n=\dfrac{16}{81}a_n$

그러므로 수열 $\{a_n\}$은 첫째항이 $5(\pi+1)$이고 공비가 $\dfrac{16}{81}$인 등비수열이다.

따라서 $\displaystyle\lim_{n\to\infty}S_n=\sum_{n=1}^{\infty}a_n=\dfrac{5(\pi+1)}{1-\dfrac{16}{81}}=\dfrac{81}{13}(\pi+1)$

답 ①

28

직각삼각형 ABQ에서

$\tan\theta=\dfrac{\overline{BQ}}{\overline{AB}}$

이때 $\overline{AB}=2$이므로 $\overline{BQ}=2\tan\theta$

삼각형 ABP가 $\angle APB=\dfrac{\pi}{2}$인 직각삼각형이므로 $\angle PBQ=\theta$이고, 직각삼각형 BPQ에서

$\sin\theta=\dfrac{\overline{PQ}}{\overline{BQ}}$이므로

$\overline{PQ}=\overline{BQ}\sin\theta=2\tan\theta\sin\theta$

선분 AB의 중점을 M이라 하자.

$\angle BMP=2\theta$이고 두 직각삼각형 MBR, MPR이 서로 합동이므로

$\angle BMR=\angle PMR=\theta$

직각삼각형 MBR에서

$\tan\theta=\dfrac{\overline{BR}}{\overline{MB}}$

이때 $\overline{MB}=1$이므로 $\overline{BR}=\tan\theta$

$\overline{QR}=\overline{BQ}-\overline{BR}=2\tan\theta-\tan\theta=\tan\theta$

$\angle BQA=\dfrac{\pi}{2}-\theta$이므로 삼각형 PQR의 넓이는

$S(\theta)=\dfrac{1}{2}\times\overline{PQ}\times\overline{QR}\times\sin\left(\dfrac{\pi}{2}-\theta\right)$

$\qquad=\dfrac{1}{2}\times\dfrac{2\sin^2\theta}{\cos\theta}\times\tan\theta\times\cos\theta$

$\qquad=\sin^2\theta\tan\theta$

한편, $\angle BRP=\pi-2\theta$이므로 $\angle QRP=2\theta$이고

$\overline{CR}=2-\overline{BR}=2-\tan\theta$

직각삼각형 RCS에서 $\tan2\theta=\dfrac{\overline{CS}}{\overline{CR}}$이므로

$\overline{CS}=\tan2\theta\times\overline{CR}=\tan2\theta(2-\tan\theta)$

점 C를 중심으로 하고 반지름의 길이가 $\dfrac{1}{2}\overline{CS}$인 원의 넓이는

$T(\theta)=\left\{\dfrac{\tan2\theta(2-\tan\theta)}{2}\right\}^2\pi$

$\qquad=\dfrac{\tan^2 2\theta(4-4\tan\theta+\tan^2\theta)}{4}\pi$

따라서

$\displaystyle\lim_{\theta\to0+}\dfrac{\theta\times T(\theta)}{S(\theta)}=\lim_{\theta\to0+}\dfrac{\theta\times\dfrac{\tan^2 2\theta(4-4\tan\theta+\tan^2\theta)}{4}\pi}{\sin^2\theta\tan\theta}$

$\qquad=\lim_{\theta\to0+}\dfrac{\left(\dfrac{\tan2\theta}{2\theta}\right)^2\times(4-4\tan\theta+\tan^2\theta)\pi}{\left(\dfrac{\sin\theta}{\theta}\right)^2\times\dfrac{\tan\theta}{\theta}}$

$\qquad=\dfrac{1^2\times4\pi}{1^2\times1}=4\pi$

답 ②

참고

선분 PQ의 길이를 다음과 같은 방법으로 구할 수 있다.

그림과 같이 선분 AB의 중점을 M이라 하고 점 M에서 선분 AP에 내린 수선의 발을 H라 하자.

직각삼각형 AMH에서

$\cos\theta=\dfrac{\overline{AH}}{\overline{AM}}$

이때 $\overline{AM}=1$이므로

$\overline{AH}=\cos\theta$

$\overline{AP}=2\overline{AH}=2\cos\theta$

직각삼각형 ABQ에서

$\cos\theta=\dfrac{\overline{AB}}{\overline{AQ}}$, $\tan\theta=\dfrac{\overline{BQ}}{\overline{AB}}$

이때 $\overline{AB}=2$이므로

$\overline{AQ}=\dfrac{2}{\cos\theta}$, $\overline{BQ}=2\tan\theta$

$\overline{PQ}=\overline{AQ}-\overline{AP}=\dfrac{2}{\cos\theta}-2\cos\theta=2\left(\dfrac{1-\cos^2\theta}{\cos\theta}\right)=\dfrac{2\sin^2\theta}{\cos\theta}$

29

최고차항의 계수가 1이고 상수항이 0인 삼차함수 $f(x)$는

$f(x)=x^3+ax^2+bx$ (a, b는 상수)

로 놓을 수 있다.

$g(x)=\dfrac{x^3+ax^2+bx}{e^x}$에서 $g(0)=0$이고,

$g'(x)=\dfrac{(3x^2+2ax+b)e^x-(x^3+ax^2+bx)e^x}{e^{2x}}$

$\qquad=\dfrac{-x^3+(3-a)x^2+(2a-b)x+b}{e^x}$

$g(2)=\dfrac{8+4a+2b}{e^2}$,

$g'(2)=\dfrac{-8+(12-4a)+(4a-2b)+b}{e^2}=\dfrac{-b+4}{e^2}$

이고 조건 (가)에서 곡선 $y=g(x)$ 위의 점 $(2, g(2))$에서의 접선이 원점을 지나므로

$g'(2)=\dfrac{g(2)-g(0)}{2-0}=\dfrac{g(2)}{2}$

즉, $\dfrac{-b+4}{e^2}=\dfrac{4+2a+b}{e^2}$에서

$a+b=0$, $b=-a$ $\quad\cdots\cdots$ ㉠

또한 점 $(2, g(2))$가 곡선 $y=g(x)$의 변곡점이므로 $g''(2)=0$이어야 한다.

$g'(x)=\dfrac{-x^3+(3-a)x^2+3ax-a}{e^x}$에서

$g''(x)$

$=\dfrac{\{-3x^2+(6-2a)x+3a\}e^x-\{-x^3+(3-a)x^2+3ax-a\}e^x}{e^{2x}}$

$=\dfrac{x^3+(a-6)x^2+(-5a+6)x+4a}{e^x}$

이므로

$g''(2)=\dfrac{8+(4a-24)+(-10a+12)+4a}{e^2}=\dfrac{-2a-4}{e^2}=0$

에서 $a=-2$이고, ㉠에서 $b=2$

따라서 $f(x)=x^3-2x^2+2x$이므로

$f(3)=27-18+6=15$

답 15

30

$f(x)\cos x=x\cos^2 x-\sin x\displaystyle\int_0^{\frac{\pi}{2}}f'(t)\,dt-\int_0^x f(t)\sin t\,dt$

$\qquad\qquad\qquad\qquad\qquad\qquad\qquad\cdots\cdots$ ㉠

㉠에 $x=0$을 대입하면 $f(0)=0$

㉠의 양변을 x에 대하여 미분하면

$f'(x)\cos x-f(x)\sin x$

$=\cos^2 x-2x\sin x\cos x-\cos x\displaystyle\int_0^{\frac{\pi}{2}}f'(t)\,dt-f(x)\sin x$

$f'(x)\cos x=\cos^2 x-2x\sin x\cos x-\cos x\displaystyle\int_0^{\frac{\pi}{2}}f'(t)\,dt$

$\qquad\qquad\qquad\qquad\qquad\qquad\qquad\cdots\cdots$ ㉡

모든 실수 x에 대하여 ㉡이 성립하므로

$f'(x)=\cos x-2x\sin x-\displaystyle\int_0^{\frac{\pi}{2}}f'(t)\,dt$

$\displaystyle\int_0^{\frac{\pi}{2}}f'(t)\,dt=k$ (k는 상수)라 하면

$f'(x)=\cos x-2x\sin x-k$이므로

$k=\displaystyle\int_0^{\frac{\pi}{2}}(\cos t-2t\sin t-k)\,dt$

$\quad=\displaystyle\int_0^{\frac{\pi}{2}}(\cos t-k)\,dt-2\int_0^{\frac{\pi}{2}}t\sin t\,dt$ $\quad\cdots\cdots$ ㉢

이때

$\displaystyle\int_0^{\frac{\pi}{2}}(\cos t-k)\,dt=\Big[\sin t-kt\Big]_0^{\frac{\pi}{2}}=1-\dfrac{\pi}{2}k$

이고, $\displaystyle\int_0^{\frac{\pi}{2}}t\sin t\,dt$에서

$u(t)=t$, $v'(t)=\sin t$로 놓으면

$u'(t)=1$, $v(t)=-\cos t$이므로

$\displaystyle\int_0^{\frac{\pi}{2}}t\sin t\,dt=\Big[-t\cos t\Big]_0^{\frac{\pi}{2}}+\int_0^{\frac{\pi}{2}}\cos t\,dt$

$\qquad\qquad\quad=0+\Big[\sin t\Big]_0^{\frac{\pi}{2}}$

$\qquad\qquad\quad=1$

그러므로 ㉢에서

$k=\Big(1-\dfrac{\pi}{2}k\Big)-2\times 1$

$\Big(1+\dfrac{\pi}{2}\Big)k=-1$

$k=-\dfrac{2}{\pi+2}$

㉠의 양변에 $x=\dfrac{\pi}{2}$를 대입하면

$0=-\displaystyle\int_0^{\frac{\pi}{2}}f'(t)\,dt-\int_0^{\frac{\pi}{2}}f(t)\sin t\,dt$

$\displaystyle\int_0^{\frac{\pi}{2}}f(t)\sin t\,dt=-\int_0^{\frac{\pi}{2}}f'(t)\,dt=-k=\dfrac{2}{\pi+2}$

즉, $\displaystyle\int_0^{\frac{\pi}{2}}f(x)\sin x\,dx=\dfrac{2}{\pi+2}$

이때 $u(x)=f(x)$, $v'(x)=\sin x$로 놓으면

$u'(x)=f'(x)$, $v(x)=-\cos x$이므로

$\displaystyle\int_0^{\frac{\pi}{2}}f(x)\sin x\,dx=\Big[-f(x)\cos x\Big]_0^{\frac{\pi}{2}}+\int_0^{\frac{\pi}{2}}f'(x)\cos x\,dx$

$\qquad\qquad\qquad\quad=f(0)+\displaystyle\int_0^{\frac{\pi}{2}}f'(x)\cos x\,dx$

$\qquad\qquad\qquad\quad=\dfrac{2}{\pi+2}$

$f(0)=0$이므로 $\displaystyle\int_0^{\frac{\pi}{2}}f'(x)\cos x\,dx=\dfrac{2}{\pi+2}$

따라서

$(\pi+2)\displaystyle\int_0^{\frac{\pi}{2}}\{f(x)\sin x+f'(x)\cos x\}\,dx$

$=(\pi+2)\Big\{\displaystyle\int_0^{\frac{\pi}{2}}f(x)\sin x\,dx+\int_0^{\frac{\pi}{2}}f'(x)\cos x\,dx\Big\}$

$=(\pi+2)\Big(\dfrac{2}{\pi+2}+\dfrac{2}{\pi+2}\Big)$

$=4$

답 4

01 ④	**02** ①	**03** ②	**04** ①	**05** ①
06 ②	**07** ④	**08** ④	**09** ⑤	**10** ③
11 ③	**12** ①	**13** ④	**14** ⑤	**15** ⑤
16 2	**17** 165	**18** 85	**19** 45	**20** 91
21 16	**22** 52	**23** ③	**24** ③	**25** ②
26 ③	**27** ②	**28** ⑤	**29** 51	**30** 8

01

$$4^{2-\sqrt{3}} \times 2^{2\sqrt{3}} = 2^{2(2-\sqrt{3})} \times 2^{2\sqrt{3}} = 2^{4-2\sqrt{3}+2\sqrt{3}} = 2^4 = 16$$

답 ④

02

$$\lim_{x \to 1} \frac{1}{x^2-1}\left(\frac{1}{x+1}-\frac{1}{2}\right) = \lim_{x \to 1}\left\{\frac{1}{(x+1)(x-1)} \times \frac{2-(x+1)}{2(x+1)}\right\}$$
$$= \lim_{x \to 1}\left\{\frac{1}{(x+1)(x-1)} \times \frac{-(x-1)}{2(x+1)}\right\}$$
$$= \lim_{x \to 1}\frac{-1}{2(x+1)^2}$$
$$= -\frac{1}{8}$$

답 ①

03

등차수열 $\{a_n\}$의 공차를 d라 하면

$2a_1 = a_4$에서

$2a_1 = a_1 + 3d$, $a_1 = 3d$ ······ ㉠

$a_2 + a_3 = 9$에서

$(a_1 + d) + (a_1 + 2d) = 9$

$2a_1 + 3d = 9$ ······ ㉡

㉠을 ㉡에 대입하면

$6d + 3d = 9$, $9d = 9$

$d = 1$

$a_1 = 3 \times 1 = 3$

따라서 $a_6 = a_1 + 5d = 3 + 5 \times 1 = 8$

답 ②

04

$g(x) = (3x-4)f(x)$에서

$g'(x) = 3f(x) + (3x-4)f'(x)$ ······ ㉠

$\displaystyle\lim_{h \to 0}\frac{f(2+2h)-2}{h} = 5$에서

$h \to 0$일 때 (분모) $\to 0$이고 극한값이 존재하므로

$\displaystyle\lim_{h \to 0}\{f(2+2h)-2\} = 0$

$f(2)-2 = 0$에서 $f(2) = 2$ ······ ㉡

또한 $\displaystyle\lim_{h \to 0}\frac{f(2+2h)-2}{h} = 2 \times \lim_{h \to 0}\frac{f(2+2h)-f(2)}{2h} = 2f'(2)$

$2f'(2) = 5$에서 $f'(2) = \dfrac{5}{2}$ ······ ㉢

㉠, ㉡, ㉢에서

$g'(2) = 3f(2) + 2f'(2) = 3 \times 2 + 2 \times \dfrac{5}{2} = 11$

답 ①

05

$\displaystyle\lim_{x \to 1}\frac{x^3-1}{x^2+ax+b} = \frac{1}{2}$에서 $x \to 1$일 때 (분자) $\to 0$이고 0이 아닌 극한

값이 존재하므로 (분모) $\to 0$이어야 한다.

즉, $\displaystyle\lim_{x \to 1}(x^2+ax+b) = 1+a+b = 0$에서

$b = -a-1$ ······ ㉠

㉠을 주어진 식에 대입하면

$$\lim_{x \to 1}\frac{x^3-1}{x^2+ax+b} = \lim_{x \to 1}\frac{x^3-1}{x^2+ax-a-1}$$
$$= \lim_{x \to 1}\frac{(x-1)(x^2+x+1)}{(x-1)(x+a+1)}$$
$$= \lim_{x \to 1}\frac{x^2+x+1}{x+a+1}$$
$$= \frac{3}{a+2} = \frac{1}{2}$$

에서 $a+2 = 6$, $a = 4$

㉠에서 $b = -4-1 = -5$

따라서 $a-b = 4-(-5) = 9$

답 ①

06

$f(x) = x^3 - ax^2 + (a-2)x + a$에서

$f'(x) = 3x^2 - 2ax + a - 2$

$f'(a) = 3a^2 - 2a^2 + a - 2 = a^2 + a - 2$

함수 $f(x)$는 $x=a$에서 극소이므로 $f'(a) = 0$이다.

$a^2 + a - 2 = 0$, $(a+2)(a-1) = 0$

$a = -2$ 또는 $a = 1$

(i) $a = -2$일 때

$f(x) = x^3 + 2x^2 - 4x - 2$에서

$f'(x) = 3x^2 + 4x - 4 = (3x-2)(x+2)$

$f'(x) = 0$에서 $x = -2$ 또는 $x = \dfrac{2}{3}$

함수 $f(x)$의 증가와 감소를 표로 나타내면 다음과 같다.

x	$\cdots$	-2	$\cdots$	$\dfrac{2}{3}$	$\cdots$
$f'(x)$	$+$	0	$-$	0	$+$
$f(x)$	↗	극대	↘	극소	↗

함수 $f(x)$는 $x=-2$에서 극대이므로 조건을 만족시키지 않는다.

(ii) $a = 1$일 때

$f(x) = x^3 - x^2 - x + 1$에서

$f'(x) = 3x^2 - 2x - 1 = (3x+1)(x-1)$

$f'(x) = 0$에서 $x = -\dfrac{1}{3}$ 또는 $x = 1$

함수 $f(x)$의 증가와 감소를 표로 나타내면 다음과 같다.

x	$\cdots$	$-\dfrac{1}{3}$	$\cdots$	1	$\cdots$
$f'(x)$	$+$	0	$-$	0	$+$
$f(x)$	$\nearrow$	극대	$\searrow$	극소	$\nearrow$

함수 $f(x)$는 $x=1$에서 극소이므로 조건을 만족시킨다.

이때 함수 $f(x)$의 극댓값은

$$f\left(-\frac{1}{3}\right)=\left(-\frac{1}{3}\right)^3-\left(-\frac{1}{3}\right)^2-\left(-\frac{1}{3}\right)+1=\frac{32}{27}$$

답 ②

07

선분 OP와 직선 l은 서로 수직이므로 $\angle POQ=\dfrac{\pi}{2}-\theta$이다.

이때 점 P의 좌표는 $\left(\cos\left(\dfrac{\pi}{2}-\theta\right),\ \sin\left(\dfrac{\pi}{2}-\theta\right)\right)$, 즉 $(\sin\theta,\ \cos\theta)$

원 $C: x^2+y^2=1$ 위의 점 $\mathrm{P}(\sin\theta,\ \cos\theta)$에서의 접선 l의 방정식은 $x\sin\theta+y\cos\theta=1$이다.

직선 l이 x축, y축과 만나는 두 점 Q, R의 좌표는 각각

$\left(\dfrac{1}{\sin\theta},\ 0\right)$, $\left(0,\ \dfrac{1}{\cos\theta}\right)$이므로 삼각형 ROQ의 넓이는

$$\frac{1}{2}\times\frac{1}{\sin\theta}\times\frac{1}{\cos\theta}=\frac{1}{2\times\sin\theta\times\cos\theta}$$

따라서 $\dfrac{1}{2\times\sin\theta\times\cos\theta}=\dfrac{2\sqrt{3}}{3}$에서

$$\sin\theta\times\cos\theta=\frac{1}{2}\times\frac{3}{2\sqrt{3}}=\frac{\sqrt{3}}{4}$$

답 ④

08

$y=x^3-3x^2$에서 $y'=3x^2-6x$ $\quad\cdots\cdots\ \text{㉠}$

접점의 좌표를 $(t,\ t^3-3t^2)$이라 하면 접선의 기울기는 $3t^2-6t$이므로 접선의 방정식은

$$y=(3t^2-6t)(x-t)+t^3-3t^2$$

이 접선이 점 $(0,\ 1)$을 지나므로

$$1=(3t^2-6t)(-t)+t^3-3t^2$$

$$2t^3-3t^2+1=0,\ (t-1)^2(2t+1)=0$$

$t=1$ 또는 $t=-\dfrac{1}{2}$

$t=1$일 때, ㉠에 의하여 접선의 기울기는

$$3-6=-3$$

$t=-\dfrac{1}{2}$일 때, ㉠에 의하여 접선의 기울기는

$$3\times\left(-\frac{1}{2}\right)^2-6\times\left(-\frac{1}{2}\right)=\frac{3}{4}+3=\frac{15}{4}$$

따라서 $m_1+m_2=-3+\dfrac{15}{4}=\dfrac{3}{4}$

답 ④

09

$a_1=1<2$

$a_2=\sqrt[3]{2}\times1=2^{\frac{1}{3}}<2$

$a_3=\sqrt[3]{2}\times2^{\frac{1}{3}}=2^{\frac{1}{3}}\times2^{\frac{1}{3}}=2^{\frac{2}{3}}<2$

$a_4=\sqrt[3]{2}\times2^{\frac{2}{3}}=2^{\frac{1}{3}}\times2^{\frac{2}{3}}=2$

$a_5=\dfrac{1}{2}\times2=1<2$

$\qquad\vdots$

그러므로 $a_{4n-3}=1,\ a_{4n-2}=2^{\frac{1}{3}},\ a_{4n-1}=2^{\frac{2}{3}},\ a_{4n}=2\ (n=1,\ 2,\ 3,\ \cdots)$
이다.

이때 $a_1\times a_2\times a_3\times a_4=1\times2^{\frac{1}{3}}\times2^{\frac{2}{3}}\times2=2^2$이므로

$$\begin{aligned}
T_{100}&=a_1\times a_2\times a_3\times\cdots\times a_{100}\\
&=(a_1\times a_2\times a_3\times a_4)\times(a_5\times a_6\times a_7\times a_8)\times\cdots\\
&\qquad\qquad\qquad\qquad\qquad\times(a_{97}\times a_{98}\times a_{99}\times a_{100})\\
&=(a_1\times a_2\times a_3\times a_4)\times(a_1\times a_2\times a_3\times a_4)\times\cdots\times(a_1\times a_2\times a_3\times a_4)\\
&=\underbrace{2^2\times2^2\times\cdots\times2^2}_{25개}\\
&=(2^2)^{25}\\
&=2^{50}
\end{aligned}$$

따라서 $\log_2 T_{100}=\log_2 2^{50}=50$

답 ⑤

10

곡선 $y=x^3-x$와 직선 $y=3x$가 만날 때,

$x^3-x=3x$에서 $x^3-4x=0,\ x(x+2)(x-2)=0$

$x>0$에서 곡선 $y=x^3-x$와 직선 $y=3x$가 만나는 점의 x좌표는 2이므로 $x\geq0$에서 곡선 $y=x^3-x$와 직선 $y=3x$로 둘러싸인 부분의 넓이는

$$\int_0^2\{3x-(x^3-x)\}\,dx=\int_0^2(4x-x^3)\,dx=\left[2x^2-\frac{1}{4}x^4\right]_0^2$$
$$=8-4=4$$

곡선 $y=x^3-x$와 직선 $y=mx$가 만날 때,

$x^3-x=mx$에서 $x(x^2-m-1)=0$

$x>0$에서 곡선 $y=x^3-x$와 직선 $y=mx$가 만나는 점의 x좌표는 $\sqrt{m+1}$이므로 $x\geq0$에서 곡선 $y=x^3-x$와 직선 $y=mx$로 둘러싸인 부분의 넓이는

$$\int_0^{\sqrt{m+1}}\{mx-(x^3-x)\}\,dx=\int_0^{\sqrt{m+1}}\{(m+1)x-x^3\}\,dx$$
$$=\left[\frac{m+1}{2}x^2-\frac{1}{4}x^4\right]_0^{\sqrt{m+1}}$$
$$=\frac{(m+1)^2}{2}-\frac{(m+1)^2}{4}$$
$$=\frac{(m+1)^2}{4}$$

$\dfrac{(m+1)^2}{4}=\dfrac{1}{2}\times4=2$에서 $(m+1)^2=8$

$0<m<3$이므로 $m+1=2\sqrt{2}$

따라서 $m=2\sqrt{2}-1$

답 ③

11

$$xf(x)=\frac{2}{3}x^3+ax^2+b+\int_1^x f(t)\,dt \quad\cdots\cdots\ \text{㉠}$$

㉠의 양변을 x에 대하여 미분하면

$$f(x)+xf'(x)=2x^2+2ax+f(x)$$

$xf'(x)=2x^2+2ax$

함수 $f(x)$가 다항함수이므로 $f'(x)=2x+2a$

$f(x)=\int(2x+2a)\,dx=x^2+2ax+C$ (단, C는 적분상수)

$f(0)=1$에서 $C=1$

$f(1)=1$에서 $1+2a+C=1+2a+1=1$이므로 $a=-\dfrac{1}{2}$

그러므로 $f(x)=x^2-x+1$

㉠의 양변에 $x=1$을 대입하면

$f(1)=\dfrac{2}{3}+a+b=\dfrac{2}{3}-\dfrac{1}{2}+b=b+\dfrac{1}{6}$

$f(1)=1$에서 $b+\dfrac{1}{6}=1$, $b=\dfrac{5}{6}$

따라서 $b-a=\dfrac{5}{6}-\left(-\dfrac{1}{2}\right)=\dfrac{4}{3}$이므로

$f(b-a)=f\left(\dfrac{4}{3}\right)=\dfrac{16}{9}-\dfrac{4}{3}+1=\dfrac{13}{9}$

답 ③

12

$y=x^3+6x^2+9x$에서 $y'=3x^2+12x+9$

곡선 위의 점 $\mathrm{P}(t,\ t^3+6t^2+9t)$에서의 접선 l의 기울기는

$3t^2+12t+9$이므로 직선 l의 방정식은

$y=(3t^2+12t+9)(x-t)+t^3+6t^2+9t$

이때 점 Q의 좌표는

$(0,\ -t(3t^2+12t+9)+t^3+6t^2+9t)$ ...... ㉠

직선 m의 기울기는 $-\dfrac{1}{3t^2+12t+9}$이므로 직선 m의 방정식은

$y=-\dfrac{1}{3t^2+12t+9}(x-t)+t^3+6t^2+9t$

이때 점 R의 좌표는

$\left(0,\ \dfrac{t}{3t^2+12t+9}+t^3+6t^2+9t\right)$ ...... ㉡

㉠, ㉡에서

$\overline{\mathrm{QR}}=-t(3t^2+12t+9)-\dfrac{t}{3t^2+12t+9}$

삼각형 PRQ에서 선분 QR을 밑변으로 하면 높이는 $-t$이므로 삼각형 PRQ의 넓이 $S(t)$는

$S(t)=\dfrac{1}{2}\times\overline{\mathrm{QR}}\times(-t)$

$=\dfrac{1}{2}\times\left\{-t(3t^2+12t+9)-\dfrac{t}{3t^2+12t+9}\right\}\times(-t)$

$=\dfrac{1}{2}t^2\left(3t^2+12t+9+\dfrac{1}{3t^2+12t+9}\right)$

따라서

$\displaystyle\lim_{t\to0-}\dfrac{S(t)}{t^2}=\lim_{t\to0-}\dfrac{\dfrac{1}{2}t^2\left(3t^2+12t+9+\dfrac{1}{3t^2+12t+9}\right)}{t^2}$

$=\displaystyle\lim_{t\to0-}\dfrac{1}{2}\left(3t^2+12t+9+\dfrac{1}{3t^2+12t+9}\right)$

$=\dfrac{1}{2}\times\left(9+\dfrac{1}{9}\right)$

$=\dfrac{41}{9}$

답 ①

13

$\mathrm{P}_n(2^n,\ \log_2 2^n)$, $\mathrm{H}_n(2^n,\ 0)$이고, 선분 OH_n의 중점 Q_n의 좌표는 $\left(\dfrac{2^n}{2},\ 0\right)$, 즉 $(2^{n-1},\ 0)$이다.

삼각형 $\mathrm{P}_n\mathrm{Q}_n\mathrm{H}_n$은 변 $\mathrm{P}_n\mathrm{Q}_n$을 빗변으로 하는 직각삼각형이다.

직각삼각형 $\mathrm{P}_n\mathrm{Q}_n\mathrm{H}_n$의 외접원 C_n의 반지름의 길이를 r_n이라 할 때, r_n은 선분 $\mathrm{P}_n\mathrm{Q}_n$의 길이의 $\dfrac{1}{2}$배와 같다.

두 점 $\mathrm{P}_n(2^n,\ n)$, $\mathrm{Q}_n(2^{n-1},\ 0)$에서 선분 $\mathrm{P}_n\mathrm{Q}_n$의 길이는

$\sqrt{(2^n-2^{n-1})^2+(n-0)^2}=\sqrt{4^{n-1}+n^2}$이므로

$r_n=\dfrac{\sqrt{4^{n-1}+n^2}}{2}$

즉, 외접원 C_n의 넓이 S_n은

$S_n=\pi r_n{}^2=\dfrac{4^{n-1}+n^2}{4}\pi=\left(4^{n-2}+\dfrac{n^2}{4}\right)\pi$

이므로

$k=\dfrac{S_{10}-50S_1}{S_4-2S_2}=\dfrac{(4^8+25)\pi-50\times\dfrac{\pi}{2}}{(4^2+4)\pi-2\times2\pi}=\dfrac{4^8\pi}{4^2\pi}=4^6=2^{12}$

따라서 $f(k)=f(2^{12})=\log_2 2^{12}=12$

답 ④

14

ㄱ. $f'(x)=12x(x-1)(x-3)$이므로

$f'(2)=12\times2\times1\times(-1)=-24$ (참)

ㄴ. $f'(x)=12x(x-1)(x-3)$이므로

$f'(1)=0$이고 $x=1$의 좌우에서 $f'(x)$의 부호가 양에서 음으로 바뀐다.

따라서 함수 $f(x)$는 $x=1$에서 극대이고 극댓값은

$f(1)=\displaystyle\int_0^1 12t(t-1)(t-3)\,dt$

$=\displaystyle\int_0^1(12t^3-48t^2+36t)\,dt$

$=\left[3t^4-16t^3+18t^2\right]_0^1=3-16+18=5$ (참)

ㄷ. $g(x)=12x(x-1)(x-3)$이라 하면

$f(x)=\displaystyle\int_0^x g(t)\,dt$에서 $f'(x)=g(x)$

$f(x+1)=\displaystyle\int_0^{x+1}g(t)dt=\int_{-1}^x g(t+1)\,dt$에서

$\dfrac{d}{dx}f(x+1)=g(x+1)$

$h(x)=f(x+1)-f(x)$라 하면

$h'(x)=g(x+1)-g(x)$

$=12(x+1)x(x-2)-12x(x-1)(x-3)$

$=12x(3x-5)$

$h'(x)=0$에서 $x=0$ 또는 $x=\dfrac{5}{3}$

함수 $h(x)$의 증가와 감소를 표로 나타내면 다음과 같다.

x	$\cdots$	0	$\cdots$	$\dfrac{5}{3}$	$\cdots$
$h'(x)$	$+$	0	$-$	0	$+$
$h(x)$	↗	극대	↘	극소	↗

따라서 함수 $f(x+1)-f(x)$는 $x=\dfrac{5}{3}$에서 극솟값을 갖는다. (참)

이상에서 옳은 것은 ㄱ, ㄴ, ㄷ이다.

답 ⑤

15

$-1\le x\le 1$에서 $f(x)=\begin{cases}-x^2 & (-1\le x<0) \\ x^2 & (0\le x\le 1)\end{cases}$ 이고,

함수 $f(x)$가 모든 실수 x에 대하여 $f(x)=f(x-2)+2$를 만족시키므로 함수 $y=f(x)$ $(1\le x\le 3)$의 그래프는
함수 $y=f(x)$ $(-1\le x\le 1)$의 그래프를 x축의 방향으로 2만큼, y축의 방향으로 2만큼 평행이동시키면 된다.

또한 함수 $y=f(x)$의 그래프는 원점에 대하여 대칭이다.

자연수 k에 대하여 함수 $y=f(x)$의 그래프는 그림과 같다.

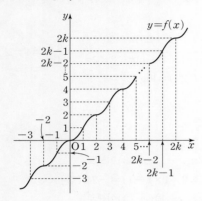

$\displaystyle\int_0^1 f(x)\,dx=\int_0^1 x^2\,dx=\left[\dfrac{1}{3}x^3\right]_0^1=\dfrac{1}{3}$이므로

$\displaystyle\int_{-3}^{-2}|f(x)|\,dx=1\times 2+\dfrac{1}{3}=\dfrac{7}{3}$이고 $\displaystyle\int_{-2}^{0}|f(x)|\,dx=1\times 2=2$

즉, $\displaystyle\int_{-3}^{0}|f(x)|\,dx=\int_{-3}^{-2}|f(x)|\,dx+\int_{-2}^{0}|f(x)|\,dx=\dfrac{7}{3}+2=\dfrac{13}{3}$

k가 자연수일 때,

$\displaystyle\int_{2k-2}^{2k} f(x)\,dx=2\times(2k-2)+2=4k-2$

$\displaystyle\int_{2k-2}^{2k-1} f(x)\,dx=1\times(2k-2)+\dfrac{1}{3}=2k-\dfrac{5}{3}$

곡선 $y=f(x)$와 x축 및 두 직선 $x=-3$, $x=n$으로 둘러싸인 부분의 넓이가 $\dfrac{194}{3}$이므로

$\displaystyle\int_{-3}^{0}|f(x)|\,dx+\int_{0}^{n} f(x)\,dx=\dfrac{194}{3}$

(ⅰ) $n=2k-1$일 때

$\displaystyle\int_{-3}^{0}|f(x)|\,dx+\int_{0}^{n} f(x)\,dx$

$\displaystyle =\int_{-3}^{0}|f(x)|\,dx+\int_{0}^{2k-1} f(x)\,dx$

$\displaystyle =\dfrac{13}{3}+\int_{0}^{2k-2} f(x)\,dx+\int_{2k-2}^{2k-1} f(x)\,dx$

$\displaystyle =\dfrac{13}{3}+\sum_{i=1}^{k-1}(4i-2)+\left(2k-\dfrac{5}{3}\right)$

$=2k+\dfrac{8}{3}+\left\{4\times\dfrac{k(k-1)}{2}-2(k-1)\right\}$

$=2k^2-2k+\dfrac{14}{3}=\dfrac{194}{3}$

$k^2-k-30=0$

$(k-6)(k+5)=0$

k는 자연수이므로 $k=6$

따라서 $n=2\times 6-1=11$

(ⅱ) $n=2k$일 때

$\displaystyle\int_{-3}^{0}|f(x)|\,dx+\int_{0}^{n} f(x)\,dx$

$\displaystyle =\int_{-3}^{0}|f(x)|\,dx+\int_{0}^{2k} f(x)\,dx$

$\displaystyle =\dfrac{13}{3}+\int_{0}^{2k} f(x)\,dx$

$\displaystyle =\dfrac{13}{3}+\sum_{i=1}^{k}(4i-2)$

$=\dfrac{13}{3}+\left\{4\times\dfrac{k(k+1)}{2}-2k\right\}$

$=2k^2+\dfrac{13}{3}=\dfrac{194}{3}$

$2k^2=\dfrac{181}{3}$, $k^2=\dfrac{181}{6}$

따라서 $\displaystyle\int_{-3}^{0}|f(x)|\,dx+\int_{0}^{2k} f(x)\,dx=\dfrac{194}{3}$를 만족시키는 자연수 k는 존재하지 않는다.

(ⅰ), (ⅱ)에서 구하는 자연수 n의 값은 11이다.

답 ⑤

16

로그의 진수의 조건에 의하여

$4x-x^2>0$, $x-1>0$

$4x-x^2>0$에서 $x(x-4)<0$, $0<x<4$ ······ ㉠

$x-1>0$에서 $x>1$ ······ ㉡

㉠, ㉡에서 $1<x<4$

$\log_4(4x-x^2)=1+\log_2(x-1)$에서

$\log_4(4x-x^2)=1+\log_4(x-1)^2$

$\log_4(4x-x^2)=\log_4 4(x-1)^2$

$4x-x^2=4(x-1)^2$

$4x-x^2=4x^2-8x+4$

$5x^2-12x+4=0$

$(x-2)(5x-2)=0$

$1<x<4$이므로 $x=2$

답 2

17

$\displaystyle\sum_{k=1}^{10}(2a_k+3)=2\sum_{k=1}^{10}a_k+\sum_{k=1}^{10}3=2\sum_{k=1}^{10}a_k+30$

이므로 $2\displaystyle\sum_{k=1}^{10}a_k+30=100$에서 $\displaystyle\sum_{k=1}^{10}a_k=35$

$\displaystyle\sum_{k=1}^{10}(3b_k+2k)=3\sum_{k=1}^{10}b_k+2\sum_{k=1}^{10}k$

$\displaystyle =3\sum_{k=1}^{10}b_k+2\times\dfrac{10\times 11}{2}$

$\displaystyle =3\sum_{k=1}^{10}b_k+110$

이므로 $3\sum\limits_{k=1}^{10}b_k+110=500$에서 $\sum\limits_{k=1}^{10}b_k=130$

따라서 $\sum\limits_{k=1}^{10}(a_k+b_k)=\sum\limits_{k=1}^{10}a_k+\sum\limits_{k=1}^{10}b_k=35+130=165$

目 165

18

원점을 지나고 x축의 양의 방향과 이루는 각의 크기가 $30°$인 직선 l의 기울기는 $\tan 30°=\dfrac{\sqrt{3}}{3}$이므로 직선 l의 방정식은

$y=\dfrac{\sqrt{3}}{3}x$

제1사분면 위의 점 P_n의 좌표를 $(p,\,q)$ $(p>0,\,q>0)$이라 하면 원 C_n의 반지름의 길이가 $\overline{OP_n}=n$이므로

$p=n\times\cos 30°=\dfrac{\sqrt{3}}{2}n,\ q=n\times\sin 30°=\dfrac{1}{2}n$이다.

그러므로 점 P_n의 좌표는 $\left(\dfrac{\sqrt{3}}{2}n,\,\dfrac{1}{2}n\right)$이다.

점 H_n의 좌표가 $(n,\,0)$이므로 점 Q_n의 좌표는 $\left(n,\,\dfrac{\sqrt{3}}{3}n\right)$이고, 점 P_n과 직선 Q_nH_n 사이의 거리를 h라 하면

$h=n-\dfrac{\sqrt{3}}{2}n=\left(1-\dfrac{\sqrt{3}}{2}\right)n$

삼각형 $P_nH_nQ_n$의 넓이는

$\begin{aligned}S_n&=\dfrac{1}{2}\times\overline{Q_nH_n}\times h\\&=\dfrac{1}{2}\times\dfrac{\sqrt{3}}{3}n\times\left(1-\dfrac{\sqrt{3}}{2}\right)n\\&=\dfrac{(2-\sqrt{3})\sqrt{3}}{12}n^2\\&=\dfrac{2\sqrt{3}-3}{12}n^2\end{aligned}$

이므로

$\begin{aligned}\sum\limits_{k=1}^{8}S_k&=\sum\limits_{k=1}^{8}\dfrac{2\sqrt{3}-3}{12}k^2\\&=\dfrac{2\sqrt{3}-3}{12}\times\dfrac{8\times 9\times 17}{6}\\&=-51+34\sqrt{3}\end{aligned}$

따라서 $a=-51,\ b=34$이므로

$b-a=34-(-51)=85$

目 85

19

$f(x)=\begin{cases}x^2+2x+2 & (-2\le x<2)\\ \dfrac{1}{2}x^2-4x & (2\le x<6)\end{cases}$ 에서 두 열린구간 $(-2,\,2)$,

$(2,\,6)$에 포함되는 실수 a에 대하여 $g(a)=\lim\limits_{x\to a}\dfrac{f(x)-f(a)}{x-a}$라 하면

$g(x)=\begin{cases}2x+2 & (-2<x<2)\\ x-4 & (2<x<6)\end{cases}$

모든 실수 x에 대하여 $f(x)=f(x+8)$을 만족시키므로 함수 $f(x)$의 주기는 8이다.

열린구간 $(-20,\,20)$에서 함수 $y=f(x)$의 그래프는 다음과 같다.

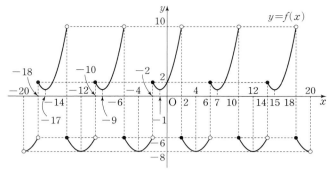

열린구간 $(-2,\,6)$에서 $g(x)$의 부호가 음에서 양으로 바뀌는 x의 값은 $-1,\,4$이고, 함수 $f(x)$의 주기가 8이므로 열린구간 $(-20,\,20)$에서 함수 $f(x)$는 $x=-17,\,-9,\,-1,\,7,\,15$일 때와 $x=-12,\,-4,\,4,\,12$일 때 극솟값을 갖는다.

즉, $a_1=-17,\,a_2=-12,\,a_3=-9,\,a_4=-4,\,a_5=-1,\,a_6=4,$ $a_7=7,\,a_8=12,\,a_9=15$이므로 $m=9$이고

$\begin{aligned}\sum\limits_{k=1}^{m}a_k&=\sum\limits_{k=1}^{9}a_k\\&=(-17)+(-12)+(-9)+(-4)+(-1)+4+7+12+15\\&=-5\end{aligned}$

함수 $f(x)$의 주기와 극댓값의 정의에 의하여 열린구간 $(-20,\,20)$에서 함수 $f(x)$는 $x=-18,\,-10,\,-2,\,6,\,14$일 때 극댓값을 갖는다.

즉, $b_1=-18,\,b_2=-10,\,b_3=-2,\,b_4=6,\,b_5=14$이므로 $n=5$이고

$\sum\limits_{k=1}^{n}|b_k|=\sum\limits_{k=1}^{5}|b_k|=|-18|+|-10|+|-2|+6+14=50$

따라서 $\sum\limits_{k=1}^{m}a_k+\sum\limits_{k=1}^{n}|b_k|=-5+50=45$

目 45

20

$v(t)+ta(t)=4t^3-3t^2-4t$에 $t=0$을 대입하면

$v(0)=0$ ······ ㉠

조건 (가)와 ㉠에 의하여

$v(t)=pt^3+qt^2+rt$ ($p,\,q,\,r$은 상수, $p\ne 0$)이라 하면

$a(t)=3pt^2+2qt+r$

$\begin{aligned}v(t)+ta(t)&=pt^3+qt^2+rt+t(3pt^2+2qt+r)\\&=4pt^3+3qt^2+2rt\end{aligned}$

$4pt^3+3qt^2+2rt=4t^3-3t^2-4t$에서

$p=1,\,q=-1,\,r=-2$이므로

$v(t)=t^3-t^2-2t=t(t+1)(t-2)$

함수 $y=v(t)$의 그래프는 그림과 같다.

시각 $t=0$에서 $t=3$까지 점 P가 움직인 거리는

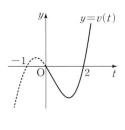

$\displaystyle\int_0^3|v(t)|\,dt$

$=\displaystyle\int_0^3|t(t+1)(t-2)|\,dt$

$=\displaystyle\int_0^2\{-t(t+1)(t-2)\}\,dt+\int_2^3 t(t+1)(t-2)\,dt$

$=\displaystyle\int_0^2(-t^3+t^2+2t)\,dt+\int_2^3(t^3-t^2-2t)\,dt$

$$= \left[-\frac{t^4}{4} + \frac{t^3}{3} + t^2 \right]_0^2 + \left[\frac{t^4}{4} - \frac{t^3}{3} - t^2 \right]_2^3$$

$$= \left(-4 + \frac{8}{3} + 4 \right) - 0 + \left(\frac{81}{4} - 9 - 9 \right) - \left(4 - \frac{8}{3} - 4 \right)$$

$$= \frac{91}{12}$$

따라서 $l = \frac{91}{12}$이므로

$$12 \times l = 91$$

🄰 91

21

두 원 C_1, C_2의 방정식은

$$C_1 : (x+1)^2 + y^2 = 1, \ C_2 : (x-2)^2 + y^2 = 4$$

두 선분 AP, BQ가 x축의 양의 방향과 이루는 각의 크기가 모두 θ이므로 두 점 P, Q의 좌표는 각각

$(-1 + \cos\theta, \ \sin\theta)$, $(2 + 2\cos\theta, \ 2\sin\theta)$이다.

$$\overline{PQ}^2 = \{(2+2\cos\theta) - (-1+\cos\theta)\}^2 + (2\sin\theta - \sin\theta)^2$$

$$= (3 + \cos\theta)^2 + \sin^2\theta$$

$$= 9 + 6\cos\theta + \cos^2\theta + \sin^2\theta$$

$$= 10 + 6\cos\theta$$

이므로 $\overline{PQ} = \sqrt{10 + 6\cos\theta}$

직선 PQ의 방정식은

$$y - \sin\theta = \frac{2\sin\theta - \sin\theta}{(2+2\cos\theta) - (-1+\cos\theta)}\{x - (-1+\cos\theta)\}$$

$$y = \frac{\sin\theta}{3+\cos\theta}(x + 1 - \cos\theta) + \sin\theta$$

$$(\sin\theta)x - (3+\cos\theta)y + 4\sin\theta = 0$$

원점 O와 직선 PQ 사이의 거리를 h라 하면

$$h = \frac{|4\sin\theta|}{\sqrt{\sin^2\theta + (3+\cos\theta)^2}}$$

$$= \frac{|4\sin\theta|}{\sqrt{10 + 6\cos\theta}}$$

이므로 삼각형 POQ의 넓이 $S(\theta)$는

$$S(\theta) = \frac{1}{2} \times \overline{PQ} \times h$$

$$= \frac{1}{2} \times \sqrt{10 + 6\cos\theta} \times \frac{|4\sin\theta|}{\sqrt{10 + 6\cos\theta}}$$

$$= 2|\sin\theta|$$

$0 < \theta < 2\pi$일 때,

$S(\theta) = 2|\sin\theta| = 1$, 즉 $|\sin\theta| = \frac{1}{2}$에서

$\sin\theta = \frac{1}{2}$ 또는 $\sin\theta = -\frac{1}{2}$이므로

$\theta = \frac{\pi}{6}$ 또는 $\theta = \frac{5}{6}\pi$ 또는 $\theta = \frac{7}{6}\pi$ 또는 $\theta = \frac{11}{6}\pi$

따라서 $\alpha_1 = \frac{\pi}{6}$, $\alpha_2 = \frac{5}{6}\pi$, $\alpha_3 = \frac{7}{6}\pi$, $\alpha_4 = \frac{11}{6}\pi$이므로

$$\frac{12}{\pi} \times (\alpha_2 - \alpha_1 + \alpha_4 - \alpha_3) = \frac{12}{\pi} \times \left(\frac{5}{6}\pi - \frac{\pi}{6} + \frac{11}{6}\pi - \frac{7}{6}\pi \right)$$

$$= \frac{12}{\pi} \times \frac{4}{3}\pi$$

$$= 16$$

🄰 16

참고

두 점 P, Q의 좌표가 각각

$(-1 + \cos\theta, \ \sin\theta)$, $(2+2\cos\theta, \ 2\sin\theta)$일 때, 삼각형 POQ의 넓이 $S(\theta)$를 다음과 같이 구할 수도 있다.

[방법 1]

두 점 P, Q에서 x축에 내린 수선의 발을 각각 H_1, H_2라 하면

$S(\theta) = $ (사다리꼴 PH_1H_2Q의 넓이) $-$ (삼각형 PH_1O의 넓이)

$$- \text{(삼각형 } QOH_2 \text{의 넓이)}$$

$$= \frac{1}{2} \times 3 |\sin\theta| \times (3+\cos\theta) - \frac{1}{2} \times |\sin\theta| \times (1-\cos\theta)$$

$$- \frac{1}{2} \times 2|\sin\theta| \times (2+2\cos\theta)$$

$$= \frac{1}{2} \times |\sin\theta| \times (9 + 3\cos\theta - 1 + \cos\theta - 4 - 4\cos\theta)$$

$$= 2|\sin\theta|$$

[방법 2]

$$\overline{PO} = \sqrt{(-1+\cos\theta)^2 + \sin^2\theta}$$

$$= \sqrt{1 - 2\cos\theta + \cos^2\theta + \sin^2\theta}$$

$$= \sqrt{2 - 2\cos\theta}$$

$$\overline{OQ} = \sqrt{(2+2\cos\theta)^2 + (2\sin\theta)^2}$$

$$= \sqrt{4 + 8\cos\theta + 4\cos^2\theta + 4\sin^2\theta}$$

$$= \sqrt{8 + 8\cos\theta}$$

삼각형 PAO는 $\overline{AO} = \overline{AP}$인 이등변삼각형이므로

$$\angle POA = \frac{\pi - \theta}{2}$$

삼각형 QOB는 $\overline{BO} = \overline{BQ}$인 이등변삼각형이므로

$$\angle QOB = \frac{\theta}{2}$$

이때 $\angle POQ = \pi - \left(\frac{\pi-\theta}{2} + \frac{\theta}{2} \right) = \frac{\pi}{2}$이므로

$$S(\theta) = \frac{1}{2} \times \overline{PO} \times \overline{OQ}$$

$$= \frac{1}{2} \times \sqrt{2 - 2\cos\theta} \times \sqrt{8 + 8\cos\theta}$$

$$= \frac{1}{2} \times \sqrt{2} \times \sqrt{1 - \cos\theta} \times 2\sqrt{2} \times \sqrt{1 + \cos\theta}$$

$$= 2\sqrt{(1-\cos\theta)(1+\cos\theta)}$$

$$= 2\sqrt{1 - \cos^2\theta}$$

$$= 2\sqrt{\sin^2\theta}$$

$$= 2|\sin\theta|$$

22

함수 $g(x)$가 실수 전체의 집합에서 연속이므로

$$\lim_{x \to -1-} g(x) = \lim_{x \to -1+} g(x) = g(-1)$$에서

$$f(-1) - 2 = -f(-1) + 2 + a$$

$$f(-1) = \frac{a+4}{2} \qquad \cdots\cdots \ㄱ$$

$$\lim_{x \to 2-} g(x) = \lim_{x \to 2+} g(x) = g(2)$$에서

$$-f(2) - 4 + a = f(2) + 4 + b$$

$$f(2) = \frac{a - b - 8}{2} \qquad \cdots\cdots \ㄴ$$

함수 $g(x)$가 실수 전체의 집합에서 미분가능하므로

함수 $g(x)$는 $x=-1$에서 미분가능하다.

$$\lim_{x \to -1-} \frac{g(x)-g(-1)}{x-(-1)}$$

$$=\lim_{x \to -1-} \frac{f(x)+2x-\{f(-1)-2\}}{x+1}$$

$$=f'(-1)+2$$

$$\lim_{x \to -1+} \frac{g(x)-g(-1)}{x-(-1)}$$

$$=\lim_{x \to -1+} \frac{-f(x)-2x+a-\{-f(-1)+2+a\}}{x+1}$$

$$=-f'(-1)-2$$

즉, $f'(-1)+2=-f'(-1)-2$이므로

$f'(-1)=-2$ ······ ㉢

또한 함수 $g(x)$는 $x=2$에서도 미분가능하다.

$$\lim_{x \to 2-} \frac{g(x)-g(2)}{x-2}$$

$$=\lim_{x \to 2-} \frac{-f(x)-2x+a-\{-f(2)-4+a\}}{x-2}$$

$$=-f'(2)-2$$

$$\lim_{x \to 2+} \frac{g(x)-g(2)}{x-2}$$

$$=\lim_{x \to 2+} \frac{f(x)+2x+b-\{f(2)+4+b\}}{x-2}$$

$$=f'(2)+2$$

즉, $-f'(2)-2=f'(2)+2$이므로

$f'(2)=-2$ ······ ㉣

㉢, ㉣에 의하여

$f'(x)+2=3(x+1)(x-2)=3x^2-3x-6$

즉, $f'(x)=3x^2-3x-8$이므로

$f(x)=x^3-\dfrac{3}{2}x^2-8x+C$ (단, C는 적분상수)

$g(-2)=f(-2)-4=-8-6+16+C-4=6$에서

$C=8$이므로

$f(x)=x^3-\dfrac{3}{2}x^2-8x+8$

$f(-1)=-1-\dfrac{3}{2}+8+8=\dfrac{27}{2}$이고 ㉠에서 $f(-1)=\dfrac{a+4}{2}$이므로

$\dfrac{a+4}{2}=\dfrac{27}{2}$에서 $a=23$

$f(2)=8-6-16+8=-6$이고 ㉡에서 $f(2)=\dfrac{a-b-8}{2}$이므로

$\dfrac{a-b-8}{2}=-6$에서 $a-b=-4$, $23-b=-4$

$b=27$

따라서 $g(x)=\begin{cases} f(x)+2x & (x<-1) \\ -f(x)-2x+23 & (-1 \le x < 2) \\ f(x)+2x+27 & (x \ge 2) \end{cases}$ 이므로

$g(1)=-f(1)-2+23=-\left(-\dfrac{1}{2}\right)+21=\dfrac{43}{2}$

$g(3)=f(3)+6+27=-\dfrac{5}{2}+33=\dfrac{61}{2}$

그러므로 $g(1)+g(3)=\dfrac{43}{2}+\dfrac{61}{2}=52$

답 52

23

$$\lim_{x \to 0} \frac{4^x-1}{\log_2(1+2x)}=\lim_{x \to 0} \frac{\dfrac{4^x-1}{x}}{\dfrac{\log_2(1+2x)}{2x} \times 2}$$

$$=\frac{\displaystyle\lim_{x \to 0} \frac{4^x-1}{x}}{\displaystyle\lim_{x \to 0} \frac{\log_2(1+2x)}{2x} \times 2}$$

$$=\frac{\ln 4}{\dfrac{1}{\ln 2} \times 2}$$

$$=\frac{2 \ln 2}{\dfrac{2}{\ln 2}}$$

$$=(\ln 2)^2$$

답 ③

24

$f(x)=\dfrac{\ln x}{x}$에서

$f'(x)=\dfrac{\dfrac{1}{x} \times x-\ln x \times 1}{x^2}=\dfrac{1-\ln x}{x^2}$

곡선 $y=f(x)$ 위의 점 $P(t, f(t))$에서의 접선의 기울기는 $\dfrac{1-\ln t}{t^2}$이므로 접선의 방정식은

$y-\dfrac{\ln t}{t}=\dfrac{1-\ln t}{t^2}(x-t)$

$y=\dfrac{1-\ln t}{t^2}x+\dfrac{2\ln t-1}{t}$

이 접선의 y절편은 $g(t)=\dfrac{2\ln t-1}{t}$이고,

$g'(t)=\dfrac{\dfrac{2}{t} \times t-(2\ln t-1) \times 1}{t^2}=\dfrac{3-2\ln t}{t^2}$

$g'(t)=0$에서 $3-2\ln t=0$

$\ln t=\dfrac{3}{2}$, $t=e^{\frac{3}{2}}$

$t>0$에서 함수 $g(t)$의 증가와 감소를 표로 나타내면 다음과 같다.

t	(0)	$\cdots$	$e^{\frac{3}{2}}$	$\cdots$
$g'(t)$		$+$	0	$-$
$g(t)$		↗	극대	↘

따라서 함수 $g(t)$는 $t=e^{\frac{3}{2}}$에서 극대인 동시에 최대이므로

$a=e^{\frac{3}{2}}$

답 ③

25

$a_1=2$

$a_2=-a_1+2=-2+2=0$

$a_3=a_2+2=0+2=2$

$a_4=-a_3+2=-2+2=0$

$a_5 = a_4 + 2 = 0 + 2 = 2$

$a_6 = -a_5 + 2 = -2 + 2 = 0$

$\vdots$

이므로 $T_1 = 2$, $T_2 = 4$, $T_3 = 6$, $\cdots$

따라서 $T_n = 2n$이므로

$$\sum_{n=1}^{\infty} \frac{1}{T_n T_{n+1}} = \sum_{n=1}^{\infty} \frac{1}{4n(n+1)}$$

$$= \sum_{n=1}^{\infty} \frac{1}{4}\left(\frac{1}{n} - \frac{1}{n+1}\right)$$

$$= \lim_{n \to \infty} \frac{1}{4} \sum_{k=1}^{n}\left(\frac{1}{k} - \frac{1}{k+1}\right)$$

$$= \lim_{n \to \infty} \frac{1}{4}\left\{\left(\frac{1}{1} - \frac{1}{2}\right) + \left(\frac{1}{2} - \frac{1}{3}\right) + \cdots + \left(\frac{1}{n} - \frac{1}{n+1}\right)\right\}$$

$$= \lim_{n \to \infty} \frac{1}{4}\left(\frac{1}{1} - \frac{1}{n+1}\right)$$

$$= \frac{1}{4}$$

달 ②

26

x축 위의 점 $(t, 0)$ $(0 \le t \le \ln 2)$를 지나고 x축에 수직인 평면으로 자른 단면의 넓이를 $S(t)$라 하면

$$S(t) = \frac{1}{2} \times (e^t)^2 \times \frac{\pi}{4} = \frac{\pi}{8} e^{2t}$$

따라서 구하는 입체도형의 부피를 V라 하면

$$V = \int_0^{\ln 2} S(t)\, dt$$

$$= \int_0^{\ln 2} \frac{\pi}{8} e^{2t}\, dt$$

$$= \frac{\pi}{8} \times \left[\frac{1}{2} e^{2t}\right]_0^{\ln 2}$$

$$= \frac{\pi}{16} \times (e^{2\ln 2} - e^0)$$

$$= \frac{\pi}{16}(4-1)$$

$$= \frac{3}{16}\pi$$

달 ③

27

삼각형 $B_1C_1F_1$과 삼각형 $D_1E_1F_1$은 서로 합동이므로

$\overline{C_1F_1} = \overline{E_1F_1} = x$라 하면

$\overline{B_1F_1} = \overline{D_1F_1} = 3 - x$

피타고라스 정리에 의하여

$1^2 + x^2 = (3-x)^2$이므로

$1 + x^2 = 9 - 6x + x^2$

$6x = 8$

$x = \frac{4}{3}$

이때 색칠되어 있는 두 직각삼각형의 넓이의 합은

$2 \times \frac{1}{2} \times 1 \times \frac{4}{3} = \frac{4}{3}$

두 삼각형 $D_1E_1D_2$, $F_1D_1E_1$이 서로 닮은 도형이므로

$\overline{D_1E_1} : \overline{D_1D_2} = \overline{D_1F_1} : \overline{E_1F_1}$

$1 : \overline{D_1D_2} = \left(3 - \frac{4}{3}\right) : \frac{4}{3} = 5 : 4$에서

$\overline{D_1D_2} = \frac{4}{5}$이므로

$\overline{AD_1} : \overline{AD_2} = 1 : \left(1 + \frac{4}{5}\right) = 1 : \frac{9}{5}$

즉, 두 직사각형 $AB_1C_1D_1$과 $AB_2C_2D_2$의 닮음비가 $1 : \frac{9}{5}$이므로 넓이의 비는 $1 : \left(\frac{9}{5}\right)^2$이다.

수열 $\left\{\frac{1}{S_n}\right\}$은 첫째항이 $\frac{3}{4}$이고 공비가 $\left(\frac{5}{9}\right)^2$인 등비수열이므로

$$\sum_{n=1}^{\infty} \frac{1}{S_n} = \frac{\frac{3}{4}}{1 - \left(\frac{5}{9}\right)^2} = \frac{\frac{3}{4}}{\frac{56}{81}} = \frac{243}{224}$$

달 ②

28

$f(x) = 4xe^{-x}$에서

$f'(x) = 4e^{-x} - 4xe^{-x} = 4(1-x)e^{-x}$

$f'(x) = 0$에서 $x = 1$

함수 $f(x)$의 증가와 감소를 표로 나타내면 다음과 같다.

x	$\cdots$	1	$\cdots$
$f'(x)$	$+$	0	$-$
$f(x)$	$\nearrow$	$\frac{4}{e}$	$\searrow$

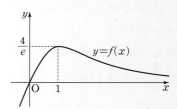

함수 $h(x)$가 실수 전체의 집합에서 미분가능하려면 곡선 $y = f(x)$와 직선 $y = g(x)$가 만나는 모든 점에서의 곡선 $y = f(x)$의 접선의 기울기가 직선 $y = g(x)$의 기울기와 일치해야 한다.

즉, 곡선 $y = f(x)$와 직선 $y = g(x)$가 만나는 점은 곡선 $y = f(x)$의 변곡점이고, 이 변곡점에서의 접선의 기울기가 직선 $y = g(x)$의 기울기와 일치해야 한다.

$f''(x) = 4 \times (-1) \times e^{-x} + 4(1-x) \times (-e^{-x})$

$\qquad = 4(x-2)e^{-x}$

$f''(x) = 0$에서 $x = 2$

$x = 2$의 좌우에서 함수 $f''(x)$의 부호가 바뀌므로 곡선 $y = f(x)$의 변곡점은 $(2, f(2))$, 즉 $(2, 8e^{-2})$이고, 이 변곡점에서의 접선의 방정식은

$y - f(2) = f'(2) \times (x-2)$

$y - 8e^{-2} = -4e^{-2}(x-2)$

$y = -4e^{-2}(x-4)$

즉, $g(x) = -4e^{-2}x + 16e^{-2}$이므로

$$h(x) = \begin{cases} 4xe^{-x} & (x \le 2) \\ -4e^{-2}(x-4) & (x > 2) \end{cases}$$

이고 함수 $y=h(x)$의 그래프는 그림과 같다.

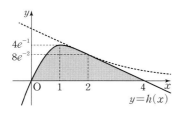

함수 $y=h(x)$의 그래프와 x축으로 둘러싸인 부분의 넓이는

$$\int_0^4 h(x)\,dx=\int_0^2 4xe^{-x}\,dx+\int_2^4\{-4e^{-2}(x-4)\}\,dx$$

$\int_0^2 xe^{-x}\,dx$에서

$u(x)=x,\ v'(x)=e^{-x}$으로 놓으면

$u'(x)=1,\ v(x)=-e^{-x}$이므로

$$\int_0^2 xe^{-x}\,dx=\Big[-xe^{-x}\Big]_0^2-\int_0^2\{1\times(-e^{-x})\}\,dx$$

$$=-2e^{-2}+\int_0^2 e^{-x}\,dx$$

$$=-2e^{-2}+\Big[-e^{-x}\Big]_0^2$$

$$=-2e^{-2}-e^{-2}+1$$

$$=-3e^{-2}+1$$

$\int_2^4\{-4e^{-2}(x-4)\}\,dx$의 값은 밑변의 길이가 2이고 높이가 $8e^{-2}$인 직각삼각형의 넓이와 같으므로

$$\int_2^4\{-4e^{-2}(x-4)\}\,dx=\frac{1}{2}\times2\times8e^{-2}=8e^{-2}$$

따라서

$$\int_0^4 h(x)\,dx=\int_0^2 4xe^{-x}\,dx+\int_2^4\{-4e^{-2}(x-4)\}\,dx$$

$$=4\times\int_0^2 xe^{-x}\,dx+\int_2^4\{-4e^{-2}(x-4)\}\,dx$$

$$=4\times(-3e^{-2}+1)+8e^{-2}$$

$$=4-4e^{-2}$$

$$=4-\frac{4}{e^2}$$

답 ⑤

29

$g(x)=(1+\ln3)f(x)-f(x)\ln f(x)$에서

$g'(x)=(1+\ln3)f'(x)-f'(x)\times\ln f(x)-f(x)\times\dfrac{f'(x)}{f(x)}$

$\quad=f'(x)\times\{\ln3-\ln f(x)\}$

$g'(x)=0$에서 $f'(x)=0$ 또는 $f(x)=3$

조건 (가)에서 함수 $g(x)$는 $x=3$에서 극솟값을 가지므로 $g'(3)=0$이다.

$g'(3)=0$이므로 $f'(3)=0$ 또는 $f(3)=3$

이때 $f'(3)\neq0$이라 가정하면 $f(3)=3$이다.

(i) $a>3$에서 $f'(a)=0$인 경우

직선 $x=a$가 이차함수 $y=f(x)$의 그래프의 대칭축이므로

$f'(3)<0$이고 $x=3$의 좌우에서 $\ln3-\ln f(x)$의 값이 음에서 양으로 바뀌므로 $g'(x)$의 부호가 양에서 음으로 바뀌고, 함수 $g(x)$가 $x=3$에서 극댓값을 갖게 되어 조건 (가)에 모순이다.

(ii) $a<3$에서 $f'(a)=0$인 경우

직선 $x=a$가 이차함수 $y=f(x)$의 그래프의 대칭축이므로

$f'(3)>0$이고 $x=3$의 좌우에서 $\ln3-\ln f(x)$의 값이 양에서 음으로 바뀌므로 $g'(x)$의 부호가 양에서 음으로 바뀌고, 함수 $g(x)$가 $x=3$에서 극댓값을 갖게 되어 조건 (가)에 모순이다.

(i), (ii)에서 모두 조건 (가)에 모순이므로 $f'(3)=0$이다.

$x=3$의 좌우에서 $f'(x)$의 부호가 음에서 양으로 바뀌므로 $g'(x)=f'(x)\times\{\ln3-\ln f(x)\}$에서 함수 $g(x)$가 $x=3$에서 극솟값을 가지려면 $\ln3-\ln f(3)>0$이어야 한다.

즉, $f(3)<3$이므로 이차방정식 $f(x)=3$을 만족시키는 서로 다른 두 실근이 존재한다. 이차방정식 $f(x)=3$을 만족시키는 서로 다른 두 실근을 $\alpha_1,\ \alpha_2$라 하자.

이때 이차함수 $y=f(x)$의 그래프와 직선 $y=3$의 두 교점은 직선 $x=3$에 대하여 대칭이므로

$\alpha_1+\alpha_2=6$

조건 (나)에 의하여

$3\alpha_1\alpha_2=24$이므로 $\alpha_1\alpha_2=8$

따라서 $f(x)-3=x^2-6x+8$에서

$f(x)=x^2-6x+11$이므로

$f(10)=10^2-6\times10+11=51$

답 51

참고

함수 $g(x)$의 이계도함수를 이용하여 다음과 같이 $f'(3)=0$임을 구할 수도 있다.

$g'(x)=f'(x)\times\{\ln3-\ln f(x)\}$에서

$g''(x)=f''(x)\times\{\ln3-\ln f(x)\}+f'(x)\times\left\{-\dfrac{f'(x)}{f(x)}\right\}$

조건 (가)에서 $g'(3)=0$이므로 $f'(3)=0$ 또는 $f(3)=3$

$f'(3)\neq0$이라 가정하면 $f(3)=3$이므로

$g''(3)=-\dfrac{\{f'(3)\}^2}{f(3)}<0$

즉, 함수 $g(x)$는 $x=3$에서 극댓값을 갖게 되어 조건 (가)에 모순이다.

그러므로 $f'(3)=0$

30

$f(x)=\dfrac{x^2-x+1}{e^x}$에서

$$f'(x)=\frac{(x^2-x+1)'\times e^x-(x^2-x+1)\times(e^x)'}{(e^x)^2}$$

$$=\frac{(2x-1)e^x-(x^2-x+1)e^x}{e^{2x}}$$

$$=-\frac{x^2-3x+2}{e^x}$$

$$=-\frac{(x-1)(x-2)}{e^x}$$

$f'(x)=0$에서 $x=1$ 또는 $x=2$

함수 $f(x)$의 증가와 감소를 표로 나타내면 다음과 같다.

x	$\cdots$	1	$\cdots$	2	$\cdots$
$f'(x)$	$-$	0	$+$	0	$-$
$f(x)$	↘	극소	↗	극대	↘

함수 $y=f(x)$의 그래프의 개형은 그림과 같다.

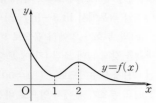

$f(|x|+t)=\begin{cases} f(-x+t) & (x<0) \\ f(x+t) & (x \ge 0) \end{cases}$에서 함수 $y=f(x+t)$ $(x \ge 0)$의

그래프는 함수 $y=f(x)$의 그래프를 x축의 방향으로 $-t$만큼 평행이동
한 그래프의 $x \ge 0$인 부분이고, 함수 $y=f(-x+t)$ $(x<0)$의 그래프
는 함수 $y=f(x+t)$ $(x>0)$의 그래프를 y축에 대하여 대칭이동한 그
래프이다.

실수 t의 값에 따라 함수 $y=f(|x|+t)$의 그래프의 개형은 다음과 같다.

(ⅰ) $t<1$일 때

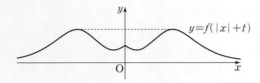

함수 $f(|x|+t)$가 극대인 x의 값은 3개이고 극소인 x의 값은 2개
이므로 $g(t)=5$

(ⅱ) $t=1$일 때

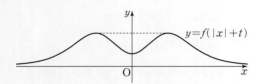

함수 $f(|x|+t)$가 극대인 x의 값은 2개이고 극소인 x의 값은 1개
이므로 $g(t)=3$

(ⅲ) $1<t<2$일 때

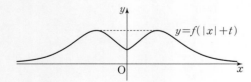

함수 $f(|x|+t)$가 극대인 x의 값은 2개이고 극소인 x의 값은 1개
이므로 $g(t)=3$

(ⅳ) $t=2$일 때

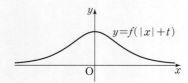

함수 $f(|x|+t)$가 극대인 x의 값은 1개이고 극소인 x의 값은 0개
이므로 $g(t)=1$

(ⅴ) $t>2$일 때

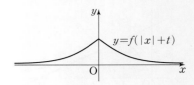

함수 $f(|x|+t)$가 극대인 x의 값은 1개이고 극소인 x의 값은 0개
이므로 $g(t)=1$

(ⅰ)~(ⅴ)에 의하여 함수 $g(t)$와 그 그래프는 다음과 같다.

$g(t)=\begin{cases} 5 & (t<1) \\ 3 & (1 \le t<2) \\ 1 & (t \ge 2) \end{cases}$

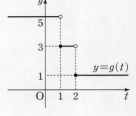

함수 $g(t)$는 $t=1$과 $t=2$에서 불연속이
고, 함수 $g(x)h(x)$가 실수 전체의 집합
에서 연속이기 위해서는 $h(1)=0$이고
$h(2)=0$이어야 하므로
$h(x)=(x-1)(x-2)$이다.
따라서 $h(0)+h(4)=2+6=8$

답 8

실전 모의고사 4회   본문 142~153쪽

01 ③	02 ⑤	03 ②	04 ②	05 ③
06 ①	07 ③	08 ④	09 ③	10 ②
11 ①	12 ③	13 ③	14 ②	15 ④
16 3	17 42	18 61	19 33	20 152
21 19	22 16	23 ②	24 ④	25 ④
26 ③	27 ③	28 ③	29 17	30 32

01

$$\log_3 \sqrt{3} + \log_3 9 = \log_3 3^{\frac{1}{2}} + \log_3 3^2 = \frac{1}{2}\log_3 3 + 2\log_3 3$$
$$= \frac{1}{2} + 2 = \frac{5}{2}$$

답 ③

02

$$\lim_{x \to 2} \frac{x^2 + 6x - 16}{x^2 - x - 2} = \lim_{x \to 2} \frac{(x-2)(x+8)}{(x-2)(x+1)} = \lim_{x \to 2} \frac{x+8}{x+1} = \frac{10}{3}$$

답 ⑤

03

등차수열 $\{a_n\}$의 첫째항을 a, 공차를 d라 하면
$a_4 = a + 3d = 4$
$a_2 + a_5 = (a+d) + (a+4d) = 2a + 5d = 11$
두 식을 연립하여 풀면 $a = 13$, $d = -3$이므로
$a_n = 13 + (n-1) \times (-3) = -3n + 16$
따라서 $a_3 + a_{11} = 7 + (-17) = -10$

답 ②

04

$h(x) = f(x)g(x)$에서
$h'(x) = f'(x)g(x) + f(x)g'(x)$이므로
$h'(1) = f'(1)g(1) + f(1)g'(1)$
$f(x) = 2x^3 + 5$에서 $f(1) = 7$이고 $f'(x) = 6x^2$이므로 $f'(1) = 6$
$g(x) = x^2 + 3x + 1$에서 $g(1) = 5$이고 $g'(x) = 2x + 3$이므로 $g'(1) = 5$
따라서 $h'(1) = f'(1)g(1) + f(1)g'(1) = 6 \times 5 + 7 \times 5 = 65$

답 ②

05

함수 $f(x) = 2^{x-k} + m$의 그래프는 함수 $y = 2^x$의 그래프를 x축의 방향으로 k만큼, y축의 방향으로 m만큼 평행이동한 것이고 함수 $y = 2^x$의 밑은 1보다 크므로 함수 $f(x)$는 $x = 1$에서 최솟값, $x = 4$에서 최댓값을 갖는다.
$f(1) = 2^{1-k} + m = 3$에서 $2^{1-k} = 3 - m$ …… ㉠
$f(4) = 2^{4-k} + m = 10$에서 $2^{4-k} = 10 - m$ …… ㉡
이때 $\dfrac{2^{4-k}}{2^{1-k}} = 2^3 = 8$이므로 ㉠, ㉡에 의하여
$\dfrac{10-m}{3-m} = 8$, $10 - m = 24 - 8m$

$7m = 14$, $m = 2$
이 값을 ㉠에 대입하면
$2^{1-k} = 3 - 2 = 1$, $1 - k = 0$, $k = 1$
따라서 $k + m = 1 + 2 = 3$

답 ③

06

$f(x) = \dfrac{1}{3}x^3 + x^2 - 3x + a$에서
$f'(x) = x^2 + 2x - 3 = (x+3)(x-1)$
$f'(x) = 0$에서 $x = -3$ 또는 $x = 1$
함수 $f(x)$의 증가와 감소를 표로 나타내면 다음과 같다.

x	…	-3	…	1	…
$f'(x)$	$+$	0	$-$	0	$+$
$f(x)$	↗	극대	↘	극소	↗

함수 $f(x)$는 $x = 1$에서 극솟값 $\dfrac{10}{3}$을 가지므로 $b = 1$이고
$f(1) = \dfrac{1}{3} + 1 - 3 + a = \dfrac{10}{3}$에서 $a = 5$
따라서 $a + b = 5 + 1 = 6$

답 ①

07

$\log_2 a_{n+1} - \log_2 a_n = -\dfrac{1}{2}$에서
$\log_2 \dfrac{a_{n+1}}{a_n} = \log_2 2^{-\frac{1}{2}}$, $\dfrac{a_{n+1}}{a_n} = \dfrac{1}{\sqrt{2}}$
이므로 수열 $\{a_n\}$은 등비수열이고, 이 등비수열의 공비를 r이라 하면
$r = \dfrac{a_{n+1}}{a_n} = \dfrac{1}{\sqrt{2}}$
$S_n = \dfrac{a_1(1-r^n)}{1-r}$이므로 $\dfrac{S_{2m}}{S_m} = \dfrac{9}{8}$에서
$\dfrac{1-r^{2m}}{1-r^m} = \dfrac{9}{8}$, $\dfrac{(1-r^m)(1+r^m)}{1-r^m} = \dfrac{9}{8}$
$1 + r^m = \dfrac{9}{8}$, $r^m = \dfrac{1}{8}$
즉, $\left(\dfrac{1}{\sqrt{2}}\right)^m = \dfrac{1}{2^3}$이므로
$(\sqrt{2})^m = 2^3$, $2^{\frac{m}{2}} = 2^3$
$\dfrac{m}{2} = 3$, $m = 6$
따라서 $m \times \dfrac{a_{2m}}{a_m} = m \times \dfrac{a_1 r^{2m-1}}{a_1 r^{m-1}} = m \times r^m = 6 \times \dfrac{1}{8} = \dfrac{3}{4}$

답 ③

08

$f(x) = -x^3 + ax + 4$에서 $f'(x) = -3x^2 + a$
곡선 $y = f(x)$ 위의 점 $(1, f(1))$에서의 접선의 기울기가 1이므로
$f'(1) = -3 + a = 1$에서 $a = 4$
또 $f(1) = -1 + a + 4 = -1 + 4 + 4 = 7$이므로
$1 + b = 7$에서 $b = 6$
따라서 $a + b = 4 + 6 = 10$

답 ④

09

$x>0$에서 함수 $y=2\cos\pi x$의 그래프와 x축이 만나는 점의 x좌표는
$2\cos\pi x=0$을 만족시키고, 두 점 Q, R의 x좌표는 각각 이 방정식의
양의 실근 중 가장 작은 값과 두 번째로 작은 값이므로

$\pi x=\dfrac{\pi}{2}$ 또는 $\pi x=\dfrac{3}{2}\pi$에서 $x=\dfrac{1}{2}$ 또는 $x=\dfrac{3}{2}$

그러므로 $Q\left(\dfrac{1}{2},\,0\right)$, $R\left(\dfrac{3}{2},\,0\right)$

$x>0$에서 두 함수 $y=3\tan\pi x$, $y=2\cos\pi x$의 그래프가 만나는 점
의 x좌표는 $3\tan\pi x=2\cos\pi x$를 만족시키고, 점 P의 x좌표는 이
방정식의 양의 실근 중 최솟값이다.

$3\tan\pi x=2\cos\pi x$에서 $3\times\dfrac{\sin\pi x}{\cos\pi x}=2\cos\pi x$

$3\sin\pi x=2\cos^2\pi x$, $3\sin\pi x=2(1-\sin^2\pi x)$

$2\sin^2\pi x+3\sin\pi x-2=0$, $(2\sin\pi x-1)(\sin\pi x+2)=0$

$\sin\pi x+2>0$이므로 $\sin\pi x=\dfrac{1}{2}$

점 P의 x좌표는 이 방정식의 양의 실근 중 최솟값이므로

$\pi x=\dfrac{\pi}{6}$에서 $x=\dfrac{1}{6}$

$x=\dfrac{1}{6}$을 $y=3\tan\pi x$에 대입하면 $y=3\tan\dfrac{\pi}{6}=3\times\dfrac{\sqrt{3}}{3}=\sqrt{3}$

이므로 $P\left(\dfrac{1}{6},\,\sqrt{3}\right)$

따라서 삼각형 PQR의 넓이는

$S=\dfrac{1}{2}\times\left(\dfrac{3}{2}-\dfrac{1}{2}\right)\times\sqrt{3}=\dfrac{\sqrt{3}}{2}$

답 ③

10

직선 $y=-ax+4$가 x축과 만나는 점의 좌표는 $\left(\dfrac{4}{a},\,0\right)$이고, y축과
만나는 점의 좌표는 $(0,\,4)$이다.

직선 $y=-ax+4$와 x축, y축으로 둘러싸인 부분은 직각삼각형이고
그 넓이는

$\dfrac{1}{2}\times\dfrac{4}{a}\times4=\dfrac{8}{a}$

즉, $S_1+S_2=\dfrac{8}{a}$ ...... ㉠

직선 $y=-ax+4$와 곡선 $y=\dfrac{a^2}{2}x^2$이 제1사분면에서 만나는 점을 P
라 하면

$\dfrac{a^2}{2}x^2=-ax+4$에서 $a^2x^2+2ax-8=0$, $(ax+4)(ax-2)=0$

$x>0$이고 a는 양수이므로 $x=\dfrac{2}{a}$이고

$y=-a\times\dfrac{2}{a}+4=2$이므로 점 P의 좌표는 $\left(\dfrac{2}{a},\,2\right)$이다.

그러므로

$S_1=\displaystyle\int_0^{\frac{2}{a}}\dfrac{a^2}{2}x^2dx+\dfrac{1}{2}\times\left(\dfrac{4}{a}-\dfrac{2}{a}\right)\times2$

$=\left[\dfrac{a^2}{6}x^3\right]_0^{\frac{2}{a}}+\dfrac{2}{a}$

$=\dfrac{4}{3a}+\dfrac{2}{a}=\dfrac{10}{3a}$ ...... ㉡

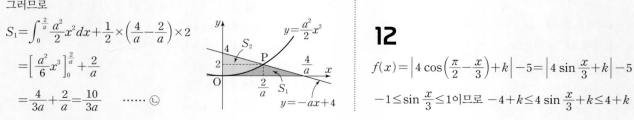

㉡을 ㉠에 대입하면

$\dfrac{10}{3a}+S_2=\dfrac{8}{a}$, $S_2=\dfrac{8}{a}-\dfrac{10}{3a}=\dfrac{14}{3a}$

따라서 $S_2-S_1=\dfrac{14}{3a}-\dfrac{10}{3a}=\dfrac{4}{3a}$이므로

$\dfrac{4}{3a}=\dfrac{14}{3}$에서 $a=\dfrac{2}{7}$

답 ②

11

선분 AB가 지름이고 $\overline{AC}=\overline{BC}$이므로 삼각형 ACB는 $\angle ACB=90°$
인 직각이등변삼각형이고
$\overline{AB}=4$에서 $\overline{AC}=\overline{BC}=2\sqrt{2}$

원주각의 성질에 의하여 $\angle ADC=\angle ABC=\dfrac{\pi}{4}$이고

$\angle BDA=\dfrac{\pi}{2}$이므로 $\angle BDC=\dfrac{\pi}{4}$

$\overline{BD}=x$라 하면 삼각형 CBD에서 코사인법칙에 의하여
$\overline{BC}^2=\overline{BD}^2+\overline{CD}^2-2\times\overline{BD}\times\overline{CD}\times\cos(\angle BDC)$이므로

$(2\sqrt{2})^2=x^2+3^2-2\times x\times3\times\cos\dfrac{\pi}{4}$, $x^2-3\sqrt{2}x+1=0$

$\overline{BD}<\overline{BC}$에서 $0<x<2\sqrt{2}$이므로

$x=\dfrac{3\sqrt{2}-\sqrt{(3\sqrt{2})^2-4}}{2}=\dfrac{3\sqrt{2}-\sqrt{14}}{2}$

답 ①

다른 풀이

선분 AB가 지름이고 $\overline{AC}=\overline{BC}$이므로 삼각형 ACB는 $\angle ACB=90°$
인 직각이등변삼각형이고
$\overline{AB}=4$에서 $\overline{AC}=\overline{BC}=2\sqrt{2}$

삼각형 CBD의 외접원의 반지름의 길이가 2이므로 사인법칙에 의하여

$\dfrac{\overline{CD}}{\sin(\angle CBD)}=2\times2$

$\dfrac{3}{\sin(\angle CBD)}=4$, $\sin(\angle CBD)=\dfrac{3}{4}$

$\overline{AD}>\overline{BD}$에서 $\angle ABD>\dfrac{\pi}{4}$이고 직각삼각형 ABC에서

$\angle CBA=\dfrac{\pi}{4}$이므로 $\angle CBD>\dfrac{\pi}{2}$

$\cos(\angle CBD)<0$이므로

$\cos(\angle CBD)=-\sqrt{1-\sin^2(\angle CBD)}=-\sqrt{1-\left(\dfrac{3}{4}\right)^2}=-\dfrac{\sqrt{7}}{4}$

$\overline{BD}=x$라 하면 삼각형 CBD에서 코사인법칙에 의하여
$\overline{CD}^2=\overline{BC}^2+\overline{BD}^2-2\times\overline{BC}\times\overline{BD}\times\cos(\angle CBD)$이므로

$3^2=(2\sqrt{2})^2+x^2-2\times2\sqrt{2}\times x\times\left(-\dfrac{\sqrt{7}}{4}\right)$, $x^2+\sqrt{14}x-1=0$

$x>0$이므로 $x=\dfrac{-\sqrt{14}+\sqrt{14+4}}{2}=\dfrac{3\sqrt{2}-\sqrt{14}}{2}$

12

$f(x)=\left|4\cos\left(\dfrac{\pi}{2}-\dfrac{x}{3}\right)+k\right|-5=\left|4\sin\dfrac{x}{3}+k\right|-5$

$-1\leq\sin\dfrac{x}{3}\leq1$이므로 $-4+k\leq4\sin\dfrac{x}{3}+k\leq4+k$

$(4+k)-(-4+k)=8$이고 $M-m=7$이므로

$-4+k<0$, $4+k>0$

즉, $-4<k<4$

이때 함수 $f(x)=\left|4\sin\dfrac{x}{3}+k\right|-5$의 최댓값 M은

$-(-4+k)-5=-k-1$ 또는 $(4+k)-5=k-1$이고,

최솟값 m은 -5이다.

$M-m=7$에서

(i) $M=-k-1$일 때

   $M-m=-k-1-(-5)=7$이므로 $k=-3$

(ii) $M=k-1$일 때

   $M-m=k-1-(-5)=7$이므로 $k=3$

(i), (ii)에 의하여 구하는 모든 실수 k의 값의 곱은 $-3\times3=-9$

답 ③

13

최고차항의 계수가 3인 이차함수 $f(x)$의 그래프는 조건 (가)에 의하여 직선 $x=2$가 대칭축이므로

$f(x)=3(x-2)^2+a$ (a는 상수)로 놓을 수 있다.

$a\geq0$이면 모든 실수 x에 대하여 $f(x)\geq0$이다. 이때 함수 $y=|f(x)|$의 그래프와 함수 $y=f(x)$의 그래프가 일치하므로 조건 (나)를 만족시킬 수 없다.

즉, 함수 $f(x)$가 조건 (나)를 만족시키기 위해서는 $a<0$이어야 하고, 이때 함수 $y=|f(x)|$의 그래프의 개형은 다음 그림과 같다.

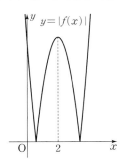

조건 (나)에 의하여 다음 그림과 같이 직선 $y=k$ ($k=1,2,\cdots,6$)은 함수 $y=|f(x)|$의 그래프와 서로 다른 네 점에서 만나야 하고, 함수 $y=|f(x)|$의 그래프와 직선 $y=7$은 서로 다른 세 점 또는 서로 다른 두 점에서 만나야 한다.

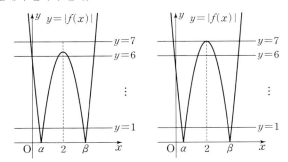

함수 $y=|f(x)|$의 그래프가 x축과 만나는 점의 x좌표를 각각 α, β ($\alpha<\beta$)라 하면

$\alpha<x<\beta$일 때 $|f(x)|=-f(x)$이고 $f(2)=a$이므로

$6<-f(2)\leq7$에서 $-7\leq a<-6$

한편,

$$g(x)=\int_0^x f(t)\,dt=\int_0^x\{3(t-2)^2+a\}\,dt$$

$$=\int_0^x(3t^2-12t+12+a)\,dt=\Big[t^3-6t^2+(a+12)t\Big]_0^x$$

$$=x^3-6x^2+(a+12)x$$

이므로

$$\int_0^4 g(x)\,dx=\int_0^4\{x^3-6x^2+(a+12)x\}\,dx$$

$$=\left[\frac{1}{4}x^4-2x^3+\frac{a+12}{2}x^2\right]_0^4$$

$$=64-128+8(a+12)=8a+32$$

$-7\leq a<-6$이므로 $-24\leq8a+32<-16$

따라서 구하는 최솟값은 -24이다.

답 ③

14

ㄱ. $x\geq0$일 때, $f(x)=-x^2+4x+k=-(x-2)^2+k+4$

   함수 $f(x)$는 $x\geq2$에서 감소하므로 $a\geq2$

   따라서 양수 a의 최솟값은 2이다. (참)

ㄴ. $k=-2$일 때

$$f(x)=\begin{cases}x^2-4x-2 & (x<0)\\ -x^2+4x-2 & (x\geq0)\end{cases}$$ 이고 $f(0)=-2$, $f(2)=2$

   이므로 함수 $y=|f(x)|$의 그래프는 그림과 같다.

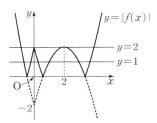

   따라서 함수 $y=|f(x)|$의 그래프와 직선 $y=1$이 만나는 점의 개수가 6이므로 $g(1)=6$ (참)

ㄷ. $-4<k<0$일 때, k의 값의 범위에 따라 함수 $y=|f(x)|$의 그래프를 그리고, 함수 $g(t)$와 $g(b)$의 값을 구해 보자.

   (i) $-2<k<0$일 때

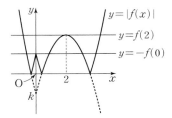

   함수 $g(t)$는 다음과 같다.

$$g(t)=\begin{cases}0 & (t<0)\\ 3 & (t=0)\\ 6 & (0<t<-f(0))\\ 5 & (t=-f(0))\\ 4 & (-f(0)<t<f(2))\\ 3 & (t=f(2))\\ 2 & (t>f(2))\end{cases}$$

이때 $\displaystyle\lim_{t\to b-} g(t) > \lim_{t\to b+} g(t)$를 만족시키는 b의 값은
$-f(0)$, $f(2)$이므로
$g(b)=g(-f(0))=5$ 또는 $g(b)=g(f(2))=3$
(ii) $k=-2$일 때

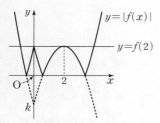

따라서 함수 $g(t)$는 다음과 같다.
$$g(t)=\begin{cases} 0\ (t<0) \\ 3\ (t=0) \\ 6\ (0<t<f(2)) \\ 4\ (t=f(2)) \\ 2\ (t>f(2)) \end{cases}$$
이때 $\displaystyle\lim_{t\to b-} g(t) > \lim_{t\to b+} g(t)$를 만족시키는 b의 값은 $f(2)$이므로
$g(b)=g(f(2))=4$
(iii) $-4<k<-2$일 때

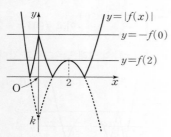

따라서 함수 $g(t)$는 다음과 같다.
$$g(t)=\begin{cases} 0\ (t<0) \\ 3\ (t=0) \\ 6\ (0<t<f(2)) \\ 5\ (t=f(2)) \\ 4\ (f(2)<t<-f(0)) \\ 3\ (t=-f(0)) \\ 2\ (t>-f(0)) \end{cases}$$
이때 $\displaystyle\lim_{t\to b-} g(t) > \lim_{t\to b+} g(t)$를 만족시키는 b의 값은
$-f(0)$, $f(2)$이므로
$g(b)=g(-f(0))=3$ 또는 $g(b)=g(f(2))=5$
(i), (ii), (iii)에 의하여 모든 $g(b)$의 값의 합은 $3+4+5=12$ (거짓)
이상에서 옳은 것은 ㄱ, ㄴ이다.

답 ②

15

조건 (가)에서 수열 $\{a_n\}$은 등비수열이고 첫째항이 2이므로 공비를
$r\ (r\neq 0)$이라 하면
$a_n=2r^{n-1}$
조건 (나)의 $\displaystyle\sum_{k=1}^{n} \dfrac{a_{k+1}b_k}{4^k}=2^n+n(n+1)$에 $n=1$을 대입하면

$\dfrac{a_2 b_1}{4}=\dfrac{2r\times 2}{4}=2+1\times 2=4$이므로 $r=4$

$a_n=2\times 4^{n-1}$이므로
$a_5=2\times 4^4=2^9=512$
한편, $\dfrac{a_{k+1}b_k}{4^k}=\dfrac{2\times 4^k\times b_k}{4^k}=2b_k$이므로
$\displaystyle\sum_{k=1}^{n}\dfrac{a_{k+1}b_k}{4^k}=2\sum_{k=1}^{n}b_k=2^n+n(n+1)$
즉, $\displaystyle\sum_{k=1}^{n}b_k=2^{n-1}+\dfrac{n(n+1)}{2}$이므로
$b_{10}=\displaystyle\sum_{k=1}^{10}b_k-\sum_{k=1}^{9}b_k=\left(2^9+\dfrac{10\times 11}{2}\right)-\left(2^8+\dfrac{9\times 10}{2}\right)$
$\qquad =2^8\times(2-1)+55-45=266$
따라서 $a_5+b_{10}=512+266=778$

답 ④

16

$2^{x+2}-24=2^x$에서
$4\times 2^x-2^x=24$, $3\times 2^x=24$, $2^x=8=2^3$
따라서 $x=3$

답 3

17

$f(x)=\displaystyle\int f'(x)\,dx=\int(3x^2+4x+1)\,dx$
$\qquad =x^3+2x^2+x+C$ (단, C는 적분상수)
$f(0)=1$에서 $C=1$
따라서 $f(x)=x^3+2x^2+x+1$이므로
$\displaystyle\int_{-3}^{3}f(x)\,dx=\int_{-3}^{3}(x^3+2x^2+x+1)\,dx=2\int_{0}^{3}(2x^2+1)\,dx$
$\qquad =2\left[\dfrac{2}{3}x^3+x\right]_0^3=2\times(18+3)=42$

답 42

18

$\displaystyle\sum_{n=1}^{4}(a_n+b_n)=36$ ······ ㉠
$\displaystyle\sum_{n=1}^{4}(a_n-b_n)=14$ ······ ㉡
㉠$+$㉡을 하면
$\displaystyle\sum_{n=1}^{4}\{(a_n+b_n)+(a_n-b_n)\}=\sum_{n=1}^{4}2a_n=50$이므로 $\displaystyle\sum_{n=1}^{4}a_n=25$
㉠$-$㉡을 하면
$\displaystyle\sum_{n=1}^{4}\{(a_n+b_n)-(a_n-b_n)\}=\sum_{n=1}^{4}2b_n=22$이므로 $\displaystyle\sum_{n=1}^{4}b_n=11$
따라서 $\displaystyle\sum_{n=1}^{4}(2a_n+b_n)=2\times\sum_{n=1}^{4}a_n+\sum_{n=1}^{4}b_n=2\times 25+11=61$

답 61

19

$y=x^3-3x^2$에서 $y'=3x^2-6x$
곡선 $y=x^3-3x^2$ 위의 점 $(t,\ t^3-3t^2)$에서의 접선의 방정식은
$y-(t^3-3t^2)=(3t^2-6t)(x-t)$

이 직선이 점 $(-2, k)$를 지나므로

$k-(t^3-3t^2)=(3t^2-6t)(-2-t)$

$2t^3+3t^2-12t+k=0$ $\cdots\cdots$ ㉠

$g(t)=2t^3+3t^2-12t+k$라 하면

$g'(t)=6t^2+6t-12=6(t+2)(t-1)$

$g'(t)=0$에서 $t=-2$ 또는 $t=1$

함수 $g(t)$의 증가와 감소를 표로 나타내면 다음과 같다.

t	$\cdots$	-2	$\cdots$	1	$\cdots$
$g'(t)$	$+$	0	$-$	0	$+$
$g(t)$	↗	극대	↘	극소	↗

$g(-2)=-16+12+24+k=k+20$

$g(1)=2+3-12+k=k-7$

함수 $g(t)$가 삼차함수이므로 구하는 접선의 개수는 방정식 ㉠의 서로 다른 실근의 개수와 같다.

(ⅰ) 서로 다른 세 실근을 갖는 경우

$k+20>0$, $k-7<0$에서 $-20<k<7$

(ⅱ) 서로 다른 두 실근을 갖는 경우

$k=-20$ 또는 $k=7$

(ⅲ) 한 실근을 갖는 경우

$k<-20$ 또는 $k>7$

따라서 자연수 k에 대하여

$\sum_{k=1}^{20} f(k) = \sum_{k=1}^{6} f(k) + f(7) + \sum_{k=8}^{20} f(k)$

$= 6 \times 3 + 2 + (20-8+1) \times 1 = 33$

답 33

20

두 점 P, Q의 가속도는 각각

$v_1'(t)=4t+2$, $v_2'(t)=2t-2$

시각 $t=k$일 때 점 P의 가속도가 점 Q의 가속도의 3배이므로

$4k+2=3(2k-2)$에서 $2k=8$, $k=4$

즉, $t=4$일 때 점 P의 가속도가 점 Q의 가속도의 3배이다.

$v_1(t)=2t^2+2t=2t(t+1)$이고,

$t\geq0$에서 $v_1(t)\geq0$이므로

점 P가 시각 $t=0$에서 $t=4$까지 움직인 거리는

$\int_0^4 |v_1(t)|\, dt = \int_0^4 v_1(t)\, dt = \int_0^4 (2t^2+2t)\, dt$

$= \left[\frac{2}{3}t^3+t^2\right]_0^4 = \frac{128}{3}+16 = \frac{176}{3}$

한편, $v_2(t)=t^2-2t=t(t-2)$이고,

$0\leq t\leq 2$에서 $v_2(t)\leq0$, $2\leq t\leq4$에서 $v_2(t)\geq0$이므로

점 Q가 시각 $t=0$에서 $t=4$까지 움직인 거리는

$\int_0^4 |v_2(t)|\, dt = \int_0^2 \{-v_2(t)\}\, dt + \int_2^4 v_2(t)\, dt$

$= \int_0^2 (-t^2+2t)\, dt + \int_2^4 (t^2-2t)\, dt$

$= \left[-\frac{1}{3}t^3+t^2\right]_0^2 + \left[\frac{1}{3}t^3-t^2\right]_2^4$

$= \left(-\frac{8}{3}+4\right) + \left\{\left(\frac{64}{3}-16\right) - \left(\frac{8}{3}-4\right)\right\} = 8$

따라서 두 점 P, Q가 움직인 거리의 차는

$a = \frac{176}{3} - 8 = \frac{152}{3}$이므로 $3a = 152$

답 152

21

10보다 작은 두 자연수 k, m에 대하여 $f(x)=|2^x-k|+m$에서 함수 $y=f(x)$의 그래프는 그림과 같다.

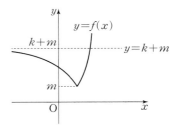

$g(x) = \left(\log_2 \frac{x}{4}\right)^2 + 2\log_4 x - 2 = (\log_2 x - \log_2 4)^2 + \log_2 x - 2$

$\quad = (\log_2 x - 2)^2 + \log_2 x - 2 = (\log_2 x)^2 - 3\log_2 x + 2$

$\quad = (\log_2 x - 1)(\log_2 x - 2)$

방정식 $(g \circ f)(x) = g(f(x)) = 0$에서

$\log_2 f(x) = 1$ 또는 $\log_2 f(x) = 2$

$f(x) = 2$ 또는 $f(x) = 2^2 = 4$

(ⅰ) x에 대한 방정식 $(g \circ f)(x) = 0$이 1개의 실근을 가지려면 함수 $y=f(x)$의 그래프가 직선 $y=2$ 또는 직선 $y=4$와 만나는 점이 1개가 되어야 한다.

그런데 직선 $y=2$가 함수 $y=f(x)$의 그래프와 만나면 직선 $y=4$도 함수 $y=f(x)$의 그래프와 만나므로 방정식 $(g \circ f)(x) = 0$은 2개 이상의 실근을 갖는다.

즉, 방정식 $(g \circ f)(x) = 0$이 1개의 실근을 가지려면 $m=4$이거나 $m>2$이고 $k+m\leq4$이어야 한다.

① $m=4$인 경우

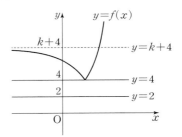

순서쌍 (k, m)은 $(1, 4)$, $(2, 4)$, $(3, 4)$, $\cdots$, $(9, 4)$이고, 그 개수는 9이다.

② $m>2$이고 $k+m\leq4$인 경우

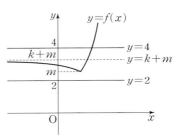

순서쌍 (k, m)은 $(1, 3)$이고, 그 개수는 1이다.

①, ②에서 구하는 순서쌍 (k, m)의 개수는 $9+1=10$이므로
$a_1=10$

(ii) x에 대한 방정식 $(g \circ f)(x)=0$이 3개의 실근을 가지려면 함수 $y=f(x)$의 그래프가 직선 $y=2$ 또는 $y=4$와 만나는 점이 3개가 되어야 한다.

① $m=2$일 때
직선 $y=2$와 함수 $y=f(x)$의 그래프는 한 점에서만 만난다.

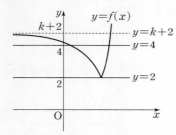

함수 $y=f(x)$의 그래프와 직선 $y=4$가 서로 다른 두 점에서 만나야 하므로
$k+2>4$에서 $k>2$
따라서 순서쌍 (k, m)은 $(3, 2)$, $(4, 2)$, $(5, 2)$, $\cdots$, $(9, 2)$이고, 그 개수는 7이다.

② $m \neq 2$일 때
조건을 만족시키려면 함수 $y=f(x)$의 그래프와 직선 $y=2$가 서로 다른 두 점에서 만나고, 함수 $y=f(x)$의 그래프와 직선 $y=4$는 한 점에서만 만나야 하므로 함수 $y=f(x)$의 그래프는 다음과 같다.

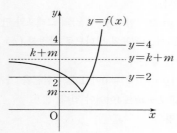

이때 $m<2$, $2<k+m \leq 4$이므로
$m=1$, $1<k \leq 3$
따라서 순서쌍 (k, m)은 $(2, 1)$, $(3, 1)$이고, 그 개수는 2이다.
①, ②에서 구하는 순서쌍 (k, m)의 개수는 $7+2=9$이므로
$a_3=9$
(i), (ii)에서 $a_1+a_3=10+9=19$

🅐 **19**

참고

(i)에서 순서쌍 (k, m)이 $(1, 4)$, $(1, 3)$인 경우 함수 $y=f(x)$의 그래프는 다음과 같다.

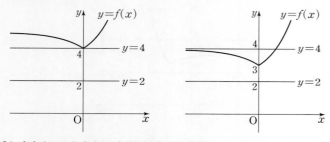

[순서쌍 (k, m)이 $(1, 4)$인 경우] [순서쌍 (k, m)이 $(1, 3)$인 경우]

22

$f(x)=ax^4+bx^3+cx^2+dx+e$ (a, b, c, d, e는 상수, $a \neq 0$)이라 하면 조건 (가)에서 $\lim\limits_{x \to \infty} \dfrac{f(x)}{x^4}=\dfrac{1}{2}$이므로 $a=\dfrac{1}{2}$

$\lim\limits_{x \to 0} \dfrac{f(x)}{2x^2}=\dfrac{1}{2}$에서 $x \to 0$일 때 (분모)$\to 0$이고 극한값이 존재하므로 (분자)$\to 0$이어야 한다.

즉, $\lim\limits_{x \to 0} f(x)=f(0)=0$이므로 $e=0$

$\lim\limits_{x \to 0} \dfrac{f(x)}{2x^2}=\lim\limits_{x \to 0} \dfrac{\frac{1}{2}x^4+bx^3+cx^2+dx}{2x^2}$

$=\dfrac{1}{2} \times \lim\limits_{x \to 0} \left(\dfrac{1}{2}x^2+bx+c+\dfrac{d}{x}\right)=\dfrac{1}{2}$

이므로 $c=1$, $d=0$

그러므로 $f(x)=\dfrac{1}{2}x^4+bx^3+x^2$이다.

조건 (나)에서 $0<x_1<x_2$인 임의의 두 실수 x_1, x_2에 대하여 $f(x_1)+x_1^2<f(x_2)+x_2^2$이므로 $g(x)=f(x)+x^2$이라 하면 함수 $g(x)$는 열린구간 $(0, \infty)$에서 증가하는 함수이다.

함수 $g(x)$가 열린구간 $(0, \infty)$에서 증가하기 위한 필요조건은 $x>0$일 때 $g'(x) \geq 0$이다.

$g'(x)=f'(x)+2x=2x^3+3bx^2+2x+2x=x(2x^2+3bx+4)$

에서 $x>0$이므로 $2x^2+3bx+4 \geq 0$

$h(x)=2x^2+3bx+4$라 하면 $x>0$일 때 이차부등식 $h(x) \geq 0$이 성립하기 위해서는 $x>0$일 때 이차함수 $y=h(x)$의 그래프가 x축과 접하거나 x축보다 위쪽에 있어야 한다.

(i) $b>0$일 때
이차함수 $y=h(x)$의 그래프의 축의 방정식은 $x=-\dfrac{3}{4}b<0$이고 $h(0)=4>0$이므로 $x>0$일 때 $h(x)>0$이 성립한다.

(ii) $b<0$일 때
이차함수 $y=h(x)$의 그래프의 축의 방정식은 $x=-\dfrac{3}{4}b>0$이므로 $x>0$일 때 함수 $h(x)$의 최솟값이 0보다 크거나 같아야 한다.
즉, $h\left(-\dfrac{3}{4}b\right)=4-\dfrac{9}{8}b^2 \geq 0$에서 $b^2 \leq \dfrac{32}{9}$이므로 $-\dfrac{4\sqrt{2}}{3} \leq b<0$

이때 $-\dfrac{4\sqrt{2}}{3}<b<0$이면 함수 $h(x)$의 최솟값이 0보다 크므로 $x>0$일 때 $h(x)>0$이다. 또한 $b=-\dfrac{4\sqrt{2}}{3}$이면 $x=\sqrt{2}$에서만 $h(x)=0$이고, $x=\sqrt{2}$를 제외한 모든 실수 x에서 $h(x)>0$이다.

(iii) $b=0$일 때
$h(x)=2x^2+4$이므로 $x>0$일 때 $h(x)>0$이 성립한다.

(i), (ii), (iii)에 의하여 $b=-\dfrac{4\sqrt{2}}{3}$일 때 $x=\sqrt{2}$에서만 $g'(x)=0$이고 $x=\sqrt{2}$를 제외한 모든 양의 실수 x에서 $g'(x)>0$이므로 $x>0$일 때 함수 $g(x)$가 증가한다. 그러므로 함수 $g(x)$가 $x>0$일 때 증가하기 위한 필요충분조건은 $b \geq -\dfrac{4\sqrt{2}}{3}$이다.

$f(\sqrt{2})=4+2\sqrt{2}b \geq 4+2\sqrt{2} \times \left(-\dfrac{4\sqrt{2}}{3}\right)=-\dfrac{4}{3}$

따라서 $f(\sqrt{2})$의 최솟값은 $m=-\dfrac{4}{3}$이므로 $9m^2=9 \times \left(-\dfrac{4}{3}\right)^2=16$

🅐 **16**

23

$$\lim_{x \to 0} \frac{e^{2x}-1}{x^2+x} = \lim_{x \to 0}\left\{\frac{e^{2x}-1}{2x} \times \frac{2x}{x(x+1)}\right\}$$
$$= \lim_{x \to 0}\left(\frac{e^{2x}-1}{2x} \times \frac{2}{x+1}\right)$$
$$= 1 \times \frac{2}{1} = 2$$

目 ②

24

$f(x) = \int_0^x (t-2)e^t\,dt$의 양변을 미분하면

$f'(x) = (x-2)e^x$

$f'(x) = 0$에서 $x = 2$

함수 $f(x)$의 증가와 감소를 표로 나타내면 다음과 같다.

x	$\cdots$	2	$\cdots$
$f'(x)$	$-$	0	$+$
$f(x)$	$\searrow$	극소	$\nearrow$

이때 함수 $f(x)$의 극솟값은

$$f(2) = \int_0^2 (t-2)e^t\,dt$$

$u(t) = t-2$, $v'(t) = e^t$으로 놓으면

$u'(t) = 1$, $v(t) = e^t$이므로

$$f(2) = \int_0^2 (t-2)e^t\,dt$$
$$= \left[(t-2)e^t\right]_0^2 - \int_0^2 e^t\,dt$$
$$= 0 - (-2) - \left[e^t\right]_0^2$$
$$= 2 - (e^2-1) = -e^2+3$$

目 ④

25

등비수열 $\{a_n\}$의 첫째항을 a $(a \neq 0)$이라 하면

$a_n = ar^{n-1}$

$r \neq 1$이므로 등비수열 $\{a_n\}$의 첫째항부터 제n항까지의 합 S_n은

$$S_n = \frac{a(1-r^n)}{1-r}$$

$$\lim_{n \to \infty} \frac{S_n}{a_n} = \lim_{n \to \infty} \frac{\dfrac{a(1-r^n)}{1-r}}{ar^{n-1}}$$
$$= \lim_{n \to \infty} \frac{a(1-r^n)}{ar^{n-1}(1-r)} = \lim_{n \to \infty} \frac{1-r^n}{r^{n-1}-r^n}$$
$$= \lim_{n \to \infty} \frac{\dfrac{1}{r^n}-1}{\dfrac{1}{r}-1} = \frac{-1}{\dfrac{1}{r}-1} = 3$$

에서 $\dfrac{1}{r}-1 = -\dfrac{1}{3}$, $\dfrac{1}{r} = \dfrac{2}{3}$

따라서 $r = \dfrac{3}{2}$

目 ④

26

$$\lim_{n \to \infty} \frac{1}{n} \sum_{k=1}^{n} \sqrt{\frac{2n}{3n+k}}$$
$$= \lim_{n \to \infty} \frac{1}{n} \sum_{k=1}^{n} \sqrt{\frac{2}{3+\dfrac{k}{n}}}$$
$$= \int_0^1 \sqrt{\frac{2}{3+x}}\,dx$$
$$= \sqrt{2} \int_0^1 (x+3)^{-\frac{1}{2}}\,dx$$
$$= 2\sqrt{2}\left[(x+3)^{\frac{1}{2}}\right]_0^1$$
$$= 4\sqrt{2} - 2\sqrt{6}$$

目 ③

다른 풀이

$$\lim_{n \to \infty} \frac{1}{n} \sum_{k=1}^{n} \sqrt{\frac{2n}{3n+k}}$$
$$= \lim_{n \to \infty} \frac{1}{n} \sum_{k=1}^{n} \sqrt{\frac{2}{3+\dfrac{k}{n}}}$$
$$= \int_3^4 \sqrt{\frac{2}{x}}\,dx$$
$$= \sqrt{2} \int_3^4 x^{-\frac{1}{2}}\,dx$$
$$= 2\sqrt{2}\left[x^{\frac{1}{2}}\right]_3^4$$
$$= 4\sqrt{2} - 2\sqrt{6}$$

27

그림 R_1에서 사분면의 반지름의 길이는 정사각형 $A_1B_1C_1D_1$의 한 변의 길이의 $\dfrac{1}{4}$이므로 사분원의 반지름의 길이는 1이다.

그러므로 색칠한 네 개의 사분원의 넓이의 합은

$$S_1 = \pi \times 1^2 \times \frac{1}{4} \times 4 = \pi$$

한편, 그림에서 정사각형 $A_nB_nC_nD_n$의 대각선의 길이를 l_n이라 하고 정사각형 $A_{n+1}B_{n+1}C_{n+1}D_{n+1}$의 대각선의 길이를 l_{n+1}이라 하면 정사각형 $A_nB_nC_nD_n$의 한 변의 길이는 $\dfrac{1}{\sqrt{2}}l_n$이고 사분원의 반지름의 길이는

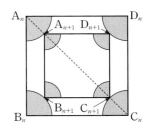

$\dfrac{1}{\sqrt{2}}l_n \times \dfrac{1}{4} = \dfrac{1}{4\sqrt{2}}l_n$이므로

$$l_{n+1} = l_n - 2 \times \frac{1}{4\sqrt{2}}l_n = \left(1 - \frac{\sqrt{2}}{4}\right)l_n$$

즉, 두 정사각형 $A_nB_nC_nD_n$, $A_{n+1}B_{n+1}C_{n+1}D_{n+1}$의 닮음비는

$1 : \left(1 - \dfrac{\sqrt{2}}{4}\right)$이므로 넓이의 비는 $1 : \left(1 - \dfrac{\sqrt{2}}{4}\right)^2$, 즉 $1 : \left(\dfrac{9}{8} - \dfrac{\sqrt{2}}{2}\right)$이다.

따라서 S_n은 첫째항이 π이고 공비가 $\dfrac{9}{8} - \dfrac{\sqrt{2}}{2}$인 등비수열의 첫째항부터 제$n$항까지의 합과 같으므로

$$\lim_{n \to \infty} S_n = \frac{\pi}{1 - \left(\frac{9}{8} - \frac{\sqrt{2}}{2}\right)} = \frac{\pi}{\frac{\sqrt{2}}{2} - \frac{1}{8}}$$
$$= \frac{8}{4\sqrt{2} - 1}\pi = \frac{32\sqrt{2} + 8}{31}\pi$$

답 ③

28

삼각형 ABE에서 $\angle AEB = \frac{2}{3}\pi - \theta$이므로 사인법칙에 의하여

$$\frac{\overline{AB}}{\sin\left(\frac{2}{3}\pi - \theta\right)} = \frac{\overline{AE}}{\sin\frac{\pi}{3}}$$

$$\overline{AE} = \frac{\overline{AB} \times \sin\frac{\pi}{3}}{\sin\left(\frac{2}{3}\pi - \theta\right)} = \frac{1 \times \frac{\sqrt{3}}{2}}{\sin\left(\frac{2}{3}\pi - \theta\right)} = \frac{\sqrt{3}}{2\sin\left(\frac{2}{3}\pi - \theta\right)}$$

부채꼴 EFG의 넓이는

$$S(\theta) = \frac{1}{2} \times (\overline{AE}\sin\theta)^2 \times \frac{\pi}{6} = \left\{\frac{\sqrt{3}\sin\theta}{2\sin\left(\frac{2}{3}\pi - \theta\right)}\right\}^2 \times \frac{\pi}{12}$$

부채꼴 ABD의 넓이는

$$T(\theta) = \frac{1}{2} \times \overline{AB}^2 \times \theta = \frac{1}{2}\theta$$

따라서

$$\lim_{\theta \to 0+} \frac{S(\theta)}{\{T(\theta)\}^2} = \lim_{\theta \to 0+} \frac{\left\{\dfrac{\sqrt{3}\sin\theta}{2\sin\left(\frac{2}{3}\pi - \theta\right)}\right\}^2 \times \dfrac{\pi}{12}}{\dfrac{1}{4}\theta^2}$$

$$= \lim_{\theta \to 0+} \left\{\frac{\sin\theta}{\theta} \times \frac{\sqrt{3}}{2\sin\left(\frac{2}{3}\pi - \theta\right)}\right\}^2 \times \frac{\pi}{3}$$

$$= \left(1 \times \frac{\sqrt{3}}{2 \times \frac{\sqrt{3}}{2}}\right)^2 \times \frac{\pi}{3} = \frac{\pi}{3}$$

답 ③

29

$G'(x) = g(x)$라 할 때,

$\int_{f(1)}^{f(x)} g(t)\,dt = G(f(x)) - G(f(1))$이므로

조건 (가)에서 주어진 식의 양변을 x에 대하여 미분하면

$$G'(f(x))f'(x) = g(f(x))f'(x) = a + \frac{1}{x}$$

함수 $g(x)$는 함수 $f(x)$의 역함수이므로 $g(f(x)) = x$

그러므로 $xf'(x) = a + \frac{1}{x}$ ······ ㉠

또 $x > 0$이므로 ㉠의 양변을 x로 나누면

$$f'(x) = \frac{a}{x} + \frac{1}{x^2}$$

$f(4) - f(2) = \int_2^4 f'(x)\,dx$이고,

$$\int_2^4 f'(x)\,dx = \int_2^4 \left(\frac{a}{x} + \frac{1}{x^2}\right)dx = \left[a\ln x - \frac{1}{x}\right]_2^4$$

$$= \left(a\ln 4 - \frac{1}{4}\right) - \left(a\ln 2 - \frac{1}{2}\right) = a\ln 2 + \frac{1}{4}$$

조건 (나)에 의하여

$a\ln 2 + \frac{1}{4} = \frac{1}{4} + 3\ln 2$이므로 $a = 3$

한편, $f(x) = \int\left(\frac{3}{x} + \frac{1}{x^2}\right)dx = 3\ln x - \frac{1}{x} + C$ (단, C는 적분상수)

이므로 $f(1) = -1 + C = 2$에서 $C = 3$

즉, $f(x) = 3\ln x - \frac{1}{x} + 3$에서

$$f(3) = 3\ln 3 - \frac{1}{3} + 3 = \frac{8 + 9\ln 3}{3}$$

따라서 $p = 8$, $q = 9$이므로

$p + q = 8 + 9 = 17$

답 17

30

$f(x) = \sqrt{2}\cos x \times e^{\sqrt{2}\sin x}$에서

$$f'(x) = -\sqrt{2}\sin x \times e^{\sqrt{2}\sin x} + (\sqrt{2}\cos x)^2 \times e^{\sqrt{2}\sin x}$$

$$= \sqrt{2}e^{\sqrt{2}\sin x}(\sqrt{2}\cos^2 x - \sin x)$$

$$= \sqrt{2}e^{\sqrt{2}\sin x}\{\sqrt{2}(1 - \sin^2 x) - \sin x\}$$

$$= -\sqrt{2}e^{\sqrt{2}\sin x}(\sin x + \sqrt{2})(\sqrt{2}\sin x - 1)$$

$f'(x) = 0$에서 $\sin x = \frac{1}{\sqrt{2}} = \frac{\sqrt{2}}{2}$이므로

$0 \le x < 2\pi$에서 $x = \frac{\pi}{4}$ 또는 $x = \frac{3}{4}\pi$

$0 \le x < 2\pi$에서 함수 $f(x)$의 증가와 감소를 표로 나타내면 다음과 같다.

x	0	$\cdots$	$\frac{\pi}{4}$	$\cdots$	$\frac{3}{4}\pi$	$\cdots$	(2π)
$f'(x)$		$+$	0	$-$	0	$+$	
$f(x)$		↗	극대	↘	극소	↗	

$$f(0) = \sqrt{2}\cos 0 \times e^{\sqrt{2}\sin 0} = \sqrt{2} \times 1 = \sqrt{2}$$

$$f\left(\frac{\pi}{4}\right) = \sqrt{2}\cos\frac{\pi}{4} \times e^{\sqrt{2}\sin\frac{\pi}{4}} = 1 \times e = e$$

$$f\left(\frac{3}{4}\pi\right) = \sqrt{2}\cos\frac{3}{4}\pi \times e^{\sqrt{2}\sin\frac{3}{4}\pi} = -1 \times e = -e$$

$$\lim_{x \to 2\pi-} f(x) = \sqrt{2}\cos 2\pi \times e^{\sqrt{2}\sin 2\pi} = \sqrt{2} \times 1 = \sqrt{2}$$

이므로 함수 $y = |f(x)|$의 그래프는 [그림 1]과 같다.

실수 k에 대하여 방정식 $|f(x)| = k$의 서로 다른 실근의 개수는

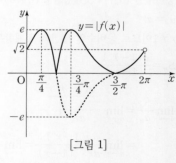

[그림 1]

$$g(k) = \begin{cases} 0 & (k < 0, \ k > e) \\ 2 & (k = 0, \ k = e) \\ 4 & (0 < k < e) \end{cases}$$

이므로 함수 $y = g(k)$의 그래프는 [그림 2]와 같다.

따라서 $A = \{0, 2, 4\}$, $B = \{0, e\}$이므로

$n(A) = 3$, $n(B) = 2$이고

$10 \times n(A) + n(B) = 10 \times 3 + 2 = 32$

답 32

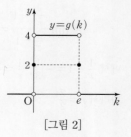

[그림 2]

실전 모의고사 ⑤회   본문 154~165쪽

01 ④	**02** ①	**03** ⑤	**04** ②	**05** ①
06 ③	**07** ④	**08** ③	**09** ⑤	**10** ⑤
11 ①	**12** ⑤	**13** ②	**14** ③	**15** ②
16 2	**17** 25	**18** 100	**19** 8	**20** 24
21 36	**22** 10	**23** ③	**24** ①	**25** ⑤
26 ④	**27** ②	**28** ④	**29** 45	**30** 28

01

$$\sqrt[4]{27} \times \left(\frac{1}{3}\right)^{-\frac{1}{4}} = 3^{\frac{3}{4}} \times 3^{\frac{1}{4}} = 3^{\frac{3}{4}+\frac{1}{4}} = 3$$

답 ④

02

$$\lim_{x \to \infty} \frac{\sqrt{4x^2+x}-\sqrt{x^2+2x}}{3x} = \lim_{x \to \infty} \frac{\sqrt{4+\frac{1}{x}}-\sqrt{1+\frac{2}{x}}}{3} = \frac{2-1}{3} = \frac{1}{3}$$

답 ①

03

등차수열 $\{a_n\}$의 공차를 d라 하면

$a_3=a_5-2d$, $a_7=a_5+2d$이므로 $a_3+a_7=2a_5$

$a_3+a_7=a_5+a_6-2$이므로

$2a_5=a_5+a_6-2$에서 $a_6=a_5+2$

따라서 $d=2$이므로

$a_{20}=3+19\times2=41$

답 ⑤

04

$$f(x)=|x^2-2x|=\begin{cases} x^2-2x & (x \le 0 \text{ 또는 } x \ge 2) \\ -x^2+2x & (0<x<2) \end{cases} \text{이므로}$$

$$\lim_{x \to 0+} \frac{f(x)}{x} \times \lim_{x \to 2+} \frac{f(x)}{x-2} = \lim_{x \to 0+} \frac{-x^2+2x}{x} \times \lim_{x \to 2+} \frac{x^2-2x}{x-2}$$

$$= \lim_{x \to 0+}(-x+2) \times \lim_{x \to 2+} x$$

$$= 2 \times 2 = 4$$

답 ②

05

$$\sin(\pi+\theta)\tan\left(\frac{\pi}{2}+\theta\right) = (-\sin\theta) \times \left(-\frac{1}{\tan\theta}\right)$$

$$= \sin\theta \times \frac{\cos\theta}{\sin\theta} = \cos\theta$$

이므로 $\cos\theta=\frac{5}{13}$

$\frac{3}{2}\pi<\theta<2\pi$일 때, $\sin\theta<0$이므로

$$\sin\theta=-\sqrt{1-\cos^2\theta}=-\sqrt{1-\left(\frac{5}{13}\right)^2}=-\frac{12}{13}$$

답 ①

06

$f(x)=-\frac{1}{3}x^3+x^2+ax+2$에서

$f'(x)=-x^2+2x+a$

함수 $f(x)$가 $x=-1$에서 극소이므로

$f'(-1)=0$에서 $-1-2+a=0$, $a=3$

즉, $f(x)=-\frac{1}{3}x^3+x^2+3x+2$이고

$f'(x)=-x^2+2x+3=-(x+1)(x-3)$

$f'(x)=0$에서 $x=-1$ 또는 $x=3$

함수 $f(x)$의 증가와 감소를 표로 나타내면 다음과 같다.

x	$\cdots$	-1	$\cdots$	3	$\cdots$
$f'(x)$	$-$	0	$+$	0	$-$
$f(x)$	↘	극소	↗	극대	↘

따라서 함수 $f(x)$는 $x=3$에서 극대이므로 극댓값은

$f(3)=-9+9+9+2=11$

답 ③

07

등비수열 $\{a_n\}$의 첫째항을 a, 공비를 r이라 하면

$\sum\limits_{k=1}^{3} a_k=a_1+a_2+a_3=a+ar+ar^2=a(1+r+r^2)$이므로

$a(1+r+r^2)=\frac{7}{2}$ ...... ㉠

$$\sum_{k=1}^{3}(2a_{k+1}-a_k)=\sum_{k=1}^{3}2a_{k+1}-\sum_{k=1}^{3}a_k$$

$$=2\sum_{k=1}^{3}a_{k+1}-\frac{7}{2}=\frac{21}{2}$$

에서 $\sum\limits_{k=1}^{3} a_{k+1}=7$

$\sum\limits_{k=1}^{3} a_{k+1}=a_2+a_3+a_4=ar+ar^2+ar^3=ar(1+r+r^2)$이므로

$ar(1+r+r^2)=7$ ...... ㉡

㉠, ㉡을 연립하여 풀면

$a=\frac{1}{2}$, $r=2$

따라서 $a_6=\frac{1}{2}\times2^5=16$

답 ④

08

점 $(-1, 4)$가 곡선 $y=f(x)$ 위의 점이므로 $f(-1)=4$에서

$1+a+1+4=4$, $a=-2$

즉, $f(x)=x^4-2x^2-x+4$이고, $f'(x)=4x^3-4x-1$

이때 $f'(-1)=-1$이므로 곡선 $y=f(x)$ 위의 점 $(-1, 4)$에서의 접선 l의 방정식은

$y-4=-\{x-(-1)\}$, $y=-x+3$

곡선 $y=f(x)$와 직선 l이 만나는 점의 x좌표는

$x^4-2x^2-x+4=-x+3$에서 $x^4-2x^2+1=0$

$(x+1)^2(x-1)^2=0$, $x=-1$ 또는 $x=1$

이때 $f(1)=2$, $f'(1)=-1$이므로 곡선 $y=f(x)$ 위의 점 $(1, 2)$에서의 접선도 l임을 알 수 있다.

따라서 곡선 $y=f(x)$와 직선 l은 그림과 같으므로 구하는 넓이는

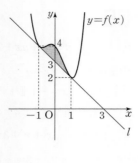

$$\int_{-1}^{1}\{(x^4-2x^2-x+4)-(-x+3)\}\,dx$$

$$=\int_{-1}^{1}(x^4-2x^2+1)\,dx$$

$$=2\int_{0}^{1}(x^4-2x^2+1)\,dx$$

$$=2\left[\frac{1}{5}x^5-\frac{2}{3}x^3+x\right]_{0}^{1}$$

$$=2\times\frac{8}{15}=\frac{16}{15}$$

답 ③

09

함수 $f(x)=a\sin\pi x+b$의 주기는 $\dfrac{2\pi}{\pi}=2$이고 최댓값은 $|a|+b$, 최솟값은 $-|a|+b$이다.

(i) $a>0$인 경우

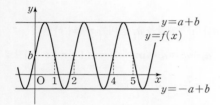

닫힌구간 $[1,\,2]$에서 함수 $f(x)$의 최솟값은 $-a+b$이고,
닫힌구간 $[4,\,5]$에서 함수 $f(x)$의 최댓값은 $a+b$이다.
이때 닫힌구간 $[1,\,2]$에서 함수 $f(x)$의 최솟값과 닫힌구간 $[4,\,5]$에서 함수 $f(x)$의 최댓값이 모두 2이므로

$$-a+b=a+b=2$$

즉, $a=0$이므로 $a>0$이라는 조건을 만족시키지 않는다.

(ii) $a<0$인 경우

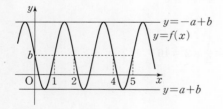

닫힌구간 $[1,\,2]$에서 함수 $f(x)$의 최솟값은 b이고,
닫힌구간 $[4,\,5]$에서 함수 $f(x)$의 최댓값은 b이다.
이때 닫힌구간 $[1,\,2]$에서 함수 $f(x)$의 최솟값과 닫힌구간 $[4,\,5]$에서 함수 $f(x)$의 최댓값이 모두 2이므로

$$b=2$$

(i), (ii)에 의하여 $a<0$, $b=2$
닫힌구간 $\left[\dfrac{1}{3},\,\dfrac{1}{2}\right]$에서 함수 $f(x)=a\sin\pi x+2$는 $x=\dfrac{1}{3}$일 때 최댓값 -1을 가지므로

$$f\left(\frac{1}{3}\right)=a\sin\frac{\pi}{3}+2=\frac{\sqrt{3}}{2}a+2=-1$$

$$a=\frac{2}{\sqrt{3}}\times(-3)=-2\sqrt{3}$$

따라서

$$f\left(\frac{b^4}{a^2}\right)=f\left(\frac{4}{3}\right)=-2\sqrt{3}\sin\frac{4}{3}\pi+2=-2\sqrt{3}\times\left(-\frac{\sqrt{3}}{2}\right)+2=5$$

답 ⑤

10

$f(x)=x^3-3x^2+a\displaystyle\int_{-1}^{2}|f'(t)|\,dt$에서

$\displaystyle\int_{-1}^{2}|f'(t)|\,dt=k$ (k는 상수)로 놓으면

$$f(x)=x^3-3x^2+ak$$

$$f'(x)=3x^2-6x=3x(x-2)$$

$f'(x)=0$에서 $x=0$ 또는 $x=2$

즉, $-1\le x\le0$에서 $f'(x)\ge0$이고, $0\le x\le2$에서 $f'(x)\le0$이므로

$$k=\int_{-1}^{2}|f'(t)|\,dt=\int_{-1}^{0}f'(t)\,dt+\int_{0}^{2}\{-f'(t)\}\,dt$$

$$=\int_{-1}^{0}(3t^2-6t)\,dt+\int_{0}^{2}(-3t^2+6t)\,dt$$

$$=\left[t^3-3t^2\right]_{-1}^{0}+\left[-t^3+3t^2\right]_{0}^{2}=4+4=8$$

즉, $f(x)=x^3-3x^2+8a$이고 함수 $f(x)$의 증가와 감소를 표로 나타내면 다음과 같다.

x	$\cdots$	0	$\cdots$	2	$\cdots$
$f'(x)$	$+$	0	$-$	0	$+$
$f(x)$	↗	극대	↘	극소	↗

함수 $y=f(x)$의 그래프는 그림과 같고, $x\ge0$일 때 함수 $f(x)$는 $x=2$에서 극소인 동시에 최소이므로 $x\ge0$인 모든 실수 x에 대하여 $f(x)\ge0$이 성립하려면 $f(2)\ge0$이어야 한다.

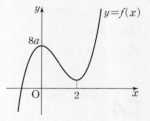

즉, $f(2)=8a-4\ge0$에서 $a\ge\dfrac{1}{2}$

따라서 실수 a의 최솟값은 $\dfrac{1}{2}$이다.

답 ⑤

11

$|x+2|-1=m$에서 $|x+2|=m+1$

$x=m-1$ 또는 $x=-m-3$

$m>1$이므로 $m-1>-m-3$

그러므로 $f(m)=m-1$, $g(m)=-m-3$

$f(m)$의 제곱근 중 음수인 것은 $-\sqrt{f(m)}=-\sqrt{m-1}$

$g(m)$의 세제곱근 중 실수인 것은 $\sqrt[3]{g(m)}=\sqrt[3]{-m-3}$

$f(m)$의 제곱근 중 음수인 것의 값과 $g(m)$의 세제곱근 중 실수인 것의 값이 같으므로

$$-\sqrt{m-1}=\sqrt[3]{-m-3},\ \sqrt{m-1}=\sqrt[3]{m+3}$$

양변을 여섯제곱하면

$$(m-1)^3=(m+3)^2,\ m^3-3m^2+3m-1=m^2+6m+9$$

$$m^3-4m^2-3m-10=0,\ (m-5)(m^2+m+2)=0$$

$m^2+m+2=\left(m+\dfrac{1}{2}\right)^2+\dfrac{7}{4}>0$이므로 $m=5$

따라서 $f(m) \times g(m) = f(5) \times g(5) = 4 \times (-8) = -32$

답 ①

12

$h(t) = f(|t|)$라 하면 모든 실수 t에 대하여 $h(-t) = h(t)$이므로

$$g(x) = \int_{-x}^{x} f(|t|)\,dt = \int_{-x}^{x} h(t)\,dt = 2\int_{0}^{x} h(t)\,dt = 2\int_{0}^{x} f(|t|)\,dt$$

이고, $x > 0$일 때

$$g(x) = 2\int_{0}^{x} f(t)\,dt \qquad \cdots\cdots \ \bigcirc$$

또 모든 실수 x에 대하여

$$g(-x) = \int_{x}^{-x} f(|t|)\,dt = -\int_{-x}^{x} f(|t|)\,dt = -g(x) \qquad \cdots\cdots \ \bigcirc$$

한편, 함수 $f(x)$는 최고차항의 계수가 양수이고 $f(0) = f(1) = 0$인 삼차함수이므로

$$f(x) = ax(x-1)(x-k) \ (a > 0, \ k\text{는 상수})$$

로 놓을 수 있다.

$$g(2) = 2\int_{0}^{2} f(t)\,dt = 2\int_{0}^{2} at(t-1)(t-k)\,dt$$

$$= 2a\int_{0}^{2} \{t^3 - (k+1)t^2 + kt\}\,dt = 2a\left[\frac{1}{4}t^4 - \frac{k+1}{3}t^3 + \frac{k}{2}t^2\right]_{0}^{2}$$

$$= 2a\left\{4 - \frac{8}{3}(k+1) + 2k\right\} = \frac{4}{3}a(2-k)$$

이고 조건 (가)에서 $g(2) = 0$이므로

$\dfrac{4}{3}a(2-k) = 0$에서 $k = 2$

그러므로 $f(x) = ax(x-1)(x-2)$

이때 $f(|x|) = \begin{cases} f(x) & (x \geq 0) \\ f(-x) & (x < 0) \end{cases}$ 이므로 $x \geq 0$에서 함수 $y = f(|x|)$의 그래프는 함수 $y = f(x)$의 그래프와 같고, $x < 0$에서 함수 $y = f(|x|)$의 그래프는 $x \geq 0$에서의 함수 $y = f(x)$의 그래프를 y축에 대하여 대칭이동한 것과 같으므로 $y = f(|x|)$의 그래프는 다음 그림과 같다.

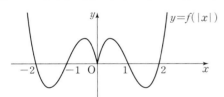

함수 $f(|x|)$가 실수 전체의 집합에서 연속이므로 함수 $g(x)$는 실수 전체의 집합에서 미분가능하다.

그러므로 $x > 0$일 때 $\bigcirc$의 양변을 x에 대하여 미분하면 $g'(x) = 2f(x)$이고, $x > 0$일 때 함수 $g(x)$의 증가와 감소를 표로 나타내면 다음과 같다.

x	(0)	$\cdots$	1	$\cdots$	2	$\cdots$
$g'(x)$		$+$	0	$-$	0	$+$
$g(x)$	(0)	↗	극대	↘	극소	↗

함수 $g(x)$가 $x = 0$에서 미분가능하고 $\lim\limits_{x \to 0+} g'(x) = \lim\limits_{x \to 0+} 2f(x) = 0$이므로 $g'(0) = 0$이다.

또 $g(0) = 0$이고, $\bigcirc$에 의하여 함수 $y = g(x)$의 그래프는 원점에 대하여 대칭이므로 함수 $y = g(x)$의 그래프의 개형은 다음 그림과 같다.

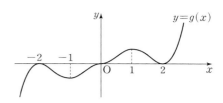

함수 $g(x)$는 $x = -1$, $x = 2$에서 극소이고, 조건 (가)에 의하여 $g(2) = 0$이므로 조건 (나)에 의하여 함수 $g(x)$의 모든 극솟값의 합이 -1이려면 $g(-1) = -1$이어야 한다.

$\bigcirc$에 의하여 $g(-1) = -g(1) = -1$에서 $g(1) = 1$

$$g(1) = \int_{-1}^{1} f(|t|)\,dt = 2\int_{0}^{1} f(t)\,dt$$

$$= 2a\int_{0}^{1} (t^3 - 3t^2 + 2t)\,dt = 2a\left[\frac{1}{4}t^4 - t^3 + t^2\right]_{0}^{1}$$

$$= 2a\left(\frac{1}{4} - 1 + 1\right) = \frac{a}{2}$$

즉, $\dfrac{a}{2} = 1$에서 $a = 2$

따라서 $f(x) = 2x(x-1)(x-2)$이므로

$f(3) = 2 \times 3 \times 2 \times 1 = 12$

답 ⑤

13

삼각형 ABC에서 코사인법칙에 의하여

$$\overline{AC}^2 = \overline{AB}^2 + \overline{BC}^2 - 2 \times \overline{AB} \times \overline{BC} \times \cos(\angle ABC)$$

$$= 3^2 + (\sqrt{5})^2 - 2 \times 3 \times \sqrt{5} \times \left(-\frac{\sqrt{5}}{5}\right)$$

$$= 20$$

$\overline{AC} = 2\sqrt{5}$

$$\sin(\angle ABC) = \sqrt{1 - \cos^2(\angle ABC)} = \sqrt{1 - \left(-\frac{\sqrt{5}}{5}\right)^2} = \frac{2\sqrt{5}}{5}$$

삼각형 ABC의 외접원의 반지름의 길이를 R이라 하면 사인법칙에 의하여

$$\frac{\overline{AC}}{\sin(\angle ABC)} = 2R$$

$$R = \frac{\overline{AC}}{2\sin(\angle ABC)} = \frac{2\sqrt{5}}{2 \times \frac{2\sqrt{5}}{5}} = \frac{5}{2}$$

점 O는 삼각형 ABC의 외접원의 중심이므로 선분 AC의 수직이등분선 위에 있다.

그러므로 내접원의 중심이 O인 삼각형 ACD는 $\overline{AD} = \overline{CD}$인 이등변삼각형이다.

삼각형 ACD의 내접원의 반지름의 길이를 r, 선분 AC의 중점을 M이라 하면 직각삼각형 OAM에서

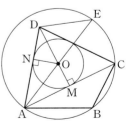

$$\overline{OM}^2 = \overline{AO}^2 - \overline{AM}^2 = R^2 - \left(\frac{\overline{AC}}{2}\right)^2$$

$$= \left(\frac{5}{2}\right)^2 - \left(\frac{2\sqrt{5}}{2}\right)^2 = \frac{5}{4}$$

$r = \overline{OM} = \dfrac{\sqrt{5}}{2}$

점 O에서 선분 AD에 내린 수선의 발을 N이라 하면 두 직각삼각형 DAM, DON은 서로 닮은 도형이고 닮음비는

$$\overline{AM} : \overline{ON} = \sqrt{5} : \frac{\sqrt{5}}{2} = 2 : 1$$

$\overline{\mathrm{AD}}=x$라 하면 $\overline{\mathrm{DO}}=\dfrac{x}{2}$, $\overline{\mathrm{DN}}=\dfrac{1}{2}\overline{\mathrm{DM}}$

점 O가 삼각형 ACD의 내접원의 중심이므로

$\overline{\mathrm{AN}}=\overline{\mathrm{AM}}$, $\angle\mathrm{DAE}=\angle\mathrm{OAM}$

$\overline{\mathrm{AD}}=\overline{\mathrm{AN}}+\overline{\mathrm{DN}}=\overline{\mathrm{AM}}+\dfrac{1}{2}\overline{\mathrm{DM}}=\overline{\mathrm{AM}}+\dfrac{1}{2}(\overline{\mathrm{DO}}+\overline{\mathrm{OM}})$에서

$x=\sqrt{5}+\dfrac{1}{2}\left(\dfrac{x}{2}+\dfrac{\sqrt{5}}{2}\right)=\dfrac{1}{4}x+\dfrac{5\sqrt{5}}{4}$

$\dfrac{3}{4}x=\dfrac{5\sqrt{5}}{4}$

$\overline{\mathrm{AD}}=x=\dfrac{5\sqrt{5}}{3}$

$\cos(\angle\mathrm{DAE})=\cos(\angle\mathrm{OAM})=\dfrac{\overline{\mathrm{AM}}}{\overline{\mathrm{AO}}}=\dfrac{\sqrt{5}}{\frac{5}{2}}=\dfrac{2\sqrt{5}}{5}$

따라서 삼각형 DAE에서 코사인법칙에 의하여

$\overline{\mathrm{DE}}^{2}=\overline{\mathrm{AD}}^{2}+\overline{\mathrm{AE}}^{2}-2\times\overline{\mathrm{AD}}\times\overline{\mathrm{AE}}\times\cos(\angle\mathrm{DAE})$

$\quad=\left(\dfrac{5\sqrt{5}}{3}\right)^{2}+5^{2}-2\times\dfrac{5\sqrt{5}}{3}\times5\times\dfrac{2\sqrt{5}}{5}=\dfrac{50}{9}$

이므로 $\overline{\mathrm{DE}}=\dfrac{5\sqrt{2}}{3}$

답 ②

14

삼차함수 $f(x)$의 최고차항의 계수가 1이고 $f'(-1)=f'(1)=0$이므로

$f'(x)=3(x+1)(x-1)=3x^{2}-3$

그러므로

$f(x)=\displaystyle\int f'(x)\,dx=\int(3x^{2}-3)\,dx$

$\quad=x^{3}-3x+C$ (단, C는 적분상수)

함수 $f(x)$의 증가와 감소를 표로 나타내면 다음과 같다.

x	$\cdots$	-1	$\cdots$	1	$\cdots$
$f'(x)$	$+$	0	$-$	0	$+$
$f(x)$	↗	극대	↘	극소	↗

함수 $y=f(x)$의 그래프의 개형은 그림과 같다.

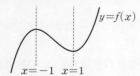

실수 t에 대하여 $x\leq t$에서 함수 $y=g(x)$의 그래프는 함수 $y=f(x)$의 그래프와 같고, $x>t$에서 함수 $y=g(x)$의 그래프는 함수 $y=f(x)$의 그래프를 직선 $y=f(t)$에 대하여 대칭이동한 것과 같다.

$f(x)=f(1)$에서 $x^{3}-3x+C=-2+C$

$x^{3}-3x+2=0$, $(x+2)(x-1)^{2}=0$

$x=-2$ 또는 $x=1$

즉, $f(-2)=f(1)$

$f(x)=f(-1)$에서 $x^{3}-3x+C=2+C$

$x^{3}-3x-2=0$, $(x+1)^{2}(x-2)=0$

$x=-1$ 또는 $x=2$

즉, $f(2)=f(-1)$

또 함수 $y=x^{3}-3x$의 그래프가 원점에 대하여 대칭이므로 함수

$y=f(x)$의 그래프는 점 $(0,\,C)$에 대하여 대칭이고, 이때 실수 t의 값의 범위를 나누어 함수 $h(t)$를 구하면 다음과 같다.

(i) $t\leq-2$일 때

함수 $y=g(x)$의 그래프의 개형은 그림과 같다.

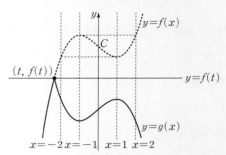

$h(t)=g(t)=f(t)=t^{3}-3t+C$

(ii) $-2<t\leq-1$일 때

함수 $y=g(x)$의 그래프의 개형은 그림과 같다.

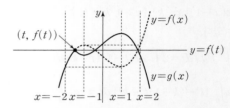

$h(t)=g(1)=-f(1)+2f(t)=2t^{3}-6t+2+C$

(iii) $-1<t\leq0$일 때

함수 $y=g(x)$의 그래프의 개형은 그림과 같다.

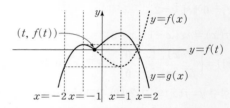

$h(t)=g(1)=-f(1)+2f(t)=2t^{3}-6t+2+C$

(iv) $0<t\leq1$일 때

함수 $y=g(x)$의 그래프의 개형은 그림과 같다.

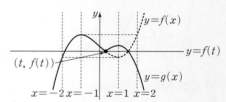

$h(t)=g(-1)=f(-1)=2+C$

(v) $1<t\leq2$일 때

함수 $y=g(x)$의 그래프의 개형은 그림과 같다.

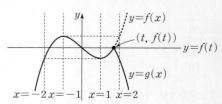

$h(t)=g(-1)=f(-1)=2+C$

(vi) $t>2$일 때

함수 $y=g(x)$의 그래프의 개형은 그림과 같다.

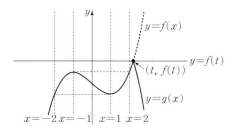

$$h(t)=g(t)=f(t)=t^3-3t+C$$

(i)~(vi)에 의하여 함수 $h(t)$는 다음과 같다.

$$h(t)=\begin{cases} t^3-3t+C & (t\le -2) \\ 2t^3-6t+2+C & (-2<t\le 0) \\ 2+C & (0<t\le 2) \\ t^3-3t+C & (t>2) \end{cases}$$

ㄱ. $h(0)=2+C$, $h(2)=2+C$이므로 $h(0)=h(2)$ (참)

ㄴ. $h(0)=0$에서 $2+C=0$, $C=-2$

함수 $g(x)$가 실수 전체의 집합에서 미분가능하므로 함수 $g(x)$는
$x=t$에서 미분가능해야 한다.

즉, $\displaystyle\lim_{x\to t-}\frac{g(x)-g(t)}{x-t}=\lim_{x\to t+}\frac{g(x)-g(t)}{x-t}$이어야 한다.

$$\lim_{x\to t-}\frac{g(x)-g(t)}{x-t}=\lim_{x\to t-}\frac{f(x)-f(t)}{x-t}=f'(t)$$

$$\lim_{x\to t+}\frac{g(x)-g(t)}{x-t}=\lim_{x\to t+}\frac{-f(x)+2f(t)-f(t)}{x-t}$$

$$=-\lim_{x\to t+}\frac{f(x)-f(t)}{x-t}=-f'(t)$$

즉, $f'(t)=-f'(t)$에서 $f'(t)=0$이므로
$t=-1$ 또는 $t=1$

따라서 $h(-1)=-2+6+2+C=6+C=4$, $h(1)=2+C=0$

이므로 $h(-1)+h(1)=4+0=4$ (거짓)

ㄷ. 함수 $y=h(t)$의 그래프는 그림과 같다.

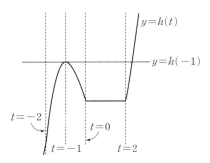

방정식 $h(t)=0$의 서로 다른 실근의 개수가 2이려면 함수
$y=h(t)$의 그래프와 t축이 서로 다른 두 점에서 만나야 하므로
$h(-1)=0$이어야 한다.

즉, $h(-1)=6+C=0$에서 $C=-6$

따라서 $h(0)=2+C=-4$ (참)

이상에서 옳은 것은 ㄱ, ㄷ이다.

답 ③

15

조건 (나)에서

$a_{n+1}\ge a_n$이면 $a_{n+2}=\dfrac{a_{n+1}}{2}$이고, $a_{n+1}\ge 2>0$이므로 $a_{n+2}<a_{n+1}$

$a_{n+1}<a_n$이면 $a_{n+2}=4a_{n+1}-4$이므로

$a_{n+2}-a_{n+1}=(4a_{n+1}-4)-a_{n+1}=3a_{n+1}-4$

이때 $a_{n+1}\ge 2$이므로 $3a_{n+1}-4\ge 0$, 즉 $a_{n+2}\ge a_{n+1}$

그러므로 $a_{n+1}\ge a_n$이면 $a_{n+2}<a_{n+1}$이고,

$a_{n+1}<a_n$이면 $a_{n+2}\ge a_{n+1}$이다. ……㉠

조건 (가)에서 $a_1=2$이고, 모든 항이 2 이상이므로 $a_2\ge a_1$

그러므로 자연수 n에 대하여

$$a_{n+2}=\begin{cases} \dfrac{a_{n+1}}{2} & (n\text{이 홀수인 경우}) \\ 4a_{n+1}-4 & (n\text{이 짝수인 경우}) \end{cases}$$

$a_k=k$, $a_{k+m}=k+m$을 만족시키는 자연수 k와 5 이하의 자연수 m의
값을 k가 홀수인 경우와 짝수인 경우로 나누어 찾아보자.

(i) k가 홀수인 경우

$a_k=k$에서

$a_{k+1}=4k-4$이고 $k+1=4k-4$, $k=\dfrac{5}{3}$

$a_{k+2}=\dfrac{4k-4}{2}=2k-2$이고 $k+2=2k-2$, $k=4$

$a_{k+3}=4(2k-2)-4=8k-12$이고 $k+3=8k-12$, $k=\dfrac{15}{7}$

$a_{k+4}=\dfrac{8k-12}{2}=4k-6$이고 $k+4=4k-6$, $k=\dfrac{10}{3}$

$a_{k+5}=4(4k-6)-4=16k-28$이고 $k+5=16k-28$, $k=\dfrac{33}{15}$

(ii) k가 짝수인 경우

$a_k=k$에서

$a_{k+1}=\dfrac{k}{2}$이고 $k+1=\dfrac{k}{2}$, $k=-2$

$a_{k+2}=4\times\dfrac{k}{2}-4=2k-4$이고 $k+2=2k-4$, $k=6$

$a_{k+3}=\dfrac{2k-4}{2}=k-2$이고 $k+3=k-2$인 실수 k는 존재하지 않
는다.

$a_{k+4}=4(k-2)-4=4k-12$이고 $k+4=4k-12$, $k=\dfrac{16}{3}$

$a_{k+5}=\dfrac{4k-12}{2}=2k-6$이고 $k+5=2k-6$, $k=11$

(i), (ii)에서 조건을 만족시키는 k, m의 값은 $k=6$, $m=2$

따라서 $2k+m=2\times 6+2=14$

답 ②

참고

$a_2=\dfrac{9}{2}$, $a_3=\dfrac{9}{4}$, $a_4=5$, $a_5=\dfrac{5}{2}$, $a_6=6$, $a_7=3$, $a_8=8$

16

로그의 진수의 조건에 의하여

$x^2-1>0$에서 $x>1$ 또는 $x<-1$

$x+1>0$에서 $x>-1$

그러므로 $x>1$ ……㉠

$\log_3(x^2-1)<1+\log_3(x+1)$에서

$\log_3(x^2-1)<\log_3\{3(x+1)\}$

밑 3이 1보다 크므로 $x^2-1<3(x+1)$에서

$x^2-3x-4<0$, $(x+1)(x-4)<0$

$-1<x<4$ ……㉡

⊙, ⓒ에 의하여 $1 < x < 4$
따라서 정수 x의 값은 2, 3이고, 그 개수는 2이다.

답 2

17

$f'(x) = 3x^2 + 6x$에서
$$f(x) = \int f'(x)\,dx = \int (3x^2 + 6x)\,dx$$
$$= x^3 + 3x^2 + C \ (단, C는 적분상수)$$
이때
$f(1) = 1 + 3 + C = 4 + C$, $f'(1) = 3 + 6 = 9$
이므로 $f(1) = f'(1)$에서
$4 + C = 9$, $C = 5$
따라서 $f(x) = x^3 + 3x^2 + 5$이므로
$f(2) = 2^3 + 3 \times 2^2 + 5 = 25$

답 25

18

$b_n = \dfrac{a_n}{n^2 + n}$으로 놓으면 $\displaystyle\sum_{k=1}^{n} b_k = \dfrac{2^n}{n+1}$
$n \geq 2$일 때,
$$b_n = \sum_{k=1}^{n} b_k - \sum_{k=1}^{n-1} b_k = \frac{2^n}{n+1} - \frac{2^{n-1}}{n}$$
$$= \frac{n \times 2^n - (n+1)2^{n-1}}{n^2 + n} = \frac{(n-1)2^{n-1}}{n^2 + n}$$
$n = 1$일 때, $b_1 = \dfrac{2^1}{1+1} = 1$
즉, 수열 $\{b_n\}$은
$b_1 = 1$, $b_n = \dfrac{(n-1)2^{n-1}}{n^2 + n}$ $(n \geq 2)$
이므로 수열 $\{a_n\}$은
$a_1 = 2$, $a_n = (n-1)2^{n-1}$ $(n \geq 2)$
따라서
$\displaystyle\sum_{k=1}^{5} a_k = a_1 + a_2 + a_3 + a_4 + a_5 = 2 + 2 + 2 \times 2^2 + 3 \times 2^3 + 4 \times 2^4 = 100$

답 100

19

$f(x) = x^3 + ax^2 - a^2 x + 4$에서
$f'(x) = 3x^2 + 2ax - a^2 = (x + a)(3x - a)$
$f'(x) = 0$에서 $x = -a$ 또는 $x = \dfrac{a}{3}$
함수 $f(x)$의 증가와 감소를 표로 나타내면 다음과 같다.

x	$\cdots$	$-a$	$\cdots$	$\dfrac{a}{3}$	$\cdots$
$f'(x)$	$+$	0	$-$	0	$+$
$f(x)$	↗	극대	↘	극소	↗

함수 $f(x)$의 극솟값은
$f\left(\dfrac{a}{3}\right) = \left(\dfrac{a}{3}\right)^3 + a \times \left(\dfrac{a}{3}\right)^2 - a^2 \times \dfrac{a}{3} + 4 = -\dfrac{5}{27}a^3 + 4$

이므로 $-\dfrac{5}{27}a^3 + 4 = -1$에서
$a^3 = 5 \times \dfrac{27}{5} = 27$
$a > 0$이므로 $a = 3$이고, $f(x) = x^3 + 3x^2 - 9x + 4$
$b < 0$, $-a < 0 < \dfrac{a}{3}$이므로 닫힌구간 $[b, 0]$에서 함수 $f(x)$의 최솟값
이 -1이 되기 위해서는 $f(b) = -1$이어야 한다.
즉, $b^3 + 3b^2 - 9b + 4 = -1$에서
$b^3 + 3b^2 - 9b + 5 = 0$, $(b-1)^2(b+5) = 0$
$b < 0$이므로 $b = -5$
따라서 $a - b = 3 - (-5) = 8$

답 8

20

$v(t) = a(t^2 - 2t) = at(t-2)$ $(a > 0)$이므
로 함수 $y = v(t)$의 그래프는 그림과 같다.
$0 \leq t \leq 2$에서 $v(t) \leq 0$이고, $t \geq 2$에서
$v(t) \geq 0$이므로 점 P의 시각 t에서의 위치를
$x(t)$라 하면 $x(t)$는 $t = 2$에서 최소이다.

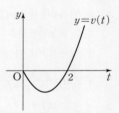

이때 점 P와 점 $A(-10)$ 사이의 거리의 최
솟값이 2이므로 $x(2) = -8$이어야 한다. 즉,
$$x(2) = \int_0^2 v(t)\,dt = a \int_0^2 (t^2 - 2t)\,dt$$
$$= a\left[\frac{1}{3}t^3 - t^2\right]_0^2 = a\left(\frac{8}{3} - 4\right) = -\frac{4}{3}a$$
이므로 $-\dfrac{4}{3}a = -8$에서 $a = 6$
따라서 $v(t) = 6t^2 - 12t$이므로 점 P의 시각 t에서의 가속도는
$v'(t) = 12t - 12$
한편, 점 P가 출발한 후 처음으로 원점을 지나는 시각을 $t = k$ $(k > 0)$
이라 하면 $x(k) = 0$이다.
$$x(k) = \int_0^k v(t)\,dt = \int_0^k (6t^2 - 12t)\,dt$$
$$= \left[2t^3 - 6t^2\right]_0^k = 2k^3 - 6k^2$$
이므로 $2k^3 - 6k^2 = 0$에서
$2k^2(k-3) = 0$
$k > 0$이므로 $k = 3$
따라서 점 P의 시각 $t = 3$에서의 가속도는
$v'(3) = 12 \times 3 - 12 = 24$

답 24

참고

점 P와 점 $A(-10)$ 사이의 거리의 최솟값이 2이므로
$|x(2) - (-10)| = 2$, 즉 $|x(2) + 10| = 2$에서
$x(2) = -12$ 또는 $x(2) = -8$
그런데 $x(2) = -12$일 때 $0 \leq t \leq 2$에서 $v(t) \leq 0$이고 $x(t)$가 연속이
며 $x(0) = 0$이므로 사잇값의 정리에 의하여 $x(t) = -10$인 실수
t $(0 < t < 2)$가 존재한다.
즉, 점 P와 점 $A(-10)$ 사이의 거리의 최솟값이 0이 되는 시각
t $(0 < t < 2)$가 존재하므로 조건을 만족시키지 않는다.
그러므로 $x(2) = -8$이다.

21

함수 $f(x)=2^{x-a}$의 역함수는 $f^{-1}(x)=\log_2 x+a$이고, 곡선
$y=f^{-1}(x)$를 x축의 방향으로 $-b$만큼, y축의 방향으로 $-b$만큼 평행
이동한 곡선의 방정식은 $y=\log_2(x+b)+a-b$, 즉 $y=g(x)$이다.
$$\cdots\cdots\, \text{㉠}$$

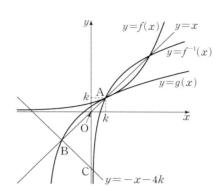

점 $\mathrm{A}(k,\, k)$와 직선 $y=-x-4k$, 즉 $x+y+4k=0$ 사이의 거리는
$$\frac{|k+k+4k|}{\sqrt{1^2+1^2}}=\frac{6k}{\sqrt{2}}$$
삼각형 ABC의 넓이가 $6k^2$이므로
$$\frac{1}{2}\times\frac{6k}{\sqrt{2}}\times\overline{\mathrm{BC}}=6k^2 \text{에서}$$
$$\overline{\mathrm{BC}}=2\sqrt{2}k$$
이때 점 B가 직선 $y=-x-4k$ 위의 점이므로
$\angle \mathrm{OCB}=45°$, $\overline{\mathrm{OC}}=4k$에서 $\mathrm{B}(-2k,\, -2k)$이다.
즉, 점 B는 곡선 $y=g(x)$와 직선 $y=x$가 만나는 점 중 A가 아닌 점
이다.
곡선 $y=f(x)$가 직선 $y=x$와 만나는 점 중 A가 아닌 점을 D라 하면
㉠에서 점 D를 x축의 방향으로 $-b$만큼, y축의 방향으로 $-b$만큼 평
행이동한 점은 $\mathrm{A}(k,\, k)$이고, 점 A를 x축의 방향으로 $-b$만큼, y축의
방향으로 $-b$만큼 평행이동한 점은 $\mathrm{B}(-2k,\, -2k)$이므로
$b=3k$이고 $\mathrm{D}(4k,\, 4k)$

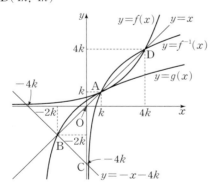

두 점 $\mathrm{A}(k,\, k)$, $\mathrm{D}(4k,\, 4k)$가 곡선 $y=f^{-1}(x)$ 위의 점이므로
$$k=\log_2 k+a \qquad\cdots\cdots\, \text{㉡}$$
$$4k=\log_2 4k+a \qquad\cdots\cdots\, \text{㉢}$$
㉢-㉡을 하면
$$3k=\log_2 4k-\log_2 k=\log_2 \frac{4k}{k}=2 \text{에서}$$
$$k=\frac{2}{3}$$
이 값을 ㉡에 대입하면
$$\frac{2}{3}=\log_2 \frac{2}{3}+a \text{에서}$$

$$a=\frac{2}{3}-\log_2 \frac{2}{3}=\frac{2}{3}-(\log_2 2-\log_2 3)=-\frac{1}{3}+\log_2 3$$

또한 $b=3k=3\times\frac{2}{3}=2$

따라서
$$2a+b+k=2\left(-\frac{1}{3}+\log_2 3\right)+2+\frac{2}{3}=\log_2 9+2$$
이므로
$$2^{2a+b+k}=2^{\log_2 9+2}=2^{\log_2 9}\times 2^2=9\times 4=36$$

답 36

22

$\int_{-1}^{1} f(t)\,dt=0$이면 $g(x)=0$이 되어 조건 (나)를 만족시키지 않으므로
$$\int_{-1}^{1} f(t)\,dt>0 \text{ 또는 } \int_{-1}^{1} f(t)\,dt<0\text{이다.}$$

(i) $\int_{-1}^{1} f(t)\,dt>0$일 때

  $g'(x)=\int_{-1}^{1} f(t)\,dt\times f(x)$이고, 함수 $f(x)$가 최고차항의 계수가
  양수인 삼차함수이므로
  $$\lim_{x\to\infty} g'(x)=\infty$$
  즉, 함수 $g(x)$의 최댓값이 존재하지 않으므로 조건 (가)를 만족시
  키지 않는다.

(ii) $\int_{-1}^{1} f(t)\,dt<0$일 때

  $g'(x)=\int_{-1}^{1} f(t)\,dt\times f(x)$이고, 조건 (가)에 의하여 함수 $g(x)$가
  $x=2$에서 극대인 동시에 최대이므로
  $g'(2)=0$에서 $f(2)=0$
  그러므로 함수 $f(x)$를
  $$f(x)=\alpha(x+1)(x-2)(x-\beta) \quad (\alpha>0, \beta \text{는 상수})$$
  로 놓을 수 있다.
  이때
  $$\int_{-1}^{1} f(t)\,dt=\int_{-1}^{1}\alpha(t+1)(t-2)(t-\beta)\,dt$$
  $$=\alpha\int_{-1}^{1}\{t^3-(\beta+1)t^2-(2-\beta)t+2\beta\}\,dt$$
  $$=2\alpha\int_{0}^{1}\{-(\beta+1)t^2+2\beta\}\,dt$$
  $$=2\alpha\left[-\frac{\beta+1}{3}t^3+2\beta t\right]_0^1$$
  $$=\frac{2\alpha(5\beta-1)}{3}$$
  $\int_{-1}^{1} f(t)\,dt<0$이므로
  $$\frac{2\alpha(5\beta-1)}{3}<0 \text{에서 } \beta<\frac{1}{5}$$
  한편, $\beta=-4$일 때, $\int_{-4}^{2} f(t)\,dt=0$이므로 β의 값의 범위를 나누
  어 $\int_{-1}^{1} f(t)\,dt<0$과 주어진 조건을 만족시키는 함수 $f(x)$를 구하
  면 다음과 같다.

① $\beta<-4$일 때

두 함수 $y=f(x)$, $y=g(x)$의 그래프의 개형은 [그림 1]과 같다.

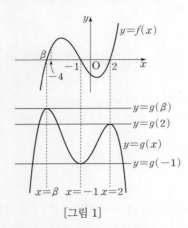

[그림 1]

이때 $g(\beta)>g(2)$이므로 조건 (가)를 만족시키지 않는다.

② $\beta=-4$일 때

두 함수 $y=f(x)$, $y=g(x)$의 그래프의 개형은 [그림 2]와 같다.

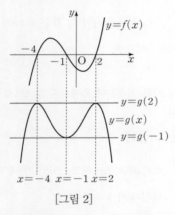

[그림 2]

함수 $h(k)$는 다음과 같다.

$$h(k)=\begin{cases} 2 & (k<g(-1)) \\ 3 & (k=g(-1)) \\ 4 & (g(-1)<k<g(2)) \\ 2 & (k=g(2)) \\ 0 & (k>g(2)) \end{cases}$$

이때 $\left|\lim_{k\to a+}h(k)-\lim_{k\to a-}h(k)\right|=2$를 만족시키는 a의 값은 $g(-1)$뿐이다.

그런데 $g(-1)=0$이므로 조건 (나)를 만족시키지 않는다.

③ $-4<\beta<-1$일 때

두 함수 $y=f(x)$, $y=g(x)$의 그래프의 개형은 [그림 3]과 같다.

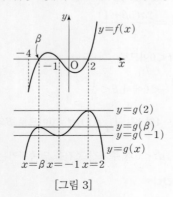

[그림 3]

함수 $h(k)$는 다음과 같다.

$$h(k)=\begin{cases} 2 & (k<g(-1)) \\ 3 & (k=g(-1)) \\ 4 & (g(-1)<k<g(\beta)) \\ 3 & (k=g(\beta)) \\ 2 & (g(\beta)<k<g(2)) \\ 1 & (k=g(2)) \\ 0 & (k>g(2)) \end{cases}$$

이때 $\left|\lim_{k\to a+}h(k)-\lim_{k\to a-}h(k)\right|=2$를 만족시키는 a의 값은 $g(2)$, $g(\beta)$, $g(-1)$이므로 조건 (나)를 만족시키지 않는다.

④ $\beta=-1$일 때

$f(x)=a(x+1)^2(x-2)=a(x^3-3x-2)$이고,

함수 $y=f(x)$와 그에 따른 함수 $y=g(x)$의 그래프의 개형은 [그림 4]와 같다.

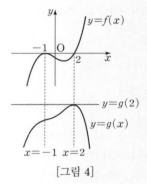

[그림 4]

함수 $h(k)$는 다음과 같다.

$$h(k)=\begin{cases} 2 & (k<g(2)) \\ 1 & (k=g(2)) \\ 0 & (k>g(2)) \end{cases}$$

이때 $\left|\lim_{k\to a+}h(k)-\lim_{k\to a-}h(k)\right|=2$를 만족시키는 a의 값은 $g(2)$뿐이므로 조건 (나)에 의하여 $g(2)=3$이어야 한다.

$$\int_{-1}^{1}f(t)\,dt=\int_{-1}^{1}a(t^3-3t-2)\,dt=2a\int_{0}^{1}(-2)\,dt$$
$$=2a\Big[-2t\Big]_{0}^{1}=-4a$$

$$\int_{-1}^{2}f(t)\,dt=\int_{-1}^{2}a(t^3-3t-2)\,dt=a\Big[\frac{1}{4}t^4-\frac{3}{2}t^2-2t\Big]_{-1}^{2}$$
$$=a\Big(-6-\frac{3}{4}\Big)=-\frac{27}{4}a$$

이므로

$$g(2)=\int_{-1}^{1}f(t)\,dt\times\int_{-1}^{2}f(t)\,dt$$
$$=(-4a)\times\Big(-\frac{27}{4}a\Big)$$
$$=27a^2$$

즉, $27a^2=3$에서 $a>0$이므로 $a=\frac{1}{3}$

그러므로 $f(x)=\frac{1}{3}x^3-x-\frac{2}{3}$

⑤ $-1<\beta<\frac{1}{5}$일 때

함수 $y=f(x)$와 그에 따른 함수 $y=g(x)$의 그래프의 개형은 [그림 5]와 같다.

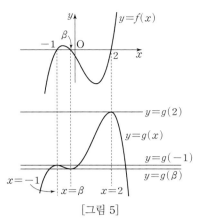

[그림 5]

함수 $h(k)$는 다음과 같다.

$$h(k)=\begin{cases} 2 & (k<g(\beta)) \\ 3 & (k=g(\beta)) \\ 4 & (g(\beta)<k<g(-1)) \\ 3 & (k=g(-1)) \\ 2 & (g(-1)<k<g(2)) \\ 1 & (k=g(2)) \\ 0 & (k>g(2)) \end{cases}$$

이때 $\left| \lim\limits_{k\to a+} h(k) - \lim\limits_{k\to a-} h(k) \right| = 2$를 만족시키는 a의 값은

$g(2)$, $g(-1)$, $g(\beta)$이므로 조건 (나)를 만족시키지 않는다.

(i), (ii)에 의하여 $f(x)=\dfrac{1}{3}x^3-x-\dfrac{2}{3}$

따라서

$$g(0)=\int_{-1}^{1} f(t)\,dt \times \int_{-1}^{0} f(t)\,dt$$

$$=\int_{-1}^{1}\left(\frac{1}{3}t^3-t-\frac{2}{3}\right)dt \times \int_{-1}^{0}\left(\frac{1}{3}t^3-t-\frac{2}{3}\right)dt$$

$$=2\left[-\frac{2}{3}t\right]_{0}^{1} \times \left[\frac{1}{12}t^4-\frac{1}{2}t^2-\frac{2}{3}t\right]_{-1}^{0}$$

$$=-\frac{4}{3}\times\left(-\frac{1}{4}\right)=\frac{1}{3}$$

이므로 $30\times g(0)=30\times\dfrac{1}{3}=10$

답 10

참고

$g(\beta)=g(2)$인 β의 값은 다음과 같이 구할 수 있다.

$\displaystyle\int_{-1}^{\beta} f(t)\,dt=\int_{-1}^{2} f(t)\,dt$에서 $\displaystyle\int_{-1}^{2} f(t)\,dt-\int_{-1}^{\beta} f(t)\,dt=0$

즉, $\displaystyle\int_{-1}^{2} f(t)\,dt+\int_{\beta}^{-1} f(t)\,dt=0$에서 $\displaystyle\int_{\beta}^{2} f(t)\,dt=0$

$$\int_{\beta}^{2} f(t)\,dt=\alpha\int_{\beta}^{2}(t+1)(t-2)(t-\beta)\,dt$$

$$=\alpha\int_{\beta}^{2}\{t^3-(\beta+1)t^2-(2-\beta)t+2\beta\}\,dt$$

$$=\alpha\left[\frac{1}{4}t^4-\frac{\beta+1}{3}t^3-\frac{2-\beta}{2}t^2+2\beta t\right]_{\beta}^{2}$$

$$=\frac{\alpha}{12}(\beta^4-2\beta^3-12\beta^2+40\beta-32)=\frac{\alpha}{12}(\beta-2)^3(\beta+4)$$

$\beta<\dfrac{1}{5}$이므로 $\dfrac{\alpha}{12}(\beta-2)^3(\beta+4)=0$에서 $\beta=-4$

그러므로 $\displaystyle\int_{-4}^{2} f(t)\,dt=0$

23

$$\lim_{x\to 0}\frac{e^x-e^{-x}}{x}=\lim_{x\to 0}\frac{(e^x-1)-(e^{-x}-1)}{x}$$

$$=\lim_{x\to 0}\left(\frac{e^x-1}{x}+\frac{e^{-x}-1}{-x}\right)$$

$$=1+1=2$$

$$\lim_{x\to 0}\frac{x}{\ln(1+2x)}=\lim_{x\to 0}\frac{1}{\dfrac{\ln(1+2x)}{x}}$$

$$=\lim_{x\to 0}\left\{\frac{1}{\dfrac{\ln(1+2x)}{2x}}\times\frac{1}{2}\right\}$$

$$=\frac{1}{1}\times\frac{1}{2}=\frac{1}{2}$$

따라서

$$\lim_{x\to 0}\frac{e^x-e^{-x}}{\ln(2x+1)}=\lim_{x\to 0}\left\{\frac{e^x-e^{-x}}{x}\times\frac{x}{\ln(1+2x)}\right\}$$

$$=2\times\frac{1}{2}=1$$

답 ③

24

$$\lim_{n\to\infty}\sum_{k=1}^{n}\frac{9k}{4n^2}\sqrt{\frac{3k}{n}+1}=\frac{1}{4}\lim_{n\to\infty}\frac{3}{n}\sum_{k=1}^{n}\frac{3k}{n}\sqrt{\frac{3k}{n}+1}$$

$$=\frac{1}{4}\int_{1}^{4}(x-1)\sqrt{x}\,dx$$

$$=\frac{1}{4}\int_{1}^{4}\left(x^{\frac{3}{2}}-x^{\frac{1}{2}}\right)dx$$

$$=\frac{1}{4}\left[\frac{2}{5}x^{\frac{5}{2}}-\frac{2}{3}x^{\frac{3}{2}}\right]_{1}^{4}$$

$$=\frac{1}{4}\left\{\left(\frac{64}{5}-\frac{16}{3}\right)-\left(\frac{2}{5}-\frac{2}{3}\right)\right\}=\frac{29}{15}$$

답 ①

25

등비수열 $\{a_n\}$의 첫째항을 a, 공비를 r $(r>1)$이라 하자.

$a=0$이면 모든 자연수 n에 대하여 $a_n=0$이고

$$\lim_{n\to\infty}\frac{4^n a_n}{a_2\times a_{2n}+1}=\frac{0}{0+1}=0\neq\frac{1}{2}$$

이므로 문제의 조건을 만족시키지 않는다.

그러므로 $a\neq 0$이다.

이때 $a_n=ar^{n-1}$이므로

$$\lim_{n\to\infty}\frac{4^n a_n}{a_2\times a_{2n}+1}=\lim_{n\to\infty}\frac{4^n\times ar^{n-1}}{ar\times ar^{2n-1}+1}$$

$$=\lim_{n\to\infty}\frac{\dfrac{a}{r}\times(4r)^n}{a^2 r^{2n}+1}$$

$$=\lim_{n\to\infty}\frac{\dfrac{a}{r}\times\left(\dfrac{4}{r}\right)^n}{a^2+\left(\dfrac{1}{r^2}\right)^n} \qquad \cdots\cdots \text{ㄱ}$$

r의 값의 범위를 나누어 조건을 만족시키는 r의 값을 구하면 다음과 같다.

(i) $\frac{4}{r}>1$, 즉 $1<r<4$일 때

$\lim\limits_{n\to\infty}\left(\frac{4}{r}\right)^n=\infty$, $\lim\limits_{n\to\infty}\left(\frac{1}{r^2}\right)^n=0$이므로 ㉠에서

$\lim\limits_{n\to\infty}\dfrac{\dfrac{a}{r}\times\left(\dfrac{4}{r}\right)^n}{a^2+\left(\dfrac{1}{r^2}\right)^n}$의 값은 $a>0$일 때 양의 무한대로 발산하고,

$a<0$일 때 음의 무한대로 발산한다.

즉, 조건을 만족시키지 않는다.

(ii) $\frac{4}{r}=1$, 즉 $r=4$일 때

$\lim\limits_{n\to\infty}\left(\frac{4}{r}\right)^n=\lim\limits_{n\to\infty}1^n=1$,

$\lim\limits_{n\to\infty}\left(\frac{1}{r^2}\right)^n=\lim\limits_{n\to\infty}\left(\frac{1}{16}\right)^n=0$이므로 ㉠에서

$\lim\limits_{n\to\infty}\dfrac{\dfrac{a}{r}\times\left(\dfrac{4}{r}\right)^n}{a^2+\left(\dfrac{1}{r^2}\right)^n}=\dfrac{\dfrac{a}{4}}{a^2}=\dfrac{1}{4a}$

즉, 극한값이 존재한다.

이때 $\frac{1}{4a}=\frac{1}{2}$에서 $a=\frac{1}{2}$

(iii) $0<\frac{4}{r}<1$, 즉 $r>4$일 때

$\lim\limits_{n\to\infty}\left(\frac{4}{r}\right)^n=0$, $\lim\limits_{n\to\infty}\left(\frac{1}{r^2}\right)^n=0$이므로 ㉠에서

$\lim\limits_{n\to\infty}\dfrac{\dfrac{a}{r}\times\left(\dfrac{4}{r}\right)^n}{a^2+\left(\dfrac{1}{r^2}\right)^n}=\dfrac{\dfrac{a}{r}\times 0}{a^2}=0$

즉, 조건을 만족시키지 않는다.

(i), (ii), (iii)에 의하여 $r=4$, $a=\frac{1}{2}$일 때 조건을 만족시키므로

$a_n=\frac{1}{2}\times 4^{n-1}$

따라서 $a_4=\frac{1}{2}\times 4^3=32$

답 ⑤

26

x축 위의 점 $(t,\ 0)$ $\left(0\le t\le\frac{\pi}{6}\right)$를 지나고 x축에 수직인 평면으로 자른 단면의 넓이를 $S(t)$라 하면

$S(t)=\left(\sqrt{\dfrac{\cos t}{\sin t+2}}\right)^2=\dfrac{\cos t}{\sin t+2}$

따라서 구하는 입체도형의 부피를 V라 하면

$V=\displaystyle\int_0^{\frac{\pi}{6}}S(t)\,dt$

$=\displaystyle\int_0^{\frac{\pi}{6}}\dfrac{\cos t}{\sin t+2}\,dt$

$=\displaystyle\int_0^{\frac{\pi}{6}}\dfrac{(\sin t+2)'}{\sin t+2}\,dt$

$=\Big[\ln|\sin t+2|\Big]_0^{\frac{\pi}{6}}$

$=\ln\dfrac{5}{2}-\ln 2=\ln\dfrac{5}{4}$

답 ④

27

삼각형 OC_1D_1은 $\overline{OC_1}=\overline{OD_1}=2$인 이

등변삼각형이므로 점 O에서 선분 C_1D_1

에 내린 수선의 발을 H라 하면

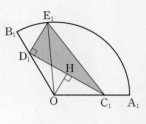

$\overline{C_1D_1}=2\overline{C_1H}=2\times\overline{OC_1}\sin\dfrac{\pi}{3}$

$=2\times\left(2\times\dfrac{\sqrt{3}}{2}\right)=2\sqrt{3}$

삼각형 OE_1D_1에서 $\overline{OE_1}=3$이고, $\angle OD_1E_1=\dfrac{\pi}{6}+\dfrac{\pi}{2}=\dfrac{2}{3}\pi$이므로

$\overline{D_1E_1}=x$로 놓으면 코사인법칙에 의하여

$\overline{OE_1}^2=\overline{OD_1}^2+\overline{D_1E_1}^2-2\times\overline{OD_1}\times\overline{D_1E_1}\times\cos\dfrac{2}{3}\pi$

$3^2=2^2+x^2-2\times 2\times x\times\left(-\dfrac{1}{2}\right)$

$x^2+2x-5=0$

$x>0$이므로 $x=\sqrt{6}-1$

그러므로

$S_1=\dfrac{1}{2}\times\overline{C_1D_1}\times\overline{D_1E_1}=\dfrac{1}{2}\times 2\sqrt{3}\times(\sqrt{6}-1)=3\sqrt{2}-\sqrt{3}$

한편, 호 A_2B_2가 선분 C_1D_1과 접하는

점은 점 H이므로 그림 R_2에서 부채꼴

OA_2B_2의 반지름의 길이를 r이라 하면

직각삼각형 OC_1H에서

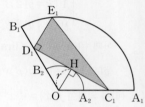

$r=\overline{OH}=\overline{OC_1}\sin\dfrac{\pi}{6}=2\times\dfrac{1}{2}=1$

이때 부채꼴 OA_1B_1과 부채꼴 OA_2B_2는 서로 닮은 도형이고 닮음비는

$3:1$이므로 그림 R_2에서 새롭게 색칠된 도형의 넓이는 그림 R_1에서

색칠된 도형의 넓이의 $\left(\dfrac{1}{3}\right)^2=\dfrac{1}{9}$이다.

따라서 수열 $\{S_n\}$의 각 항은 첫째항이 $3\sqrt{2}-\sqrt{3}$이고 공비가 $\dfrac{1}{9}$인 등비

수열의 첫째항부터 제n항까지의 합과 같으므로

$\lim\limits_{n\to\infty}S_n=\dfrac{3\sqrt{2}-\sqrt{3}}{1-\dfrac{1}{9}}=\dfrac{27\sqrt{2}-9\sqrt{3}}{8}$

답 ②

28

조건 (가)에서 $x\to 1$일 때 (분모) $\to 0$이고 극한값이 존재하므로

(분자) $\to 0$이어야 한다.

즉, $\lim\limits_{x\to 1}\ln\{1+f(x)\}=0$이므로 $\lim\limits_{x\to 1}f(x)=0$

이때

$\lim\limits_{x\to 1}\dfrac{\ln\{1+f(x)\}}{x-1}=\lim\limits_{x\to 1}\left[\dfrac{\ln\{1+f(x)\}}{f(x)}\times\dfrac{f(x)}{x-1}\right]=6$

$\lim\limits_{x\to 1}\dfrac{\ln\{1+f(x)\}}{f(x)}=1$이므로 $\lim\limits_{x\to 1}\dfrac{f(x)}{x-1}=6$

$x-1=t$라 하면 $\lim\limits_{t\to 0}\dfrac{f(t+1)}{t}=6$ ……㉠

조건 (나)에서 $x\to 0+$일 때 (분모) $\to 0$이고 극한값이 존재하므로

(분자) $\to 0$이어야 한다.

즉, $\lim\limits_{x\to 0+}\{1-\cos\sqrt{f(x)}\}=0$이므로 $\lim\limits_{x\to 0+}\cos\sqrt{f(x)}=1$

닫힌구간 $\left[0,\ \dfrac{1}{2}\right]$에서 $0\le f(x)<\dfrac{\pi^2}{4}$, $0\le\sqrt{f(x)}<\dfrac{\pi}{2}$이므로

$\displaystyle\lim_{x\to 0+}f(x)=0$이고 함수 $f(x)$가 $x=0$에서 연속이므로 $\displaystyle\lim_{x\to 0}f(x)=0$

이때

$\displaystyle\lim_{x\to 0+}\frac{1-\cos\sqrt{f(x)}}{e^x-1}$

$\displaystyle=\lim_{x\to 0+}\frac{\{1-\cos\sqrt{f(x)}\}\{1+\cos\sqrt{f(x)}\}}{(e^x-1)\{1+\cos\sqrt{f(x)}\}}$

$\displaystyle=\lim_{x\to 0+}\frac{1-\cos^2\sqrt{f(x)}}{(e^x-1)\{1+\cos\sqrt{f(x)}\}}$

$\displaystyle=\lim_{x\to 0+}\frac{\sin^2\sqrt{f(x)}}{(e^x-1)\{1+\cos\sqrt{f(x)}\}}$

$\displaystyle=\lim_{x\to 0+}\left[\frac{\sin^2\sqrt{f(x)}}{f(x)}\times\frac{x}{e^x-1}\times\frac{f(x)}{x\{1+\cos\sqrt{f(x)}\}}\right]=1$

$\displaystyle\lim_{x\to 0+}\frac{\sin^2\sqrt{f(x)}}{f(x)}=1$, $\displaystyle\lim_{x\to 0+}\frac{x}{e^x-1}=1$, $\displaystyle\lim_{x\to 0+}\{1+\cos\sqrt{f(x)}\}=2$

이므로 $\displaystyle\lim_{x\to 0+}\frac{f(x)}{x}=2$이고 함수 $f(x)$가 $x=0$에서 미분가능하므로

$\displaystyle\lim_{x\to 0}\frac{f(x)}{x}=2$ $\qquad\cdots\cdots$ ㉡

$\displaystyle\lim_{x\to 0}\frac{f(\sin x)f(\cos x)}{x^3}$

$\displaystyle=\lim_{x\to 0}\left\{\frac{f(\sin x)}{\sin x}\times\frac{f((\cos x-1)+1)}{\cos x-1}\times\frac{\sin x(\cos x-1)}{x^3}\right\}$

㉠, ㉡에서 $\displaystyle\lim_{x\to 0}\frac{f((\cos x-1)+1)}{\cos x-1}=6$, $\displaystyle\lim_{x\to 0}\frac{f(\sin x)}{\sin x}=2$이고

$\displaystyle\lim_{x\to 0}\frac{\sin x(\cos x-1)}{x^3}=\lim_{x\to 0}\frac{\sin x(\cos x-1)(\cos x+1)}{x^3(\cos x+1)}$

$\displaystyle=\lim_{x\to 0}\frac{\sin^3 x}{x^3}\times\lim_{x\to 0}\frac{-1}{\cos x+1}$

$\displaystyle=1^3\times\left(-\frac{1}{2}\right)$

$\displaystyle=-\frac{1}{2}$

이므로

$\displaystyle\lim_{x\to 0}\frac{f(\sin x)f(\cos x)}{x^3}$

$\displaystyle=\lim_{x\to 0}\frac{f(\sin x)}{\sin x}\times\lim_{x\to 0}\frac{f((\cos x-1)+1)}{\cos x-1}\times\lim_{x\to 0}\frac{\sin x(\cos x-1)}{x^3}$

$\displaystyle=2\times 6\times\left(-\frac{1}{2}\right)$

$=-6$

답 ④

29

$f(x)=e^{2x}+2e^x-3$에서

$f'(x)=2e^{2x}+2e^x=2e^x(e^x+1)>0$

이므로 함수 $f(x)$는 실수 전체의 집합에서 증가하고, $f(0)=0$이므로 함수 $y=f(x)$의 그래프의 개형은 그림과 같다.

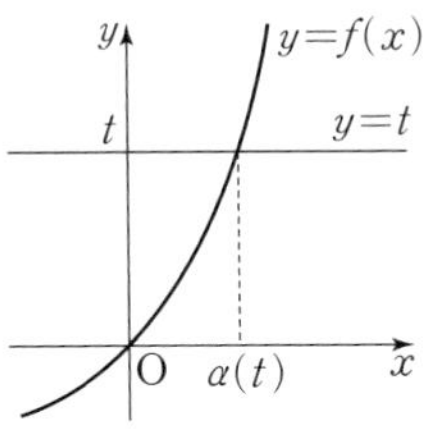

함수 $y=f(x)$의 그래프와 직선 $y=t$가 만나는 점의 x좌표를 $\alpha(t)$라 하면 함수 $g(x)=\displaystyle\int_0^x\{t-f(s)\}ds$는 $x=\alpha(t)$에서 극대인 동시에 최대이므로 $h(t)=\alpha(t)$이다.

즉, $f(h(t))=t$이므로 양변을 t에 대하여 미분하면

$f'(h(t))h'(t)=1$ $\qquad\cdots\cdots$ ㉠

$h'(k)=\dfrac{1}{12}$이므로 ㉠에 $t=k$를 대입하면

$f'(h(k))h'(k)=1$에서

$f'(h(k))=\dfrac{1}{h'(k)}=12$

즉, $2e^{2h(k)}+2e^{h(k)}=12$에서

$e^{2h(k)}+e^{h(k)}-6=0$

$\{e^{h(k)}+3\}\{e^{h(k)}-2\}=0$

$e^{h(k)}+3>0$이므로

$e^{h(k)}-2=0$, $h(k)=\ln 2$

$f(h(k))=k$에서

$k=f(\ln 2)=4+2\times 2-3=5$

그러므로 $g(h(k))=g(\ln 2)=\displaystyle\int_0^{\ln 2}\{t-f(s)\}ds$

$0<t\le 5$에서 $g(\ln 2)$의 최댓값은 $t=5$일 때이므로 최댓값은

$\displaystyle\int_0^{\ln 2}\{5-(e^{2s}+2e^s-3)\}ds=\int_0^{\ln 2}(-e^{2s}-2e^s+8)ds$

$\displaystyle=\left[-\frac{1}{2}e^{2s}-2e^s+8s\right]_0^{\ln 2}$

$\displaystyle=-\frac{7}{2}+8\ln 2$

따라서 $p=-\dfrac{7}{2}$, $q=8$이므로

$10(p+q)=10\left(-\dfrac{7}{2}+8\right)=10\times\dfrac{9}{2}=45$

답 45

30

$f(x)=ax^2+bx+c$ $(a>0)$이라 하자.

$g(x)=ax^2+bx+c+\sin x$에서

$g'(x)=2ax+b+\cos x$

$g''(x)=2a-\sin x$

$g'(x)=0$에서 $\cos x=-2ax-b$

조건 (가)에서 방정식 $g'(x)=0$이 서로 다른 두 실근 α, β $(\alpha<0<\beta)$를 가지므로 $g'(\alpha)=g'(\beta)=0$이고, α, β는 곡선 $y=\cos x$와 직선 $y=-2ax-b$의 교점의 x좌표이다.

$g''(x)=0$에서 $\sin x=2a$

조건 (나)에서 함수 $g'(x)$는 $x=\beta$에서 극소, $x=\beta+k$에서 극대이므로 $g''(\beta)=g''(\beta+k)=0$이고, $x=\beta$의 좌우에서 $g''(x)$의 부호가 음에서 양으로 바뀌고, $x=\beta+k$의 좌우에서 $g''(x)$의 부호가 양에서 음으로 바뀐다. $\qquad\cdots\cdots$ ㉠

$\sin\beta=\sin(\beta+k)=2a$를 만족시키는 양수 k의 최솟값이 $\dfrac{4}{3}\pi$이므로

$\sin\beta=\sin\left(\beta+\dfrac{4}{3}\pi\right)=2a$이고

$\beta<x<\beta+\dfrac{4}{3}\pi$인 x에 대하여 $\sin x\ne 2a$이다.

$2a>0$이고 ㉠에 의하여 $x=\beta$의 좌우에서 $g''(x)=2a-\sin x$의 부호가 음에서 양으로 바뀌므로 곡선 $y=\sin x$와 직선 $y=2a$를 나타내면 그림과 같다.

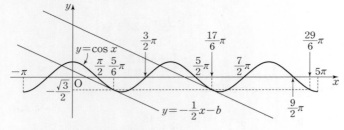

따라서 $\dfrac{12}{\pi^2}g(4\pi)=\dfrac{12}{\pi^2}\times\dfrac{7}{3}\pi^2=28$

함수 $g(x)$는 닫힌구간 $[-\pi,\,5\pi]$에서 정의되므로

$\dfrac{\beta+\left(\beta+\dfrac{4}{3}\pi\right)}{2}=\beta+\dfrac{2}{3}\pi$의 값은 $\dfrac{3}{2}\pi$ 또는 $\dfrac{7}{2}\pi$ 또는 $\dfrac{11}{2}\pi$이다.

즉, $\beta=\dfrac{5}{6}\pi$ 또는 $\beta=\dfrac{17}{6}\pi$ 또는 $\beta=\dfrac{29}{6}\pi$

한편, $g'(\beta)=g''(\beta)=0$이므로

곡선 $y=\cos x$와 직선 $y=-2ax-b$는 $x=\beta$에서 접한다.

$y'=-\sin x$이고 $\sin\dfrac{5}{6}\pi=\sin\dfrac{17}{6}\pi=\sin\dfrac{29}{6}\pi=\dfrac{1}{2}$에서

$-\sin\beta=-\dfrac{1}{2}$이므로

$-\dfrac{1}{2}=-2a$, 즉 $a=\dfrac{1}{4}$

방정식 $g'(x)=0$이 음의 실근 α를 갖기 위해서는 직선 $y=-\dfrac{1}{2}x-b$

의 y절편, 즉 $-b$가 1보다 작아야 한다.

(ⅰ) $\beta=\dfrac{5}{6}\pi$인 경우

　직선 $y=-\dfrac{1}{2}x-b$는 점 $\left(\dfrac{5}{6}\pi,\,-\dfrac{\sqrt{3}}{2}\right)$을 지나므로

　$-b=-\dfrac{\sqrt{3}}{2}+\dfrac{5}{12}\pi<-\dfrac{3}{4}+\dfrac{5}{3}<1$

(ⅱ) $\beta=\dfrac{17}{6}\pi$인 경우

　직선 $y=-\dfrac{1}{2}x-b$는 점 $\left(\dfrac{17}{6}\pi,\,-\dfrac{\sqrt{3}}{2}\right)$을 지나므로

　$-b=-\dfrac{\sqrt{3}}{2}+\dfrac{17}{12}\pi>-1+\dfrac{17}{4}>1$

(ⅲ) $\beta=\dfrac{29}{6}\pi$인 경우

　$\beta+\dfrac{4}{3}\pi=\dfrac{37}{6}\pi>5\pi$이므로 함수 $g'(x)$는 $x=\beta+\dfrac{4}{3}\pi$에서 정의되

　지 않는다.

(ⅰ), (ⅱ), (ⅲ)에서 $\beta=\dfrac{5}{6}\pi$이고 $b=\dfrac{\sqrt{3}}{2}-\dfrac{5}{12}\pi$이다.

그러므로 $g(x)=\dfrac{1}{4}x^2+\left(\dfrac{\sqrt{3}}{2}-\dfrac{5}{12}\pi\right)x+c+\sin x$

이때 $g(0)=c$이므로 $c=-2\sqrt{3}\pi$

즉, $g(x)=\dfrac{1}{4}x^2+\left(\dfrac{\sqrt{3}}{2}-\dfrac{5}{12}\pi\right)x-2\sqrt{3}\pi+\sin x$이므로

$g(4\pi)=\dfrac{1}{4}\times(4\pi)^2+\left(\dfrac{\sqrt{3}}{2}-\dfrac{5}{12}\pi\right)\times4\pi-2\sqrt{3}\pi+\sin 4\pi$

$\quad\quad=4\pi^2+2\sqrt{3}\pi-\dfrac{5}{3}\pi^2-2\sqrt{3}\pi=\dfrac{7}{3}\pi^2$

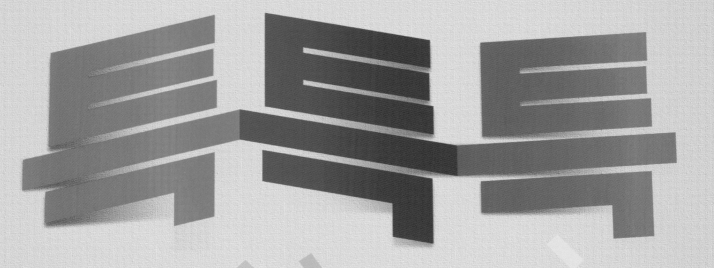

나의 미래를 위한
새로운 도전,
연세 미래캠퍼스!

YONSEI MIRAE CAMPUS

연세미래의 경쟁력
최고수준의
취업률

생활과 교육을 하나로,
RC프로그램

미래가치를 창조하는
자율융합대학

YONSEI
MIRAE
CAMPUS

연세대학교 미래캠퍼스
2025학년도 수시모집

입학 문의 | 입학홍보처
033-760-2828
ysmirae@yonsei.ac.kr

원서 접수
2024.9.9.(월)~9.13.(금)
admission.yonsei.ac.kr/mirae